电气自动化技术快速入门丛书

U0317815

单片机控制技术
快速入门

陈 洁 陈玉红 编著

中国电力出版社
CHINA ELECTRIC POWER PRESS

内 容 提 要

本书以 MCS-51 内核单片机的基本功能为框架，从计算机基本知识——数的进制及其编码、布尔代数、门电路与组合电路、触发器与时序电路、数字系统简介等着手，进而介绍了 AT89S52、STC90C52RC/RD＋、STC11F60XE、STC12C5A60S2 四款 8051 内核单片机的资源、Keil μVision2 等三款常用的学习和开发软件，单片机最小系统板等实验器材，汇编语言和 C51 语言的程序设计方法及基本接口电路等。主要内容包括计算机基础知识、认识 8051 单片机、常用软件介绍、实验工具的制作与使用、程序设计基础、延时程序、键盘和显示、中断系统、串行口通信、A/D转换与 PWM。书中以汇编语言为主，兼顾 C51 语言，列举的实例大多给出了PROTEUS 仿真，以及在单片机最小系统板上搭建接口电路进行实验的方法和步骤，内容深入浅出、图文并茂、可操作性强。

本书适合广大生产一线的电气与电子工程技术人员及爱好者学习之用，也可作为电子电工类相关专业师生的参考资料。

图书在版编目（CIP）数据

单片机控制技术快速入门/陈洁，陈玉红编著. —北京：中国电力出版社，2015.4

（电气自动化技术快速入门丛书）

ISBN 978-7-5123-7166-8

Ⅰ.①单… Ⅱ.①陈… ②陈… Ⅲ.①单片微型计算机-计算机控制 Ⅳ.①TP368.1

中国版本图书馆 CIP 数据核字（2015）第 022668 号

中国电力出版社出版、发行

（北京市东城区北京站西街 19 号　100005　http://www.cepp.sgcc.com.cn）

北京市同江印刷厂印刷

各地新华书店经售

*

2015 年 4 月第一版　　2015 年 4 月北京第一次印刷

787 毫米×1092 毫米　16 开本　37.25 印张　1006 千字

印数 0001—3000 册　定价 **80.00** 元（含 1CD）

敬 告 读 者

本书封底贴有防伪标签，刮开涂层可查询真伪

本书如有印装质量问题，我社发行部负责退换

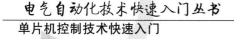

前　言

　　本书是电气自动化技术快速入门丛书之一，是一本以学习单片机在电气控制技术中的应用为主的入门书。书中内容以 MCS-51 内核单片机的基本功能为框架，从计算机基础知识着手，以实例来说明单片机指令和功能的应用，书中列举的实例大多给出了 PROTEUS 仿真，以及在单片机最小系统板上搭建接口电路进行实验的方法和步骤，图文并茂，可操作性强，使具有一定电气技术知识、初中基础以上的读者就能够按照书中内容按部就班地进行单片机应用技术的学习，在动手实践中逐步掌握单片机应用的基本知识，从而初步掌握单片机的应用技术。书中内容注重基础知识结合应用实例，强调动手实践能力，可供广大电工或电子工程技术人员及爱好者学习之用，也可作为电子电工类中专、高职、高专等相关专业单片机课程学习和设计的参考用书。

　　全书共分为 10 章，第 1 章介绍了学习单片机技术的一些必需的基础知识，包括数的进制、布尔代数、常用数字电路等；第 2 章介绍了 MCS-51 单片机的组成结构及指令系统，以及 4 款单片机的资源；第 3 章讨论了单片机应用开发中常用的 3 个软件的使用方法；第 4 章介绍了学习单片机应用技术过程中进行动手实验所需要的器材、工具及仪器仪表等；第 5 章讨论了单片机开发中的汇编语言和 C51 语言程序设计基础；第 6 章介绍了延时程序的设计方法，分别讨论了利用循环指令和定时器进行延时的程序设计；第 7 章讨论了单片机应用系统中经常用到的人机互动方式——键盘和显示；第 8 章讨论了单片机的中断系统；第 9 章讨论了单片机的串行通信功能；第 10 章讨论了单片机的 A/D 和 D/A 转换及 PWM 功能。

　　本书第 1、2、3 章和第 9、10 章由陈洁编写，第 4、5、6、7、8 章由陈玉红编写，全书由陈洁统稿。编著过程中参考了有关专业的书籍和资料，在此对这些文献资料的作者表示衷心的感谢！

　　中国电力出版社的编辑对本书的编写工作给予了大力支持，在此表示感谢！

　　由于编著者水平有限，加之时间仓促，书中难免存在不足之处，恳请广大读者予以批评指正，邮箱：chenzhu _ 167@126.com。

陈洁　陈玉红

电气自动化技术快速入门丛书
单片机控制技术快速入门

目 录

计算机基础知识

扮手指进行计数可以说是每个幼儿的第一堂数学课，老师当然是孩子的父母。伸出自己的双手，从扳下第一个手指开始数数，直到把两只手的手指都扳到，才数到"10"，同时我们也知道一双手有两只手。这是我们无意中最早接触到的数的进制问题。在我们的日常生活中诸如此类的情形还真不少，如一副手套有两只，一条香烟是十包，坐满一张八仙桌有八个人，旧时称满十六两才是一斤，一小时有六十分钟、一年有二十四个节气等。

1.1 数、进制及编码

数制是人们利用符号来计数的科学方法。针对不同类别的计数对象，人们习惯上有不同的进制。生活中经常接触到的数的进制有六十进制、二十四进制、十二进制、十进制、八进制、二进制。

1.1.1 十进制数

日常生活中人们习惯于用十进制数进行计数，十进制是用十个不同的数字0，1，2，3，…，9来表示数的。任何一个数都可以用上述十个数字按一定规律排列起来表示，其计数规律是"逢十进一"，即 $9+1=10$，这里，右边的"0"为个位数，左边的"1"为十位数，也就是 $10=1\times10^1+0\times10^0$。所谓十进制就是以10为基数的计数体制。因此，某一个数字处于不同的位置（数位）时，它代表的数值是不同的。例如，数 $70=7\times10^1+0\times10^0$，数 $700=7\times10^2+0\times10^1+0\times10^0$。数 567 可写为 $567=5\times10^2+6\times10^1+7\times10^0$。

十进制数表示法，也可扩展到表示小数，不过这时小数点右侧的各位数码要乘以基数的负幂次，例如，数 3.142 表示为 $3.142=3\times10^0+1\times10^{-1}+4\times10^{-2}+2\times10^{-3}$。

一般，任意十进制数 N 可表示为

$$(N)_\mathrm{D} = \sum_{i=-\infty}^{\infty} K_i \times 10^i$$

式中：K_i 为基数"10"的第 i 次幂的系数。

1.1.2 二进制数

生活中用于照明的电灯有两种明确的状态，即开和关。灯要么开着点亮，要么关掉熄灭。事件要么是真，要么是假。数字电路或数字系统就是利用晶体管的饱和和截止两种稳定状态来工作的。当遇到计数问题时经常采用二进制数，有时也采用八进制数和十六进制数。二进制数与十进制数的区别在于数码的个数和进位的规律不同，十进制用 10 个数码，并且"逢十进一"；而二进制数则用两个数码 0 与 1，并且"逢二进一"，即 $1+1=10$（读为"壹零"）。必须注意，这里的"10"与十进制数的"10"是完全不同的，它并不代表"拾"。右边的"0"表示 2^0 位的数，左边的"1"表示 2^1 位的数，也就是 $10=1\times2^1+0\times2^0$。因此，所谓二进制就是以 2 为基数的计数体制。二进制数可表示为

$$(N)_B = \sum_{i=-\infty}^{\infty} K_i \times 2^i$$

式中：K_i 为基数"2"的第 i 次幂的系数。

这样，我们可将任一个二进制数转换为十进制数，例如，二进制数 1001 转换为十进制数等于

$$1 \times 2^3 + 0 \times 2^2 + 0 \times 2^1 + 1 \times 2^0 = 9$$

从数字电路的角度看来，采用十进制是不方便的。因为构成数字电路的基本想法是把电路的状态跟数字对应起来，而十进制的 10 个数字，必须由 10 个不同的而且能严格区分的电路状态与之对应，虽然可以把一定电压范围内的某一段分别对应一个数字，但这样将在识别技术上带来许多困难，而且也不经济。因此在数字电路中一般不直接采用十进制。由于二进制具有一定的优点，因此它在计算技术中被广泛采用。

① 二进制的数字装置简单可靠，所用元件少。二进制只有两个数码 0 和 1，因此它的每一位数都可以用任何具有两个不同稳定状态的元件来表示，如三极管的饱和与截止、继电器接点的闭合和断开、灯泡的亮和不亮等。只要规定其中一种状态表示 1，另一种状态表示 0，就可以表示二进制数。这样，数码的存储和传送，就可以用简单而可靠的方式进行。

② 二进制的基本运算规则简单，运算操作简便。

但是，采用二进制也有一些缺点。用二进制表示一个数时位数较多，例如，十进制数 49 表示为二进制数时，即为 110001，使用起来不方便也不习惯。因此，在运算时原始数据大多采用人们习惯的十进制数，送入机器由机器将十进制的原始数据转换成数字系统能接受的二进制数。而在运算结束后，再将二进制数转换为十进制数，表示最终结果。

1.1.3　十六进制数和八进制数

表达同一个数值时，使用二进制数的位数很多，不便书写和记忆，因此在数字计算机系统中常采用十六进制数或八进制来表示二进制数。上述十进制和二进制数的表示法可以推广到十六进制数和八进制数。

十六进制数采用十六个数码，而且"逢十六进一"。这种数制中有 16 个不同的数字：0，1，2，3，4，5，6，7，8，9，A（对应于十进制中的 10）、B（11）、C（12）、D（13）、E（14）、F（15）。它是以 16 为基数的计数体制。例如，将十六进制数 4E6 转换为十进制数为

$$4 \times 16^2 + 14 \times 16^1 + 6 \times 16^0 = 1254$$

十六进制与二进制之间的转换也比较方便。例如，$(01011001)_B$ 写成十六进制数为

$$(0101\ 1001)_B = [(1 \times 2^2 + 1 \times 2^0) \times 16^1 + (1 \times 2^3 + 1 \times 2^0) \times 16^0]_D = (59)_H$$

可以看出，每 4 位二进制数对应于 1 位十六进制数，如

$$(1001\ 1100\ 1011\ 0100)_B = (9CB48)_H$$

同理，对于八进制数，可将 3 位二进制数分为一组，对应于 1 位八进制数。对于上述二进制数，可写成 $(10\ 011\ 100\ 101\ 101\ 001\ 000)_B = (2345510)_O$

为便于对照，将十进制、二进制、八进制及十六进制之间的关系列于表 1-1 中。

表 1-1　　　　　　　　　几种数制之间的关系对照表

十进制数	二进制数	八进制数	十六进制数
0	00000	00	00
1	00001	01	01
2	00010	02	02

十进制数	二进制数	八进制数	十六进制数
3	00011	03	03
4	00100	04	04
5	00101	05	05
6	00110	06	06
7	00111	07	07
8	01000	10	08
9	01001	11	09
10	01010	12	0A
11	01011	13	0B
12	01100	14	0C
13	01101	15	0D
14	01110	16	0E
15	01111	17	0F
16	10000	20	10

1.1.4 二进制数与十进制数之间的转换

既然同一个数值可以用二进制和十进制两种不同形式来表示，那么两者之间就必然有一定的转换关系。现以二、十进制之间的转换为例来说明不同数制之间的转换方法。对于十进制整数 N 可用二进制表示成

$$(N)_D = b_n \times 2^n + b_{n-1} \times 2^{n-1} + \cdots + b_1 \times 2^1 + b_0 \times 2^0$$

式中：b_n、b_{n-1}、$\cdots b_1$、b_0 是二进制数各位的数字。将等式两边除以 2，得

$$\frac{1}{2}(N)_D = b_n \times 2^{n-1} + b_{n-1} \times 2^{n-2} + \cdots + b_1 \times 2^0 + b_0 \times 2^{-1}$$

由此可知，将十进制数除以 2，其余数为 b_0。将上式的商再除以 2，得

$$\frac{1}{2^2}(N)_D = b_n \times 2^{n-2} + b_{n-1} \times 2^{n-3} + \cdots + b_2 \times 2^0 + b_1 \times 2^{-1}$$

其余数为 b_1。不难推知，将十进制整数每除以一次 2，就可根据余数得到二进制数的一位数字。因此，只要连续除以 2 直到商为 0，就可由所有的余数求出二进制数。例如，根据上述原理可将 $(37)_D$ 按如下的步骤转换为二进制数

$$2 \underline{|37} \cdots\cdots 余 1 \cdots\cdots b_0$$
$$2 \underline{|18} \cdots\cdots 余 0 \cdots\cdots b_1$$
$$2 \underline{|9} \cdots\cdots 余 1 \cdots\cdots b_2$$
$$2 \underline{|4} \cdots\cdots 余 0 \cdots\cdots b_3$$
$$2 \underline{|2} \cdots\cdots 余 0 \cdots\cdots b_4$$
$$2 \underline{|1} \cdots\cdots\cdots\cdots b_5$$

所以 $(37)_D = (b_5 b_4 b_3 b_2 b_1 b_0)_B = (100101)_B$。

对于小数可写成

$$(N)_D = b_{-1} \times 2^{-1} + b_{-2} \times 2^{-2} + \cdots + b_{-(n-1)} \times 2^{-(n-1)} + b_{-n} \times 2^{-n}$$

将上式两边分别乘以2，得

$$(N)_D = b_{-1} \times 2^{-0} + b_{-2} \times 2^{-1} + \cdots + b_{-(n-1)} \times 2^{-(n-2)} + b_{-n} \times 2^{-(n-1)}$$

由此可见，将十进制小数乘以2，取其个位数为 b_{-1}。不难推知，将十进制小数每次除去上次所得积中之个位数连续乘以2，直到满足误差要求进行"四舍五入"为止，就可将十进制小数转换成二进制小数。例如，可按如下步骤将 $(0.706)_D$ 转换成误差 ε 不大于 2^{-10} 的二进制小数。

$$0.706 \times 2 = 1.412 \cdots\cdots 1 \cdots\cdots b_{-1}$$
$$0.412 \times 2 = 0.824 \cdots\cdots 0 \cdots\cdots b_{-2}$$
$$0.824 \times 2 = 1.648 \cdots\cdots 1 \cdots\cdots b_{-3}$$
$$0.648 \times 2 = 1.296 \cdots\cdots 1 \cdots\cdots b_{-4}$$
$$0.296 \times 2 = 0.592 \cdots\cdots 0 \cdots\cdots b_{-5}$$
$$0.592 \times 2 = 1.184 \cdots\cdots 1 \cdots\cdots b_{-6}$$
$$0.184 \times 2 = 0.368 \cdots\cdots 0 \cdots\cdots b_{-7}$$
$$0.368 \times 2 = 0.736 \cdots\cdots 0 \cdots\cdots b_{-8}$$
$$0.736 \times 2 = 1.472 \cdots\cdots 1 \cdots\cdots b_{-9}$$

由于最后的小数小于0.5，根据"四舍五入"的原则，b_{-10} 应为0。所以，$(0.706)_D =(0.101101001)_B$，其误差 $\varepsilon < 2^{-10}$。

对于不同数制的数，为了在书写上能够加以区别，常在数的后面用字母来表示不同的数制。字母"B"代表二进制，"Q"（或"O"）代表八进制，"D"代表十进制，"H"代表十六进制。

1.2 二 进 制 码

数字系统中的信息可分为两类，一类是数值，另一类是文字符号（包括控制符）。数值信息的表示方法已如前述。为了表示文字符号信息，往往也采用一定位数的二进制数码来表示，这个特定的二进制码称为代码。建立这种代码与十进制数值、字母、符号的一一对应关系的过程称为编码。

若所需编码的信息有 N 项，则需要的二进制数码的位数 n 应满足如下关系：$2^n \geqslant N$，下面介绍几种常见的码。

1.2.1　二—十进制码（BCD码）

在这种编码中，用4位二进制数 $b_3 b_2 b_1 b_0$ 来表示十进制数中的0～9这10个数字中的某一个。若这10个数码与自然二进制数一一对应，则编码关系见表1-2中左边一列。二进制数码每位的值称为权或位权，b_0 位的权为 $2^0 = 1$，b_1 位的权为 $2^1 = 2$，b_2 位的权为 $2^2 = 4$，b_3 位的权为 $2^3 = 8$。例如，二进制码0111所表示的十进制数为 $8 \times 0 + 4 \times 1 + 2 \times 1 + 1 \times 1 = 7$，因此这种BCD码称为8421 BCD码，它是一种最基本的BCD码，应用也较为普遍。在一般情况下，十进制码与二进制码之间可用下式来表示：

$$(N)_D = W_3 b_3 + W_2 b_2 + W_1 b_1 + W_0 b_0 \tag{1}$$

式中：$W_3 \sim W_0$ 为二进制码中各位的权。

8421 BCD码是由4位二进制数的0000（0）到1111（15）十六种组合中的前十种组合，即0000（0）～1001（9），其余六种组合是无效的。十六种组合中选取十种有效组合方式的不同，可以得到其他二—十进制码，如表1-2中的2421码、5421码等。余3码是由8421码加3（0011）得来的，不能用式（1）来表示其编码关系，因而它是一种无权码。

表 1-2 几种常见的码

$b_3 b_2 b_1 b_0$ $2^3 2^2 2^1 2^0$	代码对应的十进制数				
	自然二进制码	二—十进制数			
		8421 码	2421 码	5421 码	余三码
0000	0	0	0	0	
0001	1	1	1	1	
0010	2	2	2	2	
0011	3	3	3	3	0
0100	4	4	4	4	1
0101	5	5			2
0110	6	6			3
0111	7	7			4
1000	8	8		5	5
1001	9	9		6	6
1010	10			7	7
1011	11		5	8	8
1100	12		6	9	9
1101	13		7		
1110	14		8		
1111	15		9		

十进制数 67.34 和 76.43 的 8421BCD 码分别是（0110 0111.0011 0100）$_{BCD}$ 和（0111 0110.0100 0011）$_{BCD}$。

1.2.2 ASCII 码

ASCII 码就是美国标准信息交换码。它使用 7 位二进制代码来表示，故可表示 128 个不同字符，它们分别是 26 个大写英文字母、26 个小写英文字母、10 个十进制数字、7 个标点符号、9 个运算符号、50 个其他符号（打印格式符、控制符等），见表 1-3。如要确定某个数字、字母或符号的 ASCII 码，可以先在表 1-3 中找到这个字符，然后将该字符所在列的 3 位二进制数与行所对应的 4 位二进制数左右排列起来，得到的 7 位二进制代码就是该字符的 ASCII 码，如字符"1"的 ASCII 码为 011 0001，小写英文字符"c"、"h"、"e"、"n"的 ASCII 码分别为 110 0011、110 1000、110 0101、110 1110。

表 1-3 ASCII 码（美国标准信息交换码）表

位	000	001	010	011	100	101	110	111
0000	NUL	DEL	SP	0	@	P	`	p
0001	SOH	DC1	!	1	A	Q	a	q
0010	STX	DC2	"	2	B	R	b	r
0011	ETX	DC3	#	3	C	S	c	s
0100	EOT	DC4	$	4	D	T	d	t
0101	ENQ	NAK	%	5	E	U	e	u

续表

位	000	001	010	011	100	101	110	111
0110	ACK	SYN	&.	6	F	V	f	v
0111	BEL	ETB	'	7	G	W	g	w
1000	BS	CAN	(	8	H	X	h	x
1001	HT	EM	)	9	I	Y	i	y
1010	LF	SUB	*	:	J	Z	j	z
1011	VT	ESC	+	;	K	[	k	{
1100	FF	FC	,	<	L	\	l	|
1101	CR	GS	_	=	M	]	m	}
1110	SO	RS	.	>	N		n	~
1111	SI	US	/	?	O	_	o	DEL

在计算机中传送 ASCII 码时，通常采用 8 位二进制数码，其最高位用作奇偶校验位，以便用于检查代码在传送过程中是否发生差错。

1.2.3 格雷码

实用上，还有一种常见的无权码叫格雷码，格雷码有许多种，这种码的特点是：相邻的两个码组之间仅有一位不同。其中一种典型的编码如表 1-4。在典型的 n 位格雷码中，0 与最大数 (2^n-1) 之间也只有一位不同，故它是一种"循环码"。格雷码的这个特点使它在代码形成与传输中引起的误差较小，因此常用于模拟量的转换中。当模拟量发生微小变化而可能引起数字量发生变化时，格雷码仅改变一位，这样与其他码同时改变两位或多位的情况相比更为可靠，即可减少出错的可能性。

表 1-4　　　　　　　　　　　格雷码与二进制码对照表

十进制数	二进制码				格雷码			
	b_3	b_2	b_1	b_0	G_3	G_2	G_1	G_0
0	0	0	0	0	0	0	0	0
1	0	0	0	1	0	0	0	1
2	0	0	1	0	0	0	1	1
3	0	0	1	1	0	0	1	0
4	0	1	0	0	0	1	1	0
5	0	1	0	1	0	1	1	1
6	0	1	1	0	0	1	0	1
7	0	1	1	1	0	1	0	0
8	1	0	0	0	1	1	0	0
8	1	0	0	1	1	1	0	1
10	1	0	1	0	1	1	1	1
11	1	0	1	1	1	1	1	0
12	1	1	0	0	1	0	1	0
13	1	1	0	1	1	0	1	1
14	1	1	1	0	1	0	0	1
15	1	1	1	1	1	0	0	0

1.2.4 带符号数的表示

1. 机器数与真值

在进行数值运算中不可避免地会出现正数和负数，那么在计算机中是如何来表示的呢？通常是把一个 n 位的二进制数的最高位用作符号位，来表示这个数是正还是负，并规定符号位用"0"表示该数是正的，用"1"表示该数是负的，如数（0101 1100）$_B$ 即为十进制的 $+92$、（1101 1100）$_B$ 即为十进制的 -92 差。

连同符号位一起作为一个二进制数，就称为机器数；而不包括符号位的二进制数称为机器数的真值。机器数（0101 1100）$_B$ 和（1101 1100）$_B$ 的真值均是十进制的 92。

为了方便运算（把减法变为加法），在计算机中负数有三种表示法，它们分别是原码、反码、补码。

2. 原码

当正数的符号位用"0"表示，负数的符号位用"1"表示时，这种表示法就称为原码表示法。当采用 8 位二进制数时，其原码能表示的数的范围为 $-127 \sim +127$。在原码表示法中数值"0"有两种表示方法，即（0000 0000）$_原$ 表示 $+0$，（1000 0000）$_原$ 表示 -0。十进制数 43 和 -123 的原码分别是（0 0101011）$_原$ 和（1 1111011）$_原$。

原码表示的数值简单易懂，而且转换成真值也比较方便。但若是两个异号数相加或两个同号数相减运算时，就要进行减法运算。为了把减法运算转换成加法运算，就引入了反码和补码。

3. 反码

在反码表示法中，正数的反码与正数的原码相同，负数的反码由它的正数的原码按位取反即可。当采用 8 位二进制数时，其反码能表示的数的范围为 $-127 \sim +127$。在反码表示法中数值"0"有两种表示方法，即（0000 0000）$_原$ 表示 $+0$，（1111 1111）$_原$ 表示 -0。当一个带符号位的数由反码表示时，最高位是符号位。符号位为"0"时，后面的 7 位为数的真值；当符号位是"1"时，其后面的 7 位并不是该数的真值，应该把它们按位取反才是该数的真值。如反码表示的数（0 000 0100）$_反$、（1 1100000）$_反$ 和（1 001 1000）$_反$ 的十进制数分别是 $+4$、-31 和 -103。

4. 补码

在补码表示法中，正数的补码与其原码相同，即最高位的符号位用"0"表示正，其余位为数值位。而负数的补码由它的反码在最低位加 1 而成。当采用 8 位二进制数时，其补码能表示的数的范围为 $-128 \sim +127$。在补码表示法中数值"0"只有两种表示方法，即（0000 0000）$_补$ 表示 $+0$，（0000 0000）$_补$ 表示 -0。当一个带符号位数由补码表示时，最高位是符号位。符号位为"0"时，后面的 7 位为数的真值；当符号位是"1"时，其后面的 7 位并不是该数的真值，应该把它们按位取反后再加 1 才是该数的真值。如补码表示的数（0 000 0100）$_补$、（1 1100001）$_补$ 和（1 001 1001）$_补$ 的十进制数分别是 $+4$、-31 和 -103。

8 位二进制数码上面各种表示法与十进制数值的对照关系见表 1-5。

表 1-5   数的表示法

8 位二进制数码	无符号二进制数	原 码	反 码	补 码
0000 0000	0	$+0$	$+0$	$+0$
0000 0001	1	$+1$	$+1$	$+1$
0000 0010	2	$+2$	$+2$	$+2$
⋮	⋮	⋮	⋮	⋮
0111 1100	124	$+124$	$+124$	$+124$

续表

8位二进制数码	无符号二进制数	原码	反码	补码
0111 1101	125	+125	+125	+125
0111 1110	126	+126	+126	+126
0111 1111	127	+127	+127	+127
1000 0000	128	−0	−127	−128
1000 0001	129	−1	−126	−127
1000 0010	130	−2	−125	−126
⋮	⋮	⋮	⋮	⋮
1111 1100	252	−124	−3	−4
1111 1101	253	−125	−2	−3
1111 1110	254	−126	−1	−2
1111 1111	255	−127	−0	−1

1.2.5 二进制数的算术运算

1. 二进制运算规则

(1) 加法运算。二进制加法运算的规则为

$$0+0=0,\ 0+1=1,\ 1+1=1\ 进位\ C=1,\ 1+1+1\ (进位)=1\ 进位\ C=1$$

(2) 减法运算。二进制减法运算的规则为

$$0-0=0,\ 1-0=1,\ 1-1=0,\ 0-1=1\ 借位\ C=1$$

(3) 乘法运算。二进制乘法运算的规则为

$$0\times0=0,\ 1\times0=0,\ 1\times-1=1$$

2. 不带符号数的运算

(1) 加法运算。按照加法规则，从最低位向高位逐位相加。两个 8 位二进制数相加，其和可能仍是 8 位，也可能会超出 8 位，此时最高位便产生了进位。如

```
进位      00011110              111111110
被加数    10100101              10000111
加数   +  01001011           +  01111001
和        11110000              100000000
```

(2) 减法运算。按照减法规则，从最低位向高位逐位相加。两个 8 位二进制数相减，当被减数小于减数时，会产生借位，其差可能出现负数，这里是不带符号数，故运算结果出错。如

```
借位      01011010              111110110
被减数    10100101              01101001
减数   −  01001011           −  01110011
差        01011010              11110110   ← 结果出错
```

(3) 乘法运算。按十进制数的规则，二进制乘法运算可用乘数的每一位去乘被乘数，乘得的中间结果的最低有效位与相应的乘数位对齐，若乘数位为"1"，所得的中间结果即为被乘数；若为"0"，则中间结果为"0"。最后把这些中间结果一起加起来就可得到乘积。这种操作重复性较差，不便于在计算机中实现。在计算机中通常采用被乘数左移或部分积右移的方法。

1）被乘数左移的方法。

乘数	被乘数	部分积
1101	1011	0000

乘数最低位为"1"，把乘数加至部分积上，

$\qquad$ ＋ 1011

被乘数左移一位　　　10110　　　　　1011

乘数为"0"，不加被乘数，

被乘数左移一位　　　101100

乘数最低位为"1"，把乘数加至部分积上，

$\qquad$ ＋ 101100

被乘数左移一位　　　1011000　　　　110111

乘数最低位为"1"，把乘数加至部分积上，

$\qquad$ ＋ 1011000

得乘积　　　　　　　　　　　　　　10001111

从上例中可以看到，两个 n 位的二进制数相乘，乘积为 $2n$ 位。在运算过程中 $2n$ 位的每一位都有可能进行相加操作，故需要 $2n$ 个加法器。

2）部分积右移的方法。

乘数	被乘数	部分积
1101	1011	0000

乘数最低位为"1"，把被乘数加至部分积上，

$\qquad$ ＋ 1011

　　　　　　　　　　　　　　　　1011

部分积右移一位　　　　　　　01011

乘数为"0"，不加被乘数，

部分积右移一位　　　　　　　001011

乘数最低位为"1"，把被乘数加至部分积上，

$\qquad$ ＋ 1011

　　　　　　　　　　　　　　　110111

部分积右移一位　　　　　　　0110111

乘数最低位为"1"，把被乘数加至部分积上，

$\qquad$ ＋ 1011

得乘积　　　　　　　　　　　10001111

这种运算方法只有 n 位有相加操作，只需 n 个加法器。

（4）除法运算。与十进制运算类似，从被除数的最高位开始检查，定出超过除数的位数，找到这个位时商记"1"，并把选定的被除数值减除数。然后把除数的下一位下移到余数上。若余数不能减去除数则商记"0"，再移下被除数的下一位；若余数够减则商记"1"，余数减去除数。继续把被除数的下一位移到余数上，直到所有位均移下为止。

$$\begin{array}{r} 11000 \ (商) \\ 110\ )\overline{10010011} \\ -110\downarrow|||| \\ \overline{110\ |||} \\ -110\ \downarrow\downarrow\downarrow \\ \overline{0011}\ (余数) \end{array}$$

3. 带符号数的运算

（1）加法运算。带符号数进行加法运算时，加数和被加数都用补码表示，其结果仍为补码。只要结果不超出规定的数的表示范围，也就是只要不发生溢出，则结果总是正确的。当发生溢出时，使得符号位遭到破坏，则结果出错。如

1）正数加正数。

$$
\begin{array}{ll}
\ 0100\ 0101 & (69)_D \\
+\ 0011\ 0011 & (51)_D \\
\hline
\ 0111\ 1000 & (120)_D
\end{array}
$$

69＋51＝120＜127，运算结果没有超出数的表示范围，故未发生溢出，结果正确。

$$
\begin{array}{ll}
\ 0111\ 0011 & (115)_D \\
+\ 0010\ 0011 & (35)_D \\
\hline
\ 1001\ 0110 & (150)_D
\end{array}
$$

115＋35＝150＞127，运算结果超出数的表示范围，故发生溢出，符号位受到破坏，结果不正确。

2）负数加负数。

$$
\begin{array}{ll}
\ 1101\ 0100 & (-44)_D \\
+\ 1101\ 0110 & (-42)_D \\
\hline
\ 11010\ 1010 & (-86)_D
\end{array}
$$

（－44）＋（－42）＝－86＞－128，运算结果没有超出数的表示范围，故不发生溢出，符号位没有受到破坏，结果正确。

$$
\begin{array}{ll}
\ 1010\ 0011 & (-93)_D \\
+\ 1011\ 0000 & (-80)_D \\
\hline
\ 10101\ 0011 & (-173)_D
\end{array}
$$

（－93）＋（－80）＝－173＜－128，运算结果超出数的表示范围，故发生溢出，符号位受到破坏，结果不正确。

3）正数加负数。

$$
\begin{array}{ll}
\ 0111\ 0011 & (+115)_D \\
+\ 1001\ 0111 & (-105)_D \\
\hline
\ 10000\ 1010 & (-10)_D
\end{array}
\qquad
\begin{array}{ll}
\ 1000\ 1101 & (-115)_D \\
+\ 0110\ 1001 & (+105)_D \\
\hline
\ 1111\ 0110 & (+10)_D
\end{array}
$$

正数加负数，其结果不管是正还是负，都不会产生溢出，因此运算结果总是正确的。

（2）减法运算。减去一正数，等于加上这个数的相反数，即加上一个负数，这样减法运算就变成了加法运算。在计算机中当数采用补码表示法后，减法运算只要用加法运算就可以了。

十进制：34－19＝34＋（－19）＝15

二进制：$(0010\ 0010)_原 - (1001 0011)_原 = (0010\ 0010)_补 + (1110\ 1101)_补 = (00001111)_补$

即

$$
\begin{array}{ll}
\ (0010\ 0010)_补 & (+34)_D \\
+\ (1110\ 1101)_补 & (-19)_D \\
\hline
\ (10000\ 1111\ )_补 & (+15)_D
\end{array}
$$

1.2.6 二进制数的逻辑运算

1. 逻辑"与"

若决定某一事件的所有条件都为真，这件事就发生，否则这件事不会发生。这样的逻辑关系称为逻辑"与"。逻辑"与"运算是实现"必须都真，否则为假"的一种运算。图1-1所示是两个实现逻辑"与"运算的典型电路。

在图1-1（a）电路中若以开关K断开状态取值为"0"，开关闭合状态取值为"1"，指示灯HL熄灭取值为"0"，指示灯点亮取值为"1"，开关K1、K2的状态与指示灯HL的状态关系见表1-6。从表1-6中可以看出，指示灯HL与开关K1、K2是一一对应的函数关系，若使HL为"真"（HL＝1），则条件K1和K2都必须为"真"（K1＝1，K2＝1）。对于图1-1（b）所示电路，

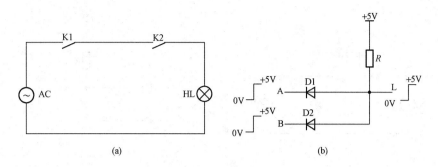

图 1-1　"与"逻辑电路

(a)"与"逻辑电路 1；(b)"与"逻辑电路 2

若高电平状态取值为"1"，低电平状态取值为"0"，则输出端 L 的状态与输入端 A、B 的状态的关系也见表 1-6。

表 1-6　　　　　　　　　　　　　　逻辑"与"的真值表

K1（A）	K2（B）	HL（L）
0	0	0
0	1	0
1	0	0
1	1	1

撇开图 1-2 所示电路的物理意义，可以得到输出与输入之间的逻辑关系，并用等式表示为

$$L＝A \cdot B$$

这种逻辑关系表达式称为"与"逻辑函数表达式。式中逻辑符号"·"表示逻辑"与"运算，也称逻辑"乘"。表 1-6 称为逻辑"与"的真值表。二输入逻辑"与"运算规则有：$0 \cdot 0＝0$，$0 \cdot 1＝0$，$1 \cdot 0＝0$，$1 \cdot 1＝1$。

当输入逻辑变量不止两个时，"与"逻辑表达式的一般形式为

$$L＝A \cdot B \cdot C \cdot D \cdot \cdots$$

为了方便书写，式中符号"·"可以省去，上式简写成 $L＝ABCD\cdots$。

从表 1-6 中还可以看到，凡同逻辑"0"相"与"的，其运算结果必为"0"；凡同逻辑"1"相"与"的，其运算结果保持原值，即原为"0"的仍为"0"，原为"1"的仍为"1"。因此，如果一个 8 位二进制数，要想保留其中的几位而屏蔽（清除）掉其余位，就可以用另一个 8 位二进制数同其相"与"，这个 8 位二进制数在需要保留的相应位上为"1"，在需要屏蔽的相应位上为"0"。如要想屏蔽 8 位二进制数的高 4 位，保留其低 4 位，则用"0000 1111"同其相与即可。

2. 逻辑"或"

决定某一件事的条件中只要有其中一个或一个以上为真，这件事就发生，否则不会发生。这样的逻辑关系成为逻辑"或"。逻辑"或"运算是实现"只要其中之一为真，就是真"这样一种逻辑运算的。图 1-2 所示是两个实现逻辑"或"运算的典型电路。

在图 1-2（a）电路中若以开关 K 断开状态取值为"0"，开关闭合状态取值为"1"，指示灯 HL 熄灭取值为"0"，指示灯点亮取值为"1"，那么开关 K1、K2 的状态与指示灯 HL 的状态关系见表 1-7。从表 1-7 中可以看出，指示灯 HL 与开关 K1、K2 是一一对应的函数关系，若使 HL 为"真"（HL＝1），则条件 K1 和 K2 只要有其中有一个为"真"（K1＝1，K2＝1）。对于图 1-2（b）所示电路，若高电平状态取值为"1"，低电平状态取值为"0"，则输出端 L 的状态与输入端 A、B 的状态的关系也见表 1-7。

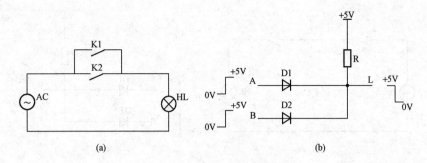

图 1-2　"或"逻辑电路
(a)"或"逻辑电路 1;(b)"或"逻辑电路 2

表 1-7　　　　　　　　　　　　　　　　逻辑"或"的真值表

K1（A）	K2（B）	HL（L）
0	0	0
0	1	1
1	0	1
1	1	1

撇开图 1-2 所示电路的物理意义,可以得到输出与输入之间的逻辑关系,并用等式表示为

$$L = A + B$$

这种逻辑关系表达式称为"或"逻辑函数表达式。式中逻辑符号"+"表示逻辑"或"运算,也称逻辑"加"。表 1-7 称为逻辑"或"的真值表。二输入逻辑"或"运算规则有:0+0=0,0+1=1,1+0=1,1 + 1=1。

当输入逻辑变量不止两个时,"或"逻辑表达式的一般形式为

$$L = A + B + C + D + \cdots$$

从表 1-7 中还可以看到,凡同逻辑"1"相"或"的,其运算结果必为"1";凡同逻辑"0"相"或"的,其运算结果保持原值,即原为"0"的仍为"0",原为"1"的仍为"1"。因此,如果一个 8 位二进制数,要想保留其中的几位而置位(置 1)其余位,就可以用另一个 8 位二进制数同其相"或",这个 8 位二进制数在需要保留的相应位上为"0",在需要置的相应位上为"1"。如要想置位 8 位二进制数的低 4 位,保留其高 4 位,则用"0000 1111"同其相与即可。

3. 逻辑"非"

决定某一件事的条件为真,这件事就不会发生,否则就发生。即条件成立,事件不发生;条件不成立,事件就会发生。这样的逻辑关系成为逻辑"非"。逻辑"非"运算是实现"求反"这样一种逻辑运算的。图 1-3 所示是两个实现逻辑"非"运算的典型电路。

在图 1-3(a)电路中若以开关 K 断开状态取值为"0",开关闭合状态取值为"1",指示灯 HL 熄灭取值为"0",指示灯点亮取值为"1",那么开关 K 的状态与指示灯 HL 的状态关系见表 1-8。从表 1-8 中可以看出,指示灯 HL 与开关 K 是一一对应的函数关系,若使 HL 为"真"(HL=1),则条件 K 为"假"(K=0)。对于图 1-3(b)所示电路,若高电平状态取值为"1",低电平状态取值为"0",则输出端 L 的状态与输入端 A 的状态的关系也见表 1-8。

表 1-8　　　　　　　　　　　　　　　　逻辑"非"的真值表

K（A）	HL（L）
0	1
1	0

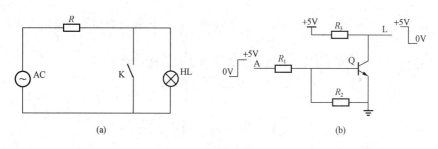

图1-3　"非"逻辑电路

(a)"非"逻辑电路1；(b)"非"逻辑电路2

撇开图1-3所示电路的物理意义，可以得到输出与输入之间的逻辑关系，并用等式表示为

$$L = \overline{A}$$

这种逻辑关系表达式称为"非"逻辑函数表达式。式中逻辑符号"—"表示逻辑"非"运算，也称逻辑"反"。表1-8称为逻辑"非"的真值表。逻辑"非"运算规则有：$\overline{1}=0$，$\overline{0}=1$。

4. 逻辑"异或"

决定某一件事的两个条件必须不同，这件事就发生，否则不会发生。这样的逻辑关系成为逻辑"异或"。逻辑"异或"运算是实现"必须不同，就是真"这样一种逻辑运算的。图1-4所示是两个实现逻辑"异或"运算的典型电路。

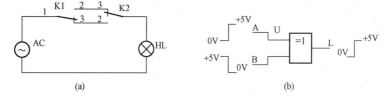

图1-4　"异或"逻辑电路

(a)"异或"逻辑电路1；(b)"异或"逻辑电路2

在图1-4(a)电路中若以开关K[1]－[2]断开、[1]－[3]闭合状态取值为"0"，开关[1]－[2]闭合、[1]－[3]断开状态取值为"1"；指示灯HL熄灭取值为"0"，指示灯点亮取值为"1"。那么开关K1、K2的状态与指示灯HL的状态关系见表1-9。从表1-9中可以看出，指示灯HL与开关K1、K2是一一对应的函数关系，若使HL为"真"（HL=1），则条件K1和K2为不同。对于图1-4(b)所示电路，若高电平状态取值为"1"，低电平状态取值为"0"，则输出端L的状态与输入端A的状态的关系也见表1-8。

表1-9　　　　　　　　　　　　逻辑"异或"的真值表

K1（A）	K2（B）	HL（L）
0	0	0
0	1	1
1	0	1
1	1	0

撇开图1-4所示电路的物理意义，可以得到输出与输入之间的逻辑关系，并用等式表示为

$$L = A \oplus B$$

这种逻辑关系表达式称为"异或"逻辑函数表达式。式中逻辑符号"$\oplus$"表示逻辑"异或"运算。表1-9称为逻辑"异或"的真值表。二输入逻辑"或"运算规则有：$0 \oplus 0 = 0$，$0 \oplus 1 = 1$，

$1\oplus0=1$，$1\oplus1=0$。"异或"逻辑可以用来测试两个输入变量是否相等，输出为真，则输入不相等。

当输入逻辑变量不止两个时，"异或"逻辑表达式的一般形式为

$$L=A\oplus B\oplus C\oplus D\oplus\cdots$$

1.3 布 尔 代 数

布尔代数即为逻辑代数，是研究逻辑电路的数学工具，它为分析和设计逻辑电路提供了理论基础。逻辑代数与普通代数一样也是用字母表示变量，如a、A、b、B、c、C、$\cdots$、x、X、y、Y、z、Z等，但两种代数变量的取值范围不同，逻辑代数的变量取值只能是"0"或"1"。这里的"0"与"1"没有大小之分，而是表示两种互不相容的状态，如命题的"真"与"假"，电位的"高"与"低"，继电器的"吸合"与"释放"，晶体管的"导通"与"截止"等。在研究为题时，值"0"与"1"究竟代表什么意义，则要看具体的对象而定。

对于一个二值逻辑问题，常常可以设定此问题产生的条件为输入逻辑变量，设定此问题的结果为输出逻辑变量，用逻辑函数来描述它。输入逻辑变量通常以小写英文字母来表示，而输出逻辑变量常以大写字母来表示。逻辑函数可以用代数式表示，也可以用图形符号表示。

1.3.1 基本逻辑运算

基本的逻辑运算有三种：逻辑加（"或"运算）、逻辑乘（"与"运算）、逻辑"非"（求反运算）。设输入变量有A、B，输出变量是L。

1. 逻辑加

$$L=A+B$$

逻辑加的运算规则为：$A+0=A$，$A+1=1$，$A+A=A$。

2. 逻辑乘

$$L=A\cdot B$$

逻辑乘的运算规则为：$A\cdot0=0$，$A\cdot1=A$，$A\cdot A=A$。

3. 逻辑非

$$L=\overline{A}$$

逻辑非的运算规则为：$\overline{\overline{A}}=A$，$A+\overline{A}=1$，$A\cdot\overline{A}=0$。

1.3.2 逻辑函数

对于图1-4(a)所示的电路，若以开关K[1]-[2]断开、[1]-[3]闭合状态取值为"0"，开关[1]-[2]闭合、[1]-[3]断开状态取值为"1"；指示灯HL熄灭取值为"0"，指示灯点亮取值为"1"。就开关K1和K2取不同的值，对于指示灯的亮灭状态可以用表1-9来表示，这样的表格称为逻辑函数的真值表。根据真值表可以很方便地写出该函数的逻辑表达式。其方法是把输出变量$L=1$所对应的输入变量以逻辑乘的形式表示(输入变量取值"0"的以反变量表示，输入变量取值"1"的以原变量表示)，再将所有$L=1$的逻辑乘进行逻辑加，即可得出L的逻辑函数表达式，这种表达式称为与—或表达式。图1-4所示电路的与—或表达式是$L=A\overline{B}+\overline{A}B$。

同样，也可以把真值表中输出变量$L=0$所对应的输入变量以逻辑加的形式表示(输入变量取值"0"的以原变量表示，输入变量取值"1"的以反变量表示)，再将所有$L=0$的逻辑加进行逻辑乘，也可得出L的逻辑函数表达式，这种表达式称为或—与表达式。

同一个逻辑函数可用不同形式的逻辑函数关系来描述。也就是说，对于一个逻辑函数的表达式不是唯一的。如

$$L(A,B,C) = AB + \overline{A}C = (A+C)(\overline{A}+B) = ABC + AB\,\overline{C} + \overline{A}C$$
$$= ABC + AB\overline{C} + \overline{A}BC + \overline{A}\,\overline{B}\,C$$

假设 F（A，B，C，D）为变量 A，B，C，D 的逻辑函数，G（A，B，C，D）为变量 A，B，C，D 的另一个逻辑函数，如果对应于变量 A，B，C，D 的任意一组状态组合，F 和 G 的值都相同，即真值表相同，则称 F 和 G 是等值的，即 F 和 G 相等，记作 $F=G$。

下面给出逻辑代数中最基本的等式。

1. 变量和常量关系

$A+0=A$ $\qquad\qquad\qquad A \cdot 0 = 0$

$A+1=1$ $\qquad\qquad\qquad A \cdot 1 = A$

$A+\overline{A}=1$ $\qquad\qquad\qquad A \cdot \overline{A} = 0$

2. 交换律、结合律、分配律

交换律　$A+B=B+A$，　　　$AB=BA$

结合律　$A+B+C=(A+B)+C=A+(B+C)$，$ABC=(AB)C=A(BC)$

分配率　$A(B+C)=AB+AC$，$A+BC=(A+B)(A+C)$

3. 特殊规律

重叠律　$A+A=A$，$AA=A$

反演律　$\overline{A+B}=\overline{A}\,\overline{B}$，$\overline{AB}=\overline{A}+\overline{B}$，$\overline{\overline{A}}=A$

1.3.3 规则与公式

1. 三个规则

（1）代入规则。任何一个含有变量 A 的等式，如果将所有出现变量 A 的地方都代之一个逻辑函数 F，则等式仍然成立。

有了代入规则，就可以将基本等式中的变量用某一逻辑函数来替代，从而扩大了等式的应用范围。

若有 $A(B+E)=AB+AE$，且 $E=(C+D)$，则

$$A[B+(C+D)]=AB+A(C+D)=AB+AC+AD$$

（2）反演规则。设 F 是一个逻辑函数表达式，如果将 F 中所有 "·"（注意，在逻辑表达式中，在不至于混淆的地方常省略 "·"）换为 "+"，所有的 "+" 换为 "·"；所有的常量 "0" 换为常量 "1"；常量 "1" 换为常量 "0"；所有的原变量换为反变量，反变量换为原变量，这样所得到的函数式就是 $\overline{F}$。$\overline{F}$ 称为原函数 F 的反函数。反演规则又称为德·摩根定理。

若有 $F=\overline{A}\,\overline{B}+CD$，则由反演规则可得

$$\overline{F}=(A+B)(\overline{C}+\overline{D})$$

（3）对偶规则。设 F 是一个逻辑函数表达式，如果将 F 中所有的 "+" 换为 "·"，所有的 "·" 换为 "+"；所有的常量 "0" 换为常量 "1"，常量 "1" 换为常量 "0"，则就得到一个新的函数表达式 $F*$，$F*$ 称为 F 的对偶式。如

$F=A(B+\overline{C})$ $\qquad\qquad F*=A+B\overline{C}$

$F=A\overline{B}+AC$ $\qquad\qquad F*=(A+\overline{B})(A+C)$

需要注意的是，F 的对偶式 $F*$ 和 F 的反演式 $\overline{F}$ 是不同的，在求 $F*$ 时，不需要将原变量和反变量互换。一般地 $F* \neq \overline{F}$。

2. 常用公式

逻辑代数的常用公式有 5 个。

（1）$AB+A\overline{B}=A$。式子表明，如果两个乘积项除了公有因子（如 A）外，不同的因子恰好

互补（如 B 和 $\overline{B}$），则这两个乘积项可以合并为一个由公因子组成的乘积项。

（2）$A+AB=A$。式子表明，如果某一乘积项（如 AB）的部分因子（如 A）恰好是另一个乘积项（如 A）的全部，则该乘积项（AB）是多余的。

（3）$A+\overline{A}B=A+B$。式子表明，如果某一乘积项（如 $\overline{A}B$）的部分因子（如 $\overline{A}$）恰好是另一个乘积项的补（如 A），则该乘积项（$\overline{A}B$）里的这部分因子（$\overline{A}$）是多余的。

（4）$AB+\overline{A}C+BC=AB+\overline{A}C$。式子表明，如果两个乘积项中的部分因子恰好互补（如 AB 和 $\overline{A}C$ 中的 A 和 $\overline{A}$），而这两项中的其余因子（如 B 和 C）都是第三乘积项中的因子，则第三乘积项是多余的。

（5）$AB+\overline{A}C=(A+C)(\overline{A}+B)$。

1.3.4 逻辑函数的化简

同一个逻辑函数可用不同形式的逻辑函数关系式描述，即一个逻辑函数的表达式不是唯一的。如

$$F(A,B,C)=AB+\overline{A}C$$
$$=AB(C+\overline{C})+\overline{A}C$$
$$=ABC+AB\overline{C}+\overline{A}BC+\overline{A}\,\overline{B}C$$

上面几个等式中每一个乘积项中包含的输入变量数不同，只有最后一个中的任一个乘积项都包含了全部输入变量，每个输入变量或以原变量形式或以反变量形式出现，且仅出现一次。式中每一个乘积项，A，B，C 三个输入变量的 8 组变量取值中，只有一组变量取值使该式的值为"1"，而其余各组变量取值时，该乘积项的值都为"0"。如乘积项 ABC，只有在变量取值 $A=1$、$B=1$、$C=1$ 时，该乘积项 $ABC=1$。而其余的任意一组变量取值均使 $ABC=0$。由于包含了全部变量的乘积项等于"1"的机会最小，故把这种乘积项称为最小项。全部由最小项相加而成的与—或函数表达式称为最小项表达式。或称为标准与—或式。

逻辑函数的标准形式除了最小项表达式外，还有逻辑函数的最大项表达式，它是逻辑函数或—与的标准形式。

同一函数可以有繁简不同的表达式，实现它的电路也不相同，到底采用什么样的表达式，才能使电路所用的元器件最少、设备最简单呢？一般地说，如果表达式比较简单，那么电路使用的元器件就少，设备就简单。然后，对于采用不同元器件，"简单"的标准就不同了。逻辑函数的化简通常都是指如何将一个与—或表达式简化为最简与—或式的方法。

逻辑函数的化简方法，通常有代数化简法、卡诺图化简法、奎恩麦克拉斯法、增项消项法等。本节只介绍前两种。

1. 代数化简法

代数化简法就是运用逻辑代数中的基本公式和常用公式化简逻辑函数。代数化简法又称为公式化简法，常用的方法有合并项法、吸收法、消去法、配项法等。

（1）合并项法。该方法常利用公式 $AB+A\overline{B}=A$，将两项合并为一项，且消去一个变量。如

$$F=A\cdot(B+C)+A\overline{B+C}=A$$

（2）吸收法。该方法常利用公式 $A+AB=A$，吸收掉 AB 项。如

$$F=A\overline{B}+A\overline{B}CD(E+F)=A\overline{B}$$

（3）消去法。该方法常利用公式 $A+\overline{A}B=A+B$，消去 $\overline{A}B$ 中多余因子 $\overline{A}$。如

$$F=AB+\overline{A}C+\overline{B}C=AB+(\overline{A}+\overline{B})C=AB+\overline{AB}C=AB+C$$

（4）取消法。该方法常利用公式 $AB+\overline{A}C+BC=AB+\overline{A}C$，取消 BC 项。如

$$F=ABC+\overline{A}D+\overline{C}D+BD=ABC+(\overline{A}+\overline{C})D+BD=ABC+\overline{ACD}+BD$$

$$= ABC + \overline{A}\overline{C}D = ABC + \overline{A}D + \overline{C}D$$

（5）配项法。该方法为了求得最简结果，有时可以将某一乘积项乘以 $(A+\overline{A})$，将该项拆为两项，或利用公式 $AB+\overline{A}C = AB+\overline{A}C+BC$，增加 BC 项，再与其他乘积项进行合并化简。如

$$F = AB + \overline{A}\,\overline{B} + \overline{B}\,\overline{C} + BC = AB + \overline{A}\,\overline{B}(C+\overline{C}) + \overline{B}\,\overline{C} + BC(A+\overline{A})$$
$$= AB + \overline{A}\,\overline{B}C + \overline{A}\,\overline{B}\,\overline{C} + \overline{B}\,\overline{C} + ABC + \overline{A}BC = AB + \overline{B}\,\overline{C} + \overline{A}C(\overline{B}+B)$$
$$= AB + \overline{B}\,\overline{C} + \overline{A}C$$

2. 卡诺图化简法

（1）卡诺图的画法。前面已经提到一个逻辑功能的描述，可以作出它的真值表，并可以很方便地由真值表写出逻辑函数表达式。这种逻辑函数表达式即为最小项表达式或最大项表达式。真值表与函数最小项表达式（或最大项表达式）之间存在一一对应关系。但是，直接把真值表作为运算工具十分不方便。若把真值表形式变换成方格图的形式，则称为真值图，也称为卡诺图。卡诺图实质上是将代表最小项的小方格按相邻原则排列而成的方块图。

相邻原则：几何上邻接的小方格所代表的最小项，只有一个变量互为反变量，其他变量都相同。这里的相邻包括这个最小项中头尾在内。常用的一个变量、两个变量、三个变量、四个变量的卡诺图如图 1-5 所示。

从图 1-5 中可以看到，利用卡诺图来对逻辑函数进行化简，在排列变量各种取值组合时，必须按循环码的规则进行排列，即相邻两组之间只有一个变量的值不同，如两变量的四种组合按照 00→01→11→10 的次序排列。若有 n 个变量，则一共有 2^n 个组合。因此五变量以上的卡诺图通常不用。

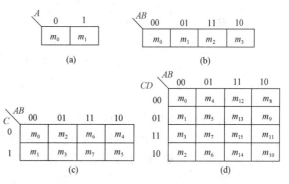

图 1-5　常用卡诺图

（a）一个变量；（b）两个变量；
（c）三个变量；（d）四个变量

将逻辑函数式化成最小项表达式，就可以在相应变量的卡诺图中表示出这个函数。具体做法是：在该表达式中的最小项相应的小方格内填上"1"，其余填上"0"。

函数 $G = \overline{A}\,\overline{B}CD + \overline{A}BCD + A\,\overline{B}\,\overline{C}D$ 只需在四变量卡诺图中 m_3、m_7、m_9 对应的方格内填上"1"，其余填"0"，如图 1-6 所示。

若已知一个逻辑函数的真值表，就可以直接填出该函数的卡诺图。只要把真值表中输出为"1"的那个最小项填上"1"就行了。真值表中输出为"0"的那些项可以填上"0"，也可以不填。表 1-9 对应的卡诺图如图 1-7 所示。

图 1-6　函数 G 的卡诺图　　图 1-7　二输入异或逻辑卡诺图

（2）卡诺图化简逻辑函数的依据如下。

1）相邻两个小方格均为"1"，可以合并为一项，合并后消去一个变量。

2）相邻四个小方格均为"1"，可以合并为一项，合并后消去两个变量。

3）相邻八个小方格均为"1"，可以合并为一项，合并后消去三个变量。

（3）卡诺图化简逻辑函数的步骤如下。

1）画出逻辑函数的卡诺图。

2）画出包围圈。按化简依据，将相邻的"1"方格按两个、或四个、或八个为一组圈起来。直到所有"1"方格全部被圈入。包围圈越大，乘积项中因子越少；包围圈个数越少，乘积项项数越少；同一个"1"方格可以重复圈入。先圈大，后圈小，不要遗漏"1"方格。

3）将每个包围圈所表示的乘积项进行逻辑加。

（4）化简实例。化简逻辑函数 F（A、B、C、D）＝$\sum$（0，3，4，6，7，9，12，14，15）。

画出逻辑函数 F 对应的卡诺图，如图1-8（a）所示。

画包围圈，如图1-8（b）所示。

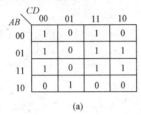
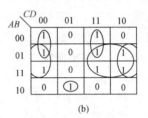

(a)　　　　　　　　　　(b)

图1-8　函数 F 的卡诺图化简

（a）函数 F 的卡诺图；（b）画包围圈

按包围圈写出与—或表达式 F（A、B、C、D）＝$BC + B\overline{D} + \overline{A}\ \overline{C}\ \overline{D} + \overline{A}CD + A\ \overline{B}\ \overline{C}D$

上面讨论了逻辑函数的表达式及其化简方法，那么逻辑函数如何用电路来实现呢？这方面的内容将在本章的后面几节中分别进行讨论。现在数字逻辑电路产品的种类越来越多，分类方法也有多种。若按逻辑功能可以分为组合逻辑电路和时序逻辑电路两类。组合逻辑电路有门电路、编码器、译码器、数据选择器等。时序逻辑电路有触发器、计数器、寄存器等。若按电路结构可以分为 TTL 型和 CMOS 型两类。TTL 型常见的有 54/74 系列，两种系列数字逻辑电路的工作电压都是 5.0V，逻辑"0"输出电压≤0.2V，逻辑"1"输出电压≥3.0V，抗扰度为 1.0V。CMOS 型常见的是 4000 系列，该系列数字逻辑电路具有功耗低、工作电压范围宽（3~18V）、逻辑摆幅大（逻辑"0"输出电压接近 V_{SS}，逻辑"1"输出电压接近 V_{DD}）、抗干扰能力强、输入阻抗高、温度稳定性好、扇出能力强、接口方便等特点。

1.4　门电路与组合电路

数字逻辑电路中最基本的电路就是门电路，常见的门电路有二输入与非门，反相器、缓冲器、二输入或非门等。根据需要由若干种（个）门电路就可以组成组合电路，组合电路的特点是其输出信号的状态仅与该时刻的输入信号的状态有关，而与电路原来所处的状态无关。本节将介绍几种常用的门电路和组合电路的集成电路。

1.4.1　基本门电路

1. CD4069

反相器是执行逻辑"反"功能的电路，其输入与输出的逻辑关系是：当输入端为逻辑"0"即低电平状态时，输出端为逻辑"1"即高电平状态；当输入端为逻辑"1"即高电平状态时，输出端为逻辑"0"即低电平状态。数字集成电路 CD4069 就是具有反相功能的数字逻辑集成电之一，它内部由 6 个反相器单元电路构成。每个反相器均可执行逻辑"反"操作。不同生产厂家，六反相器集成电路的型号也不同，但在通常情况下最后四位是"4069"的数字集成电路可以直接替换，如 CC4069、MC14069 等。CD4069 数字集成电路的封装一般有双列直插、扁平封装等几种，其单个反相器的电路原理、集成电路引脚排列及逻辑符号如图 1-9 所示。

CD4069 除了可以完成逻辑"反"运算外，还可以构成振荡器、脉冲整形电路、小信号电压放大电路等。由 CD4069 组成的环形振荡器电路如图 1-10 所示。仿真运行时的电路状态和关键点波形如图 1-11 所示。

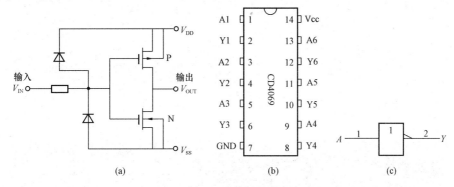

图 1-9　反相器 CD4069

(a) 单个反相器电路原理；(b) 集成电路引脚排列；(c) 逻辑符号

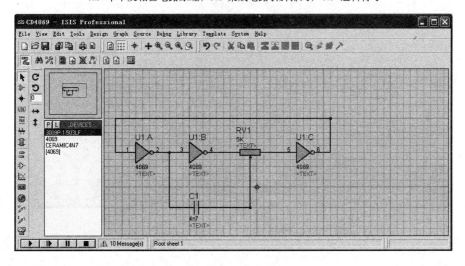

图 1-10　CD4-69 组成的环形振荡器

2. CD4011

与非门是执行"与非"逻辑的逻辑电路，其输入与输出的逻辑关系是，当输入端中有一个为逻辑"0"即低电平状态时，输出端就为逻辑"1"即高电平状态；当所有输入端都为逻辑"1"即高电平状态时，输出端就为逻辑"0"即低电平状态。数字集成电路 CD4011 就是具有"与非"逻辑功能的数字逻辑电路之一。其内部由 4 个二输入"与非"逻辑电路构成。不同生产厂家，四二输入"与非"门集成电路的型号也不同，但在通常情况下最后四位是"4011"的数字集成电路可以直接替换，如 CC4011、MC14011 等。CD4011 数字集成电路的封装一般有双列直插、扁平封装等几种，其单个"与非"门电路原理、集成电路引脚排列及逻辑符号如图 1-12 所示。

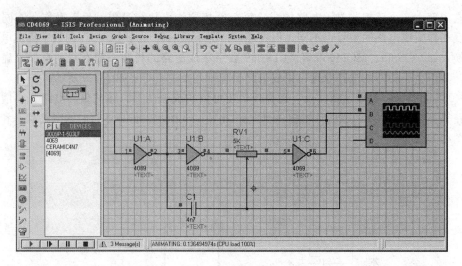

(a)

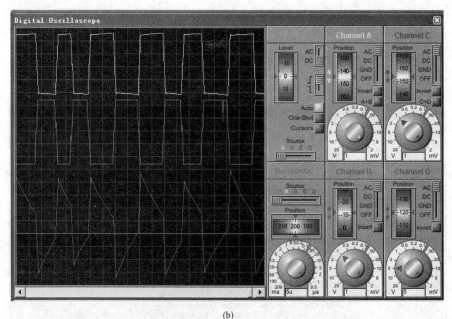

(b)

图 1-11　环形振荡器仿真运行

（a）电路状态；（b）关键点波形

CD4011 除了可以完成逻辑"与非"运算外，将其两个输入端并接起来就成了非门（反相器），故可以构成振荡器、脉冲整形电路、小信号电压放大电路等。由 CD4011 组成的触摸式延时开关电路如图 1-13 所示，图中按钮"K"为触摸开关，仿真运行时的电路状态如图 1-14 所示。

3. CD4070

CD4070 内部包含有 4 个独立的二输入异或门。当某个门的两个输入端信号不相同时，输出为高电平"1"；当两个输入端上的信号相同时，输出为低电平"0"。其单个异或门电路原理、引脚排列、逻辑符号如图 1-15 所示，真值表见表 1-10。

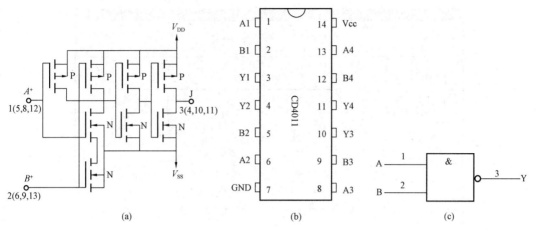

图 1-12　与非门 CD4011

（a）单个反相器电路原理；（b）集成电路引脚排列；（c）逻辑符号

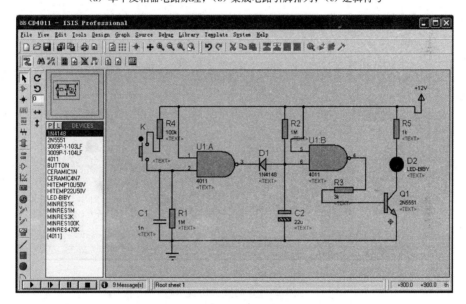

图 1-13　触摸式延时开关

表 1-10　　　　　　　　　　　　　　　　　　CD4070 真值表

A	B	Y
0	0	0
1	0	1
0	1	1
1	1	0

1.4.2　组合电路器件

1. CD4511

译码器是将一种代码变换成另一种代码，译码器的输出状态是其输入变量各种状态组合的结果。译码器中最常用的是显示译码器，CD4511 就是其中之一。CD4511 是 BCD—锁存/七段译码

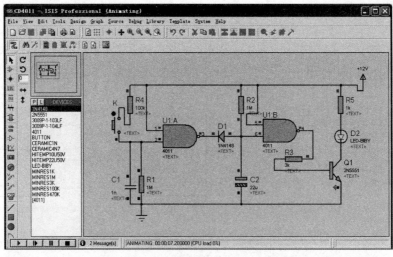

(a)

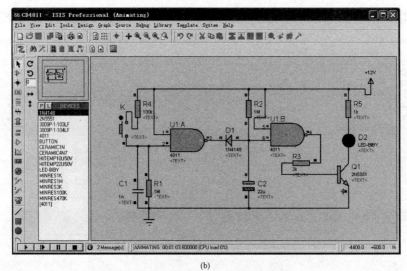

(b)

图 1-14 延时开关仿真运行

（a）触摸起动；（b）延时后复位

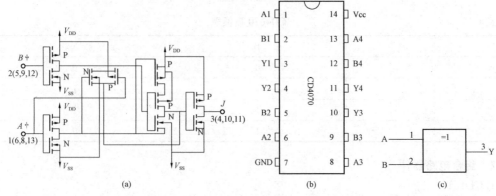

图 1-15 异或门 CD4070

（a）单个异或门电路原理；（b）引脚排列；（c）逻辑符号

驱动器，它具有较大的输出驱动电流能力，最大可达 25mA，可直接驱动 LED 数码显示管。该集成电路的引脚功能如图 1-16 所示。图中第 4 脚"$\overline{BI}$"是消隐输入控制端，当 $\overline{BI}$＝0 时，不管其他输入端状态如何，七段数码管均处于熄灭（消隐）状态，不显示数字。第 3 脚"$\overline{LT}$"是测试输入端，当 $\overline{BI}$＝1，$\overline{LT}$＝0 时，译码输出全为 1，不管输入 D、C、B、A 状态如何，七段均发亮，显示"8"，它主要用来检测数码管是否损坏。第 5 脚"LE"是锁定控制端，当 LE＝0 时，允许译码输出；当 LE＝1 时译码器锁定保持状态，译码器输出被保持在 LE＝0 时的数值。七段数码管的 A1、A2、A3、A4 为 8421BCD 码输入端。a、b、c、d、e、f、g 为译码输出端，输出为高电平有效。该芯片的真值表见表 1-11。该芯片组成的 LED 数码管显示译码电路如图 1-17 所示。仿真运行时的电路状态如图 1-18 所示。

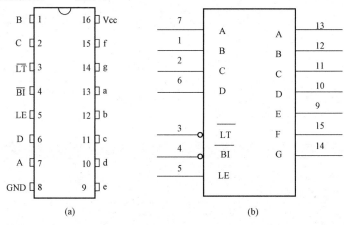

图 1-16　译码器 CD4511

（a）引脚排列；（b）逻辑符号

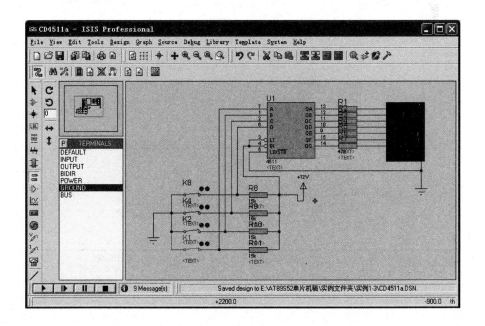

图 1-17　显示译码电路

23

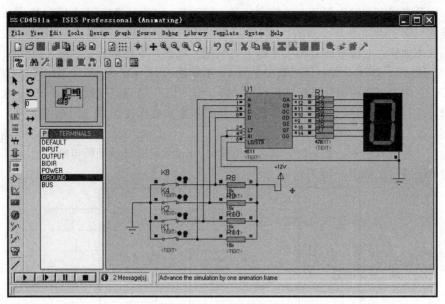

(a)

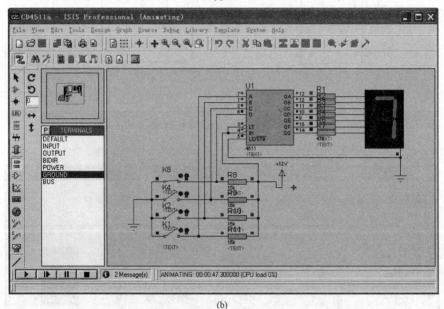

(b)

图 1-18 显示译码电路仿真

(a) 代码 "0000" 显示 "0"；(b) 代码 "0111" 显示 "7"

表 1-11   **CD4511 真值表**

输入端							输出端							
LE	$\overline{BI}$	$\overline{LT}$	D	C	B	A	a	b	c	d	e	f	g	显示
×	×	0	×	×	×	×	1	1	1	1	1	1	1	8
×	0	1	×	×	×	×	0	0	0	0	0	0	0	
0	1	1	0	0	0	0	1	1	1	1	1	1	0	0

续表

输入端							输出端							
0	1	1	0	0	0	1	0	1	1	0	0	0	0	1
0	1	1	0	0	1	0	1	1	0	1	1	0	1	2
0	1	1	0	0	1	1	1	1	1	1	0	0	1	3
0	1	1	0	1	0	0	1	1	0	0	0	1	1	4
0	1	1	0	1	0	1	1	0	1	1	0	1	1	5
0	1	1	0	1	1	0	1	1	0	1	1	1	1	6
0	1	1	0	1	1	1	1	1	1	0	0	0	0	7
0	1	1	1	0	0	0	1	1	1	1	1	1	1	8
0	1	1	1	0	0	1	1	1	1	0	0	1	1	9
0	1	1	1	0	1	0	0	0	0	0	0	0	0	
0	1	1	1	0	1	1	0	0	0	0	0	0	0	
0	1	1	1	1	0	0	0	0	0	0	0	0	0	
0	1	1	1	1	0	1	0	0	0	0	0	0	0	
0	1	1	1	1	1	0	0	0	0	0	0	0	0	
0	1	1	1	1	1	1	0	0	0	0	0	0	0	
1	1	1	×	×	×	×	取决于 LE 端上升沿时的输入							

注　"×"为任意值。取高电平"1"或低电平"0"不影响输出。

2. 74HC138

在单片机应用系统中还会用到另一片集成译码器 74HC138。该译码器有 3 个输入端 A、B、C，共有 8 种状态，即可译出 8 个输出信号 Y0～Y7，故称之为 3 线—8 线译码器。74HC138 的引脚排列和逻辑图如图 1-19 所示，其真值表见表 1-12。

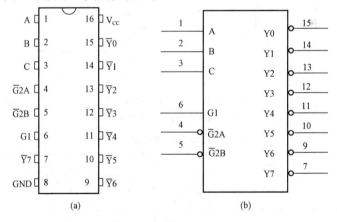

图 1-19　译码器 74HC138

（a）引脚排列；（b）逻辑图

表 1-12　　　　　　　　　　　　　　**74HC138 译码器真值表**

输入端						输出端							
$\overline{G2A}$	$\overline{G2B}$	G_1	A	B	C	$\overline{Y0}$	$\overline{Y1}$	$\overline{Y2}$	$\overline{Y3}$	$\overline{Y4}$	$\overline{Y5}$	$\overline{Y6}$	$\overline{Y7}$
1	×	×	×	×	×	1	1	1	1	1	1	1	1
×	1	×	×	×	×	1	1	1	1	1	1	1	1

续表

输入端						输出端							
×	×	0	×	×	×	1	1	1	1	1	1	1	1
0	0	1	0	0	0	0	1	1	1	1	1	1	1
0	0	1	1	0	0	1	0	1	1	1	1	1	1
0	0	1	0	1	0	1	1	0	1	1	1	1	1
0	0	1	1	1	0	1	1	1	0	1	1	1	1
0	0	1	0	0	1	1	1	1	1	0	1	1	1
0	0	1	1	0	1	1	1	1	1	1	0	1	1
0	0	1	0	1	1	1	1	1	1	1	1	0	1
0	0	1	1	1	1	1	1	1	1	1	1	1	0

3. 74HC147

编码器的功能则与译码器相反，是将有特定意义的输入信号编成不同代码输出的组合逻辑电路。本节介绍的 74HC147 是 10 线—4 线优先编码器。它能把 10 选 1 信号转换成二进制编码的形式，具有多片级联功能，可以满足任意输入端数的编码要求。该芯片的引脚排列和逻辑符号如图 1-20 所示。真值表见表 1-13。

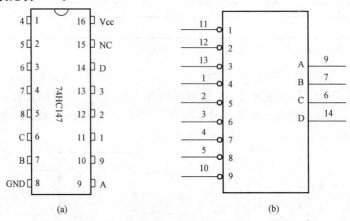

图 1-20　编码器 74HC147

(a) 引脚功能；(b) 逻辑符号

表 1-13 　　　　　　　　　　　74HC147 真值表

输入端									输出端			
1	2	3	4	5	6	7	8	9	D	C	B	A
1	1	1	1	1	1	1	1	1	1	1	1	1
×	×	×	×	×	×	×	×	0	0	1	1	0
×	×	×	×	×	×	×	0	1	0	1	1	1
×	×	×	×	×	×	0	1	1	1	0	0	0
×	×	×	×	×	0	1	1	1	1	0	0	1
×	×	×	×	0	1	1	1	1	1	0	1	0
×	×	×	0	1	1	1	1	1	1	0	1	1
×	×	0	1	1	1	1	1	1	1	1	0	0
×	0	1	1	1	1	1	1	1	1	1	0	1
0	1	1	1	1	1	1	1	1	1	1	1	0

1.5 触发器与时序电路

在数字系统中，除了使用逻辑门电路外，还要用到另一类具有记忆功能的逻辑单元电路，即触发器。这种电路的下一个输出状态（次态）不仅取决于电路的当前输入状态（现态），而且与电路原来的状态也有关。当输入信号撤掉以后，电路的状态能保持不变。这种电路能把输入信号寄存下来，具有记忆功能。触发器是时序电路的基本单元之一。常见的触发器有 RS 触发器、D 触发器、T 触发器、JK 触发器等。由触发器构成的时序逻辑器件有计数器、移位寄存器等。

1.5.1 基本触发器

最基本的触发器可用两个二输入与非门串接，连接成正反馈闭环的电路实现，两个与非门的另一个输入端分别设为置"0"端 $\overline{R}$ 和置"1"端 $\overline{S}$。这个电路具有两个稳定的工作状态，在适当的触发信号作用下，触发器可以从一种稳定状态翻转到另一种稳定状态。电路的输出状态随着输入置"0"端和置"1"端信号的出现，就会发生变化。这在应用中带来了许多不便。实际使用时，往往要求触发器按一定的时序节拍动作，即当接收"指令脉冲"后，输入数据才能存入触发器并反映到输出端；而在没有"指令脉冲"作用时，即使加了输入信号，触发器也不会翻转。这种具有时钟脉冲输入端的触发器称为时钟触发器，简称为触发器。

1. 74HC74

D 触发器的次态依赖于时钟脉冲触发时电路的输入状态。D 触发器的特性方程为

$$Q^{n+1}=D$$

D 触发器是单端输入的触发器。当输入 D 端为高电平（即 $D=1$）时，输出 Q 端为高电平（$Q=1$），输出 $\overline{Q}$ 端为低电平（$Q=0$），此时触发器为置位状态；反之，当输入 D 端为低电平（即 $D=0$）时，输出 Q 端为低电平（$Q=0$），输出 $\overline{Q}$ 端为高电平（$Q=1$），此时触发器为复位状态。

集成 D 触发器的器件种类比较多，常见的有 74HC74、CD4013 等。74HC74 是一片双 D 触发器集成电路，其引脚排列和逻辑符号如图 1-21 所示，真值表见表 1-14。

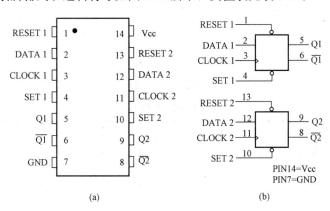

图 1-21　D 触发器 74HC74

（a）引脚排列；（b）逻辑符号

2. CD4027

JK 触发器的次态依赖于时钟脉冲触发时电路的输入端 J 和 K 的状态。JK 触发器的特性方程为

$$Q^{n+1} = J\overline{Q^n} + \overline{K}Q^n$$

表 1-14　　　　　　　　　　　　　　**74HC74 真值表**

输入端				输出端	
SET（置位）	RESET（复位）	CLOCK（时钟）	DATA（数据）	Q	$\overline{Q}$
0	1	×	×	1	0
1	0	×	×	0	1
0	0	×	×	Φ	Φ
1	1	↑	1	1	0
1	1	↑	0	0	1
1	1	0	×	保持	
1	1	1	×		
1	1	↓	×		

注　①"Φ"为不确定。即可能是低电平"0"，也可能是高电平"1"。
　　②"↑"为上升沿，"↓"为下降沿。

当 JK 触发器的输入 J 端和 K 端为高电平（即 $J=K=1$）时，其输出端状态在时钟脉冲的触发下发生翻转，此时 $Q^{n+1}=\overline{Q^n}$。

集成 JK 触发器的器件种类比较多，常见的有 74HC70、74HC71、74HC72、74HC73、MC14027、CD4027 等。CD4027 是一片双 JK 触发器集成电路，其引脚排列和逻辑符号如图 1-22 所示，真值表见表 1-15。

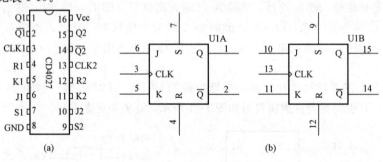

图 1-22　JK 触发器 CD4027
(a) 引脚排列；(b) 逻辑符号

表 1-15　　　　　　　　　　　　　　**CD4027 真值表**

触发前状态					CP	触发后状态	
输入				输出		输出	
J	K	S	R	Q		Q	$\overline{Q}$
1	×	0	0	0	↑	1	0
×	0	0	0	1	↑	1	0
0	×	0	0	0	↑	0	1
×	1	0	0	1	↑	0	1
×	×	0	0	×	↓	保持	
×	×	1	0	×	×	1	0
×	×	0	1	×	×	0	1
×	×	1	1	×	×	1	1

1.5.2 时序电路器件

1. CD4017

计数器也是常见的数字逻辑集成电路之一。计数器的种类也比较多，按功能可分为加法计数器、减法计数器、可逆计数器；按数制可分为 4 位二进制计数器和 4 位二/十进制计数器；按工作方式可分为同步计数器和异步计数器等。

CD4017 是十进制计数/分频器，其内部由计数器和译码器两部分组成，由译码输出实现对脉冲信号的分配，整个输出时序就是每个输出端依次出现与时钟同步的高电平，宽度等于时钟周期。CD4017 的引脚排列和逻辑符号如图 1-23 所示，真值表见表 1-16。CD4017 有 3 个输入端，分别是复位端 RST、时钟端 CLK、$\overline{\text{ENA}}$。当在RST 端上加高电平或正脉冲时其输出 Q0 为高电平，其余输出端（Q1～Q9）均为低电平。CLK和 $\overline{\text{ENA}}$ 是两个时钟输入端，若要用上升沿来计数，则信号由 CLK 端输入；若要用下降沿来计数，则信号由 $\overline{\text{ENA}}$ 端输入。10 个输出端是 Q0～

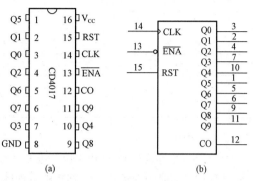

图 1-23　计数/分频器 CD4017
（a）引脚排列；（b）逻辑符号

Q9。1 个进位输出端 CO。每输入 10 个计数脉冲，CO 端就出现 1 个进位正脉冲，该进位输出信号可作为下一级的时钟信号。

表 1-16　　　　　　　　　　　　　　　　CD4017 真值表

	输　入		输　出	
CLK	$\overline{\text{ENA}}$	RST	Q0～Q9	CO
×	×	1	Q0	计数脉冲为 Q0～Q4 时：CO=1
↑	0	0	计数	
1	↓	0		
0	×	0		
×	1	0	保持	计数脉冲为 Q5～Q9 时：CO=0
↓	×	0		
×	↑	0		

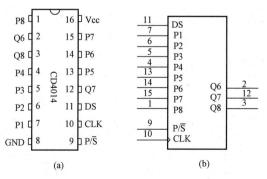

图 1-24　移位寄存器 CD4014
（a）引脚排列；（b）逻辑符号

2. CD4014

CD4014 是 8 位静态移位寄存器。该器件有 1 个公共时钟输入端 CLK、1 个并入/串入控制端 P/S、1 个串行数据输入端 D_S 和 8 个并行数据输入端 P1～P8。当 $\text{P}/\overline{\text{S}}$ 为低电平"0"状态时，串行数据输入；当 $\text{P}/\overline{\text{S}}$ 为高电平"1"状态时，并行数据输入。数据在 $\text{P}/\overline{\text{S}}$ 端控制下随时钟脉冲的上升沿同步地输入寄存器。图 1-24所示是 CD4014 的引脚排列和逻辑符号，表 1-17 是其真值表。

表 1-17   **CD4014 真值表**

输入					输出		功 能
CLK	Ds	P/$\overline{S}$	P1	P8	Q1（内部）	Q8	
↑	×	1	0	0	0	0	并行送数
↑	×	1	1	0	1	0	并行送数
↑	×	1	0	1	0	1	并行送数
↑	×	1	1	1	1	1	并行送数
↑	0	0	×	×	0	Q7	右移
↑	1	0	×	×	1	Q7	右移
↓	×	×	×	×	Q0	Q8	保持

3. CD40192

CD40192 是可预置 BCD 和 4 位二进制加/减计数器。它采用双时钟的逻辑结构，加计数和减计数具有各自的时钟通道，计数方式由时钟脉冲进入的通道来决定。

CD40192 的引脚排列如图 1-25 所示。其真值表见表 1-18。作为加计数时，时钟脉冲端 CPD 应设置为高电平 "1"，计数的时钟脉冲从时钟脉冲端 CPU 端输入，在上升沿的作用下，计数器做增量计数。反之，作为减计数时，时钟脉冲端 CPU 应设置为高电平 "1"，计数的时钟脉冲从时钟脉冲端 CPD 端输入，在上升沿的作用下，计数器做降量计数。输入端 P0、P1、P2、P3 是 4 个置数输入端；O—0、O—1、O—2、O—3 是 4 个输出端；TCU 端和 TCD 端分别是进位端和借位端；PL 是置数控制端，MR 是复位端。

CD40192 的工作时序图如图 1-26 所示。

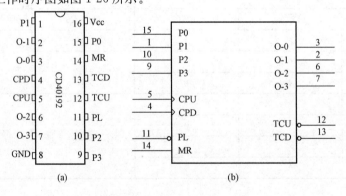

图 1-25   可逆计数器 CD40192

(a) 引脚排列；(b) 逻辑符号

表 1-18   **CD40192 真值表**

CPU	CPD	PL	MR	工作方式
↑	1	1	0	加计数
↓	1	1	0	非计数
1	↑	1	0	减计数
1	↓	1	0	非计数
×	×	0	0	预置数
×	×	×	1	复位

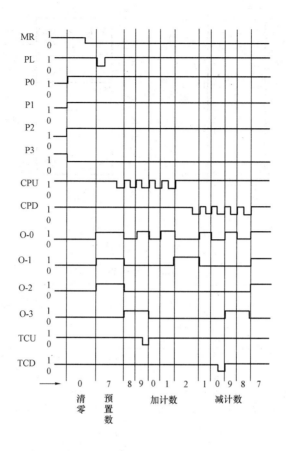

图 1-26　CD40192 的工作时序图

1.6　数 字 系 统 简 介

前面几节讨论了数字逻辑电路的一些基本知识和几种常见的数字逻辑集成电路。根据不同的需要，用数字逻辑电路可以构成不同功能的实用电路。有兴趣的读者可以参考有关文献资料。本节则以一简单的实用电路为例，引出数字系统的概念、组成以及作为典型数字系统的初级计算机，并讨论初级计算机的工作原理。

1.6.1　数字密码锁

本节讨论一种用 CMOS 通用数字集成电路组成的电子密码锁。该电路的特点有电源电压范围宽、功耗低、抗干扰性能强、外围元器件少、成本低、有 256 种密码组态、保密性能好等。

1. CD4520

CD4520 是由两个独立的计数器单元构成，每个单元有两个时钟输入端 CLK 和 EN。若要用时钟的上升沿触发，则时钟信号由 CLK 端接入，并使 EN 端为高电平"1"状态；若用时钟下降沿触发，则时钟信号由 EN 端接入，并使 CLK 端保持低电平"0"状态。此外每个计数器还有 4 个输出端 Q0、Q1、Q2、Q3；1 个清零端 R；当 R 端加上高电平"1"或正脉冲时，则计数器各输出端均为低电平"0"状态。CD4520 的引脚排列和逻辑符号如图 1-27 所示。真值表见表 1-19。时序图如图 1-28 所示。

单片机控制技术快速入门

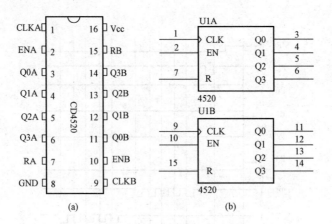

图 1-27　可逆计数器 CD40192

（a）引脚排列；（b）逻辑符号

表 1-19　　　　　　　　　　　　　　　**CD4520 真值表**

CLK	EN	R	状态
↑	1	0	增计数
0	↓	0	
↓	×	0	保持
×	↑	0	
↑	0	0	
1	↓	0	
×	×	1	复位

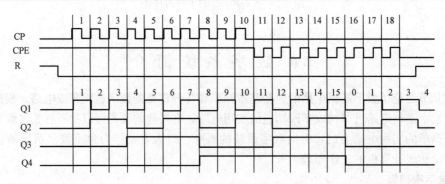

图 1-28　CD4520 时序图

2. CD4073

CD4073 是三输入与门电路，其引脚排列和逻辑符号如图 1-29 所示。其输入输出逻辑关系为 $Y = A \cdot B \cdot C$。

3. 数字密码锁

数字密码锁的电路原理如图 1-30 所示，电路由一片双二—十六进制同步加法计数器，一片三输入与门电路，4 个按钮，一个继电器等元器件组成。其中发光二极管 D1 代表门锁，按钮 SB1、SB2 是密码锁的输入开关，每按动一次产生一个正脉冲，脉冲的上升沿使计数器输出加"1"。按钮 SB3、SB4 是复位开关，若在开锁过程中按了其中一个，则对应计数器就被清零，从

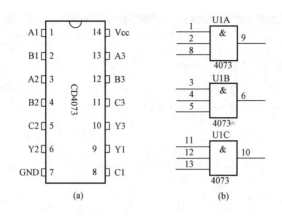

图 1-29　三输入与门 CD4073

（a）引脚排列；（b）逻辑符号

而增加开门难度。

图 1-30 中 U2A 和 U2B 的三个输入端用于开锁密码设置，由于两个计数器共有 256 种输出状态，故与门的输入端与计数器的输出端的不同连接就有 256 组，即有 256 种开锁操作方式。按照图示连接，必须连续按 3 次按钮 SB1，按 15 次 SB2，门锁就被打开。门开启后按 SB3 和 SB4 将锁复位。用 Proteus 仿真的过程如图 1-31 所示。

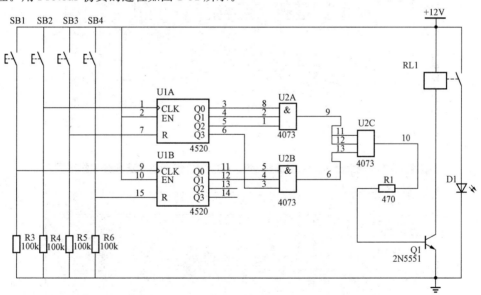

图 1-30　数字密码锁原理图

从图 1-30 所示的数字密码锁原理图中可以看到，该密码锁必须通过输入元件——按钮，输入一定的信息，在经过内部计数处理后，使三极管 Q1 饱和导通，继电器 RL1 吸合，才能输出结果，即开锁。

在数字技术领域内，由若干数字电路和逻辑部件构成的能够处理和传送数字信号的设备，称为数字系统。完整的数字系统通常由输入设备、输出设备、数据处理和控制器组成。以图 1-30 为例，按钮 SB1～SB4 即为输入设备，继电器 RL1（门锁的电磁线圈）即为输出设备，而计数器 CD4520 和三输入与门则是数据处理和控制器。随着集成电路技术的发展和计算机的应用，数字

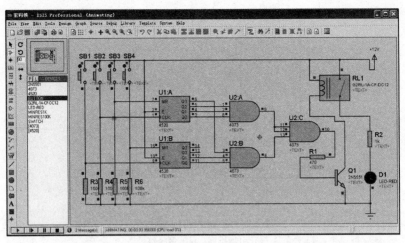

(a)

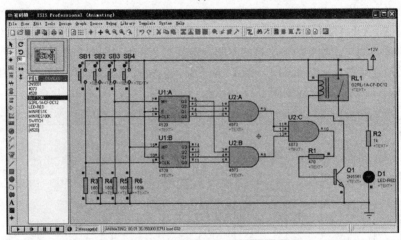

(b)

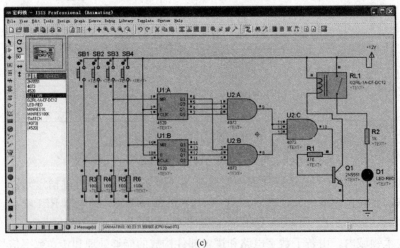

(c)

图 1-31　数字密码锁仿真

（a）SB1 按 3 次后电路状态；（b）SB2 按 15 次后电路状态；（c）按 SB3 和 SB4 后电路状态

系统中数据处理和控制器部分现在一般都由计算机来承担，因此微处理机系统是最典型的数字系统。

1.6.2 单片机密码锁

若用单片机来实现如图 1-30 所示的数字密码锁的功能，则其电路原理应包括单片机基本电路、存储电路、键盘电路、继电器控制电路、声光提示电路等，其结构框图如图 1-32 所示。图中键盘电路用来在用户开锁时输入开锁密码；存储器电路用来存放用户设置的开锁密码；继电器控制电路是当用户输入的密码与预先设置的密码相同时用来开启门锁；声光提示电路用来指示电子锁的状态，如设置密码状态、输入密码错误的报警状态等；单片机基本电路用来进行数据的运算和处理，如读入键盘输入的密码数据，并与预先设置的密码相比较，将比较结果做相应的处理等。

图 1-32 所示框图中各部分的电路如图 1-33 所示。图 1-33（a）是矩阵式键盘，共有 16 个按键，其中 "0" ～ "9" 和 "A" ～ "D" 为密码输入键；"确认" 键是用于在密码输入完成后进行确认；"退出" 键是用于在输入密码出现错误时退出重新输入。图 1-33（b）是存储电路，用于存放用户设置的密码。图 1-33（c）是单片机基本电路，该电路采用 12MHz

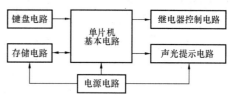

图 1-32　单片机密码锁框图

主频；P1.4 口为报警输出，若用户三次输入错密码，该口就会输出低电平，驱动蜂鸣器鸣响；P0 口为键盘接口；P2.3 为报警解除输入端；P2.4 为密码初始化。图 1-33（d）是电池锁驱动电路。图 1-33（e）是密码锁状态指示和蜂鸣电路。

单片机密码锁与上节的数字密码锁有着根本的不同。数字密码锁有了硬件，即电路搭建完了就可以工作了。而单片机密码锁则不一样，光有硬件还不能工作，单片机必须有软件，通过执行预先编制好的程序才能工作。编制单片机的程序可用汇编语言或 C51 语言，采用模块化结构进行。本单片机密码锁的程序模块主要有：存储器驱动程序、定时器程序、延时程序、初始化程序等。主程序的流程图如图 1-34 所示。

1.6.3 微计算机原理

1. 计算机的基本结构

计算机最早是用来作计算工具的。完成一个计算过程的计算机需要有运算部件——运算器，用来输入数据和命令的输入设备，存放初始数据、中间数据、结果数据的存储器，控制计算机进行运算操作的控制器，将运算的中间数据、结果数据进行输出的输出设备。一台最基本的计算机的结构如图 1-35 所示。

在计算机中有两类信息在流动，一类是数据，即各种原始数据、中间结果、程序等，这些要由输入设备输入至运算器，再存放于存储器中。在运算处理过程中，数据从存储器读入运算器进行运算，运算的中间结果要存入存储器中，或最后从运算器经输出设备输出。人们给计算机的各种操作命令（程序），也以数据的形式从存储器送入控制器，由控制器经译码后变为各种控制信号。所以，另一类信息便是控制命令，由控制器控制输入设备的启动或停止，控制运算器按预先设计好的操作一步步地进行运算和处理，控制存储器的读或写，控制输出设备输出等。

在图 1-35 中，人们往往把运算器和控制器合在一起称为中央处理单元（CPU）。而把中央处理单元和存储器合在一起称为主机。把各种输入或输出设备统称为外围设备。CPU、存储器、外围设备之间的信息传递是通过公共总线进行的，根据总线传递信息的不同功能，总线可分为地址总线、数据总线和控制总线。

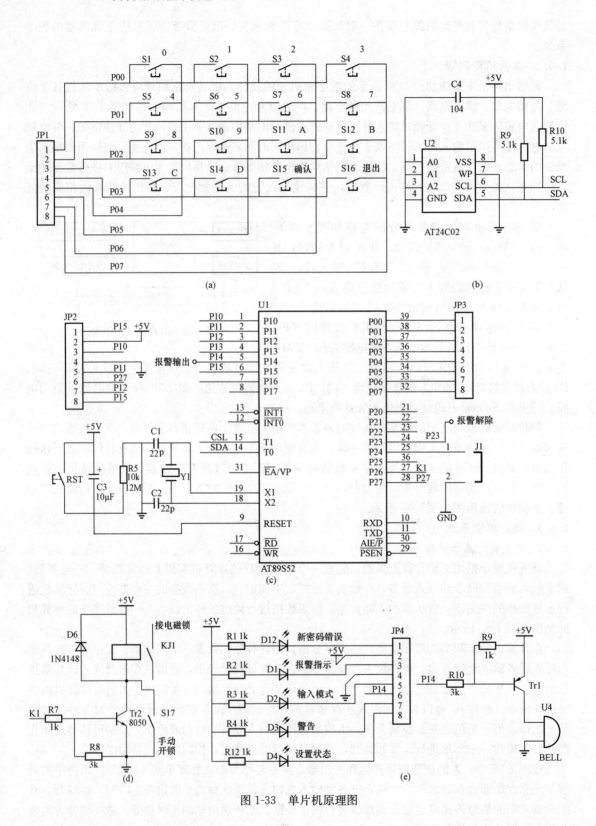

图 1-33 单片机原理图

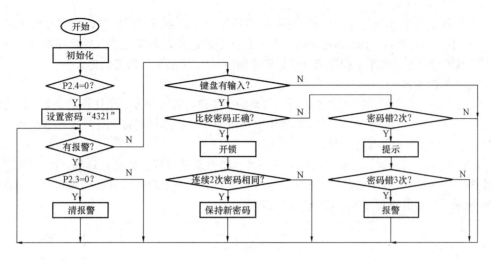

图 1-34　单片机密码锁主程序流程图

计算机之所以能在没有人的直接干预下自动地进行计算，是因为人们把实现这个计算的一步步操作用命令的形式——即一条条指令预先输入到存储器中，在执行时，机器把这些指令一条条地取出来，加以翻译和执行。

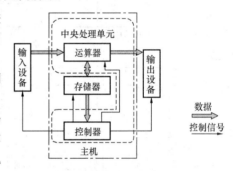

图 1-35　计算机结构图

指令通常分成操作码和操作数两大部分。操作码表示计算机执行的是某种操作；操作数表示参加操作的数的本身或操作数所存放单元的地址。因为计算机中的数字电路只有两种状态，所以计算机的指令系统中的所有指令都必须以二进制编码的形式来表示。目前 51 单片机的字长为 8 位，用一个字节（8 位）不能充分表示各种操作码和操作数，所以有一字节指令、二字节指令、三字节指令等。

在要求计算机进行计算处理时，必须把要解决的问题用一条条指令编制出一组有序的指令集，这一条条指令必须是用来计算处理问题计算机的指令系统中具有的指令，而不是随心所欲的。这些指令的集合就称为程序。用户为解决自己的问题所编的程序，称为源程序。

计算机刚出现时，就是用这种以二进制代码指令的机器码直接来编制用户的源程序的。这种由计算机直接执行的机器码所构成的语言叫做机器语言。使用由一连串"0"和"1"组成的机器语言不必经过翻译，执行速度快、效率高，但是这样的指令没有明显的特征，不好记忆、不易理解，编制程序十分困难烦琐、也容易出错。因此人们就用一些助记符，通常是指令功能的英文单词的缩写来代替操作码。这样每条指令就有了明显的特征，易于理解和记忆，也就不容易出错。这种符号语言又称为汇编语言，是一种面向机器的程序设计语言。程序的编写进入了汇编语言阶段，但是计算机在执行时首先应把源程序翻译成机器语言。一种型号的计算机的汇编语言与机器语言之间，具有一一对应的关系。人们用查表对照的办法来翻译，叫做手工代真；通过一个程序，在计算机上自动进行翻译，叫做汇编。能将符号语言翻译成机器语言的这个程序叫做汇编程序。现在人们采用 C51 语言编写的源程序，也必须编译成机器语言才能在计算机上执行。

要求计算机能自动地执行这些程序，就必须把这些程序预先存放到存储器的某个区域。程序通常是顺序执行的，所以程序中的指令也是一条条按顺序存放的。计算机在执行时要能把这些指令一条条取出来加以分析执行，必须要有一个电路能跟踪指令所在的地址，执行这个任务的就是程序计数器 PC。在开始执行时，给 PC 赋予程序中第一条指令所在的地址，然后每取出一条字节指令 PC 中的内容就自动加 1，逐次指向下一条指令的地址，以保证指令的顺序执行。只有当程序中遇到转移指令、调用子程序指令或遇到中断时，PC 才转到所需要的地方去。

2. 计算机的操作

计算机中一条指令的执行需要若干步，典型的指令执行共分七步：①计算指令地址，修改程序计数器 PC 的值；②取指令，即从存储器中取出指令；③指令译码；④计算操作数地址；⑤取操作数；⑥执行指令；⑦保存结果。

下面以图 1-36 所示模型计算机为例，说明计算机自动执行程序的操作过程。图 1-36 所示的模型计算机中内部 RAM 中已存放了若干条指令，其中起始两条指令的机器码和其存放的地址如图 1-37 所示。复位时设程序计数器 PC 的内容为 0000H。

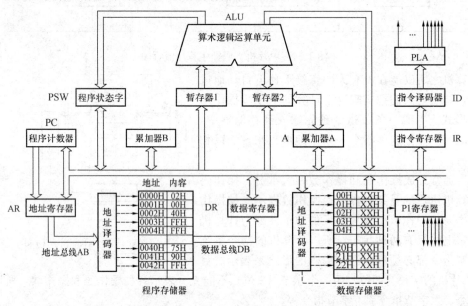

图 1-36　模型计算机

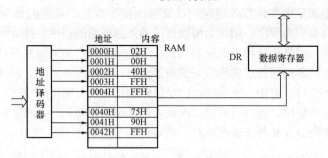

图 1-37　RAM 地址及内容

（1）取第一条指令第 1 个字节的过程如下。

1）程序计数器 PC 的内容（0000H）送地址寄存器 AR。

2）当程序计数器 PC 的内容可靠地送入地址寄存器后，PC 的内容加 1，变为 0001H。

3）地址寄存器 AR 把地址 0000H 通过地址总线送至存储器。经地址译码器译码后，选中0000H 单元。

4）CPU 给出读命令。

5）将所选中的 0000H 单元的内容 02H 读至数据总线上。

6）读出的内容经过数据总线送至数据寄存器 DR。

7）因是取指阶段，取出的数据为指令，故把数据寄存器 DR 中的内容送至指令寄存器 IR，然后经过译码发出执行这条指令的各种控制命令。

具体过程如图 1-38 所示。

经译码后知道该指令执行转移操作。所转移的目标地址存放在该指令后面的两个字节中。故执行第一条指令就必须把指令第 2 个字节单元和第 3 个字节单元中的操作数取出来。

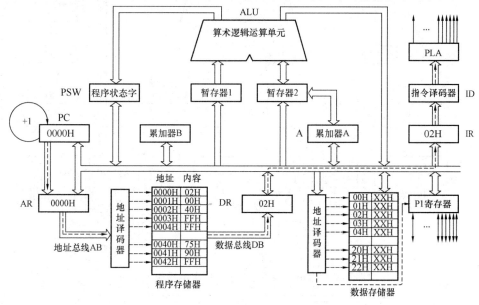

图 1-38　取第一条指令第 1 个字节的操作示意图

（2）取第一条指令第 2 个字节的过程如下。

1）程序计数器 PC 的内容（0001H）送地址寄存器 AR。

2）当程序计数器 PC 的内容可靠地送入地址寄存器后，PC 的内容加 1，变为 0002H。

3）地址寄存器 AR 把地址 0001H 通过地址总线送至存储器。经地址译码器译码，选中 0001H 单元。

4）CPU 给出读命令。

5）将所选中的 0001H 单元的内容 00H 读至数据总线上。

6）读出的内容经过数据总线送至数据寄存器 DR。

7）因是取操作数，取出的数据为目标地址的高位字节，故把数据寄存器 DR 中的内容送至累加器 A 中暂存。

具体过程如图 1-39 所示。

（3）取第一条指令第 3 个字节的过程如下。

1）程序计数器 PC 的内容（0002H）送地址寄存器 AR。

2）当程序计数器 PC 的内容可靠地送入地址寄存器后，PC 的内容加 1，变为 0003H。

3）地址寄存器 AR 把地址 0002H 通过地址总线送至存储器。经地址译码器译码，选中 0002H 单元。

4）CPU 给出读命令。

5）将所选中的 0002H 单元的内容 40H 读至数据总线上。

6）读出的内容经过数据总线送至数据寄存器 DR。

7）因是取操作数，取出的数据为目标地址的低位字节，故把数据寄存器 DR 中的内容和累加器 A 中的内容送至 PC。

具体过程如图 1-40 所示。

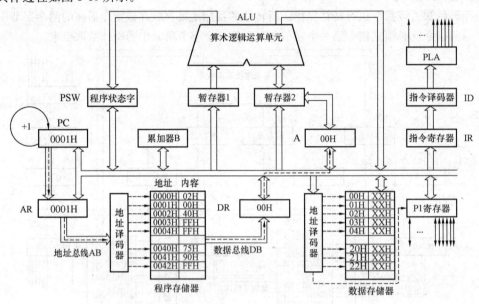

图 1-39　取第一条指令第五个字节的操作示意图

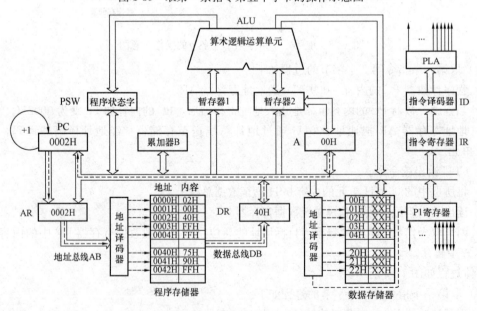

图 1-40　取第一条指令第 3 个字节的操作示意图

（4）执行完内存 RAM 中的第一条指令后，此时程序计数器 PC 中的内容已变成 0040H 了。接着便执行第二条指令，即存放在内存 RAM 中 0040H 单元中的指令。

1）程序计数器 PC 的内容（0040H）送地址寄存器 AR。

2）当程序计数器 PC 的内容可靠地送入地址寄存器后，PC 的内容加 1 变为 0041H。

3）地址寄存器 AR 把地址 0040H 通过地址总线送至存储器。经地址译码器译码，选中 0040H 单元。

4）CPU 给出读命令。

5）将所选中的 0040H 单元的内容 752H 读至数据总线上。

6）读出的内容经过数据总线送至数据寄存器 DR。

7）因是取指阶段，取出的数据为指令，故把数据寄存器 DR 中的内容送至指令寄存器 IR，然后经过译码发出执行这条指令的各种控制命令。

具体过程如图 1-41 所示。

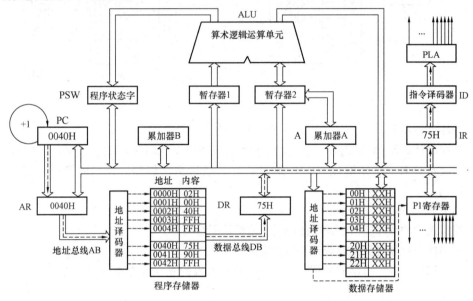

图 1-41 取第二条指令第 1 个字节的操作示意图

经译码后知道该指令是执行立即数送内部 RAM 或专用寄存器的操作。指令的第 2 个字节为直接地址，第 3 个字节为立即数。故执行第二条指令就必须把指令第 3 个字节中的立即数送到第 2 个字节所指定的地址单元中。

（5）取第二条指令第 2 个字节的过程如下。

1）程序计数器 PC 的内容（0041H）送地址寄存器 AR。

2）当程序计数器 PC 的内容可靠地送入地址寄存器后，PC 的内容加 1，变为 0042H。

3）地址寄存器 AR 把地址 0041H 通过地址总线送至存储器。经地址译码器译码，选中 0041H 单元。

4）CPU 给出读命令。

5）将所选中的 0041H 单元的内容 90H 读至数据总线上。

6）读出的内容经过数据总线送至数据寄存器。

7）因是取操作数，取出的数据为专用寄存器地址，故把数据寄存器 DR 中的内容送至数据存储器的地址译码器。

具体过程如图 1-42 所示。

（6）取第二条指令第 3 个字节的过程如下。

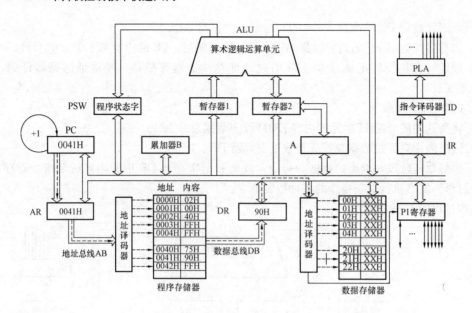

图 1-42 取第二条指令第 2 个字节的操作示意图

1）程序计数器 PC 的内容（0042H）送地址寄存器 AR。

2）当程序计数器 PC 的内容可靠地送入地址寄存器后，PC 的内容加 1，变为 0043H。

3）地址寄存器 AR 把地址 0042H 通过地址总线送至存储器。经地址译码器译码，选中 0042H 单元。

4）CPU 给出读命令。

5）将所选中的 0042H 单元的内容 FFH 读至数据总线上。

6）读出的内容经过数据总线送至数据寄存器 DR。

7）因是取操作数，取出的数据为立即数，故把取出的立即数送至以上一个字节为地址的单元中。

具体过程如图 1-43 所示。

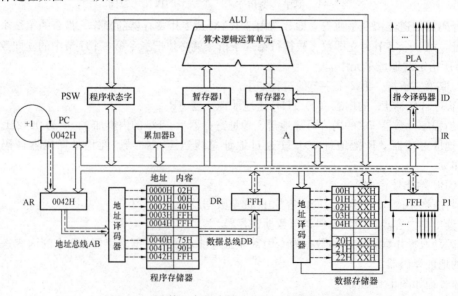

图 1-43 取第二条指令第 3 个字节的操作示意图

3. 寻址方式

计算机是通过执行一条条的指令来完成任何的操作。每一条指令由操作码和操作数组成，操作码表示计算机执行的是什么样的操作，操作数指明参加操作的数本身或操作数所在的地址。因此，执行指令时必须知道操作数存放的地址，形成操作数存放地址的方式称为寻址方式。在微型计算机中经常会碰到以下几种寻址方式。

（1）立即寻址。在这种寻址方式中，指令的操作码后面就是操作数，操作数就是放在程序存储器内的常数。立即寻址方式的指令是双字节指令。

（2）寄存器寻址。在这种寻址方式中，被寻址寄存器的内容就是操作数。

（3）直接寻址。在这种寻址方式中，指令的操作码后面的是操作数的地址。

（4）寄存器间接寻址。在这种寻址方式中，被寻址寄存器的内容是操作数的地址。

（5）基址寄存器加变址寄存器间接寻址。在这种寻址方式中，操作数所在的地址是基址寄存器的内容与变址寄存器的内容之和。

以上内容简单地介绍了以 CPU 为核心的数字系统，除此之外构成数字系统的器件还有：简单可编程逻辑器件（Programmable Logic Device，PLD）；复杂可编程逻辑器件（Complex Programmable Logic Device，CPLD）；现场可编程器件（Field Programmable Gate Array，FPGA）；标准单元（Standard Cell）；门阵列（Gate Array）；数字信号处理器（Digital Signal Processor，DSP）等。想了解这些器件的应用，请读者参考相关资料。

## 第2章

认识 8051 单片机

本章在简单介绍了 MCS-51 单片机及其指令系统后，较详细地介绍了四款 8051 内核单片机 AT89S52、STC90C52RC/RD＋、STC11F60XE、STC12C5A60S2 的特性、引脚功能、特殊功能寄存器、存储器组织结构等资源。

2.1　MCS-51 单片机概述

单片机的全称为单片微型计算机 SCM（Single-Chip Microcomputer）或微型控制器 MCU（Micro-Controller Uint）。它在一块芯片上集成了中央处理单元 CPU、随机存储器 RAM、只读存储器 ROM、Flash 存储器、定时器/计数器和多种输入/输出（I/O）接口电路，如并行 I/O 口、串行 I/O 口和 A/D 转换器等单元电路。就其组成而言，一块单片机就是一台计算机。典型的单片机结构如图 2-1 所示。它由于具有许多适用于控制的指令和硬件支持而广泛应用于工业控制、仪器仪表、外设控制、顺序控制器中，所以又称为微控制单元（MCU）。

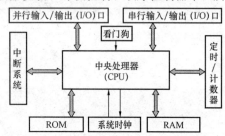

图 2-1　单片机结构框图

MCS-51 系列单片机，是 Intel 公司继 MCS-48 系列单片机之后，在 1980 年推出的高挡 8 位单片机。当时 MCS-51 系列产品有 8051、8031、8751、80C51、80C31 等型号。它们的结构基本相同，其主要差别在于寄存器的配置上有所不同。8051 内部没有 4KB 的掩膜 ROM 程序存储器，8031 片内没有程序存储器，而 8751 是将 8051 片内的 ROM 换成了 EPROM。

2.1.1　单片机内部总体结构

MCS-51 单片机内部总体结构如图 2-2 所示。MCS-51 单片机采用 CHMOS 制造工艺 40 引脚双列直插封装形式，在芯片上集成了一个 8 位中央处理器，4KB/8KB 的只读存储器，128B/256B 的读写存储器，4 个 8 位（32 条）并行 I/O 端口，2 个或 3 个定时器/计数器，一个具有 5 个中断源、2 个优先级的嵌套中断结构，一个用于多处理器通信、I/O 扩展或全双工通用异步接收发送器（UART）的串行 I/O 口，以及一个片内振荡器和时钟电路。

算术逻辑运算器（ALU）可以对半字节（4 位）、单字节等数据进行操作，能完成加、减、乘、除、加 1、减 1、BCD 码十进制调整、比较等算术运算，还能进行与、或、异或、求补、循环等逻辑操作，并将操作结果的状态送至状态寄存器（PSW）。

该算术逻辑运算器还包含有一个布尔处理器，用来处理位操作。它以进位标志 C 为累加器，可执行置位、复位、取反、等于 1 转移、等于 0 转移、等于 1 转移且清 0 及进位标志位与其他可位寻址的位之间进行数据传送等位操作，也能使进位标志位与其他可位寻址的位之间进行逻辑与、或等操作。

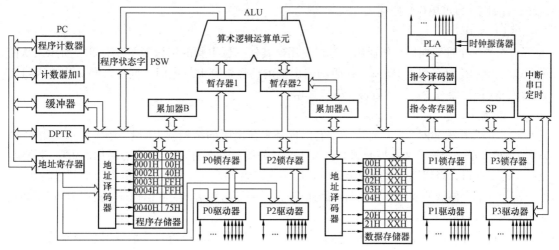

图 2-2 MCS-51 总体结构图

程序计数器 PC 共 16 位，可对 64KB 的程序存储器直接寻址。执行指令时，PC 内容的低 8 位经 P0 口输出，由外接锁存器锁存，高 8 位经 P2 口输出。

MCS-51 单片机的程序存储器空间和数据存储器空间是互相独立的，其物理结构也不同。程序存储器为只读存储器（ROM）。数据存储器为随机存取存储器（RAM）。单片机的存储器编址方式采用与工作寄存器、I/O 口锁存器统一编址的方式。

4 个 I/O 双向端口的每一条 I/O 线都能独立地作输入或输出口。P0 口为三态双向口，能带动 8 个 LSTTL 电路。P1、P2、P3 口为准双向口，在用作输入线时，必须先对口锁存器写入"1"，然后再读；负载能力为 4 个 LSTTL 电路。

2.1.2 输入输出口结构

由于 MCS-51 单片机的 4 个端口功能不同，所以它们的电路结构也不完全相同，但工作原理相似。P0、P1、P2、P3 端口中每一位的典型结构如图 2-3 所示。

1. P0 口

图 2-3（a）是 P0 口中任一位引脚的结构图，图中包含着一个输出锁存器、2 个三态缓冲器、一个输出驱动电路和一个输出控制电路。输出控制电路由一个与门、一个反相器和一路模拟切换开关（MUX）组成，信号通过与门和模拟开关去控制由一对场效应管（FET）组成的输出驱动电路。

模拟转换开关的位置由来自 CPU 的控制信号决定，当控制信号为低电平 0 时，锁存器的反相输出端 $\overline{Q}$ 与输出驱动接通，同时与门输出也为低电平 0，输出级中的上拉管 T1 处于截止状态，因此输出级是输出管 T2 开漏输出。此时外接上拉电阻，P0 口便可作为一般的 I/O 口使用。CPU 向端口写数据时，写脉冲加在锁存器的时钟脉冲端 CL 上，内部输出的数据经过锁存器和输出级两次反相后，恢复为原数据输出。

图 2-3（a）中两个缓冲器用于读操作。缓冲器 1 读取锁存器 Q 端的数据，缓冲器 2 直接读端口引脚上的数据。不直接读引脚上的数据而读锁存器 Q 端上的数据，是为了避免错读引脚上的电平。如向某引脚写"1"时，场效应管导通，把引脚上的电平拉低。此时若从引脚上读取数据，就会把此数据"1"错读成"0"；而从锁存器的 Q 端读取，则可得到正确的数据。

P0 口既可作为地址/数据总线使用，又可作为通用 I/O 口使用；作输出口用时，输出级属开漏输出，应外接上拉电阻；作输入口用前，应先向锁存器写"1"，这时输出级的两个场效应管皆

45

截止，此时 P0 口可用作高阻输入。

2. P1 口

P1 口是一个准双向口，作通用 I/O 口使用，其任一位引脚的结构如图 2-3（b）所示。从图中可以看出，P1 口有别于 P0 口，在驱动输出端内已经接有上拉电阻。同样，端口作输入口用时，应先向锁存器写"1"，然后再读端口数据。

3. P2 口

P2 口的位结构如图 2-3（c）所示，它的内部上拉电阻的结构同 P1 口。图 2-3（c）中的 P2 口比 P1 口多了一个输出切换控制部分。当切换开关倒向下面时，P2 口作为通用的 I/O 口使用，是一个准双向口。当切换开关倒向上面时，P2 口用于输出高 8 位地址，对外部存储器进行访问。由于访问外部存储器的操作连续不断，因此 P2 口需要不断地送出高 8 位地址，此时 P2 口不能再作为通用 I/O 口使用了。

在不接外部程序存储器而接外部数据存储器的系统中，根据访问外部数据存储器的频繁程度，P2 口在一定限度内仍然可以作为一般的 I/O 口使用。

4. P3 口

P3 口是一个多用途端口，其位结构如图 2-3（d）所示。当它作为通用 I/O 口使用时，工作原理与 P1 和 P2 口类似，但输出功能选择端应保持高电平，使与非门对锁存器输出端是畅通的。

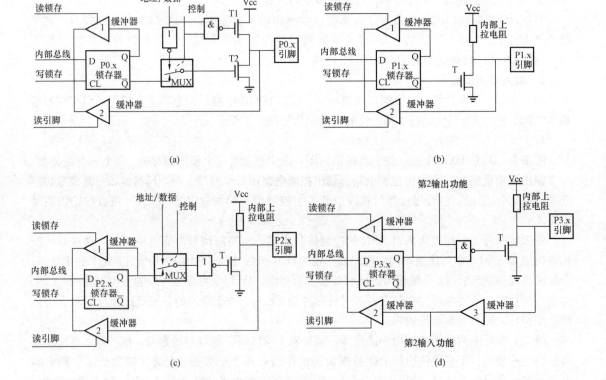

图 2-3　端口引脚结构

(a) P0 口；(b) P1 口；(c) P2 口；(d) P3 口

除了作通用 I/O 口外，P3 口的每一条引脚还具有专用功能。当某一位作专用功能时，将该位的锁存器应置"1"，使与非门对专用功能是畅通的，或使此端口允许输入专用信号。不管是作为通用输入或专用输入，相应的输出锁存器和输出功能选择端都置"1"。

2.1.3 时钟和复位电路

1. 时钟电路

时钟电路是确保单片机正常可靠运行的最重要的电路之一。MCS-51 内部集成了一个用于构成振荡器的高增益反相放大器，引脚 XTAL1 和 XTAL2 分别是此放大器的输入端和输出端。这个放大器与外接作为反馈元件的片外晶体或陶瓷谐振器构成一个自激振荡器。MCS-51 也可以采用外部振荡方式。两种方式的时钟电路如图 2-4 所示。

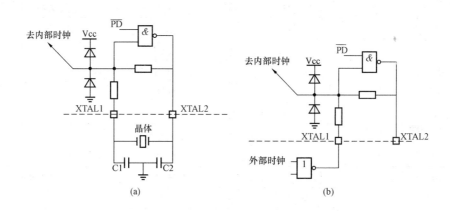

图 2-4 MCS-51 时钟电路

（a）内部时钟电路；（b）外部时钟电路

如图 2-4（a）所示的电路中，晶体和电容 C1、C2 构成并联谐振电路，接在反相放大器的反馈回路中。电容的大小或多或少会影响振荡器的稳定性。通常外接晶体时，电容选 30pF 左右；外接陶瓷谐振器时，电容选 47pF 左右。

若采用外部时钟源时，时钟电路如图 2-4（b）所示，外部时钟信号通过带上拉电阻的反相器接入引脚 XTAL1，而另一个引脚 XTAL2 悬空。

振荡信号通过一个二分频的触发器而成为内部时钟信号，它向芯片提供一个 2 节拍的时钟信号。在每个时钟的前半个周期，节拍 1 信号有效；后半个周期内，节拍 2 信号有效。MCS-51 单片机的每个机器周期包含 6 个状态周期，每个状态周期划分为两个节拍，分别对应着两个节拍时钟的有效期间。因此一个机器周期包含 12 个振荡周期，若采用 12MHz 的晶体振荡器，则每个机器周期正好为 1μs。

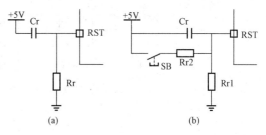

图 2-5 MCS-51 复位电路

（a）上电复位；（b）开关复位

2. 复位电路

MCS-51 单片机有一个专门用于复位的引脚，在振荡器运行中，该引脚至少保持两个机器周期的高电平才能实现复位。复位电路如图 2-5 所示。图 2-5（a）为上电复位电路，图 2-5（b）为开关复位电路。复位后内部各寄存器的状态见表 2-1。

2.1.4 存储器结构

MCS-51 单片机的存储器结构与常见的微型计算机的配置方式不同，它把程序存储器和数据存储器分开，各有自己的寻址系统、控制信号和功能。MCS-51 单片机的芯片内集成有一定容量的程序存储器和数据存储器。程序存储器用来存放程序和始终要保留的常数。数据存储器通常用来存放程序运行中所需要的常数或变量。

从物理地址空间看，MCS-51 有 4 个存储空间：片内程序存储器和片外程序存储器，片内数据存储器和片外数据存储器。MCS-51 单片机的存储器配置如图 2-6 所示。

表 2-1　　　　　　　　　　　　　复位后内部寄存器状态

寄存器	内容	寄存器	内容
PC	0000H	TH0	00H
ACC	00H	TL0	00H
B	00H	TH1	00H
PSW	00H	TL1	00H
SP	07H	TH2	00H
DPTR	0000H	TL2	00H
P0～P3	0FFH	RLDH	00H
IP	××000000	RLDL	00H
IE	0×000000	SCON	00H
TMOD	00H	SBUF	不定
TCON	00H	PCON	0×××0000
T2CON	00H		

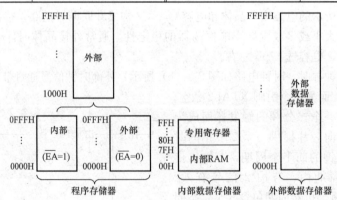

图 2-6　MCS-51 存储器配置

有关程序存储器、数据存储器以及专用寄存器的内容在介绍具体芯片时再作详细说明。

2.1.5 特殊功能寄存器

在 MCS-51 单片机中共有 23 个专用寄存器，其中 3 个只属于 8052，5 个是双字节寄存器，程序计数器 PC 在物理上是独立的。其余 22 个寄存器属于内部数据存储器的 SFR 块，占用了 26 个字节，分布在地址空间范围 80H～FFH 内。表 2-2 列出了专用功能寄存器详细地址，它们的应用将在后面有关章节中详述。

表 2-2　　　　　　　　　　　　　　　　　专用寄存器

标识符	名称	地址	备注
ACC	累加器 A	E0H	可按字节和按位寻址
B	B 寄存器	F0H	可按字节和按位寻址
PSW	程序状态字	D0H	可按字节和按位寻址
SP	堆栈指针	81H	
DPTR	数据指针（包括 DPH 和 DPL）	83H 和 82H	
P0	I/O 口 0	80H	可按字节和按位寻址
P1	I/O 口 1	90H	可按字节和按位寻址
P2	I/O 口 2	A0H	可按字节和按位寻址
P3	I/O 口 3	B0H	可按字节和按位寻址
IP	中断优先级控制	B8H	可按字节和按位寻址
IE	允许中断控制	A8H	可按字节和按位寻址
TMOD	定时器/计数器方式控制	89H	
TCON	定时器/计数器控制	88H	可按字节和按位寻址
T2CON	定时器/计数器 2 控制	C8H	可按字节和按位寻址；仅 8052 存在
TH0	定时器/计数器 0 高位字节	8CH	
TL0	定时器/计数器 0 低位字节	8AH	
TH1	定时器/计数器 1 高位字节	8DH	
TL1	定时器/计数器 1 低位字节	8BH	
TH2	定时器/计数器 2 高位字节	CDH	仅 8052 存在
TL2	定时器/计数器 2 低位字节	CCH	仅 8052 存在
RLDH	定时器/计数器 2 高位字节自动再装载	CBH	仅 8052 存在
RLDL	定时器/计数器 2 低位字节自动再装载	CAH	仅 8052 存在
SCON	串行控制	98H	可按字节和按位寻址
SBUF	串行数据缓冲器	99H	
PCON	电源控制	97H	

2.2　MCS-51 指令系统

　　MCS-51 指令系统有 42 种助记符，代表了 33 种操作功能，其中有的功能可以有几种助记符（如数据传送的助记符有 MOV，MOVC，MOVX）。指令功能助记符与操作数各种可能的寻址方式相结合，共构成 111 条指令。

　　这 111 条指令中，如果按指令的长短（字节）分类，有单字节指令 49 条；双字节指令 45 条；三字节指令 17 条。按指令执行的时间长短分，有单机器周期（12 个振荡周期）指令 64 条；双机器周期指令 45 条；四个机器周期（乘、除）指令 2 条。按指令功能分，MCS-51 指令系统可分为五类：数据传送类指令 29 条、算术运算类指令 24 条、逻辑操作类指令 24 条、位（布尔）操作类指令 17 条、控制转移类指令 17 条。

　　在 12MHz 晶振的条件下，单机器周期指令、双机器周期指令和四个机器周期指令执行的时间分别为 1μs、2μs 和 4μs。由此可见 MCS-51 指令系统具有存储效率高和执行速度快的特点。

在根据指令的功能特性分类介绍之前先把需要用到的一些符号作如下简单的说明。

R_n——现行选定的寄存器区中的 8 个寄存器 $R_7 \sim R_0$（$n=0 \sim 7$），$n=1$ 时当前使用 1 号寄存器。

direct——8 位内部数据存储单元地址。它可以是一个内部数据 RAM 单元（0～127）或一个专用寄存器地址［即 I/O 口、控制寄存器、状态寄存器等（128～255）］。

R_i——通过寄存器 R_1 或 R_0 间接寻址的 8 位内部数据 RAM 单元（0～255），$i=0,1$。

#data——指令中的 8 位立即数。

#data16——指令中的 16 位立即数。

addr16——16 位目标地址。用于 LCALL 和 LJMP 指令，可指向 64K 字节程序存储器地址空间的任何地方。

addr11——11 位目标地址。用于 ACALL 和 AJMP 指令，转向下一条指令的第一字节所在的同一个 2K 字节程序存储器地址空间内。

rel——带符号（2 的补码）的 8 位偏移量字节。用于 SJMP 和所有条件转移指令中。偏移字节相对于下一条指令第一字节计算，在 -128～+127 内取值。

bit——内部数据 RAM 或专用功能寄存器里的直接寻址位地址。

DPTR——数据指针，可用作 16 位的地址寄存器。

A——累加器。

B——专用寄存器，用于乘（MUL）和除（DIV）指令中。

C——进位标志或进位位。

/bit——表示对该位操作数取反。

(X) —— X 中的内容。

((X))——由 X 中的内容为地址，所指出单元中的内容。

2.2.1 数据传送类指令

数据传送指令通常的操作是把源操作数传送到指令所指定的目标地址，指令执行后，源操作数不变，目的操作数被源操作数所代替。若要求在数据传送时，不丢失目的操作数，则可以用交换型传送指令。数据传送类指令用到的助记符有：MOV、MOVX、MOVC、XCH、XCHD、SWAP、POP、PUSH 8 种。29 条数据传送指令的助记符、功能说明以及对应的机器码见表 2-3。

表 2-3　　　　　　　　　　　　数据传送指令

指令助记符	功能简述	字节	机器码	操作说明
MOV A, Rn	寄存器送累加器 A	1	E8～EF	(A)←(Rn)
MOV Rn, A	累加器 A 送寄存器 Rn[①]	1	F8～FF	(Rn)←(A)
MOV A, @Ri	内部 RAM 送累加器 A[②]	1	E6～E7	(A)←((Ri))
MOV @Ri, A	累加器 A 送内部 RAM	1	F6～F7	((Ri))←(A)
MOV A, #data	立即数送累加器	2	74 data	(A)←#data
MOV A, direct	直接寻址字节内容送累加器 A	2	E5 direct	(A)←(direct)
MOV direct, A	累加器 A 送直接寻址字节	2	F5 direct	(direct)←(A)
MOV Rn, #data	立即数送寄存器 Rn[①]	2	78～7F data	(Rn)←#data
MOV direct, #data	立即数送直接寻址字节	3	75 direct data	(direct)←#data

指令助记符	功能简述	字节	机器码	操作说明
MOV @Ri，#data	立即数送内部 RAM②	2	76~77	((Ri))← #data
MOV direct，Rn	寄存器 Rn 内容送直接寻址字节①	2	88~8F direct	(direct)←(Rn)
MOV Rn，direct	直接寻址字节内容送寄存器 Rn②	2	A8~AF direct	(Rn)←(direct)
MOV direct，@Ri	内部 RAM 送直接寻址字节②	2	86~87	(direct)←((Ri))
MOV @Ri，direct	直接寻址字节送内部 RAM②	2	A6~A7	((Ri))←(direct)
MOV direct，direct	直接寻址字节送直接寻址字节	3	85 direct direct	(direct)←(direct)
MOV DPTR，#data 16	16 位立即数送数据指针	3	90 data15-8 data7-0	(DPTR)←data16
MOVX A，@Ri	外部 RAM 送累加器 A(8 位地址)②	1	E2~E3	(A)←((Ri))
MOVX @Ri，A	累加器 A 送外部 RAM(8 位地址)②	1	F2~F3	((Ri))←(A)
MOVX A，@DPTR	外部 RAM 送累加器 A(16 位地址)	1	E0	((DPTR))←(A)
MOVX @DPTR，A	累加器 A 送外部 RAM(16 位地址)	1	F0	(A)←((DPTR))
MOVC A，@A+DPTR	程序代码送累加器 A(相对数据指针)	1	93	(A)←((A)+ (DPTR))
MOVC A，@A+PC	程序代码送累加器(相对程序计数器)	1	83	(PC)←(PC)+1 (A)←((A)+(PC))
XCH A，Rn	累加器 A 与寄存器交换①	1	C8~CF	(A)↔(Rn)
XCH A，@Ri	累加器 A 与内部 RAM 交换②	1	C6~C7	(A)↔(Ri)
XCH A，direct	累加器 A 与直接寻址交换	2	C5 direct	(A)↔(direct)
XCHD A，@Ri	累加器 A 与内部 RAM 低四位交换②	1	D6~D7	$(A_{3\sim0})↔((Ri_{3\sim0}))$
SWAP A	累加器 A 高四位与低四位交换	1	C4	$(A_{3\sim0})↔(A_{7\sim4})$
POP direct	栈顶弹至直接寻址字节	2	D0 direct	(direct)←((SP)) (SP)←(SP)-1
PUSH direct	直接寻址字节压入栈顶	2	C0 direct	(SP)←(SP)+1 ((SP))←(direct)

注 ① n 取 0~7。下同。

② i 取 0~1。下同。

2.2.2 算术操作类指令

算术操作类指令有 4 种基本的算术操作运算，即加、减、乘、除。这 4 种指令能对 8 位无符号数进行直接运算，借助溢出标志，可对带符号数进行 2 的补码运算；借助进位标志，可以实现多精度的加、减和转移；也可对压缩的 BCD 数进行运算。算术操作类指令用到的助记符有：ADD、ADDC、INC、DA、SUBB、DEC、MUL、DIV 8 种。24 条算术操作类指令的助记符、功能说明以及对应机器码见表 2-4。

表 2-4 算术操作类指令

指令助记符	功能简述	字节	机器码	操作说明
ADD A，Rn	累加器 A 加寄存器 Rn	1	28~2F	(A)←(A)+(Rn)
ADD A，@Ri	累加器 A 加内部 RAM	1	26~27	(A)←(A)+((Ri))

续表

指令助记符	功能简述	字节	机器码	操作说明
ADD A，direct	累加器 A 加直接寻址字节	2	25 direct	$(A) \leftarrow (A) + (direct)$
ADD A，#data	累加器 A 加立即数	2	24 data	$(A) \leftarrow (A) + data$
ADDC A，Rn	累加器 A 加寄存器 Rn 和进位	1	38~3F	$(A) \leftarrow (A) + (C) + (Rn)$
ADDC A，@Ri	累加器 A 加内部 RAM 和进位	1	36~37	$(A) \leftarrow (A) + (C) + ((Ri))$
ADDC A，#data	累加器 A 加立即数	2	34 data	$(A) \leftarrow (A) + (C) + data$
ADDC A，direct	累加器 A 加直接寻址字节和进位	2	35 direct	$(A) \leftarrow (A) + (C) + (direct)$
INC A	累加器 A 加 1	1	04	$(A) \leftarrow (A) + 1$
INC Rn	寄存器 Rn 加 1	1	08~0F	$(Rn) \leftarrow (Rn) + 1$
INC direct	直接寻址字节加 1	2	05 direct	$(direct) \leftarrow (direct) + 1$
INC @Ri	内部 RAM 加 1	1	06~07	$((Ri)) \leftarrow ((Ri)) + 1$
INC DPTR	数据指针 DPTR 加 1	1	A3	$(DPTR) \leftarrow (DPTR) + 1$
DA A	十进制调整	1	D4	若 $[(A_{3\sim0}) > 9 \lor (A_C) = 1]$， 则 $(A_{3\sim0}) \leftarrow (A_{3\sim0}) + 6$； 若 $[(A_{7\sim0}) > 9 \lor (C) = 1]$， 则 $(A_{7\sim0}) \leftarrow (A_{7\sim0}) + 6$
SUBB A，Rn	累加器 A 减寄存器和借位	1	98~9F	$(A) \leftarrow (A) - (C) - (Rn)$
SUBB A，@Ri	累加器 A 减内部 RAM 和借位	1	96~97	$(A) \leftarrow (A) - (C) - ((Ri))$
SUBB A，#data	累加器 A 减立即数和借位	2	94 data	$(A) \leftarrow (A) - (C) - data$
SUBB A，direct	累加器 A 减直接寻址字节和借位	2	95 direct	$(A) \leftarrow (A) - (C) - (direct)$
DEC A	累加器 A 减 1	1	14	$(A) \leftarrow (A) - 1$
DEC Rn	寄存器 Rn 减 1	1	18~1F	$(Rn) \leftarrow (Rn) - 1$
DEC @Ri	内部 RAM 减 1	1	16~17	$((Ri)) \leftarrow ((Ri)) - 1$
DEC direct	直接寻址字节减 1	2	15 direct	$(direct) \leftarrow (direct) - 1$
MUL AB	累加器 A 乘寄存器 B	1	A4	$(B_{7\sim0})(A_{7\sim0}) \leftarrow (A) \times (B)$
DIV AB	累加器 A 除以寄存器 B	1	84	$(A) \leftarrow (A)/(B)$ 的商 $(B) \leftarrow (A)/(B)$ 的余 $(C) \leftarrow 0$，$(OV) \leftarrow 0$

2.2.3 逻辑操作类指令

基本的逻辑运算有与、或、非三种。51 系列单片机的逻辑指令功能很强，能完成与、或、异或、清除、求反、左右移位等逻辑操作，并且这类指令的目的操作数不仅仅是累加器 A，而且可以是内部 RAM 中的任何一位。逻辑操作类指令用到的助记符有 ANL、ORL、XRL、RL、RLC、RR、RRC、CLR 和 CPL。25 条逻辑操作类指令的助记符、功能说明以及对应的机器码见表 2-5。

表 2-5　　　　　　　　　　　　　逻辑操作类指令

指令助记符	功能简述	字节	机器码	操作说明
ANL A，Rn	累加器 A 内容逻辑与寄存器 Rn 内容	1	58~5F	$(A) \leftarrow (A) \land (Rn)$

指令助记符	功 能 简 述	字节	机器码	操作说明
ANL A，@Ri	累加器 A 内容逻辑与内部 RAM 内容	1	56~57	$(A) \leftarrow (A) \wedge ((Ri))$
ANL A，direct	累加器 A 内容逻辑与内部 RAM 内容	2	55 direct	$(A) \leftarrow (A) \wedge (direct)$
ANL A，#data	累加器 A 内容逻辑与立即数	2	54 data	$(A) \leftarrow (A) \wedge data$
ANL direct，A	内部 RAM 内容逻辑与累加器 A 内容	2	52	$(direct) \leftarrow (direct) \wedge (A)$
ANL direct，#data	内部 RAM 内容逻辑与立即数	3	53	$(direct) \leftarrow (direct) \wedge data$
ORL A，Rn	累加器 A 内容逻辑或寄存器 Rn 内容	1	48~4F	$(A) \leftarrow (A) \vee (Rn)$
ORL A，@Ri	累加器 A 内容逻辑或内部 RAM 内容	1	46~47	$(A) \leftarrow (A) \vee ((Ri))$
ORL A，direct	累加器 A 内容逻辑或内部 RAM 内容	2	45 direct	$(A) \leftarrow (A) \vee (direct)$
ORL A，#data	累加器 A 内容逻辑或立即数	2	44 data	$(A) \leftarrow (A) \vee data$
ORL direct，A	内部 RAM 内容逻辑或累加器 A 内容	3	42	$(direct) \leftarrow (direct) \vee (A)$
ORL direct，#data	内部 RAM 内容逻辑或立即数	3	43	$(direct) \leftarrow (direct) \vee data$
XRL A，Rn	累加器 A 内容逻辑异或寄存器 Rn 内容	1	68~6F	$(A) \leftarrow (A) \oplus (Rn)$
XRL A，@Ri	累加器 A 内容逻辑异或内部 RAM 内容	1	66~67	$(A) \leftarrow (A) \oplus ((Ri))$
XRL A，direct	累加器 A 内容逻辑异或内部 RAM 内容	2	65 direct	$(A) \leftarrow (A) \oplus (direct)$
XRL A，#data	累加器 A 内容逻辑异或立即数	2	64 data	$(A) \leftarrow (A) \oplus data$
XRL direct，A	内部 RAM 异或累加器 A 内容	3	62	$(direct) \leftarrow (direct) \oplus (A)$
XRL direct，#data	内部 RAM 异或立即数	3	63	$(direct) \leftarrow (direct) \oplus data$
CLR A	累加器清零	1	E4	$(A) \leftarrow 0$
CPL A	累加器按位取反	1	F4	$(A) \leftarrow (/A)$
RL A	A 循环左移一位	1	23	$(A_{n+1}) \leftarrow (A_n)$ $(A0) \leftarrow (A7)$
RLC A	A 带进位位循环左移一位	1	33	$(A_{n+1}) \leftarrow (A_n)$, n=0~6 $(A0) \leftarrow C$ $C \leftarrow (A7)$
RR A	A 循环右移一位	1	03	$(A_n) \leftarrow (A_{n+1})$ $(A7) \leftarrow (A0)$
RRC A	A 带进位位循环右移一位	1	13	$(A_n) \leftarrow (A_{n+1})$, n=0~6 $(A7) \leftarrow C$ $C \leftarrow (A0)$

2.2.4 布尔变量操作类指令

MCS-51 系列单片机中有一个布尔处理机，它能对某些字节中的位进行传送、逻辑运算和条件转移等位操作。在布尔处理器中，进位标志 C_Y 被视作一般 CPU 中的累加器，用来完成数据传送和逻辑运算。有了这些位操作指令，使得逻辑式的化简、逻辑运算、逻辑电路的模拟，以及逻辑控制等得以实现。布尔变量操作类指令共有 17 条，其助记符、功能说明以及对应机器码见表 2-6。

表 2-6　　　　　　　　　　　　　　布尔变量操作类指令

指令助记符	功能简述	字节	机器码	操作说明
CLR C	C 清零	1	C3	$C_Y \leftarrow 0$
CLR bit	直接寻址位清零	2	C2	$(bit) \leftarrow 0$
SETB C	C 置 1	1	D3	$C_Y \leftarrow 1$
SETB bit	直接寻址位置 1	2	D2	$(bit) \leftarrow 1$
CPL C	C 取反	1	B3	$C_Y \leftarrow /C_Y$
CPL bit	直接寻址位取反	2	B2	$(bit) \leftarrow (/bit)$
ANL C，bit	C 逻辑与直接寻址位	2	82	$C_Y \leftarrow C_Y \wedge (bit)$
ANL C，/bit	C 逻辑与直接寻址位的反	2	B0	$C_Y \leftarrow C_Y \wedge (/bit)$
ORL C，bit	C 逻辑或直接寻址位	2	72	$C_Y \leftarrow C_Y \vee (bit)$
ORL C，/bit	C 逻辑或直接寻址位的反	2	A0	$C_Y \leftarrow C_Y \vee (/bit)$
MOV C，bit	直接寻址位送 C	2	A2	$C_Y \leftarrow (bit)$
MOV bit，C	C 送直接寻址位	2	92	$(bit) \leftarrow C_Y$
JC rel	C 置位转移	2	40	$(PC) \leftarrow (PC)+2$，若 $C_Y=1$ 则 $(PC) \leftarrow (PC)+rel$
JNC rel	C 清零转移	2	50	$(PC) \leftarrow (PC)+2$，若 $C_Y=0$ 则 $(PC) \leftarrow (PC)+rel$
JB bit，rel	直接寻址位置位转移	3	20	$(PC) \leftarrow (PC)+3$，若 $(bit)=1$ 则 $PC \leftarrow (PC)+rel$
JNB bit，rel	直接寻址位清零转移	3	30	$PC \leftarrow (PC)+3$，若 $(bit)=0$ 则 $(PC) \leftarrow (PC)+rel+3$
JBC bit，rel	直接寻址位置位转移，并清该位	3	10	$(PC) \leftarrow (PC)+3$，若 $(bit)=1$ 则 $(bit) \leftarrow 0,(PC) \leftarrow (PC)+rel+3$

2.2.5　控制转移类指令

MCS-51 系统单片机的控制转移类指令也相当丰富，除了上面介绍过的布尔变量控制转移指令外，还有 17 条控制转移指令。其中分无条件转移和条件转移，长跳转和短跳转，相对转移和绝对转移。17 条控制转移类指令的助记符、功能说明以及对应机器码见表 2-7。

表 2-7　　　　　　　　　　　　　　控制转移类指令

指令助记符	功能简述	字节	机器码	操作说明
ACALL addr11	2K 地址内绝对调用	2	1	$(PC) \leftarrow (PC)+2,(SP) \leftarrow (SP)+1$ $(SP) \leftarrow (PC)_L,(SP) \leftarrow (SP)+1$ $(SP) \leftarrow (PC)_H,(PC_{10\sim0}) \leftarrow addr11$
LCALL addr16	64K 地址内绝对调用	3	12	$(PC) \leftarrow (PC)+3,(SP) \leftarrow (SP)+1$ $(SP) \leftarrow (PC)_L,(SP) \leftarrow (SP)+1$ $(SP) \leftarrow (PC)_H,(PC) \leftarrow addr16$
RET	子程序返回	1	22	$(PC)_H \leftarrow ((SP)),(SP) \leftarrow (SP)-1$ $(PC)_L \leftarrow ((SP)),(SP) \leftarrow (SP)-1$

指令助记符	功能简述	字节	机器码	操作说明
RETI	中断返回	1	32	$(PC)_H \leftarrow ((SP))$, $(SP) \leftarrow (SP) - 1$ $(PC)_L \leftarrow ((SP))$, $(SP) \leftarrow (SP) - 1$
AJMP addr11	2K 地址内绝对转移	2	1	$(PC_{10\sim0}) \leftarrow addr11$
LJMP addr16	2K 地址内绝对转移	3	02	$(PC) \leftarrow addr16$
SJMP rel	相对短转移	2	80	$(PC) \leftarrow (PC) + rel$
JMP @A+DPTR	相对长转移	1	73	$(PC) \leftarrow (A) + (DPTR)$
JZ rel	累加器内容为零转移	2	60	$(PC) \leftarrow (PC) + 2$, 若$(A) = 0$ 则$(PC) \leftarrow (PC) + rel$
JNZ rel	累加器内容为非零转移	2	70	$(PC) \leftarrow (PC) + 2$, 若$(A) \neq 0$ 则$(PC) \leftarrow (PC) + rel$
CJNE A, direct, rel	累加器内容与直接寻址字节内容不等转移	3	B5	$(PC) \leftarrow (PC) + 3$, 若$(A) \neq dieect$, 则$(PC) \leftarrow (PC) + rel$[①]
CJNE A, ♯data, rel	累加器与立即数不等转移	3	B4	$(PC) \leftarrow (PC) + 3$, 若$(A) \neq data$, 则$(PC) \leftarrow (PC) + rel$[①]
CJNE Rn, ♯data, rel	寄存器内容与立即数不等转移	3	B8~BF	$(PC) \leftarrow (PC) + 3$, 若$(Rn) \neq data$, 则$(PC) \leftarrow (PC) + re$[①]
CJNE @Ri, ♯data, rel	内部 RAM 内容与立即数不等转移	3	B6, B7	$(PC) \leftarrow (PC) + 3$, 若$(Ri) \neq data$, 则$(PC) \leftarrow (PC) + rel$[①]
DJNZ Rn, rel	寄存器内容减 1 不为零转移	2	D8~DF	$(PC) \leftarrow (PC) + 2$, $(Rn) \leftarrow (Rn) - 1$, 若$(Rn) \neq 0$, 则$(PC) \leftarrow (PC) + rel$
DJNZ direct, rel	直接寻址字节内容不为零转移	3	D5	$(PC) \leftarrow (PC) + 3$, $(direct) \leftarrow (direct) - 1$, 若$(direct) \neq 0$, 则$(PC) \leftarrow (PC) + rel$
NOP	空操作	1	00	

①如果第 1 操作数小于第 2 操作数则 C_Y 置位, 否则 C_Y 清 0。

各个指令的详细解释将散见于以后各章节中。

2.3 AT89S52 单片机资源

ATMEL89 系列单片机是 ATMEL 公司生产的以 8031 核构成的 8 位 Flash 单片机系列。这个系列单片机的最大特点就是在片内含有 Flash 存储器。标准型的 89 系列单片机是与 MCS-51 系列单片机兼容的, 在其内部含有 4KB 或 8KB 可重复编程的 Flash 存储器, 可进行上万次擦写操作; 全静态工作时钟为 0Hz~24MHz; 有 3 级程序存储锁定结构; 内部含 128~256 字节的 RAM; 有 32 条可编程的 I/ O 线; 有 2~3 个 16 位定时器/计数器; 有 6~8 级中断; 有通用串行接口; 有低电压空闲及电源下降方式。

ATMEL89 系列单片机的标准型有 AT89C51 等 4 种, 它们的基本结构类同, 是和 MCS-51 系列相兼容的产品。AT89C 系列在内部含有 4KB~8KB 可重复编程的 Flash 存储器, 而 AT89S 系列集成的 Flash 程序存储器既可以在线编程(ISP), 也可以用传统方法进行编程。

2.3.1　AT89S52 单片机特性

AT89S52 单片机是在 AT89S51 的基础上，使存储器容量、定时器和中断能力等得到改进的型号，是一种低功耗、高性能的 CMOS 8 位微控制器，内置 8KB 可在线编程闪存（Flash）。该器件采用 ATMEL 公司的高密度非易失性存储技术生产，其指令与工业标准的 80C51 指令集兼容。片内程序存储器允许重复在线编程，允许程序存储器在系统内通过 SPI（Serial Peripheral Interface：串行外设接口）串行口编程或用传统的非易失性存储器编程。通过把通用的 8 位 CPU 与可在线下载的 Flash 集成在一个芯片上，AT89S52 便成为了一个高效的微型计算机。它的应用范围广，可用于解决复杂的控制问题，且成本较低。

AT89S52 芯片提供以下标准特性：8KB 的闪存，256 字节的 RAM，32 条 I/O 线，看门狗定时器，两个数据指针，3 个 16 位定时器/计数器，6 个中断矢量，两级中断结构，全双工串行端口，片上振荡器和时钟电路。此外，AT89S52 设计与操作的静态逻辑下降到了零频率并支持两种软件选择省电模式。空闲模式下停止 CPU 工作的同时允许 RAM、定时器/计数器、串行端口、中断系统继续运行。在掉电模式下保存 RAM 的内容，冻结振荡器，禁用芯片的所有其他功能，直到下一个中断出现或硬件复位为止。其结构框图如图 2-7 所示。

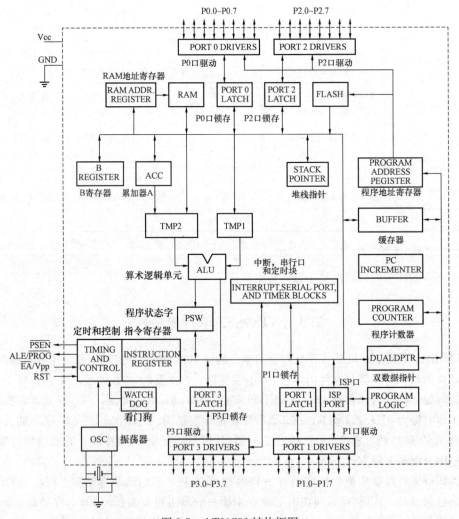

图 2-7　AT89S52 结构框图

AT89S52 的主要特性如下：兼容 MCS-51 产品；8K 字节可擦写 10000 次的在线可编程 ISP 闪存；4.0V 到 5.5V 的工作电源范围；全静态工作：0Hz～24MHz 的时钟频率；3 级程序存储器加密；256 字节内部 RAM；32 条可编程 I/O 线；3 个 16 位定时器/计数器；6 个中断源；UART 串行通道；低功耗空闲方式和掉电方式；通过中断终止掉电方式；看门狗定时器；双数据指针；灵活的在线编程模式(字节和页模式)。

2.3.2 AT89S52 的封装及引脚功能

AT89S52 封装形式有 PDIP-40、PLCC-44、TQFP-44、PDIP-42 四种，其封装结构部分实物图如图 2-8 所示。

按照功能，AT89S52 的引脚可分为主电源、外接晶体振荡或振荡器、多功能 I/O 口、控制和复位等。

1. 多功能 I/O 引脚

AT89S52 共有 4 个 8 位并行 I/O 口，分别定义为 P0、P1、P2、P3 端口，各端口对应的引脚分别是 P0.0～P0.7，P1.0～P1.7，P2.0～P2.7，P3.0～P3.7，共 32 根 I/O 线。每根线可以单独用作输入或输出。

(1) P0 端口。该端口是一个 8 位漏极开路的双向 I/O 口。在作为输出口时，每根引脚可以带动 8 个 TTL 输入负载。当把"1"写入 P0 时，它的引脚可用作高阻抗输入。当对外部程序或数据存储器进行存取数据操作时，P0 端口可用作多路分时复用的低字节地址/数据总线；在该模式，P0 口拥有内部上拉电阻。在对 Flash 存储器进行编程时，P0 用于接收代码字节；在校验时，则输出代码字节；此时需要外加上拉电阻。

(2) P1 端口。该端口是带有内部上拉电阻的 8 位双向 I/O 端口，P1 口的输出缓冲器可驱动(吸收或输出电流方式)4 个 TTL 输入负载。对端口写"1"时，通过内部的上拉电阻把端口拉到高电位，此时可用作输入口。P1 口作输入口使用时，因为有内部的上拉电阻，那些被外部信号拉低的引脚会输出一个拉电流。在对 Flash 编程和程序校验时，P1 口接收低 8 位地址。

另外，P1.0 与 P1.1 可以配置成定时/计数器 2 的外部计数输入端(P1.0/T2)与定时/计数器 2 的触发输入端(P1.0/T2EX)，见表 2-8。

表 2-8 **P1 口管脚复用功能**

端口引脚	复用功能
P1.0	T2(定时器/计算器 2 的外部输入端)
P1.1	T2EX(定时器/计算器 2 的外部触发端和双向控制)
P1.5	MOSI(用于在线编程)
P1.6	MISO(用于在线编程)
P1.7	SCK(用于在线编程)

(3) P2 端口。该端口是带有内部上拉电阻的 8 位双向 I/O 端口，P2 口的输出缓冲器可驱动(吸收或输出电流方式)4 个 TTL 输入负载。对端口写"1"时，通过内部的上拉电阻把端口拉到高电位，此时可用作输入口。P2 口作输入口使用时，因为有内部的上拉电阻，那些被外部信号拉低的引脚会输出一个电流。

在访问外部程序存储器或 16 位的外部数据存储器(如执行 MOVX @DPTR 指令)时，P2 口送出高 8 位地址，在访问 8 位地址的外部数据存储器(如执行 MOVX @Ri 指令)时，P2 口引脚上的内容(就是专用寄存器 SFR 区中 P2 寄存器的内容)在整个访问期间不会改变。在对

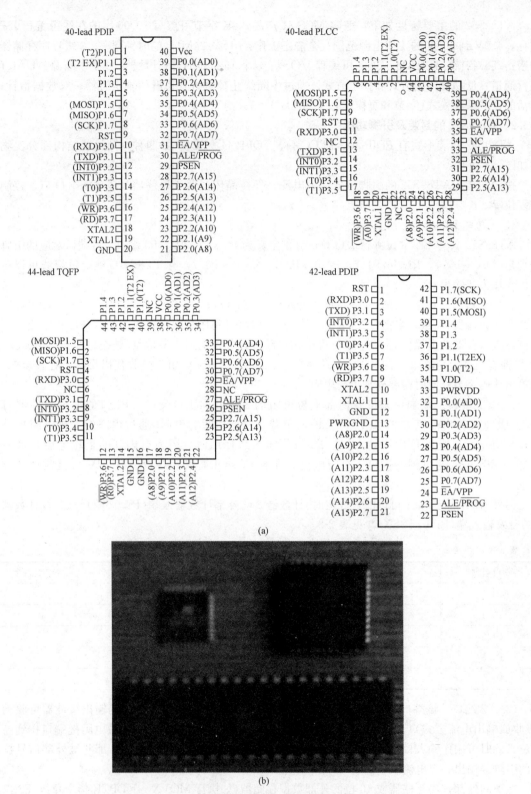

图 2-8　AT89S52 封装引脚图

（a）封装结构图；（b）部分实物外形图

Flash 编程和程序校验期间，P2 口也接收高位地址或一些控制信号。

（4）P3 端口。该端口是带有内部上拉电阻的 8 位双向 I/O 端口，P3 口的输出缓冲器可驱动（吸收或输出电流方式)4 个 TTL 输入负载。对端口写"1"时，通过内部的上拉电阻把端口拉到高电位，此时可用作输入口。P3 口作输入口使用时，因为有内部的上拉电阻，那些被外部信号拉低的引脚会输出一个电流。

在 AT89S52 中，P3 口还有一些复用功能，见表 2-9。在对 Flash 编程和程序校验期间，P3口还接收一些控制信号。

表 2-9   P3 端口引脚与复用功能表

端口引脚	复用功能
P3.0	RXD(串行输入口)
P3.1	TXD(串行输出口)
P3.2	$\overline{INT0}$(外部中断 0)
P3.3	$\overline{INT1}$(外部中断 1)
P3.4	T0(定时器 0 的外部输入)
P3.5	T1(定时器 1 的外部输入)
P3.6	$\overline{WR}$(外部数据存储器写选通)
P3.7	$\overline{RD}$(外部数据存储器读选通)

2. 基本引脚

（1）RST 为复位输入端。在振荡器运行时，在此脚上出现两个机器周期的高电平将使其单片机复位。看门狗定时器（Watchdog)溢出后，该引脚会保持 98 个振荡周期的高电平。在 SFR AUXR(地址 8EH)寄存器中的 DISRTO 位可以用于屏蔽这种功能。DISRTO 位的默认状态，是复位高电平输出功能使能。

（2）ALE/$\overline{PROG}$为地址锁存允许信号。在存取外部存储器时，这个输出信号用于锁存低字节地址。在对 Flash 存储器编程时，这条引脚用于输入编程脉冲$\overline{PROG}$。一般情况下，ALE 是振荡器频率的六分频信号，可用于外部定时或时钟。但是，在对外部数据存储器的每次存取中，会跳过一个 ALE 脉冲。在需要时，可以把地址 8EH 中的 SFR 寄存器的第 0 位置为"1"，从而屏蔽ALE 的工作；而只有在 MOVX 或 MOVC 指令执行时 ALE 才被激活。在单片机处于外部执行方式时，对 ALE 屏蔽位置"1"并不起作用。

（3）$\overline{PSEN}$为程序存储器允许信号。它用于读取外部程序存储器。当 AT89S52 在执行来自外部存储器的指令时，每一个机器周期中$\overline{PSEN}$被激活两次。在对外部数据存储器的每次存取中，$\overline{PSEN}$的 2 次激活会被跳过。

（4）$\overline{EA}$/Vpp 为外部存取允许信号。为了确保单片机从地址为 0000H～FFFFH 的外部程序存储器中读取代码，需要把$\overline{EA}$接到 GND 端，即"地"端。但是，如果锁定位 1 被编程，则$\overline{EA}$在复位时被锁存。当执行内部程序时，$\overline{EA}$应接到 Vcc(＋5V)上。在对 Flash 存储器编程时，这条引脚接收 12V 的编程电压 Vpp。

（5）XTAL1 为振荡器的反相放大器输入，内部时钟工作电路的输入。

（6）XTAL2 为振荡器的反相放大器输出。

（7）Vcc 为电源。接 5V 电源正(＋)端。

（8）GND 为接地。接 5V 电源负(－)端。

2.3.3 存储器组织

所有的 ATMEL Flash 单片机都将程序存储器和数据存储器分为不同的存储空间。89 系列单片机的典型存储器的结构如图 2-9 所示。

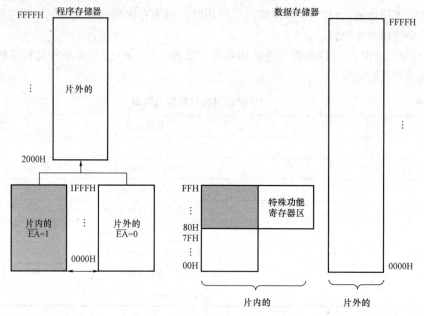

图 2-9 存储器结构

程序存储器和数据存储器分为独立的寻址空间，可寻址的外扩程序或数据存储空间有 64KB。因此可用 8 位地址来访问数据存储器。这样可提高 8 位 CPU 的存储和处理速度。尽管如此，也可通过数据指针（DPTR）寄存器来产生 16 位的数据存储器地址。

AT89S52 单片机中 64KB 程序存储器的地址空间是统一的。程序存储器只可读不可写，用于存放编好的程序和表格常数。89 系列单片机可寻址的程序存储器总空间为 64KB。外部程序存储器的读选通脉冲为$\overline{\text{PSEN}}$（程序存储允许信号）。

数据存储器在物理上和逻辑上都分为两个地址空间：一个内部数据存储器空间和一个外部数据存储器空间。外部数据存储器的寻址空间也有 64KB。访问外部数据存储器时，CPU 发出读和写的信号——$\overline{\text{RD}}$和$\overline{\text{WR}}$。

将$\overline{\text{RD}}$和$\overline{\text{PSEN}}$两个信号加到一个与门的输入端，然后用与门的输出作为外部程序/数据存储器的读选通脉冲。这样就可将外部程序存储器空间和外部数据存储器空间合并在一起了。

1. 程序存储器

89 系列单片机可寻址的内部和外部程序存储器总空间为 64KB。每个外部程序和数据存储器的可寻址范围有 64KB。它没有采用程序存储器分区的方法，64KB 的地址空间是统一的。

当引脚$\overline{\text{EA}}$接至 GND（地）时，程序直接从外扩存储器内取指令。当引脚$\overline{\text{EA}}$接至 Vcc（电源＋5V）时，程序在寻址空间 0000H 到 1FFFH 范围内从片内存储器取指令，在寻址空间 2000H 到 FFFFH 范围内从片外存储器取指令。

程序存储器中有几个单元专门用来存放特定的程序。这几个单元的配置情况如图 2-10 所示。

从图 2-10 中可知，0000H～0002H 这 3 个单元用于初始化程序。单片机复位后，CPU 总是从 0000H 单元开始执行程序。另外，每个中断在程序存储器中都分配有一个固定的入口地址，即中断矢量。中断响应后，CPU 便跳到该单元，从该单元中获得中断服务子程序存放的地址，然后开始执行中断服务子程序。例如，外部中断 0 的入口地址被放在 0003H 单元，通常在 0003H～000AH 单元中设置一个跳转指令来指向中断服务程序。如果使用外部中断 0，则它的中断服务子程序必须从 0003H 单元开始。如果中断没有使用，那么它的服务单元也可作一般用途的程序存储器使用。

每个中断入口地址的间隔为 8 个单元：外部中断 0 的入口地址为 0003H；定时器 0 的入口地址为 000BH；外部中断 1 的入口地址为 0013H；定时器 1 的入口地址为 001BH；以此类推。如果一个中断服务子程序足够短的话，则可全部存放在这 8 个单元中。对较长的服务子程序，则可利用一条跳转指令跳过后续的中断入口地址。

程序存储器最低端的地址可以在片内 Flash 中，或在外部存储器中。将外部存取($\overline{\text{EA}}$)引脚接 Vcc 或接地，就可以进行这种选择。例如，在带有 4KB 片内 Flash 的 AT89C51 中，如果把 $\overline{\text{EA}}$ 引脚连到 Vcc，当地址为

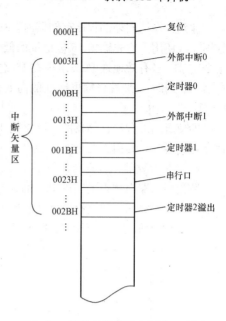

图 2-10　程序存储器的中断入口配置

0000H～0FFFH 时，则访问内部 Flash；当地址为 1000H～FFFFH 时，则访问外部程序存储器。在 AT89C52(8KB Flash)中，当 $\overline{\text{EA}}$ 端保持高电平时，如果地址不超过 1FFFH，则访问内部 Flash；地址超过 1FFFH(即为 2000H～FFFFH)时，将自动转向外部程序存储器。如果 $\overline{\text{EA}}$ 端接地，则只访问外部程序存储器，不管是否有内部 Flash 存储器。

外部程序存储器读选通信号 $\overline{\text{PSEN}}$ 用于读取所有的外部程序；读取内部程序时，不产生 $\overline{\text{PSEN}}$ 信号。

执行外部程序的硬件连接方法如图 2-11 所示。图中 27C64 是程序存储器，里面存放的是用户的程序。

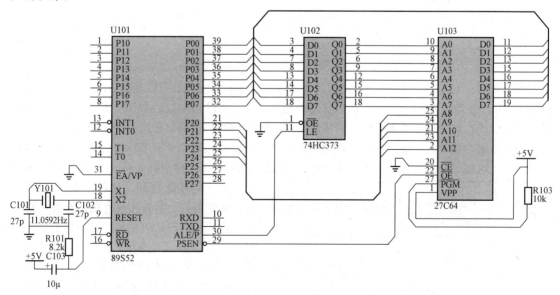

图 2-11　访问外部程序存储器的连接

注意，在访问外部程序存储器时，16 条 I/O 线（P0 和 P2）作为总线使用。P0 端口作为地址/数据总线使用。它先输出 16 位地址的低 8 位 PCL，然后进入悬浮状态，等待程序存储器送出的指令字节。当有效地址 PCL 出现在 P0 总线上时，ALE（允许地址锁存）把这个地址锁存到地址锁存器中。同时，P2 端口输出地址的高 8 位 PCH。然后 $\overline{PSEN}$ 选通外部程序存储器，使指令送到 P0 总线上，由 CPU 取入。

即使所用的程序存储器的实际空间小于 64KB，程序存储器的地址总是 16 位的。在访问外部程序存储器时，要用到两个 8 位端口——P0 和 P2 来产生程序存储器的地址。

2. 数据存储器

数据存储器在物理上和逻辑上都分为两个地址空间：一个为内部数据存储器空间；一个为外部数据存储器空间。数据存储器的配置如图 2-9 所示。

图 2-12 所示是访问 8KB 外部 RAM 时的硬件连接图。在这种情况下，CPU 执行内部 Flash 中的指令（$\overline{EA}$ 接 +5V）。P0 端口作为 RAM 的地址/数据总线，P2 端口中的 3 位也作为 RAM 的页地址。访问外部 RAM 期间，CPU 根据需要发送 $\overline{RD}$ 和 $\overline{WR}$ 信号。

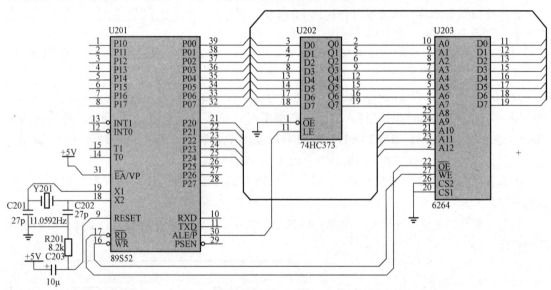

图 2-12　访问外部数据存储器的连接

外部数据存储器的寻址空间可达 64KB。外部数据存储器的地址可以是 8 位或 16 位的。使用 8 位地址时，要连同另外一条或几条 I/O 线一起作为 RAM 的页地址，如图 2-12 所示。这时 P2 口的部分引线可作为通用的 I/O 线。若采用 16 位地址，则由 P2 端口传送高 8 位地址。

内部数据存储器的地址是 8 位的，也就是说其地址空间只有 256 字节，但内部 RAM 的寻址方式实际上可提供 384 字节。低于 7FH 的直接地址访问同一个存储空间，高于 7FH 的间接地址访问另一个存储空间。这样，如图 2-13 所示，虽然高 128 字节区与专用寄存器，即特殊功能寄存器（SFR）区的地址是重合的（80H～FFH），但实际上它们是分开的。究竟访问哪一区，是通过不同的寻址方式加以区分的。访问高 128 字节区时，采用间接寻址方式；访问 SFR 区时，采用直接寻址方式；

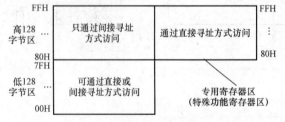

图 2-13　内部数据存储器的结构

访问低 128 字节区时，两种寻址方式都可采用。

低 128 字节区的分配情况如图 2-14 所示。最低 32 个单元(00H～1FH)是 4 个通用工作寄存器组。每个寄存器组含有 8 个 8 位寄存器，编号为 R0～R7。专用寄存器 PSW(程序状态字)中有两位 (RS0，RS1)用来确定采用哪一个工作寄存器组。这种结构能够更有效地使用指令空间，因为寄存器指令比直接寻址指令更短。

工作寄存器组上面的 16 个单元 (20H～2FH)构成了布尔处理机的存储器空间。这 16 个单元的 128 位各自都有专门的位地址，如图 2-15 所示，它们可以被直接寻址，这些位地址是 00H～

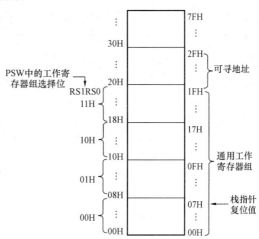

图 2-14　内部 RAM 的低 128 字节区

7FH。在 89 系列单片机的指令系统中，还包括了许多位操作指令，这些位操作指令可直接对这 128 位寻址。

低 128 字节区中的所有单元既可通过直接寻址方式访问，又可通过间接寻址方式访问。而高 128 字节区则只能通过间接寻址方式来访问。仅在带有 256 字节 RAM 的单片机中才有高 128 字节区，这一点在选用单片机时需要注意。

2.3.4　特殊功能寄存器

专用寄存器即特殊功能寄存器(SFR)区的分配情况见表 2-10。这些专用寄存器包括端口锁存器(P0/P1/P2/P3)、程序状态字(PSW)、数据指针(DPTR)、定时/计数器方式控制(TMOD)、定时/计数器控制(TCON)、定时/计数器(THx/TLx)、累加器(ACC/B)、堆栈指针(SP)，以及其他控制寄存器等等。专用寄存器只能通过直接寻址的方式来访问。通常，在所有 ATMEL 单片机的专用寄存器(SFR)区中，寄存器的分配情况是相同的。

专用寄存器区中有一些单元是既可字节寻址又可位寻址的。凡是地址以"0"和"8"结尾(能被 8 整除)的单元都是可位寻址的，位寻址地址的范围是 80H～FFH。表中方框内的 8 位数据值是对应寄存器加电或复位后的状态。专用寄存器的地址及其可位寻址的名称见表 2-11。

需要注意的是，并不是所有的地址空间都被占用，未被占用的地址空间中的内容可能是个不确定的值。读取这些单元中的内容通常会

图 2-15　内部 RAM 中可寻址位的地址

返回一个随机值，向这些单元中存储的结果是不确定的。

表 2-10   **SFR 区的分配及其复位值**

地址	0/8	1/9	2/A	3/B	4/C	5/D	6/E	7/F	地址
0F8H									0FFH
0F0H	B 00000000								0F7H
0E8H									0EFH
0E0H	ACC 00000000								0E7H
0D8H									0DFH
0D0H	PSW 00000000								0D7H
0C8H	T2CON 00000000	T2MOD xxxxxx00	RCAP2L 00000000	RCAP2H 00000000	TL2 00000000	TH2 00000000			0CFH
0C0H									0C7H
0B8H	IP xx000000								0BFH
0B0H	P3 11111111								0B7H
0A8H	IE 0x000000								0AFH
0A0H	P2 11111111		AUXR1 xxxxxxx0				WDTRST xxxxxxxx	不可用	0A7H
098H	SCON 00000000	SBUF xxxxxxxx							09FH
090H	P1 11111111								097H
088H	TCON 00000000	TMOD 00000000	TL0 00000000	TL1 00000000	TH0 00000000	TH1 00000000	AUXR xxx00xx0		08FH
080H	P0 11111111	SP 00000111	DP0L 00000000	DP0H 00000000	DP1L 00000000	DP1H 00000000		PCON 0xxx0000	087H

表 2-11   **专用寄存器位地址及名称**

b7	b6	b5	b4	b3	b2	b1	b0	字节地址	SFR
F7	F6	F5	F4	F3	F2	F1	F0	F0	B
E7	E6	E5	E4	E3	E2	E1	E0	E0	A

b7	b6	b5	b4	b3	b2	b1	b0	字节地址	SFR
CY	AC	F0	RS1	RS0	OV		P	D0	PSW
D7	D6	D5	D4	D3	D2	D1	D0		
			PS	PT1	PX1	PT0	PX0	B8	IP
			BC	BB	BA	B9	B8		
P3.7	P3.6	P3.5	P3.4	P3.3	P3.2	P3.1	P3.0	B0	P3
B7	B6	B5	B4	B3	B2	B1	B0		
			ES	ET1	EX1	ET0	EX0	A8	IE
			AC	AB	AA	A9	A8		
P2.7	P2.6	P2.5	P2.4	P2.3	P2.2	P2.1	P2.0	A0	P2
A7	A6	A5	A4	A3	A2	A1	A0		
								99	SBUF
SM0	SM1	SM2	REN	TB8	RB8	TI	RI	98	SCON
9F	9E	9D	9C	9B	9A	99	98		
P1.7	P1.6	P1.5	P1.4	P1.3	P1.2	P1.1	P1.0	90	P1
97	96	95	94	93	92	91	90		
								8D	TH1
								8C	TH0
								8B	TL1
								8A	TL0
TF1	TR1	TF0	TR0	IE1	IT1	IE0	IT0	88	TCON
8F	8E	8D	8C	8B	8A	89	88		
								87	PCON
								83	DPH
								82	DPL
								81	SP
P0.7	P0.6	P0.5	P0.4	P0.3	P0.2	P0.1	P0.0	80	P0
87	86	85	84	83	82	81	80		

1. 累加器 A

累加器 A 是一个最常用的 8 位专用寄存器，它在特殊功能寄存器组中的地址是 0E0H。大部分单操作数指令的操作数取自累加器 A。好多双操作数指令的一个操作数也取自累加器 A。加、减、乘、除这些算术指令的运算结果都存放在累加器 A 或 AB 寄存器对中。指令系统中采用字母"A"作为累加器的助记符。

2. 寄存器 B

寄存器 B 在特殊功能寄存器组中的地址是 0F0H，它也是一个 8 位的寄存器。在乘法指令中，两个操作数分别取自累加器 A 和寄存器 B，其运算结果存放在 AB 寄存器对中。在除法指令中，被除数取自 A，除数取自 B，运算结果的商数存放在 A 中，余数则存放在 B 中。

在其他指令中，寄存器 B 可作为 RAM 中的一个单元来使用。

3. 堆栈指针 SP

堆栈指针在指令系统中用字母"SP"表示，它在特殊功能寄存器组中的地址是 81H。堆栈指针 SP 是一个 8 位专用寄存器。它指示出堆栈顶在内部 RAM 块中的位置。系统复位后，堆栈指针的初始值为 07H，实际上堆栈是从 08H 单元开始的。将数据压入堆栈后，SP 内容增大，堆栈向上生长。由于 08H～1FH 单元正好属于工作寄存器的区 1～3，考虑到应用程序中可能会用到这些区，故用户在应用程序设计时应该在初始化程序中把堆栈指针 SP 的值改置为 5FH 或更大的值。

4. 数据指针 DPTR

数据指针 DPTR 是一个 16 位专用寄存器，其高位字节寄存器用 DPH 表示，DPH 在特殊功能寄存器组中的地址是 83H；DPTR 的低位字节寄存器用 DPL 表示，DPL 在特殊功能寄存器组中的地址是 82H。数据指针既可以作为一个 16 位寄存器 DPTR 使用，也可以分作两个独立的 8 位寄存器 DPH 和 DPL 来使用。DPTR 指向数据存储器，将从 DPTR 所指的单元中取得二进制数作为数据进行加、减、乘、除等处理。由于数据指针 DPTR 是 16 位的寄存器，所以它的最大寻址空间为 64KB。

5. 程序状态字 PSW

程序状态字寄存器是一个 8 位寄存器，包含了程序的各种状态信息。该寄存器的地址为 0D0H，复位值是 00000000B，其格式如下所示。

寄存器名称	地址	位	B7	B6	B5	B4	B3	B2	B1	B0
PSW	0D0H	名称	CY	AC	F0	RS1	RS0	OV	—	P

（1）第 7 位 CY 是进位标志位。在执行某些算术和逻辑指令时，可以被硬件或软件置位或清零。在布尔处理机中被认为是累加器。

（2）第 6 位 AC 是辅助进位标志位。在进行加法或减法操作而产生由低 4 位向高 4 位进位或借位时，"AC"位将被硬件置"1"，否则就被清零。常用于十进制调整。

（3）第 5 位 F0 是用户定义的一个状态标志位。可以用软件来置位或清零，也可以由软件测试 F0 以控制程序的流向。

（4）第 4 位、第 3 位 RS1、RS0 是寄存器区选择控制位。可以由软件来置位或清零以确定当前工作的寄存器区。RS1、RS0 的取值与寄存器区的对应关系见表 2-12。

表 2-12   RS1、RS0 的取值与寄存器区的对应关系表

RS1	RS0	当前工作寄存器区	地址范围
0	0	寄存器区 0	00H～07H
0	1	寄存器区 2	08H～0FH
1	0	寄存器区 2	10H～17H
1	1	寄存器区 3	18H～1FH

（5）第 2 位 OV 是溢出标志位。当执行算术运算指令时，由硬件置位或清零，以指示溢出状态。如在进行加法 ADD 或减法 SUBB 指令运算时，若出现有进位或借位，该标志就被置位，否则清零。

（6）第 0 位 P 是奇偶标志位。每个指令周期都由硬件来置位或清零，以表示累加器 A 中的"1"的位数的奇偶性。若"1"的位数是奇数，则置位，否则清零。该位在串行通信中具有重要

意义。

6. 串行数据缓冲器 SBUF

数据缓冲器用于存放待发送或已接收的数据，该寄存器的地址为 99H，复位值是 xxxxxxxxB。实际上它由两个独立的寄存器组成，一个是发送缓冲器，另一个是接收缓冲器。要发送的数据送 SBUF，送入的是发送缓冲器；而从 SBUF 取的数据，是来自接收缓冲器。

7. 定时器模式控制寄存器 TMOD

定时器模式控制寄存器 TMOD 用于控制定时器/计数器 0 和 1 的操作模式。该寄存器是一个 8 位专用寄存器，可位寻址。其地址为 89H，复位值是 00000000B。其中低 4 位用于控制定时器 0，高 4 位用于控制定时器 1，其格式如下所示。

寄存器名称	地址	位	B7	B6	B5	B4	B3	B2	B1	B0
TMOD	89H	名称	GATE	C/$\overline{\text{T}}$	M1	M0	GATE	C/$\overline{\text{T}}$	M1	M0
定时器			T1 方式控制				T0 方式控制			

（1）第 7 位 GATE 是定时器/计数器运行控制位。GATE＝1 时，只有 $\overline{\text{INT0}}$ 或 $\overline{\text{INT1}}$ 引脚为高电平，且 TR0（在定时器控制寄存器 TCON 中）或 TR1（在定时器控制寄存器 TCON 中）置"1"时，相应的定时器/计数器才投入运行，这时可用于测量在引脚 $\overline{\text{INT0}}$ 或 $\overline{\text{INT1}}$ 出现的正脉冲的宽度。GATE＝0 时，则只要 TR0 和 TR1 置"1"，定时器/计数器就被投入工作，而不管引脚 $\overline{\text{INT0}}$ 或 $\overline{\text{INT1}}$ 是高电平还是低电平。

（2）第 6 位 C/$\overline{\text{T}}$ 是计数方式或定时器方式选择位。C/$\overline{\text{T}}$＝0，设置为定时器方式，片内计数器计数脉冲的输入来自内部脉冲，其周期等于机器周期。C/$\overline{\text{T}}$＝1，设置为计数器方式，片内计数器的计数脉冲来自引脚 T0（P3.4）或 T1（P3.5）的外部脉冲。

（3）第 5 位、第 4 位 M1、M0 是操作模式控制位。M1、M0 的取值与操作模式的对应关系见表 2-13。

表 2-13　　　　　　　　　　　**M1、M0 的取值与操作模式的对应关系表**

M1	M0	操 作 模 式
0	0	模式 0。TLx 中低 5 位与 THx 中 8 位构成 13 位计数器，TLx 相当于一个 5 位定标器
0	1	模式 1。TLx 与 THx 构成 16 位计数器
1	0	模式 2。8 位自动重装载的定时器/计数器，每当计数器 TLx 溢出时，THx 中的内容重新装载到 TLx
1	1	模式 3。对于定时器 0，分成两个 8 位计数器。对于定时器 1，停止计数

注　x 取 1 或 0。

8. 定时器控制寄存器 TCON

定时器控制寄存器 TCON 用于控制定时器 1 和 0 的操作及对定时器中断的控制。该寄存器是一个 8 位专用寄存器，可位寻址，其中低 4 位用于外部中断控制。其地址为 88H，复位值是 00000000B，其格式如下所示。

寄存器名称	地址	位	B7	B6	B5	B4	B3	B2	B1	B0
TCON	88H	名称	TF1	TR1	TF0	TR0	IE1	IT1	IE0	IT0

（1）第 7 位 TF1 是定时器 1 溢出标志位。当定时器/计数器溢出时，由硬件置位，申请中

断。进入中断服务后被硬件自动清零。

（2）第 6 位 TR1 是定时器 1 运行控制位。由软件置位或清零，置位时，定时器/计数器开始工作；清零是停止工作。

（3）第 5 位 TF0 是定时器 0 溢出标志位。类同 TF1。

（4）第 4 位 TR0 是定时器 0 运行控制位。类同 TR1。

（5）第 3 位 IE1 是外部沿触发中断 1 请求标志位。当检测到引脚 $\overline{INT1}$ 上出现的外部中断信号下降沿时，由硬件置位，请求中断。进入中断服务后被硬件自动清零。

（6）第 2 位 IT1 是外部中断 1 类型控制位。由软件来置位或清零，以控制外部中断的触发类型。IT 1＝1 时为下降沿触发；IT1＝0 时为低电平触发。

（7）第 1 位 IE0 是外部沿触发中断 0 请求标志位。类同 IE1。

（8）第 0 位 IT0 是外部中断 0 类型控制位。类同 IT1。

9. 定时器/计数器 2 控制寄存器 T2CON

定时器/计数器 2 控制寄存器 T2CON 用于控制定时器/计数器 2 的操作模式。该寄存器是一个 8 位专用寄存器，可位寻址。其地址为 0C8H，复位值是 00000000B。其格式如下所示。

寄存器名称	地址	位	B7	B6	B5	B4	B3	B2	B1	B0
T2CON	C8H	名称	TF2	EXF2	RCLK	TCLK	EXEN2	TR2	$C/\overline{T2}$	$CP/\overline{RL2}$

（1）第 7 位 TF2 是定时器 2 溢出标志位。当定时器 2 溢出时，由硬件置位，并申请中断。该位只能由软件清零。但在波特率发生器方式下，也即 RCLK＝1 或 TCLK＝1 时，定时器溢出不对 TF2 置位。

（2）第 6 位 EXF2 是定时器 2 外部标志位。当 EXEN2＝1，且 T2EX 引脚上出现负跳变而造成捕获或重装载时，EXF2 置位，申请中断。若此时已允许定时器 2 中断，CPU 将响应中断，转向中断服务程序，EXF2 要用程序来清零。

（3）第 5 位 RCLK 是接收时钟标志位。由软件置位或清零，用于选择定时器 2 或 1 作串行口接收波特率发生器。RCLK＝1 时用定时器 2 溢出的脉冲作为串行口的接收时钟；RCLK＝0 时用定时器 1 溢出的脉冲作为串行口的接收时钟。

（4）第 4 位 TCLK 是发送时钟标志位。用程序置位或清零，用于选择定时器 2 或 1 作串行口发送波特率发生器。RCLK＝1 时用定时器 2 溢出的脉冲作为串行口的发送时钟；RCLK＝0 时用定时器 1 溢出的脉冲作为串行口的发送时钟。

（5）第 3 位 EXEN2 是定时器 2 外部允许标志位。用程序置位或清零，以允许或不允许外部信号来触发捕获或重装载操作。EXEN2＝1 时，若定时器 2 未用于作串行口的波特率发生器，则在 T2EX 端出现信号负跳变时，将造成定时器 2 捕获或重装载，并置 EXF2 标志位为 1，请求中断；EXEN2＝0 时，T2EX 端的外部信号不起作用。

（6）第 2 位 TR2 是定时器允许控制位。用程序置位或清零，以决定定时器 2 是否运行。TR2＝1 时启动定时器 2；TR2＝0 时停止定时器工作。

（7）第 1 位 $C/\overline{T2}$ 是定时器方式或计数器方式选择位。用程序置位或清零。$C/\overline{T2}$＝0 时选择定时器工作方式；$C/\overline{T2}$＝1 时选择计数器工作方式。

（8）第 0 位 $CR/\overline{RL2}$ 是捕获/重装载标志位。用程序置位或清零。$CR/\overline{RL2}$＝1 时，选择捕获功能，此时若 EXEN2＝1，且 T2EX 端的信号出现负跳变，则发生捕获操作，即把 TH2 和 TL2 的内容传递给 RCAP2H 和 RCAP2L。$CP/\overline{RL2}$＝0 时，选择重装载功能，此时若定时器 2 溢出，或在 EXEN2＝1 条件下 T2EX 端信号出现负跳变，都会自动重装载，即把 RCAP2H 和 RCAP2L

的内容传送给 TH2 和 TL2。

10. 串行口控制寄存器 SCON

串行口控制寄存器 SCON 用于控制和监视串行口的工作状态。该寄存器是一个 8 位专用寄存器，可位寻址。其地址为 98H，复位值是 00000000B。其格式如下所示。

寄存器名称	地址	位	B7	B6	B5	B4	B3	B2	B1	B0
SCON	98H	名称	SM0	SM1	SM2	REN	TB8	RB8	TI	RI

（1）第 7 位、第 6 位 SM0、SM1 是串行口操作模式选择位。两个选择位对应的 4 种模式见表 2-14。表中 f_{osc} 是振荡器的频率。

表 2-14　　　　　　　　　　　　串行口操作模式选择

SM0	SM1	模式	功能	波特率
0	0	0	同步移位寄存器	$f_{osc}/12$
0	1	1	8 位 UART	可变
1	0	2	9 位 UART	$f_{osc}/64$ 或 $f_{osc}/32$
1	1	3	9 位 UART	可变

（2）第 5 位 SM2 是在模式 2 和 3 中多处理机通信使能位。在模式 2 和 3 中，若 SM2＝1，且接收到的第 9 位数据是 0，则接收中断标志 RI 不会被激活。在模式 1 中，若 SM2＝1，且没有接收到有效的停止位，则 RI 不会被激活。在模式 0 中，SM2 必须是 0。

（3）第 4 位 REN 是允许接收位。用程序置位或清零。REN＝1 时允许接收；REN＝0 时禁止接收。

（4）第 3 位 TB8 是发送数位 8。该位是模式 2 和 3 中要发送的第 9 位数据。在许多通信协议中，该位是奇偶位，可以根据需要用程序置位或清零。在 51 多处理机通信中，该位用于表示是地址帧还是数据帧。

（5）第 2 位 RB8 是接收数据位 8。该位是模式 2 和 3 中已接收的第 9 位数据。在模式 1 中，若 SM2＝0，则 RB8 是已接收的停止位。在模式 0 中，RB8 未用。

（6）第 1 位 TI 是发送中断标志位。在模式 0 中，在发送完第 8 位数据时，由硬件置位；在其他模式中，在发送停止位之初，由硬件置位。TI＝1 时，申请中断，CPU 响应中断后，发送下一帧数据。在任何模式中，TI 位都必须用程序清零。

（7）第 0 位 RI 是接收中断标志位。在模式 0 中，接收第 8 位结束时由硬件置位。在其他模式中，在接收停止位的中间，由硬件置位。RI＝1 时申请中断，要求 CPU 取走数据。但在模式 1 中，SM2＝1，若未接收到有效的停止位，则不会对 RI 置位。RI 位必须用程序清零。

11. 中断允许寄存器 IE

中断允许寄存器 IE 用于禁止或许可中断的响应。该寄存器是一个 8 位专用寄存器，可位寻址。其地址为 0A8H，复位值是 00000000B。其格式如下所示。

寄存器名称	地址	位	B7	B6	B5	B4	B3	B2	B1	B0
IE	0A8H	名称	EA	—	ET2	ES	ET1	EX1	ET0	EX0

（1）第 7 位 EA 是总允许中断位。EA＝0 时禁止一切中断；EA＝1 时允许产生中断，但每个中断源是允许还是禁止中断分别由各自的允许位确定。

（2）第 5 位 ET2 是定时器 2 中断允许位。ET2＝0 时禁止定时器 2 中断；ET2＝1 时允许中断。

（3）第 4 位 ES 是串行口中断允许位。ES＝0 时禁止串行口中断；ES＝1 时允许中断。

（4）第 3 位 ET1 是定时器 1 中断允许位。ET1＝0 时禁止定时器 1 中断；ET1＝1 时允许中断。

（5）第 2 位 EX1 是外部中断 1 允许位。EX1＝0 时禁止外部中断 1；EX1＝1 时允许中断。

（6）第 1 位 ET0 是定时器 0 中断允许位。ET0＝0 时禁止定时器 0 中断；ET0＝1 时允许中断。

（7）第 0 位 EX0 是外部中断 0 允许位。EX0＝0 时禁止外部中断 0 中断；EX0＝1 时允许中断。

12. 中断优先级寄存器 IP

51 单片机中中断的优先级有 2 级。每个中断源的优先级都可以通过中断优先级寄存器 IP 中的相应位来设定。该寄存器是一个 8 位专用寄存器，可位寻址。其地址为 0B8H，复位值是 00000000B。其格式如下所示。

寄存器名称	地址	位	B7	B6	B5	B4	B3	B2	B1	B0
IP	0B8H	名称	—	—	PT2	PS	PT1	PX1	PT0	PX0

（1）第 5 位 PT2 是定时器 2 中断优先级设定位。PT2＝1 时设定为高优先级。

（2）第 4 位 PS 是串行口中断优先级设定位。PS＝1 时设定为高优先级。

（3）第 3 位 PT1 是定时器 1 中断优先级设定位。PT1＝1 时设定为高优先级。

（4）第 2 位 PX1 是外部中断 1 优先级设定位。PX1＝1 时设定为高优先级。

（5）第 1 位 PT0 是定时器 0 中断优先级设定位。PT0＝1 时设定为高优先级。

（6）第 0 位 PX0 是外部中断 0 优先级设定位。PX0＝1 时设定为高优先级。

2.3.5 时钟电路

XTAL1 和 XTAL2 是 AT89S52 内部一个反相放大器的输入端和输出端，通过外接石英晶体或陶瓷谐振器，可配置成一个片上振荡器，如图 2-16（a）所示。当图中 Y1 采用石英晶体时，电容 C_1 和 C_2 取 30pF±10pF；当图中 Y1 采用陶瓷谐振器时，电容 C_1 和 C_2 取 40pF±10pF。由外部时钟源驱动器件时，XTAL2 应悬空，而 XTAL1 是驱动输入端，如图 2-16（b）所示。外部输入的时钟信号经二分频触发器到内部时钟电路，因此对外部时钟信号的占空比没有任何要求，只要保证时钟脉冲的宽度和幅度即可。

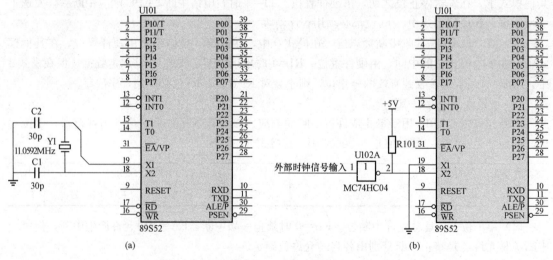

图 2-16 时钟电路

（a）使用内部振荡器；（b）使用外部时钟信号

2.3.6 复位电路和看门狗电路

1. 复位电路

AT89S52 单片机与其他单片机一样，在启动时需要复位，使 CPU 及其内部各部件处于确定的初始状态，并从初始状态开始工作。其复位电路如图 2-17 所示。RESET 输入端出现两个振荡周期的高电平时执行复位操作，看门狗超时后 98 个振荡周期内该引脚呈现高电平。通过程序设置 SFR 中 AUXR（地址 8EH）寄存器的 DISRTO 位可禁用此功能。默认状态下 DISRTO 位为使能状态，输出复位高电平。

2. 看门狗

Watchdog Timer（WDT）即看门狗定时器。采用看门狗的目的是在 CPU 受到干扰，执行错误程序时复位 CPU。早期的单片机内部没有 WDT，通常在外部增加 WDT 电路来实现此功能。而 AT89S52 内部本身就有一个 WDT。它由一个 14 位的计数器和看门狗定时器复位（WDTRST）的特殊功能寄存器（SFR）组成。其默认状态是禁用状态，用户必须在初始化程序中向 WDTRST 寄存器中（SFR 地址 0A6H）依次写入 1EH 和 E1H，即可启用 WDT。WDT 对每一个机器周期进行计数。WDT 的超时时间依赖于外部时钟频率。没有其他办法禁用 WDT，除非通过复位（硬件复位

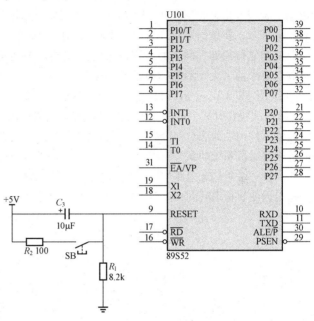

图 2-17 复位电路

或 WDT 溢出复位）操作完成。当 WDT 溢出时，在 RST 端上就会输出一个高电平复位脉冲。

（1）片内看门狗。要启用看门狗，用户必须用程序依次向 WDTRST 寄存器（SFR 的位置 0A6H）写入 1EH 和 E1H。在看门狗使能期间，用户必须定时地向 WDTRST 寄存器写入 1EH 和 E1H，以避免 WDT 溢出。WDT 对每一个机器周期进行计数，当 14 位计数器的计数值达到 16 383（3FFFH）时将该器件复位。这意味着用户必须在每 16 383 个机器周期内复位 WDT。WDTRST 是一个只写寄存器，WDT 的计数器不能读或写。看门狗溢出时，它会在 RST 引脚产生输出复位脉冲。复位脉冲持续时间为 $98 \times T_{OSC}$，其中 $T_{OSC} = 1/f_{OSC}$。为了使该 WDT 得到最佳使用，用户应该在程序中定期（16 383 个机器周期内）刷新 WDTRST 寄存器的值，防止 WDT 复位。

（2）看门狗电路。在各种微机应用系统中，增强系统的抗干扰能力是确保整个系统长期正常可靠运行的首要条件之一。运行于工业现场环境中的微机系统，不仅要抵抗来自各个 I/O 通道和电源上出现的干扰信号，而且要消除由于线路之间的电磁耦合通过总线作用到 CPU 的干扰。后者会造成 CPU 中的程序计数器 PC 的值成为一个随机数值，引起程序混乱，破坏系统的正常运行，使系统失去控制。对于可预想到的干扰，可以在硬件中增加若干滤波电路和采取一些隔离措施；或在程序中采用指令冗余和软件陷阱等技术。但当程序执行到一个临时形成的死循环中时，上述措施就无能为力了，系统就将完全陷入瘫痪。因此，单片机应用系统的抗干扰必须采取软件与硬件相互依赖的方法。虽然现在大多数单片机都拥有片内看门狗，但在许多场合还需要外接专门的看门狗电路。本节讨论 4 例看门狗电路。

单片机控制技术快速入门

看门狗电路实质上就是一个监视定时器。它由两部分构成：硬件电路和软件程序。硬件电路是用若干元器件组成的一个输出信号电平可复位的定时翻转电路。软件程序则是用于控制硬件电路及时复位的几条指令。在微机系统正常工作时，CPU 周期性地执行 WDT 的软件程序，在一定的时间间隔内使外部监视定时器及时复位，让定时器的输出端（即 CPU 的复位端）一直保持在 CPU 的运行状态。这样，当系统运行正常程序时，其 CPU 就不会被复位了。当系统受到干扰、脱离正常工作程序而转到非法程序运行时，只要这个非法程序不存在使外部监视定时器复位的指令；或者即使有该指令，但间隔时间变长了，那么当外部监视定时器的定时时间一到，就会使其输出端的状态发生翻转，迫使 CPU 复位，从而使单片机系统重新回到正常程序上来执行。

由上可知，要想圆满实现看门狗电路的功能，就有一个硬件与软件在时间上的配合问题，即定时时间和复位周期。两者的确定既要考虑出错后及时可靠复位，又要考虑应用程序的执行时间，并且要求前者大于后者，通常取 2s 左右。

1）采用 74HC123 的看门狗电路。图 2-18 所示是由 74HC123 组成的 WDT 电路。集成电路 74LS123 内部包含有两个可重复触发的单稳态触发器，图 2-19 所示是其引脚功能和逻辑符号，表 2-15 是该器件的功能表。74LS123 内部的两个单稳态电路都是下降沿触发。第一个单稳态电路的触发脉冲来自微机系统的某个输出口，如单片机 89S52 中 P1 口的任一脚，第二个单稳态电路的触发脉冲来自第一个单稳态电路的同相输出 Q。第二个单稳态电路的同相输出端接至 CPU 的复位端。单稳态电路的暂稳态时间（定时时间）t_c 由外接电阻 R 和电容 C 的值共同决定。其计算公式为

$$t_c = 0.7 \times R \times C$$

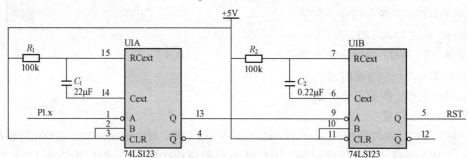

图 2-18　看门狗电路（一）

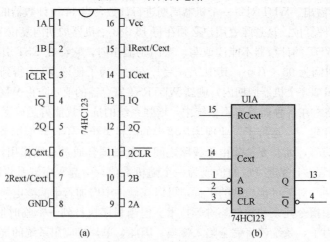

图 2-19　单稳态触发器 74HC123

（a）引脚排列；（b）逻辑符号

图 2-18 中第一个单稳态电路用作外部监视定时器。其暂稳态时间根据图中给出的 R、C 的数值可知

$$t_{c1}=0.7\times100\times10^3\times22\times10^{-6}=1.54\text{s}$$

第二个单稳态电路用作产生足够的复位脉冲宽度，使 CPU 可靠复位。其暂稳态时间为

$$t_{c2}=0.7\times100\times10^3\times0.22\times10^{-6}=15.4\text{ms}$$

对 89S52 来说，这样的脉冲宽度足以使其可靠复位。

表 2-15　　　　　　　　　　　　　　　74HC123 功能表

输　入　端			输　出　端	
$\overline{\text{CLR}}$	A	B	Q	$\overline{\text{Q}}$
0	×	×	0	1
×	1	×	0	1
×	×	0	0	1
H	0	↑	⎍	⎓
H	↓	1	⎍	⎓
↑	0	1	⎍	⎓

在程序正常运行中，单片机通过输出口（如 P1.0）以略小于 1.5s 的时间，周期性地输出一个负脉冲。从 74HC123 的功能表知，其 [13] 脚就一直保持在高电平。由于此时其 [9]、[10] 脚均为高电平，所以第二个单稳态不会被触发，其输出端 [5] 脚恒为低电平，单片机不会被复位。当系统受到干扰、脱离原来运行的正常程序时，单片机就不再触发第一个单稳态，或触发时间大于 1.54s。那么，74HC123 [13] 脚在 1.54s 后就要发生翻转而成为低电平，从而使其 [5] 脚出现一个正脉冲，促使 CPU 复位。

使单片机产生周期负脉冲的程序如下：

```
CLR P1.0
NOP
NOP
SETB P1.0
```

应将这几条指令放置在应用程序的主程序环中，要求执行间隔小于 1.5s，或根据执行间隔调整外接 R、C 的数值。

2）采用 NE555 和 CD4040 的看门狗电路。图 2-20 所示是由集成电路 NE555、CD4040 和少量电阻、电容组成的看门狗电路。图中时基电路 NE555 和电阻 R3、R4、电容 C3 组成一个无稳态电路；CD4040 是一个由 12 个 T 型触发器组成的串行二进制计数器/分频器。NE555、CD4040 的管脚排列和逻辑符号分别如图 2-21 和图 2-22 所示。CD4040 的真值表见表 2-16。

表 2-16　　　　　　　　　　　　　　　CD4040 真值表

CLK	RST	功能
↓	0	计数
×	1	复位

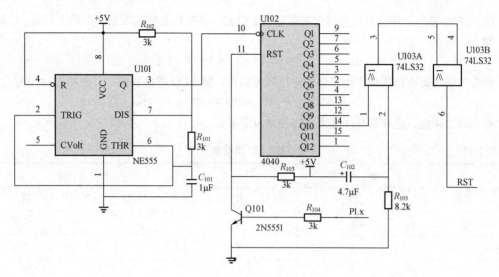

图 2-20　看门狗电路（二）

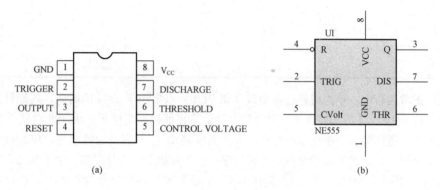

图 2-21　时基电路 NE555

(a) 引脚排列；(b) 逻辑符号

　　无稳态电路产生的脉冲通过输出端 [3] 脚输出，送到分频器的信号输入端，即 CD4040 的 [10] 脚。经过适当延时，将脉冲信号从 CD4040 的 [14] 脚送到微机的复位端。为了确保 CPU 上电时能够可靠复位，线路中增设了电阻 R_{105} 和电容 C_{104}，以提供足够的复位脉冲宽度。无稳态电路的振荡周期 T、定时时间 t_c 和上电复位脉冲宽度 t_p 的计算如下：

$$T = 0.7 \times (R102 + 2 \times R103) \times C3$$
$$= 0.7 \times (3 \times 10^3 + 2 \times 3 \times 10^3) \times 1 \times 10^{-6}$$
$$\approx 6.3\text{ms}$$
$$t_c = 2^9 \times (T \div 2) \approx 512 \times (6.3 \div 2) \approx 1.6\text{s}$$
$$t_p = 0.8 \times R103 \times C102$$
$$= 0.8 \times 3 \times 10^3 \times 4.7 \times 10^{-6}$$
$$\approx 11.3\text{ms}$$

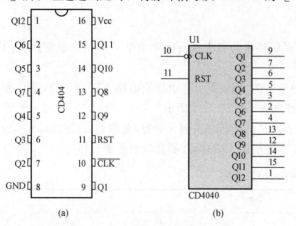

图 2-22　串行计数/分频器 CD4040

(a) 引脚排列；(b) 逻辑符号

　　同样，在 CPU 正常运行时，需要周期性地输出一个负脉冲，使 CD4040 在定时时间未到前复位，以保持微机系统正常工作。有关实现程序与前面相仿。

3）采用 CD4060 的看门狗电路。集成电路 CD4060 不仅可作为计数器/分频器，而且可作为一个振荡器，振荡器可外接阻容元件或晶体来构成。CD4060 的引脚排列如图 2-23 所示，其真值表见表 2-17。CD4060 振荡器外接阻容元件构成看门狗电路的原理图如图 2-24 所示。其振荡周期由〔9〕、〔10〕脚所接的电阻和电容共同决定，计算公式为

$$T = 2.2 \times R202 \times C201$$

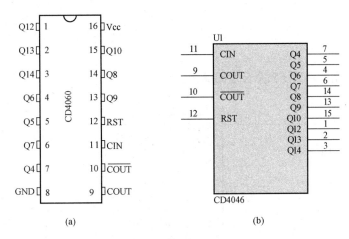

(a)   (b)

图 2-23   计数/分频器/振荡器 CD4060

(a) 引脚排列；(b) 逻辑符号

表 2-17   **CD4060 真值表**

CIN	COUT	$\overline{\text{COUT}}$	RST	功能
↓	↓	↑	0	计数
×	0	1	1	复位

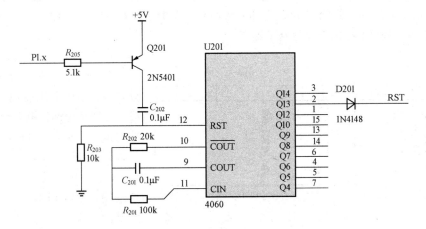

图 2-24   看门狗电路（三）

根据图 2-24 中给出的参数，计算可知 $T = 0.44\text{ms}$。当振荡器正常工作时，分频后输出端 Q13 每隔 1.8s 就会发生一次翻转。根据这一条件，只要单片机正常工作在主程序中，插入一段

小程序，在小于 1.8s 的时间内通过单片机的某个输出端口送出一个负脉冲给 CD4060 的复位端 RST，就可以使 Q13 端一直处在低电平。一旦程序出错，只要单片机输出的复位信号不能按时送出，那么 CD4060 便一直计数，直到 Q13 变为高电平，并通过二极管 D201 去复位单片机。产生负脉冲的程序与前面相同。

为了提高振荡器的精确性和稳定性，可以用晶体构成高精度的晶体振荡器，其 WDT 电路如图 2-25 所示。图中 CD4060 需要一个正脉冲来复位，相应程序如下：

```
SETB P1.x
NOP
NOP
CLR P1.x。
```

定时时间可根据要求选用频率合适的晶体。

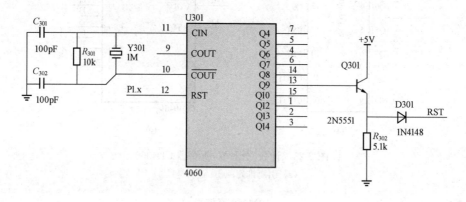

图 2-25　看门狗电路（四）

4) 采用 MAX1232 的看门狗。MAX1232 是由 MAXIM 公司生产的用于计算机、控制器、智能仪器、汽车电子、微处理器的电源监视单片 IC。

MAX1232 芯片是满足管家和电源监视功能的微处理器监视电路，无需外部元件。其功耗只有 DS1232 的十分之一，是 DS1232 的即插升级产品。在微处理器系统中，采用 MAX1232 芯片使电路监视电源、程序运行的能力得到了提高。

a. 主要特点。MAX1232 芯片主要性能有：功耗是 DS1232 的十分之一；精确电压监视——+4.5V 或+4.75V 可调；电源稳定/复位脉冲宽度——最小 250ms；无须外接元件；可调看门狗定时时间——150ms，600ms 或 1.2s；去抖手动复位端；8 脚 PDIP/SO 和 16 脚宽 SO 封装可选。

b. 封装和引脚功能。MAX1232 有 3 种封装形式：8 脚 PDIP 或 SO，以及 16 脚宽 SO。其引脚配置如图 2-26 所示。各引脚的功能见表 2-18。

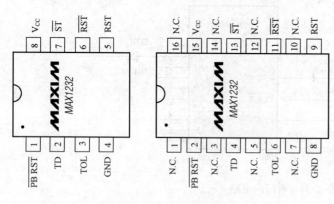

图 2-26　MAX1232 引脚排列

表 2-18   **MAX1232 引脚功能**

引　脚		名称	功　能
宽 SO 封装	DIP/SO 封装		
1, 3, 5, 7, 10, 12, 14, 16	—	N. C.	未连接
2	1	$\overline{\text{PBRST}}$	按钮复位输入端
4	2	TD	延时设置
6	3	TOL	容差选择
8	4	GND	接电源"地"
9	5	RST	复位信号输出端（高电平有效）
11	6	$\overline{\text{RST}}$	复位信号输出端（低电平有效，开漏输出）
13	7	$\overline{\text{ST}}$	选通脉冲输入端
15	8	Vcc	+5V 供电输入端

c. 芯片性能。MAX1232 芯片内部电路的框图如图 2-27 所示。在上电、断电、低电压掉电（5％或 10％的电源容差可选）时芯片提供持续时间至少为 250ms 的复位脉冲，还提供了一个去抖手动复位输入端，输出一个最小 250ms 的激活信号强制复位。数字可编程看门狗定时器监控软件执行，其超时时间为 150ms、600ms 或 1.2s 可通过程序设置。

电源监视。电压检测器监视电源 Vcc，每当电源电压 Vcc 低于设定的 5％或 10％（典型值为 4.62V 或 4.37V）时，保持复位输出（RST 和 $\overline{\text{RST}}$）处在激活状态。选择 5％级时，TOL 端连接到地。选择 10％级时，TOL 端连接至 Vcc。复位输出将保持至少 250ms（复位激活时间）的激活状态，直到 Vcc 在电源允许的容差内连续，这样使微处理器的工作更加稳定。

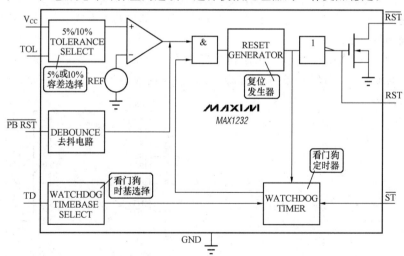

图 2-27   MAX1232 芯片内部电路框图

按钮复位输入端。MAX1232 去抖手动复位输入端 $\overline{\text{PBRST}}$，通过手工强迫复位输出端进入激活状态。在 $\overline{\text{PBRST}}$ 端保持一段按钮复位延时时间 t_{PBD} 后，复位端才出现激活。在 $\overline{\text{PBRST}}$ 端电压上升到 V_{IH} 后，复位输出端将继续保持最少 250ms 的激活状态，如图 2-28 所示。

$\overline{\text{PBRST}}$ 端可由一个机械按钮或一个活动逻辑信号驱动，去抖输入端忽略小于 1ms 的输入脉冲，以保证识别 20ms 或延时时间更长的脉冲。PBRST端内部上拉至 Vcc，因此不需要外接上拉电阻。复位电路如图 2-29 所示。

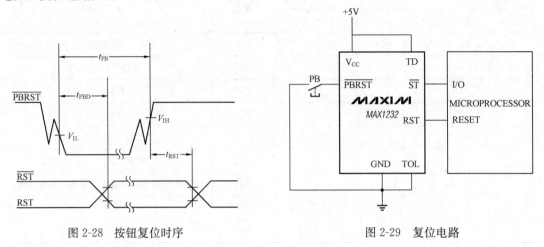

图 2-28 按钮复位时序　　　　　　　　　　图 2-29 复位电路

看门狗定时器。由微处理器的输入/输出（I/O）线驱动ST输入端。微处理器必须在一段时间（由 TD 端设定）内触发ST输入端，以保证程序运行正确。如果硬件或程序不能保证在最短超时段内触发ST，ST端只能由下降沿（从高电平到低电平）触发，MAX1232 的复位输出端被强制在激活状态 250ms。这是典型微处理器的常规上电过程。每个超时段会产生新的复位脉冲，直到ST被脉冲选通。超时段由 TD 端的连接来设定，TD 端与 GND 连接时超时段的典型值为 150ms，TD 端悬空时超时段的典型值为 600ms，TD 端与 Vcc 连接时超时段的典型值为 1200ms。

程序定期选通 ST 端是十分必要的，程序部分必须有指令序列，在小于看门狗超时段频繁执行。一种常用的技术是在程序中用两种方式控制微处理器的 I/O 线，在前端方式工作下通过程序把 I/O 线置为高，在后端或中断方式下把 I/O 线置为低。如果两种方式下都不能正常运行，看门狗定时器便发出复位脉冲。

d. 应用实例。MAX1232 在单片机控制系统中的应用实例如图 2-30 所示。图中 MAX1232 [2] 脚 TD 与电源+5V 相接，看门狗定时器的超时段设定为 1.2s。[3] 脚 TOL 接至电源"地"

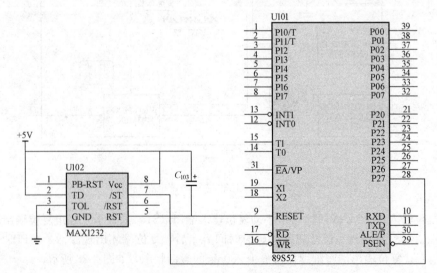

图 2-30 MAX1232 应用电路

端，设定电源的容差为 5%。[7] 脚 $\overline{ST}$ 接至 89S52 的 P2.7 脚，由该引脚提供选通脉冲。因此只要在单片机应用程序添加如下的指令序列，让主程序在略小于超时段时间内重复执行该序列即可保证 MAX1232 不会产生复位脉冲。添加的指令序列如下：

```
CLR P2.7
NOP
NOP
SET P2.7
```

2.4 STC 单片机资源

STC 单片机是国内宏晶公司生产的系列单片机，该品牌拥有多个系列的几十款指令代码与 MCS-51 单片机兼容的 51 类单片机。其中 STC90C52RC/RD＋系列单片机是 STC89 系列单片机的升级版，可以直接取代 89 系列单片机。该类单片机具有超强抗静电、超强抗干扰能力，低功耗、超低价格，高速、高可靠性的特点。而 STC12C5201AD 具有两路 PWM 输出、8 路高速 8 位 A/D 转换输入的单时钟/机器周期的一款单片机。

2.4.1 STC90C52RC/RD＋

1. 特性

STC90C52RC/RD＋系列单片机是新一代超强抗干扰、高速、低功耗的增强型单片机，与传统的 8051 单片机相比较具有以下特点。

（1）指令代码完全兼容传统的 8051 单片机，12 时钟/机器周期和 6 时钟/机器周期可以任意选择。

（2）工作电压范围：5.5V～3.3V（C 型单片机），3.6V～2.2V（LE 型单片机）。

（3）工作频率范围：0Hz～40MHz，相当于普通 8051 的 0Hz～80MHz，实际工作频率可达 48MHz。

（4）用户应用程序空间为 4K/8K/13K/16K/32K/40K/48K/56K/61K 字节。

（5）片上集成 1280 字节、512 字节或 256 字节的 RAM。

（6）通用 I/O 口（35/39 个）。复位后，P1/P2/P3/P4 为准双向口、弱上拉（普通 8051 传统 I/O 口）。P0 口是开漏输出，作为总线扩展时，不用加上拉电阻；作为 I/O 口使用时，需加上拉电阻。

（7）支持 ISP（在系统可编程）/IAP（在应用可编程），无须专用编程器，无须专用仿真器，可通过串口（RxD/P3.0，TxD/P3.1）直接下载用户程序，数秒即可完成一片的编程。

（8）有 EEPROM 功能。

（9）内部集成 MAX810 专用复位电路，外部晶体振荡频率在 12MHz 以下时，可省去外部复位电路，复位脚可直接接地。

（10）共有 3 个定时器/计数器，其中定时器 0 还可以当成两个 8 位的定时器使用。

（11）有外部中断 4 路，中断方式为下降沿中断或低电平触发中断，Power Down 模式下可由外部中断低电平触发中断方式唤醒。

（12）有通用异步串行口 UART，还可以用定时器软件实现多个 UART 的功能。

2. 封装与引脚功能

STC90C52RC/RD＋系列单片机的封装形式有 LQFP-44、PDIP-40、PLCC-44、PQFP-44 四种，其管脚排列如图 2-31 所示，引脚功能见表 2-19。

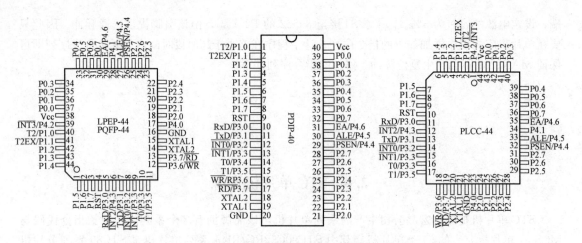

图 2-31　STC90C52RC/RD＋管脚排列

表 2-19 　　　　　　　　　　　　STC90C52RC/RD＋管脚功能

序号	引脚编号				功　　能
	LQFP-44	PQFP-44	PDIP-40	PLCC-44	
1	40	40	1	2	P1.0；T2，定时器/计数器 2 的外部输入
2	41	41	2	3	P1.1；T2，定时器/计数器 2 捕捉/重装方式的触发控制
3	42	42	3	4	P1.2
4	43	43	4	5	P1.3
5	44	44	5	6	P1.4
6	1	1	6	7	P1.5
7	2	2	7	8	P1.6
8	3	3	8	9	P1.7
9	4	4	9	10	RST
10	5	5	10	11	P3.0；串口 1 数据接收端 RxD
11	7	7	11	13	P3.1；串口 1 数据发送端 TxD
12	8	8	12	14	P3.2，$\overline{INT0}$，下降沿中断或低电平中断
13	9	9	13	15	P3.3，$\overline{INT1}$，下降沿中断或低电平中断
14	10	10	14	16	P3.4；T0，定时器/计数器 0 的外部输入
15	11	11	15	17	P3.5；T1，定时器/计数器 1 的外部输入
16	12	12	16	18	P3.6，$\overline{WR}$，外部数据存储器写脉冲，低电平有效
17	13	13	17	19	P3.7，$\overline{RD}$，外部数据存储器读脉冲，低电平有效
18	14	14	18	20	XTAL2，内部时钟电路反相放大器的输出端，接外部晶振的另一端；当直接使用外部时钟时，此引脚可悬空，此时 XTAL2 实际是将 XTAL1 输入的时钟输出
19	15	15	19	21	XTAL1，内部时钟电路反相放大器的输入端，接外部晶振的一端；当直接使用外部时钟时，此引脚为外部时钟源的输入端

续表

序号	引脚编号				功　　能
	LQFP-44	PQFP-44	PDIP-40	PLCC-44	
20	16	16	20	22	GND，电源负极，接地
21	18	18	21	24	P2.0
22	19	19	22	25	P2.1
23	20	20	23	26	P2.2
24	21	21	24	27	P2.3
25	22	22	25	28	P2.4
26	23	23	26	29	P2.5
27	24	24	27	30	P2.6
28	25	25	28	31	P2.7
29	26	26	29	32	$\overline{\text{PSEN}}$，外部程序存储器选通信号输出引脚；新增 I/O 引脚 P4.4
30	27	27	30	33	ALE，地址锁存允许信号输出引脚/编程脉冲输入引脚，新增 I/O 引脚 P4.5
31	29	29	31	35	$\overline{\text{EA}}$，内/外程序存储器选择；新增引脚 P4.6
32	30	30	32	36	P0.7
33	31	31	33	37	P0.6
34	32	32	34	38	P0.5
35	33	33	35	39	P0.4
36	34	34	36	40	P0.3
37	35	35	37	41	P0.2
38	36	36	38	42	P0.1
39	37	37	38	43	P0.0
40	38	38	40	44	Vcc，电源正极
41	17	17	—	23	P4.0，新增 I/O 引脚 P4.0
42	28	28	—	34	P4.1，新增 I/O 引脚 P4.1
43	39	39	—	1	P4.2，新增 I/O 引脚 P4.2；INT3，下降沿中断或低电平中断
44	6	6	—	12	P4.3，新增 I/O 引脚 P4.3；INT2，下降沿中断或低电平中断

3. 存储器组织

STC90C52RC/RD＋系列单片机的程序存储器和数据存储器是各自独立编址的。除了可以访问片上 Flash 存储器外，还可以访问 64KB 的外部程序存储器。STC90C52RC 系列单片机内部有 512 字节的数据存储器，其物理和逻辑上都分为两个地址空间：内部 RAM（256 字节）和内部扩展 RAM（256 字节）。此外还可以访问在片外扩展的 64KB 外部数据存储器。

（1）程序存储器。单片机复位后，程序计数器（PC）的值为 0000H，故单片机从 0000H 单元开始执行程序。STC90C52RC/RD＋单片机利用$\overline{EA}$引脚的电平高低来确定是访问片内程序存储器还是访问片外程序存储器。当$\overline{EA}$引脚接高电平时，首先访问片内程序存储器，当 PC 的值超过片内程序存储器的地址范围时，系统会自动转到片外程序存储器。对于 STC90C/LE52 单片机，当$\overline{EA}$引脚接高电平时，首先从片内程序存储器的 0000H 单元开始执行程序，当 PC 值超过 1FFFH 时系统自动转到片外程序存储器的起始地址 2000H 单元中取指令。

程序存储器用于存放用户程序、数据和表格等信息。STC90C52 系列单片机按不同型号，内部集成了 4KB～61KB 的 Flash 程序存储器，其地址范围见表 2-20。

表 2-20　　　　　　　　　　　　STC90C52 程序存储器地址范围

型　　号	存储器容量	地址范围
STC90C/LE51	4KB	0000H～ 0FFFH
STC90C/LE52	8KB	0000H～ 1FFFH
STC90C/LE51RC	4KB	0000H～ 0FFFH
STC90C/LE52RC	8KB	0000H～ 1FFFH
STC90C/LE53RC	13KB	0000H～ 33FFH
STC90C/LE12RC	12KB	0000H～ 2FFFH
STC90C/LE54RD＋	16KB	0000H～ 3FFFH
STC90C/LE58RD＋	32KB	0000H～ 7FFFH
STC90C/LE510RD＋	40KB	0000H～ 9FFFH
STC90C/LE512RD＋	48KB	0000H～ BFFFH
STC90C/LE514RD＋	56KB	0000H～ DFFFH
STC90C/LE516RD＋	61KB	0000H～ F3FFH

（2）数据存储器。STC90C52RC/RD＋系列单片机内部集成了 256 字节、512 字节或 1280 字节的 RAM，可用于存放程序执行的中间结果和过程数据。内部数据存储器在物理和逻辑上都分为两个地址空间：内部 RAM（256 字节）和内部扩展 RAM（1024 字节）。此外，STC90C52RC/RD＋系列单片机还可以访问在片外扩展的 64KB 外部数据存储器。

内部 RAM 共 256 字节，分为 3 个部分：低 128 字节 RAM（与传统 8051 兼容）、高 128 字节 RAM（与 8052 中扩展的高 128 字节 RAM 类似）及特殊功能寄存器区。

内部扩展 RAM 共 1024 字节。单片机内部扩展 RAM 是否可以访问受地址为"8EH"的辅助寄存器 AUXR 中的"EXTRAM"位控制。

STC90C/LE54RD＋单片机片内除了集成 256 字节的内部 RAM 外，还集成了 1024 字节的扩展 RAM，其地址范围是 0000H～03FFH。访问内部扩展 RAM 和传统 8051 单片机访问外部扩展 RAM 的方法相同，但不影响 P0 口、P2 口、P3.6、P3.7 和 ALE。在汇编语言中，内部扩展 RAM 通过"MOVX"指令访问，即使用"MOXV @DPTR"或"MOVX @Ri"指令访问。当使用"MOXV @DPTR"指令访问内部扩展 RAM 时，若所访问的地址超出该芯片所拥有的扩展 RAM 的容量范围，则自动访问外部数据存储器。当使用"MOVX @Ri"指令访问内部扩展 RAM 时，只能访问地址"00H"与"FFH"之间的单元。在 C 语言中，可使用"xdata"声明存储类型即可，如"unsigned char xdata i＝0；"。

4. 特殊功能寄存器

STC90C52RC/RD＋系列单片机内的特殊功能寄存器（SFR）与内部高 128 字节的 RAM 共用相同的地址范围，即使用 80H～FFH，但必须用直接寻址指令访问。寄存器名称与地址映像见表 2-21。表中寄存器地址能被 8 整除的才可以进行位操作，不能够被 8 整除的不可以进行位操作。特殊功能寄存器的名称和符号及其位地址和名称见表 2-22。

表 2-21　　　　　STC90C52RC/RD＋系列单片机特殊功能寄存器与地址映像表

地址	0/8	1/9	2/A	3/B	4/C	5/D	6/E	7/F	地址
0F8H									0FFH
0F0H	B 00000000								0F7H
0E8H	P4 x1111111								0EFH
0E0H	ACC 00000000								0E7H
0D8H									0DFH
0D0H	PSW 00000000								0D7H
0C8H	T2CON 00000000	T2MOD xxxxxx00	RCAP2L 00000000	RCAP2H 00000000	TL2 00000000	TH2 00000000			0CFH
0C0H	XICON 00000000								0C7H
0B8H	IP xx000000	SADEN 00000000							0BFH
0B0H	P3 11111111						IPH 00000000		0B7H
0A8H	IE 0x000000	SADDR 00000000							0AFH
0A0H	P2 11111111		AUXR1 xxxx0xx0					不可用	0A7H
098H	SCON 00000000	SBUF xxxxxxxx							09FH
090H	P1 11111111								097H
088H	TCON 00000000	TMOD 00000000	TL0 00000000	TL1 00000000	TH0 00000000	TH1 00000000	AUXR xxxxx000		08FH
080H	P0 11111111	SP 00000111	DPL 00000000	DPH 00000000			PCON 00x10000		087H

表 2-22　　　　　　　　专用寄存器名称和符号及其位地址和名称

符　号	描　述	地址	位地址							
			b7	b6	b5	b4	b3	b2	b1	b0
B	B 寄存器	F0H								
P4	端口 P4	E8H					P4.3	P4.2	P4.1	P4.0
ISP_CONTR	ISP/IAP 控制寄存器	E7H	ISPEN	SWBS	SWRST			WT2	WT1	WT0
IAP_TRIG	ISP/IAP 命令触发寄存器	E6H								
ISP_CMD	ISP/IAP 命令寄存器	E5H						MS2	MS1	MS0
ISP_ADDRL	ISP/IAP 低 8 位地址寄存器	E4H								
ISP_ADDRH	ISP/IAP 高 8 位地址寄存器	E3H								
ISP_DATA	ISP/IAP 数据寄存器	E2H								
WDT_CONTR	看门狗控制寄存器	E1H			EN_WDT	CLR_WDT	IDLE_WDT	PS2	PS1	PS0
ACC	累加器	E0H								
PSW	程序状态字寄存器	D0H	CY	AC	F0	RS1	RS0	OV	F1	P
TH2	定时器/计数器 2 高 8 位寄存器	CDH								
TL2	定时器/计数器 2 低 8 位寄存器	CCH								
RCAP2H	定时器/计数器 2 重装载 高 8 位寄存器	CBH								
RCAP2L	定时器/计数器 2 重装载 低 8 位寄存器	CAH								
T2MOD	定时器/计数器 2 方式寄存器	C9H							T2OE	DCEN
T2CON	定时器/计数器 2 控制寄存器	C8H	TF2	EXF2	RCLK	TCLK	EXEN2	TR2	$C/\overline{T2}$	$CP/\overline{RL2}$
XICON	辅助中断控制寄存器	C0H	PX3	EX3	IE3	IT3	PX2	EX2	IE2	IT2
SADEN	从机地址掩膜寄存器	B9H								
IP	中断优先级寄存器低	B8H			PT2	PS	PT1	PX1	PT0	PX0
IPH	中断优先级寄存器高	B7H			PT2H	PSH	PT1H	PX1H	PT0H	PX0H
P3	端口 P3	B0H	P3.7	P3.6	P3.5	P3.4	P3.3	P3.2	P3.1	P3.0
SADDR	从机地址控制寄存器	A9H								
IE	中断允许寄存器	A8H	EA		ET2	ES	ET1	EX1	ET0	EX0
AUXR1	辅助寄存器 1	A2H					GF2			DPS
P2	端口 P2	A0H	P2.7	P2.6	P2.5	P2.4	P2.3	P2.2	P2.1	P2.0
SBUF	串口数据缓冲器	99H								
SCON	串口控制寄存器	98H	SM0/FE	SM1	SM2	REN	TB8	RB8	TI	RI

续表

符 号	描 述	地址	位地址							
			b7	b6	b5	b4	b3	b2	b1	b0
P1	端口 P1	90H	P1.7	P1.6	P1.5	P1.4	P1.3	P1.2	P1.1	P1.0
AUXR	辅助寄存器	8EH							EXTRAM	ALEOFF
TH1	定时器/计数器 1 高 8 位寄存器	8DH								
TH0	定时器/计数器 0 高 8 位寄存器	8CH								
TL1	定时器/计数器 1 低 8 位寄存器	8BH								
TL0	定时器/计数器 0 低 8 位寄存器	8AH								
TMOD	定时器工作方式寄存器	89H	GATE	C/$\overline{\text{T}}$	M1	M0	GATE	C/$\overline{\text{T}}$	M1	M0
TCON	定时器控制寄存器	88H	TF1	TR1	TF0	TR0	IE1	IT1	IE0	IT0
PCON	电源控制寄存器	87H	SMOD	SMOD0		POF	GF1	GF0	PD	IDL
DPTR _ H	数据指针 _ 高	83H								
DPTR _ L	数据指针 _ 低	82H								
SP	堆栈指针	81H								
P0	端口 P0	80H	P0.7	P0.6	P0.5	P0.4	P0.3	P0.2	P0.1	P0.0

（1）辅助寄存器 AUXR（Auxiliary Register）。AUXR 寄存器具有内部扩展 RAM 管理和禁止 ALE 输出功能特殊功能寄存器，该寄存器只能写不能读，地址为 8EH，复位值位 xxxxxx00B。AUXR 寄存器的特殊功能位如下所示。

寄存器名称	地址	位	B7	B6	B5	B4	B3	B2	B1	B0
AUXR	8EH	名称	—	—	—	—	—	—	EXTRAM	ALEOFF

1）第 0 位 ALEOFF 是信号控制位。ALEOFF 位用来控制 ALE 信号输出。当 ALEOFF＝1 时，禁止 ALE 信号输出；当 ALEOFF＝0 时，ALE 信号正常输出。单片机复位后该位的值为 0，即默认是 ALE 信号正常输出。若需要禁止 ALE 信号输出，则在程序中使用如下语句即可。

汇编语言

```
AUXR  EQU 8EH；定义寄存器
MOV  AUXR，♯00000001B；禁止 ALE 信号输出
```

C51 语言

```
sfr  AUXR = 0x8e  /＊声明寄存器地址＊/
AUXR = 0x01  /＊禁止 ALE 信号输出＊/
```

2）第 1 位 EXTRAM 是内部扩展 RAM 控制位。EXTRAM 位用来控制内部扩展 RAM 是否可以进行访问。当 EXTRAM＝0 时，内部扩展的 RAM 可以访问；当 EXTRAM＝1 时，禁止访问内部扩展的 RAM。单片机复位后该位的值为 0，即默认是允许访问内部扩展 RAM。另外，在访问内部扩展 RAM 前，还需在烧录应用程序时在下载软件 STC-ISP 的界面中进行设置。EXTRAM 位和 STC-ISP 界面中的设置项的值决定是否允许访问内部扩展 RAM，其关系见表 2-23。设置界面如图 2-32 所示。下载编程烧录软件 STC-ISP 将在第 4 章中作详细介绍。

表 2-23 内部扩展 RAM 访问关系

内部扩展 AUX-RAM	STC-ISP 中"允许访问"	STC-ISP 中"禁止访问"
EXTRAM=0	允许访问内部 RAM	禁止访问内部 RAM
EXTRAM=1	禁止访问内部 RAM	允许访问内部 RAM

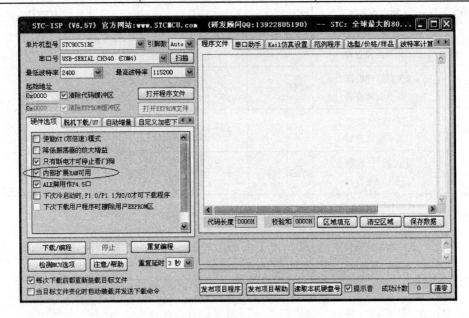

图 2-32 内部扩展 RAM 访问设置

（2）电源控制寄存器 PCON（Power Control Register）。STC90C52RC/RD＋系列单片机可以运行在两种省电模式下以降低功耗：空闲模式和掉电模式。PCON 寄存器具有省电模式管理、通用工作状态和串口控制的功能。其地址为 87H，复位值是 00x10000B。PCON 寄存器的特殊功能位如下所示。

SFR 名称	地址	位	B7	B6	B5	B4	B3	B2	B1	B0
PCON	87H	名称	SMOD	SMOD0	—	POF	GF1	GF0	PD	IDL

1）第 0 位 IDL。若将 IDL 位置 1，进入 IDLE 模式（空闲），除系统不给 CPU 提供时钟信号和 CPU 不执行指令外，其余功能部件仍可继续工作，可由任何一个中断唤醒。

2）第 1 位 PD。若将 PD 位置 1，进入 Power Down 模式，可由外部中断低电平触发或下降沿触发唤醒。进入掉电模式时，内部时钟停振，由于无时钟，CPU、定时器、串行口等功能部件都停止工作，只有外部中断继续工作。掉电模式可由外部中断唤醒，中断返回后，继续执行原程序。掉电模式即停机模式，此时功耗小于 $0.1\mu A$。

3）第 2 位、第 3 位是通用工作标志位。

4）第 6 位 SMOD0。SMOD0 位是帧错误检测有效控制位。当 SMOD0＝1 时，SCON 寄存器中的 SM0/FE 位用于 FE（帧错误检测）功能；当 SMOD0＝0 时，SCON 寄存器中的 SM0/FE 位用于 SM0 功能，和 SM1 一起指定串行口的工作方式。单片机复位后 SMOD0 位的值为 0。

5）第 7 位 SMOD。SMOD 位是波特率选择位。当用软件置位 SMOD，当 SMOD＝1 时，则使串行通信方式 1、2、3 的波特率加倍；当 SMOD＝0 时，则各工作方式的波特率都加倍。单片机复位后 SMOD 位的值为 0。

（3）ISP/IAP 控制寄存器。ISP/IAP 控制寄存器用于许可某种与 ISP/IAP 相关联的操作。其地址为 0E7H，复位值是 000xx000B，格式如下所示。

SFR 名称	地址	位	B7	B6	B5	B4	B3	B2	B1	B0
IAP _ CONTR	0E7H	名称	ISPEN	SWBS	SWRST	—	—	WT2	WT1	WT0

1）第 7 位 ISPEN 是 ISP/IAP 功能许可位。ISPEN＝0 时，禁止 ISP/IAP 读/写/擦除 Data Flash/EEPROM；ISPEN＝1 时，允许 ISP/IAP 读/写/擦除 Data Flash/EEPROM。

2）第 6 位 SWBS 是软件选择启动区域，该位与"SWRST"位直接配合才可实现操作。SWBS←0 时，选择从用户应用程序区启动；SWBS←1 时，选择从系统 ISP 监控程序区启动。

3）第 5 位 SWRST 是软件复位许可位。SWRST＝0 时，不操作；SWRST＝1 时，产生软件系统复位，硬件自动复位。

4）第 2 位 WT2、第 1 位 WT1、第 0 位 WT0 用于设置等待时间，等待时间的设置见表 2-24。

表 2-24　　　　　　　　　　　　　　　　等 待 时 间

设置等待时间			CPU 等待时间（机器周期＝12 个 CPU 工作时钟）			
WT2	WT1	WT0	Read/读	Program/编程 （＝72μs）	Sector Erase 扇区擦除 （＝13.1304ms）	Recommended System Clock 跟等待参数对应的推荐系统时钟
0	1	1	6	30	5471	5MHz
0	1	0	11	60	10942	10MHz
0	0	1	22	120	21885	20MHz
0	0	0	43	240	43769	40MHz

（4）看门狗控制寄存器 WDT _ CONTR。单片机在运行中，为了防止系统异常、受到干扰、程序跑飞等导致单片机长时间工作异常，通常需要引进看门狗，若单片机在规定的时间内没有按要求访问看门狗，就认为单片机处在异常状态，看门狗就会强迫单片机复位，使系统重新从头开始执行用户程序。

STC90C51RC/RD＋系列单片机内部设置了看门狗功能，使单片机系统的可靠性设计变得更加简单方便。看门狗控制寄存器 WDT _ CONTR 的地址为 0E1H，复位值是 xx000000B，格式如下所示。

SFR 名称	地址	位	B7	B6	B5	B4	B3	B2	B1	B0
WDT _ CONT	0E1H	名称	—	—	EN _ WDT	CLR _ WDT	IDLE _ WDT	PS 2	PS 1	PS0

1）第 5 位 EN _ WDT 是看门狗许可位。EN _ WDT＝1 时，看门狗启动。

2）第 4 位 CLR _ WDT 是看门狗清零位。CLR _ WDT＝1 时，看门狗重新计数。此时硬件将自动对该位清零。

3）第 3 位 IDLE _ WDT 是看门狗 IDLE 模式位。当 IDLE _ WDT＝1 时，看门狗定时器在空闲模式下计数；当 IDLE _ WDT＝0 时，看门狗定时器在空闲模式下不计数。

4）第 2 位、第 1 位、第 0 位 PS2、PS1、PS0 是看门狗定时器预分频。看门狗溢出时间的计算方法为

$$看门狗溢出时间＝（12 \times 预分频 \times 32768）/ f_{osc}$$

当系统振荡频率取 20 MHz 时，PS2、PS1、PS0 取不同值时对应的分频值见表 2-25。

表 2-25 　　　　　　　　　　　　看门狗定时器分频值

PS2	PS1	PS0	预分频	看门狗定时器溢出时间（f_{osc}20MHz）
0	0	0	2	39.2ms
0	0	1	4	78.6ms
0	1	0	8	157.3ms
0	1	1	16	314.6ms
1	0	0	32	629.1ms
1	0	1	64	1.25s
1	1	0	128	2.5s
1	1	1	256	5s

若用户启动内部看门狗，烧录应用程序时可在 STC-ISP 界面中作如图 2-33 所示的设置。

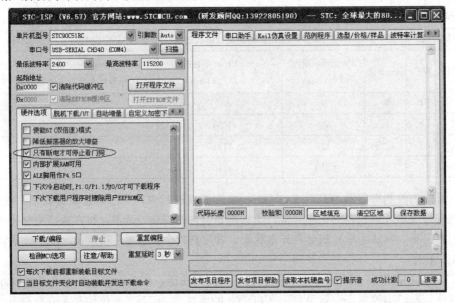

图 2-33　内部看门狗设置

5. I/O 工作模式和配置

STC90C52RC/RD＋系列单片机新增了 P4 口，其地址为 0E8H。访问该端口同访问常规的 P1/P2/P3 口一样，且也可以位寻址，其位地址如下所示。

SFR 名称	地址	位	—	—	—	—	B3	B2	B1	B0
P4	0E8H	位地址	EFH	EEH	EDH	ECH	EBH	EAH	E9H	E8H

所有 I/O 口均有两种工作类型：准双向口/弱上拉（标准 8051 输出模式）和开漏输出。单片机上电复位后，P0 口为开漏输出，其作为总线扩展用时，不用加上拉电阻；作为 I/O 口用时，需加 10kΩ～4.7kΩ 的上拉电阻。P1/P2/P3/P4 口上电复位后为准双向口/弱上拉 I/O 口（传统 8051 的 I/O 口）。5V 工作电压的该类单片机 P0 口的灌电流最大为 12mA，其他 I/O 口的灌电流最大为 6mA；3V 工作电压的该类单片机 P0 口的灌电流最大为 8mA，其他 I/O 口的灌电流最大

为 4mA。

P4 口中的 P4.5 引脚既可作为 I/O 口，也可作为 ALE 引脚，默认是用作 ALE 引脚。若需要作为 P4.5 引脚，在烧录应用程序时用户需要在 STC-ISP 软件中把 ALE 引脚选择为 P4.5 引脚，如图 2-34 所示。

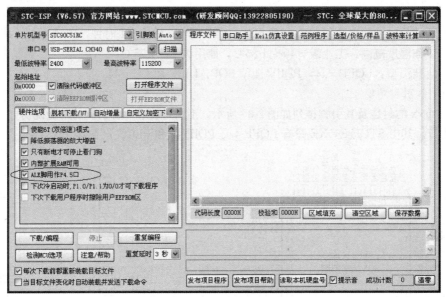

图 2-34　ALE 引脚设为 P4.5

2.4.2　STC11F60XE

STC11Fxx 系列单片机是宏晶公司生产的又一款高性能 1T8051 单片机，拥有增强的内核，完全兼容于工业标准 80C51 微控制器指令集，执行指令只需 1～6 个时钟周期，是标准 8051 器件额定速度的 6～7 倍。在系统编程（ISP）和在应用编程（IAP）支持用户程序或数据在系统升级。ISP 允许用户就地下载新代码，无须将单片机脱离产品。IAP 意味着器件可在应用程序中运行，向 Flash 存储器内写数据。在保留了标准 8051 单片机的全部特点外，STC11Fxx 系列单片机扩展了一个 I/O 口 P4，一个具有 6 个中断源、两级优先级的中断结构，片上晶体振荡器和一个使能看门狗。

STC11F60XE 是 STC11Fxx 系列中的典型产品，其主要资源如下所述。

1. 主要特性

（1）增强型的 CPU，比标准 8051 单片机工作速度快 6～7 倍。

（2）工作电压范围：5.5～3.7V。

（3）工作频率范围：0Hz～35MHz，相当于标准 8051 的 0Hz～420MHz。

（4）60KB 的 Flash 程序存储器。

（5）片上 1280 字节 RAM。

（6）片外 RAM 最大寻址空间达 64KB。

（7）两个 16 位计数器/定时器，功能如同 8051 的定时器 0/定时器 1。

（8）6 个中断矢量，2 级优先的中断结构。

（9）一个具有硬件地址识别与帧错误检测功能的增强型 UART，自带波特率发生器。

（10）一个 15 位的看门狗。

（11）两种时钟源：内部 RC 振荡器或外接晶体振荡器。

（12）电源控制：空闲模式（所有中断可以唤醒）、停电模式（外部中断可以唤醒）和降速模式。

（13）停电模式可以由引脚 INT0/P3.2、INT1/P3.3、T0/P3.4、T1/P3.5 和 RxD/P3.0 唤醒。

（14）可编程时钟输出功能：P3.4 输出 T0 时钟，P3.5 输出 T1 时钟，P1.0 输出 BRT 时钟。

（15）工作温度范围：工业级$-40\sim+85℃$，商用级 $0\sim+75℃$。

（16）封装类型：LQFP-44，PDIP-40，SOP、DIP，PLCC-44。

2. 封装和引脚功能

STC11Fxx 的封装及其引脚排列如图 2-35 所示。不同封装芯片各引脚的功能说明分别见表 2-26 和表 2-27。其中 STC11F60XE 只有 LQFP-44、PDIP-40 和 PLCC-44 封装。

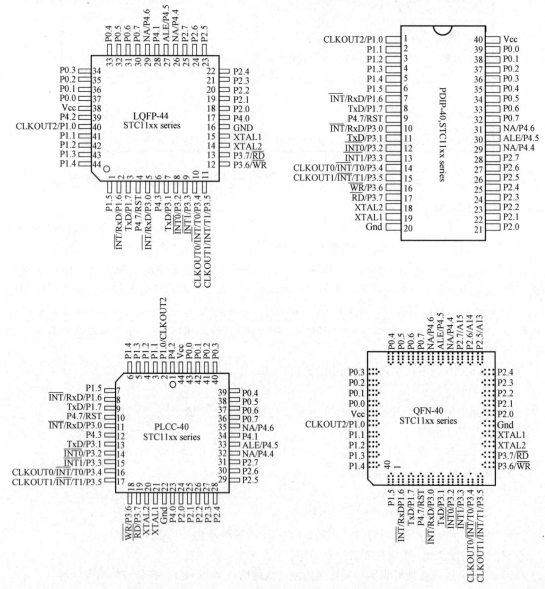

图 2-35　STC11Fxx 系列单片机封装及引脚排列（一）

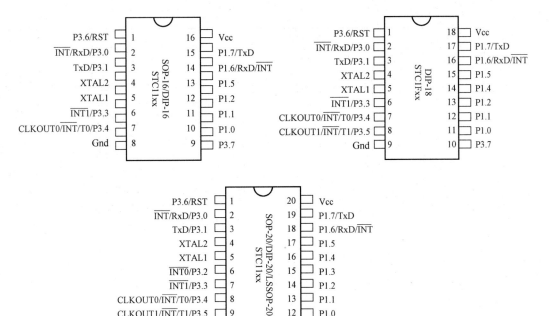

图 2-35 STC11Fxx 系列单片机封装及引脚排列（二）

表 2-26 引脚功能说明

助记符	引脚序号				功能说明
	LQFP-44	PDIP-40	PLCC-44	QFN-40	
P0.0～P0.7	30～37	32～39	36～43	27～34	端口 P0：有上拉电阻的 8 位双向 I/O 口；除用作通用 I/O 口外，在访问外部程序或数据存储器时，分时复用低 8 位地址和数据总线
P1.0～P1.7	40～44	1～8	2～9	36～40	端口 P1：有弱上拉电阻的通用 I/O 口
	1～3			1～3	
P1.6/RxD/$\overline{INT}$	2	7	8	2	P1.6 能作为 UART 功能块的数据接收端 RxD，和外部中断端$\overline{INT}$
P1.7/TxD	3	8	9	3	P1.7 能作为 UART 功能块的数据发送端 TxD
P2.0～P2.7	18～25	21～28	24～31	16～23	端口 P2：有上拉电阻的 8 位双向 I/O 口；除用作通用 I/O 口外，在访问外部程序或数据存储器时，输出高 8 位地址

续表

助记符	引脚序号				功能说明
	LQFP-44	PDIP-40	PLCC-44	QFN-40	
P3.0/RxD/$\overline{\text{INT}}$	5	10	11	5	端口 P3：有弱上拉电阻通用 I/O 口；提供多种特殊功能；
P3.1/TxD	7	11	13	6	P3.0 和 P3.1 作为 UART 功能块的数据接收端 RxD 和发送端 TxD；
P3.2/$\overline{\text{INT0}}$	8	12	14	7	P3.2 和 P3.3 作为外部中断源；
P3.3/$\overline{\text{INT1}}$	9	13	14	8	P3.4 和 P3.5 作为定时器 T0 和 T1，可编程为时钟输出 CLKOUT0 和 CLKOUT1；
P3.4/T0/$\overline{\text{INT}}$/CLKOUT0	10	14	16	9	P3.6 作为访问外部存储器的写信号 $\overline{\text{WR}}$；
P3.5/T1/$\overline{\text{INT}}$/CLKOUT1	11	15	17	10	P3.7 作为访问外部存储器的读信号 $\overline{\text{RD}}$
P3.6/$\overline{\text{WR}}$	12	16	18	11	
P3.7/$\overline{\text{RD}}$	13	17	19	12	
P4.0	17		23		端口 P4：扩充 I/O 口，类似于 P1 口
P4.1	28		24		
P4.2	39		1		
P4.3	6		12		
RST/P4.7	4	9	10	4	复位端 RST：维持两个机器周期的高电平，使器件复位
NA/P4.6	29	31	35	26	P4SW.6＝1 时作 I/O 口 P4.6
NA/P4.4	26	29	32	24	P4SW.4＝1 时作 I/O 口 P4.6
ALE/P4.5	27	30	33	25	P4SW.5＝0 时作 ALE 信号；P4SW.5＝1 时作 I/O 口 P4.6
XTAL1	15	19	21	14	反相振荡放大器的输入端：使用外部振荡信号时信号输入
XTAL2	14	18	20	13	反相振荡放大器的输出端：使用外部振荡信号时悬空
Vcc	38	40	44	35	电源正极
GND	16	20	22	15	电源负极

表 2-27　　　　　　　　　　　　引脚功能说明

助记符	引脚序号				功能说明
	SOP20/DIP20/LSSOP20	DIP18	SOP16/DIP16	LSSOP14	
P1.0～P1.2	12～14	11～13	10～12	9～11	端口 P1：内有弱上拉电阻的通用 I/O 口；
P1.3	15			1	P1.6 能作为 UART 功能块的数据接收端 RxD，和外部中断端 INT；
P1.4	16	14			P1.7 能作为 UART 功能块的数据发送端 TxD
P1.5	17	15	13		
P1.6/RxD/$\overline{\text{INT}}$	18	16	14	12	
P1.7/TxD	19	17	15	13	

续表

助记符	引脚序号				功能说明
	SOP20/ DIP20/ LSSOP20	DIP18	SOP16/ DIP16	LSSOP14	
P3.0/RxD/$\overline{INT}$	2	2	2	2	P3.0和P3.1作为UART功能块的数据接收端RxD和发送端TxD; P3.2和P3.3作为外部中断源; P3.4和P3.5作为定时器 T0 和T1,可编程为时钟输出 CLKOUT0和 CLKOUT1
P3.1/TxD	3	3	3	3	
P3.2/$\overline{INT0}$	6				
P3.3/$\overline{INT1}$	7	6	6	6	
P3.4/T0/CLKOUT0	8	7	7		
P3.5/T1/CLKOUT1	9	8			
P3.7	11	10	9	8	
XTAL1	5	5	5	5	反相振荡放大器的输入端:使用外部振荡信号时的信号输入端
XTAL2	4	4	4	4	反相振荡放大器的输出端:使用外部振荡信号时悬空
Vcc	10	18	16	14	电源正极
GND	10	9	8	7	电源负极

3. 存储器组织

STC11Fxx 系列单片机的程序存储器和数据存储器同样具有独立的地址空间。并且内含256B的高速暂存器和片上1024B的扩充 RAM (XRAM)。

(1) 程序存储器。程序存储器用来烧录用户的应用程序,STC11Fxx 系列单片机的程序存储器容量见表 2-28。

表 2-28　　　　　　　　　　　**STC11Fxx 程序存储器地址范围**

型　号	Flash		SRAM		EEPROM	
	大小 (B)	地址范围	大小 (B)	地址范围	大小 (B)	地址范围
STC11F01	1K	0000H~03FFH	256	00H~ FFH	—	
STC11F02	2K	0000H~07FFH	256	00H~ FFH	—	
STC11F04	4K	0000H~0FFFH	256	00H~ FFH	—	
STC11F01E	1K	0000H~03FFH	256	00H~ FFH	2K	0000H~ 07FFH
STC11F02E	2K	0000H~07FFH	256	00H~ FFH	2K	0000H~ 07FFH
STC11F03E	3K	0000H~0BFFH	256	00H~ FFH	2K	0000H~ 07FFH
STC11F04E	4K	0000H~0FFFH	256	00H~ FFH	1K	0000H~ 03FFH
STC11F05E	5K	0000H~13FFH	256	00H~ FFH	1K	0000H~ 03FFH
IAP11F06	6K	0000H~17FFH	256	00H~ FFH	IAP	
STC11F16XE	16K	0000H~3FFFH	1280	00H~ 4FFH	45K	0000H~ B3FFH
STC11F32XE	32K	0000H~7FFFH	1280	00H~ 4FFH	29K	0000H~ 73FFH
STC11F40XE	40K	0000H~9FFFH	1280	00H~ 4FFH	21K	0000H~ 53FFH

续表

型　号	Flash		SRAM		EEPROM	
	大小(B)	地址范围	大小(B)	地址范围	大小(B)	地址范围
STC11F48XE	48K	0000H～BFFFH	1280	00H～4FFH	13K	0000H～33FFH
STC11F52XE	52K	0000H～CFFFH	1280	00H～4FFH	9K	0000H～23FFH
STC11F56XE	56K	0000H～DFFFH	1280	00H～4FFH	5K	0000H～13FFH
STC11F60XE	60K	0000H～EFFFH	1280	00H～4FFH	1K	0000H～03FFH
IAP11F62XE	62K	0000H～F7FFH	1280	00H～4FFH	IAP	
STC11F08XE	8K	0000H～1FFFH	1280	00H～4FFH	53K	0000H～D3FFH

（2）数据存储器。STC11Fxx系列单片机的内部RAM与MCS-51单片机相同，具有低128字节、高128字节和特殊功能寄存器（SFR）3个区域，其中高128字节与特殊功能寄存器共享地址空间。低128字节RAM可通过直接寻址和间接寻址进行访问，高128字节RAM只能通过间接寻址访问，特殊功能寄存器只能通过直接寻址访问。数据存储器的结构与MCS-51单片机类似，这里不再赘述。

（3）辅助RAM。STC11Fxx系列单片机还附加了1024字节的扩展存储器，其地址范围为：0000H～03FFH。在使用时，扩展存储器与片外数据存储器不能同时存在。该区间是否可以访问，由特殊寄存器中的AUXR.1的控制位EXTRAM的值决定。当EXTRAM＝1时，辅助RAM不可访问；当EXTRAM＝0时，可用"MOVX @Ri"和"MOVX @DPTR"指令来访问。在EXTRAM＝0时，若访问的目标地址超过03FFH，会自动地切换到外部RAM访问。

使用Keil C51编译器时，在辅助RAM中分配局部变量，应该使用"pdata"和"xdata"进行定义。经编译后，用"pdata"和"xdata"声明的变量就成为由"MOVX @Ri"和"MOVX @DPTR"指令来访问辅助RAM。这样，保证STC11Fxx系列单片机的硬件正确地访问。

（4）EEPROM。从表2-28中可以知道，STC11Fxx系列单片机中的大多数还集成了数据Flash存储器（EEPROM），大小从1KB到53KB不等。该存储器以512B为一扇区（页），最多可达128页。对这个区域进行写操作前，必须先进行擦除操作，即将该区域设置成FFH，然后再将数据写入。擦除操作有两种方式，块擦除和页擦除。块擦除是将整个Flash同时擦除，而页擦除仅将某一页的Flash擦除。擦除或写Flash的时间要比普通的RAM花更多的时间。

4. 特殊功能寄存器

STC11Fxx系列单片机的特殊功能寄存器及其地址和复位值见表2-29。表中的寄存器地址能被8整除的才可以进行位操作，不能够被8整除的不可以进行位操作，即最左一列可进行位寻址，其余则不能。特殊功能寄存器的名称和符号及其位地址和名称见表2-30。

表2-29　　　　　STC11xx系列单片机的特殊功能寄存器及其地址和复位值

地址	0/8	1/9	2/A	3/B	4/C	5/D	6/E	7/F	地址
0F8H									0FFH
0F0H	B 00000000								0F7H
0E8H									0EFH
0E0H	ACC 00000000								0E7H

续表

地址	0/8	1/9	2/A	3/B	4/C	5/D	6/E	7/F	地址
0D8H									0DFH
0D0H	PSW 00000000								0D7H
0C8H									0CFH
0C0H	P4 11111111	WDT_CONR Xx000000	IAP_DATA 11111111	IAP_ADDRH 00000000	IAP_ADDRL 00000000	IAP_CMD Xxxxxx00	IAP_TRIG xxxxxxxx	IAP_CONTR 00000000	0C7H
0B8H	IP X0x00000	SADEN 00000000		P4SW X000xxxx					0BFH
0B0H	P3 11111111	P3M1 00000000	P3M0 00000000	P4M1 00000000	P4M0 00000000				0B7H
0A8H	IE 00000000	SADDR 00000000	WKTCL 00000000	WKTCH 0xxx0000					0AFH
0A0H	P2 11111111	BUS_SPEED Xx10x011	AUXR1 Xxxx0xx0					不可用	0A7H
098H	SCON 00000000	SBUF xxxxxxxx			BRT 00000000				09FH
090H	P1 11111111	P1M1 00000000	P1M0 00000000	P0M1 00000000	P0M0 00000000	P2M1 00000000	P2M0 00000000	CLK_DIV xxxxx000	097H
088H	TCON 00000000	TMOD 00000000	TL0 00000000	TL1 00000000	TH0 00000000	TH1 00000000	AUXR 0000x000	WAKE_ CLKO X000x000	08FH
080H	P0 11111111	SP 00000111	DPL 00000000	DPH 00000000				PCON 00110000	087H

表 2-30　　　　　　　　特殊功能寄存器名称和符号及其位地址和名称

符号	描述	地址	位 地 址							
			b7	b6	b5	b4	b3	b2	b1	b0
B	B 寄存器	F0H								
ACC	累加器	E0H								
PSW	程序状态字寄存器	D0H	CY	AC	F0	RS1	RS0	OV	F1	P
IAP_CONTR	ISP/IAP控制寄存器	C7H	ISPEN	SWBS	SWRST	CMD_FAIL		WT2	WT1	WT0
IAP_TRIG	ISP/IAP命令触发寄存器	C6H								

符号	描述	地址	位 地 址							
			b7	b6	b5	b4	b3	b2	b1	b0
IAP_CMD	ISP/IAP命令寄存器	C5H						MS2	MS1	MS0
IAP_ADDRL	ISP/IAP低8位地址寄存器	C4H								
IAP_ADDRH	ISP/IAP高8位地址寄存器	C3H								
IAP_DATA	ISP/IAP数据寄存器	C2H								
WDT_CONTR	看门狗控制寄存器	C1H	WDT_FLAG		EN_WDT	CLR_WDT	IDLE_WDT	PS2	PS1	PS0
P4	端口P4	C0H	P4.7	P4.6	P4.5	P4.4	P4.3	P4.2	P4.1	P4.0
P4SW	端口P4切换	BBH		NA_P4.6	ALE_P4.5	NA_P4.4				
SADEN	从机地址掩膜寄存器	B9H								
IP	中断优先级寄存器低	B8H	PPCA	PLVD	PADC	PS	PT1	PX1	PT0	PX0
P4M0	P4配置0	B4H								
P4M1	P4配置1	B3H								
P3M0	P3配置0	B2H								
P3M1	P3配置1	B1H								
P3	端口P3	B0H	P3.7	P3.6	P3.5	P3.4	P3.3	P3.2	P3.1	P3.0
SADDR	从机地址控制寄存器	A9H								

续表

符号	描述	地址	位 地 址							
			b7	b6	b5	b4	b3	b2	b1	b0
IE	中断允许寄存器	A8H	EA	ELVD		ES	ET1	EX1	ET0	EX0
AUXR1	辅助寄存器1	A2H	UART_p1				GF2			DPS
BUS_SPEED	总线时钟控制	A1			ALES1	ALES0		RWS2	RWS1	RWS0
P2	端口P2	A0H	P2.7	P2.6	P2.5	P2.4	P2.3	P2.2	P2.1	P2.0
BRT	独立波特率定时器	9CH								
SBUF	串口数据缓冲器	99H								
SCON	串口控制寄存器	98H	SM0/FE	SM1	SM2	REN	TB8	RB8	TI	RI
CLK_DIV	时钟分频器	97H								
P2M0	P2配置0	96H								
P2M1	P2配置1	95H								
P0M0	P0配置0	94H								
P0M1	P0配置1	93H								
P1M0	P1配置0	92H								
P1M1	P1配置1	91H								
P1	端口P1	90H	P1.7	P1.6	P1.5	P1.4	P1.3	P1.2	P1.1	P1.0
WAKE_CLKO	电源停电唤醒控制寄存器	8FH		RXD_PIN_IE	T1_PIN_IE	T0_PIN_IE		BRICLKO	T1CLKO	T0CLKO
AUXR	辅助寄存器	8EH	T0×12	T1×12	UART_M0×6	BRTR		BRT×12	EXTRAM	S1BRS
TH1	定时器/计数器1高8位寄存器	8DH								

符号	描述	地址	位 地 址							
			b7	b6	b5	b4	b3	b2	b1	b0
TH0	定时器/计数器 0 高 8 位寄存器	8CH								
TL1	定时器/计数器 1 低 8 位寄存器	8BH								
TL0	定时器/计数器 0 低 8 位寄存器	8AH								
TMOD	定时器工作方式寄存器	89H	GATE	C/$\overline{T}$	M1	M0	GATE	C/$\overline{T}$	M1	M0
TCON	定时器控制寄存器	88H	TF1	TR1	TF0	TR0	IE1	IT1	IE0	IT0
PCON	电源控制寄存器	87H	SMOD	SMOD0	LVDF	POF	GF1	GF0	PD	IDL
DPTR _ H	数据指针 _ 高	83H								
DPTR _ L	数据指针 _ 低	82H								
SP	堆栈指针	81H								
P0	端口 P0	80H	P0.7	P0.6	P0.5	P0.4	P0.3	P0.2	P0.1	P0.0

下面对部分特殊寄存器中某些位的功能作如下说明。

（1）P4SW 寄存器。寄存器 P4SW 用来设置 P4 口的第二功能，其地址为 0BBH。该寄存器格式如下所示。

SFR 名称	地址	位	b7	b6	b5	b4	b3	b2	b1	b0	复位值
P4SW	BBH	名称	—	NA _ P4.6	ALE _ P4.5	NA _ P4.4	—	—	—	—	x000xxxx

1）第 6 位 NA _ P4.6 设置第 35 引脚。P4SW.6＝0 时，引脚弱上拉，无任何功能；P4SW.6＝1 时，引脚作为 P4.6。

2）第 5 位 ALE _ P4.5 设置第 33 引脚。P4SW.5＝0 时，引脚用于访问外部数据存储器的 ALE 信号；P4SW.5＝1 时，引脚作为 P4.5。

3) 第 4 位 NA _ P4.4 设置第 32 引脚。P4SW.4＝0 时，引脚弱上拉，无任何功能；P4SW.4
＝1 时，引脚作为 P4.4。

(2) 辅助寄存器 AUXR。AUXR 寄存器具有内部扩展 RAM 管理和禁止、定时器 0 和定时器
1 时钟源设置、独立 UART 波特率发生器设置的功能，其地址为 8EH，复位值为 0000x000B。
AUXR 寄存器的特殊功能位如下所示。

寄存器名称	地址	位	B7	B6	B5	B4	B3	B2	B1	B0
AUXR	8EH	名称	T0×12	T1×12	UART _ M0×6	BRTR	—	BRT×12	EXTRAM	S1BRS

1) 第 7 位 T0×12 是定时器 0 时钟源设置位。当 T0×12＝0 时定时器 0 时钟源为系统时钟的
12 分频；当 T0×12＝1 时定时器 0 时钟源为系统时钟。

2) 第 6 位 T1×12 是定时器 1 时钟源设置位。当 T1×12＝0 时定时器 1 时钟源为系统时钟的
12 分频；当 T1×12＝1 时定时器 1 时钟源为系统时钟。

3) 第 5 位 UART _ M0×6 是方式 0 独立 UART 波特率发生器时钟源设置位。当 UART _
M0×6＝0 时方式 0 的 UART 波特率时钟源为系统时钟的 12 分频；当 UART _ M0×6＝1 时方
式 0 的 UART 波特率时钟源为系统时钟的 2 分频。

4) 第 4 位 BRTR 是独立 UART 波特率发生器许可设置位。当 BRTR ＝0 时 UART 波特率
发生器禁用；当 BRTR ＝1 时 UART 波特率发生器使能。

5) 第 2 位 BRT×12 是独立 UART 波特率发生器时钟源设置位。当 BRTR ＝0 时 UART 波
特率发生器时钟源为系统时钟的 12 分频；当 BRTR ＝1 时 UART 波特率发生器时钟源为系统
时钟。

6) 第 1 位 EXTRAM 是辅助 RAM 访问许可设置位。当 EXTRAM ＝0 时允许访问辅助
RAM，地址范围为 0000H～03FFH，地址超出 03FFH 自动切换到外部 RAM；当 EXTRAM ＝1
时禁止访问辅助 RAM。

7) 第 0 位 S1BRS 是独立波特率发生器选择控制位。当 S1BRS ＝0 时，定时器 T1 作为独立
波特率发生器；当 S1BRS ＝1 时，定时器 1 作其他功能，独立 UART 波特率发生器作波特率发
生器。

(3) AUXR1 寄存器。辅助寄存器 AUXR1 用来在端口 P1 或端口 P3 选择 UART 功能，其地
址为 0A2H。该寄存器格式如下所示。

SFR 名称	地址	位	b7	b6	b5	b4	b3	b2	b1	b0	复位值
AUXR1	0A2H	名称	UART _ P1	—	—	—	GF2	—	—	DPS	0xxx0xx0

1) 第 7 位 UART _ P1 设置 UART 功能在端口 P1 或端口 P3。AUXR1.7＝0 时，UART 功
能在端口 P3，RXD 为 P3.0，TXD 为 P3.1；AUXR1.7＝1 时，UART 功能在端口 P1，RXD 为
P1.6，TXD 为 P1.7。

2) 第 3 位 GF2 是通用标志位。由软件使用。

3) 第 0 位 DPS 是标志位。DPS＝0 时，DPTR0 作为数据指针。DPS＝1 时，DPTR 切换
使用。

(4) BUS _ SPEED 寄存器。总线速度寄存器 BUS _ SPEED 用于总线管理，其地址为 0A1H。
该寄存器格式如下所示。

SFR 名称	地址	位	b7	b6	b5	b4	b3	b2	b1	b0	复位值
BUS _ SPEED	0A1H	名称	—	—	ALES1	ALES0	—	RWS2	RWS1	RWS0	xx10x011

1）第 5 位 ALES1 和第 4 位 ALES0，用来设置 P0 口地址出现时间，具体介绍如下。

00：P0 地址从建立和保持时间到 ALE 下降沿是 1 个时钟周期；

01：P0 地址从建立和保持时间到 ALE 下降沿是 2 个时钟周期；

10：P0 地址从建立和保持时间到 ALE 下降沿是 3 个时钟周期（默认设置）；

11：P0 地址从建立和保持时间到 ALE 下降沿是 4 个时钟周期。

2）第 2 位 RWS2、第 1 位 RWS1 和第 0 位 RWS0，用来设置 MOVX 读/写脉冲出现时间，具体如下：

000：MOVX 读/写脉冲出现 1 个时钟周期；

001：MOVX 读/写脉冲出现 2 个时钟周期；

010：MOVX 读/写脉冲出现 3 个时钟周期；

011：MOVX 读/写脉冲出现 4 个时钟周期（默认设置）；

100：MOVX 读/写脉冲出现 5 个时钟周期；

101：MOVX 读/写脉冲出现 6 个时钟周期；

110：MOVX 读/写脉冲出现 7 个时钟周期；

111：MOVX 读/写脉冲出现 8 个时钟周期。

5. 命名规则

STC11Fxx 系列微控制器的命名规则如下。

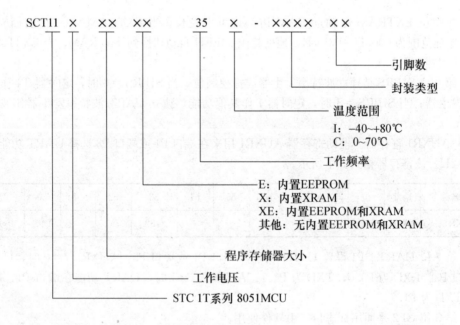

2.4.3 STC12C5A60 系列单片机

STC12C5A60 系列单片机也是宏晶科技公司生产的单时钟/机器周期（1T）的单片机，是高速、低功耗、具有超强抗干扰能力的新一代 8051 单片机，其指令代码完全兼容传统的 8051 单片机，但速度比 8051 单片机快 8～12 倍。它的内部集成了 MAX810 专用复位电路，以后缀字母的不同表示内含两路 PWM 电路或 8 路高速 10 位 A/D 转换电路（250KB/s），主要在电机控制，强干扰场合使用。

1. 主要特点

（1）增强型：8051CPU，1T，单时钟/机器周期，指令代码完全兼容传统 8051 单片机。

（2）工作电压：STC12C5A60 系列工作电压：5.5V～3.3V（5V 单片机）。
STC12LE5A60 系列工作电压：3.6V～2.2V（3V 单片机）。

（3）工作频率范围：0～35MHz，相当于普通 8051 单片机的 0Hz～420MHz。

（4）用户应用程序空间：8K/16K/20K/32K/40K/48K/52K/60K/62K 字节。

（5）片上集成 1280 字节的 RAM。

（6）通用 I/O 口（36/40/44 个），复位后为准双向口/弱上拉（普通 8051 传统 I/O 口），可设置成四种模式：准双向口/弱上拉，推挽/强上拉，仅为输入/高阻和开漏；每个 I/O 口驱动能力均可达到 20mA，但整个芯片最大不要超过 55mA。

（7）支持 ISP（在系统可编程）/IAP（在应用可编程），无须专用编程器，无须专用仿真器，可通过串口（P3.0/P3.1）直接下载用户程序，数秒即可完成一片。

（8）有 EEPROM 功能（STC12C5A62S2/AD/PWM 无内部 EEPROM）。

（9）内部含有看门狗。

（10）内部集成 MAX810 专用复位电路（外部晶体 20M 以下时，复位脚可直接接 1K 电阻到地）。

（11）内置一个掉电检测电路，在 P4.6 口有一个低压门槛比较器。5V 单片机为 1.33V，误差为 ±5%；3.3V 单片机为 1.31V，误差为 ±3%。

（12）时钟源：外部高精度晶体/时钟，内部 R/C 振荡器（温漂在 ±5% 到 ±10% 以内），用户在下载应用程序时，可选择是使用内部 R/C 振荡器还是外部晶体/时钟。常温下内部 R/C 振荡器频率为：5.0V 单片机 11～15.5MHz，3.0V 单片机 8～12MHz。精度要求不高时，可选择使用内部时钟，但因为有制造误差和温漂，应以实际测试为准。

（13）共有 4 个 16 位定时器。两个与传统 8051 兼容的定时器/计数器，16 位定时器 T0 和 T1，没有定时器 2，但有独立波特率发生器作串行通信的波特率发生器，再加上两路 PCA 模块可再实现两个 16 位定时器。

（14）两个时钟输出口，可由 T0 的溢出在 P3.4/T0 输出时钟，可由 T1 的溢出在 P3.5/T1 输出时钟。

（15）外部中断 I/O 口 7 路，传统的下降沿中断或低电平触发中断，并新增支持上升沿中断的 PCA 模块，Power Down 模式可由外部中断 INT0/P3.2、INT1/P3.3、T0/P3.4、T1/P3.5、RxD/P3.0、CCP0/P1.3（也可通过寄存器设置到 P4.2）和 CCP1/P1.4（也可通过寄存器设置到 P4.3）唤醒。

（16）PWM（两路）/PCA（可编程计数器阵列，两路）。既可用来当两路 D/A 使用，也可用来再实现两个定位器的功能，还可用来再实现 2 个外部中断（上升沿中断/下降沿中断均可分别或同时支持）。

（17）A/D 转换，10 位精度 ADC，共 8 路，转换速度可达 250KB/s（每秒钟 25 万次）。

（18）通过全双工异步串行口（UART）。由于 STC12 系列是高速的 8051，可再用定时器或 PCA 软件实现多串口操作。

（19）STC12C5A60S2 系列有双串口，后缀有 S2 标志的才有双串口 RxD2/P1.2（可通过寄存器设置到 P4.2）和 TxD2/P1.3（可通过寄存器设置到 P4.3）。

（20）工作温度范围：－40℃～＋85℃（工业级）或 0℃～75℃（商业级）。

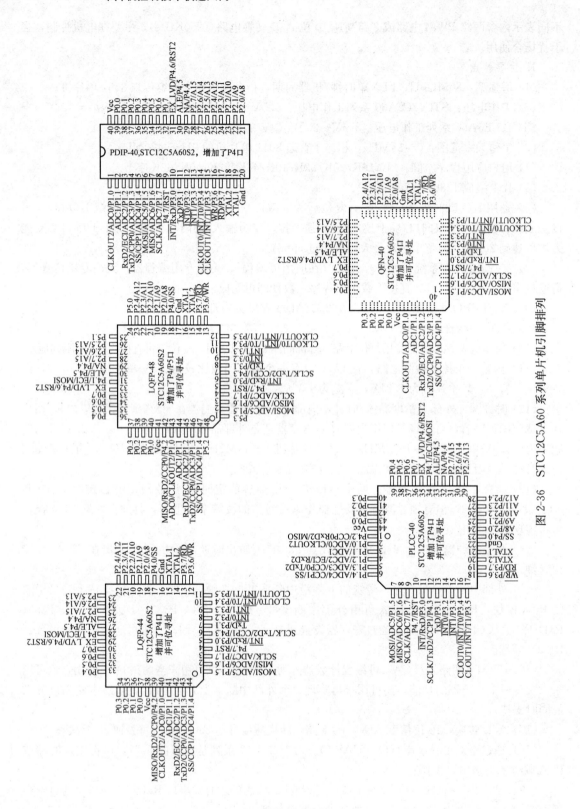

图 2-36　STC12C5A60 系列单片机引脚排列

2. 封装与引脚功能

STC12C5A60 系列单片机的封装有：PDIP-40，LQFP-44，LQFP-48、PLCC-44、QFN-40。当 I/O 口不够时，可用 2 到 3 根普通 I/O 口线外接 74HC164/165/595（均可级联）来扩展 I/O 口，还可用 A/D 做按键扫描来节省 I/O 口，或者用双 CPU，三线通信。

当单片机为 STC12CA60S2 系列时既有 PWM 功能、也有 A/D 功能。该系列单片机有内部 EEPROM、有第二串口；当单片机为 STC12C5A60AD 系列时，有 PWM 功能、也有 A/D 功能、有内部 EEPROM，但无第二串口；当单片机为 STC12C5A60PWM 系列时，有 PWM 功能、有内部 EEPROM，但无第二串口、无 A/D 功能。STC12C5A60 系列单片机的引脚排列如图 2-36 所示，其引脚功能见表 2-31。

表 2-31　　　　　　　　　　　STC12C5A60 系列管脚功能

序号	封装					功　能
	LQFP-48	LQFP-44	PLCC-44	PDIP-40	QFN-40	
1	1	—	—	—	—	P5.3
2	2	1	7	6	1	P1.5；ADC 输入通道 5；SPI 同步串行口的主出从入
3	3	2	8	7	2	P1.6；ADC 输入通道 6；SPI 同步串行口的主入从出
4	4	3	8	8	3	P1.7；ADC 输入通道 6；SPI 同步串行口的时钟信号
5	5	4	10	9	4	P4.7；复位 RST
6	6	5	11	10	5	P3.0；串口数据接收端
7	7	6	12	—	—	P4.3；外部信号捕捉（频率测量或外部中断使用）、高速脉冲输出及脉宽调制输出
8	8	7	13	11	6	P3.1；串口 1 数据发送端 TxD
9	9	8	14	12	7	P3.2；外部中断 0，下降沿中断或低电平中断
10	10	9	15	13	8	P3.3；外部中断 1，下降沿中断或低电平中断
11	11	10	16	14	9	P3.4；T0，定时器/计数器 0 的外部输入；定时器/计数器 0 的时钟输出，可通过设置 WAKE_CLKO [0] 位/T0CLKO将该管脚配置为 CLKOUT0
12	12	11	17	15	10	P3.5；T1，定时器/计数器 1 的外部输入；定时器/计数器 1 的时钟输出，可通过设置 WAKE_CLKO [1] 位/T0CLKO将该管脚配置为 CLKOUT1
13	13	12	18	16	11	P3.6；$\overline{WR}$外部数据存储器写脉冲
14	14	13	19	17	12	P3.7；$\overline{RD}$外部数据存储器读脉冲
15	15	14	20	18	13	XTAL2：内部时钟反相放大器的输出端，外接晶振的一端。当直接使用外部时钟源时，此引脚可悬空，此时 XTAL2 实际将 XTAL1 输入的时钟进行输出
16	16	15	21	19	14	XTAL1：内部时钟反相放大器的输出端，外接晶振的另一端。当直接使用外部时钟源时，此引脚是外部时钟源的输入端
17	17	16	22	20	15	GND
18	18	17	23	—	—	P4.0；SPI 同步串行接口的从机选择信号
19	19	18	24	21	16	P2.0；

续表

序号	封装					功能
	LQFP-48	LQFP-44	PLCC-44	PDIP-40	QFN-40	
20	20	19	25	22	17	P2.1;
21	21	20	26	23	18	P2.2;
22	22	21	27	24	19	P2.3;
23	23	22	28	25	20	P2.4;
24	24	—	—	—	—	P5.0;
25	25	—	—	—	—	P5.1;
26	26	23	29	26	21	P2.5;
27	27	24	30	27	22	P2.6;
28	28	25	31	28	23	P2.7;
29	29	26	32	29	24	P4.4;
30	30	27	33	30	25	P4.5; ALE 地址锁存允许
31	31	28	34	—	—	P4.1; PCA 计数器的外部脉冲输入脚
32	32	29	35	31	26	P4.6; 外部低压检测中断/比较器 EX_LVD; 第 2 复位功能脚 RST2
33	33	30	36	32	27	P0.7
34	34	31	37	33	28	P0.6
35	35	32	38	34	29	P0.5
36	36	33	39	35	30	P0.4
37	37	34	40	36	31	P0.3
38	38	35	41	37	32	P0.2
39	39	36	42	38	33	P0.1
40	40	37	43	39	34	P0.0
41	41	38	44	40	35	Vcc
42	42	39	1	—	—	P4.2; 外部信号捕捉（频率测量或当外部中断使用）、高速脉冲输出及脉宽调制输出 CCP0; SPI 同步串行接口的主入从出
43	43	40	2	1	36	P1.0; ADC 输入通道 0; 独立波特率发生器的时钟输出可通过设置 WAKE_CLKO [2] 位/BRTCLKO 将该管脚配置为 CLKOUT2
44	44	41	3	2	37	P1.0; ADC 输入通道 1
45	45	42	4	3	38	P1.2; ADC 输入通道 2; PCA 计数器的外部脉冲输入脚 ECI; 第 2 串口数据接收端
46	46	43	4	4	39	P1.3; ADC 输入通道 3; 外部信号捕捉（频率测量或当外部中断使用）、高速脉冲输出及脉宽调制输出 CCP0; 第 2 串口数据发生端 TxD2
47	47	44	5	5	40	P1.4; ADC 输入通道 4; 外部信号捕捉（频率测量或当外部中断使用）、高速脉冲输出及脉宽调制输出 CCP1; SPI 同步串行接口的从机选择信号
48	48	—	—	—	—	P5.2

3. 存储器组织

STC12C5A60 系列单片机的程序存储器和数据存储器是各自独立编址的。由于该系统单片机没有外部访问使能信号$\overline{EA}$和程序存储器读选通信号$\overline{PSEN}$，所以不能访问外部扩展的程序存储器，其所有程序存储器都是片上 Flash 存储器。该系统单片机内部有 1280 字节的数据存储器，其在物理和逻辑上都分为两个地址空间：内部 RAM（256 字节）和内部扩展 RAM（1024 字节）。此外该类型单片机还可以访问片外扩展的 64KB 外部数据存储器。

（1）程序存储器。程序存储器用于存放应用程序、数据和表格等信息。STC12C5A60 系列单片机内部集成了 8K～62K 字节的 Flash 存储器，系列中各型号单片机程序存储器的容量及地址范围见表 2-32。表中型号中间带字母 C 的工作电压为 5.5V～3.3V（5V 单片机）、中间带字母 LE 的工作电压为 3.6V～2.2V（3V 单片机）；后面带字母 S2 的为双串口，带字母 AC 的为具有 AD 功能。

表 2-32 　　　　　　　　　STC12C5A60 系列单片机程序存储器容量及地址范围

单片机型号	程序存储器容量	存储器地址范围
STC12C/LE5A08S2/AD	8KB	0000H～ 1FFFH
STC12C/LE5A16S2/AD	16KB	0000H～ 3FFFH
STC12C/LE5A20S2/AD	20KB	0000H～ 4FFFH
STC12C/LE5A32S2/AD	32KB	0000H～ 7FFFH
STC12C/LE5A40S2/AD	40KB	0000H～ 9FFFH
STC12C/LE5A48S2/AD	48KB	0000H～ 0BFFFH
STC12C/LE5A56S2/AD	56KB	0000H～ 0DFFFH
STC12C/LE5A60S2/AD	60KB	0000H～ 4EFFH
STC12C/LE5A62S2/AD	62KB	0000H～ 0F7FFH

（2）数据存储器。STC12C5A60 系列单片机内部数据存储器共有 1280 字节，分为 256 字节的内部 RAM 和 1024 字节的内部扩展 RAM，可存放程序执行的中间结果或过程数据，此外还可以访问在片外扩展的 64KB 外部数据存储器。

1）内部数据存储器。256 字节的内部 RAM 与传统的 8052 类似，分为 3 个部分：低 128 字节 RAM、高 128 字节 RAM 以及特殊功能寄存器区。其地址范围为 00H ～ FFH。

2）内部扩展数据存储器。STC12C5A60 系列单片机新增了 1024KB 的扩展 RAM，地址范围时 0000H～03FFH。内部扩展数据存储器是否可以访问受辅助寄存器 AUXR（地址为 8EH）中的 EXTRAM 位的控制。当 EXTRAM＝0 时允许访问，访问内部扩展 RAM 的方法和传统 8051 单片机访问外部扩展 RAM 的方法相同，但指令执行时不影响 P0 口、P2 口、P3.6、P3.7 和 ALE。

在汇编语言中，内部扩展 RAM 通过 MOVX 指令访问，即使用 "MOVX @DPTR" 或 "MOVX @Ri" 指令访问。在 C 语言中，使用 "xdata" 声明存储类型即可，如 "unsigned char xdata i＝0；"。

4. 特殊功能寄存器

STC12C5A60 系列单片机内的特殊功能寄存器（SFR）与内部高 128 字节 RAM 共用相同的地址范围，即使用 80H～FFH，但必须用直接寻址指令访问。寄存器名称与地址映像见表 2-33。表中寄存器地址能被 8 整除的才可以进行位操作，不能够被 8 整除的不可以进行位操作。特殊功能寄存器的名称和符号及其位地址和符号见表 2-34。

表 2-33　　　　　　　　　STC12C5A60 特殊功能寄存器与地址映像表

地址	0/8	1/9	2/A	3/B	4/C	5/D	6/E	7/F	地址
0F8H		CH 00000000	CCAP0H 00000000	CCAP1H 00000000					0FFH
0F0H	B 00000000	PCA_PWM0 xxxxxx00	PCA_PWM1 xxxxxx00						0F7H
0E8H		CL 00000000	CCAP0L 00000000	CCAP1L 00000000					0EFH
0E0H	ACC 00000000								0E7H
0D8H	CCON 00xxxx00	CMOD 0xxx0000	CCAPM0 x0000000	CCAPM1 x0000000					0DFH
0D0H	PSW 00000000								0D7H
0C8H	P5 xxxx0000	P5M1 xxxx0000	P5M0 xxxx0000			SPATAT 00xxxxxx	SPCTL 00000100	SPDAT 00000000	0CFH
0C0H	P4 11111111	WDT_CONR 0x000000	IAP_DATA 11111111	IAP_ADDRH 00000000	IAP_ADDRL 00000000	IAP_CMD xxxxxx00	IAP_TRIG xxxxxxxx	IAP_CONTR 0000x000	0C7H
0B8H	IP 00000000	SADEN 00000000		P4SW x000xxxx	ADC_CONTR 00000000	ADC_RES 00000000	ADC_RESL 00000000		0BFH
0B0H	P3 11111111	P3M1 00000000	P3M0 00000000	P4M1 00000000	P4M0 00000000	IP2 xxxxxx00	IP2H xxxxxx00	IPH 00000000	0B7H
0A8H	IE 00000000	SADDR 00000000						IE2 xxxxxx00	0AFH
0A0H	P2 11111111	BUS_SPEED xx10x011	AUXR1 00000000					不可用	0A7H
098H	SCON 00000000	SBUF xxxxxxxx	S2CON 00000000	S2BUF xxxxxxxx	BRT 00000000	P1ASF 00000000			09FH
090H	P1 11111111	P1M1 00000000	P1M0 00000000	P0M1 00000000	P0M0 00000000	P2M1 00000000	P2M0 00000000	CLK_DIV xxxxx000	097H
088H	TCON 00000000	TMOD 00000000	TL0 00000000	TL1 00000000	TH0 00000000	TH1 00000000	AUXR 00000000	WAKE_CLKO 00000000	08FH
080H	P0 11111111	SP 00000111	DPL 00000000	DPH 00000000				PCON 00110000	087H

表 2-34 特殊功能寄存器的名称和符号及其位地址和符号

符号	描述	地址	位地址							
			b7	b6	b5	b4	b3	b2	b1	b0
CCAP1H	PCA 组件 1 捕获寄存器高字节寄存器	FBH								
CCAP0H	PCA 组件 0 捕获寄存器高字节寄存器	FAH								
CH	PCA 基本定时器高字节寄存器	F9H								
IP2H	第 2 中断优先级高字节寄存器	B6H							PSP1H	PSP2H
PCA _ PWM1		F3H							EPC1H	EPC1L
PCA _ PWM0		F2H							EPC0H	EPC0L
B	B 寄存器	F0H								
CCAP1L	PCA 组件 1 捕获寄存器低字节寄存器	EBH								
CCAP0L	PCA 组件 0 捕获寄存器低字节寄存器	EAh								
CL		E9H								
ACC	累加器	E0H								
CCAPM1	PCA 组件方式 1 寄存器	DBH		ECOM1	CAPP1	CAPN1	MAT1	TOG1	PWM1	ECCF1
CCAPM0	PCA 组件方式 0 寄存器	DAH		ECOM0	CAPP0	CAPN0	MAT0	TOG0	PWM0	ECCF0

续表

符号	描述	地址	位地址							
			b7	b6	b5	b4	b3	b2	b1	b0
CMOD	PCA 模式寄存器	D9H	CIDL				CPS2	CPS1	CPS0	ECF
CCON	PCA 控制寄存器	D8H	CF	CR					CCF1	CCF0
PSW	程序状态字寄存器	D0H	CY	AC	F0	RS1	RS0	OV	F1	P
SPDAT	SPI 数据寄存器	CFH								
SPCTL	SPI 控制寄存器	CEH	SSIG	SPEN	DORD	MSTR	CPOL	CAPHA	SPR1	SPR0
SPSTAT	SPI 状态寄存器	CDH	SPIF	WCOL						
P5M0	P5 模式配置寄存器 0	CAH								
P5M1	P5 模式配置寄存器 1	C9H								
P5	端口 P5	C8H					P5.3	P5.2	P5.1	P5.0
IAP_CONTR	ISP/IAP 控制寄存器	C7H	ISPEN	SWBS	SWRST	CMD_FAIL		WT2	WT1	WT0
IAP_TRIG	ISP/IAP 命令触发寄存器	C6H								
IAP_CMD	ISP/IAP 命令寄存器	C5H							MS1	MS0
IAP_ADDRL	ISP/IAP 低 8 位地址寄存器	C4H								
IAP_ADDRH	ISP/IAP 高 8 位地址寄存器	C3H								
IAP_DATA	ISP/IAP 数据寄存器	C2H								
WDT_CONTR	看门狗控制寄存器	C1H	WDT_FLAG		EN_WDT	CLR_WDT	IDLE_WDT	PS2	PS1	PS0

符号	描述	地址	位地址							
			b7	b6	b5	b4	b3	b2	b1	b0
P4	端口 P4	C0H	P4.7	P4.6	P4.5	P4.4	P4.3	P4.2	P4.1	P4.0
ADC_RESL	A/D 转换结果寄存器低	BEH								
ADC_RES	A/D 转换结果寄存器高	BDH								
ADC_CONTR	A/D 转换控制寄存器	BCH	ADC_POWER	SPEED1	SPEED0	ADC_FLAG	ADC_START	CHS2	CHS1	CHS0
P4SW	端口 P4 切换	BBH		NA_P4.6	ALE_P4.5	NA_P4.4				
SADEN	从机地址掩膜寄存器	B9H								
IP	中断优先级寄存器低	B8H	PPCA	PLVD	PADC	PS	PT1	PX1	PT0	PX0
IPH	中断优先级高字节寄存器	B7H	PPCAH	PLVDH	PADCH	PSH	PT1H	PX1H	PT0H	PX0H
IP2H	第 2 中断优先级高字节寄存器	B6H							PSP1H	PS2H
IP2	第 2 中断优先级低字节寄存器	B5H							PSP1	PS2
P4M0	P4 配置 0	B4H								
P4M1	P4 配置 1	B3H								
P3M0	P3 配置 0	B2H								
P3M1	P3 配置 1	B1H								
P3	端口 P3	B0H	P3.7	P3.6	P3.5	P3.4	P3.3	P3.2	P3.1	P3.0
IE2	中断允许寄存器	AFH							ESP1	ES2

续表

符号	描述	地址	位地址							
			b7	b6	b5	b4	b3	b2	b1	b0
SADDR	从机地址控制寄存器	A9H								
IE	中断允许寄存器	A8H	EA	ELVD	EADC	ES	ET1	EX1	ET0	EX0
AUXR1	辅助寄存器1	A2H		PCA_P4	SPI_P4	S2_P4	GF2	ADRJ		DPS
BUS_SPEED	总线时钟控制	A1			ALES1	ALES0		RWS2	RWS1	RWS0
P2	端口P2	A0H	P2.7	P2.6	P2.5	P2.4	P2.3	P2.2	P2.1	P2.0
P1ASF	P1模拟功能配置寄存器	9DH	P17ASF	P16ASF	P15ASF	P14ASF	P13ASF	P12ASF	P11ASF	P10ASF
BRT	独立波特率定时器	9CH								
S2BUF	串口2数据缓冲器	9BH								
S2CON	串口2控制寄存器	9AH	S2SM0	S2SM1	S2SM2	S2REN	S2TB8	S2RB8	S2T1	S2R1
SBUF	串口数据缓冲器	99H								
SCON	串口控制寄存器	98H	SM0/FE	SM1	SM2	REN	TB8	RB8	TI	RI
CLK_DIV	时钟分频器	97H						CLKS2	CLKS1	CLKS0
P2M0	P2配置0	96H								
P2M1	P2配置1	95H								
P0M0	P0配置0	94H								
P0M1	P0配置1	93H								
P1M0	P1配置0	92H								
P1M1	P1配置1	91H								
P1	端口P1	90H	P1.7	P1.6	P1.5	P1.4	P1.3	P1.2	P1.1	P1.0
WAKE_CLKO	电源停电唤醒控制寄存器	8FH	PCAWA-KEUP	RXD_PIN_IE	T1_PIN_IE	T0_PIN_IE	LVD_WAKE	BRICLKO	T1CLKO	T0CLKO

续表

符号	描述	地址	位地址							
			b7	b6	b5	b4	b3	b2	b1	b0
AUXR	辅助寄存器	8EH	T0×12	T1×12	UART_M0×6	BRTR	S2SMOD	BRT×12	EXTRAM	S1BRS
TH1	定时器/计数器 1 高 8 位寄存器	8DH								
TH0	定时器/计数器 0 高 8 位寄存器	8CH								
TL1	定时器/计数器 1 低 8 位寄存器	8BH								
TL0	定时器/计数器 0 低 8 位寄存器	8AH								
TMOD	定时器工作方式寄存器	89H	GATE	C/$\overline{\text{T}}$	M1	M0	GATE	C/$\overline{\text{T}}$	M1	M0
TCON	定时器控制寄存器	88H	TF1	TR1	TF0	TR0	IE1	IT1	IE0	IT0
PCON	电源控制寄存器	87H	SMOD	SMOD0	LVDF	POF	GF1	GF0	PD	IDL
DPTR_H	数据指针_高	83H								
DPTR_L	数据指针_低	82H								
SP	堆栈指针	81H								
P0	端口 P0	80H	P0.7	P0.6	P0.5	P0.4	P0.3	P0.2	P0.1	P0.0

下面对部分特殊寄存器中某些位的功能作如下说明。

（1）辅助寄存器 AUXR（Auxiliary Register）。AUXR 寄存器具有内部扩展 RAM 管理、定时器速度控制、波特率发生器控制功能的特殊功能寄存器，该寄存器只能写不能读。其地址为 8EH，复位值是 00000000B。AUXR 寄存器的特殊功能位如下所示。

寄存器名称	地址	位	B7	B6	B5	B4	B3	B2	B1	B0
AUXR	8EH	名称	T0×12	T1×12	UART_M0×6	BRTR	S2SMOD	BRT×12	EXTRAM	S1BRS

1) 第 7 位 "T0×12" 是定时器 0 速度控制位。T0×12＝0 时，定时器速度是 8051 单片机定时器的速度，即 12 分频；T0×12＝1 时，定时器速度是 8051 单片机定时器的速度的 12 倍，即不分频。

2) 第 6 位 "T1×12" 是定时器 1 速度控制位。T1×12＝0 时，定时器速度是 8051 单片机定时器的速度，即 12 分频；T1×12＝1 时，定时器速度是 8051 单片机定时器的速度的 12 倍，即不分频。如果 UART 串口用 T1 作为波特率发生器，则由 "T1×12" 位决定 UART 串口是 12T 还是 1T。

3) 第 5 位 "UART_M0×6" 是串口模式 0 的通信速度设置位。UART_M0×6＝0 时，UART 串口模式 0 的速度是传统 8051 单片机串口的速度，即 12 分频；UART_M0×6＝1 时，UART 串口模式 0 的速度是传统 8051 单片机串口的速度的 6 倍，即 2 分频。

4) 第 4 位 BRTR 是独立波特率发生器运行控制位。BRTR＝0 时，不允许独立波特率发生器运行；BRTR＝1 时，允许独立波特率发生器运行。

5) 第 3 位 S2SMOD 是 UART2 的波特率加倍控制位。S2SMOD＝0 时，UART2 波特率不加倍；S2SMOD＝1 时，UART2 波特率加倍。

6) 第 2 位 "BRT×12" 是独立波特率发生器计数控制位。BRT×12＝0 时，独立波特率发生器每 12 个时钟计数一次；BRT×12＝1 时，独立波特率发生器每 1 个时钟计数一次。

7) 第 1 位 EXTRAM 是内/外部 RAM 存取控制位。EXTRAM＝0 时，允许使用内部扩展的 1024 字节扩展 RAM；EXTRAM＝1 时，禁止使用内部扩展的 1024 字节扩展 RAM。

8) 第 0 位 S1BRS 是串口 1（UART1）的波特率发生器选择位。S1BRS＝0 时，选择定时器 1 作为串口 1（UART1）的波特率发生器；S1BRS＝1 时，选择独立波特率发生器作为串口 1（UART1）的波特率发生器，此时定时器 1 得到释放，可以作为独立定时器使用。

（2）电源控制寄存器 PCON。STC12C5A60S2 系列单片机可以运行在空闲模式、低速模式或掉电模式 3 种省电模式之一以降低功耗。正常工作模式下，单片机的典型功耗是 2～7mA，掉电模式下的典型功耗小于 0.1μA，空闲模式下的典型功耗小于 1.3mA。

低速模式由时钟分频器 CLK_DIV 控制，而空闲模式和掉电模式的进入由电源控制寄存器 PCON 的相应位控制。PCON 寄存器的地址为 87H，复位值是 00110000B，其格式定义如下所示。

寄存器名称	地址	位	B7	B6	B5	B4	B3	B2	B1	B0
PCON	87H	名称	SMOD	SMOD0	LVDF	POF	GF1	GF0	PD	IDL

1) 第 7 位 SMOD 是波特率选择位。当用软件置位 SMOD，使 SMOD＝1 时，串行通信方式 1、2、3 的波特率加倍；当 SMOD＝0 时，各工作方式的波特率加倍。单片机复位后 SMOD 位的值为 "0"。

2) 第 6 位 SMOD0 是帧错误检测有效控制位。当 SMOD0＝1 时，SCON 寄存器中的 SM0/FE 位用于 FE（帧错误检测）功能；当 SMOD0＝0 时，SCON 寄存器中的 SM0/FE 位用于 SM0 功能，和 SM1 一起指定串行口的工作方式。单片机复位后 SMOD0 位的值为 "0"。

3) 第 5 位 LVDF 是低压检测标志，也是低压检测中断请求标志位。在正常工作和空闲工作状态，如果内部工作电压 Vcc 低于低压检测门槛电压，该位自动置 "1"，与低压检测中断是否被允许无关。即在内部工作电压 Vcc 低于低压检测门槛电压时，不管有没有允许低压检测中断，该位都自动为 "1"。该位要用软件清零，清零后，如内部工作电压 Vcc 继续低于电压检测门槛电压，该位又自动置 "1"。在进入掉电工作状态前，如果低压检测电路未被允许可产生中断，则进入掉电模式后，该低压检测电路不工作以降低功耗。如果被允许可产生低压检测中断，则在进入掉电模式后，该低压检测电路继续工作，在内部工作电压 Vcc 低于低压检测门槛电压后，产生检测中断，可将 MCU 从掉电状态唤醒。

4）第 4 位 POF 是上电复位标志位。单片机停电后，上电复位标志位为 "1"，可由软件清零。

5）第 3 位 GF1 是通用工作标志位。

6）第 2 位 GF0 是通用工作标志位。

7）第 1 位 PD 是掉电（也称停机）模式控制位。PD＝1 时，进入 Power Down（掉电）模式，可由外部中断低电平触发或下降沿触发唤醒，进入掉电模式时，内部时钟停振，由于无时钟 CPU，定时器、串行口等功能部件停止工作，只有外部中断继续工作。可将 CPU 从掉电模式唤醒的外部管脚有：$\overline{INT0}$/P3.2、$\overline{INT1}$/P3.3、T0/P3.4、T1/P3.5、RxD/P3.0、CCP0/P1.3（或 P4.2）、CCP1/P1.4（或 P4.3）和 EX＿LVD/P4.6。

8）第 0 位 IDL 是空闲模式控制位。IDL＝1 时，进入空闲（IDLE）模式。除系统不给 CPU 供时钟，CPU 不执行指令外，其余功能部件仍可继续工作，此时可由外部中断、定时器中断、低压检测中断及 A/D 转换中断中的任何一个中断将 MCU 从空闲模式唤醒。可将 CPU 从空闲模式（IDLE 模式）唤醒的外部中断引脚有：$\overline{INT0}$/P3.2、$\overline{INT1}$/P3.3、T0/P3.4、T1/P3.5 和 RxD/P3.0，还有内部定时器 0、1 和串行口中断（UART）也可以将单片机从空闲模式唤醒。

（3）时钟分频寄存器 CLK＿DIV。不管单片机使用外部晶体时钟，还是内部 RC 振荡时钟都可以对系统时钟进行分频，从而降低工作时钟频率，降低功耗和 EMI。时钟分频寄存器 CLK＿DIV 的地址是 97H，复位值是 xxxxx000B 其各位的定义如下所示。

寄存器名称	地址	位	B7	B6	B5	B4	B3	B2	B1	B0
CLK＿DIV	97H	名称	—	—	—	—	—	CLKS2	CLKS1	CLKS0

该寄存器中的第 2、第 1、第 0 位取不同值对应不同的分频数，共有 8 种状态，见表 2-35。

表 2-35 寄存器值与分频关系

CLKS2	CLKS1	CLKS0	分频后实际工作时钟频率（分频数）
0	0	0	外部晶体时钟频率或内部 RC 振荡时钟频率
0	0	1	外部晶体时钟频率/2 或内部 RC 振荡时钟频率/2 （2 分频）
0	1	0	外部晶体时钟频率/4 或内部 RC 振荡时钟频率/4 （4 分频）
0	1	1	外部晶体时钟频率/8 或内部 RC 振荡时钟频率/8 （8 分频）
1	0	0	外部晶体时钟频率/16 或内部 RC 振荡时钟频率/16 （16 分频）
1	0	1	外部晶体时钟频率/32 或内部 RC 振荡时钟频率/32 （32 分频）
1	1	0	外部晶体时钟频率/64 或内部 RC 振荡时钟频率/64 （64 分频）
1	1	1	外部晶体时钟频率/128 或内部 RC 振荡时钟频率/128 （128 分频）

（4）唤醒与时钟输出控制寄存器 WAKE＿CLKO。STC12C5A60S2 系列单片机的 3 个引脚 CLKOUT0/T0/P3.4、CLKOUT1/T1/P3.5、CLKOUT2/P1.0 通过编程可以直接输出时钟，与可编程时钟有关的特殊寄存器有：辅助寄存器 AUXR、唤醒与时钟输出控制寄存器 WAKE＿CLKO 以及寄存器 BRT。其中唤醒与时钟输出控制寄存器 WAKE＿CLKO 的地址为 8FH，复位值是 00000000B，其各位的定义如下所示。

寄存器名称	地址	位	B7	B6	B5	B4	B3	B2	B1	B0
WAKE＿CLKO	8FH	名称	PCAW-AKEUP	RXD＿PIN＿IE	T1＿PIN＿IE	T0＿PIN＿IE	LVD＿WAKE	BRTCLKO	T1CLKO	T0CLKO

1）第 7 位 PCAWAKEUP 是 PCA 中断唤醒许可位。在掉电模式下，是否允许 PCA 上升沿/下降沿中断唤醒。PCAWAKEUP＝0 时，禁止 PCA 上升沿/下降沿唤醒；PCAWAKEUP＝1 时，允许 PCA 上升沿/下降沿唤醒。

2）第 6 位 RXD＿PIN＿IE 是 RXD 引脚唤醒许可位。掉电模式下，允许 P3.0(RXD)下降沿置 RI，也能使 RXD 唤醒。RXD＿PIN＿IE＝0 时，禁止 P3.0(RXD)下降沿置 RI，也禁止 RXD 唤醒；RXD＿PIN＿IE＝1 时，允许 P3.0(RXD)下降沿置 RI，也允许 RXD 唤醒。

3）第 5 位 T1＿PIN＿IE 是 T1 引脚唤醒许可位。掉电模式下，允许 T1/P3.5 下降沿置 T1 中断标志，也能使 T1 引脚唤醒。T1＿PIN＿IE＝0 时，禁止 T1/P3.5 下降沿置 T1，也禁止 T1 引脚唤醒；T1＿PIN＿IE＝1 时，允许 T1/P3.5 下降沿置 T1，也允许 T1 引脚唤醒。

4）第 4 位 T0＿PIN＿IE 是 T0 引脚唤醒许可位。掉电模式下，允许 T0/P3.4 下降沿置 T0 中断标志，也能使 T0 引脚唤醒。T0＿PIN＿IE＝0 时，禁止 T0/P3.4 下降沿置 T0，也禁止 T0 引脚唤醒；T0＿PIN＿IE＝1 时，允许 T0/P3.4 下降沿置 T0，也允许 T0 引脚唤醒。

5）第 3 位 LVD＿WAKE 是低压检测中断唤醒许可位。掉电模式下，它决定是否允许 EX＿LVD/P4.6 低压检测中断唤醒 CPU。LVD＿WAKE＝0 时，禁止 EX＿LVD/P4.6 低压检测中断唤醒 CPU；LVD＿WAKE＝1 时，允许 EX＿LVD/P4.6 低压检测中断唤醒 CPU。

6）第 2 位 BRTCLKO 是 P1.0 脚配置为独立波特率发生器时钟输出许可位。它决定是否允许将 P1.0 脚配置为独立波特率发生器(BRT)的时钟输出 CLKOUT2。BRTCLKO＝0 时，不允许将 P1.0 脚配置为独立波特率发生器(BRT)的时钟输出 CLKOUT2；BRTCLKO＝1 时，允许将 P1.0 脚配置为独立波特率发生器(BRT)的时钟输出 CLKOUT2，输出时钟频率＝BRT 溢出率/2。BTR 工作在 1T 模式时的输出频率＝SYSclk/(256－BRT)/2，BTR 工作在 12T 模式时的输出频率＝SYSclk/12/(256－BRT)/2。

7）第 1 位 T1CLKO 是 T1 脚时钟输出许可位。它决定是否允许将 P3.5/T1 脚配置为定时器 T1 的时钟输出 CLKOUT1。T1CLKO＝0 时，不允许将 P3.5/T1 脚配置为定时器 T1 的时钟输出 CLKOUT1；T1CLKO＝1 时，允许将 P3.5/T1 脚配置为定时器 T1 的时钟输出 CLKOUT1，此时定时器 T1 只能工作在模式 2(8 位自动重装模式)，CLKOUT1 输出时钟频率＝T1 溢出率/2。如果 $C/\overline{T}＝0$，定时器/计数器 T1 是对内部系统时钟计数，T1 工作在 1T 模式时的输出频率＝SYSclk/(256－TH1)/2，T1 工作在 12T 模式时的输出频率＝SYSclk/12/(256－TH1)/2。如果 $C/\overline{T}＝1$，定时器/计数器 T1 是对外部脉冲输入(P3.5/T1)计数，此时输出时钟频率＝(T1＿PIN＿CLK)/(256－TH1)/2。

8）第 0 位 T0CLKO 是 T0 脚时钟输出许可位。它决定是否允许将 P3.4/T0 脚配置为定时器 T0 的时钟输出 CLKOUT0。T0CLKO＝0 时，不允许将 P3.4/T0 脚配置为定时器 T0 的时钟输出 CLKOUT0；T0CLKO＝1 时，允许将 P3.4/T0 脚配置为定时器 T0 的时钟输出 CLKOUT0，此时定时器 T0 只能工作在模式 2(8 位自动重装模式)，CLKOUT0 输出时钟频率＝T0 溢出率/2。如果 $C/\overline{T}＝0$，定时器/计数器 T0 是对内部系统时钟计数，T0 工作在 1T 模式时的输出频率＝SYSclk/(256－TH0)/2，T0 工作在 12T 模式时的输出频率＝SYSclk/12/(256－TH0)/2。如果 $C/\overline{T}＝1$，定时器/计数器 T0 是对外部脉冲输入(P3.4/T0)计数，此时输出时钟频率＝(T0＿PIN＿CLK)/(256－TH0)/2。

（5）ISP/IAP 控制寄存器 IAP _ CONTR。ISP/IAP 控制寄存器用于许可某种与 ISP/IAP 相关联的操作，其地址为 0C7H，复位值是 0000x000B，其格式如下所示。

寄存器名称	地址	位	B7	B6	B5	B4	B3	B2	B1	B0
IAP _ CONTR	0C7H	名称	IAPEN	SWBS	SWRST	CMD _ FAIL	—	WT2	WT1	WT0

1）第 7 位 IAPEN 是 ISP/IAP 功能许可位。IAPEN＝0 时，禁止 IAP 读/写/擦除 Data Flash/EEPROM；IAPEN＝1 时，允许 IAP 读/写/擦除 Data Flash/EEPROM。

2）第 6 位 SWBS 是与 SWRST 直接配合实现启动程序区选择。SWBS＝0 时，选择从应用程序区启动；SWBS＝1 时，选择从 ISP 程序区启动。

3）第 5 位 SWRST 是软件复位许可位。SWRST＝0 时，不操作；SWRST＝1 时，产生软件系统复位，硬件自动清零。

4）第 4 位 CMD _ FAIL 是触发失败标志位。若送了 ISP/IAP 命令，并对 IAP _ TRIG 送 5AH，5AH 触发失败，则为 "1"，需由软件清零。

第 2、1、0 位 "WT2"、"WT1"、"WT0" 是 CPU 等待时间设置，见表 2-36。

表 2-36　　　　　　　　　　　　　　　**CPU 等待时间设置**

设置等待时间			CPU 等待时间（多少个 CPU 工作时钟）			
WT2	WT1	WT0	Read/读	Program/编程	Sector Erase 扇区擦除	Recommended System Clock 跟等待参数对应的推荐系统时钟
1	1	1	2 个时钟	55 个时钟	21 012 个时钟	＜1MHz
1	1	0	2 个时钟	110 个时钟	42 024 个时钟	＜2MHz
1	0	1	2 个时钟	165 个时钟	63 036 个时钟	＜3MHz
1	0	0	2 个时钟	330 个时钟	126 072 个时钟	＜6MHz
0	1	1	2 个时钟	660 个时钟	252 144 个时钟	＜12MHz
0	1	0	2 个时钟	1100 个时钟	120 240 个时钟	＜20MHz
0	0	1	2 个时钟	1320 个时钟	504 288 个时钟	＜24MHz
0	0	0	2 个时钟	1760 个时钟	672 384 个时钟	＜30MHz

（6）看门狗控制寄存器 WDT _ CONTR。STC12C5A60S2 系列单片机内部也设置了看门狗功能，使单片机系统的可靠性设计变得更加简单方便。看门狗控制寄存器 WDT _ CONTR 的地址为 0C1H，复位值是 0x000000B，其格式如下所示。

SFR 名称	地址	位	B7	B6	B5	B4	B3	B2	B1	B0
WDT _ CONTR	0C1H	名称	WDT _ FLAG	—	EN _ WDT	CLR _ WDT	IDLE _ WDT	PS2	PS1	PS0

1）第 7 位 WDT _ FLAG 是看门狗溢出标志位。溢出时由硬件置 "1"，可用软件将其清零。

2）第 5 位 EN _ WDT 是看门狗许可位。EN _ WDT＝1 时，看门狗启动。

3）第 4 位 CLR _ WDT 是看门狗清零位。CLR _ WDT＝1 时，看门狗将重新计数，硬件将自动对该位清零。

4）第 3 位 IDLE _ WDT 是看门狗 IDLE 模式位。当 IDLE _ WDT＝1 时，看门狗定时器在空闲模式计数；当 IDLE _ WDT＝0 时，看门狗定时器在空闲模式时不计数。

5）第 2 位、第 1 位、第 0 位 PS2、PS1、PS0 是看门狗定时器预分频。看门狗溢出时间的计算如下：

$$看门狗溢出时间＝（12 × 预分频 × 32768）/ f_{osc}$$

当系统振荡频率取 20MHz、12MHz、11.0592MHz 时，PS2、PS1、PS0 取不同值时对应的分频值见表 2-37。

表 2-37　　　　　　　　　　　　看门狗定时器分频值

PS2	PS1	PS0	预分频	看门狗定时器溢出时间		
				f_{osc}20MHz	f_{osc}12MHz	f_{osc}11.0592MHz
0	0	0	2	39.2ms	65.5ms	71.1ms
0	0	1	4	78.6ms	131.0ms	142.2 ms
0	1	0	8	157.3ms	262.1ms	284.4 ms
0	1	1	16	314.6ms	524.2ms	568.8ms
1	0	0	32	629.1ms	1048.5ms	1137.7ms
1	0	1	64	1.25s	2097.1ms	2275.5ms
1	1	0	128	2.5s	4194.3ms	4551.1 ms
1	1	1	256	5s	8388.6ms	9102.2ms

5. I/O 工作模式和配置

(1) P4/P5 口的使用。STC12C5A60S2 系列单片机新增 P4/P5 口，其地址分别为 0C0H、0C8H，访问该端口同访问常规的 P1/P2/P3 口一样，且也可以位寻址，其位地址见表 2-38。

表 2-38　　　　　　　　　　　　P4 和 P5 口位地址

SFR 名称	地址	位	B7	B6	B5	B4	B3	B2	B1	B0
P4	0C0H	位地址	C7H	C6H	C5H	C4H	C3H	C2H	C1H	C0H
		引脚	P4.7	P4.6	P4.5	P4.4	P4.3	P4.2	P4.1	P4.0
P5	0C8H	位地址	CFH	CEH	CDH	CCH	CBH	CAH	C9H	C8H
		引脚	—	—	—	—	P5.3	P5.2	P5.1	P5.0

P4 口具有第二功能，需通过软件设置才可启用。启用 P4 口第二功能的控制寄存器有：P4SW、AUXR1。P4SW 寄存器的地址为 0BBH，复位值是 x000xxxxB，其格式如下所示。

SFR 名称	地址	位	B7	B6	B5	B4	B3	B2	B1	B0
P4SW	0BBH	名称	—	LVD_P4.6	ALE_P4.5	NA_P4.4	—	—	—	—

1) 第 6 位 LVD_P4.6。LVD_P4.6＝0 时，复位后 LVD_P4.6 是外部低压检测引脚，可使用查询方式或设置成中断来检测；LVD_P4.6＝1 时，复位后 LVD_P4.6 是 I/O 口 P4.6。

2) 第 5 位 ALE_P4.5。ALE_P4.5＝0 时，复位后 ALE_P4.5 引脚是 ALE 信号，用"MOVX"指令访问片外扩展器件时，才有信号输出；ALE_P4.5＝1 时，复位后 ALE_P4.5 是 I/O 口 P4.5。

3) 第 4 位 NA_P4.4。NA_P4.4＝0 时，复位后 NA_P4.4 引脚是弱上拉，无任何功能；NA_P4.4＝1 时，复位后 NA_P4.4 引脚设置成 I/O 口 P4.4。

AUXR1 寄存器用来设置 PCA/PWM/SPI/UART2 是在 P1 口还是在 P4 口，其地址为0A2H，复位值是 x00000x0B，其格式如下所示。

SFR 名称	地址	位	B7	B6	B5	B4	B3	B2	B1	B0
AUXR1	0A2H	名称	—	PCA_P4	SPI_P4	S2_P4	GF2	ADRJ	—	DPS

1）第 6 位 PCA_P4。PCA_P4=0 时，PCA 在 P1 口；PCA_P4=1 时，PCA/PWM 从 P1 口切换到 P4 口，ECI 从 P1.2 切换到 P4.1 引脚，PCA0/PWM0 从 P1.3 切换到 P4.2 引脚，PCA1/PWM1 从 P1.4 切换到 P4.3 引脚。

2）第 5 位 SPI_P4。SPI_P4=0 时，SPI 在 P1 口；SPI_P4=1 时，SPI 从 P1 口切换到 P4 口，SPICLK 从 P1.7 切换到 P4.3 引脚，MISO 从 P1.6 切换到 P4.2 引脚，MOSI 从 P1.5 切换到 P4.1 引脚，SS 从 P1.4 切换到 P4.0 引脚。

3）第 4 位 S2_P4。S2_P4=0 时，UART2 在 P1 口；S2_P4=1 时，UART2 从 P1 口切换到 P4 口，TxD2 从 P1.3 切换到 P4.3 引脚，RxD 从 P1.2 切换到 P4.2 引脚。

4）第 3 位 GF2。通用标准位。

5）第 2 位 ADRJ。ADRJ=0 时，将 10 位 A/D 转换结果的高 8 位放在 ADC_RES 寄存器，低 2 位放在 ADC_RESL 寄存器；ADC_RES=1 时，将 10 位 A/D 转换结果的最高 2 位放在 ADC_RES 寄存器的低 2 位，低 8 位放在 ADC_RESL 寄存器。

6）第 0 位 DPS。DPS=0 时，使用数据指针 DPTR0；DPS=1 时，使用数据指针 DPTR1。

RST/P4.7 的第二功能需要在烧录程序时的 ISP 软件中进行如图 2-37 所示的设置。若设置成 P4.7 引脚，必须使用外部时钟。

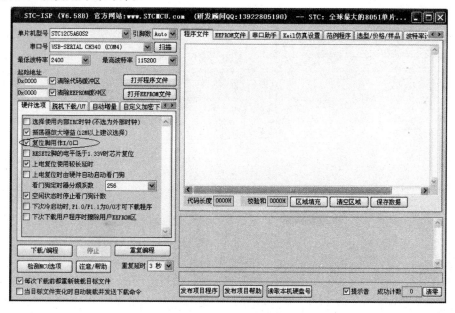

图 2-37　P4.7 第二功能设置

（2）端口工作模式。所有 I/O 口均可由软件配置成 4 种工作类型之一，这 4 种类型分别为：准双向口/弱上拉（标准 8051 输出模式）、强推挽输出/强上拉、仅为输入（高阻）和开漏输出功能。每个 I/O 口由两个控制寄存器中的相应位控制每个引脚的工作类型。单片机上电复位后为传统 8051 的 I/O 口，即准双向口/弱上拉模式，引脚电位 2V 以上为高电平，0.8V 以下为低电平。每个引脚的驱动能力均可达到 20mA，但整个芯片最大电流不得超过 120mA。配置 I/O 口类型的控制寄存器为 PxM1 和 PxM0（x 为端口号 0～5，其中端口 5 只有前 4 个引脚，不可位寻址），它们的地址和复位值分别是：P0M1、P0M0 为 93H/00000000B、94H /00000000B，P1M1、P1M0 为 91H/00000000B、92H /00000000B，P2M1、P2M0 为 95H/00000000B、96H /00000000B，P3M1、P3M0 为 B1H/00000000B、B2H /00000000B，P4M1、P4M0 为 B3H/00000000B、B4H /00000000B，P5M1、P5M0 为 C9H/xxxx0000B、CAH /xxxx0000B。类型控制寄存器中的各位与端口的位相对应，其模式见表 2-39。

表 2-39　　　　　　　　　　　　　　I/O 口模式设置

PxM1	PxM0	I/O 口工作模式
0	0	传统 8051 工作模式，即准双向口。灌电流可达 20mA，拉电流为 230μA（由于制造误差，实际为 250～150μA）
0	1	强推挽输出，强上拉输出，可达 20mA，要加限流电阻
1	0	仅为输入，高阻
1	1	开漏输出，内部上拉电阻断开，需要外加

注　x 为端口号，取 0～5，其中端口 5 只有前 4 个引脚。

常用软件介绍

本章主要介绍三款用于 80C51 系列单片机应用学习和开发的软件。它们分别是 Keil μVision2、Proteus 7.9 、Multisim 11。

3.1 Keil μVision2 软件的使用介绍

单片机开发技术的不断发展，从使用汇编语言到 C51 的 C 语言，其开发环境也在不断地升级。Keil C 软件是目前最流行的用于开发 80C51 系列单片机应用系统的软件。Keil C51 μVision2 集成开发环境是 Keil Software，Inc/Keil Elektronik GmbH 开发的基于 80C51 内核微处理器的软件开发平台，内嵌多种符合当前工业标准的开发工具，可以完成从工程建立到管理、编译、链接、目标代码的生成、软件仿真、硬件仿真等完整的开发流程，尤其是 C 编译工具在产生代码的准确性和效率方面达到了较高的水平，而且可以附加灵活的控制选项，在开发大型项目时非常理想。Keil C51 集成开发环境的主要功能有以下几点。

（1）μVision2 for Windows：是一个集成开发环境，它将项目管理、源代码编译和程序调试等组合在一个功能强大的环境中。

（2）C51 国际标准化 C 交叉编译器：从 C 源代码产生可重定位的目标模块。

（3）A51 宏汇编器：从 80C51 汇编源代码产生可重定位的目标模块。

（4）BL51 链接器/定位器：组合由 C51 和 A51 产生的可重定位的目标模块，生成绝对目标模块。

（5）LIB51 库管理器：从目标模块生成链接器可以使用的库文件。

（6）OH51 目标文件至 HEX 格式的转换器：从绝对目标模块生成 Intel Hex 文件。

（7）RTX-51 实时操作系统：简化了复杂的实时应用软件项目的设计。

对于初学者来说，不管你是用汇编语言还是 C51 语言编写的源程序，μVision2 都可以对源程序进行汇编或编译，生成 HEX 目标文件，并对程序进行调试。

3.1.1 认识 μVision2 软件

在已经安装 Keil C 软件的电脑桌面上会存在一个快捷按钮 ，在"开始 \ 程序"中有" Keil uVision2 "的命令。

Keil C 软件的文件默认安装在 C 盘根目录下的"Keil"目录中，即"C：\ Keil"下。该目录下又有 3 个子目录"C51"、"UV2"和"UV3"。其中"C51"子目录下的文件结构如图 3-1 所示。图中"ASM"文件夹下的是 51 汇编程序的模板源程序文件和 SFR 定义文件；"BIN"文件夹下的是 Keil 51 开发套件的可执行文件；"EXAMPLES"文件夹下的是样例程序；"INC"文件夹下的是 C51 编译器的头文件；"LIB"文件夹下的是 C51 编译器的库文件、启动代码和 I/O 子程序源码；"RTX ＿ TINY"文件夹下的是 Tiny 版本的 RTX51 文件。

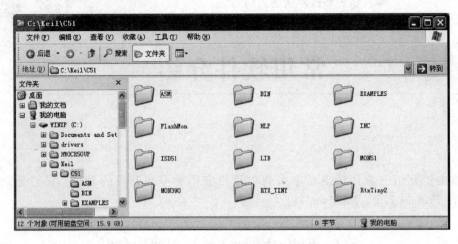

图 3-1　"C51"子目录下的文件结构

　　用鼠标左键双击快捷按钮或单击（以下所述"单/双击"都指用鼠标左键，除非说明用右键）"开始\程序"下的 μVision2 命令，就会启动 Keil C 软件，进入 Keil C51 μVision2 集成开发环境。其初始界面如图 3-2 所示，该界面与 Windows 的通用界面类似，最上面是标题栏，接着是下拉菜单栏、工具栏，中间左边是项目工作空间窗口、右边是文本编辑窗口，下面是输出窗口。其中项目工作空间有 3 个标签页可供选择，它们分别是：文件（Files）、寄存器（Regs）、帮助文档（Books），它们分别显示当前项目的文件结构、CPU 寄存器及部分特殊功能寄存器的值和所选CPU 的附加说明文件。输出窗口也有 3 个标签页：创建（Build）、命令（Command）、文件查找（Find in Files）。除此之外还有内存窗口、变量观察窗口、外围设备对话框等，这些要进入系统调试后才能见到。

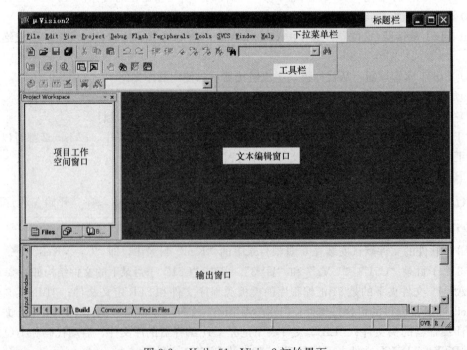

图 3-2　Keil c51 μVision2 初始界面

μVision2 集成开发环境共有 11 个下拉菜单。用鼠标点击某个菜单，就会展开该菜单的所有命令，其中有些命令还有子菜单。为了方便操作，一些命令都可用快捷键或快捷按钮操作。"File（文件）"菜单的命令功能见表 3-1，"Edit（编辑）"菜单的命令功能见表 3-2，"View（视图）"菜单的命令功能见表 3-3，"Project（项目）"菜单的命令功能见表 3-4，"Debug（调试）"菜单的命令功能见表 3-5，"Flash（闪存）"菜单的命令功能见表 3-6，"Peripherals（外围接口）"菜单的命令功能见表 3-7，"Tool（工具）"菜单的命令功能见表 3-8，"SVCS（软件版本控制）"菜单的命令功能见表 3-9，"Windows（窗口）"菜单的命令功能见表 3-10，"Help（帮助）"菜单的命令功能见表 3-11。

表 3-1   "File（文件）"菜单的命令功能

File（文件）菜单	快捷键	快捷按钮	功能描述
New		Ctrl+N	创建一个新的源程序文件或文本文件
Open		Ctrl+O	打开已有的文件
Close			关闭当前的文件
Save		Ctrl+S	保存当前的文件 保存所有打开的源程序文件和文本文件
Save as…			保存并重新命名当前的文件
Device Database			维护 μVision2 器件数据库
Print Setup…			打印设置
Print		Ctrl+P	打印当前的文件
Print Preview			打印预览
1～9			显示最近使用的源程序文件或文本文件
Exit			退出 μVision2 并提示保存文件

表 3-2   "Edit（编辑）"菜单的命令功能

Edit（编辑）菜单	快捷按钮	快捷键	功能描述
Undo			撤销上次操作
Redo			重做上次撤销的命令
Cut		Ctrl+X Ctrl+Y	将选中的文字剪贴到粘贴板 将当前的文字剪贴到粘贴板
Copy		Ctrl+C	将选中的文件复制到剪贴板
Paste		Ctrl+V	粘贴板剪贴板的文字

续表

Edit（编辑）菜单	快捷按钮	快捷键	功能描述
Indent Selected Txet	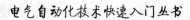		将选中的文字向右缩进一个制表符位
Unindent Selected Txet			将选中的文字向左伸出一个制表符位
Toggle Bookmark		Ctrl＋F2	在当前行放置书签
Goto Next Bookmark		F2	将光标移至下一个书签
Goto Previous Bookmark		Shift＋F3	将光标移至上一个书签
Clear All Bookmark			清除当前文件中的所有书签
Find		Ctrl＋F F3 Shift＋F3 Ctrl＋F3 Ctrl＋]	在当前文件中查找文字 继续向前查找文字 继续向后查找文字 查找光标处（选中）的单词 查找匹配的花括号、园括号、方括号
Replace		Ctrl＋H	替换特征的文字
Find in Files…			在几个文件中查找文字

表 3-3   **"View（视图）"菜单的命令功能**

View（视图）菜单	快捷按钮	功能描述
Status Bar		显示或隐藏状态栏
File Toolbar		显示或隐藏文件工具栏
Build Toolbar		显示或隐藏编译工具栏
Debug Toolbar		显示或隐藏调试工具栏
Project Window		显示或隐藏项目窗口
Output Window		显示或隐藏输出窗口
Source Brower		打开源文件浏览器
Disassembly window		显示或隐藏反汇编窗口
Watch & Call Stack Window		显示或隐藏观察与堆栈窗口
Memory Window		显示或隐藏存储器窗口
Code Coverage Window		显示或隐藏代码覆盖窗口

View（视图）菜单	快捷按钮	功能描述
Performance Analyzer Window		显示或隐藏性能分析器窗口
Symbol Window		显示或隐藏符号窗口
Serial Window 1♯		显示或隐藏串行窗口 1
Serial Window 2♯		显示或隐藏串行窗口 2
Serial Window 3♯		显示或隐藏串行窗口 3
Toolbox		显示或隐藏工具栏
Periodic Window Updata		周期更新窗口
Workbook Mode		显示或隐藏工作薄标签页模式
Include Dependencies		包含依存关系
Options		选项

表 3-4　　　　　　　　　"Project（项目）"菜单的命令功能

Project（项目）菜单	快捷按钮	功 能 描 述
New Project		创建项目
Import μVision1 Project		导如 μVision1 文件
Open Project		打开项目
Close Project		关闭项目
Components，Enviroment，Books		元件，环境，书籍
Select Device for Target 'Target 1'		为目标'目标 1'选择器件
Remove Item		移去项目
Options for Target 'Target 1'		目标'目标 1'选项
Build target		编译目标
Rebuild target		重新编译目标
Translate		翻译
Stop build		停止编译

表 3-5　　　　　　　　　"Debug（调试）"菜单的命令功能

Debug（调试）菜单	快捷按钮	快捷键	功能描述
Start/Stop Debug Session		Ctrl＋F5	进入或退出 μVision2 调试状态
Go		F5	运行（执行），直到下一个有效的断点

Debug（调试）菜单	快捷按钮	快捷键	功能描述
Step	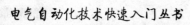	F11	跟踪运行程序
Step Over		F10	单步运行程序
Step Out of current Function		Ctrl＋F11	执行到当前函数的程序
Run to Cursor line		Ctrl＋F10	运行到光标所在行
Stop Running		ESC	暂停程序运行（执行）
Breakpoints…			打开断点对话框
Insert/Remove Breakpoint			在当前行设置/清除断点
Enable/Disable Breakpoint			启用/禁用当前行的断点
Disable All Breakpoints			禁用所有断点
Kill All Breakpoints			清除所有断点
Show Next Starement			显示下一条执行的语句/指令
Enable/Disable Trace Recording			启用/禁用跟踪记录（以前执行的指令）
View Trace Recording			显示跟踪记录（以前执行的指令）
Memory Map…			打开存储器空间配置对话框
Performeance Analyzer…			打开性能分析器的配置对话框
Inline Assembly			行内汇编，对某行重新汇编
Function Editor			函数编辑器

表 3-6　　　　　　　　　　"Flash（闪存）"菜单的命令功能

Flash（闪存）菜单	功　能　描　述
Download	下载目标文件
Erase	擦除目标文件
Configure Flash Tools…	配置闪存工具

表 3-7　　　　　　　　　　"Peripherals（外围接口）"菜单的命令功能

Peripherals（外围接口）菜单	快捷按钮	功能描述
RST		CPU 复位
Interrupt		打开中断对话框
I/O -Ports		打开 I/O 端口对话框
Serial		打开串口对话框
Timer		打开定时器对话框

表 3-8　　　　　　　　　　　**"Tool（工具）"菜单的命令功能**

Tool（工具）菜单	功能描述
Setup PC-Lint…	配置 Ginpel Software 公司的 PC-Lint
Lint	在当前的编辑文件中运行 PC-Lint
Lint all C Source Files	在工程的 C 源代码文件中运行 PC-Lint
Setup Easy-Case…	配置 Siemens Easy-Case
Start/Stop Easy-Case	启动/停止 Siemens Easy-Case
Show File（Line）	在当前编辑的文件中运行 Easy-Case
Customize Tools Menu…	将用户程序加入工具菜单

表 3-9　　　　　　　　　　　**"SVCS（软件版本控制）"菜单的命令功能**

SVCS（软件版本控制）菜单	功能描述
Configure Version Control…	配置软件版本控制系统命令

表 3-10　　　　　　　　　　　**"Windows（窗口）"菜单的命令功能**

Windows（窗口）菜单	功能描述
Cascade	层叠所有窗口
Tile Horizontally	横向排列窗口
Tile Vertically	竖直排列窗口
Arrange Icons	在窗口的下方排列图标
Split	将激活的窗口拆分成几个窗格
Close All	关闭所有的窗口
1～9	激活选中的窗口对象

表 3-11　　　　　　　　　　　**"Help（帮助）"菜单的命令功能**

Help（帮助）菜单	功能描述
μVision2 Help	打开在线帮助
Open Books Windows	打开书本窗口
Simulated Peripherals for…	（单片机）接口设备模拟
Inernet Support Knowledgebase	打开因特网知识库
Contact Support	联系支持
Check for Update	更新检查
About μVision2	显示 μVision2 的版本号和许可信息

在 Keil C51 μVision2 集成开发环境中引入了"项目（project）"这一概念，它将一个项目所需要的所有文件和参数设置都集中到了同一个项目中。因此 Keil C51 μVision2 集成开发环境不能对某个单一的源程序文件进行汇编或编译、链接等操作，而只能针对一个项目进行汇编或编译、链接等操作。

在 Keil C51 中编译/仿真 STC 单片机项目，需要增加 STC 单片机型号。若使用烧录软件 stc-isp-15xx-v6.58exe，只需在该烧录软件的右面标签页"Keil 仿真设置"上，用鼠标左键点击"添加 MCU 型号到 Keil 中"按钮即可。若使用 STC_ISP_V486.exe 烧录软件，则需要将安装目录 C：\ Keil \ UV2 下的文件"uv2. cdb"和 \ UV3 下的文件"uv3. cdb"用光盘中的对应文件替换。建议读者使用最新版本的烧录软件（直接到 www. stcmcu. com 网站上下载）。

3.1.2　创建或打开项目

对初学者来说，一般不会有现成的 Keil C 单片机项目，所以需要自己来创建项目。

1. 创建项目

在图 3-2 所示初始界面上，点下拉菜单"Project"，在弹出的菜单上选"New Project…"，如图 3-3（a）所示。在弹出的创建新项目"Create New Project"的对话框内，在"保存在（I）："右边的下拉框中选择好新项目存放的目录；在"文件名（N）："右边的文本框中输入新建项目的名称，如"第 1 个项目"，如图 3-3（b）所示，然后点"保存"按钮保存。

接着进入目标 CPU 器件的选择对话框"Select Dvice for Target'Target 1'"。Keil C 支持以 80C51 为核心的 CPU 400 多种，用户可以根据需要选择所用的相应型号的单片机 CPU。本书介绍的是 Atmel 公司生产的 AT89S52 芯片以及 STC 单片机的应用，因此在"Select Dvice for Tar-get'Target 1'"对话框内左边"Data base"下面的窗口中找到"Atmel"，点击"Atmel"前面的"＋"展开该层，选中"AT89S52"，如图 3-3（c）所示（STC 单片机在后面章节用到时再作介绍）。再点"确定"按钮。在图 3-3（d）所示界面上点"是"，将一些代码或文件添加到项目中，并返回到主界面。至此新项目创建完毕，如图 3-3（e）所示。与初始界面相比可以看到，在图 3-3（e）所示主界面上的"Project Workspace 项目工作空间"窗口"Files（文件）"标签页内新增了一项"Target 1（目标 1）"。

在图 3-3（e）的主界面中间左侧"Project Workspace（项目工作空间）"内点击"＋"号逐层展开，就可以查看项目内的文件。如图 3-4 所示，可以看到除了刚才添加的一个启动文件外，什么其他文件也没有。因此需要在项目中新建或打开源程序文件，并把它添加到项目中。

2. 打开项目

若需要打开已经有的项目，如项目名称为"第 1 个项目"。则在图 3-2 所示初始界面上，点下拉菜单"Project"，在弹出的菜单上选"Open Project"，如图 3-5（a）所示。在弹出的"Select Pro-ject File（选择项目文件）"对话框内，在"查找范围（I）："右边的下拉框中找到项目所在的目录，并选中项目，如图 3-5（b）所示。点击"打开"按钮，就可以把原来建立的项目重新打开。

3.1.3　新建或打开文件

由于新建的项目中除了一个启动文件外都是空的，所以需要新建或打开文件，并把它添加到项目中。下面我们来新建一个文件名为"P1 口输出 . asm"的汇编语言程序文件，并录入下列内容：

```
        ORG 0000H
AJMP MAIN              ; 绝对跳转到"MAIN"地址处
        ORG 0100H
MAIN: MOV A, ♯7FH      ; 把立即数（十六进制数）"7F"送入累加器 A
BING: MOV P1, A        ; 把寄存器 A 中的值送入 P1 口
        NOP            ; 空操作
        NOP            ; 空操作
        RR  A          ; 寄存器 A 中的内容右移 1 位
        AJMP BING      ; 绝对跳转到"BING"地址处
END                    ; 程序结束
```

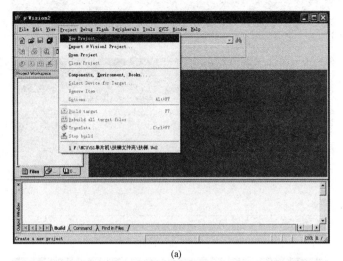

(a)

(b)

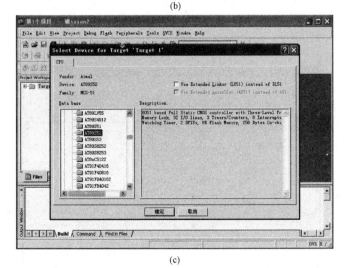

(c)

图 3-3　创建项目（一）

（a）新建项目；（b）输入项目名；（c）选择 CPU 器件

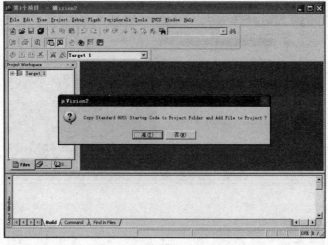

(d)

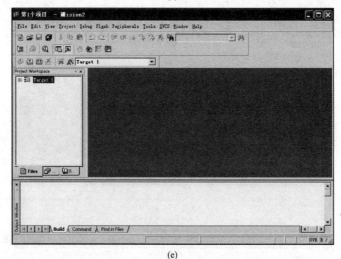

(e)

图 3-3　创建项目（二）

（d）添加代码或文件到项目；（e）创建完毕主界面

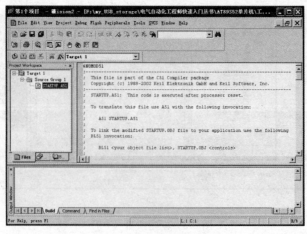

图 3-4　查看项目内文件

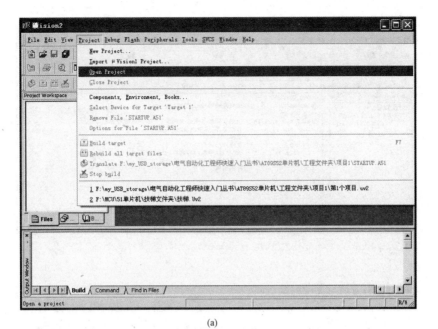

图 3-5　打开已建立的项目

（a）打开项目；（b）选择要打开的项目

1. 新建文件

在图 3-4 界面上点下拉菜单"File"，选"New…"命令或直接点快捷按钮 ，此时光标就进入文本编辑窗口，窗口被激活其背景也会变白。接着就可以在窗口内编辑源程序文件了。把上面的十行程序逐一输入，录入完成后如图 3-6 所示。

2. 保存文件

源程序录入、修改完毕后就应及时将它保存。在图 3-6 所示界面上，点下拉菜单"File"，选

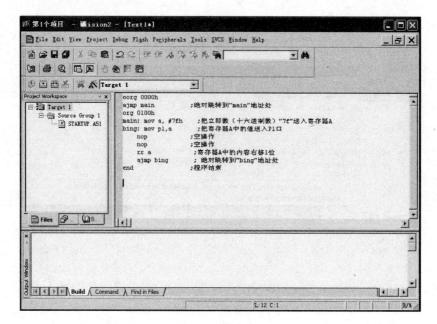

图 3-6　新建文件

"Save As…"命令，如图 3-7（a）所示。在弹出的对话框内，把"文件名（N）："右边文本框内默认的文件名"Text1.txt"改为"P1 口输出.asm"，如图 3-7（b）所示，再点"保存"按钮保存文件（对修改的文件可直接点快捷保存按钮）。

对于保存的源程序文件名，若是用汇编语言编写的源程序文件，则扩展名为".asm"。若是用 C51 编写的源程序文件，则扩展名为".c"。

3. 打开文件

源程序文件也可以由其他文本编辑软件生成，如用"附件"中的"记事本"等来编辑源程序文件，再按照编程所用的语言把文件在"文件类型"右边的下拉列表框中选则相应的文件类型"＊.s＊"、"＊.src"、"＊.a＊"（汇编语言文件）或"＊.c"（C51 语言文件）。在 μVision2 集成环境中打开已有的源程序文件可以通过下拉菜单"File\Open"或快捷按钮 进行，其操作与打开项目类似，这里不再说明。

3.1.4　文件添加到项目中

源程序文件编辑保存后还需要将其添加到项目中才能使用。在图 3-6 所示界面上，点击"Source Group 1"前面的文件夹选中，再用鼠标右键点击，弹出如图 3-8(a)所示菜单上选"Add Files to Group 'Source Group 1'"。在弹出的对话框中，在"查找范围(I)："右边的下拉框中找到待添加文件所存放的目录；在"文件类型(T)："右边的下拉框中选择程序文件的类型，若是用汇编语言编写的选"Asm Source file(＊.s＊；＊.src；＊.a＊)"，用 C51 编写的选"C Source file(＊.c)"；这里选"Asm Source file(＊.s＊；＊.src；＊.a＊)"。然后在文件列表框内选中待添加的文件，如图 3-8(b)所示。再点"Add"按钮，若还需要加入其他文件的话，可重复操作将其他文件逐一加入，最后点"Close"按钮关闭对话框返回主界面，如图 3-8(c)所示，图中圈内的文件就是刚才添加的。

若项目中有多余的文件需要删除时，只要在中间左边的"Project Workspace（项目空间）"窗口内，在待删除的文件上点击鼠标右键，在弹出的菜单上选"Remove File（待删除文件）"即可，如图 3-8（d）所示。

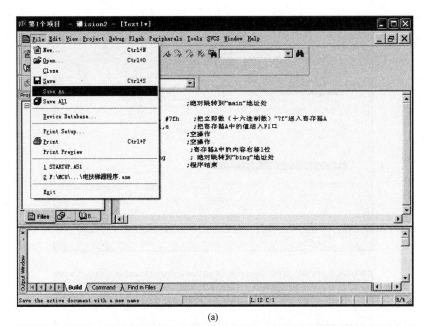

(a)

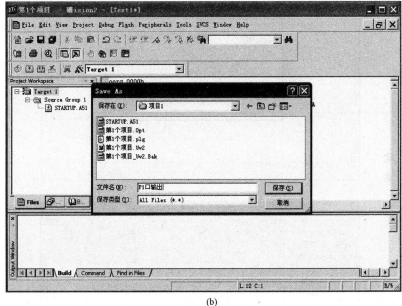

(b)

图 3-7 保存文件

（a）文件另存为；（b）被保存文件命名

3.1.5 项目设置

项目建立完后，还需要对其进行设置，以满足每个项目的要求。

在图 3-8（c）界面上，先点击"Project Workspace（项目工作空间）"内的"Target 1"将其选中，再点击下拉菜单"Project"，在弹出的菜单上选"Options for Target 'Target 1'"命令，如图 3-9（a）所示。桌面出现如图 3-9（b）所示的"Options for Target 'Target 1'"对话框，框内有 8 个标签页，页内参数的设置绝大部分只要取默认值即可。下面按页面逐个对其中必需的设置参数进行介绍。

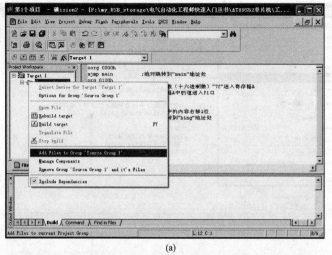

(a)

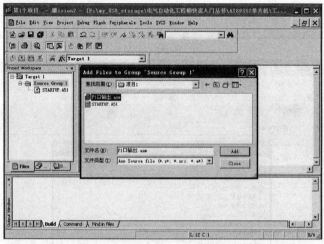

(b)

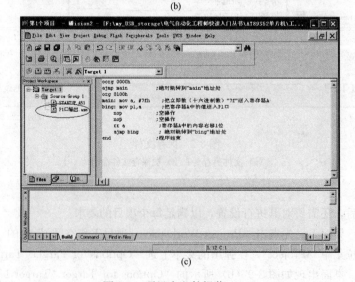

(c)

图 3-8　项目中文件操作（一）

（a）选择添加文件命令；（b）选择待添加文件；（c）完成文件添加

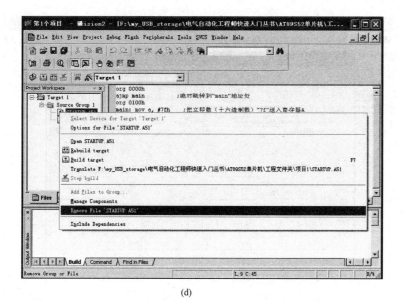

(d)

图 3-8 项目中文件操作（二）

（d）删除文件

1. "Target（目标）"页

"Target（目标）"页的内容如图 3-9（b）所示。页内主要参数有：晶体振荡器频率、存储器模式、代码存储器大小、操作系统、片外代码存储器、片外 xdata 存储器。

（1）晶体振荡器频率。该参数的默认值是所选 CPU 的最高工作频率。通常将其设置为与硬件实际所用晶体振荡器相同的频率值。若对程序执行的时间不关心的话，也可以不修改保持原来的默认值。本项目中把它修改为 11.059 2MHz。

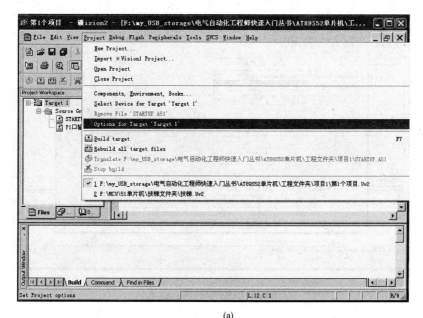

(a)

图 3-9 项目选项（一）

（a）选择目标选项命令

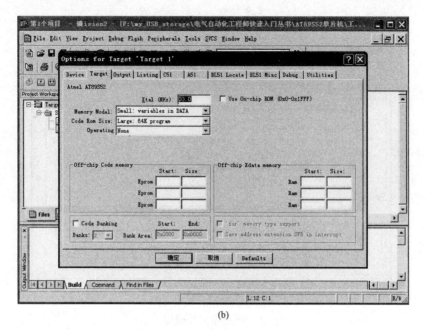

(b)

图 3-9　项目选项（二）

（b）目标选项对话框

（2）存储器模式。用于设置 RAM 的使用情况，该参数有 3 个选项，如图 3-10 圈中所示。3 个参数分别是：①所有变量都在单片机内部 RAM 中（variables in DATA）；②可使用一页外部扩展 RAM（variables in PDATA）；③可使用全部外部扩展 RAM（variables in XDATA）。本项目中取默认值。

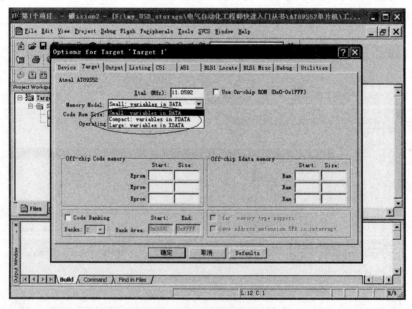

图 3-10　存储器模式设置

（3）代码存储器大小。代码存储器即程序存储器大小的设置，用于设置 ROM 空间的使用范围，该参数也有 3 个选项，如图 3-11 所示。这 3 个参数分别是：①不超过 2K 的程序空间（program 2K or less）；②单个函数不超过 2K，全部程序不超过 64K 空间（2K functions，64K pro-gram）；③使用 64K 程序空间（64K program）。本项目中取默认值。

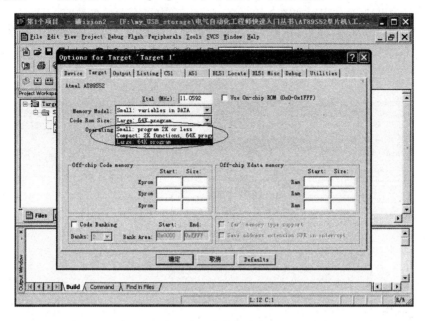

图 3-11　代码存储器大小设置

（4）操作系统。Keil C51 μVision2 集成开发环境提供两种操作系统：RTX-51 Tiny 和 RTX-51 Full，如图 3-12 所示。通常情况下不使用任何操作系统，取默认值 None。

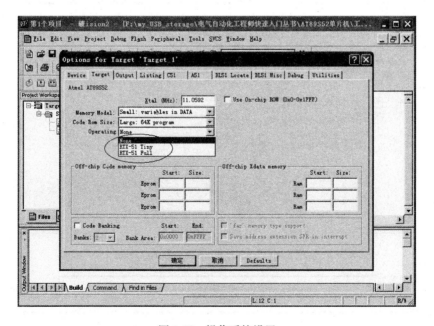

图 3-12　操作系统设置

（5）片外代码存储器。用于确定系统使用片外程序存储器 ROM 的地址范围。本项目中不进行设置。

（6）片外 Xdata 存储器。用于确定系统扩展数据 RAM 的地址范围。本项目中不进行设置。

2. Output "（输出）" 页

"Output（输出）" 页的内容如图 3-13（a）所示。页内可设置的参数有：目标文件保存的目录和目标文件名，生成可执行的 HEX 文件、调试信息、浏览信息以及编译或汇编完成后的执行情况。

通常情况下生成可执行文件的名称的默认值就是该项目的名称，其保存的目录也是该项目所

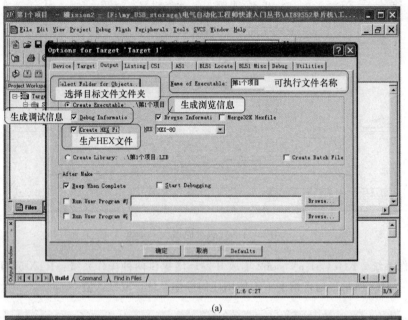

(a)

(b)

图 3-13　输出页设置

（a）设置内容；（b）设置结果

在的目录，故可取默认值。而生成可执行的 HEX 文件这一项是必须选中的，即点击页中 "Cre-ate HEX File" 前的方框，使其出现 "√"（图中打圈部分）。其他几项可根据需要来选择，如图 3-13 (b) 所示。所生成的可执行文件其扩展名为 ".HEX"，该文件就是要写入单片机芯片内的目标文件。

3. "Listing（列表）"页

该页用于调整生成的列表文件选项，有 5 个组。在汇编或编译完成后将产生 "＊.lis" 的列表文件，在链接完成后也将产生 "＊.m51" 的列表文件。该页用于对列表文件的内容和形式进行调节，较常用的是组 "C Compiler Listing（C 编译列表文件）" 下的 "Assembly Code（汇编代码）" 项，选中该项可以在列表文件中生成 C 语言源程序所对应的汇编代码，如图 3-14 所示。若源程序是用汇编语言编写的，就没有必要选该项了。本项目中不对其进行设置。

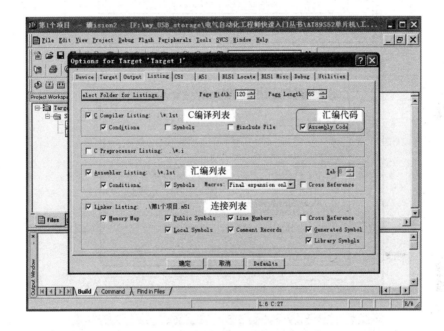

图 3-14 列表页设置

4. "C51"页

该页用于对 Keil C51 编译器的编译过程进行控制，有 4 个组。较常用的是组 "Code Optimi-zation（代码优化）"，如图 3-15 (a) 所示。该组下有两项："Level（级别）" 和 "Emphasis（重点）"。

(1) "Level（级别）"。优化等级。C51 编译器对源程序进行编译时，可对代码优化多达 9 级，默认值是使用第 8 级，如图 3-15 (b) 所示。若在编译中出现一些问题时，可降低优化级别再试一次。

(2) "Emphasis（重点）"。选择编译时注重的优先方式。有两种：①Favor size（注重大小），最终生成的代码量小；②Favor speed（注重速度），最终生成的代码速度快。如图 3-15 (c) 所示。默认值为 "Favor speed（注重速度）"。

项目 "目标选项" 对话框中其他页面与 "C51" 页、"A51" 页、"BL51" 页等的用法有关，通常取它们的默认值，不再修改设置。完成设置后点 "确定" 按钮返回，结束项目设置。

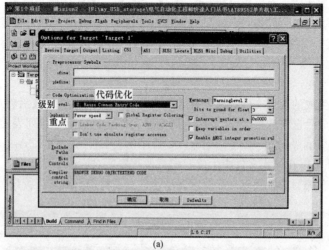

(a)

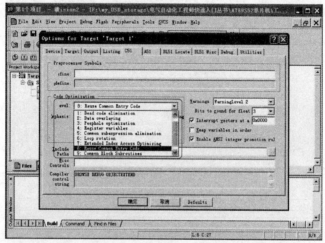

(b)

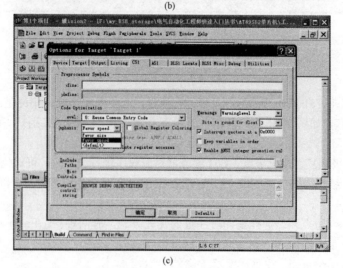

(c)

图 3-15　C51 页设置

（a）设置内容；（b）优化等级；（c）重点

3.1.6 编译链接

项目的"目标选项"全部设置完毕后，就可以对项目进行编译链接了。用于编译链接的命令有 3 个，位于下拉菜单"Project"下。而在工具栏上有 4 个相应的快捷按钮，分别是：编译当前文件 ▧、编译目标文件 ▧、重建所有目标文件 ▧ 和停止编译 ▧。

点击"编译目标文件"快捷按钮 ▧，对本项目进行编译链接，生成目标代码。编译结果如图 3-16（a）所示，输出窗口内显示"Target not created（目标未生成）"，原因是源程序出现 A9

(a)

(b)

图 3-16　编译链接

（a）第 1 次编译结果；（b）第 2 次编译

语法错误。双击输出窗口内的错误提示条，在"文本编辑"窗口中就会有箭头指示错误所在的行（见图中圈出部分），以方便修改。若出现多个错误时，可逐个双击并进行修改。

检查错误，可以看出是多输入了一个字母"o"所引起。删除多余的字母后，点保存按钮保存文件，再点"重建所有目标文件"快捷按钮 ，再次进行编译链接。输出提示结果 0 个错误、3 个报警，编译通过，还给出了程序内部 RAM 使用量为 9 字节、外部 RAM 使用量为 0 字节、目标代码的大小为 280 字节，生成了名字为"第 1 个项目"的 hex 目标文件的提示，如图 3-16（b）所示。

对项目进行汇编或编译之后，说明源程序没有语法错误，而程序中的其他错误，如逻辑错误等还必须通过调试才能发现并解决。因此程序调试是软件开发中一个必不可少的环节。

3.1.7 程序调试

Keil C51 μVision2 集成开发环境中内建了一个仿真 CPU，通过单步运行、跟踪运行或运行等操作来模拟执行程序，因此可以在没有仿真机或实际硬件的情况下进行程序调试。下面先对本节所创建的简单项目进行调试操作，然后再介绍 Keil C51 μVision2 集成开发环境中程序调试的一些常用调试命令和操作。

1. 调试操作演示

在图 3-16（b）界面上，点击下拉菜单"Debug"，在弹出的如图 3-17（a）所示的菜单上选"Start/Stop Debug Session"命令。集成开发环境变成如图 3-17（b）所示，图中"项目工作空间"内自动转到"寄存器"标签页，"输出窗口"内自动转到"命令"标签页，并且在工具栏上新增了一栏专门用于调试的快捷按钮。

"第 1 个项目"中的源程序是一个 89S52 单片机 P1 口输出的实验。程序先把累加器 A 中的最高位设成"0"，再将其值送入 P1 口，即把 P1 口的最高位也设为"0"。然后将累加器 A 中的内容右移一位后，再送 P1 口。如此重复循环，整个工作流程如图 3-18 所示。程序运行的结果是

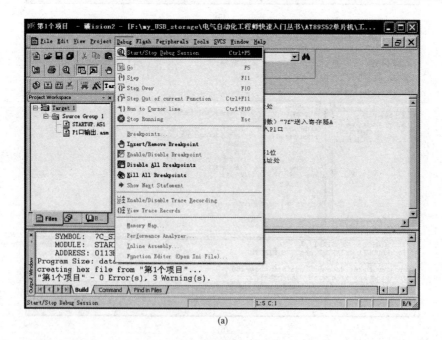

(a)

图 3-17 程序调试（一）

(a) 选调试命令

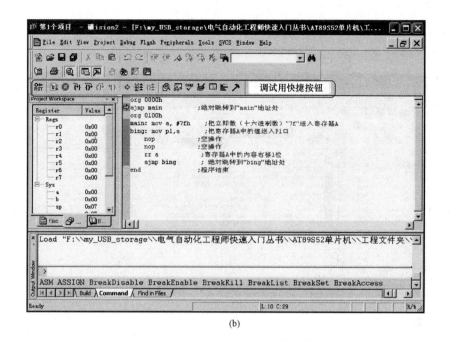

(b)

图 3-17　程序调试（二）

（b）程序调试界面

数值"0"从 P1 口的最高位逐个移到最低位，不断地循环。下面来看看程序调试的结果是不是这样。

在图 3-17（b）所示界面上，点下拉菜单"Peripherals"，在弹出的如图 3-19（a）所示的菜单上选"I/O-Ports"下的"Port 1"命令。打开 P1 口对话框，如图 3-19（b）所示。然后点击"单步运行"快捷按钮 ，每点一次程序就运行一条指令。

第 1 次执行指令"MOV　P1，A"后调试界面中 P1 口和累加器 A 的状态如图 3-20（a）所示。第 1 次执行指令"RRA"后调试界面中 P1 口和累加器 A 的状态如图 3-20（b）所示。第 2 次执行指令"MOV P1，A"后调试界面中 P1 口和累加器 A 的状态如图 3-20（c）所示。第 8 次执行指令"MOV P1，A"后调试界面中 P1 口和累加器 A 的状态如图 3-20（d）所示。注意观察 P1 口和累加器 A 中值的变化。程序

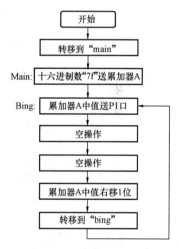

图 3-18　第 1 个项目的
程序流程图

循环执行的情况下，P1 口和累加器 A 中值的变化过程如图 3-21 所示。程序运行结果与要求符合。

2. 调试命令介绍

Keil C51μVision2 集成开发环境提供的程序调试命令有十多个，均放置在"Debug"菜单下，如图 3-22（a）所示。图中有些命令（灰色）需要进入"调试"状态后方可使用。点击菜单下的"Start/Stop Debug Session"命令或直接点击快捷按钮 ，即可进入调试状态，此时工具栏上新增一调试用工具条，如图 3-22（b）所示。各命令的功能见表 3-12。

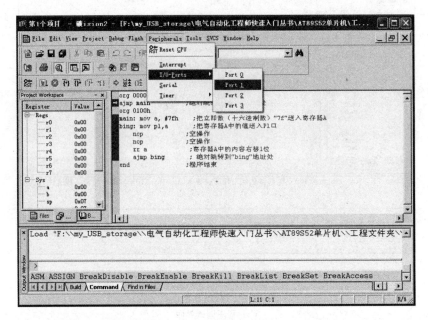

(a)

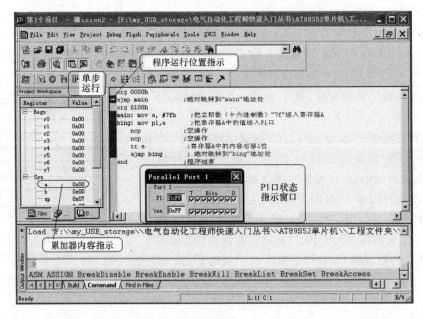

(b)

图 3-19　调试操作界面

(a) 打开 P1 口窗口；(b) 调试观察内容

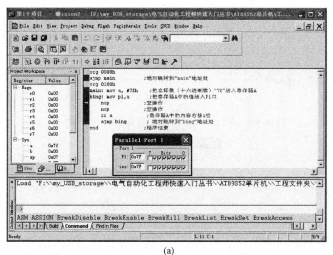

(a)

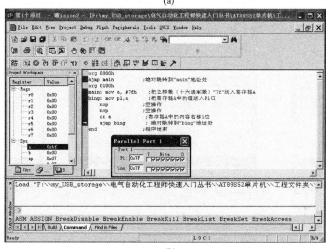

(b)

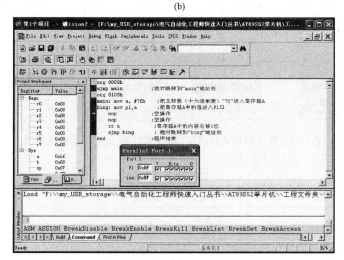

(c)

图 3-20　单步运行程序状态变化（一）

（a）第 1 次执行指令"MOV P1，A"后；（b）第 1 次执行指令"RR A"后；

（c）第 2 次执行指令"MOV P1，A"后

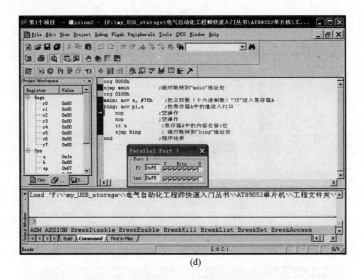

(d)

图 3-20　单步运行程序状态变化（二）

（d）第 8 次执行指令"MOV P1，A"后

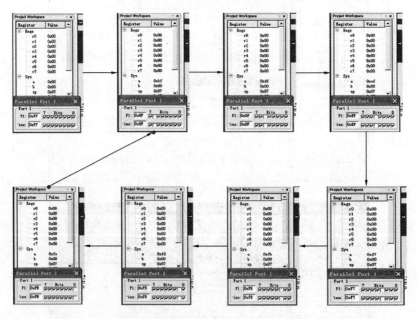

图 3-21　程序循环执行时 P1 口和累加器 A 中值的变化过程

表 3-12　　　　　　　　　　　　　　　调试命令功能

命　令	快捷按钮	快捷键	功能描述
Start/Stop Debug Session		Ctrl＋F5	进入或退出 μVision2 调试状态
RST			CPU 复位
Go		F5	运行（执行），直到下一个有效的断点

命　令	快捷按钮	快捷键	功能描述
Step		F11	跟踪运行程序
Step Over		F10	单步运行程序
Step Out of current Function		Ctrl+F11	执行到当前函数的程序
Run to Cursor line		Ctrl+F10	运行到光标所在行
Stop Running		ESC	暂停程序运行（执行）
Breakpoints…			打开断点对话框
Insert/Remove Breakpoint			在当前行设置/清除断点
Enable/Disable Breakpoint			启用/禁用当前行的断点
Disable All Breakpoints			禁用所有断点
Kill All Breakpoints			清除所有断点
Show Next Starement			显示下一条执行的语句/指令
Enable/Disable Trace Recording			启用/禁用跟踪记录（以前执行的指令）
View Trace Recording			显示跟踪记录（以前执行的指令）
Memory Map…			打开存储器空间配置对话框
Performeance Analyzer…			打开性能分析器的配置对话框
Inline Assembly…			行内汇编，对某行重新汇编
Function Editor			函数编辑器

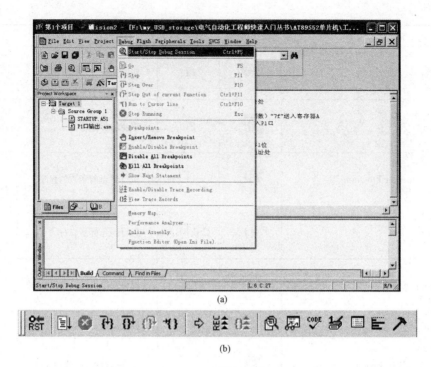

(a)

(b)

图 3-22 调试命令

(a) 调试菜单；(b) 快捷按钮

（1）"Start/Stop Debug Session"——进入或退出 μVision2 调试状态命令。该命令在"Debug"菜单下，工具栏上有个快捷按钮 ⚫ 。这是一个按钮，点击（按）一下，μVision2 集成开发环境进入调试状态，如图 3-23（a）所示；再点击（按）一下就退出调试状态，如图 3-23（b）所示。注意图示圈中的内容变化。

（2）"RST"——CPU 复位。该命令在菜单"Peripherals"下，工具栏上也有个快捷按钮 ⚫ ，点击该按钮将 CPU 复位。

（3）"Go"——运行（执行）程序，直到下一个有效的断点。该命令在"Debug"菜单下，工具栏上也有个快捷按钮 ⚫ 。这个按钮需要与另一个按钮配合使用，点击它只能启动程序执行。而停止程序执行需要点击另一个按钮来完成。程序执行启动后，一行程序执行完后紧接着执行下一行程序，连续执行中间不停止。通过此操作可以观察到程序执行的总体效果，即最终结果是正确的还是错误的，但不能找出错误所在的位置。

（4）"Stop Running"——暂停程序运行（执行）。该命令在"Debug"菜单下，工具栏上同样有个快捷按钮 ⚫ 。这个按钮通常是灰色不可使用的，只有当程序正在运行时按钮的颜色变深才能使用。点击该按钮运行就停止。

（5）"Step"——跟踪运行程序。该命令在"Debug"菜单下，工具栏上同样有个快捷按钮 ⚫ 。每点击一次按钮，执行一行程序，执行完后停止，等待执行下一行程序，如图 3-24 所示。该命令用于观察该行程序执行完后的结果是否与编写该程序所预想的结果一致，以此检查程序可能出现的设计错误。

（6）"Step Over"——单步运行程序。该命令在"Debug"菜单下，工具栏上同样有个快捷

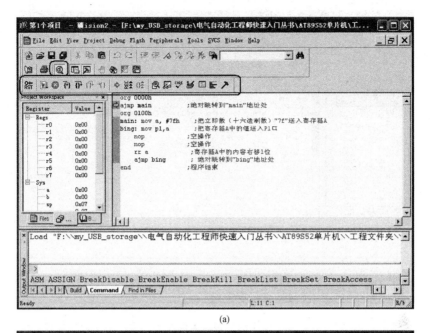

(a)

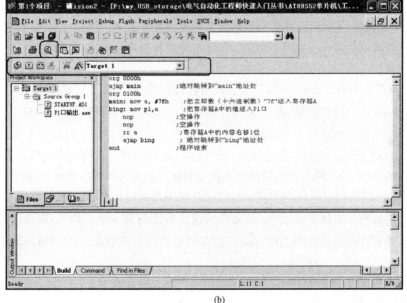

(b)

图 3-23　进入/退出调试界面

(a) 进入调试界面；(b) 退出调试界面

按钮 。该命令的功能与"跟踪运行程序"相同，只是将子程序或函数作为一个语句来执行。由于本例中没有子程序或函数，故在后面再作比较。

（7）"Step Out of current Function"——执行到当前函数的程序。该命令在"Debug"菜单下，工具栏上同样有个快捷按钮。点击该按钮执行完调试光标所在的子程序或子函数并指向主程序中的下一行程序。

（8）"Run to Cursor line"——运行到光标所在行。该命令在"Debug"菜单下，工具栏上同

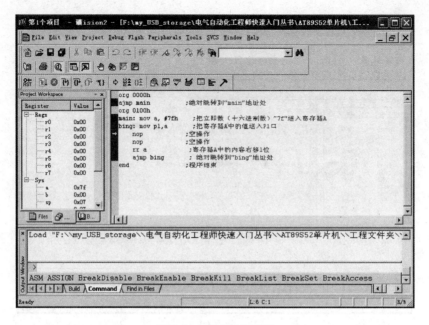

图 3-24　跟踪运行程序

样有个快捷按钮 🕐。先用鼠标在需要停顿的某行程序处点一下，把光标定位在该行，如图 3-25 （a）所示；然后再点击该命令按钮，即可一次执行完黄色箭头与光标之间的程序，如图 3-25（b）所示。

（9）"Insert/Remove Breakpoint"——在当前行设置/清除断点。该命令在"Debug"菜单下，工具栏上同样有个快捷按钮 🖐。操作时将光标移至需插入或删除断点的程序行，点击菜单上的命令或快捷按钮，即可插入/删除断点。插入断点后该行最左边会出现一个红色的小方块标记，如图 3-26（a）所示。还有一种方法是在该行点击鼠标右键，在弹出的对话框上选插入/删除断点命令，如图 3-26（b）所示。最简单的办法是直接双击该行即可实现断点的插入或删除。

（10）"Enable/Disable Breakpoint"——启用/禁用当前行的断点。该命令在"Debug"菜单下，工具栏上同样有个快捷按钮 🖐。该命令的操作方法与前一个"插入/删除断点"类似，只是命令不同。当程序行左边的断点标记的颜色变成白色时，表明该断点当前被禁用，如图 3-27所示。

（11）"Disable All Breakpoints"——禁用所有断点。该命令在"Debug"菜单下，工具栏上同样有个快捷按钮 🖐。点击该按钮将禁用所有的断点。

（12）"Kill All Breakpoints"——清除所有断点。该命令在"Debug"菜单下，工具栏上同样有个快捷按钮 🖐。点击该按钮将清除所有的断点。

（13）"Breakpoints…"——打开断点对话框。该命令在"Debug"菜单下，工具栏上没有快捷按钮。点击菜单"Debug"选"Breakpoints…"命令，如图 3-28（a）所示。界面就会弹出如图3-28（b）所示的断点设置对话框。"Expression（表达式）"右边的文本输入框用于输入表达式，该表达式用于确定程序停止执行的条件。举例如下。

1）在文本框内输入"a>=0xdf"，再点"Defind（定义）"按钮，即定义了一个断点。其含义是当 a 的值大于等于 0xdf 时停止程序运行。当然运算符号也可以选用>、<、<=、==、!=等。

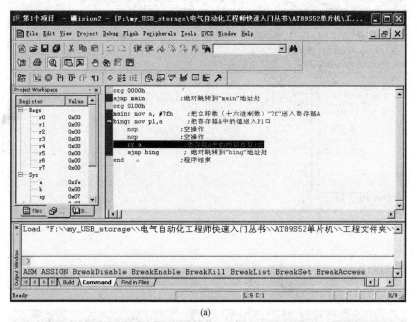

(a)

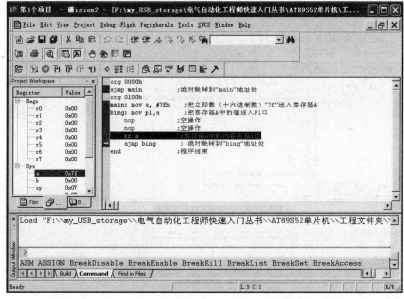

(b)

图 3-25　程序运行到光标所在行

(a) 选中程序停顿行；(b) 命令执行后

2) 在文本框内输入 "bing"，再点 "Defind（定义）" 按钮，表示在标号 "bing" 处定义了一个断点。当程序执行到标号 "bing" 的程序行时停止执行。

上面两种设置结果如图 3-28 (c) 所示，图中 "Count（计数）" 右边的数值是在断点设置时要求程序在第几次执行该点时停止执行程序。点击 "Kill All" 按钮将清除所有断点。点击 "Close" 按钮则关闭断点设置对话框。

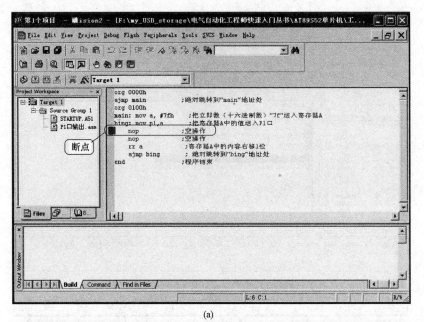

(a)

(b)

图 3-26 插入/删除断点

(a) 插入断点；(b) 删除断点操作

（14）"Inline Assembly..." ——行内汇编。在调试状态下，若程序有错可直接修改，但要使修改后的代码有用，必须退出调试，重新编译、链接后再进入调试状态。如果只是对某几行程序进行临时修改做测试的话，可使用行内汇编功能。将光标定位在需要修改的程序行上，点击"Debug"菜单，选"Inline Assembly..."命令，出现如图 3-29 所示的对话框，在"Enter New"右边的文本框内输入新指令，打回车后将自动指向下一条语句继续修改，直到点击对话框右上角的"✖"关闭对话框为止。

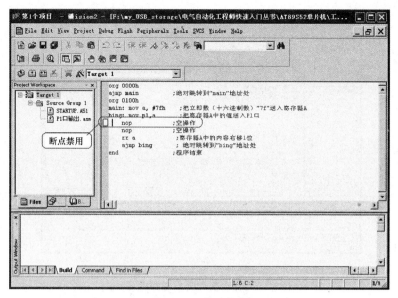

图 3-27　禁用断点

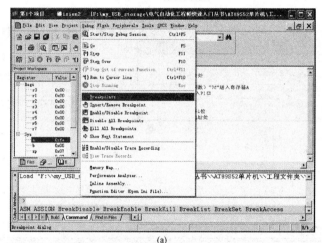

(a)

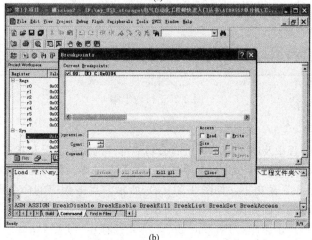

(b)

图 3-28　在对话框内设置断点（一）

(a) 选打开断点设置对话框命令；(b) 断点设置对话框

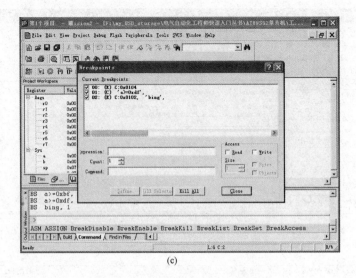

(c)

图 3-28 在对话框内设置断点(二)

(c)断点的设置

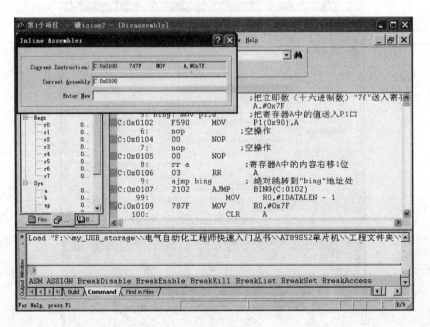

图 3-29 行内汇编

3.外围接口

为了在程序调试过程中及时了解单片机有关功能部件的使用情况和状态,μVision2 集成开发环境提供了 51 单片机的中断、4 个 I/O 口、串口、3 个定时器、看门狗等对话框。打开这些对话框的命令在"Peripherals"菜单下,如图 3-30(a)所示。点击相应的命令即可打开对应的对话框,全部对话框打开时的界面如图 3-30(b)所示。

(1)查看 I/O 口。点击菜单"Peripherals",将光标移至"I/O-Ports"上就可选择需要的端口。如果在"I/O-Ports"下一级菜单上选"Port 1",P1 口的对话框就会出现在界面上。再点击"Run(运行)"按钮,就可看到 P1 口对话框内各位的变化情况。由于模拟执行的速度较快,所

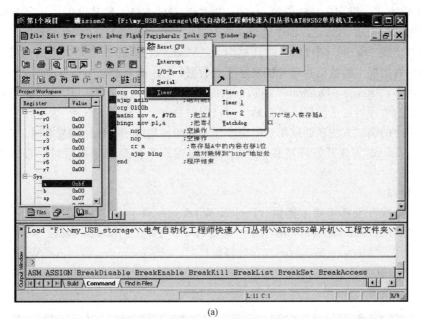

(a)

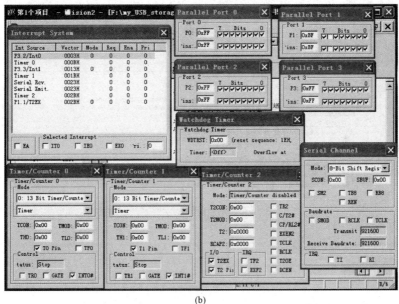

(b)

图 3-30　外围接口

（a）打开外围接口命令菜单；（b）外围接口对话框

以可以见到 P1 口各位变化的次序较乱，可加长延时程序的时间来放慢执行速度，以获得满意的效果。

　　（2）输入信号到 Px 口。由于 μVision2 是一个程序调试工具，并没有外接硬件，因此调试中没有外来信号的输入端。若需要输入信号，有两种方法。其一是打开外围接口，在对话框内直接用鼠标点击相应位，使其变成高电平（该位中出现"√"）或低电平（该位中是空白），就能输入数据了。其二是在下面输出窗口内的"Command（命令）"标签页中输入数据，如 P1＝0xfe。

　　（3）定时/计数器。在定时/计数器对话框内，可直接选择"Mode"组下的下拉列表以确定定时/计数工作方式、设定定时初值等。点击"TRx"前的方框，使其出现"√"选中。"Status"右边的方框内就会变成"Run"，程序运行。此时就可以直观地看到定时/计数器的工作情况。

(4) 串口。在"Serial（串口）"对话框内，"Mode"右边的下拉列表中的内容表示通信方式，"SBUF"右边框中的数值为单片机发送来的数据，"Baudrate"组中"Transmit"右边框内的数值是发送速率，"Receive Baudrate"右边框内的数值是接收速率，"IRQ"组中的 TI 和 RI 是中断标志。若要给单片机发送数据，可在输出窗口内的命令页中输入 SIN ＝ 数据。

以上对程序的调试方法和调试用到的命令作了介绍。当应用程序比较复杂时，在程序调试中还需要通过 μVision2 集成开发环境提供的其他观察窗口来检查程序执行时内存的变化和运行效果。

3.1.8　观察窗口

μVision2 集成开发环境除了提供"Project Windows（项目窗口）"、"Output（输出窗口）"外，还提供了"Disassembly Windows（反汇编窗口）"、"Watch ＆ Call Stack Windows（查看与调用堆栈窗口）"、"Memory Windows（存储器窗口）"、"Performance Analyzer Windows（性能分析器窗口）"等。这些命令都在菜单"View"下，如图 3-31 所示。点击相应的命令，就可以打开或关闭对应的观察窗口。

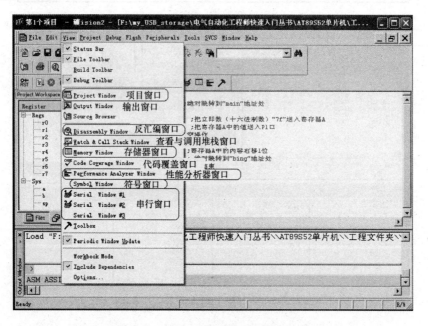

图 3-31　打开/关闭观察窗口命令菜单

1. "Project Windows（项目窗口）"

"Project Windows（项目窗口）"就是"Project Workspace"窗口，通常在打开状态。

2. "Output（输出窗口）"

"Output（输出窗口）"即"Output Windows"窗口，通常也在打开状态。

3. "Disassembly Windows（反汇编窗口）"

该命令通常情况下是灰色的，只有在"调试"状态下才能启用。点击该命令后主界面中的"文本编辑窗口"，窗口就变为"反汇编窗口"了，如图 3-32 所示。

4. "Watch ＆ Call Stack Windows（查看与调用堆栈窗口）"

同上一个命令一样，该命令通常情况下是灰色的，只有在"调试"状态下才能启用。点击该

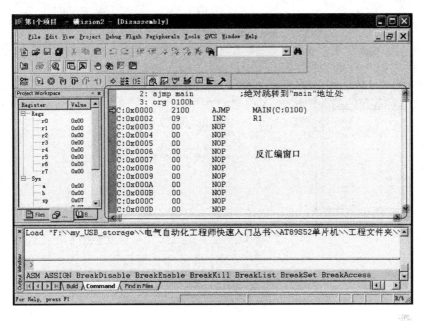

图 3-32　反汇编窗口

命令后主界面中的"输出窗口"，输出窗口缩小，右边新增了"查看与调用堆栈窗口"，如图 3-33
所示。

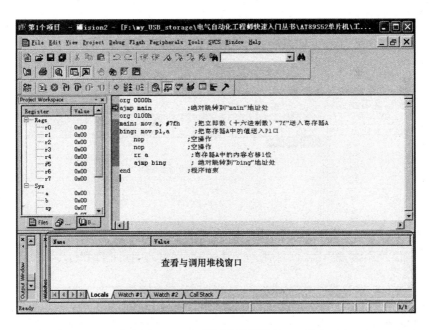

图 3-33　查看与调用堆栈窗口

5. "Memory Windows（存储器窗口）"

在"调试"状态下，点击该命令后主界面中的"输出窗口"，输出窗口缩小，右边新增了
"存储器窗口"，如图 3-34 所示。

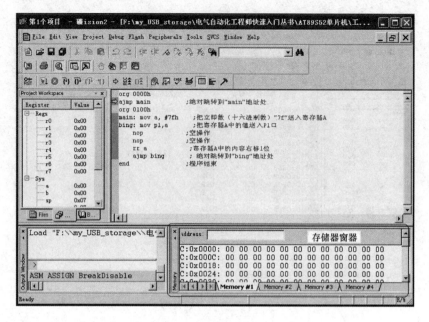

图 3-34　存储器窗口

6．"Performance Analyzer Windows（性能分析器窗口）"

在"调试"状态下，点击该命令后主界面中的"文本编辑窗口"，此时窗口变为"性能分析器窗口"，如图 3-35 所示。

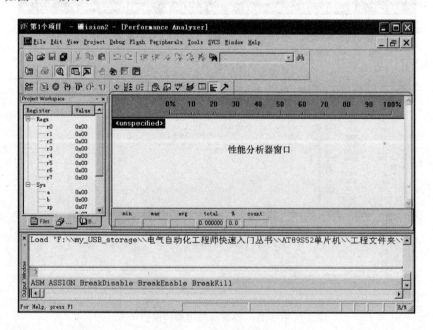

图 3-35　性能分析器窗口

7．"Symbol Windows（符号窗口）"

在"调试"状态下，点击该命令后主界面会弹出一个"符号窗口"窗口，该窗口悬浮在主界面上，如图 3-36 所示。

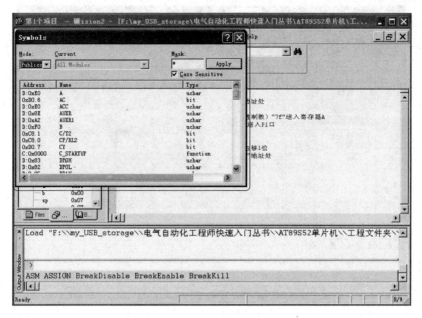

图 3-36　符号窗口

8. "Serial Window #1/ #2/ #3 (串行窗口 1/2/3)"

在"调试"状态下，点击该命令后主界面中的"文本编辑窗口"，窗口即变为"串行窗口 1/2/3"。如果程序中使用串行口发送数据的话，在运行状态时所发送的数据会在相应的串行口窗口内显示出来。

3.2　Proteus 7.9 软件的介绍

Proteus 是英国 Lab Center Electronics 公司研发的 EDA 工具软件。它是一个集模拟电路、数字电路、模/数混合电路以及多种微控制器系统为一体的系统设计和仿真平台，是目前同类软件中最先进、最完整的电子类仿真平台之一。它真正实现了在计算机上完成从原理图、电路分析与仿真、单片机代码调试与仿真、系统测试与功能验证到 PCB 板生成的完整的电子产品研发过程。

3.2.1　认识 Proteus 7.9 界面

已经安装了 Proteus 7.9 软件的电脑上，在"开始 \ 程序 \ Proteus 7 Professional"下就会有"ISIS 7 Professional"命令。

用鼠标点击该命令，就会启动 Proteus 7.9 软件，进入 ISIS 7 Professional 的主界面。其初始界面如图 3-37 所示，该界面与 Windows 的通用界面类似，最上面是标题栏、接下的是下拉菜单栏、工具栏，中间最左边的两列也是工具栏，中间是预览窗口、右边是电路图编辑窗口，左下面是 4 个仿真操作按钮。

ISIS 7 Professional 主界面中共有 12 个菜单。点击某个菜单就会展开该菜单的所有命令，其中有几个命令菜单还有子菜单。为了方便操作，一些命令都可用快捷键或快捷按钮操作。"File（文件）"菜单的命令功能见表 3-13，"View（查看）"菜单的命令功能见表 3-14，"Edit（编辑）"菜单的命令功能见表 3-15，"Tools（工具）"菜单的命令功能见表 3-16，"Design（设计）"菜单的命令功能见表 3-17，"Graph（绘图）"菜单的命令功能见表 3-18，"Source（源代码）"菜单的命令功能见表 3-19，"Debug（调试）"菜单的命令功能见表 3-20，"Library（库）"菜单的命令功

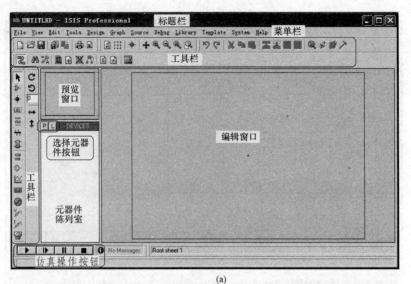

(a)

(b)

图 3-37　ISIS 7 Professional 主界面

(a) 英文界面；(b) 汉化界面

能见表 3-21，"Template（模板）"菜单的命令功能见表 3-22，"System（系统）"菜单的命令功能见表 3-23，"Help（帮助）"菜单的命令功能见表 3-24。

表 3-13 "文件"菜单的命令功能

"File（文件）"菜单	快捷按钮	快捷键	功能描述
New Design…			在选定的模板上新建一个设计文件
Open Design…		Ctrl+O	打开一个已有的设计文件
Save Design…		Ctrl+S	保存当前设计

续表

"File（文件）"菜单	快捷按钮	快捷键	功能描述
Save Design As…			将当前文件重命名并保存
Save Design As Template…			将当前文件保存为模板文件
Windows Explorer…			打开 Windows 浏览器
Import Bitmap…			将一个位图文件导入 ISIS 中
Import Section…	🖼		将一个局部文件导入 ISIS 中
Export Section…	🖼		将当前选中的区域对象导出为一个局部文件
Export Graphics…			将当前的页面、图形、区域等保存为其他格式文件
Mail To…			通过邮件发送
Print…	🖨		打印当前设计
Print setup…	🖨		设置打印机
Print Infor mation	🖨		显示打印机信息
Set A rea	📄		在当前页面上设置区域
1～9			显示最近使用过的设计文件
E xit	🚪		退出 ISIS 7 Professional 并提示保存文件

表 3-14　　　　　　　　　　"查看"菜单的命令功能

"View（查看）"菜单	快捷按钮	快捷键	功能描述
Redraw	🗔	R	对当前页进行刷新
Grid	⊞	G	显示/隐藏网格点
Origin	✛	O	设置原点
X Cursor	✗	X	选用光标大小
Snap 10 th Snap 50 th Snap 0.1in Snap 0.5in		Ctrl＋F1、F2、F3、F4	光标移动的网格大小
Pan	✛	F5	平移当前页面
Zoom In	🔍	F6	放大当前页面

续表

"View（查看）"菜单	快捷按钮	快捷键	功能描述
Zoom Out		F7	缩小当前页面
Zoom All		F8	查看整个页面
Zoon to Area			查看局部区域
Toolbars			显示/隐藏工具栏

表3-15　　　　　　　　　"编辑"菜单的命令功能

"Edit（编辑）"菜单	快捷按钮	快捷键	功能描述
Undo		Ctrl＋Z	撤销最后的操作
Redo		Ctrl＋Y	恢复最后的操作
Find and Edit Coponent		E	查找和编辑器件
Cut to clipboard			剪切选中对象
Copy to clipboard			复制到剪贴板
Paste from clipboard			从剪贴板粘贴
Align		Ctrl＋A	对齐方式
Send to back		Ctrl＋B	置于下层
Bring to front		Ctrl＋F	置于上层
Tidy			删除元器件陈列室内没有被放置的元器件

表3-16　　　　　　　　　"工具"菜单的命令功能

"Tools（工具)"菜单	快捷按钮	快捷键	功能描述
Real Time Annotation	U1	Ctrl＋N	实时标注
Wire Auto Router		W	自动连线
Search and Tag		T	查找并选中
Property Assignment Tool…		A	属性设置工具

续表

"Tools（工具）"菜单	快捷按钮	快捷键	功能描述
Global Annotator…			全局标注
ASCII Data Import…			导入 ASCII 数据
Bill of Materials			材料清单
Electrical Rule Check…			电气规则检查
Netlist Compiler…			编译网络表
Model Compiler…			编译模型
Set filename for PCB Layout…			
Netlist to ARES	ARES	Alt＋A	导出网络表到 ARES
Backannotate from ARES			从 ARES 回注

表 3-17　　　　　　　　　**"设计"菜单的命令功能**

"Design（设计）"菜单	快捷按钮	快捷键	功能描述
Edit Design Propertions…			打开"设计属性"对话框，进行修改
Edit Sheet Propertions…			打开"页面属性"对话框，进行修改
Edit Design Notes…			打开"设计注释"对话框，进行修改
Configure Power Rails…			打开"电源设定"对话框，进行设置
New Sheet			新建一个页面
Remove Sheet			删除当前页面
Previous Sheet		Page-Up	转至前一页面
Next Sheet		Page-Down	转至后一页面
Goto Sheet			转到第几页面
Design Explorer		Alt＋X	打开设计浏览器，查看图中元器件

表 3-18　　　　　　　　　**"绘图"菜单的命令功能**

"Graph（绘图）"菜单	快捷按钮	快捷键	功能描述
Edit Graph…			编辑图表
Add Trace…		Ctrl＋A	添加图线
Simulate Graph		Space	仿真图表
View Log		Ctrl＋V	查看日志
Export Data			导出数据
Clear Data			清除数据
Conformance Analysis（All Graphs）			一致性分析
Batch Mode Conformance Analysis…		Alt＋X	批模式一致性分析

单片机控制技术快速入门

表 3-19 "源代码"菜单的命令功能

"Source（源代码）"菜单	快捷按钮	快捷键	功能描述
Add/Remove Source files…		S	添加/删除源代码文件
Define Code Genaeration Tools…	⚒	T	设定代码生成工具
Setup External Text Editor…		E	设置外部文本编辑器
Build All		A	全部编译
			源代码文件列表

表 3-20 "调试"菜单的命令功能

"Debug（调试）"菜单	快捷按钮	快捷键	功能描述
Start/Restart Debugging	▶|	Ctrl+F12	开始/重新启动调试
Pause Animation	▌▌	Pause	暂停仿真
Stop Animation	■	Shift+Pause	停止仿真
Execute	🏃	F12	执行
Execute Without Breakpoints		Alt+F12	不加断点执行
Execute for Specified Time			指定执行时间
Step Over		F10	单步
Step Into		F11	跳进函数
Step Out		Ctrl+F11	跳出函数
Step To		Ctrl+F10	跳到光标
Animate		Alt+F10	动画连续单步
Reset Popup Windows			恢复弹出窗口
Reset persistent Model Data			重置模型固化数据
Configure Diagnostics…			设置诊断选项
Use Remote Debug Monitor			使用远程调试监控
Tile Horizontally	▤		窗口水平对齐
Tile Vertically	▥		窗口竖直对齐

表 3-21 "库"菜单的命令功能

"Library（库）"菜单	快捷按钮	快捷键	功能描述
Pick Device/Symbol…	🔍	P	拾取元件/符号
Make Device…		V	制作元件
Make Symbol…		S	制作符号
Pakaging Tool…		T	封装工具
Decompose	🔨	D	分解
Compile to Library…		C	编译到库中
Autoplace Library…		A	自动放置库文件
Verify Packaging…		Y	校验封装
Library Manager…		M	库管理器

表 3-22　　　　　　　　　　　　　　"模板"菜单的命令功能

"Template（模板）"菜单	快捷按钮	快捷键	功能描述
Goto Master Sheet…	🗒		跳转到主图
Set Design Defaults…			设置设计默认值
Set Graph Colurs…			设置图形颜色
Set Graphics Styles…			设置图形风格
Set Text Styles…			设置文本风格
Set Graphics Text…			设置图形文本
Set Junction Dots…			设置连接点
Load Styles from Design…			从其他设计导入风格
Apply Default Tenplate…			应用默认模板

表 3-23　　　　　　　　　　　　　　"系统"菜单的命令功能

"System（系统）"菜单	快捷按钮	快捷键	功能描述
System Info…	ℹ		系统信息
Check for Updates…			检查更新
Text Viewer	📝		文本视图
Set BOM Scripts…			设置元件清单
Set Display Options…			设置显示选项
Set Environment…			设置环境
Set Paths…			设置路径
Set Property Definitions…			设置属性定义
Set Sheet Sizes…	↔		设置图纸大小
Set Text Editor…			设置文本编辑选项
Set Keyboard Mapping…			设置快捷键
Set Animation Options…			设置动画选项
Set Simulator Options…			设置仿真选项
Restore Default Settings			保存参数

表 3-24　　　　　　　　　　　　　　"帮助"菜单的命令功能

"Help（帮助）"菜单	快捷按钮	快捷键	功能描述
ISIS Help	❓	F1 键	在线帮助
Proteus VSM Help		V	VSM 帮助
Proteus VSM SDK	📖		
Sample Designs	📄	S	
Stop Press		P	
About ISIS	ℹ	A	显示版本信息

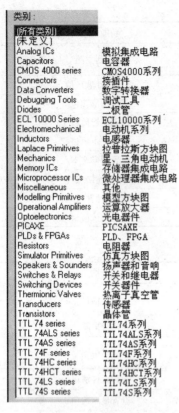

图 3-38　元器件分类

3.2.2　Proteus 7.9 中的库

Proteus 7.9 软件中共有 36 个元器件或符号库，如图 3-38 所示。点击下拉菜单"元件库"，选"拾取元件/符号"命令；或在电路图编辑窗口内单击鼠标右键，选"放置"→"元件"→"from Libraries"命令。就会弹出"Pick Devices"对话框，如图 3-39 所示。该对话框由 8 个部分组成："关键字:"下面的文本框用来在所有库中查找某个元器件时输入该元器件的关键字。"类别:"下面的列表框内按字母顺序排列了该软件拥有的 36 大类元器件或符号库。点击某个库，即可把它展开，各子库就在"子类别:"下面的框内列表显示。左边最下面的是元器件的制造商。中间最大的列表框是左边三个列表框中同时满足拾取要求的元器件清单。右边上面是选中元器件的电路符号。中间是该元器件的封装，封装类型可以在"PCB 预览:"下面的下拉列表框中选择。右下方是"确定"和"取消"两个按钮。若要选用 555 时基电路，即可在"Pick Devices"对话框内中从库中逐级查找，也可直接在"关键字:"下面的文本框内输入"555"进行查找。直接查找"时基电路 555"的对话框显示内容如图 3-40 所示。

1. 微处理器件库

Proteus 7.9 元器件库中"微处理器件"类下有 17 个子类库，如图 3-41 所示。本书用到的是 8051 族中"AT"系列的"AT89C52"，其在库中的位置如图 3-42 所示，图（a）为单线结构，图（b）是总线结构。

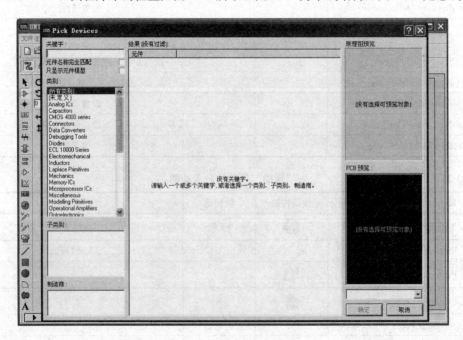

图 3-39　拾取元器件对话框

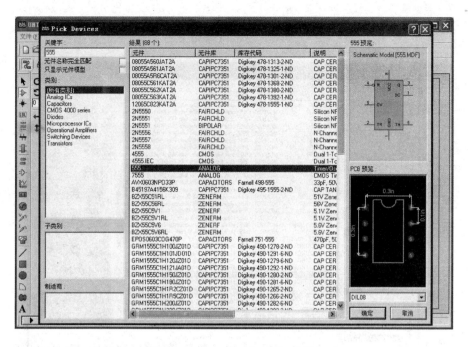

图 3-40 选中"555"时的对话框

2. 外围接口器件

Proteus 7.9"微处理器库"下的"外围接口"子库内共有元器件 223 个，51 单片机常用的外围接口器件"8155"、"8255"、"8279"、"MAX232"等都在该子库中。其中部分外围接口器件如图 3-43 所示。

3. 其他元器件

单片机应用系统中经常使用的元器件还有：电阻器、电容器、晶体管、开关、继电器、键盘、显示器等。电阻库中的部分电阻元件如图 3-44 所示。电容库中的部分电容元件如图 3-45 所示。二极管库中的部分器件如图 3-46 所示。三极管库中的部分器件如图 3-47 所示。开关、键盘和继电器库中的部分元件如图 3-48 所示。光电器件库中的部分显示器件如图 3-49 所示。

4. 电源/接地

单击左边工具栏上的"终端模式"按钮，在"元器件陈列室"内就会列出电源、接地、输入、输出等元件，如图 3-50 所示。

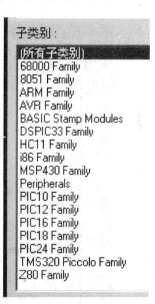

图 3-41 微处理器类库

3.2.3 激励源

单击左边工具栏上的"激励源模式"按钮，在"元器件陈列室"内就会列出 14 种激励源，如图 3-51 所示。这 14 种信号源分别是：直流信号，频率、幅度、相位可设置的正弦波信号，周期、幅度、上升/下降沿时间可设置的脉冲信号，指数脉冲信号，单频率调频信号，分段线性脉冲信号，数据来源于 ASCII 文件的信号，音频信号，稳态逻辑电平信号，单边沿信号，单周期脉冲信号，数字时钟信号，模式信号和脚本表格信号。

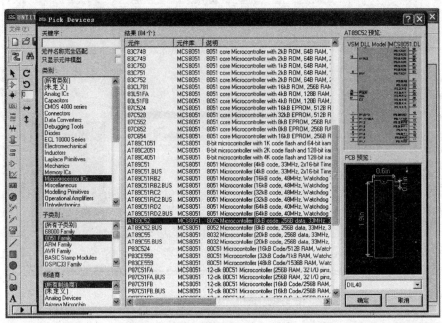

(a)

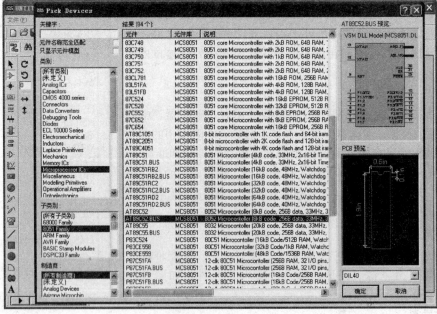

(b)

图 3-42　AT89C52 模型

(a) 单线结构；(b) 总线结构

图 3-43　部分外围接口器件

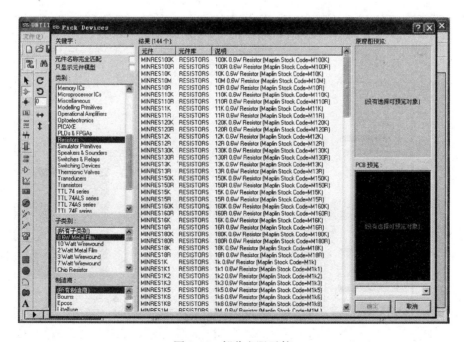

图 3-44　部分电阻元件

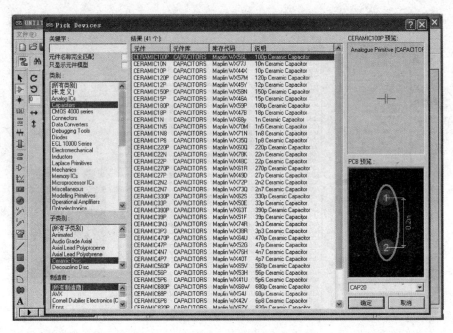

图 3-45　部分电容元件

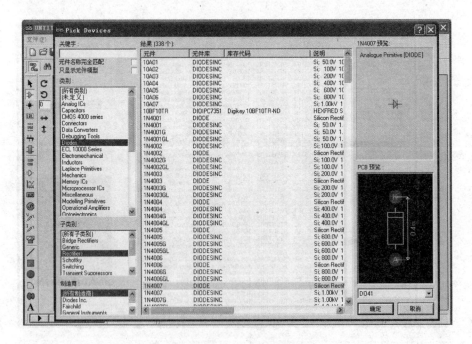

图 3-46　部分二极管器件

图 3-47　部分三极管器件

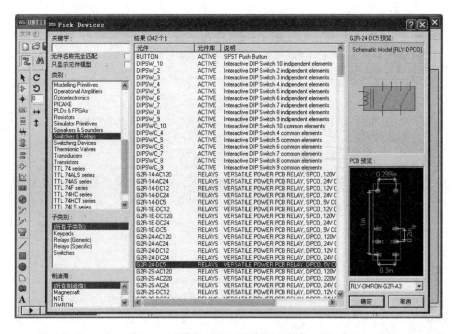

图 3-48　部分开关、键盘或继电器元件

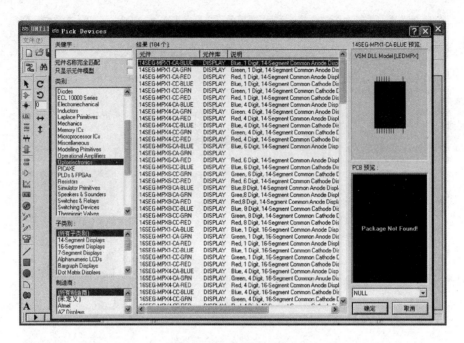

图 3-49　部分显示器件

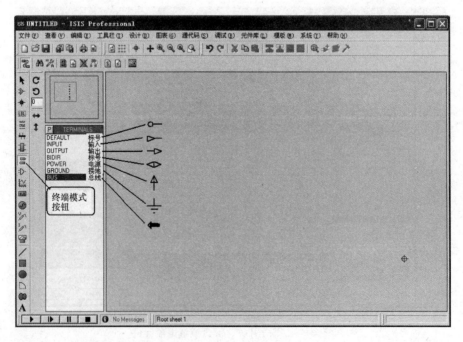

图 3-50　电源等元件

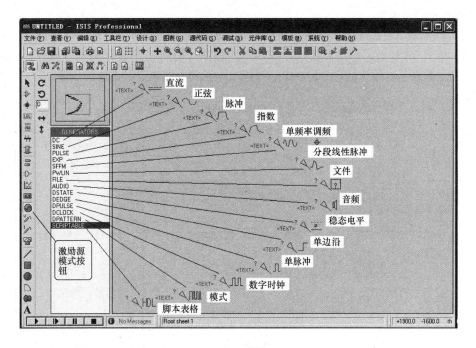

图 3-51　激励源

3.2.4　虚拟仪器

单击左边工具栏上的"虚拟仪器模式"按钮，在"元器件陈列室"内就会列出 12 种虚拟仪器，如图 3-52 所示。这 12 种虚拟仪器分别是：示波器，逻辑分析仪，计数定时器，虚拟终端，正弦波、三角波、锯齿波、方波信号发生器，SPI 调试器，I2C 调试器，模式发生器，直流电压表和电流表及交流电压表和电流表。

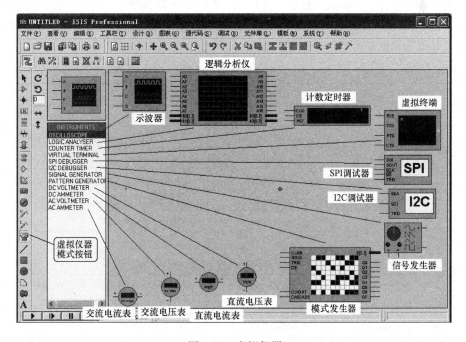

图 3-52　虚拟仪器

3.2.5 仿真电路图绘制

绘制电路图是学习或应用开发单片机开始动手的第一步，然后才可以进行生成 PCB 板，采购元器件，制作 PCB 板，焊接元器件，编制应用程序，加载程序进行调试等操作。下面以图 3-53所示的计数提示电路为例，介绍在 Proteus7.9 中绘制电路图进行仿真的步骤。

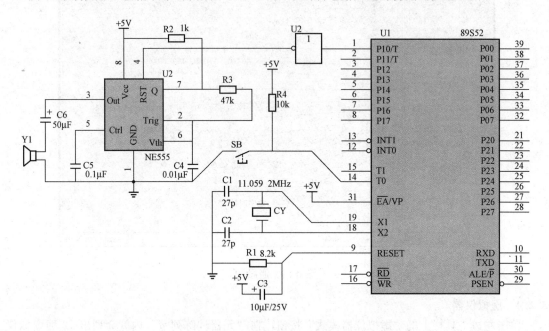

图 3-53 计数提示电路

1. 拾取元器件

按照电路实现功能的要求，从相应元器件库中拾取元器件到"元器件陈列室"，如单片机、电阻器、电容器、晶振、显示器、按键、晶体管、有关集成电路等。图 3-53 所示电路的元器件在库中的位置如表 3-25 所示。注意，在绘制电路图的过程中应及时将文件保存，这里本文件的保存名为"计数实验电路"。

表 3-25	元器件在库中的位置			
代 号	类别（Category）	子类别（Sub Category）	结果（Results）	元器件（device）
U1	Microprocessor ICs	8051 Family	AT89C52	AT89S52
U2	TTL74HC series	Gates&Inverters	74HC00	74HC00
U3	Analog ICs	Timers	555	555
C1	Capacitors	Ceramic Disc	CERAMIC 27P	27p
C2	Capacitors	Ceramic Disc	CERAMIC 27P	27p
C3	Capacitors	Radial Electrolytic	GENELECT10U50V	10uF50V
C4	Capacitors	Ceramic Disc	CERAMIC 10N	10n
C5	Capacitors	Decouping Disc	DISC100N16V	100n/16V
C6	Capacitors	Radial Electrolytic	GENELECT47U16V	47μF/16V
R1	Resistots	0.6Wmetal Film	MINRE8K2	8.2k
R2	Resistots	0.6Wmetal Film	MINRE1K	1k

代　号	类别（Category）	子类别（Sub Category）	结果（Results）	元器件（device）
R3	Resistots	0.6Wmetal Film	MINRE47K	47k
R4	Resistots	0.6Wmetal Film	MINRE10K0	10k
CY	Miscellaneous		CRYSTAL	
Y1	Speakers&Sounders		SPEAKER	
SB	Switches&Relays	Switches	BUTTON	

2. 放置元器件

根据一般的绘图要求，把"元器件陈列室"内的元器件放置到电路图编辑区内。尽可能做到元器件布置均匀，方能使走线清楚。布置完表 3-25 元器件后的电路如图 3-54 所示。

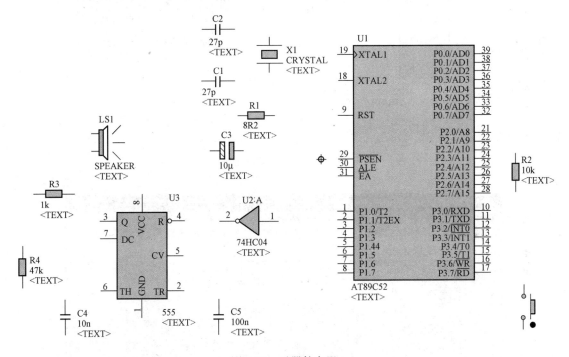

图 3-54　元器件布置

3. 放置电源和接地线

打开工具栏上"终端模式"按钮，根据要求放置电源或接地，不同的电源或接地应采用不同的符号，并作相应的标号，即同一电源或接地用相同的符号和标号，如图 3-55 所示。

4. 连线

将光标移至相连线路中某个元器件的引脚上，单击鼠标左键并拖动鼠标，将鼠标移至待连线的另一元器件引脚上或某条线路上，再单击鼠标完成一条连接线。根据电路需要对元器件进行连线，全部线路连接完成后的电路如图 3-56 所示。

5. 元器件属性修改

根据需要，对有关元器件的属性进行修改。如符号、数值、按键控制等。

6. 电气检测

执行"工具"菜单下的"电气规则检测"命令。检查结果网络表生成 OK、无 ERC 错误，报

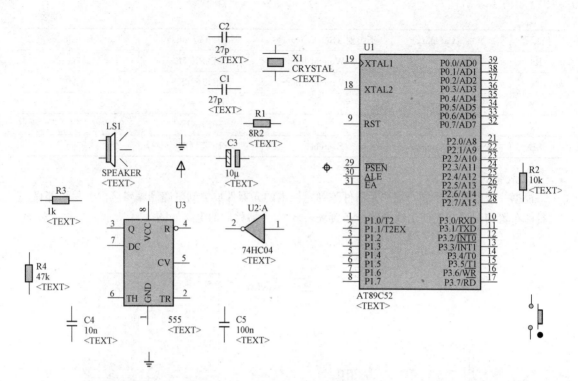

图 3-55　完成电源线布置

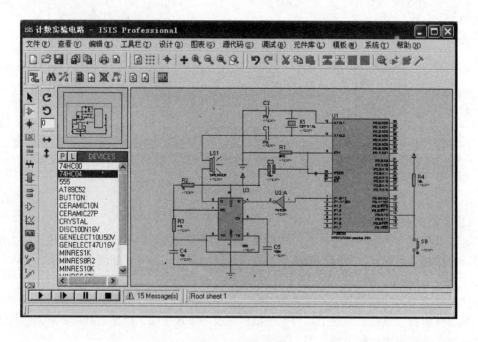

图 3-56　仿真电路

告内容如图 3-57 所示，若需要保存检查报告，可点击图中"Save As"按钮进行保存；若不需要，则点击"Close"按钮关闭报告。

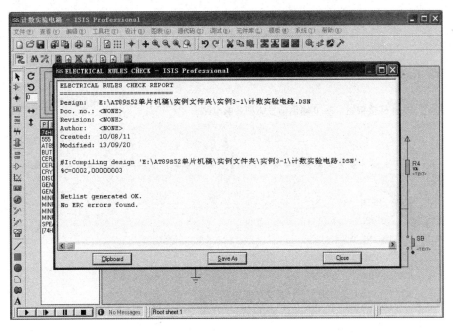

图 3-57　电气检查

3.2.6　源程序文件编辑

本节介绍利用 Proteus 7.9 自带的文本编辑器"SRCEDIT"进行源程序的编辑操作。设置外部代码编辑器的工作界面如图 3-58 所示。若读者需要指定采用自己熟悉的编辑器的话，则在图 3-37 所示的初始界面上，点击下拉菜单"源代码"，在菜单上选"设置外部文本编辑器..."命令。在图 3-58 所示的对话框中，点击"浏览"按钮，在弹出的"可执行文件"对话框内找到自己熟悉的编辑器的可执行命令，再点击"确定"按钮即可。

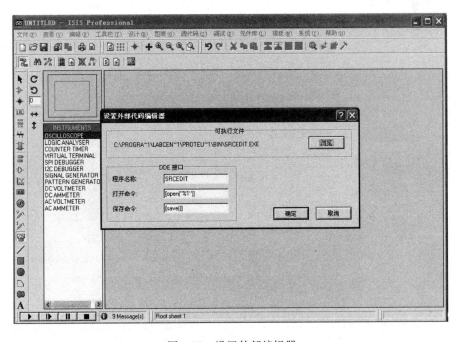

图 3-58　设置外部编辑器

下面用软件自带的编辑器将下面的"counter.asm"源程序录入并保存。

```
; * * * * * * * * * * * * * * * * * * * * * * * * * * * * * * * * * * * *
;
;        程序名：counter.asm        功能：对按键按下计数，计数到设定值蜂鸣器发声
;
;        说明：P3.4 外接按钮，P1.0 输出信号驱动音响电路
;
;
; * * * * * * * * * * * * * * * * * * * * * * * * * * * * * * * * * * * *
        ORG    0000H
            AJMP    MAIN
        ORG    0100H
MAIN：  SETB   P1.0
        MOV    TMOD,  #06H     ；T0 计数方式
        MOV    TH0,   #0FFH
        MOV    TL0,   #0FBH    ；计数 5 次进位
        SETB   TR0             ；定时器 0 启动
    LP1：  JBC  TF0, LP2         ；一旦 0 溢出，跳到 LP2
        SJMP  LP1
    LP2：  CLR  P1.0
        SJMP  $

END
```

1. 创建文件

在图 3-56 所示界面上，点击"源代码"，在菜单上选"添加/删除源代码文件..."命令。在图 3-59 所示的"添加/移除源代码"对话框中，点击"新建"按钮。在弹出的"New Source File

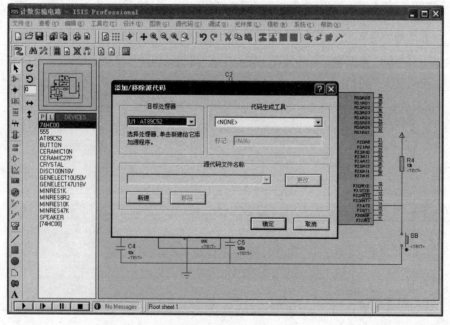

图 3-59　创建文件

（新源文件）"对话框内的"查找范围"右边的列表框中选择好源文件保存的目录，并在"文件名"右边的文本框内输入该源文件的名称"counter. asm"，然后点击"打开"按钮。由于是新建文件，所以会弹出一个"此文件不存在，是否创建该文件"对话框，点击"是"按钮即可。

接着点击"代码生成工具"下面列表框右侧的"倒三角"选择代码生产工具"ASEM51"，如图 3-60 所示，再单击"确定"按钮。

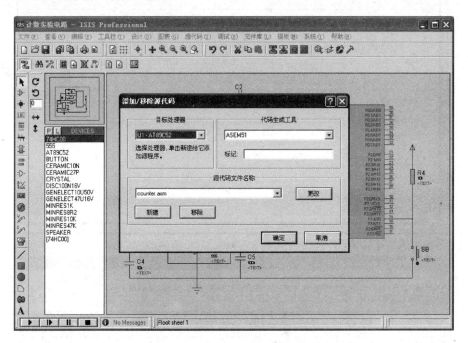

图 3-60　创建文件和设置代码生成工具

2. 录入源程序

再单击下拉菜单"源代码"，在菜单上选"1. counter. asm"，就会弹出一个文本编辑窗口，如图 3-61（a）所示。

接下去就可以在窗口内进行源程序编辑了，编辑完毕后如图 3-61（b）所示，点"保存"按钮 对 源文件进行保存。再退出编辑器。

3.2.7　生成目标代码文件

点下拉菜单"源代码"，在菜单上选"全部编译"命令。编译完成后会弹出如图 3-62 所示的编译日志对话框。如果编译不成功的话，可根据提示对错误进行修改，再进行编译，直到日志最后一行显示"Source code build completed OK"为止。

源程序文件编译成功后，读者可以看到在保存源程序文件的文件夹内多了个文件，如图 3-63 所示。图中"counter. hex"就是生成的目标代码，这是个十六进制的文件。

3.2.8　仿真操作

1. 加载程序

在图 3-64（a）所示界面上，用鼠标双击器件 U1，在弹出的"编辑元件属性"对话框内，点击"Program File："文本框右侧的文件夹，在弹出的对话框内选中后缀名是"hex"的目标代码文件，再点"打开"按钮。若需要的话可修改器件的时钟频率。完成加载的界面如图 3-64（b）所示。

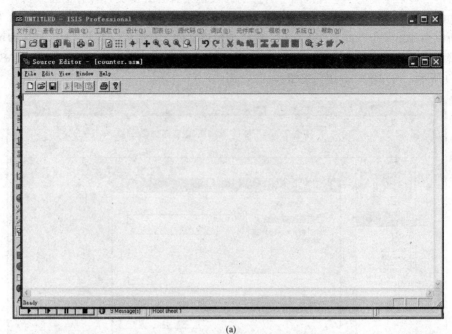

图 3-61　文本编辑窗口

(a) 编辑窗口；(b) 录入源程序

2. 仿真操作

点击仿真开始按钮，执行仿真操作。进入仿真状态的界面如图 3-65 所示。用鼠标点击按动按钮 SB，观察电路变化。

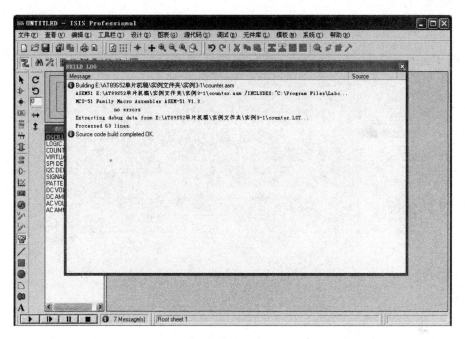

图 3-62　编译日志

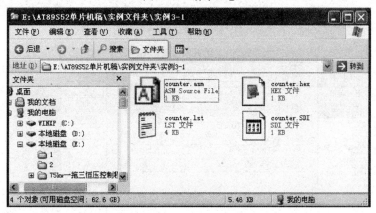

图 3-63　源程序文件夹

3.3　Mulsim 11 软件的使用介绍

Multisim 软件是由美国国家仪器公司（NI）下属的 Electronics Workbench Group 开发的交互式 SPICE 仿真和电路分析软件。该软件提供了一个非常大的元器件数据库，并提供了原理图输入接口，全部的数模 SPICE 仿真功能，VHDL、Verilog 设计接口与仿真功能，FPGA、CPLD 综合功能，RF 设计能力、后处理功能和梯形图仿真功能，还可以实现从原理图设计工具到 PCB 布线工具包（Ultiboard）的无缝数据传输。它提供的简单易用的图形输入接口可以满足用户的设计需求。目前该软件的最新版本是 V11.0。

这个平台将虚拟仪器技术的灵活性扩展到了电子设计者的工作台上，弥补了测试与设计功能之间的缺口。Multisim 11 提供了 24 种以上虚拟仪器，这些虚拟仪器与现实中所使用的仪器一样，人们可以直接通过虚拟仪器观察电路的运行状态。同时，虚拟仪器还充分利用了计算机处理

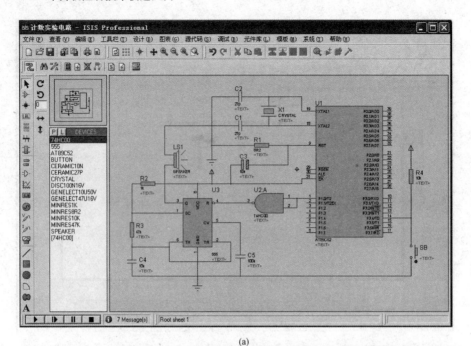

图 3-64 加载程序

(a) 选中器件；(b) 加载后

数据速度快的优点，对测量的数据进行加工处理，并产生相应的结果。

　　Multisim 11 包括新增和改善的数据库。其中包括来自领先制造商美国 AD 和德州仪器公司的大约 300 多个新元器件以及最新的通用电力仿真部件，这些元件包括运算放大器、比较器、模拟开关和电压参考组件及 500 多个更新的组件；这些部件包括 Buck、Boost、Buck-Boost 和 PWM 控制器。

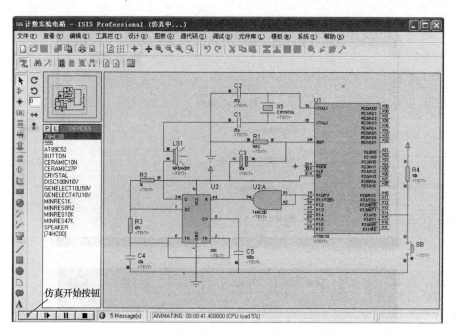

图 3-65　仿真状态

3.3.1　Multisim 11 工作界面

已经安装 Multisim　11 软件的电脑，在"开始 \ 程序 \ National Instruments \ Circuir Design Suite 11.0"下就有 "Multisim 11.0"的命令，如图 3-66 所示。点击该命令，启动 Multisim 11 软件，如图 3-67（a）所示。点击"试用"按钮，进入初始化界面，如图 3-67（b）所示。完成初始化后，弹出 Multisim 11 软件的工作界面，如图 3-68 所示。

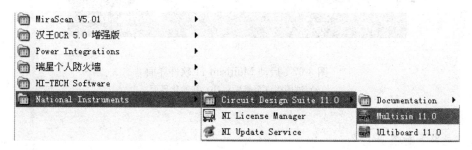

图 3-66　命令存放位置

图 3-68 图中，"设计工具箱"实质上就是个项目管理器，它内含三个页面，可点击页标签 "Hierarchy（分级导行页）"、"Visibility（可见度选取页）"、"Project View（项目视图页）"进行切换。"编辑区域"默认的是名为"Design1"的原理图编辑页。该区域的页面根据项目内容会有所增加，如源程序编辑页等，标签页同样可以通过点击相应页的标签进行切换。"展开图表"也包含几个页面，也可以点击相应页的标签进行切换。

3.3.2　页面属性

点击下拉菜单"Edit"下面的"Properties"命令或直接按"Ctrl＋M"键，即可弹出"Sheet Properties"对话框，如图 3-69 所示。页面属性共有 6 个标签页，分别是"Circuit（电路）"、"Workspace（工作空间）"、"Wiring（连线）"、"Font（字体）"、"PCB（印刷电路板）"、"Visibili-

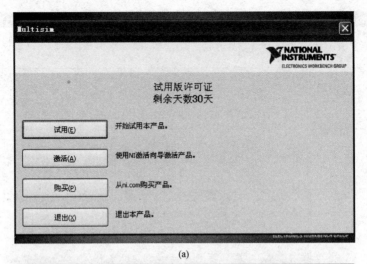

(a)

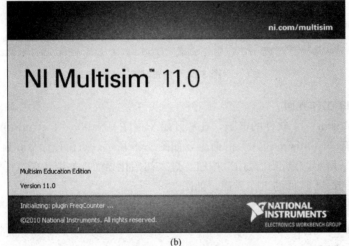

(b)

图 3-67　启动 Multisim 11 软件界面

(a) 试用版许可界面；(b) 初始化界面

ty（可见度）"。

1. "电路"标签页

该页中有"Show（显示）"和"Color（色彩）"两个组。"显示"组中又分三个小组，"Comporent（元件）"、"Net names（网络名称）"、"Bus entry（总线入口）"。每个小组中有若干个单选项，点击其前面的方框，使其出现"√"，在编辑的电路中就可以显示该内容。

"色彩"组中，点击下拉列表框有 5 种色彩设置方法供用户选择。当选中"Custom"时，用户可根据自己的爱好进行颜色设置，笔者选择的界面如图 3-70 所示。可以设置颜色的有："Background（背景）"、"Selection（选中内容）"、"Wire（导线）"、"Component with model（模型元件）"、"Component without model（非模型元件）"和"Virtual component（虚拟元件）"。

2. "工作空间"标签页

该页中也有"Show（显示）"和"Sheet size（页面大小）"两组。"显示"组中有 3 个单选择项供用户设置："Show grid（显示栅格）"、"Show page bounds（显示页面界限）"和"Show border（显示图签）"，如图 3-71 所示。

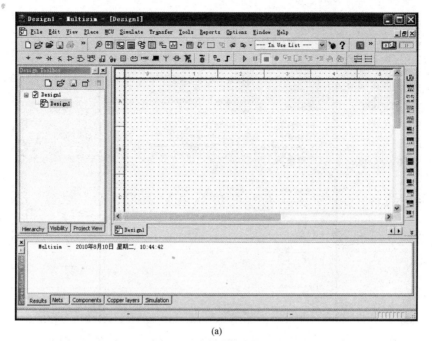

(a)

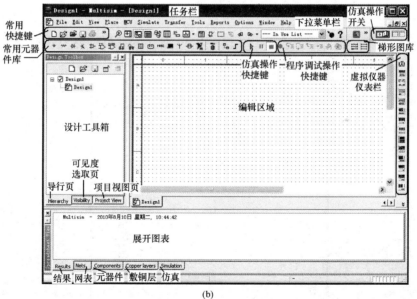

(b)

图 3-68　Multisim 11 工作界面

（a）工作界面；（b）界面说明

　　"页面大小"组中有 3 个小组，一个是下拉列表框，供用户选择页面设置的种类。第二个用来设置页面的方向是纵向还是横向。还有一个是用户自定义的大小，宽度和高度，对应的单位有英寸和厘米。

　　3."连线"标签页

　　该页中有导线宽度和总线宽度两个选择项。用户可以根据自己的要求来设置线的宽度。

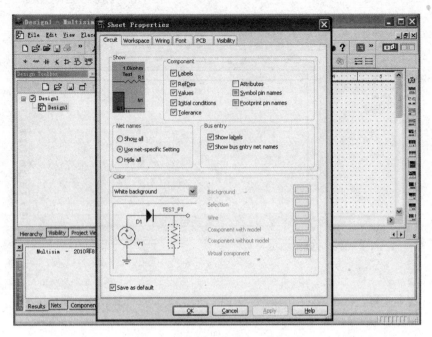

图 3-69　页面属性

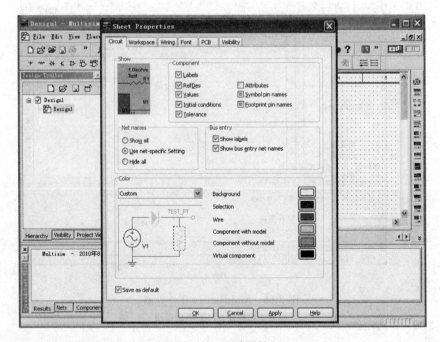

图 3-70　电路属性

4. "字体"标签页

该页面读者应该已经比较了解了，这里不再介绍。

5. "印刷电路板"标签页

该页也有 3 个组，分别是 "Ground option（接地选项）"、"Unit settings（单位设置）"和 "Copper layers（敷铜层）"，如图 3-72 所示。

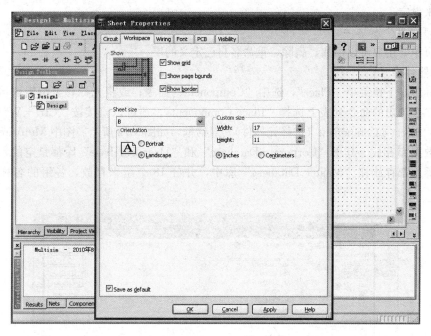

图 3-71 工作空间属性

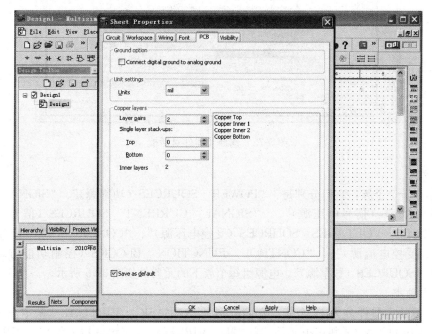

图 3-72 PCB 属性

（1）"接地选项"组只有一个单选项，在前面的方框中打"√"选中，就表示把数字地与模拟地连接在一起。

（2）"单位设置"组。点击下拉列表框中的倒三角，用户可选择不同的单位。

（3）"敷铜层"组。有 3 个下拉列表框，分别是："Layer paies（层对数）"、"Top（顶层）"和"Bottom（底层）"，其中后两个是单层的层叠数。框中的具体数字，可以通过点击框中右侧的三角箭头来设定。

6. "可见度"标签页

在该页中,用户可以添加、删除、重命名自己定义的层。

3.3.3 元器件库

用鼠标单击下拉菜单"Place",选中"Component"命令;或将光标移至编辑区域内,单击鼠标右键,在弹出的命令列表上选择"Place Component";还可以直接按"Ctrl+W"键,桌面就会弹出"Select a Component(选择元器件)"对话框,如图3-73所示。图中Multisim的元器件共分3个数据库存放,其中"Corporate Database"和"User Database"库都是空的,软件系统自带的元器件都存放在"Master Database"库中,并分18个组来存放,各组的名称如图3-74所示。

图3-73 选择元器件对话框

1. 电源

电源组中分7个族,它们分别是:"POWER_SOURCES(功率源)"、"SIGNAL_VOLT-AGES_SOURCES(信号电压源)"、"SIGNAL_CURRENT_SOURCES(信号电流源)"、"CONTROLLED_VOLTAGES_SOURCES(受控电压源)"、"CONTROLLED_CURRENT_SOURCES(受控电流源)"、"CONTROL_FUNCTION_BLOCKS(控制功能方块图)"和"DIGITAL_SOURCES(数字源)"。电源组每个族下的元器件如图3-75所示。

2. 基本种类

基本种类的元器件分为19个族。它们分别是:"BASIC_VIRTUAL(基本虚拟元件)"、"RATED_VIRTULA(常规虚拟元件)"、"3D_VIRTUAL(三维虚拟元件)"、"RPACK(排阻)"、"SWITCH(开关)"、"TRANSFORMER(变压器)"、"NON_LINEAR_TRANSFORM-ER(非线性变压器)"、"Z_LOAD(阻抗负载)"、"RELAY(继电器)"、"CONNECTORS(连接器)"、"SOCKETS(插座)"、"SCH_CAP_SYMS(原理符号)"、"RESISTOR(电阻器)"、"CAPACITOR(电容器)"、"INDUCTOR(电感器)"、"CAP_ELECTROLIT(电解电容器)"、"VARIABLE_CAPACITOR(可调电容器)"、"VARIABLE_INDUCTOR(可调电感器)"和"POTENTIOMETER(电位器)"。基本种类组每个族下的元器件如图3-76所示。

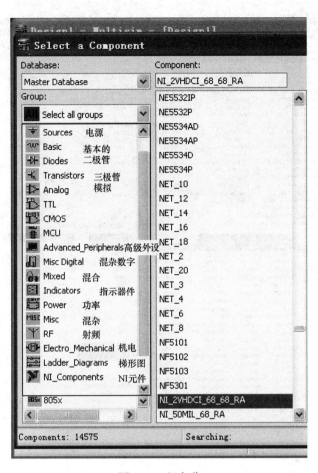

图 3-74　组名称

图 3-75　电源组元器件

图 3-76　基本元件

3. 二极管

二极管分为 10 个族。分别是："DIODES_VIRTUAL（虚拟二极管）"、"DIODE（二极管）"、"ZENER(齐纳二极管)"、"LED(发光二极管)"、"FWB(桥式整流器)"、"SCHOTTKY_DIODE（肖特基二极管）"、"SCR（晶闸管）"、"DIAC（触发二极管）"、"TRIAC（双向晶闸管）"和"VARACTOR（变容二极管）"。二极管是最常用的器件之一，软件中除虚拟二极管外，二极管器件其他族下的器件均较多，这里不便一一列出。

4. 晶体三极管

三极管有 17 个族。它们分别是："TRANSISTORS_VIRTUAL（虚拟三极管）"、"BJT_NPN（双结型 NPN 管）"、"BJT_PNP（双结型 PNP 管）"、"BJT_ARRAY（三极管阵列）"、"DARLINGTON_NPN（达灵顿 NPN 管）"、"DARLINGTON_PNP（达灵顿 PNP 管）"、"IG-BT（绝缘栅双极型晶体管）"、"MOS_3TDN（耗尽型 N 沟道管）"、"MOS_3TEN（增强型 N 沟道管）"、"MOS_3TEP（增强型 P 沟道管）"、"JFET_N（结型 N 沟道管）"、"JFET_P（结型 P 沟道管）"、"POWER_MOS_N（功率 N 沟道管）"、"POWER_MOS_P（功率 P 沟道

管）"、"POWER_MOS_COMP（功率互补管）"、"UJT（单结晶体管）"和"THERMAL_
MODELS（热模型）"。

5. 模拟器件

模拟器件下有 6 个族。它们是："ANALOG_VIRTUAL（虚拟模拟器件）"、"OPAMP（运
算放大器）"、"OPAMP_NORTON（诺顿型运算放大器）"、"COMPARATOR（比较器）"、
"WIDEBAND_AMPS（宽带放大器）"和"SPECIAL_FUNCTION（专用函数器）"。

6. 单片机

单片机组中有 4 个家族。它们分别是："805x"、"PIC"、"RAM"和"ROM"。"805x"族下只
有两款单片机，即 8051 和 8052。"PIC"族下也只有两款单片机，即 PIC16F84 和 PIC16F84A。

库中其他组下的族中元器件读者可以自己浏览，这里不再一一介绍。

3.3.4 虚拟仪器

虚拟仪器仪表栏位于软件界面右边的中间，编辑区域的右侧，从上往下共有 21 个仪器仪表
图标，转置后如图 3-77 所示。按图中顺序，这些仪器仪表分别是万用表（Multimeter）、函数发
生器（Function Generator）、功率表（Wattmeter）、双踪示波器（Oscilloscope）、4 踪示波器、波
特图示仪、频率计、字符发生器、逻辑分析仪、逻辑转换仪、伏安分析仪、失真分析仪、频谱分
析仪、网络分析仪、安捷伦函数发生器、安捷伦万用表、安捷伦示波器、泰克示波器、测量探
针、LabVIEW 仪器和 NI 仪器。下面对常用仪器仪表作一简单介绍。

(1) (2) (3) (4) (5) (6) (7) (8) (9) (10) (11) (12) (13) (14) (15) (16) (17) (18) (19) (20)

图 3-77 转置后的仪器仪表栏

1. 万用表

万用表（Multimeter）的符号和面板如图 3-78（a）所示。该虚拟万用表与我们日常用的万
用表类似，可以测量交/直流电流、电压以及电阻和分贝值。双击万用表的符号，就会出现其面
板。点击面板上的"Set..."按钮，读者就可以进行设置电流、电压表的内阻，欧姆表的测量电
流等参数及电流表、电压表、欧姆表的上限值。

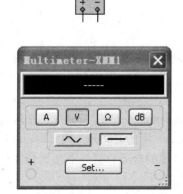

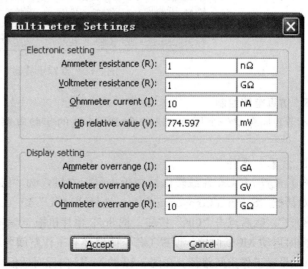

图 3-78 万用表

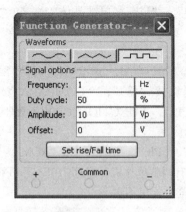

图 3-79　函数发生器

2. 函数发生器

函数发生器（Function Generator）的符号和面板如图 3-79 所示。该函数发生器可以产生正弦波、三角波和方波。信号的频率、占空比、幅度、偏移以及上升/下降时间可根据需要来设置。

3. 双踪示波器

双踪示波器（Oscilloscope）的符号和面板如图 3-80 所示。面板上的按键与我们日常使用的示波器类似，有 4 个组：时基、通道 A、通道 B、触发。其中时基的比例（Scale）是 1fs/Div～1000Ts/Div，位置（X. pos.）是－5～+5。通道 A 和 B 的比例（Scale）是 1fv/Div～1000Tv/Div，位置（Y. pos.）是－99～+99。

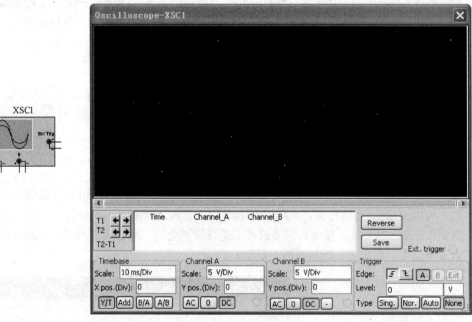

图 3-80　双踪示波器

3.3.5　仿真电路绘制

本节我们介绍一个用 89S52 产生 PWM 波的实验电路的绘制方法。其电路原理如图 3-81 所示。

1. 放置元器件

（1）放置 MCU。在编辑区域内单击鼠标右键，选"Place Component..."命令。在选择元器件对话框"Select a Component"中，选择"MCU"组（Group）下的"805x"族（Family）下的"8052"，然后点击"OK"按钮。把 8052 单片机拖至编辑区域的合适位置，点击鼠标左键固定，同时启动 MCU 向导，设置工作空间路径和工作空间名称。

1）设置工作空间路径。在图 3-82 的 MCU 向导对话框内，点击"Browse..."按钮。在弹出的"浏览文件夹"对话框中，找到工作空间的文件夹或新建一个文件夹，如"PWM 发生器"，

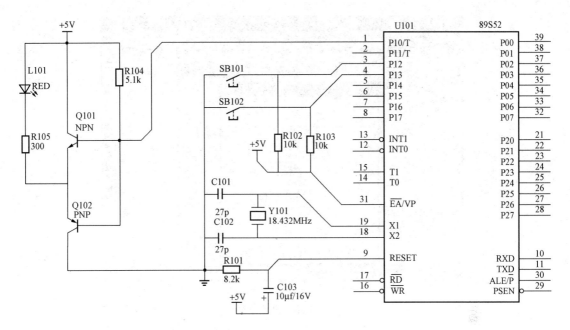

图 3-81 PWM 实验电路

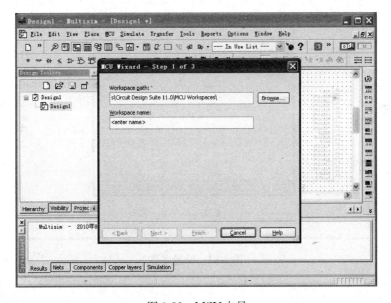

图 3-82 MCU 向导

如图 3-83 所示。再点击图中的"确定"按钮。

2）设置工作空间名称。路径设置完毕后，接着在"Workspace name："下的文本框内输入该空间的名称，本例中输入的名称为"输出 PWM 实验"，如图 3-84 所示。当然读者也可以把自己所有 MCU 仿真的项目都存放在同一个工作空间，并命名为如"myproject"的名称。

上述两项设置好后，只完成了向导的第一步，此时有两种方式可供我们选择，一种是点击"Finish"按钮结束向导，继续放置其他元器件。另一种是点击"Next"按钮进入向导的第二步，进行项目的其他设置。这里暂且选择结束，后面两步留到后面再进行设置。

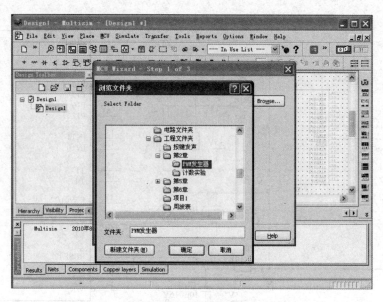

图 3-83　设置路径

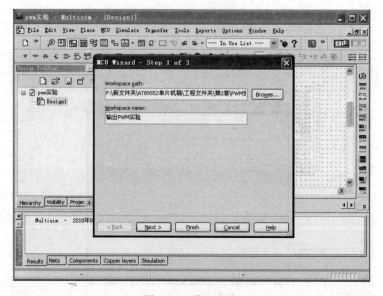

图 3-84　设置名称

（2）放置其他元器件。放置好 MCU 后，接下去继续放置其他元器件。其他各元器件在库中的位置见表 3-26。

表 3-26　　　　　　　　　　　PWM 实验电路中元器件在库中的位置

图 3-81 中代号	组（Group）	族（Family）	元件（Component）	图 3-85 中代号
U101	MCU	805x	8052	U1
Y101	Misc	CRYSTAL	HC＿49/U＿15MHz	X1
C101	Basic	CAPACITOR	27P	C1
C102	Basic	CAPACITOR	27P	C2

续表

图 3-81 中代号	组（Group）	族（Family）	元件（Component）	图 3-85 中代号
C103	Basic	CAP＿ELECTROLIT	10u	C3
R101	Basic	RESISTOR	8.2K	R1
R102	Basic	RESISTOR	10K	R2
R103	Basic	RESISTOR	10K	R3
R104	Basic	RESISTOR	5.1K	R4
R105	Basic	RESISTOR	300	R5
Q101	Transistors	BJT＿NPN	2N5551	Q1
Q102	Transistors	BJT＿PNP	2N5401	Q2
L101	Diodes	LED	LED＿red	LED1
SB101	Electro＿Mechanical	MOMENTARY	PB＿NO	J1
SB102	Electro＿Mechanical	MOMENTARY	PB＿NO	J2

图 3-81 中的全部元器件放置完毕后的编辑区域如图 3-85 所示。

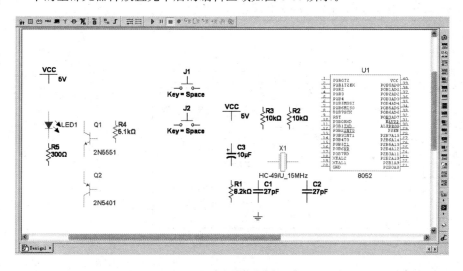

图 3-85　元器件放置完的编辑区域

2．连线

按图 3-81 进行连线。完成后的编辑区域如图 3-86 所示。

3．参数设置

用鼠标左键双击元器件，对该元器件的参数进行设置，如按钮控制键、MCU 工作频率等。设置完参数的编辑区域如图 3-87 所示。

至此仿真原理图绘制结束。切记将它命名保存，如命名为"PWM 输出实验"。

3.3.6　源程序文件编辑

用"记事本"把源程序编辑好，并命名保存在"PWM 发生器"目录下。本例的源程序如图 3-88 所示，文件名为"PWM-generator.asm"。注意单片机的特殊寄存器不能用其标识符来表示，只能使用地址。否则汇编时会出现错误。

源程序文件也可以在"MCU 代码管理"中新建文件并录入。

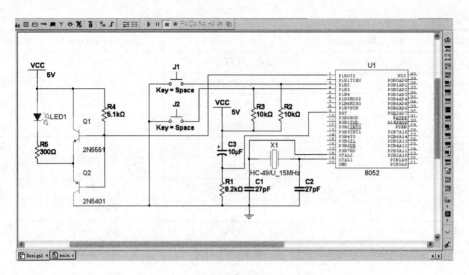

图 3-86 连线完成后的编辑区域

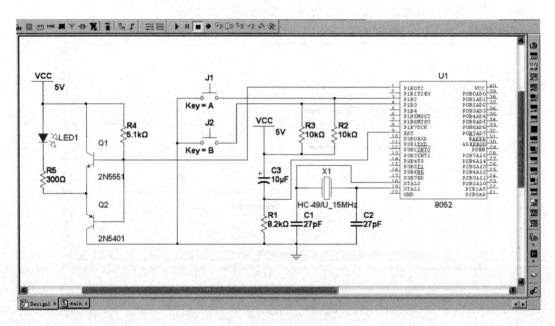

图 3-87 设置完参数的编辑区域

3.3.7 MCU 代码管理

双击单片机 U1 符号，弹出 U1 属性对话框，如图 3-89 所示。对话框中有 6 个标签页，选择 "Code" 标签页，再点击 "Properties" 按钮，弹出 "MCU Code Manager" 对话框，如图 3-90 所示。在工作空间 "输出 PWM 实验" 下有一个系统默认的项目名 "project1"。读者可以采用默认的项目名，也可以点击 "Add to workspace（添加到工作空间）" 下面的 "New MCU project（新建 MCU 项目）" 按钮来添加自己的新项目。这里采用默认的项目名，并用鼠标点击导航栏中的项目 "project1"。此时，对话框中一些按钮或文本框的颜色会变深，表示对应的功能已启用。MCU 代码管理对话框内的按钮或标注说明如图 3-91 所示。

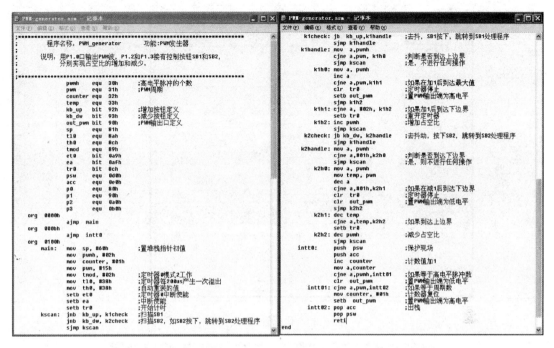

图 3-88　PWM 实验源程序

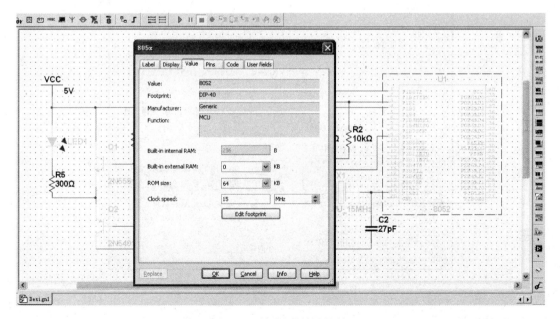

图 3-89　单片机属性对话框

1. 添加文件到项目

在图 3-91 所示的界面中点击 "Files…" 文件按钮, 在 "打开" 对话框中选中刚才保存的文件 "PWM-generator. asm", 并点击 "打开" 按钮或在对话框中直接双击该文件。在弹出的如图 3-92 所示的提示对话框中点 "OK" 按钮, 源程序文件就加载完毕了。添加源程序文件也可在导航栏中, 用鼠标右键点击项目名 "project1" 进行操作。

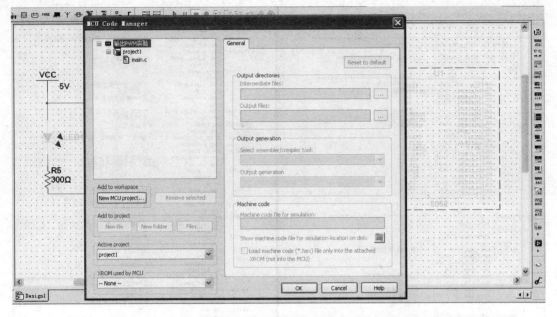

图 3-90　代码管理对话框

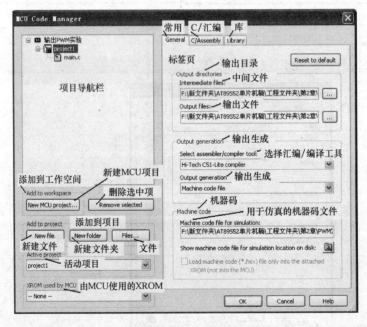

图 3-91　代码管理对话框说明

2. 设置编译工具

在图 3-91 所示的界面中点击 "Select assembler/compiler tool:" 下面文本框内的向下箭头，在下拉菜单中选中 "8051/8052 Metalink assembler"，如图 3-93 所示。另外其他三个目录 "Intermediate iles:"、"output files:" 和 "Machine code file for simulation:" 都应指向项目目录 "project1"。

点击 "MCU Code Manager" 页右下边的 "OK" 按钮，退出 MCU 代码管理。再点击 "OK" 按钮退出 805x 属性设置页。

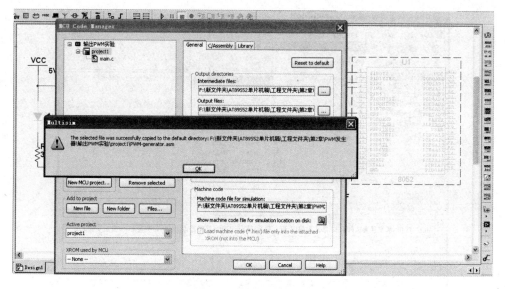

图 3-92　添加文件成功

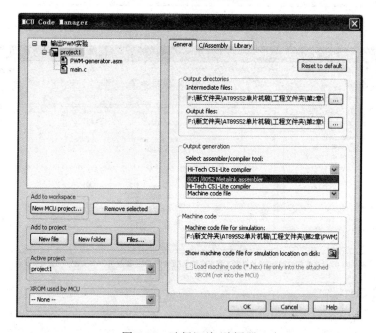

图 3-93　选择汇编/编译器

3.3.8　源程序编译

点击下拉菜单"MCU",选择"MCU 8052 U1"下的"Build"命令,如图 3-94 所示。汇编通过,如图 3-95 所示。若汇编出现错误,没有通过,则读者需要打开项目目录下的列表文件(该文件与源程序名同名,但扩展名为 lst)来查看存在错误的地方,如打开"project1"目录下的"PWM-generator. lst"文件,然后进行修改,再重新汇编,直至通过。

3.3.9　仿真操作

在图 3-95 中,编辑区域已有两个页标签:原理图页——pwm 输出实验和源程序页——PWM-generator. asm。点击编辑区域的"pwm 输出实验"页标签,使原理图编辑区域成为当前页。

图 3-94　选择编译命令

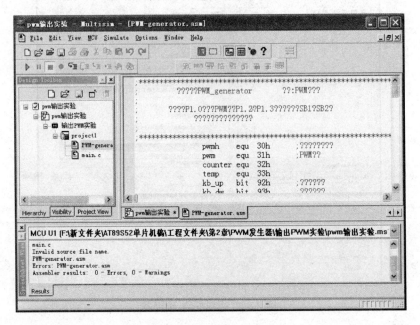

图 3-95　源程序编译通过

为了便于观察，增加一台虚拟示波器来测量 Q1b 脚和 e 脚的波形。在界面的右边找到示波器"Oscilloscope"，单击该图标后拖至编辑区域的合适位置，再单击固定其位置。然后将示波器 A 通道和 B 通道的线连接至 Q1 的 b 脚和 e 脚，如图 3-96 所示。

双击示波器图标，打开示波器。并点击图 3-96 右上角的仿真开关，使电路进入仿真工作状态，如图 3-97 所示。按动字母键"A"或"B"可以调节脉冲的宽度。当 Q1 的 e 脚是低电平时发光二极管点亮，当 Q1 的 e 脚是高电平时发光二极管熄灭。

进行上面各步操作后，应注意将文件及时保存。

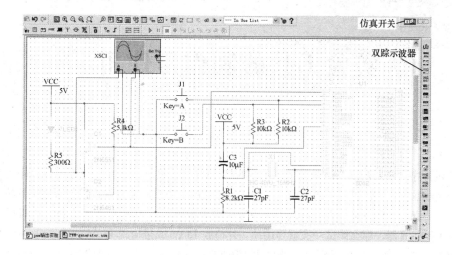

图 3-96　添加示波器

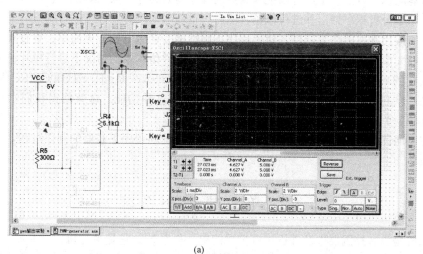

(a)

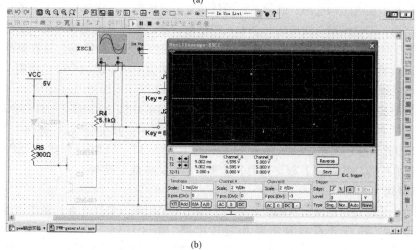

(b)

图 3-97　仿真状态

（a）LED 点亮；（b）LED 熄灭

第4章

实验工具的制作与使用

单片机程序存储器最早采用掩膜 ROM（即 EPROM），只能一次性烧写程序，程序固化后便不能更改。因此在实际制作过程中通常用一个程序可更改的、逻辑功能及管脚都与所用单片机芯片一样的电路，即仿真器来代替单片机进行试验，待程序调试成功后，再将程序固化到单片机程序存储器中。如果不用仿真器，那么调试一次就要用掉一片掩膜 ROM 或带掩膜 ROM 的单片机，代价较高。

而现在，一方面单片机程序存储器已由 EPROM、EEPROM 发展为闪存（FLASH）。闪存可以反复写入擦除达上万次。用户可以把编制好的程序写入闪存，然后调试。若不符合要求，则可以根据调试结果分析程序错误并进行修正，然后再重新写入闪存，继续进行调试。另一方面由于出现了单片机应用开发的仿真软件，使得程序正确性的验证更方便、更简单、更直观，通常经过多次调试都能完成任务。因此，现在完全可以在没有硬件仿真器的情况下进行单片机的调试。更可喜的是现在的单片机具有了在系统编程功能，如 AT89S52 系列、STC90C52RC/RD＋系列、STC11F60XE 系列和 STC12C5A60S2 系列单片机都具有这种功能。这就使得我们学习使用单片机变得更容易、更简单了。

本章主要向读者介绍一款实验用的单片机的基本系统和程序下载器的制作过程，以及配套软件的使用操作。

4.1 单片机最小系统

基本系统是没有外围器件及外设接口扩展的单片机系统。它是单片机应用系统的设计基础，它的设计包括基本系统结构选择、时钟系统设计和复位系统设计。通常情况下，单片机基本系统可分为三种结构：①总线型总线应用的基本系统结构，该结构由总线型单片机、复位电路、时钟电路、I/O 口及并行扩展总线组成；②总线型非总线应用的基本系统结构，只有单片机、复位电路构成的最简单的电路，并行总线不用于外围扩展，可作为应用系统的 I/O 口使用；③非总线型单片机的基本系统结构。

这里介绍的基本系统属于第②种，由 PDIP-40 封装的单片机 AT89S52、STC90C52RC/RD＋或 STC11F60XE 和 ISP 编程接口组成，其原理如图 4-1 所示。其中图（a）有两个 ISP 下载口：串口 RS-232 和并口 LPT；图（b）则省去了串行 RS-232 口，只留一个并行 ISP 口，若使用 LQFP 封装的单片机，可使 PLB 板更精简、体积更小，又降低了成本。

4.1.1 电路原理

单片机最小系统是指能使单片机正常运行的最小电路组成。要保证单片机能够运行，除了对它供电的电源外，还需要有时钟电路和复位电路。图 4-1（a）中共有三个芯片：单片机 AT89S52（或其他三种之一）、串行通信集成电路 MAX232、集成稳压块 7805。其中单片机芯片已经在第 2 章中作了较详细的介绍，这里仅给出四种单片机 PDIP-40 封装的引脚排列和功能，及其他两块芯片的介绍。

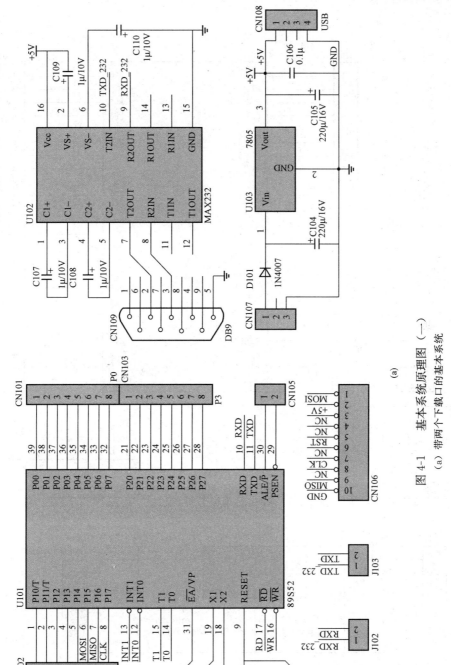

图 4-1　基本系统原理图（一）

(a) 带两个下载口的基本系统

(a)

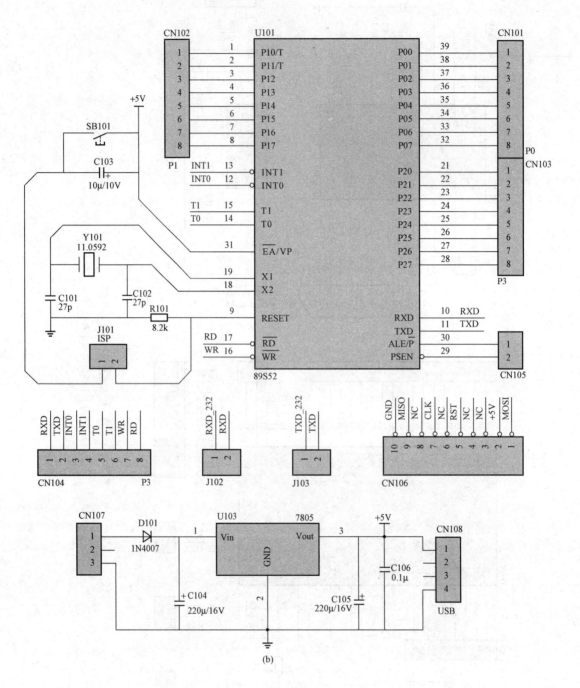

图 4-1　基本系统原理图（二）

（b）只带 ISP 下载口的基本系统

1. 单片机芯片

AT89S52、STC90C52RC/RD＋、STC11F60XE 和 STC12C5A60S2 四种单片机 PDIP-40 封装的引脚排列和功能及其实物分别如图 4-2（a）～（d）所示。

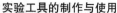

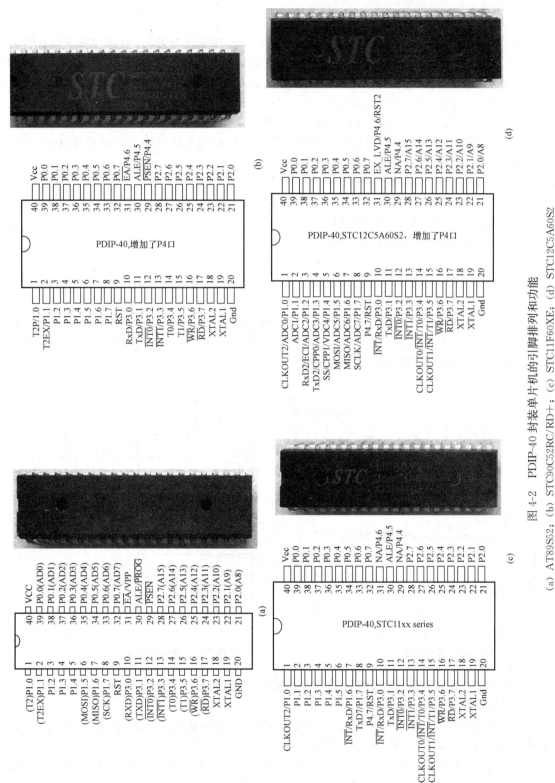

图 4-2 PDIP-40 封装单片机的引脚排列和功能

(a) AT89S52; (b) STC90C52RC/RD+; (c) STC11F60XE; (d) STC12C5A60S2

2. MAX232 芯片

该芯片是由德州仪器公司（TI）推出的一款兼容 RS-232 标准的芯片。由于电脑串口 RS-232 的电平是 $-10V\sim+10V$，而一般的单片机应用系统的信号电压是 TTL 电平 $0\sim+5V$，MAX232 就是用来进行电平转换的，故器件内包含两个驱动器、两个接收器和一个电压发生器电路提供 TIA/EIA-232-F 电平。

该器件符合 TIA/EIA-232-F 标准，每一个接收器将 TIA/EIA-232-F 电平转换成 5V TTL/CMOS 电平。每一个发送器将 TTL/CMOS 电平转换成 TIA/EIA-232-F 电平。其特性如下。

(1) 满足或超过 TIA/EIA-232-F 规范要求。

(2) 符合 ITU v.28 标准。

(3) 单 5V 电源供电和 4 个 $1.0\mu F$ 充电泵电容。

(4) 包含两个驱动器和两个接收器。

(5) 低工作电流——典型值为 8mA。

(6) $\pm30V$ 输入电平。

(7) 2000-V ESD 保护。

(8) 有工业级和商业级的型号选择。

MAX232 是电荷泵芯片，可以完成两路 TTL/RS-232 电平的转换，它的 9、12、10、11 引脚是 TTL 电平端，用来连接单片机；8、13、7、14 引脚是 TIA/EIA-232-F 电平端。其引脚功能如图 4-3 所示，典型应用电路如图 4-4 所示。

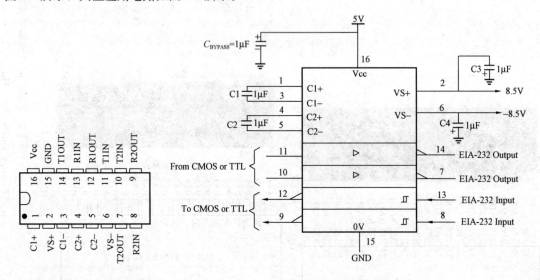

图 4-3　MAX232 引脚功能　　　　　图 4-4　MAX232 典型应用电路

MAX232 芯片是专门为电脑的 RS-232C 标准串口设计的接口电路，使用 $+5V$ 单电源供电。其内部结构基本可分成如下三个部分。

(1) 电荷泵电路。由 1、2、3、4、5、6 脚和外接 4 只电容构成。功能是产生 $+12V$ 和 $-12V$ 两个电源，提供给 RS-232 串口电平的需要。

(2) 数据转换通道。由 7、8、9、10、11、12、13、14 脚构成两个数据通道。其中 13 脚（R1IN）、12 脚（R1OUT）、11 脚（T1IN）和 14 脚（T1OUT）构成第一数据通道。8 脚（R2IN）、9 脚（R2OUT）、10 脚（T2IN）和 7 脚（T2OUT）构成第二数据通道。

TTL/CMOS 数据从 T1IN、T2IN 输入转换成 RS-232 数据后从 T1OUT、T2OUT 送到电脑

DP9 插头；DP9 插头的 RS-232 数据从 R1IN、R2IN 输入转换成 TTL/CMOS 数据后从 R1OUT、R2OUT 输出。

（3）供电电路。15 脚 GND、16 脚 Vcc（＋5V）。

3. 三端稳压器 7805

7805 是常用的正电压输出型三端集成稳压器之一。三端集成稳压器将电源调整管、误差放大器、启动保护电路等全部集成于一块硅片上，具有可靠性高、使用方便、性能优良、价格便宜等优点，所以在各种电子电源电路中得到了广泛的应用。三端集成稳压器根据其输出电压是否可调分为固定式和可调式；根据输出电压的极性分为正电压输出和负电压输出。

三端固定输出集成稳压器分 78xx 系列和 79xx 系列两大类。78xx 是三端固定正输出集成稳压器，79xx 是三端固定负输出集成稳压器。"78" 或 "79" 后面的数字代表该稳压器输出的正电压数值，以伏特为单位。78xx 系列按输出电压分有：5V、6V、9V、12V、15V、18V、24V 等；按输出电流大小分为：0.1A、0.5A、1A、1.5A、3A、5A、10A 等。其封装形式有 TO-92、TO-220、TO-3。其中 78Lxx 系列的输出电流为 0.1A，78Mxx 系列的输出电流为 0.5A。

7805 是输出电压为 ＋5V 的三端集成稳压器。在选购时我们会发现型号 78xx 前面和后面还有一个或几个英文字母，如：L7805CV、LM7805 等。78 前面的字母称为 "前缀"，一般是各生产厂家（公司）的代号，后面的字母称 "后缀"，用以表示输出电压容差和封装外壳的类型等。不过，各生产厂家对集成稳压器型号后缀所用的字母定义不一，但这对实际使用没多大的影响。

L7805CV 是意法半导体公司生产的 L7800 系列正电压输出 5V 的三端稳压器。该稳压器输出电流为 1.5A，具有热过载保护、短路保护、输出转换 SOA 保护功能。其封装外形如图 4-5（a）所示，引脚排列如图 4-5（b）所示，内部电路如图 4-6 所示，电参数见表 4-1。

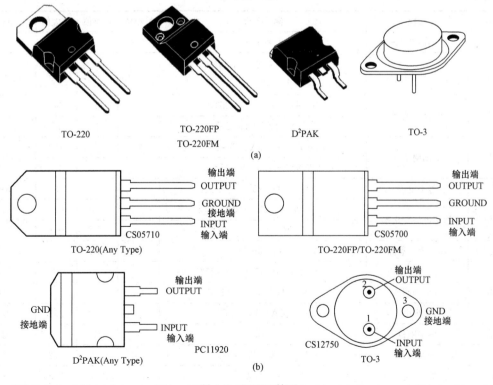

图 4-5　L7805 外观

（a）封装外形；（b）引脚排列

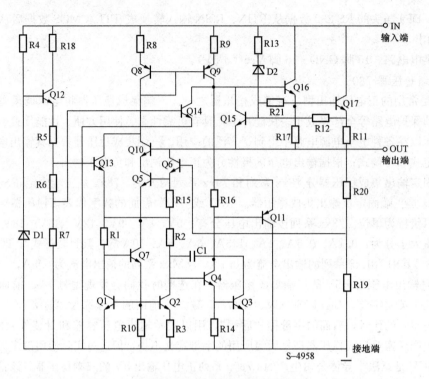

图 4-6　L7805CV 内部电路

表 4-1 **7805 电参数**

符号	参数	测试条件	最小值	典型值	最大值	单位
V_O	输出电压	Tj=25℃	4.8	5	5.2	V
V_O	输出电压	I_O=5mA～1A　P_O≤15W V_I=8～20V	4.65	5	5.35	V
ΔV_O	线性调整率	V_I=7～25V　Tj=25℃		3	50	mV
		V_I=8～12V　Tj=25℃		1	25	
ΔV_O	负载调整率	I_O=5mA～1.5A　Tj=25℃			100	mV
		I_O=250mA～750mA　Tj=25℃			25	
I_d	静态电流	Tj=25℃			6	mA
ΔI_d	静态电流变化率	I_O=5mA～1.0A			0.5	mA
		V_I=8～25V			0.8	
$\Delta V_O/\Delta T$	输出电压温漂	I_O=5mA		0.6		mV/℃
VN	输出噪声电压	f=10Hz～100kHz　Tj=25℃			40	$\mu V/V_O$
RR	纹波抑制比	f=120Hz，V_I=8～18V	68			dB
V_d	输入输出电压差	I_O=1A　Tj=25℃		2	2.5	V
R_O	输出阻抗	f=1kHz		17		mΩ
I_{SC}	短路电流	V_I=35V　Tj=25℃		0.75	1.2	A
I_{pk}	峰值电流	Tj=25℃	1.3	2.2	3.3	A

注　除特别说明 Tj=−55℃～150℃，V_I=10V，I_O=500mA，C_I=0.33μF，C_O=0.1μF。

4. 电路原理

要使单片机正常运行，首先必须给它提供一个稳定、可靠的时钟振荡脉冲。从第 2 章中知道，可以通过配置成一个片上振荡器或由外部时钟源驱动两种方式来提供时钟脉冲。这里选择前者，通过外接石英晶体或陶瓷谐振器，可配置成一个片上振荡器。当 CY 采用石英晶体时，电容 C101 和 C102 取 30pF±10pF；当图中 CY 采用陶瓷谐振器时，电容 C1 和 C2 取 40pF±10pF。

这两个电容叫做晶振的负载电容，分别接在晶振的两个脚上和对地的电容，一般在几十皮法。它会影响到晶振的谐振频率和输出幅度。

$$晶振的负载电容=[(Cd*Cg)/(Cd+Cg)]+Cic+\Delta C$$

式中：Cd，Cg 为分别接在晶振的两个脚上和对地的电容；Cic（集成电路内部电容）+ΔC（PCB 上电容）经验值为 3pF～5pF。

各种逻辑芯片的晶振引脚可以等效为电容三点式振荡器。晶振引脚的内部通常是一个反相器，或者是奇数个反相器串联。在晶振输出引脚 XO 和晶振输入引脚 XI 之间用一个电阻连接，对于 CMOS 芯片这个电阻通常在数兆到数十兆欧之间。很多芯片的引脚内部已经包含了这个电阻，此时引脚外部就不用外接了。这个电阻是为了使反相器在振荡初始时处于线性状态，反相器就如同一个有很大增益的放大器，使振荡电路便于起振。石英晶体也连接在晶振引脚的输入和输出之间，它们共同等效为一个并联谐振回路，振荡频率应该是石英晶体的并联谐振频率。晶体旁边的两个电容接地，实际上就是电容三点式电路的分压电容，接地点就是分压点。以接地点即分压点为参考点，振荡引脚的输入和输出是反相的，但从并联谐振回路即石英晶体两端来看，形成了一个正反馈以保证电路持续振荡。在芯片设计时，这两个电容就已经形成了，一般是两个的容量相等，容量大小依工艺和版图的不同而不同。但它们终归是比较小的，不一定适合很宽的频率范围，外接时大约是数皮法到数十皮法，依频率和石英晶体的特性而定。需要注意的是：这两个电容串联的值是并联在谐振回路上的，这会影响晶体的振荡频率。当两个电容容量相等时，反馈系数是 0.5，一般情况下是可以满足振荡条件的，但如果不易起振或振荡不稳定时，可以减小输入端对地的电容容量，从而增加输出端的值以提高反馈量。

复位是单片机的初始化工作，复位后单片机的内部资源都处在一个确定的状态，并从这个状态开始运行。复位有冷复位和热复位之分，上电复位属于冷复位；内部看门狗复位和通过控制 RST 引脚上的电平产生的复位属于热复位。本书中讨论的单片机复位电路都一致，如图 2-17 所示，图中电阻 R_1 可取 0.1kΩ～10kΩ 之间的某一值。

4.1.2 RS-232 简介

经过长期的使用和发展，现有的几种串行通信接口标准都是在 RS-232 标准的基础上经过改进而形成的。现在台式电脑上的接口 COM1 和 COM2 就是 RS-232C 接口。RS-232C 是美国电子工业协会 EIA（Electronic Industry Association）制定的一种串行物理接口标准。RS 是英文"推荐标准"的缩写，232 为标识号，C 表示修改次数。RS-232C 总线标准设有 25 条信号线，包括一个主通道和一个辅助通道。在多数情况下主要使用主通道，对于一般的双工通信，它仅需要几条信号线，即一条发送线、一条接收线及一条地线就可以实现功能。

EIA RS-232C 用正负电压来表示逻辑状态，与 TTL 以高低电平表示逻辑状态的规定不同。因此，为了能够同计算机接口或终端的 TTL 器件相连接，必须在 EIA RS-232C 与 TTL 电路之间进行电平和逻辑关系的变换。实现这种变换可用分立元件，也可用集成电路芯片。MAX232 就是目前使用较为广泛的集成电路转换器件之一，MAX232 芯片可以完成 TTL 电平与 EIA 电平之间的双向电平转换。

RS-232C 标准规定，驱动器允许有 2500pF 的电容负载。通信传输距离受此电容的限制。例如，采用 150pF/m 的通信电缆时，最大通信距离为 15m；若每米电缆的电容量减小，通信距离可以随之增加。通信传输距离短的另一原因是 RS-232 属于单端信号传送，存在共地噪声和不能抑制的共模干扰等问题，因此 RS-232 通常用于 20m 以内的通信。

RS-232C 标准规定，3V～－15V 为逻辑 1（MARK），＋3～＋15V 为逻辑 0（SPACE）。＋3V～＋15V 为信号有效（接通，ON 状态，正电压），－3V～－15V 为信号无效（断开，OFF 状态，负电压）。也就是说，对于数据（信息码），逻辑"1"（传号）的电平低于－3V，逻辑"0"（空号）的电平高于＋3V；对于控制信号，接通状态（ON）即信号有效的电平高于＋3V，断开状态（OFF）即信号无效的电平低于－3V。当传输电平的绝对值大于 3V 时，电路可以有效地判断出对应的逻辑状态，介于－3～＋3V 之间的电压无意义，低于－15V 或高于＋15V 的电压也认为无意义。因此，实际工作时，应保证电平在±（3～15）V 之间。

RS-232C 标准规定，数据传输速率为每秒 50、75、100、150、300、600、1200、2400、4800、9600 或 19 200 比特。

1. RS-232C 的接口信号

（1）数据发送准备好（Data Set Ready——DSR）——有效时（ON）状态，表明 MODEM 处于可以使用的状态。

（2）数据终端准备好（Data Terminal Ready——DTR）——有效时（ON）状态，表明数据终端可以使用。

上述这两个信号有时连到电源上，一上电就立即有效。这两个设备状态信号有效，只表示设备本身可用，并不能说明通信链路可以开始进行通信了，能否开始进行通信要由下面的控制信号决定。

（3）请求发送（Request To Send——RTS）——用来表示 DTE 请求 DCE 发送数据，即当终端要发送数据时，使该信号有效（ON 状态），向 MODEM 请求发送。它用来控制 MODEM 是否要进入发送状态。

（4）允许发送（Clear To Send——CTS）——用来表示 DCE 准备好接收 DTE 发来的数据，是对请求发送信号 RTS 的响应信号。当 MODEM 已准备好接收终端传来的数据，并向前发送时，使该信号有效，通知终端开始沿发送数据线 TxD 发送数据。

上述这对 RTS/CTS 请求应答联络信号用于半双工 MODEM 系统中发送方式和接收方式之间的切换。在全双工系统中，因配置双向通道，故不需要 RTS/CTS 联络信号，使其有效。

（5）接收线信号检出（Received Line Detection——RLSD）——用来表示 DCE 已接通通信链路，告知 DTE 准备接收数据。当本地的 MODEM 收到由通信链路另一端（远地）的 MODEM 送来的载波信号时，使 RLSD 信号有效，通知终端准备接收，并且由 MODEM 将接收下来的载波信号解调成数字数据后，沿接收数据线 RxD 送到终端。此线也叫做数据载波检出（Data Carrier dectection——DCD）线。

（6）振铃指示（Ringing——RI）——当 MODEM 收到交换台送来的振铃呼叫信号时，使该信号有效（ON 状态），通知终端，已被呼叫。

（7）发送数据（Transmitted Data——TxD）——通过 TxD 终端将串行数据发送到 MODEM（DTE→DCE）。

（8）接收数据（Received Data——RxD）——通过 RxD 线终端接收从 MODEM 发来的串行数据（DCE→DTE）。

（9）地线：GND——保护地和 Sig. GND——信号地，无方向。

上述控制信号线何时有效，何时无效的顺序表示了接口信号的传送过程。例如，只有当 DSR 和 DTR 都处于有效（ON）状态时，才能在 DTE 和 DCE 之间进行信号传送操作。若 DTE

要发送数据，则预先将 DTR 线置成有效（ON）状态，等 CTS 线上收到有效（ON）状态的回答后，才能在 TxD 线上发送串行数据。这种顺序的规定对半双工的通信线路特别有用，半双工的通信确定 DCE 已由接收方向改为发送方向，这时线路才能开始发送。

2. RS-232C 的连接器

RS-232C 指定了 20 个不同的信号连接，由 25 个 D-sub 管脚构成的 DB25 连接器。出于对节约资金和空间的考虑，好多设备上只是用了其中的一小部分管脚，因而采用了 DB9 连接器。两种连接器都有两种引脚：针形和孔形。DB25 和 DB9 两种引脚的连接器外形如图 4-7 所示。其引脚排列如图 4-8 所示。其引脚功能定义见表 4-2。

(a)

(b)   (c)

图 4-7　RS-232C 连接器外形

（a）DB25 连接器；（b）DB9 连接器；（c）DB25 转 DB9

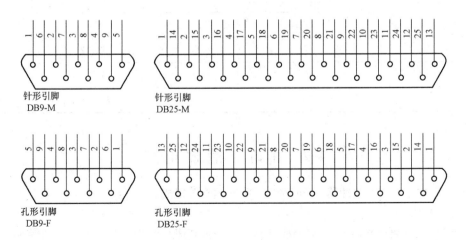

图 4-8　DB9 和 DB25 引脚排列

表 4-2　　　　　　　　　　　RS-232C 连接器引脚功能定义

DB9 引脚	引脚功能	符号	DB25 引脚	引脚功能	符号
1	载波检测	DCD	1	屏蔽地线	GND
2	接收数据	RXD	2	发送数据	TXD
3	发送数据	TXD	3	接收数据	RXD
4	数据终端准备好	DTR	4	请求发送	RTS
5	信号地	SG	5	允许发送	CTS
6	数据准备好	DSR	6	数据准备好	DSR
7	请求发送	RTS	7	信号地	SG
8	清除发送	CTS	8	载波检测	DCD
9	振铃提示	RI	9	发送返回	（+）
			10	未定义	
			11	数据发送	（-）
			12	未定义	
			13	未定义	
			14	未定义	
			15	未定义	
			16	未定义	
			17	未定义	
			18	数据接收	（+）
			19	未定义	
			20	数据终端准备好	DTR
			21	未定义	
			22	振铃	RI
			23	未定义	
			24	未定义	
			25	接收返回	（-）

4.2　并口下载器电路

并口下载器主要由八缓冲器 74HC244、DB25 插头等组成。

4.2.1　芯片介绍

74HC244 是 8 路同相缓冲器/线路驱动器，是一款高速 CMOS 器件，其引脚功能兼容低功耗肖特基 TTL（LSTTL）系列。该器件具有三态输出功能，三态输出由输出使能端"ENABLE A"

和 "ENABLE B" 控制。任意一个 "ENABLE A" 或 "ENABLE B" 上的高电平都将使输出端呈现高阻态。74HC244 与 74HC240 逻辑功能相似，只不过 74HC244 带有同相输出功能。其内部逻辑框图、引脚功能和逻辑符号如图 4-9 所示。其逻辑功能见表 4-3。其主要电气特性见表 4-4。

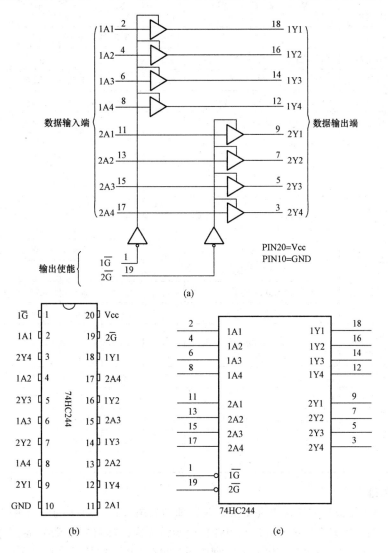

图 4-9　74HC244 逻辑功能引脚配置图

(a) 逻辑框图；(b) 引脚排列；(c) 逻辑符号

表 4-3　　　　　　　　　　　　逻 辑 功 能

输 入 端				输 出 端	
$1\overline{G}$	$2\overline{G}$	1A	2A	1Y	2Y
0		0		0	
0		1		1	
1		×		Z（高阻）	

表 4-4   **74HC244 电气特性**

符号	参　数	条件	最小值	典型值	最大值	单位	备注
t_{PHL} t_{PLH}	传输延时 nAn 到 nYn	Vcc＝5V；C_L＝15pF	—	9	—	ns	GND＝0V； T_{amb}＝25℃； T_r＝T_f＝6ns
C_i	输入电容		—	3.5	—	pF	
C_{PD}	功率耗散电容	每个缓冲器；V_i＝GND 到 Vcc	—	35	—	pF	
Vcc	电源电压		−0.5		＋7	V	
I_{IK}	输入钳位电流	V_I＜−0.5V 或 V_I＞Vcc＋0.5V			±20	mA	
I_{OK}	输出钳位电流	V_O＜−0.5V 或 V_O＞Vcc＋0.5V			±20	mA	
I_O	输出电流	V_O＝−0.5V 到（Vcc＋0.5V）			±35	mA	
I_{CC}	静态电流				70	mA	
I_{GND}	接地电流				−70	mA	极限值
T_{stg}	储藏温度		−65		150	℃	
P_{tot}	功耗	DIP20 封装			750	mW	
		SO20 封装			500	mW	
		SSOP20 封装			500	mW	
		TSSOP20 封装			500	mW	
		DHVQFN20 封装			500	mW	
Vcc	电源电压		2.0	5.0	6.0	V	
V_I	输入电压		0	—	Vcc	V	
V_O	输出电压		0	—	Vcc	V	
T_{amb}	环境温度		−40	25	＋125	℃	推荐工作条件
t_r，t_f	输入上升或 下降时间	Vcc＝2.0V	—	—	1000	ns	
		Vcc＝4.5V	—	6.0	500	ns	
		Vcc＝6.0V	—	—	400	ns	

4.2.2　电路原理

并口下载器由接口板和连接电缆组成。其原理图如图 4-10（a）所示。图中 U201 是八缓冲器 74HC244 电路，用来作计算机并口和单片机的缓冲隔离。连接器 CN202 是通用的 DB25 针形插头，与上位机连接进行通信：其中 4、5 脚控制 U201 芯片，在其低电平时允许数据正常传输，在其高电平时 74HC244 的输出呈高阻状态；6 脚输出数据到单片机；7 脚是时钟信号；9 脚输出复位信号；10 脚接收从单片机读出的数据。连接器 CN201 是标准的 10 针 PC-10 插头（压在扁平电缆的一头，另一头直接焊在线路板上），用于与基本系统板上的单片机编程接口连接，其各针功能如图 4-10（b）所示。

下载电缆采用 10 芯扁平电缆，一头焊接在下载板上，另一头压有 PC-10 插头（CN201）。该并口下载器仅供 AT89S52 单片机用。

4.2.3　并行通信口简介

并行通信接口，简称并口，也就是 LPT 接口，是采用并行通信协议的扩展接口。并口的数据传输率比串口快 8 倍，标准并口的数据传输率为 1Mbps，一般用来连接打印机、扫描仪等，所以并口又被称为打印口。它常用在微型计算机与外部设备之间进行数据传送。它有两个主要特

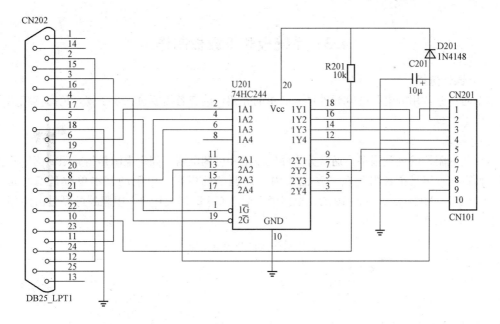

(a)

MOSI	1	2	Vcc
NC	3	4	NC
RST	5	6	NC
CLK	7	8	NC
MISO	9	10	GND

(b)

图 4-10 并口下载器原理图

(a) 原理图；(b) CN201 功能

点：一是同时传输 8 位数据，并行传送的二进位数就是数据宽度；二是在计算机与外部设备之间采用应答式的联络信号来协调双方的数据传送操作，这种联络信号又称为握手信号。并行接口采用 DB25 孔型连接器，其各引脚的功能见表 4-5。

表 4-5　　　　　　　　　　　　　并行打印口引脚定义

DB25 引脚	引脚功能	符号	DB25 引脚	引脚功能	符号
1	选通（低电平）	STROBE	10	确认（低电平）	ACKNLG
2	数据位 0	DATA0	11	忙	BUSY
3	数据位 1	DATA1	12	缺纸	PE
4	数据位 2	DATA2	13	选择	SLCT
5	数据位 3	DATA3	14	自动换行（低电平）	AUTO FEED
6	数据位 4	DATA4	15	错误（低电平）	ERROR
7	数据位 5	DATA5	16	初始化（低电平）	INIT
8	数据位 6	DATA6	17	选择输入（低电平）	SLCT IN
9	数据位 7	DATA7	18～25	地线	GND

4.3 系统板和下载板制作

4.3.1 元器件选择

本节对一些常用的电阻电容元件作一简单的介绍，读者若需要进一步了解，请阅读相关资料或其他参考文献。

1. 电阻器

常用的电阻器的种类很多，通常分为固定电阻和可调电阻。固定电阻是指其阻值固定不变的电阻，而可调电阻是指其阻值在一定范围内可以调节的电阻。电阻的基本单位是 Ω（欧姆），$1k\Omega=1000\Omega$，$1M\Omega=1000k\Omega=10^6\Omega$。根据国家标准 GB 2470—1981，电阻器的型号由四部分组成，其各部分的意义见表 4-6。

表 4-6　　　　　　　　　　电阻器型号组成部分的意义和代号

第1部分：主称		第2部分：材料		第3部分：特征分类			第4部分
符号	意义	符号	意义	符号	意义		
					电阻器	电位器	
R W	电阻器 电位器	T	碳　膜	1	普　通	普　通	主称、材料特征相同，尽管尺寸、性能指标略有差别，但基本上不影响互换的产品使用同一序号。否则在序号后面加大写字母作为区别
		H	合成膜	2	普　通	普　通	
		S	有机实芯	3	超高频	—	
		N	无机实芯	4	高　阻	—	
		J	金属膜	5	高　阻	—	
		Y	氧化膜	6	—	—	
		C	沉积膜	7	精　密	精　密	
		I	玻璃釉膜	8	高　压	特种函数	
		P	硼碳膜	9	特　殊	特　殊	
		U	硅碳膜	G	高功率	—	
		X	线　绕	T	可　调	—	
		M	压　敏	W	—	微　调	
		G	光　敏	D	—	多　圈	
		R	热　敏	B	温度补偿用	—	
				C	温度测量用	—	
				P	旁热式	—	
				W	稳压式	—	
				Z	正温度系数	—	

为了方便生产和使用，电阻值采用标称值，由工厂系列化生产。实际生产的电阻阻值与标称值之间难免存在偏差，因此规定了一个允许的偏差参数，即称为精度。常用电阻的精度分别为 $\pm5\%$、$\pm10\%$、$\pm20\%$。我国电阻器的标称值有 E6、E12、E24、E48、E96、E192 几种，其中前三种比较常用，其标称值见表 4-7。也就是说，E24 系列电阻有 1Ω、10Ω、100Ω、$1k\Omega$、$10k\Omega$、$100k\Omega$、$1M\Omega$ 等电阻值的，其余类推。

表 4-7 电阻器的标称值

系列	允许偏差	标称值		精度等级
E24	±5%	1.0 1.1 1.2 1.3 1.5 1.6 1.8 2.0 2.2 2.4 2.7 3.0 3.3 3.6 3.9 4.3 4.7 5.1 5.6 6.2 6.8 7.5 8.2 9.1		Ⅰ
E12	±10%	1.0 1.2 1.5 1.8 2.2 2.7 3.3 3.9 4.7 5.6 6.8 8.2		Ⅱ
E6	±20%	1.0 1.5 2.2 3.3 4.7 6.8		Ⅲ

电阻器的阻值和精度等级一般用文字或数字印在电阻器上来表示，也可由色点或色环表示。后者目前较常用，其表示方法见表 4-8。

表 4-8 电阻器标称值及精度的色标

符　号	A	B	C	D
颜　色	第 1 位数	第 2 位数	倍　数	允许误差
黑	—	0	$\times 10^0$	—
棕	1	1	$\times 10^1$	—
红	2	2	$\times 10^2$	—
橙	3	3	$\times 10^3$	—
黄	4	4	$\times 10^4$	—
绿	5	5	$\times 10^5$	—
蓝	6	6	$\times 10^6$	—
紫	7	7	$\times 10^7$	—
灰	8	8	$\times 10^8$	—
白	9	9	$\times 10^9$	—
金	—	—	$\times 10^{-1}$	±5%
银	—	—	$\times 10^{-2}$	±10%
无色	—	—	—	±20%

我们知道，电流通过电阻就会产生热量，当产生的热量大于散发的热量时，电阻本身的温度就要升高。电阻器的额定功率就是指在一定条件下能长期连续负荷而不改变其性能的允许耗散功率。功率的单位是 W（瓦），电子线路中用到的电阻器的功率一般有 1/8W、1/6W、1/4W、1/2W、1W、2W、3W、5W 等。部分电阻器的实物及其符号如图 4-11 所示。

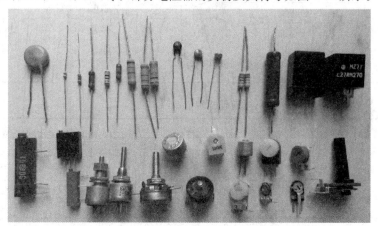

图 4-11　部分电阻器的实物及其符号

2. 电容器

电容器是由两个平行金属极板间夹放一层绝缘电介质构成的一种储能元件。它具有阻止直流电流通过，允许交流电流通过的特性。电容的基本单位是 F（法拉），$1F$（法拉）$= 10^6 \mu F$（微法）$= 10^{12} pF$（皮法）。电容器在电路中主要起调谐、滤波、耦合、旁路等作用。电容器的种类很多，不同的分类标准有不同的类型。通常将电容器分为固定电容、微调电容和可变电容三种。

固定电容按构成电容器的介质又可分为瓷介电容、云母电容、玻璃釉电容、纸介电容、有机薄膜电容、电解电容等。电容器的型号命名一般由主称、材料、特征和序号四部分组成，其规则见表 4-9。电容器的标称值参见表 4-10。

表 4-9　　　　　　　　　　　　　　　　电容器型号命名规则

第1部分		第2部分		第3部分					第4部分
用字母表示主称		用字母表示材料		用字母表示特征					用字母或数字表示序号
符号	意义	符号	意　义	符号	意　　义				
					瓷介	云母	有机	电解	
C	电容器	A	钽电解	1	圆形	非密封	非密封	箔式	包括品种、尺寸代号、温度特性、直流工作电压、标称值、允许误差、标准代号
		B	聚苯乙烯等非极性有机薄膜	2	管形	非密封	非密封	箔式	
		C	低频瓷介	3	叠片	密封	密封	烧结粉	
		D	铝电解	4	独石	密封	密封	烧结粉	
		E	其他材料电解	5	穿芯式		穿芯式		
		F	聚四氟乙烯	6	支柱				
		G	合金电解	7				无极性	
		H	纸膜复合	8	高压	高压	高压		
		I	玻璃釉	9					
		J	金属化纸介				特殊	特殊	
		L	涤纶（聚酯有机薄膜）	C	穿心式				
		N	铌电解	D	低压				
		O	玻璃膜	J	金属化				
		Q	漆　膜	M	密封				
		S	聚碳酸酯	S	独石				
		T	低频陶瓷	T	铁电				
		V	云母纸	W	微调				
		X	云母纸	X	小型				
		Y	云母	Y	高压				
		Z	纸介						

表 4-10　　　　　　　　　　　　　　　　电容器标称值

标称值系列	允许误差（%）	标　称　容　量
E24	±5	1.0, 1.1, 1.2, 1.3, 1.5, 1.6, 1.8, 2.0, 2.2, 2.4, 2.7, 3.0, 3.3, 3.6, 3.9, 4.3, 4.7, 5.1, 5.6, 6.2, 6.8, 7.5, 8.2, 9.1
E12	±10	1.0, 1.2, 1.5, 1.8, 2.2, 2.7, 3.3, 3.9, 4.7, 5.6, 6.8, 8.2
E6	±20	1.2, 1.5, 2.2, 3.3, 4.7, 6.8
E3	>20	1.0, 2.2, 4.7

电容器的标称容量值有三种标示法：直标法、数码法、色标法。直标法就是将电容器的容量直接标在电容器外壳上，其单位分别为 pF（10^{-12}F）、nF（10^{-9}F）、μF（10^{-6}F）、mF（10^{-3}F）和 F。数码法通常用三位数字表示电容器的容量，单位为 pF。其中前两位是有效数字，第 3 位是倍数。如 104 就是 0.1μF，103 就是 0.01μF。色标法与电阻器的色环法基本一样，都是在元件外表涂上不同颜色的环来表示元件的标称容量值。电容器的色标法标注的容量单位一般为 pF。表 4-11 是不同颜色所代表的具体数字。部分分立式固定电容器的实物及其符号如图 4-12 所示。

表 4-11　　　　　　　　　　　　　　色标法颜色的意义

颜色	黑	棕	红	橙	黄	绿	蓝	紫	灰	白	金	银	无色
有效数字	0	1	2	3	4	5	6	7	8	9	—	—	—
允许偏差（%）		±1	±2			±0.5	±0.25	0.1		$-20\sim+50$	±5	10	±2
工作电压（V）	4	6.3	10	16	25	32	4	50	63				
倍率	10^0	10^1	10^2	10^3	10^4	10^5	10^6	10^7	10^8	10^9	10^{-1}	10^{-2}	

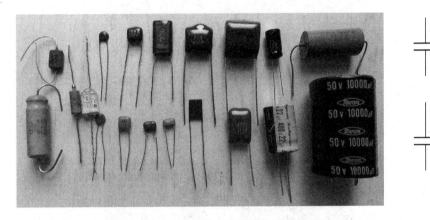

图 4-12　部分电容器实物及其符号

　　3. 接插件

　　接插件又称连接器，在电子设备中起到线路连接的作用，是电子设备中广泛使用的元件之一。接插件按工作频率可分为低频接插件和高频接插件两大类。常用的连接器有 IDC、牛角、简牛、排针、排母、双头圆针、圆孔 IC 座、扁平 IC 座、短路环、指拨开关、USB、D-SUB 及塑壳、PCB 插座、条形连接器、扁平线及各类接线端子等。连接器的种类规格极其繁多，很难在本节中一一列举，有兴趣的读者可参考有关资料或上网搜索。部分常见的连接器如图 4-13 所示。

　　4. 二极管

　　晶体二极管是由半导体材料制成的二端器件，它只有一个 PN 结，具有单向导通特性。常见的二极管有整流二极管、检波二极管、开关二极管、稳压二极管、变容二极管、阻尼二极管和双基极二极管等。部分常见的二极管外形及其符号如图 4-13 所示。

　　单片机基本系统图 4-1（a）和并口下载器图 4-10（a）所示的原理图中各元器件的型号或规格见表 4-12。其实物如图 4-14 所示。

图 4-13　部分常见连接器

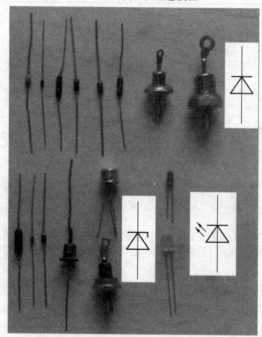

图 4-14　部分二极管外形及其符号

表 4-12　　　　　　　　　　单片机基本系统和并口下载器的材料清单

名称	型号或规格	数量	元器件代号	外形（图 4-14）
单片机	AT89S52 或 STC 单片机	1	U101	无
集成块	MAX232	1	U102	1-13
稳压块	LM7805	1	U103	1-1
集成块	74HC244	1	U201	2-5
晶振	11.0592MHz　无源	1	Y101	1-10

名称	型号或规格	数量	元器件代号	外形（图 4-14）
电阻	RJ-1/4W-10k	2	R101，R201	1-8，2-4
电容	27pF	2	C101，C102	1-2
电解电容	10μF/16V	2	C103，C201	1-4，2-2
电解电容	220μF/16V	4	C104，C105	1-6
电解电容	1μF/16V	2	C107，C108，C109，C110	1-5
电容	0.1μF	1	C106	1-3
二极管	IN4007	1	D101	1-7
二极管	IN4148	1	D201	2-3
发光二极管	φ3 红色	1	D202	2-1
连接器	XH2.5-8	4	CN101，CN102，CN103，CN104	1-9
连接器		4	CN105，J101，J102，J103	1-12
连接器	PC-10　2×5	1 副	CN106，CN201	2-6
连接器		1	CN107	1-16
连接器	USB	1	CN108	1-18
连接器	DB9	1	CN109	1-14
连接器	DB25　带外壳	1	CN202	2-7，2-9
按钮	轻触按钮	1	SB101	1-11
扁平电缆	10 芯　0.5m	1		2-10
编程插座	240-3345	1		1-18
印刷电路板		2		1-15，2-8

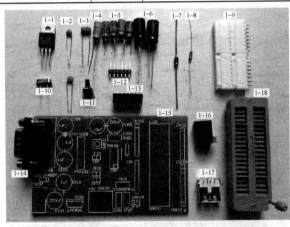

(a)

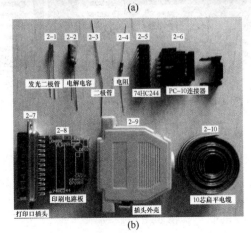

(b)

图 4-14　元器件实物

（a）基本系统材料实物；（b）下载器材料实物

4.3.2 制作安装

两个基本系统对应的印刷电路板分别如图 4-15（a）和图 4-15（b）所示，按图 4-15（a）制作的印刷电路板实物图如图 4-16 所示。图 4-10（a）所示下载器的印刷电路板图如图 4-17 所示，其实物图如图 4-18 所示。由于这两个电路较为简单，故制作过程较容易。

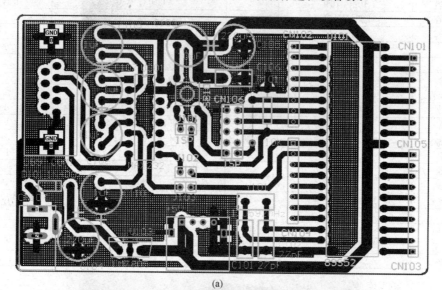

(a)

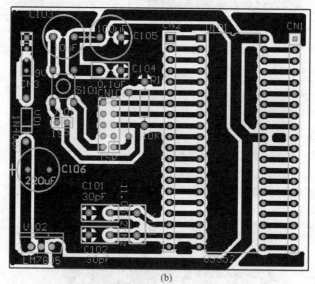

(b)

图 4-15　基本系统印刷板

（a）双下载口印制板；（b）单并口印制板

制作时可按图绘制印刷电路图，再进行雕刻或腐蚀；也可以直接将元器件焊接在万能板上，搭接电路而成。只要焊接无差错一般都能使用。若在雕刻机上雕刻，在绘制连线时应将其加粗一号，且焊盘应采用方形的。

所有元器件安装焊接完成的制作实物如图 4-19 所示。

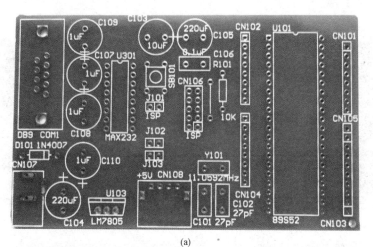

(a)

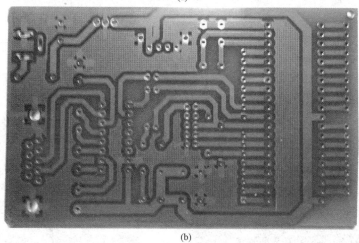

(b)

图 4-16　双通信口的基本系统印刷板实物

（a）元器件面；（b）焊接面

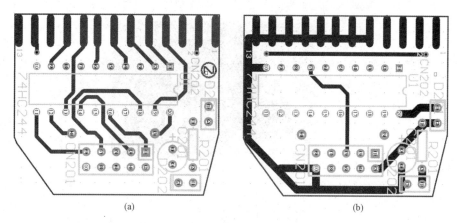

(a)　　　　　　　　　　　　　　　(b)

图 4-17　并口下载器印刷电路

（a）印刷电路顶面；（b）印刷电路底面

图 4-18 并口下载器印刷板实物实物

（a）元器件面；（b）焊接面

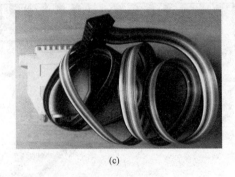

图 4-19 制作实物

（a）基本系统；（b）并口下载器；（c）并口下载器

4.4 其他常用工具及仪表

学习单片机应用技术一定要进行实验，动手制作一些外围电路并进行程序的编制调试。在实验中除了上面介绍的基本系统和程序下载器外，还需要用到一些其他的工具或仪表。

4.4.1 常用工具

1. 螺丝刀（或称起子）

螺丝刀有大有小，有"一"字、有"十"字的，要尽可能多备几套，如图 4-20 所示。

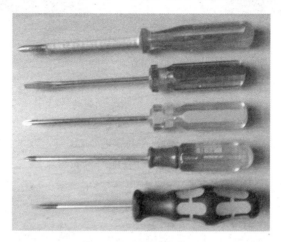

图 4-20 常用螺丝刀

2. 常用钳子及镊子

常用的钳子有斜口钳，尖头钳，钢丝钳，其中钢丝钳又称老虎钳。另外焊接过程中还要用到镊子，如图 4-21 所示。

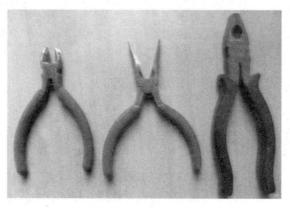

图 4-21 常用钳子及镊子

3. 电烙铁

电烙铁是用来焊接元器件的，可以买一把 30W 以下的内热式电烙铁，有条件的可以准备一个恒温焊台。除此之外，还需要焊锡丝和助焊剂——松香，如图 4-22 所示。

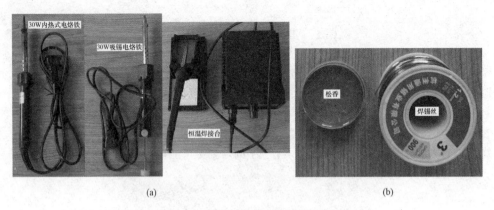

图 4-22 电烙铁和焊锡丝

（a）电烙铁；（b）松香和焊锡丝

4. 工作电源

单片机系统工作时需要有电源供电，对于一些简单的小电路采用图 4-23（a）所示的小型稳压器（不能用无稳压的电源）就可以了。若想从电脑的 USB 口上取电源，只要配一根如图 4-23（b）所示的 USB 延长线就行了。有条件的话还可以配一台如图 4-23（c）所示的输出可调的稳压电源。

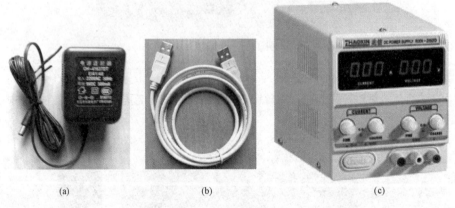

图 4-23 工作电源

（a）小型稳压器；（b）USB 延长线；（c）可调稳压电源

4.4.2 常用仪表

1. 万用表

万用表是最常用的仪表之一，又称三用表。它可以测量电压、电流、电阻、电容等参数。万用表根据显示表头的不同有指针式和数字式两种，根据价格的高低可分为低档万用表、中档万用表和高档万用表。不管是指针式还是数字式万用表，普通的一般在一百元以内就能买到。当然也可以购买套件自己组装万用表，这样既节约开支又增加了一次动手的机会，但一定要注意表的测量精确度。图 4-24 所示是常用的指针万用表和数字万用表。需要强调的是，指针万用表在某些应用中，其作用可能会胜过数字表。

2. 其他仪器仪表

有条件的读者还可以配一台示波器、一台信号发生器以便于观察和操作。示波器有模拟和数

(a)　　　　　　　　　　　(b)　　　　　　　　　　　(c)

图 4-24　万用表

（a）数字万用表；（b）指针万用表；（c）钳型表

字之分，以前使用的采用 CRT 的一般都是模拟示波器，这种示波器价格较便宜，二手的仅需几百元就能买到；而数字示波器相对比较昂贵，一般都带有存储功能，价格都在千元以上。图 4-25 所示是两种示波器的外观。

 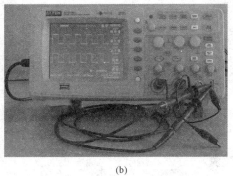

(a)　　　　　　　　　　　　　　　　　(b)

图 4-25　示波器

（a）模拟示波器；（b）数字存储示波器

4.5　代码下载软件的使用

在线编程的下载软件有好几种，读者可以在网上找到。本书使用的一种下载软件的文件名是 SLISP_V1605.EXE，供并口使用，该软件可直接到双龙电子网上下载；另一种下载软件的文件名是 STC-ISP_V4.86.exe 或 stc-isp-15xx-v6.58.exe，供串口使用，该软件可在 STC 网上下载。

4.5.1　代码下载软件的安装

用鼠标左键双击 SLISP_V1605.EXE 文件的图标，便可进入该软件的安装过程。桌面上会出现如图 4-26 所示的窗口。单击"下一步"按钮，进入如图 4-27 所示的界面。在同意协议前的单选框点击后，再单击"下一步"按钮，进入如图 4-28 所示的界面，显示用户信息。如果需要更改，可直接在文本框内修改。之后单击"下一步"按钮，进入如图 4-29 所示的界面，查看安装位置。如果需要更改，可单击"更改"按钮，选择安装位置。然后单击"下一步"按钮，进入如图 4-30 所示的界面，确定快捷方式文件夹。再单击"下一步"按钮，进入如图 4-31 所示的界面，检查设置信息是否正确。接着再单击"下一步"按钮，进入如图 4-32 所示的界面，进行软件安装。完成后出现如图 4-33 所示的界面，单击"完成"按钮，结束安装。

图 4-26　欢迎界面

图 4-27　协议征询

图 4-28　用户信息

图 4-29　安装位置

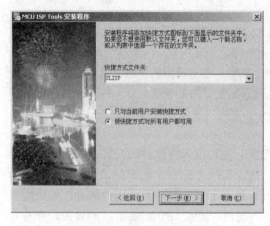

图 4-30　快捷方式文件夹

图 4-31　设置信息

图 4-32　安装文件

图 4-33　完成安装

4.5.2　软件工作界面

已经安装有双龙电子下载软件的电脑，在其桌面上就有如图 4-34 所示的图标。同样用鼠标左键双击该图标便可进入 MCU 下载程序的工作界面，如图 4-35 所示。

在图 4-35 所示工作界面上，最上面一组有三个文本框，它们是"通信参数设置及器件选择"组。左边一个是通信口的选择，点击框内右侧的倒三角按钮，会弹出下拉菜单。按照下载器与电脑的通信接口要求选择通信接口，这里选"LPT1"。中间一个是传输速度的选择，可选"TURBO"。右边一个是器件选择，同样点击框内右侧的倒三角按钮，会弹出下拉菜单。菜单上列出的单片机，都是该软件支持的。这里选"AT89S52"。最右边的按钮是显示 ISP 接口的，点击后的显示如图 4-36 所示。

图 4-34
下载软件
快捷按钮

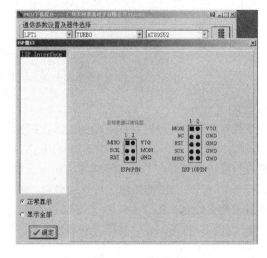

图 4-35　MCU 下载软件工作界面

图 4-36　ISP 接口

第二组是待下载或读出程序的十六进制文件名及其保存的位置。可点击右边的"Flash"按钮进行选择。

其他几个按钮的作用都很明确，这里不再一一介绍。

首次使用时须将"通信参数设置及器件选择"设置成如图 4-35 所示的项目，即将通信口设置为并行通信口"LPT1"，将速率设置为"TURBO（加速）"，器件选择"AT89S52"。

4.5.3 代码读取与下载

在使用并口下载器进行读取与下载代码操作前，需拔去基本系统板上的跳线 J101、J102、J103，插上 AT89S52 芯片；将下载线的接口板插在电脑的并口上，用连接电缆把基本系统与接口板连好，再在基本系统上接上＋9V 或＋5V 电源，注意"＋"与"－"不能搞错；然后打开电源对基本系统上电。这样就可以读写芯片中的程序了。

1. 读取程序

按照上面的步骤完成操作后，在如图 4-35 所示的界面上单击"读取"按钮，界面如图 4-37 所示。读取完成后，单击右边的"编辑"按钮，弹出"编辑缓冲区"界面，如图 4-38 所示。此时就可以对程序进行编辑了。如果需要保存目标程序，可以单击"保存"按钮，将文件保存为二进制或十六进制的文件。

图 4-37　读取程序

2. 下载程序

下载程序前要先设置好待下载的目标代码是二进制的还是十六进制的文件，即后缀名为 BIN 或 HEX 的文件。若是源程序，则需要使用 μVision2 集成开发环境等进行编译，将源程序编译或汇编成目标程序后方可下载。下载方法如下：在如图 4-35 所示的界面中点击"Flash"按钮，弹出"打开 FLASH 存储器数据文件"对话框。在"查找范围（I）："右侧的文本框中找到待写文件的目录及文件名，在"文件名（N）："右侧的文本框中就会显示出该文件名，如图 4-39 所示。再单击"打开"按钮。在"空闲存储器填充"中选择"填充 FF"或"填充 0"等，单击"确定"，此时界面如图 4-40 所示。

在如图 4-35 所示的界面上单击"编程"按钮，软件就会自动对芯片写入程序，完成后的界面如图 4-41 所示。如出现错误，就会在下面的文本框中出现提示。找到出现错误的原因后再进行重写，但重写前需先把芯片内原来的程序擦除掉，即单击一下"擦除"按钮即可。

如果对原程序进行了修改，那么就要重新进行编译，即单击"Rebuild all target files（重建目标文件）"按钮，生成新的 . HEX 代码文件；下载时还得重新加载刚生成的同一文件名的新的 . HEX文件。这样才能保证本次下载的是已经修改的程序。

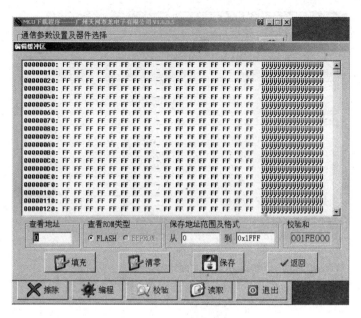

图 4-38　　编辑程序

图 4-39　加载待写代码文件

　　完成上面的操作后，关闭＋9V 电源，拔下连接电缆，插上跳线 J101，接上扩展接口电路，就可以检查程序的运行情况，进行实验或开发了。

　　注意：在调试过程中，由于程序需要多次更改、编译等操作。因此请读者务必在下载程序前一定要确认一下，现在下载的程序是不是已修改程序的十六进制代码文件！

图 4-40　完成写操作

图 4-41　完成写入程序的操作

4.6　STC-ISP 下载软件的使用

STC-ISP 软件可以在宏晶公司的网站 www. STCMCU. com 上下载到，它的文件名是 STC-ISP-V4. 86-NOT-SETUP-CHINESE. EXE 或 stc-isp-15xx-v6. 58. exe。该软件不用安装，下载后只需解压就可以直接运行。

4.6.1　器材连接

当使用宏晶公司的 STC 单片机时，只需要用串口通信线把 PC 机和单片机基本系统连接起来就可以了。将串口线一端的 DB9 针插头插入基本系统板上的 DB9 插座上，另一头 DB9 孔插头则插在 PC 机的第 1 个串口（COM1）上。若读者使用的是笔记本电脑，电脑上没有串行口，则须配接一根如图 4-42 所示的 USB 转 RS-232C 电缆。连接的方式如图 4-43 所示。

图 4-42　USB 转 RS-232 电缆

(a)

(b)

图 4-43　串行通信线的连接

（a）电缆 USB 端与电脑上 USB 口连接；（b）电缆 RS-232-DB9 端与最小系统上 DB9 连接

4.6.2　软件使用

STC-ISP 软件可以从宏晶公司网站上下载，下载得到的软件是个自解压软件，双击后便可以解压到指定的目录。在这里我们为其新建一个名为"STC_MCU"的目录来存放解压后的下载软件。目录中有多个文件，如图 4-44 所示。其中"STC_ISP_V486.exe"为启动软件的可执行文件。V6.58 版本的直接双击便可运行。

1. 界面说明

双击该文件的图标即可启动下载软件，其界面如图 4-45 所示。界面清楚直观，分为左边、右上和右下三个部分。它们分别是：程序下载时的 5 个操作步骤，辅助功能页和选项参数设置。

（1）程序烧录步骤。该软件最常用的就是左边这一部分，左边的 5 个操作步骤中都需要进行参数设置。程序烧录的具体步骤如下。

1）选择单片机型号。该软件支持的单片机系列型号都在单击文本框右侧的"倒三角"所弹出的下拉列表中，如图 4-46（a）所示。按照待下载程序的单片机型号，在下拉列表中单击"＋"号展开分类，选择对应的型号。单片机型号不同，右侧显示的存储器地址范围也不同，如图 4-46（b）所示。

test-hex

 asycfilt.dll
5.1.2600.5512

 COMCAT.DLL
4.71.1460.1
Microsoft Compon...

 comdlg32.ocx
ActiveX 控件
138 KB

 DATGDCHS.DLL
6.0.81.63
MSDatGrd.OCX

 expsrv.dll
6.0.72.9590
Visual Basic for...

 MSCMCCHS.DLL
6.0.81.63
Windows Common C...

 MSCOMCHS.DLL
6.0.81.63
MSComm

 MSCOMCTL.OCX
ActiveX 控件
1,053 KB

 MSCOMM32.OCX
ActiveX 控件
102 KB

 MSDATGRD.OCX
ActiveX 控件
255 KB

 MSJET35.DLL
3.51.623.4
Microsoft Jet En...

 MSJINT35.DLL
3.51.623.0
国际 Microsoft J...

 MSJTER35.DLL
3.51.623.0
Microsoft Jet Da...

 MSRD2X35.DLL
3.51.623.0
Microsoft (R) Re...

 MSREPL35.DLL
3.51.623.0
Microsoft Replic...

 MSSTDFMT.DLL
6.0.84.50
Microsoft Standa...

 msvbvm60.dll
6.0.98.2
Visual Basic Vir...

 MSVCRT40.DLL
4.21.0.0
Microsoft© C Run...

 oleaut32.dll
5.1.2600.5512

 olepro32.dll
5.1.2600.5512

 Setup.Lst
LST 文件
6 KB

 STC_ISP_V486.BAT
MS-DOS 批处理文件
1 KB

 STC_ISP_V486.DDF
DDF 文件
1 KB

 STC_ISP_V486.exe
2ndSpAcE

 stdole2.tlb
TLB 文件
17 KB

 VB5DB.DLL
6.0.81.69
Visual Basic ICu...

 VB6CHS.DLL
5.0.81.69
Visual Basic Env...

 VB6STKIT.DLL
6.0.81.69
Visual Basic Set...

 vbajet32.dll
6.0.1.9432
Visual Basic for...

图 4-44　下载软件的文件

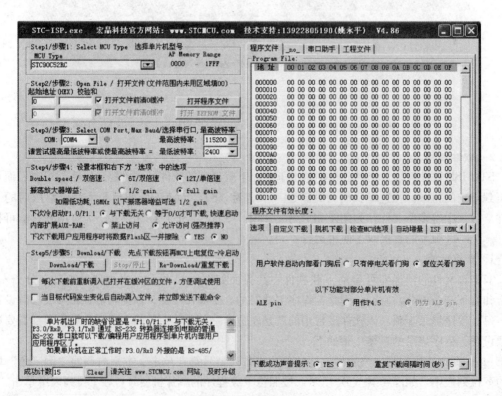

图 4-45　软件界面

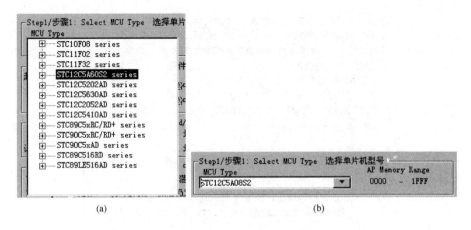

图 4-46　单片机型号选择

(a) 单片机列表；(b) 选中单片机

2）打开目标文件。该步骤用于加载待下载的目标文件，用户可通过单击"打开程序文件"按钮来加载，如图 4-47 所示。

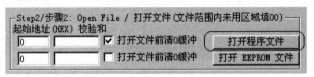

图 4-47　加载程序文件按钮

3）选择串行口及其速率。根据下载线所插的或 USB 线所占用的串口号，单击"COM"右侧文本框内"倒三角"，在所弹出的下拉列表中进行选择，如图 4-48 所示。用类似的方法可以设置串口传输的最高波特率和最低波特率。

图 4-48　串行口及其速率选择

4）功能选择。该步骤共有 8 个单选项，可以根据单片机的工作要求进行选择，其中步骤 4 下面的 6 个单选项如图 4-49（a）所示，另外两个在右下方的"选项"标签页上，如图 4-49（b）所示。

5）下载。该步骤有 3 个按钮，上面各步设置完毕后，可按"Download/下载"按钮进行下载操作。为方便操作，按钮下方有两个复选项，用户可根据需要选用，如图 4-50 所示。

（2）辅助功能页。辅助功能共有 4 个标签页，它们分别是"程序文件"页、"EEPROM 文件"页、"串口助手"页和"工程文件"页。

"程序文件"页和"EEPROM 文件"页以十六进制数显示已加载的目标文件代码。

"串口助手"页的页面如图 4-51 所示，它用于程序调试，通过串口发送或接收某些特定数据，以方便观察程序的运行情况。使用时需单击"打开串口"按钮打开串口，串口打开后按钮右侧的指示灯会点亮。

"工程文件"页用于下载时进行工程管理，其界面如图 4-52（a）所示。其使用方法可单击"使用说明"按钮，弹出的对话框如图 4-52（b）所示。

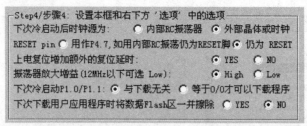

(a)

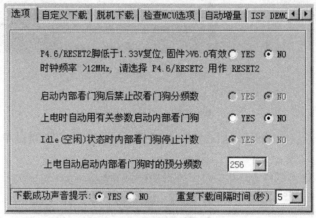

(b)

图 4-49 功能选择

(a) 功能选择 1；(b) 功能选择 2

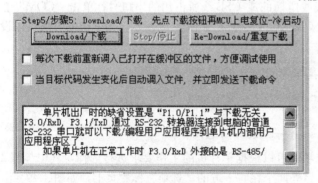

图 4-50 下载

（3）选项参数设置。选项参数设置共有 8 个标签页，它们分别是"选项"、"自定义下载"、"脱机下载"、"检查 MCU 选项"、"自动增量"、"ISP DEM-O"、"存储文件"和"硬件帮助"。这些页面的作用都比较清楚，这里不再一一介绍。

2. 使用操作

这里以 STC90C52RC 单片机为例，只讨论如何下载程序，即界面左边部分的操作过程。

（1）代码下载操作。首先要设置单片机的型号。在图 4-45 所示的界面上，单击"MCU Type"下面文本框右侧的倒三角，在弹出的下拉菜单中按照系列选中所用的单片机，这里选择"STC89C52RC"，如图 4-53 所示。

（2）打开目标文件。单击"打开程序文件"按钮，在弹出的对话框中，通过"查找范围"找到待下载的目标文件（通常是扩展名为 .hex 的十六进制文件），如图 4-54 所示。再单击"打开"按钮即可。

（3）设置通信口和速率。一般串行通信口为 COM1。当使用了 USB 转 RS-232C 电缆时，则需要在"设备管理器"中查看转接后的串口号。串行口这里选择"COM4"，传输速率的最高波特率这里选择"19200"。

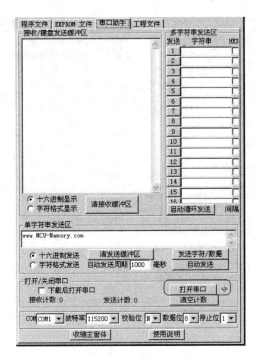

图 4-51　"串口助手"页面

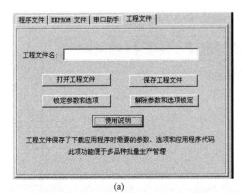

(a)

图 4-52　工程文件管理

(a) 工程文件管理界面；(b) 使用说明

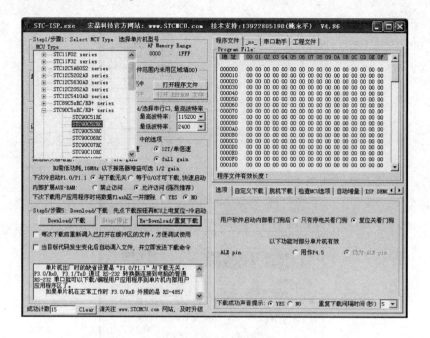

图 4-53　选择单片机的型号

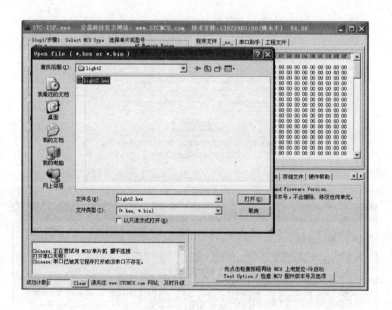

图 4-54　打开文件

（4）选项设置。这里取默认设置值。

（5）下载。单击"Download/下载"按钮，给基本系统板上电。下载过程如图 4-55 所示，下载成功的界面如图 4-56 所示。

3. 程序运行

程序下载成功后接上实验板上电运行，运行结果如图 4-57 所示。

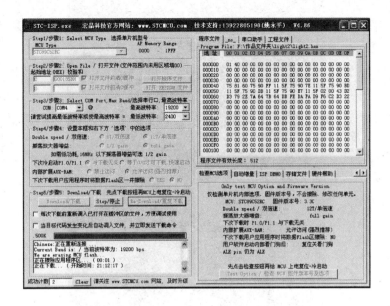

图 4-55　下载过程

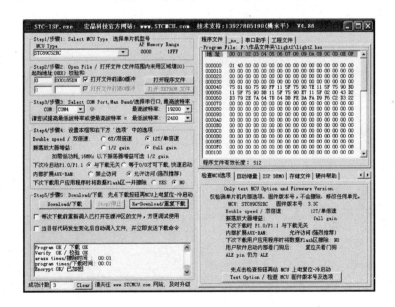

图 4-56　下载成功

图 4-57　程序运行

程 序 设 计 基 础

通过前面几章的学习，我们知道了 51 单片机中的 AT89S52 及 STC 系列的 3 款单片机各引脚的功能，单片机内部程序存储器和数据存储器的地址空间以及特殊功能寄存器的地址分配和复位后的值；对编译工具软件 Keil C51 进行了操作练习；掌握了将源程序进行汇编或编译成目标代码的方法；动手制作了 AT89S52 及 STC 的 3 款单片机的最小系统；还学习了将目标程序下载到 AT89S52 或 STC 系列 3 款单片机中的方法和步骤。这一章让我们先来了解一些程序设计的基本知识，为下一章学习编写程序做好准备。

程序设计语言分为两大类：面向过程的语言和面向机器的语言。面向过程的语言比较接近于人们的自然语言，易学易懂，学习时可以不必了解计算机内部的具体结构和逻辑，称为高级语言，适用于科学计算、数据处理等当面的应用；面向机器的语言，主要是汇编语言，用助记符表示操作码，由用户自己确定的符号表示操作数的地址（符号地址），这种语言能节省内存和 CPU 的资源，执行速度快，能直接调用计算机的全部资源，准确掌握程序执行时间，因此适用于实时控制。

程序设计就是用计算机所能接受的语言把解决问题的步骤描述出来，也就是把计算机指令或语句组成一个有序的集合。编制 MCS-51 单片机应用程序常用的程序设计语言有 MBASIC51，C51 和 PL/M51 等高级语言和汇编语言。目前在单片机应用开发中主要有两种编程语言：汇编语言和 C51 语言。

C51 语言是一种结构化的编程语言，采用 C51 编写的应用程序结构清晰、模块化程度高、可读性强且容易移植。应用 C51 进行软件开发，读者不必具体考虑寄存器、存储器的分配等工作过程，而把这部分工作交给编译、链接软件来处理，读者只要了解 MCS-51 的存储器结构即可，甚至不必去了解 51 的指令系统。对于从事程序编写的软件工程师来说，这是 C 语言的优点所在。但对于从事电子应用系统开发的硬件工程师来说，不光要会编制应用程序，还要会用单片机及其接口电路来构成一个硬件系统。所以多了解一些单片机的系统资源是非常有用的。这就是传统单片机教学中仍广泛使用汇编语言的原因之一。但是由于当前单片机生产厂家和单片机型号很多，不同指令系统的单片机实现相同功能的汇编程序存在差异。而 C 语言程序可移植性强，只要对程序中使用的单片机资源进行重新定义，就可以把应用程序从一种单片机移植到另一种单片机上。本章将重点介绍汇编语言和 C51 语言的程序设计基础。

5.1 程 序 的 结 构

5.1.1 程序设计的步骤

用编程语言编写一个程序的过程大致上可以分为以下几个步骤。

（1）分析问题，明确所要解决问题的要求。

（2）确定算法。根据实际问题的要求和指令系统的特点，决定所采用的计算公式和计算方法，这就是一般所说的算法。算法是进行程序设计的依据，它决定了程序的正确性和程序的质量。

（3）绘制程序框图。根据所选择的算法，确定出运算的步骤和顺序，把运算过程画成程序的流程图（程序框图）。

（4）确定数据格式，分配工作单元，进一步将程序框图画成详细的操作流程图。

（5）根据程序的流程图和指令系统，编写出相应的程序。

（6）程序测试。单片机没有自开发的功能，因此需要使用仿真器，在仿真器上以单步、断点和连续方式试运行程序，对程序进行测试，排除程序中的错误，直至程序正确为止。

（7）程序优化。程序优化就是通过缩短程序的长度来加快运算速度，节省数据存储单元。在程序设计中经常使用循环程序和子程序的形式来缩短程序，通过改进算法和正确使用指令来节省工作空间，减少程序执行的时间。

5.1.2 流程图

1. 什么叫流程图

流程图是用来描述事物进行过程的一种图。从流程图上，我们能够清楚地看出进行过程中各个步骤之间的逻辑关系（例如分支、循环、转移等），它比用文字说明更明确、更简练、更形象。程序流程图则是计算机操作方案的形象描述，它用箭头将一系列表示各种操作功能的各种形状的框图按照它们之间的逻辑关系连接起来，直观地展示了程序运行的过程及其先后次序。

2. 流程图的作用

研制一个带有微型计算机的产品时，研究人员要从硬件和软件两方面综合考虑。硬件设计主要考虑 CPU 与各种外围设备的连接，选用什么样的 I/O 接口芯片，它们的端口地址安排以及使能（片选）信号、读、写信号的传递等；软件设计主要考虑怎样用指令来实现解决问题所必需的各种算法和逻辑功能，即编制出正确的计算机运行程序。在编制程序之前，首先应该把所要解决的问题分析清楚，并考虑解决问题的步骤，流程图则是行之有效的一种辅助手段。因为流程图集中体现了过程中的各种逻辑关系，层次分明、思路清楚，它将一个复杂的问题分解为一系列较为简单的步骤，从而使问题变得清晰、明确、易解，再按此流程图编写程序，就能使编程工作变得简单容易。所以，画出正确的流程图对软件设计至关重要。

流程图还有助于在程序调试中及时发现问题和寻找错误。有了流程图，可以对照流程图来检查程序。只要流程图正确，就很容易找出程序中的逻辑错误。否则，从一个较复杂的程序中寻找问题是相当困难的。

流程图也是阅读程序的一个辅助工具。阅读别人的程序，弄清程序中的逻辑关系，理清编制者考虑问题的思路，理解程序中所用的一些算法是很花费时间的，尤其是含有分支、循环、转移指令等结构较为复杂的程序。而有了流程图，我们可以先看懂它，这样我们对于整个程序的结构和编者的思路就有了全面的理解，在这样的基础上再去读程序，就容易得多了。因此，画好流程图是计算机程序设计中一个很重要的环节，对于初学者来说，画好流程图可以说是学习中不可缺少的一环。

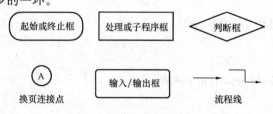

图 5-1　常用的流程图符号框

3. 流程图中的符号框

一些常用的流程图符号框如图 5-1 所示。

（1）起止框，用来表示过程的开始和结束。

（2）处理框，用来表示某种处理或运算。

（3）判断框，用来测试并判断是否满足

某条件。

  （4）流程线，用来表示流程图的路径和方向。

  （5）输入/输出框，用来表示信息的输入/输出。

  （6）子程序框，用来表示要调用某子程序。

  （7）换页连接点。当流程图在一页纸上画不下时，为了确保流程图的完整准确，在相应的连接处画上相同的符号，以表示流程图从这里流向本页外的某个地方（出口点）或从本页流程图外某个地方流入这里（入口点）。

  为了提高程序设计的质量和效率，使程序结构清晰、易读性强，目前人们广泛采用了结构化的程序设计方法。结构化程序由若干个基本结构组成，每个基本结构可以包括一个或若干个语句，但只能有一个入口和一个出口。程序的基本结构有三种：顺序结构、选择结构和循环结构。

5.1.3 顺序结构

  顺序结构如图 5-2 所示。先执行 A 操作，完成后再执行 B 操作，两者是前后的顺序关系。图（a）为流程图；图（b）为盒图，又称 N-S 图。

5.1.4 选择结构

  选择结构有二分支选择结构和多分支选择结构两种。二分支选择结构如图 5-3 所示。P 代表一个条件，当条件 P 成立（或称为"真"）时执行 A 操作，否则（条件 P 不成立时）执行 B 操作。但要注意，A 或 B 两个操作中只能执行其中的一个。

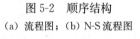

图 5-2 顺序结构

（a）流程图；（b）N-S 流程图

  多分支选择结构如图 5-4 所示。图中根据 K 值的不同而执行相应的操作，如 K＝1 时执行 A1 操作。

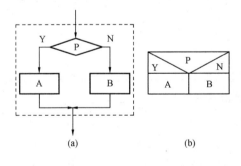

图 5-3 二分支选择结构

（a）流程图；（b）N-S 流程图

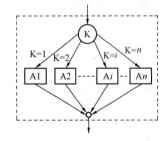

图 5-4 多分支选择结构

5.1.5 循环结构

  循环结构也有两种：当型循环和直到型循环。

  1. 当型循环

  当型循环的结构如图 5-5 所示。当条件 P 成立（为"真"）时，反复执行 A 操作，直到条件 P 不成立（为"假"）时才停止循环。

  2. 直到型循环

  直到型循环的结构如图 5-6 所示。先执行 A 操作，再判断条件 P 是否为"假"，若 P 为"假"，则继续执行 A 操作，如此反复，直到条件 P 为"真"才停止循环。

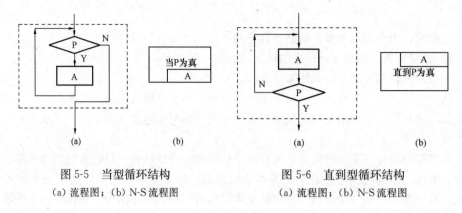

图 5-5 当型循环结构　　　　　　　　　图 5-6 直到型循环结构

(a) 流程图；(b) N-S 流程图　　　　　　　(a) 流程图；(b) N-S 流程图

以上各方框图中的 A、B、A1、…、An 等可以是单个语句，也可以是一个基本结构。

5.2 汇编语言程序设计基础

把解决问题的操作步骤用计算机指令系统中的若干条指令有序地组合在一起并描述出来的工作叫做程序设计。每一条语句就是一条指令，每一条指令都是用意义明确的助记符来表示的，这些指令命令 CPU 执行特定的操作，完成规定的功能。但是用汇编语言编写的源程序，单片机是不能直接执行的。汇编语言源程序必须翻译成二进制的机器代码（通常称为"目标代码"）后单片机才能执行，这个过程称为汇编。汇编过程可以由人工进行，但单片机应用系统的源程序都比较长，靠人工翻译容易出错、耗时又长，因此一般都采用汇编程序来翻译源程序代码。由汇编程序对汇编语言编写的源程序进行汇编的，还要在源程序中提供一些供汇编程序用的指令，如需要指定下一段程序或数据存放的起始地址等，这些指令在汇编后并不会生成机器代码，也不会使 CPU 执行任何操作，所以称之为伪指令。

5.2.1 常用伪指令

1. ORG

ORG 伪指令总是出现在每段源程序或数据块的开始，以指明此语句的下一行开始的程序段或数据块存放在程序存储器中的起始地址。其格式为

　　　　ORG　xxxxH

例如：

```
        ORG 1000H
DELAY:  MOV   R1, #46      ; 立即数 46 送寄存器 R1
DEL0:   MOV   R2, #100     ; 立即数 100 送寄存器 R2
DEL1:   MOV   R3, #100     ; 立即数 100 送寄存器 R3
        DJNZ  R3, $        ; 寄存器 R3 中的内容减 1，不为零转移到当前指令
        DJNZ  R2, DEL1     ; 寄存器 R2 中的内容减 1，不为零转移到 DEL1
        DJNZ  R11, DEL0
```

上面这个延时程序段中，"ORG 1000H"就是指明将该伪指令下面的延时程序存放在程序存储器中起始地址为 1000H 的地址空间内，即第 1 条指令存放在 1000H 单元中，其他指令接着往后存放，如图 5-7 所示。

2. DB

DB 伪指令通常出现在某段程序的最后，以表明该语句后面的是一张数据表。其格式为

　　　　标号：　DB　字符常数 或字符 或表达式

例如：

```
        ORG   2900H
DB    "WELCOME"
        ORG  3000H
DB    0C0H, 0F9H, 0A4H, 0B0H, 99H, 92H, 82H, 0F8H；LED字模表
DB    80H, 90H, 88H, 83H, 0C6H, 0A1H, 86H, 8EH
```

上面这段是显示用的字模表，伪指令将该段程序定位存放在首地址为 3000H 及以后的单元中，如图 5-8 所示。

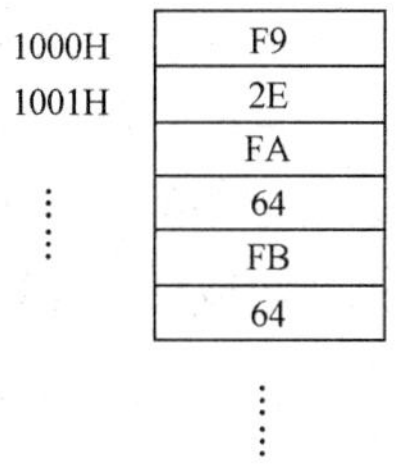

3000H	C0H
3001H	F9H
┊	A4H
	B0H
	99H
	92H
	82H
	F8H
	80H
	90H
	88H
	83H
	C6H
	A1H
	86H
	8EH

1000H	F9
1001H	2E
┊	FA
	64
	FB
	64

图 5-7　程序存放位置 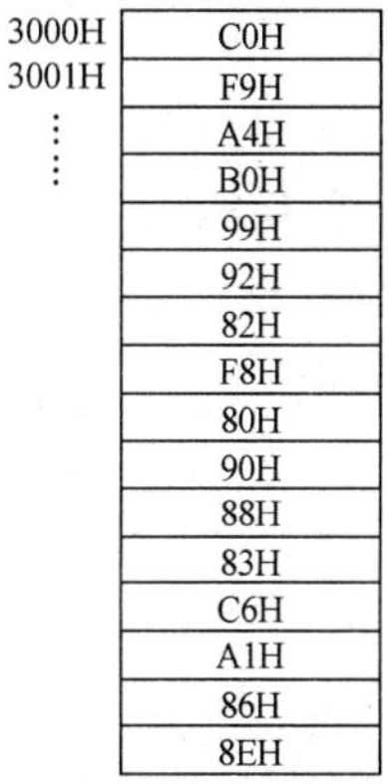　　　图 5-8　存储器中字模表

3. DW

DW 伪指令的功能与 DB 类似，其不同在于 DW 定义的是一个字，即两个字节。而 DB 定义的是 1 个字节。DW 通常用于定义地址。

4. EQU

EQU 伪指令的功能是将操作数赋值于标号，使两边的两个量相等。其格式为

　　　　标号：　字符名称　EQU　操作数

例如：AUXR EQU 8EH　　　　　；特殊功能寄存器 AUXR 的地址声明

　　　WAKE＿CLKO EQU 8FH　　；特殊功能寄存器 WAKE＿CLKO 的地址声明

　　　BRT EQU 9CH　　　　　　；特殊功能寄存器 BRT 的地址声明

5. DATA

DATA 伪指令的功能是将单片机内部 RAM 存储器的某个单元或某个特殊功能寄存器用一个符号表示。其格式为

　　　　标号：　符号　DATA　操作数

例如：ADCCH DATA 20H　；指定内部单元 20H 为 ADC 通道号

DATA 伪指令的用法与 EQU 类似，但在源程序中 EQU 一般用于常数代换，而 DATA 常用于变量地址分配，即 DATA 用来指定某个变量值的存放单元，是可以进行读或写的片内 RAM 单元。

6. XDATA

XDATA 伪指令的功能与 DATA 类似，其不同之处在于它是将单片机片外部 RAM 存储器的某个单元用一个符号表示。其格式为

　　　　标号：　符号　XDATA　字节地址

7. BIT

BIT 伪指令的功能是将某个可以位寻址的单元用一个符号来表示。其格式为

标号： 符号 BIT 位地址

例如：`BOTM_UP BIT P2.1` ；定义"向上按键"，对应单片机的引脚为 P1.1

`BOTM_DWM BIT P2.2` ；定义"向下按键"，对应单片机的引脚为 P1.2

8. $

$ 表示当前指令的首地址，51 单片机没有暂停指令，因此它通常用于 CPU 运行中的暂停控制。

例如： `AJMP $`

9. END

END 伪指令是一个结束标志，用来说明汇编语言源程序段已结束。在一个源程序中只允许出现一个 END 语句，该伪指令必须是源程序的最后一个语句。若 END 语句的后面还有源程序的话，汇编程序将不汇编这些语句。

5.2.2 语句格式

用汇编语言编写的源程序由若干行组成。行是构成汇编语言程序的基本单位，每行只能包含一条语句。一般来讲，每行程序可分为四个区段：标记段、操作码段、操作数段、注释段，段与段之间用一个定界符隔开，其格式为

标号：操作码目标地址，源地址；注释

1. 标号

标号是指令的符号地址。在编写程序中采用符号地址是为了便于查询、修改以及转移指令的书写，并不是每条指令都必须有标号，通常在程序分支、转移所需要的地址处才加上一个标号。在程序汇编时，它被赋予指令目标码第一个字节存储单元地址的具体数值，这样，标号就可以以一个确定的数值出现在操作数的区段中。标号最多可由 6 个可打印的 ASCII 字符组成，第一个字符不能以数字开始，一般来讲，一个程序中不能在两处使用同一标号，标号也不能使用机器的保留字。标号应使用一种约定的形式，以避免标号的重复，保证标号的可读性。良好的约定可以提高程序的通用性和可读性。

2. 操作码

操作码是汇编语言程序每一行中不可缺少的部分，因为它表示的是指令执行什么样的操作。

3. 操作数

操作数取决于指令的寻址方式，它可以是具体的数、标号（符号地址）、寄存器、直接地址等。操作数通常由源地址和目标地址两部分组成。

4. 注释

注释是程序设计者对该行指令功能的说明，由可打印的 ASCII 字符组成，为了简洁明了、便于阅读理解，一般用英语或某种直观的符号来解释本行指令的作用。注释对于初学者来说尤为重要。

5.2.3 程序风格

1. 程序文件格式

按照应用程序书写的先后次序，源程序主要由说明区、定义区、矢量区、主程序区、子程序区、中断服务区和常数区 7 个部分组成。

（1）说明区。说明区用来描述本程序的名称、功能、运行环境、编制人、编制时间、程序的版本等信息。以明确本程序作何种用途、需要支持的硬件、作者等。例如：

```
;  ****************************************************************
;                        节电型电扶梯控制
;       程序名：escalator _ ES.asm
;       功能：具有根据客流量自动进行 Y—Δ 切换或调速
;       说明：1. 本程序适用于 Y—Δ 起动或变频器控制的电扶梯
;             2. 根据扶梯类型设置控制方式跳线
;             3. 晶振频率 11.0592MHz
;       编写者：陈洁        日期：2012-10-12
;  ****************************************************************
```

（2）定义区。定义区用来定义单片机的引脚、端口的用途，或程序中使用的变量符号等。例如：

```
;------控制输入口定义----------
UP      BIT   P1.3    ；上行
DOWN    BIT   P1.4    ；下行
SERV    BIT   P1.5    ；维修
KC      BIT   P1.6    ；安全
;----------------------------------
```

（3）矢量区。矢量区用来定义单片机所支持的中断矢量。51 单片机按照中断源的不同有固定的中断服务程序的入口地址，这些地址是不能随意更改的。例如：

```
;------中断矢量---------------------------------
        ORG   0003H   ；外部中断 0
AJMP    EX _ INT0
        ORG   000bH   ；定时器 0 溢出
AJMP    TIME0
        ORG   0013H   ；外部中断 1
AJMP    EX _ INT1
        ORG   001BH   ；定时器 1 溢出
AJMP    TIME1
        ORG   0023H   ；串行口中断
AJMP    SERIAL
        ORG   002BH   ；定时器 2 溢出
    AJMP  TIME2
;------------------------------------------------------
```

（4）主程序区。主程序区是单片机系统应用程序的框架，是单片机按预定操作方式运行程序，完成人机对话和测量、控制等功能，使应用系统按照操作者的意图来完成指定工作的程序区域。因此称其为"监控程序"。

监控程序有完成系统自检、初始化、处理键盘命令、处理接口命令、处理条件出发和显示等功能。

（5）子程序区。子程序区是一个个实现各自模块功能的子程序的云集地，它是应用软件中规模最大的、构成最复杂的区域。

（6）中断服务区。中断服务区是单片机中断系统产生中断且允许中断时进行相应服务的程序区域。51 单片机有 6 个中断源，故中断服务区中最多有 6 个中断服务程序。

（7）常数区。常数区用来存放重要的系统常数，如显示的字符串、键盘编码、显示段码和专用数据表等。

2. 程序存储空间分配

源程序文件格式中除说明区、定义区外其余 5 个部分的内容都将生成目标代码存放到单片机的程序存储器中。因此它们在存储器中存放的位置也是汇编程序员应该规划的。

从第 2 章中我们知道不同系列单片机的内部程序存储器的容量大小不同，如 STC11Fxx 系列单片机内部程序存储器的容量有 1～62KB 不等。但由于这几种单片机都采用 MCS-51 指令系统，因此应遵从 MCS-51 的程序存储器配置。64KB 程序存储器中有 7 个单元具有特殊功能，即 0000H 单元和 6 个中断矢量单元，这些单元不能作为其他用途。由于 MCS-51 单片机复位后程序计数器 PC 的内容为 0000H，故系统必须从 0000H 单元开始取指令、执行程序。它是系统的启动地址，一般在该单元中存放一条绝对跳转指令，而用户设计的主程序就是从跳转地址单元开始存放。除此之外，其他 6 个特殊单元分别对应 6 种中断源中断服务子程序的入口地址，如图 2-10 所示。通常在这些入口地址处也放置一条绝对跳转指令，而真正的中断服务子程序从转移的目的地址开始存放。

5.2.4　汇编

汇编语言是不能被 CPU 直接读取并执行的，因此必须将它翻译成机器语言，这一工作称为汇编。实现汇编通常有两种办法：由程序人员对照指令表，一条条查找、翻译，叫做手工汇编；将一个程序在计算机上完成从汇编语言到机器语言的转换，叫做程序汇编。能实现汇编的程序叫做汇编程序。能将用汇编语言写的源程序翻译成计算机能识别并执行的机器语言表示的目标程序，这是汇编程序的基本功能。因此，它至少应完成下述几个任务。

（1）通过查机器操作码表，把符号指令译成机器码。

（2）把宏指令展开并变为机器码嵌入源程序。

（3）建立每条指令的地址。

（4）给标号赋予实际数值。

（5）完成表达式的计算。

（6）给出用户程序的符号表。

（7）对源程序查错，给出错误的语句并说明错误性质。

5.2.5　程序调试

程序编制好后，一般都需要经过调试，才能确保其正确无误。可以说，几乎所有较复杂的程序都不能保证一次编制成功。调试步骤一般可分为下列三步。

（1）首先将编制好的程序在开发编程工具上做模拟试验，用给定的简单的检查数据来测试程序运行结果的合理性、正确性，以便及早发现程序本身存在的逻辑错误。

（2）然后将软件、硬件结合起来联机调试，协调两者在时间上、接口地址分配上等方面的配合问题。

（3）最后在实际运行中审核各种性能指标是否达到设计要求以及克服现场环境干扰影响的措施是否得当。

5.3　MCS-51 汇编程序基本结构

本节我们将结合 MCS-51 指令系统的特点，主要介绍一些常见的汇编语言程序结构。

5.3.1　顺序程序

顺序程序设计是最简单的程序设计，MCU 是按照指令在存储器中存放地址的位置次序从小到大的顺序来执行的。这种结构中常用到的指令有：数据传输类指令、算术运算类指令、逻辑运算类指令和部分位操作类指令。

【例 A5-1】 两个 8 位无符号数相加，结果是 8 位。设 MCU 内部 RAM 的 40H、41H 单元中分别存放无符号数 ND1 和无符号数 ND2，将相加后的结果存储在 42H 单元中。

```
; *************************************************************************
; 程序名：ADD1        功能：两个 8 位无符号数相加
; 说明：设 MCU 内部 RAM 的 40H、41H 单元中分别存放无符号数 ND1 和无符号数 ND2，
;         将相加后的结果存储在 42H 单元中。
; *************************************************************************
    ADD1：MOV  R0，＃40H    ；设 R0 为数据指针
          MOV  A，@R0        ；取 DN1
          INC  R0            ；修改指针
          ADD  A，@R0        ；DN1 + DN2
          INC  R0
          MOV  @R0，A        ；存放结果
          RET               ；返回
; ------------------------------------------------------------------------
```

【例 A5-2】 将两个字节中的低 4 位合并成一个字节（8 位）。设 MCU 内部 RAM 的 40H、41H 单元中分别存放无符号数 DAT1 和无符号数 DAT2，将合并后的结果存储在 42H 单元中。

```
; *************************************************************************
; 程序名：CMB        功能：两个字节中的低 4 位合并成一个字节
; 说明：设 MCU 内部 RAM 的 40H、41H 单元中分别存放无符号数 DAT1 和无符号数 DAT2，
;         将合并后的结果存储在 42H 单元中。
; *************************************************************************
    CMB：MOV  R1，＃40H
         MOV  A，  @R1
         ANL  A，#0FH    ；取第 1 个低 4 位
         SWAP A          ；高 4 位与低 4 位互换
         INC  R1
         XCH  A，@R1     ；取第 2 个字节
         ANL  A，＃0FH   ；取第 2 个低 4 位
         ORL  A，@R1     ；合成
         INC  R1
         MOV  @R1，A
         RET
; ------------------------------------------------------------------------
```

5.3.2 分支程序

在解决实际问题中，只用简单的程序设计方法肯定是不够的。因为在好多情况下需要对某个条件进行判断，对某种情况进行比较，然后再按不同的条件或情况去执行，也就是根据判断或比较的结果转向不同的分支。这种结构中常用到的是控制转移类指令，如 JZ、JNZ、CJNE、JNC、JC、JB、JNB、JBC 等。其中部分控制转移类指令的功能示意图如图 5-9 所示。

【例 A5-3】 两个无符号数比较大小。设存储单元 UDAT1 和 UDAT2 中存放两个不带符号的二进制数，找出其中的大数并存入 UDAT3 单元中。两个无符号数比较的流程图如图 5-10 所示。

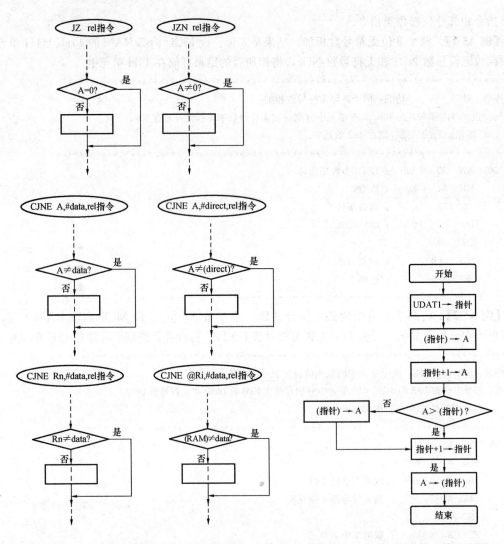

图 5-9　部分控制转移类指令功能示意图　　　图 5-10　两个无符号数比较流程图

```
; ********************************************************************************
; 程序名：COM    功能：两个无符号数比较大小
; 说明：设存储单元 UDAT1 和 UDAT2 中存放两个不带符号的二进制数，
;       找出其中的大数并存入 UDAT3 单元中。
; ********************************************************************************
    COM: CLR  C
         MOV  DPTR, ＃UDAT1
         MOVX A,   @DPTR
         MOV  R2, A
         INC  DPTR
         MOVX A,   @DPTR
         SUBB A, R2
         JNC  BIG1
         XCH  A, R2
   BIG0: INC  DPTR
```

```
        MOVX A, @DPTR
        RET
BIG1: MOVX A, @DPTR
        SJMP  BIG0
; -------------------------------------------
```

5.3.3 散转程序

散转程序是分支程序中的一种。它根据输入条件或运算结果来转入相应的处理程序。实现散转程序的方法有多种，通常采用逐次比较法，即对每个情况逐一进行比较，若符合条件则转向相应的处理程序。由于每种情况都需要比较和转移，若有 n 种情况，就需要 n 个比较和转移，因此这种方法的缺点是程序比较长。MCS-51 指令系统中有一条跳转指令"JMP @A＋DPTR"，它可以很方便地实现散转功能。该指令把累加器 A 中的 8 位无符号数作为地址的低 8 位，与 16 位的数据指针 DPTR 中的内容相加，将其和送入程序计数器作为转移指令的地址。执行"JMP @A＋DPTR"指令后，累加器 A 和数据指针 DPTR 的内容保持不变。使用"JMP @A＋DPTR"指令实现散转功能的流程如图 5-11 所示。

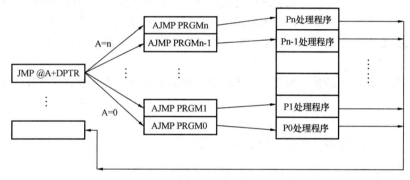

图 5-11 "JMP @A＋DPTR"指令散转功能的流程

【例 A5-4】 根据寄存器 R3 中的内容，转向各个处理程序。

```
; **********************************************************************
; 程序名：PJ1    功能：根据寄存器 R3 中的内容，转向各个处理程序
; 说明：若(R3) = 0 转移到 PRGM0,
; (R3) = 1 转移到 PRGM1,
; …,
; (R3) = n 转移到 PRGMn,
; **********************************************************************
    TAB1: AJMP  PRGM0
          AJMP  PRGM1
          ……
          AJMP  PRGMn
          ……

    PJ1: MOV  DPTR,  ＃TAB1
         MOV  A, R3
         RL  A                   ; A乘2，作散转表偏移量调整
         JMP  @A＋DPTR
         ……
```

```
    AA:
        ......
    PRGM0:
        ......
        AJMP   AA
    PRGM1:
        ......
        AJMP   AA
    PRGMn:
        ......
        AJMP   AA
;  ------------------------------------------------
```

5.3.4 循环程序

顺序程序、分支程序或散转程序有一个共同的特点，就是程序中的每条指令最多只执行一次。而在实际问题中，有时会遇到多次重复地处理某一件事，这种情况用循环程序来解决比较合适。采用循环程序，在程序中，循环体的指令可以反复执行多次，使程序缩短，节约存储空间。循环次数越多，循环程序的优越性就越明显。循环程序通常由下列五部分组成。

1. 初始化部分

为程序的循环执行做准备，如设置循环次数计数器的初值，地址指针的初值，为循环变量赋值等。

2. 处理部分

反复多次执行的程序段，是循环程序的核心部分。

3. 修改部分

每执行一次循环体后，对指针做一次修改，使指针指向下一数据所在的位置，为进入下一轮处理做准备。

4. 控制部分

根据循环次数计数器的状态或循环条件，检查循环是否继续进行。若循环次数已到或循环条件不满足，则退出循环，否则继续循环。

5. 结束部分

分析和存放执行结果。

汇编语言程序的两种循环结构如图 5-12 所示。在 51 单片机中常用 DJNZ 指令来实现循环，其功能流程如图 5-13 所示。

【例 A5-5】 20 毫秒延时程序。程序采用两重循环，先执行后判断的结构。

```
; **************************************************************
; 程序名：DL20MS    功能：延时程序 10 毫秒
; 说明：晶振频率为 12MHz
; **************************************************************
    DL20MS: MOV  R7,   ＃F0H
       DL1: MOV, R6,   ＃F0H
       DL2: DJNZ R6,   DL2
            DJNZ R7,   DL1
            RET
;  ------------------------------------------------
```

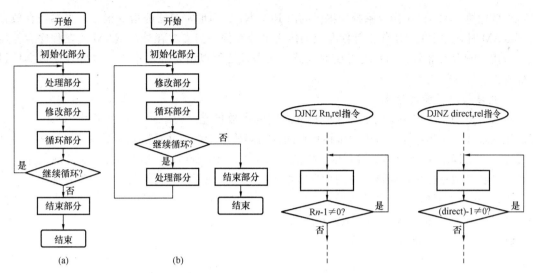

图 5-12 循环结构

图 5-13 DJNZ 指令功能流程图

（a）先执行后判断；（b）先判断后执行

5.3.5 子程序和参数传递

在实际应用程序中，常常会进行一些相同的计算或操作，如数制转换、函数式计算等。如果每次都从头开始编制一段相同的程序，不仅麻烦，而且浪费存储空间。因此我们需要对一些常用的程序段以子程序的形式，事先存放在存储器的某一区域。当主程序正在运行，需要调用子程序时，只要执行调用子程序的指令，使程序转至子程序开始执行即可。当子程序处理完毕后，返回主程序，继续进行以后的操作。调用子程序的几个优点如下。

（1）避免了对相同程序段的重复编制。

（2）简化程序的逻辑结构，同时也便于对子程序进行调试。

（3）节省存储器空间。

MCS-51 指令系统中，提供了 ACALL 及 LCALL 两条调用子程序指令，并提供了一条返回主程序的指令 RET。

在子程序体内除子程序本身外，一般还包含两个部分：保护现场和恢复现场。由于主程序每次调用子程序的工作是事先安排的，根据实际情况，有时可以省去保护现场的工作。

调用子程序前，主程序应先把有关参数存放在指定的存储单元，子程序在执行时，可以从指定的存储单元取得参数，当子程序执行完后，将得到的结果存入指定的存储单元，返回主程序后，主程序可以从这些指定的存储单元中取得需要的结果，这就是参数的传递过程。下面我们结合 MCS-51 单片机的特点，介绍几种参数传递的方法。

1. 用累加器和寄存器进行参数的传递

用累加器和寄存器存放输入参数及结果参数，可以提高程序的运算速度，而且相应的程序也很简单。它的不足之处是参数不能传递很多（因为寄存器的数量有限）；主程序在调用子程序前必须将参数先送入寄存器；由于子程序参数的个数是固定的，故主程序不能任意设定参数的多少。

2. 用指针寄存器进行参数的传递

当程序中需要处理的数据量比较大时，常常用存储器存放数据，而不用寄存器。用指针指示数据在存储器中所处的位置，可以大大减少参数传递中的工作量。使用指针的方法能实现数据长度可变的运算。MCS-51 指令系统中提供的以 R0，R1 作间址寄存器的指令很多，当参数存放在内部 RAM 时，用 R0，R1 作指针使参数的传递十分方便。当参数在外部 RAM 或在程序存储器时，可用 DPTR 作指针。对长度可变的运算，数据长度可以由寄存器指出，也可以在数据后设置标志。

3. 用堆栈进行参数传递

堆栈可以用于主程序调用子程序时相互之间的参数传递。调用前，主程序用 PUSH 指令把参数压入堆栈，子程序在执行中按堆栈指针间接访问栈中参数，并且把运算结果送回堆栈。返回主程序后，主程序用 POP 指令得到堆栈中的结果参数。利用堆栈传递参数的方法比较简单，而且可传递的参数量比用寄存器传递的参数多得多，过程中也不必为特定的参数分配存储单元。

下面举一例用堆栈进行参数传递的程序。把内部 RAM 中 40H、41H 单元的 4 位十六进制数转换成 ASCII 码，通过 SCON 串口发送字符。

【例 A5-6】 利用堆栈传递参数。

```
; ********************************************************************************
;    程序名：TMAN
;    功能：将 RAM 中 40H、41H 单元的 4 位十六进制数转换成 ASCII 码，通过 SCON 串口发送字符。
;    说明：利用堆栈进行参数传递。
; ********************************************************************************
        ORG  8000H
TMAN:   PUSH 40H
        ACALL  HEAS2
        POP  ACC
        ACALL  TRANS
        POP  ACC
        ACALL  TRANS
        PUSH 41H
        ACALL  HEAS2
        POP  ACC
        ACALL  TRANS
        POP  ACC
        ACALL  TRANS
......
HEAS2:  MOV  R0, SP       ; 借用 R0 为堆栈指针
        DEC  R0
        DEC  R0           ; R0 指向被转换参数地址
        PUSH ACC          ; 保护累加器
        MOV  A, @R0       ; 取参数
        ANL  A, #0FH      ; 取右半字节
        ADD  A, #14       ; 得 PC 值与 ASCII 表的偏移地址值
        MOVC A, @A + PC   ; 查表
        XCH  A,   @R0     ; 十六进制数低位的 ASCII 码存入堆栈
        SWAP A            ; 取左半字节
        ANL  A, #0FH
        ADD  A, #07H      ; 得 PC 值与 ASCII 表的偏移地址值
        MOVC A,   @A + PC ; 查表
```

```
           INC   R0
           XCH   A,  @R0        ; 16 进制数高位的 ASCII 码存入堆栈
           INC   R0
           XCH   A,  @R0        ; 低位返回地址放堆栈
           INC   R0
           XCH   A,  @R0        ; 高位返回地址放堆栈, 恢复累加器
           RET
ATAB2：     DB    30H, 31H, …, 39H, 41H, …, 46H

TRANS：    JNB   TI, TRANS      ; 发送字符子程序
           CLR   TI
           MOV   SBUF, A        ; 字符送缓冲器
           RET
      END
```

; --

5.3.6 查表程序

查表程序是最常用的程序之一，在单片机应用系统中的 LED 显示控制、打印机打印控制、以及处理数据补偿、计算、转换等功能程序中使用广泛。

查表，顾名思义在程序中存在一张表，用来存放一组数据。就表本身而言，表就有许多不同的结构。以存放数据的顺序分，表有两种：有序表和无序表。以存放数据的位置分，表有存放在程序存储器（用 MOVC 指令访问）中的和存放在数据存储器（用 MOVX 指令访问）中的。

如果用 LED 数码管显示单片机运行的结果时，就需要把这个十六进制数转换成发光二极管组成的七段代码。七段 LED 数码管的代码如图 5-14 所示。当选用的是共阳极的数码管时，某段上的电平为 "0"，则该段发光。例如要显示数字 "1"，则只要把字节中的第 1 位和第 2 位置 "0"，即将数据 11111001B（F9H）送 LED 接口便可显示。共阴极数码管则刚好相反，加高电平时该段发光。

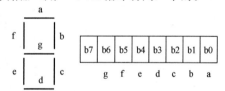

图 5-14 七段数码管

【例 A5-7】 将十六进制数转换成七段数码管显示的七段代码。

```
; ****************************************************************************
;    程序名：HEX _ 7SEG. ASM      功能：2 位十六进制数转换成 2 个 7 段显示码
;    说明：将十六进制数存放在寄存器 R2 中，两个七段代码存放在寄存器 R2 和 R3 中
;
; ****************************************************************************
           ORG   8000H
HEX _ 7SEG：MOV  DPTR, #TABS     ; 送表首地址
           MOV   A, R2           ; 16 进制数送累加器
           ANL   A, #0FH         ; 取低半字节
           MOVC  A, @A + DPTR    ; 查表
           MOV   R3, A           ; 低字节 7 段码送寄存器 R3
           MOV   A, R2           ; 16 进制数送累加器
           ANL   A, #F0H         ; 取高半字节
           SWAP  A               ; 高/低半字节互换
```

```
        MOVC   A, @A+DPTA          ; 查表
        MOV    R2, A               ; 高字节 7 段码送寄存器 R2
        RET                        ; 返回
TABS:                              ; 段码表
    DB C0H, F9H, A4H, B0H, 99H     ; 0, 1, 2, 3, 4
    DB 92H, 82H, F8H, 80H, 90H, BFH ; 5, 6, 7, 8, 9, —
;
```

5.3.7 数制转换

数制转换程序也是单片机应用系统中最常用的程序之一。因为在计算机中只能用二进制数来进行运算和处理，而人们的习惯却是使用十进制数进行各种运算。在计算机中可以用二进制数来表示十进制数，即用 4 位二进制数来表示 1 位十进制数，称之为 BCD 码。这就要求计算机系统在进行运算时采用二进制数，而在数据输入或输出显示时用七段显示码、ACSII 码、BCD 码等。

【例 A5-8】 将 4 位十进制数转换成二进制数，其流程图如图 5-15 所示。

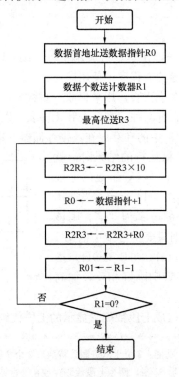

图 5-15　将 4 位十进制数转
换成二进制数的流程图

```
; ****************************************************************************
;     程序名：BCD_TO_BIN    功能：将 4 位十进制数转换成二进制数
;     说明：将 4 位十进制数存放在 40H~43H 单元的低 4 位（高 4 位为 0），转换后存放在寄存器 R2 和 R3 中
;
; ****************************************************************************
BCD_TO_BIN: SETB    PWS.3          ; 选用寄存器区 1
            MOV     R0, #40H       ; 待转数存放的首地址送寄存器
            MOV     R1, #03H       ; 转换数的个数
            MOV     R2, #0         ; R2 清零
```

```
        MOV     A,    @R0
        MOV     R3,   A
LOOP：  MOV     A,    R3
        MOV     B,    ♯10
        MUL     AB
        MOV     R3,   A      ；R3×10 低 8 位送 R3
        MOV     A,    B
        XCH     A,    R2     ；R3×10 高 8 位送 R2 暂存
        MOV     B,    ♯10
        MUL     AB
        ADD     A,    R2     ；R2×10＋(R3×10)高 8 位
        MOV     R2,   A
        INC     R0           ；取下一个 BCD 数
        MOV     A,    R3
        ADD     A,    @R0
        MOV     R3,   A
        MOV     A,    R2
        ADDC    A,    ♯0     ；加低字节的进位
        MOV     R2,   A
        DJNZ    R1,   LOOP
        CLR     PWS. 3       ；选用寄存器区 0
        RET
；————————————————————————————————————————
```

5.4　C51 语言程序设计基础

　　C51 语言是函数式语言，其程序由函数构成，每一个源程序都由一个主函数 main（）和若干个函数组成。函数可以是系统提供的库函数，也可以是用户自己设计的函数。C51 程序中的一个函数相当于汇编程序中的一个子程序。

5.4.1　C51 语言的标识符和关键字

　　标识符是用来标识源程序中某个对象的名称的，这些对象可以是语句、数据类型、函数、变量和数组等。标识符由字符串、数字和下划线组成，要注意的是第一个字符必须是字母或下划线。通常以下划线开头的标识符是编译系统专用的，因此在编写 C51 语言源程序时一般不要使用以下划线开头的标识符，而最好将下划线用作分段符。标识符在命名时应当简单，含义清晰，这样有助于阅读理解程序。在 C51 编译器中，标识符的前 32 位为有效标识，一般情况下已经够用了。C51 语言是大小字敏感的一种高级语言，两个字母相同但大小写不同的标识符，是完全不同定义的标识符，如 delay 和 DELAY。

　　关键字是编程语言保留的特殊标识符，它们具有固定的名称和含义，在程序编写中不允许标识符与关键字相同。与其他计算机语言相比，C 语言的关键字较少，ANSI（美国国家标准化协会）C 标准一共规定了 32 个关键字，这些关键字见表 5-1。在 Keil μVision2 中，关键字除了有 ANSI C 标准的 32 个关键字外，还根据 51 单片机的特点扩展了相关的关键字，如 for，if，while 等标准的关键字和 sbit，code，interrupt 等扩展的关键字，具体列表可以在网上查找到。其实，在 Keil μVision2 的文本编辑器中编写 C 程序时，系统可以把保留字以不同的颜色显示出来，缺

省颜色为天蓝色。表 5-2 为 Keil C51 编译器扩展的关键字。

表 5-1   **ANSI C 标准关键字**

类型	关键字	用途	说明
数据类型	char	数据类型说明	单字节整型数或字符型数据
	double	数据类型说明	双精度浮点数
	extern	存储种类说明	在其他程序模块中说明了的全局变量
	float	数据类型说明	单精度浮点数
	int	数据类型说明	基本整型数
	long	数据类型说明	长整型数
	short	数据类型说明	短整型数
	signed	数据类型说明	有符号数，二进制数据的最高位为符号位
	struct	数据类型说明	结构类型数据
	union	数据类型说明	联合类型数据
	unsigned	数据类型说明	无符号数据
	void	数据类型说明	无类型数据
控制类型	break	程序语句	退出最内层循环体
	case	程序语句	switch 语句中的选择项
	continue	程序语句	转向下一次循环
	default	程序语句	switch 语句中的失败选择项
	do	程序语句	构成 do…while 循环结构
	else	程序语句	构成 if…else 选择结构
	for	程序语句	构成 for 循环结构
	goto	程序语句	构成 goto 转移结构
	if	程序语句	构成 if…else 选择结构
	return	程序语句	函数返回
	switch	程序语句	构成 switch 选择结构
	while	程序语句	构成 while 和 do…while 循环结构
存储类型	auto	存储种类说明	用以说明局部变量，缺省值为此
	extern	存储种类说明	在其他程序模块中说明了的全局变量
	register	存储种类说明	使用 CPU 内部寄存的变量
	static	存储种类说明	静态变量
其他类型	const	存储类型说明	在程序执行过程中不可更改的常量值
	sizeof	运算符	计算表达式或数据类型的字节数
	typedef	数据类型说明	重新进行数据类型定义
	volatile	数据类型说明	该变量在程序执行中可被隐含地改变

表 5-2   Keil C51 编译器扩展的关键字

关键字	用途	说明
bit	位标量声明	声明一个位标量或位类型的函数
sbit	位变量声明	声明一个可位寻址变量
sfr	特殊功能寄存器声明	声明一个特殊功能寄存器（8位）
sfr16	特殊功能寄存器声明	声明一个 16 位的特殊功能寄存器
data	存储器类型说明	直接寻址的 8051 内部数据存储器
bdata	存储器类型说明	可位寻址的 8051 内部数据存储器
idata	存储器类型说明	间接寻址的 8051 内部数据存储器
pdata	存储器类型说明	分页寻址的 8051 外部数据存储器
xdata	存储器类型说明	8051 外部数据存储器
code	存储器类型说明	8051 程序存储器
interrupt	中断函数声明	定义一个中断函数
reentrant	载入函数声明	定义一个载入函数
using	寄存器组定义	定义 8051 的工作寄存器组

5.4.2 数据类型

数据是计算机操作的对象，是具有一定格式的数字或数值。不同格式的数据构成了数据类型。数据按一定的数据类型进行的排列、组合、架构称为数据结构，也就是数据的组织形式。C51 的数据类型如图 5-16 所示。

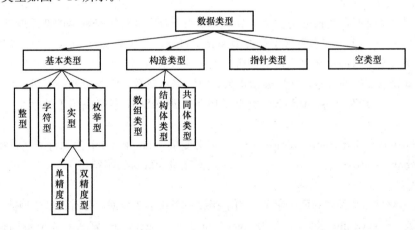

图 5-16 C51 数据类型

在 C51 语言中，保存数据的单元用变量表示。C 语言中单片机的存储单元分配不再像汇编语言那样采用手工分配，而是由编译系统对变量所占的存储单元进行分配。用户在使用变量时，只要保证同一个源程序中不发生相同的变量名，就能保证存储单元不会发生冲突。当变量中的值在程序运行过程中一直保持恒定不变且不能改变时，该变量就称为常量。C51 语言中的变量有两个属性：类型属性和地址属性。

变量的类型属性是指变量的数据类型。在标准 C 语言中基本的数据类型为 char、int、short、long、float 和 double 6 种。而在 C51 编译器中 int 和 short 相同，float 和 double 相同。Keil μVision2 单片机 C51 语言编译器所支持的数据类型见表 5-3。

变量的地址属性是指变量存放的位置，这部分内容将在下一节中重点介绍。

表 5-3   Keil C51 支持的数据类型

数据类型	长度	值域范围	备注
bit	位	0 或 1	二进制位
sbit	位	0 或 1	特殊二进制位
float	4 字节	$\pm 1.175494E-38 \sim \pm 3.402823E+38$	浮点型
[signed] char	1 字节	$-2^7 \sim 2^7-1\,(-128 \sim +127)$	字符型
unsigned char	1 字节	$0 \sim 2^7-1\,(0 \sim 255)$	无符号字符型
[signed] int	2 字节	$-2^{15} \sim 2^{15}-1\,(-32768 \sim +32767)$	整型
unsigned int	2 字节	$0 \sim 2^{16}-1\,(0 \sim 65535)$	无符号整型
[signed] short	2 字节	$-2^{15} \sim 2^{15}-1\,(-32768 \sim +32767)$	短整型
unsigned short	2 字节	$0 \sim 2^{16}-1\,(0 \sim 65535)$	无符号短整型
[signed] long	4 字节	$-2^{31} \sim 2^{31}-1\,(-2147483648 \sim 2147483647)$	长整型
unsigned long	4 字节	$0 \sim 2^{32}-1\,(0 \sim 4294967295)$	无符号长整型
sfr	1 字节	$0 \sim 2^8-1\,(0 \sim 255)$	特殊功能寄存器
sfr16	2 字节	$0 \sim 2^{16}-1\,(0 \sim 65535)$	特殊功能寄存器
*	1~3 字节	对象的地址	指针型

注　[ ] 中的内容可省略。

1. char 类型

char 类型为字符型，其长度是一个字节，通常用于定义处理字符数据的变量或常量，分无符号字符类型 unsigned char 和有符号字符类型 signed char，默认类型为 signed char 类型。unsigned char 类型用字节中所有的位来表示数值，所能表示的数值范围是 0~255。signed char 类型用字节中最高位字节表示数据的符号，"0"表示正数，"1"表示负数，负数用补码表示。所能表示的数值范围是-128~+127。unsigned char 类型常用于处理 ASCII 字符或用于处理小于或等于 255 的整型数。

举例：unsigned char count，temp；　　//定义变量 count 和 temp 为无符号字符型

　　　char　status；　　　　　　　　//定义变量 status 为字符型

2. int 类型

int 类型为整型，其长度为两个字节，用于存放一个双字节数据，分有符号整型数 signed int 和无符号整型数 unsigned int，默认类型为 signed int 类型。signed int 表示的数值范围是-32768~+32767，字节中最高位表示数据的符号，"0"表示正数，"1"表示负数。unsigned int 表示的数值范围是 0~65535。

举例：int timer，figure；　　　//定义变量 timer 和 figure 为整型

　　　unsigned int k，l；　　　//定义变量 k 和 l 为无符号整型

3. long 类型

long 类型为长整型，其长度为四个字节，用于存放一个四字节数据，分有符号长整型 signed long 和无符号长整型 unsigned long，默认类型为 signed long 类型。signed long 表示的数值范围是-2147483648~+2147483647，字节中最高位表示数据的符号，"0"表示正数，"1"表示负数。unsigned long 表示的数值范围是 0~4294967295。

举例：long　p，q；　　　　　　//定义变量 p 和 q 为长整型

　　　　unsigned　long　x，y；　//定义变量 x 和 y 为无符号长整型

4. float 类型

float 类型为浮点型，在十进制中具有 7 位有效数字，是符合 IEEE－754 标准的单精度浮点型数据，长度为四个字节。

5. ＊ 类型

＊类型为指针型，其本身就是一个变量，在这个变量中存放的是指向另一个数据的地址。这个指针变量中要占据一定的内存单元，对不一样的处理器其长度也不尽相同，在 C51 中它的长度一般为 1～3 个字节。

举例：int ＊ ap ，＊ bp ；//定义变量 ap 和 bp 为指针变量

6. bit 类型

bit 位变量是 C51 编译器的一种扩充数据类型，利用它可定义一个位变量，但不能定义位指针，也不能定义位数组。它的值是一个二进制的值，不是 0 就是 1，类似一些高级语言中 Boolean 类型中的 True 和 False。

举例：bit　lock，direction；//定义变量 lock 和 direction 为位变量

7. sbit 类型

sbit 类型同样是单片机 C51 语言中的一种扩充数据类型，利用它能访问芯片内部 RAM 中的可寻址位或特殊功能寄存器中的可寻址位。如先前定义了 sfr　psw = 0xd0，因 psw 寄存器是可位寻址的，所以能定义 sbit　rs0 =　psw^3。

举例：sbit　sb1=p1^0 ，sb2=p1^1；//定义变量 sb1 为 p1.0 引脚，sb2 为 p1.1 引脚

8. sfr 类型

sfr 也是一种扩充数据类型，占用一个内存单元，值域为 0～255。利用它能访问 51 单片机内部的所有特殊功能寄存器。如用 sfr p1= 0x90 这一句定义 p1 为 p1 端口在片内的寄存器，在后面的语句中可以用 p1 = 255（对 p1 端口的所有引脚置高电平）之类的语句来操作特殊功能寄存器。

举例：sfr　run＿flag=0x20；//定义内部 RAM 的 20H 单元为运行标志变量

9. sfr16 类型

sfr16 占用两个内存单元，值域为 0～65535。sfr16 和 sfr 一样用于操作特殊功能寄存器，所不一样的是它用于操作占两个字节的寄存器，即 16 位特殊功能寄存器，如定时器 T0 和 T1。

举例：sfr16 T2=0xcc；//定义变量 T2 为定时器 2 定时寄存器

5.4.3　地址类型

变量的地址属性是指变量存放的位置，变量的地址属性见表 5-4。

表 5-4　　　　　　　　　　　　　　变量的地址属性

存储类型	存储位置	存储类型	存储位置
data	内部 RAM 低 128 字节	pdata	外部 RAM 低 256 字节，通过 P0 口访问
bdata	内部 RAM 字节、位寻址区（16 字节）	xdata	外部 RAM，P0、P2 口构成地址
idata	间接寻址内部 RAM 256 字节	code	程序存储区，只能读不能写

在第 2 章第 4 节中我们讲过 AT89S52 与 8051 系列单片机在物理上都有四个存贮空间：片内程序存储空间，片外程序存储空间，片内数据存储空间和片外数据存储空间。

程序存储空间用于存放程序目标代码和表格常数数据。AT89S52 单片机的片内程序存储空

间为 8KB 的 Flash 程序存储器。当片内 8KB 的程序存储器不够用时需通过 P0 和 P2 口扩展片外程序存储器，片外寻址空间最大为 64KB。

数据存储空间用于数据的暂存、缓冲以及运算结果的存放，也可以用于设定标志位。AT89S52 单片机的片内数据存储空间为 256B。同样，当片内数据存储器不够用时需通过 P0 和 P2 口扩展片外数据存储器，片外数据存储空间最大为 64KB。

由于用 C51 语言编制的程序不需要程序员来确定变量的实际存放单元，而是由编译器自动来完成。因此在编制程序时应确定变量存放在哪个存储空间。若变量的实际存储空间是片内程序存储空间时，就要用"code"定义。若变量的实际存储空间是片内数据存储空间时，就要用"data"和"bdata"定义。若变量的实际存储空间是片外数据存储空间时，就要用"xdata"定义。"pdata"存储类型属于"xdata"类型，其第一字节地址（高 8 位）被保存在 P2 口中，用于 I/O 操作。"idata"存储类型可以间接寻址内部数据存储器。

访问片内数据存储器（data，bdata，idata）比访问片外数据存储器（xdata，pdata）的速度相对要快，因此可将频繁使用的变量存放在片内数据存储器，而将规模较大或偶尔使用的数据存放在片外数据存储器中。

C51 存储类型及其大小和值域范围见表 5-5。

表 5-5　　　　　　　　　　　C51 存储类型及其大小和值域范围

存储类型	长度（bit）	长度（byte）	值域范围	
data	8	1	0～255	8bit
idata	8	1	0～255	8bit
pdata	8	1	0～255	8bit
code	16	2	0～65535	16bit
xdata	16	2	0～65535	16bit

举例：char data var1；　/* 字符变量 var1 被定义为 data 存储类型，C51 编译器将把该变量定位在片内数据存储区中的直接寻址区，即地址 00H～7FH 的范围内 */

bit bdata flags；/* 位变量 flags 被定义为 bdata 存储类型，C51 编译器将把该变量定位在片内数据存储区中的位寻址区，即地址 20H～2FH 的范围内 */

float idata x，y，z；/* 浮点变量 x，y，z 被定义为 idata 存储类型，C51 编译器将把该变量定位在片内数据存储区中，即地址 00H～FFH 范围内，并只能用间接寻址的方式访问 */

unsigned int pdata dimension；/* 无符号整型变量 dimension 被定义为 pdata 存储类型，C51 编译器将把该变量定位在片外数据存储区中，即外部地址 0000H～FFFFH 范围内，由 MOVX　@Ri 访问 */

unsigned char xdata vector［10］［4］；/* 无符号字符二维数组变量 vector［10］［4］被定义为 xdata 存储类型，C51 编译器将其定位在片外数据存储区中，即片外地址 0000H～FFFFH 范围内 */

在定义变量时若省略了存储类型标志符，编译器会自动选择默认的存储类型。默认的存储类型进一步由存储模式指令 small，compact 或 large 限制，存储模式的详细说明见表 5-6。若声明了 char var1，在 small 存储模式下，变量 var1 被定位在 data 存储区；在 compact 模式下，变量 var1 被定位在 idata 存储区；在 large 模式下，变量 var1 被定位在 xdata 存储区。

表 5-6　　　　　　　　　　　　　　　　　　　**存储模式说明**

存储模式	说　　明
small	参数及局部变量放入可直接寻址的片内存储器（最大 128B，默认存储类型是 data），因此访问十分方便。所有对象，包括栈，都必须嵌入片内 RAM
compact	参数及局部变量放入分页片外存储区（最大 256B，默认存储类型是 pdata），通过寄存器 R0 或 R1（@R0，@R1）间接寻址，栈空间位于 8051 系统内部数据存储区中
large	参数及局部变量直接放入片外数据存储器区中（最大 64KB，默认存储类型是 xdata），使用数据指针 DPTR 来进行寻址

5.4.4　运算操作符、表达式及其优先级

C51 语言常用的算术逻辑运算符见表 5-7。

表 5-7　　　　　　　　　　　　　　　　　**常用算术逻辑运算符**

算术逻辑运算符	说　明	算术逻辑运算符	说　明
$+,-,*,/,\%$	加,减,乘,除,取余运算	,	逗号运算符
$\&\&,\|,!$	逻辑与,逻辑或,逻辑非	$*,\&$	指针运算符
$\&,\|,\hat{}\,,<<,>>,\sim$	按位与,或,异或,左移,右移,按位取反	.	分量运算符
$>,>=,<,<=,==,!=$	大于,大于或等于,小于,小于或等于,等于,不等于	sizeof	求字节数运算符
$=$	赋值运算符	[ ]	下标运算符
$?:$	条件运算符		

1. 赋值运算符"="

"="的功能是给变量赋值，称为赋值运算。

例如：Vi = 0xde；　　//把十六进制数 de 赋给变量 Vi

a= b + c;//把变量 b 与 c 相加的结果赋给变量 a

2. 算术、增减量运算符

符号"＋"为加或取正运算符。符号"－"为减或取负运算符。符号"＊"为乘运算符。符号"/"为除运算符。符号"％"为取余运算符。

除法运算和一般的算术运算规则有所不同：两个浮点数相除，其结果为浮点数，如 3.0/6.0 所得的值是 0.5；而两个整数相除所得的值仍是整数，如 7/3 的值为 2。

符号"＋＋"为自增运算符。符号"－－"为自减运算符。这两个运算符只能用于变量的运算，而不能用于常数或表达式。

这两个运算符是对运算对象作加 1 或减 1 操作。需要注意的是运算符在运算对象的前面或后面，其操作的过程是不同的。K＋＋（或 K－－）是先使用 K 的值，再执行 K+1（或 K−1）运算；＋＋K（或－－K）则是先执行运算 K+1（或 K−1）运算，然后再使用 K 的值。

3. 关系运算符

符号"＞"为大于运算符。符号"＜"为小于运算符。符号"＞＝"为大于或等于运算符。符号"＜＝"为小于或等于运算符。符号"＝＝"为等于运算符。符号"！＝"为不等于运算符。

这6个关系运算符通常用来判别条件是否满足，其运算结果只有"0"或"1"，如I>J，M+N<J等。

4. 逻辑运算符

符号"&&"为逻辑与运算。符号"‖"为逻辑或运算。符号"!"为逻辑非运算。其中前两个是双目运算符，要求有两个运算对象，而第3个是单目运算符，只要有一个运算对象即可。逻辑运算符用于求条件式的逻辑值，逻辑表达式的一般形式为

条件式1　逻辑运算符　条件式2

5. 位运算符

C51语言中位运算符有6个，按优先级从高到低依次是：符号"～"为按位取反操作，符号"<<"为左移操作，符号">>"为右移操作，符号"&"为按位与操作，符号"∧"为按位异或操作，符号"|"为按位或操作。

6. 条件运算符

条件运算符的作用就是根据表达式1和表达式2进行逻辑运算的结果值来选择使用变量（整个表达式）的值。当逻辑表达式的值为真时（非0值），变量（整个表达式）的值为表达式1的值；当逻辑表达式的值为假时（值为0），变量（或整个表达式）的值为表达式2的值。条件表达式的一般形式为

变量＝（表达式1　关系运算符　表达式2）？　表达式1：表达式2

例如，max＝（I＞J）？I：J。当I的值大于J的值时，把I的值赋给max；当I的值小于或等于J的值时，把J的值赋给max。

7. 逗号运算符

逗号运算符就是一个"，"。用来连接两个或两个以上的表达式，逗号表达式的一般形式为

表达式1，表达式2，…，表达式n

8. 关系运算符的优先级

＜（小于），＞（大于），<=（小于或等于），>=（大于或等于），这4个运算符的优先级相同；但高于相同优先级的==（测试等于），!＝（测试不等于）运算符。关系运算符的优先级低于算术运算符的优先级，而高于赋值运算符的优先级。即算术运算符的优先级高于关系运算符的优先级又高于赋值运算符的优先级。

9. 逻辑运算符的优先级

非运算的优先级最高，而且高于算术运算符；或运算的优先级最低，低于关系运算符，但高于赋值运算符。

5.4.5　函数

C51程序是由函数构成的。函数是一个独立的程序段，可以被其他程序多次调用。一个项目的应用程序通常都可以分为若干个程序模块，每个模块实现某个特定的功能。在C51程序中一个模块可由一个函数来实现，完成一定的功能。函数在使用时需要先说明或定义，然后才能调用。

1. 函数的说明或定义

函数说明的一般形式为

类型标识符　函数名 函数形式参数

函数定义的一般形式为

类型标识符 函数名（形式参数表）

{

函数体

　　}

　　类型标识符就是函数类型，即所定义函数返回值的类型，返回值其实就是一个变量。如果函数没有返回值，函数类型可以用"void"作标识，表示该函数没有返回值。

　　函数体中可以包含局部变量的定义和程序语句，若函数要返回运算值，则要使用"return"语句进行返回。若在函数体内什么都没有写，即"{　}"内是空的，这时该函数就成了一个空函数。

　　2. 函数的调用

　　调用函数前必须对函数的类型进行说明。标准库函数的说明被按照功能分别写在了不同的头文件中，使用时只要在文件最前面用"♯include"预处理语句引入相应的头文件即可调用。调用是指在一个函数体中引用另一个已经定义的函数来完成所需要的功能，这个函数体称为主调用函数，函数体中所引用的函数称为被调用函数。在 C51 程序中有一个函数是不能被其他函数所调用的，它就是"main"主函数。

　　3. 中断服务函数

　　中断服务函数只有在中断请求响应时才会被执行。中断请求信号触发中断，CPU 执行中断入口代码。AT89S52 有三类中断源，共 6 个，分别是两个外部中断 $\overline{INT0}$ 和 $\overline{INT1}$，3 个定时器中断定时器 0、定时器 1 和定时器 2 以及 1 个串行中断。每个中断有一个固定的中断矢量，为响应中断提供一个入口。

　　由于 C51 扩展了函数的定义，因此我们可以直接编写中断服务程序，而不必考虑出入堆栈的问题，从而提高了工作效率。中断服务函数的定义形式为

　　函数类型　函数名（形式参数）interrupt n [using k]

　　{

　　　　函数体

　　}

　　中断服务函数的定义形式中，"interrupt"是函数定义时的一个选项。只要在一个函数定义后面加上这个选项，该函数就变成了中断服务函数。"n"指明所使用的中断号。n 的取值范围是 0～31，AT89S52 使用 0～5 号中断。每个中断号对应一个中断矢量，AT89S52 的中断号和中断矢量地址见表 5-8。中断响应后处理器会跳转到中断矢量所指向的地址执行程序，执行过程中编译器会在该地址存放一条无条件跳转语句，使处理器转到中断服务函数所在的地址执行程序。

表 5-8　　　　　　　　　　　　　　**AT89S52 中断矢量表**

中　断　号	中　断　源	中　断　矢　量
0	外部中断 0	0003H
1	定时器 0 中断	000BH
2	外部中断 1	0013H
3	定时器 1 中断	001BH
4	串行口中断	0023H
5	定时器 2 中断	002BH

　　using k 是指中断服务程序中使用了 4 个寄存器组中的哪一组，变量 k 是 0～3 之间的一个常整数，如 using 2 表示使用了第 2 组寄存器组。

5.4.6　程序格式

单片机 C51 语言的程序结构与一般的 C 语言程序结构没有什么差别。一个 C51 程序由若干个函数组成，一个函数可分为两部分：函数说明部分和函数体。函数说明部分包括函数名、函数类型、函数属性、函数参数（形参）名、形式参数、一对圆括号。函数体就是在函数说明部分下面的大括号 {} 中的内容。大括号内可能还有大括号。函数体，即大括号内一般包括变量定义和若干语句组成的执行部分。C51 程序的书写格式自由、没有行号，一行内可以写几个语句，一个语句可以分写在几行上。每个语句或数据定义的最后必须有一个分号 "；"，分号是语句的必要组成部分。在分号后可以用 / * …… * / 或 //…… 对程序中的任何部分作解释，但后者的注释长度不能超过一行。

C51 程序的一般格式为

初始化程序（编写时通常可以省略）

预处理命令

类型　函数名（参数表）

参数说明；

{

　　　　数据说明部分；/ * 注释 * /

　　　　执行语句部分；//注释

}

格式中的 "初始化程序" 在通常情况下被省略了。在 Keil C 的安装目录 "Keil \ C51 \ LIB" 下有两个文件 "STARTUP. A51" 和 "INIT. A51"，前者保存的是启动代码，后者保存的是初始化代码。这些代码都是在我们所编制的 C 主程序之前被执行的。也就是说，在单片机复位后，首先依次运行的是 "STARTUP. A51" 和 "INIT. A51"，然后才开始执行 C 程序中的 main 函数。"STARTUP. A51" 和 "INIT. A51" 这两个文件都是用汇编语言编写的，它们包括在 Keil C 库的目录中。

预处理命令都以 "＃" 号开头，常用的有包含命令 "＃ include" 和宏定义命令 "＃ define"。编译系统对源程序进行通常的编译（词法和语法分析）之前，先对源程序中这些特殊命令进行 "预处理"。然后将预处理的结果和源程序一起进行通常的编译处理，以得到相应的目标代码。

举例：＃include＜reg52. h＞/ * 表示引用的文件 "reg52. h" 在 C51 编译器缺省的包含文件目录下，即 "C51 \ INC" 下 * /

＃include "reg52. h" / * 表示引用的文件 "reg52. h" 在程序员工作的当前目录下 * /

＃ define uchar unsigned chart/ * 表示预定义了可以用 uchar 代表 unsigned chart * /

＃ define uint unsigned int/ * 表示预定义了可以用 uint 代表 unsigned int * /

一个函数在程序中可以三种形态出现：函数定义、函数调用和函数说明。但在这些函数中有且只能有一个是主函数，即函数名为 "main" 的函数。不管该主函数在整个程序中处在哪个位置（前面、中间、最后），一个 C51 程序总是从这个主函数开始执行的。

【例 C5-1】　从单片机的 P3.0 引脚输出一个方波。

```
/*************************************************************
     程序名：Square _ Wave. c   功能：从单片机的 P3.0 引脚输出一个方波
     说明：晶振频率 11.0592MHz
     *************************************************************/
```

```
# include <reg51.h>        //包含头文件 reg51.h
void delay(void)           //定义延时函数 delay
void main()                //定义主函数 main
{
    delay();               //调用延时函数
    do{
        P3 = 0xfe;         //赋值
        delay();           //调用延时函数
        P3 = 0xff;
        delay();           //调用延时函数
    }while(1);
}
void delay()               //调用延时函数
{
    int x = 20000;         //定义变量类型，并赋值
    do { x = x-1;          //赋值
    } while (x>1);
}
```

5.5 C51 程 序 结 构

5.5.1 顺序程序

顺序程序就是按照指令的排列次序依次执行每一条指令，直到最后一条结束的程序。这类程序结构简单，编制容易。

【例 C5-2】 定时器 0 工作在定时器方式 1，采用中断方式的初始化程序。

```
/ **************************************************************
    程序名：time0_1.c    功能：对定时器 0 方式 1 进行初始化
    说明：晶振频率 11.0592MHz
**************************************************************/
# include <reg51.h>        //包含头文件 reg51.h
void main (void)
{
    TMOD = 0x01;           //T/C0 工作在定时器方式 1
    TH0 = -(1000/256);     //预置计数初值
    TL0 = -(1000 % 256);
    EA = 1;
    ET0 = 1;
    TR0 = 1;
}
```

5.5.2 选择结构程序

在选择结构中，通常有两种情况出现，也就是说可供选择的分支有两种。一种是二分支，另一种是多分支。对一个二分支结构，程序首先对一个条件语句进行测试。当条件为"真"（True）时，执行一个方向上的程序流程；当条件为"假"（False）时，执行另一个方向上的程序流程。多分支结构也有两种：串行多分支和并行多分支。串行多分支结构可由若干个两分支结构嵌套构

成。并行多分支结构，是以一个变量的值作为判断条件，将此变量的值域范围分成几段，每一段分别对应一种操作。这样当变量的值处在值域范围中的某一段时，程序就会在它所面临的几种选择中选择相应的操作。

二分支选择结构的程序通常可由条件选择语句 if 来实现，C51 语言提供了两种形式的 if 语句。

1. if（表达式）{语句集}

在这种结构中，当括号中的表达式成立（为"真"）时，程序执行表达式后面大括号内的语句集；当括号中的表达式不成立（即为"假"）时，程序将跳过表达式后面大括号中的语句部分，执行下面的语句。

2. if（表达式）{语句集 1} else {语句集 2}

在这种结构中，当括号中的表达式成立（为"真"）时，程序执行表达式后面大括号内的语句集 1；当括号中的表达式不成立（即为"假"）时，程序将跳过表达式后面大括号中的语句部分，执行"else"后面的语句集 2。

串行多分支结构 C51 语言提供的实现形式为

if(表达式 1){语句集 1}

else if（表达式 2）{语句集 2}

else if（表达式 3）{语句集 3}

......

else if(表达式 m) {语句集 m}

else {语句集 n}

这种在 if 语句中又含有一个或多个 if 语句的情况称为 if 语句的嵌套。需要注意的是 if 与 else 的队员关系。else 总是与它上面最近的一个 if 语句相对应。在 if 和 else 的数目不同时，可以用大括号将不对称的 if 括起来以确定它们之间的相应关系。如果 if 语句中的大括号内只有一条语句，则大括号可以省略。

并行多分支程序可由 switch-case 语句来完成，其一般形式为

switch(表达式)

　{

　　　case 常量表达式 1：{语句集 1} break;

　　　case 常量表达式 2：{语句集 2} break;

......

　　　case 常量表达式 n：{语句集 n} break;

　　　default：　{ 语句集 n+1}

　}

当 switch 后面括号中的表达式的值与下面 case 后面的常量表达式的值相等时，就执行该常量表达式后面的语句集，然后程序会因遇到 break 语句而退出 switch 语句。若所有 case 后面的常量表达式的值都没有与表达式的值相等，就执行 default 后面的语句。

这种结构在使用时还需注意，每一个 case 后面的常量表达式必须是互不相同的，否则程序执行过程中将出现混乱。各个 case 和 default 出现的次序不会影响程序执行的结果。

【例 C5-3】　二分支选择实例：定时器 0 中断服务程序。

/***

　程序名：time0_int1.c　　功能：定时器 0 中断服务

　说明：晶振频率 11.0592MHz

```
*********************************************************************/
    uchar time, percent;
    Void pulse (void) interrupt 1 using 1        //T/C0 中断服务程序
    { TH0 = −833/256;                            //1ms − 10MHz
    TL0 = −833 % 256 ;
    ET0 = 1;
    if ( ++time == percent ) P1 = 0;
    else if (time == 100)
       {time = 0; P1 = 1;}
    }
```

【例 C5-4】 并行多分支选择实例：显示值取段码。

```
/********************************************************************
    程序名：segment7.c    功能：显示值转换成 7 段显示码
    说明：晶振频率 11.0592MHz，使用共阳极显示器。
*********************************************************************/
    uchar  display ,   seg7 _ code;
    uchar dis _ seg(a)
    {
      uchar a, b ;
      switch (a)
      {
        case 0：b = 0xc0  ;
                break;
        case 1：b = 0xf9  ;
                break;
        case 2：b = 0xa4  ;
                break;
        case 3：b = 0xb0  ;
                break;
        case 4：b = 0x99  ;
                break;
        case 5：b = 0x92  ;
                break;
        case 6：b = 0x82  ;
                break;
        case 7：be = 0xf2  ;
                break;
        case 8：b = 0x80  ;
                break;
        case 9：b = 0x90  ;
                break;
        case a：b = 0x88  ;
                break;
        case b：b = 0x83  ;
                break;
```

```
       case c: b = 0xc6  ;
                break;
       case d: b = 0xa1  ;
                break;
       case e: b = 0x86  ;
                break;
       case f: b = 0x8e  ;
                break;
       default : b = 0xff  ;
     }
     return (b);
  }
```

5.5.3　循环结构程序

循环结构一般由循环体和循环终止条件两部分组成。被重复执行的语句称为循环体；判断能否继续重复执行下去的条件称为循环终止条件。C51 语言中实现循环的语句有三种：while 语句、do-while 语句和 for 语句。

1. while 语句的一般形式

while（表达式）

　　{语句集}

其中"表达式"是 while 能否继续执行循环的条件，而"语句集"部分是循环体。这种结构先判断循环条件是否满足，只要表达式的值为"真"，就执行循环体内的语句。反之，则终止 while 循环。

【例 C5-5】　while 语句循环实例：延时程序。

```
/ ***********************************************************
   程序名：delay _ while. c　功能：延时
   说明：晶振频率 11. 0592MHz。
  ************************************************************/
  void delay (void)
    {    unsigned int i ;
      i = 1;
      while (i < 100)
            {
               i = i + 1
            }
    }
```

2. do-while 语句的一般形式

do

{语句集}

while（表达式）；

其中"表达式"是 while 能否继续执行循环的条件，而"语句集"部分是循环体。这种结构先执行循环体内的语句，然后再判断循环条件是否满足。如果表达式的值为"真"，则继续循环；若表达式的值为"假"，则循环终止。

【例 C5-6】　do-while 语句循环实例：定时器中断 0。

```
/ **********************************************************************
   程序名：timer_int.c    功能：定时器中断 0
   说明：晶振频率 11.0592MHz。
********************************************************************** /
   # include <reg51.h>
   chart   data, flag;
   void time0() interrupt 1 using 1
     {
        TH0 = 0x0c;
        TL = 0xdc;
        flag + + ;
     }
   void main()
     {
     P10 = 1;
     TMOD = 0x01;
     EA = 1;
     ET = 1;
     TH0 = 0x0c;
     TL = 0xdc;
     TR0 = 1;
     flag = 0
     do {}while (flag<48);      //do-while 循环
     P10 = 0;
     do {} while(1);             //do-while 循环
   }
```

3. for 循环语句的一般形式

for (表达式 1；表达式 2；表达式 3)

{语句集}

for 循环的执行过程如下所述。

(1) 先对表达式 1 赋初值，进行初始化。

(2) 判断表达式 2 是否满足给定的循环条件。若满足，则执行循环体内的语句，然后执行下面第 (3) 步；若不满足循环条件，则结束循环，转到第 (5) 步。

(3) 若表达式 2 为真，在执行指定的循环语句后，求解表达式 3。

(4) 回到第 (2) 步继续执行。

(5) 退出 for 循环，执行下面的语句。

【例 C5-7】 for 语句循环实例：延时程序。

```
/ **********************************************************************
   程序名：delay_for.c    功能：延时
   说明：晶振频率 11.0592MHz。
********************************************************************** /
```

```
voiddelay (void)
{   uninti, j ;
    for (i = 0; i< 30 ; i+ +)
        {
            for ((j = 0; j< 0xff ; j+ +)
                {     }
        }
}
```

延 时 程 序

从这一章开始，我们将进入单片机的应用学习。本章学习内容分为两大部分：接口电路的绘制和实现某个功能程序的编制。在以后的学习中我们将从简单项目着手，把两部分内容结合起来进行。

在单片机中实现延时有两种方法，分别是通过执行循环指令来实现延时和用单片机的定时器功能来实现延时。这两种方法将在本章中重点讨论。

6.1 循环指令延时程序

延时程序在单片机应用程序中使用非常广泛。例如，在键盘扫描的程序中，为了避免键的抖动和干扰信号对电路的影响，必须以一定的时间间隔两次（或多次）来读取键的状态，然后进行判断是否确实有按键动作。在其他特定的应用中，如在交通灯控制的程序中，需要控制红灯亮的时间持续 30s，这也可以通过延时程序来完成。

我们知道，计算机是通过执行一系列人们预先给定的指令来完成所指定的任务的。单片机也不例外，同样是通过执行一条条指令来完成任务的，所以它也需要一个时钟振荡器才能正常工作。执行一条指令就需要花费一定的时间，所花费的时间跟指令的长度有关，还跟其时钟振荡器的频率有关。也就是说，指令长度不同，执行指令的时间就不同；振荡器的频率不同，完成同一个指令的时间也不同。在单片机的应用学习中，机器周期和指令周期是两个重要的概念。

机器周期是指单片机完成一个基本操作所花费的时间，一般使用微秒（μs）来计量单片机的运行速度。AT89S52 单片机的一个机器周期包括 12 个时钟振荡周期。也就是说：如果 AT89S52 单片机采用 12MHz 的晶振，那么执行一个机器周期只需要 $1\mu s$；如果采用的是 6MHz 的晶振，那么执行一个机器周期就需要 $2\mu s$。

指令周期是指单片机执行一条指令所需要的时间，一般利用单片机的机器周期来计量指令周期。在 AT89S52 单片机里有单周期指令（执行这条指令只需一个机器周期），双周期指令（执行这条指令只需要两个机器周期）和四周期指令（执行这条指令需要四个机器周期）。除了乘、除两条指令是四周期指令，其余均为单周期或双周期指令。也就是说：如果 AT89S52 单片机采用的是 12MHz 的晶振，那么它执行一条指令一般只需要 $1\mu s\sim2\mu s$；如果采用的是 6MHz 的晶振，执行一条指令一般就需要 $2\mu s\sim4\mu s$。

6.1.1 循环结构程序

【例 A6-1】 下面就是一段采用三重循环结构来完成 1s 延时的汇编语言程序（11.0592MHz 晶振，以下未作说明均表示采用该频率的晶振）。

```
; ********************************************************************
;    程序名：delay1s1.asm    功能：延时1s
;    说明：采用三重循环，实现延时 1s 功能。晶振频率 11.0592MHz。
; ********************************************************************
    ORG    0000H
```

```
        AJMP   BEGIN
        ORG    0040H                    ; 1s延时程序
        BEGIN: MOV R1 , #46             ; 立即数 46 送寄存器 R1
        DEL0: MOV  R2, #100             ; 立即数 100 送寄存器 R2
        DEL1: MOV  R3, #100             ; 立即数 100 送寄存器 R3
              DJNZ R3 , $               ; 寄存器 R3 中的内容减 1，不为零转移到当前指令
              DJNZ R2 , DEL1            ; 寄存器 R2 中的内容减 1，不为零转移到 DEL1
              DJNZ R1 , DEL0            ; 寄存器 R1 中的内容减 1，不为零转移到 DEL0
              END
```

【例 C6-1】 采用单循环的 C 语言延时程序。

```
/ **********************************************************************
    程序名: delay1.c   功能: 延时程序
    说明: 采用单循环实现延时功能。
**********************************************************************/
    # include <reg51.h>
    void  main()
    {
        int x = 20000;
        do { x = x - 1;
            } while (x>1);
    }
```

6.1.2   指令解释

【例 A6-1】   程序解释

MCS-51 指令系统有 42 种助记符，代表了 33 种操作功能，指令功能助记符与操作数各种可能的寻址方式相结合，共构成 111 条指令。这 111 条指令中，如果按指令的长短（字节）分类，有单字节指令 49 条；双字节指令 45 条；三字节指令 17 条。按指令执行的时间长短分，有单机器周期（12 个振荡周期）指令 64 条；双机器周期指令 45 条；四个机器周期指令 2 条。按指令功能分，有数据传送类指令 29 条；算术运算类指令 24 条；逻辑操作类指令 24 条；位（布尔）操作类指令 17 条；控制转移类指令 17 条。

1. 立即数送寄存器

上面【例 A6-1】延时程序中的前三条指令实质上属于同一类指令，就是"立即数送寄存器"指令。该指令是双字节指令，也就是说，这个指令的机器码需要用两个字节来表示。其中第一个字节为操作码，第二个字节用来存放立即数。该指令属于数据传送类指令，是单机器周期指令，即完成该指令的执行只需要一个机器周期。

指令格式为：MOV   Rn, #data   n=0~7

其中：Rn 是指寄存器 R1 或 R2~R7，# 表示后面是立即数。立即数按进制不同可分为二进制数（B）、八进制数（Q）、十进制数（D）和十六进制数（H）。对于不同数制，为在书写上能够加以区别，常在数后用字母符号来表示不同的数制。

机器代码为：<u>0 1 1 1 1 r r r (x x x x x x x x)</u>

其中：r r r 根据寄存号分别取 78H~7FH（与 n=0~7 对应），x x x x x x x x 表示立即数。

操作过程为：(Rn) ←—— #data，即将 "#" 号后面的数值（立即数）送入寄存器 Rn 中。该数值可以是二进制数、八进制数、十进制数或十六进制数，分别用字母后缀 "B"、"Q"、"D"、"H" 表示，十进制的字母通常省略。

2. 寄存内容减 1 不为零转移

上面 1s 延时程序中后的三个指令实质上也属于同一指令，就是"寄存内容减 1 不为零转移"

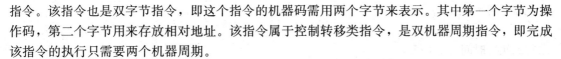

指令。该指令也是双字节指令，即这个指令的机器码需用两个字节来表示。其中第一个字节为操作码，第二个字节用来存放相对地址。该指令属于控制转移类指令，是双机器周期指令，即完成该指令的执行只需要两个机器周期。

指令格式为：DJNZ　Rn，rel　　　n＝0～7

其中：Rn 是指寄存器 R1 或 R2～R7，rel 表示 8 位带符号的偏移字节。偏移字节相对于下一条指令的第一个字节计算，在－128～＋127 范围内取值。

机器代码为：1 1 0 1 1 r r r（a a a a a a a a）

其中：r r r 根据寄存号分别取 D8H～DFH（与 n＝0～7 对应），a a a a a a a a 表示相对地址。

操作过程为：$(Rn) \longleftarrow (Rn) - 1$

若$(Rn) = 0$，则$(PC) \longleftarrow (PC) + 2$

若$(Rn) \neq 0$，则$(PC) \longleftarrow (PC) + 2 + rel$

即将寄存器 Rn 中的内容减 1，若不等于零则进行转移；若等于零则执行下一条指令。

3. 伪指令

上面介绍的 MCS-51 指令系统中的两种指令都是用意义明确的助记符来表示的。每一条语句就是一条指令，命令 CPU 执行一定的操作，实现规定的功能。但是用汇编语言编写的源程序，计算机不能直接执行，因为计算机只能识别二进制编码的机器指令。因此必须把汇编语言源程序翻译成机器语言程序（称为目标代码）后，计算机才能执行，这个翻译过程称为汇编。汇编程序多用汇编语言写的源程序进行汇编，汇编时还要提供一些供汇编用的指令。这些指令在汇编时并不产生目标代码，不影响程序的执行，所以称为伪指令。

(1) ORG。ORG 伪指令总是出现在每段程序或数据块的开始。它指明了此语句后面的程序或数据块的起始地址。

指令格式为：ORG　nnnnH　　　n＝0～F

(2) END。END 伪指令是一个结束标志，用来指示汇编语言源程序已结束。因此在一个源程序中只允许出现一个 END 语句，并且必须把它放在整个程序（包括伪指令）的最后面，它是源程序模块的最后一个语句。若 END 语句后面还有程序语句，则汇编程序将不再对其进行汇编。

指令格式为：　标号：END　地址或标号

其中：标号以及操作数字段的地址或标号不是必要的。

【例 C6-1】　程序解释

＃ include ＜reg51. h＞；//定义程序中要包括头文件"reg51. h"。

void　main()；//定义"无类型"的主函数。

int x ＝ 20000；//将变量 x 定义为整型，并赋初始值 20000。

do｛ ｝while(x＞1)；//当变量 x 的值大于 1 时执行循环。

x ＝x－1；//把变量 x 的值减 1 后送回给变量 x。

6.1.3　延时时间量计算

单片机每执行一条指令就花去了一定的时间。这个时间不仅与所执行指令的指令周期有关，而且与单片机基本系统的时钟振荡周期有关。对于第 4 章图 4-1 所示的基本系统中，我们使用的晶体振荡器的频率是 $f_{osc} = 11.0592MHz$，其时钟周期为 $T_{osc} = 1/f_{osc} = 0.0904\mu s$，1 个机器周期 $T_m = 12T_{osc} = 12 \times 0.0904 = 1.085\mu s$。

对于【例 A6-1】中的延时程序，其执行时间为

$$\{\{[(T_{djnzr3} \times 100) + T_{movr3} + T_{djnzr2}] \times 100 + T_{movr2} + T_{djnzr1}\} \times 46 + T_{movr1}\} \times T_m$$

式中：T_{djnzr3} 为执行指令"DJNZR3，＄"的机器周期数；T_{movr3} 为执行指令"mov R3，＃100"

的机器周期数。

将 $T_{djnzr3}=T_{djnzr2}=T_{djnzr1}=2\mu s$，$T_{movr3}=T_{movr2}=T_{movr1}=1\mu s$，$T_m=1.085\ \mu s$ 代入上式，求得的执行时间为 1.013s。

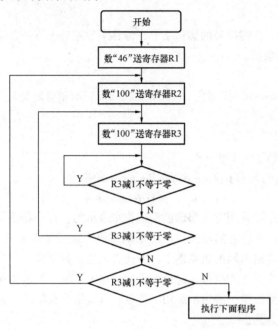

图 6-1 1s 延时程序的流程图

6.1.4 延时程序流程图

做任何事情都需要有一定的步骤。这些步骤都是按一定的顺序进行的，顺序错了可能会出现意想不到的结果，甚至出现严重的错误。从事各种工作和活动，都必须按照要求事先规划好步骤，然后按部就班地进行。把整个过程的各个步骤用专用的方块符号图连接起来便得到了这个过程的流程图。我们把上面"1 秒延时程序"中的每一步（或称为每一条指令）用某种专用的方块符号（不同功能的指令有不同的方块符号）来表示，这样就得到了该"1 秒延时程序"的程序流程图，如图 6-1 所示。

在这里，我们根据程序画出其流程图的目的，是要了解程序流程图的画法。为了尽快地掌握流程图的画法，在以后各章节中还会进行根据程序来画出其流程图的练习。按照一般的程序编写方法，通常都是先画出程序流程图，然后再根据使用的编程语言写出程序。

6.1.5 程序调试

1. 程序规范化

源程序有了，接下来便是上机调试了。为了让汇编程序能够正确汇编源程序，必须使程序符合汇编语言的书写规范。同时为了方便观察到延时程序的运行结果，我们把上面的程序作了修改，添加了几条指令，并在 AT89S52 单片机的 P1.0 脚（PDIP40 封装的第 1 脚）上外接了一个发光二极管。外接程序演示指示灯电路如图 6-2 所示。

图 6-2 延时 1s 程序演示指示灯电路

【例 A6-2】 由【例 A6-1】修改后的汇编程序如下。

```
;    ****************************************************************
;      程序名：delay1s2.asm    功能：延时 1s
;      说明：通过观察 P1.0 口的发光二极管的亮灭间隔来演示延时 1s 程序。晶振频率 11.0592MHz。
;    ****************************************************************
;------引脚定义--------------
    LED  BIT P1.0
;-------------------------------------
        ORG  0000H
        LJMP BEGIN      ;跳转到标号是 BEGIN 的语句
;====主程序================
        ORG  0040H
    BEGIN:  MOV P1，#0FFH ;立即数 FFH 送寄存器 P1 端口
```

```
MAIN:   CPL LED           ;对 P1.0 位取反，用于观察程序运行
DELAY1s: MOV  R1 ，#46     ;立即数 46 送寄存器 R1
DEL0: MOV  R2 ，#100       ;立即数 100 送寄存器 R2
DEL1: MOV  R3 ，#100       ;立即数 100 送寄存器 R3
   DJNZ  R3 ，  $          ;寄存器 R3 中的内容减 1，不为零转移到当前指令
   DJNZ  R2 ，  DEL1       ;寄存器 R2 中的内容减 1，不为零转移到 DEL1
   DJNZ  R1 ，DEL0         ;寄存器 R1 中的内容减 1，不为零转移到 DEL0
   LJMP   MAIN
; ========================
   END
```

2. 在 Keil μVsion2 中调试

具体操作步骤如下。

（1）用"记事本"或在"Keil C"中将【例 A6-2】中的源程序录入或编制程序，并用一个文件名，如"delay1s2.asm"保存。单击"开始 \ 附件 \ 记事本"，在打开的记事本中输入【例 A6-2】中的源程序，如图 6-3（a）所示。输入完成后将其另存为名为"delay1s2.asm"的文件，如图

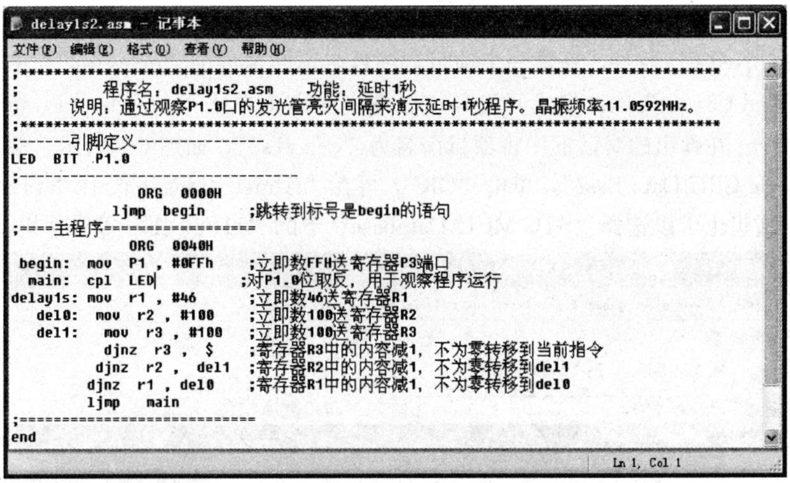

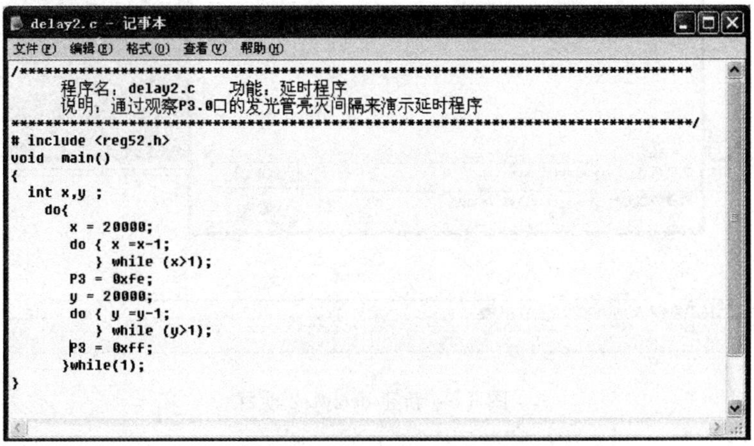

（a）

（b）

图 6-3 循环延时程序录入

（a）汇编程序；（b）C 语言程序

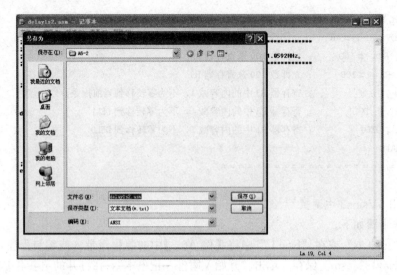

图 6-4 文件另存

6-4 所示。最后关闭记事本。

　　(2) 打开 "Keil C" 软件, 新建一个项目, 项目名不妨也设为 "delay1s2"。单击桌面上的图标 , 进入 Keil C51 μVision2 集成开发环境。在主界面上单击下拉菜单 "Project", 选 "New Project…" 命令。在弹出的对话框中将项目命名为 "delay1s2", 如图 6-5 所示。单击 "保存" 按钮, 选 "Generic CPU Data Base", 单击 "OK"。再在 "Atmel" 目录下选中 "AT89C52" 后单击 "返回"。当然这里也可以选择 "STC MCU Database" 下的 "11F60XE" 等单片机。

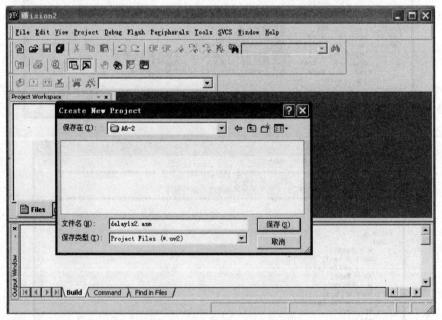

图 6-5 新建 delay1s2 项目

　　若在 "Keil C" 软件中还没有添加 STC 单片机, 则没有 "Select a CPU Data Base File" 的 "Generic CPU Data Base" 或 "STC MCU Database" 选择对话框。需要时可以运行 STC 单片机 ISP 软件 V6.59, 在界面右侧单击 "Keil 仿真设置" 标签页, 单击 "添加 MCU 型号到 Keil 中"

按钮，然后选择安装 Keil C 的目录，再单击"确定"按钮即可。

（3）打开已建立的文件"delay1s2. asm"并将该文件添加到"Source Group 1"中。在 μVision2 主界面上单击打开文件按钮 $\textcircled{\tiny B}$，在弹出的对话框内找到刚才新建并保存的文件"delay1s2. asm"，单击"打开"按钮，界面如图 6-6 所示。

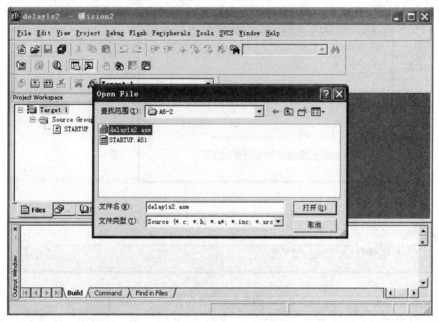

图 6-6　打开程序文件

在中间左边的"Project Workspace（项目空间）"内，点击"＋"展开。再用右键单击"Source Group 1"文件夹，在弹出的菜单命令中选择"Add Files to Group 'Source Group 1'"，如图 6-7 所示。

图 6-7　添加文件到项目

在弹出的如图 6-8 所示的对话框内，根据源程序编程语言选择相应的文件类型，再选择源程序文件"delay1s2. asm"，最后单击"Add"按钮加入文件，单击"Close"按钮关闭对话框。

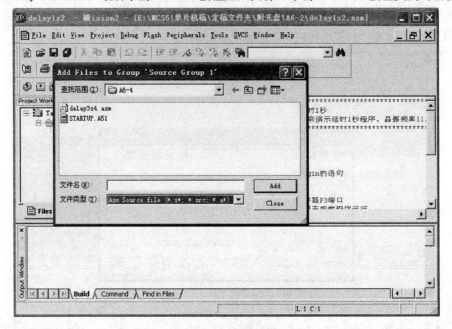

图 6-8 添加文件

(4) 在"Options for Target 'Target 1'"中的"Target"和"Output"标签页上进行设置。单击下拉菜单"Project"，选"Options for Target 'Target 1'"。在弹出对话框上的"Target"标签页内，把单片机的运行频率调整为 11.0592MHz，如图 6-9 (a) 所示。在"Output"标签页上，单击"Create HEX File"前的复选框，使框内出现"√"，如图 6-9 (b) 所示。这样编译后就能生成目标文件了。最后单击"确定"按钮返回。

(5) 编译和建立目标文件，得到"delay1s2. hex"文件。在 μVision2 主界面上单击重新编译按钮，对源程序文件进行编译，编译结果如图 6-10 所示。

最后不要忘记单击"Save All"按钮保存工程文件。

(6) 仿真调试。在主界面上单击开始调试按钮，打开端口 P1，再单击运行按钮。运行时端口 P1 的变化如图 6-11 所示。

3. 在 Proteus 中仿真

在 Proteus 7.9 中进行仿真的步骤如下。

(1) 在 Proteus 主界面中绘制电路原理图，绘制的仿真电路原理图如图 6-12 所示。图中各元器件在库中的位置见表 6-1。

表 6-1   图 6-12 元器件在库中的位置

代 号	类别 (Category)	子类别 (Sub Category)	结果 (Results)	元器件 (device)
U1	Microprocessor ICs	8051 Fanily	AT89C52	AT89S52
C1	Capacitors	Ceramic Disc	CERAMIC 27P	27p
C2	Capacitors	Ceramic Disc	CERAMIC 27P	27p
R1	Resistots	0. 6Wmetal Film	MINRE470R	470Ω
D1	Optoelectronice	LEDs	LED—RED	LED
X1	Miscellaneous		CRYSTAL	

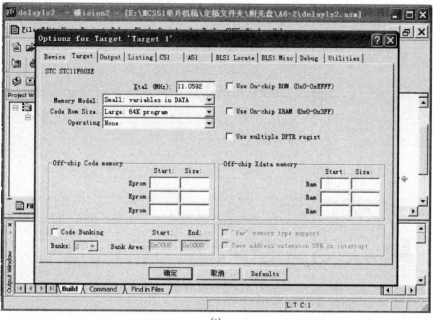

(a)

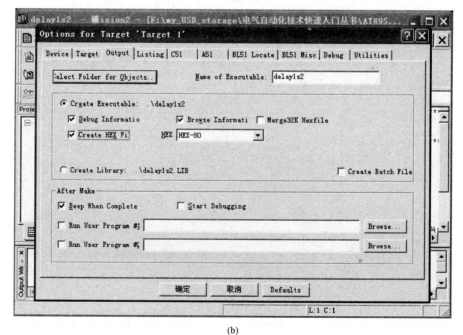

(b)

图 6-9　目标选项设置

（a）修改工作频率；（b）选择生成目标文件

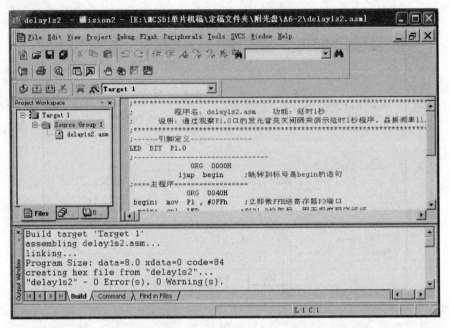

(a)

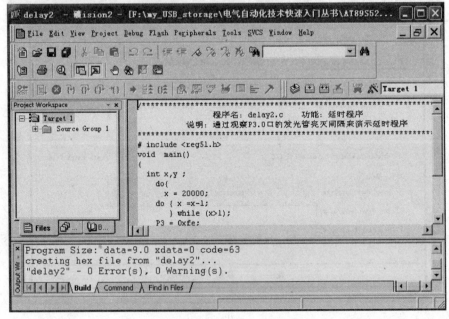

(b)

图 6-10　编译结果

(a) 汇编语言程序；(b) C 语言程序

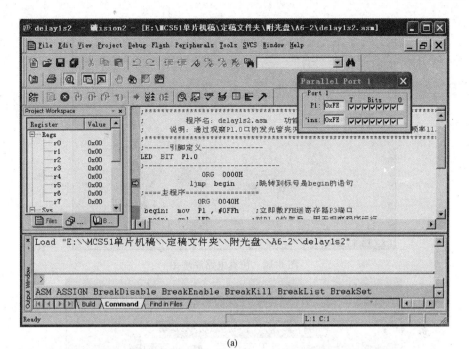

图 6-11　仿真调试

(a) P1.0 为 0；(b) P1.0 为 1

（2）设置参数。双击晶体振荡器 X1，将其工作频率修改为 11.0592MHz，如图 6-13（a）所示。修改完后单击"确定"按钮关闭对话框。双击单片机 U1，单击程序文件右边的文件夹图标，找到刚才编译生成的目标代码文件，选中后单击"打开"按钮，加载程序文件，如图 6-13（b）所示。最后单击"确定"按钮关闭对话框。

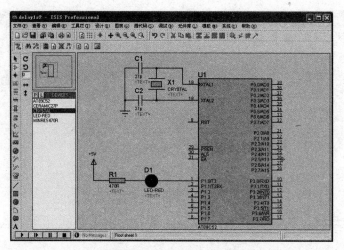

图 6-12　仿真电路原理图

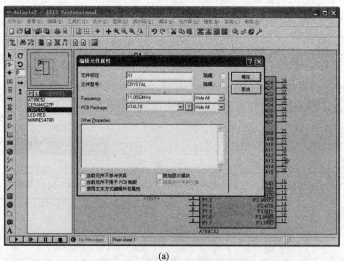

(a)

(b)

图 6-13　参数设置

(a) 修改晶振工作频率；(b) 加载程序文件

（3）仿真运行。在 Proteus 主界面中点击左下角的仿真开始按钮，发光二极管 D1 熄灭和点亮状态的情形分别如图 6-14（a）和（b）所示。发光二极管熄灭和点亮的时间间隔约是 1s。

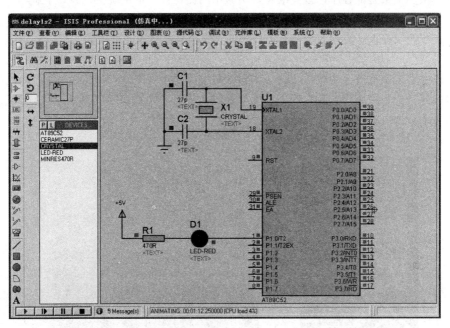

(a)

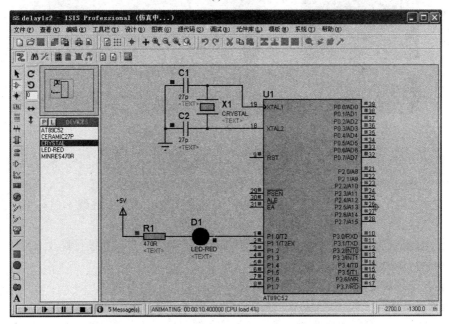

(b)

图 6-14　仿真运行

（a）发光二极管 D1 熄灭；（b）发光二极管 D1 点亮

为了方便记忆，将该仿真文件另存文件后设为"delay1s2.DSN"。

4. 在基本系统上运行

用基本系统板来验证程序，首先准备好实验用的器材：基本系统板、并口下载器、电源和应用实验板。然后按下面的步骤进行操作。

（1）在万能实验板（俗称洞洞板）上按图 6-2 所示的电路焊接好发光二极管和电阻，并焊出引线。

（2）拔去基本系统板上的跳线 J101、J102、J103，插上 AT89S52 芯片。将下载线的接口板插在电脑的并口上，用连接电缆把最小系统与接口板连好，再在最小系统上接上＋9V 电源。如图 6-15 所示。

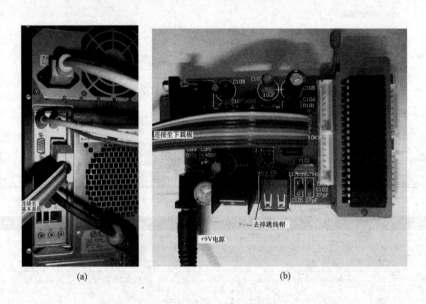

(a)　　　　　　　　　　　　(b)

图 6-15　实验器材连接

(a) 下载板插入电脑并口；(b) 引出电缆连接至基本系统板

（3）打开下载软件，并设置好有关参数；加载待写文件"delay1s.hex"；单击"编程"按钮下载程序。必要时需先对芯片进行"擦写"（若该芯片中曾烧录过程序）。

（4）完成上面的操作后，关闭＋9V 电源，拔下连接电缆，插上跳线 J101，接上扩展接口电路。

（5）上电验证程序，如图 6-16 所示。若不符合要求则需再对程度进行修改（可以先在 Keil μVision2 中进行调试或在 Proteus 中仿真）。

（6）重复上述步骤直到能实现要求的功能为止。

6.1.6　延时子程序

将 6.1.1 节中 1s 延时程序改为子程序，将该段源程序存放在单独的一个存储区中，以便供其他程序调用。在该段程序的第一行用一个标识符标识，本段源程序用 DELAY 1s 作标号，还有一点需要强调的是必须在该段源程序的最后一行指令的下一行插入子程序返回指令"RET"。

【例A6-3】　修改为子程序的汇编源程序如下。

```
; ********************************************************************
;    程序名：delay1s3.asm     功能：延时 1s 子程序
```

(a)

(b)

图 6-16 实验演示

（a）发光管点亮；（b）发光管熄灭

```
;      说明：使用寄存区 1 的寄存器，采用循环结构。
; ***********************************************************************
           ORG 1000H            ；1s 延时子程序
DELAY1s：  SETB  PSW.3           ；选用寄存器区 1
           MOV   R1 , ＃46       ；立即数 46 送寄存器 R1
DEL0：     MOV   R2 , ＃100      ；立即数 100 送寄存器 R2
DEL1：     MOV   R3 , ＃100      ；立即数 100 送寄存器 R3
           DJNZ  R3 ,    $       ；寄存器 R3 中的内容减 1，不为零转移到当前指令
           DJNZ  R2 ,    DEL1    ；寄存器 R2 中的内容减 1，不为零转移到 del1
           DJNZ  R1 , DEL0       ；寄存器 R1 中的内容减 1，不为零转移到 del0
           CLR   PSW.3           ；选用寄存器区 0
           RET
```

【例 A6-4】 上机实验的汇编程序如下。

```
; ***********************************************************************
;      程序名：delay1s4.asm    功能：1s 延时子程序
;      说明：使用晶振频率 11.0592MHz，通过 P1.0 引脚观察延时间隔
; ***********************************************************************
```

```
; ------引脚定义---------------
LED  BIT  P1.0
; ----------------------------------
            ORG  0000H
            LJMP  BEGIN           ; 跳转到标号是 BEGIN 的语句
; ====主程序===============
            ORG  0040H
  BEGIN:  MOV  P1，#0FFH          ; 立即数 FFH 送寄存器 P1 端口
  MAIN:   CPL  LED               ; P1.0 位取反
            LCALL  DELAY1s        ; 调用延时子程序
            LJMP  MAIN            ; 跳转到 MAIN
; ========================
; ----延时子程序------------------------
            ORG 1000H ；          1s 延时子程序
  DELAY1s: SETB  PSW.3           ; 选用寄存器区 1
        MOV  R1，#46             ; 立即数 46 送寄存器 R1
    DEL0: MOV  R2，#100           ; 立即数 100 送寄存器 R2
    DEL1: MOV  R3，#100           ; 立即数 100 送寄存器 R3
        DJNZ  R3，  $             ; 寄存器 R3 中的内容减 1，不为零转移到当前指令
        DJNZ  R2，  DEL1          ; 寄存器 R2 中的内容减 1，不为零转移到 DEL1
        DJNZ  R1，DEL0            ; 寄存器 R1 中的内容减 1，不为零转移到 DEL0
        CLR  PSW.3               ; 选用寄存器区 0
        RET
; -----------------------------------------------
    END
```

若要延时 2s、3s 等整数倍时间，应怎样修改程序？

方法一：用参数传递法，但需修改子程序。用累加器 A 进行参数传递，累加器 A 中的数值即是延时的秒数，采用参数传递法的程序如下。

```
; ********************************************************************
;    程序名：DELAY3s4.ASM    功能：延时程序
;    说明：用累加器 A 进行参数传递，通过调用子程序，实现 3s 延时
;
; ********************************************************************
; ------引脚定义---------------
LED BIT  P1.0
; ----------------------------
            ORG  0000h
            LJMP  BEGIN           ; 跳转到标号是 BEGIN 的语句
; ====主程序==================
            ORG  0040h
  BEGIN:  MOV  p1，#0ffh          ; 立即数 FFH 送寄存器 P1 端口
  MAIN:   CPL  LED               ; P1.0 取反
            MOV a，#03h           ; 立即数 03 送累加器 A
            LCALL  DELAY1s        ; 调用子程序 DELAY1s
            LJMP  MAIN            ; 跳转至 MAIN
```

```
; ===============================
; ----延时子程序-------------------
        ORG  1000h              ; 1s 延时子程序
        DELAY1s: MOV 20h , a
        MOV  R1 , #46           ; 立即数 46 送寄存器 R1
   DEL0: MOV R2 , #100          ; 立即数 100 送寄存器 R2
   DEL1: MOV R3 , #100          ; 立即数 100 送寄存器 R3
        DJNZ  R3,  $            ; 寄存器 R3 中的内容减 1, 不为零转移到当前指令
        DJNZ  R2,   DEL1        ; 寄存器 R2 中的内容减 1, 不为零转移到 DEL1
        DJNZ  R1 , DEL0         ; 寄存器 R1 中的内容减 1, 不为零转移到 DEL0
        DJNZ  20h , DELAY1s
   RET
; -----------------------------------------------
END
```

方法二：在主程序中用循环结构。程序如下。

```
; ********************************************************************************
;    程序名: DELAY3s4.ASM    功能: 延时程序
;    说明: 采用循环调用子程序, 实现 3s 延时
;
; ********************************************************************************
; -------引脚定义---------------
LED BIT  P1.0
; ----------------------------
        ORG  0000h
        LJMP  BEGIN            ; 跳转到标号是 BEGIN 的语句
; ====主程序====================
        ORG  0040h
   BEGIN:   MOV  p1 , #0ffh     ; 立即数 FFH 送寄存器 P1 端口
   MAIN:    CPL  LED
            MOV R7 , #03h
   TIME:    LCALL  DELAY1s
            DJNZ R7, TIME
            LJMP  MAIN
; ===============================
; ---- 1s 延时子程序------------------
        ORG  1000h             ; 1s 延时子程序
   DELAY1s: SETB  PWS.3        ; 选用寄存器区 1
        MOV  R1 , #46          ; 立即数 46 送寄存器 R1
   DEL0:    MOV  R2 , #100      ; 立即数 100 送寄存器 R2
   DEL1:    MOV  R3 , #100      ; 立即数 100 送寄存器 R3
            DJNZ  R3,  $       ; 寄存器 R3 中的内容减 1, 不为零转移到当前指令
            DJNZ  R2,   DEL1   ; 寄存器 R2 中的内容减 1, 不为零转移到 DEL1
            DJNZ  R1 , del0    ; 寄存器 R1 中的内容减 1, 不为零转移到 DEL0
            CLR  PWS.3         ; 选用寄存器区 0
            REL
```

; ---

END

6.1.7　指令解释

【例A6-4】　程序解释

1. 长转移

程序中的指令"LJMP BEGIN"就是指将程序跳转到标号为"BEGIN"的指令执行。

指令格式为：LJMP　addr 16

其中：addr 16是指16位的目的地址。目的地址的范围是64KB的程序存储器地址空间。

机器代码为：00000010（addr15～8，addr7～0）

操作过程为：(PC) ◄—— 指令中的 addr15～0

这是一条三字节指令，代码的第2个字节为目标地址的高8位地址，第3个字节为目标地址的低8位地址。执行该指令就是将指令中第2字节和第3字节合成的16位地址送入程序计数器PC中。该指令属于控制转移类指令。

2. 立即数送内部RAM或专用寄存器

程序中的指令"MOV P1，♯ OFFH"就是指将立即数FFH送专用寄存器P1端口。

指令格式为：MOV　direct，♯data

其中：direct，是指8位的内部数据存储器单元的地址。它可以是内部RAM单元的地址（0～127/255）或专用寄存器的地址，如I/O端口、控制寄存器、状态寄存器等（128～255）地址。♯data是指包含在指令中的8位常数。

机器代码为：01110101（直接地址，立即数）

操作过程为：(direct) ◄—— ♯ data

这是一条三字节指令，代码的第2个字节为直接地址，第3个字节为立即数。在执行该指令时，它们与指令的操作码一起从程序存储器中取入CPU。将指令第3个字节中的立即数送到以指令第2个字节中的内容为地址的内部数据存储器中。该指令属于数据传输类指令。

3. 直接寻址位取反

程序中指令"CPL LED"就是指将I/O端口P1的第0位（地址B0H）取反。

指令格式为：CPL　bit

其中：bit是内部RAM或专用寄存器中的直接寻址位。

机器代码为：10110010（位地址）

操作过程为：(bit) ◄— (/bit)

这是一条双字节指令。当位地址是I/O口P0～P3中的某一位时，指令具有"读→求反→写"的功能。该指令属于布尔操作类指令。

4. 长调用

程序中指令"LCALL DELAY1s"就是指调用标号为"DELAY1s"及其后面的程序段执行。

指令格式为：LCALL　addr16

机器代码为：00010010（addr15～8，addr7～0）

操作过程为：(PC)◄— (PC)+3

$\qquad$(SP)◄—(SP)+1

$\qquad$((SP))◄—(PC$_{7～0}$)

$\qquad\quad$(SP)◄—(SP)+1

$\qquad\quad$((SP))◄— (PC$_{15～8}$)

(PC)←指令中的 addr15～0

这是一条三字节指令。代码的第 2 个字节为目标地址的高 8 位地址，第 3 个字节为目标地址的低 8 位地址。执行该指令就是先将当前程序计数器中的内容加 3，再将其压入堆栈；然后将指令中第 2 字节和第 3 字节合成的 16 位地址送入程序计数器 PC 中。该指令属于控制转移类指令。

5. 直接寻址位置位

程序中的指令"SETB PWS. 3"就是指将直接寻址位"PWS. 3"置"1"。其中"PWS. 3"是程序状态字的第 3 位，地址为 D3。程序状态字将在下一节中作介绍。

指令格式为：SETB   bit

机器代码为：11010010   (D2H)

操作过程为：(bit) ← 1

这是一条双字节指令。代码的第 2 个字节为目标地址。执行该字节就是将"1"送入地址为"bit"的存储器中。该指令属于布尔变量操作类指令。

6. 直接寻址位清零

程序中的指令"CLR PWS. 3"就是指将直接寻址位"PWS. 3"置"0"。其中"PWS. 3"是程序状态字的第 3 位，地址为 D3。

指令格式为：CLR   bit

机器代码为：11000010   (C2H)

操作过程为：(bit) ←0

这是一条双字节指令。代码的第 2 个字节为目标地址。执行该字节就是将"0"送入地址为"bit"的存储器中。该指令属于布尔变量操作类指令。

当直接寻址位是 P0、P1、P2、P3 口中的某一位时，该指令执行时先读入端口的全部内容（8 位），然后将指定位清零，再把 8 位内容送入端口的锁存器。

7. 子程序返回

指令格式为：RET

机器代码为：00100010   (22H)

操作过程为：$(PC_{15～8})←((SP))$

$(SP)←(SP)-1$

$(PC_{7～0})←((SP))$

$(SP)←(SP)-1$

这是一条单字节指令。子程序返回指令就是指把栈顶的内容送到 PC 寄存器中，不影响标志。它只用在子程序末尾。该指令属于控制转移类指令。

6.1.8 程序状态字

程序状态字 PSW 是一个 8 位的寄存器，它包含了程序当前状态的信息。PSW 寄存器各位的定义如图 6-17 所示，其中 PSW. 1 是保留位，没有使用。

D7	D6	D5	D4	D3	D2	D1	D0
PWS.7	PWS.6	PWS.5	PWS.4	PWS.3	PWS.2	PWS.1	PWS.0
CY	AC	F0	RS1	RS0	OV	—	P

图 6-17   程序状态字

（1）CY（PSW. 7）是进位标志位。在执行某些算术或逻辑指令时，可以被硬件或程序置位或清零。在布尔处理器中该位被看做是位累加器，其重要性与一般的中央处理器中的累加器 A

相同。

（2）AC（PSW.6）是辅助进位标志位。在进行加法或减法操作而产生由低 4 位数（一个十进制数）向高 4 位进位或借位时，AC 将被硬件置"1"。AC 被用于十进制数调整，详见"DAA"指令。

（3）F0（PSW.5）是标志 0。它是用户定义的一个状态标志，可以通过软件将它置位或清零，也可以用软件测试 F0 以控制程序的流向。

（4）RS1 和 RS0（PSW.4 和 PSW.3）是寄存器区选择控制位。它可以通过软件来置位或清零以确定当前使用的工作寄存器区。RS1、RS0 的值与寄存器区的对应关系如图 6-18 所示。

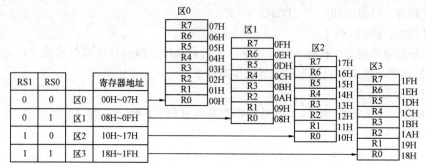

图 6-18　寄存器区

（5）OV（PSW.2）是溢出标志位。当执行算术指令时，由硬件置位或清零，以指示溢出状态。

当执行加法指令 ADD 时，若 D6 位向 D7 位有进位 C_6'，D7 位向进位位有进位 C_7' 时，则有

$$OV = C_6' \oplus C_7'$$

溢出标志常用于 ADD 和 SUBB 指令对带符号数作加减运算时，OV＝1 表示加减运算的结果超出了目的寄存器 A 所能表示的带符号数（2 的补码）的范围（－128～＋127）。

在 MCS-51 中，无符号数乘法指令 MUL 的执行结果也会影响溢出标志。置于累加器 A 和寄存器 B 的两个数的积超过 255 时，OV＝1，否则 OV＝0。此积的高位放在寄存器 B 内，低位放在累加器 A 内，因此 OV＝0 意味着只要从累加器 A 中取得乘积即可，否则就要从 B、A 寄存器对中取得乘积。

除法指令也会影响溢出标志。当除数为 0 时，OV＝1，否则 OV＝0。

（6）P（PSW.0）是奇偶标志位。每个指令周期中该位都由硬件来置位或清零，以表示累加器 A 中的"1"的位数是奇数还是偶数。若"1"的位数位奇数，则 P＝1，否则 P＝0。

该标志位对串行通信中的数据传输具有重要意义。在串行通信中常用奇偶校验的办法来检验数据传输的可靠性。在发送端可根据 P 的值对数据的奇偶位置位或清零。若通信协议中规定采用奇校验的办法，则 P＝0 时，应对数据的奇偶位置位，否则就对该位清零。

6.2　灯　光　流　水　控　制

6.2.1　控制要求

在单片机某个 8 位端口外接有 8 个灯，要求初始时两端最外边各亮一个灯，隔约 1s 后，两个亮的灯各往中间移一位；隔约 1s 再往中间移一位。等移到中间两个灯亮后，再延时 1s 后重复开始的状态，按这样方式循环显示。如图 6-19 所示，灯光流水的显示过程从状态 1 到状态 4。

6.2.2 实现电路

利用单片机 AT89S52 的 P1 口，去控制 8 个灯，每一位控制一个灯。流水灯接口电路的原理如图 6-20 所示，其中（a）图是演示用图，（b）图则是 220VAC 灯的驱动电路图。

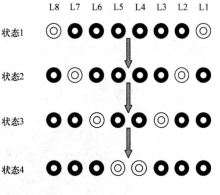

图 6-19 灯光流水显示过程

1. 电路原理及元器件的选择

图 6-20（a）中，LED 可采用 $\phi3$ 的红色或其他颜色的发光二极管。电阻 R1 采用 RJ 金属膜电阻，其阻值需根据流过的电流和在其上的压降来确定。通常单个发光二极管发光时，流过发光二极管的电流 I_F 在 10mA 左右，其电压压降 U_F 约为 1.2V。在图 6-20（a）中最多只有两个发光二极管同时发光，因此流过电阻 R1 的电流约为 10mA，故电阻 $R1 \approx$（Vcc $-U_F$）$/I_F=$（$5-1.2$）$/0.01=380\Omega$，可取 360Ω。

图 6-20（b）中，考虑到 P1 口各引脚的驱动能力，将每个引脚通过一 OC 门 74LS07 接至光电耦合器 MOC3021，再去控制双向可控硅（晶闸管）TRx 的通断。

MOC3021 是双向晶闸管输出型的光电耦合器，输出端的额定电压为 400V，最大输出电流为 1A，最大隔离电压为 7500V，输入端控制电流小于 15mA。

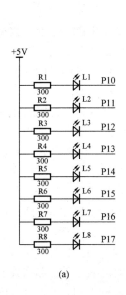

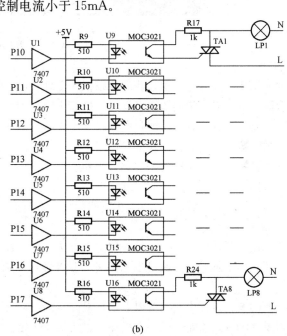

(a) (b)

图 6-20 流水灯接口电路

（a）演示用图；（b）220V AC 灯的驱动电路图

单片机 AT89S52 的 P1.x 端输出低电平时，7407 输出低电压，MOC3021 的输入端就有电流流出，使输出端的双向晶闸管导通，触发外部的双向晶闸管 TRx 导通。当 P1.x 端输出高电平时，7407 也输出高电压，MOC3021 的输出端就没有电流流出，使输出端的双向晶闸管关断。图中 R17 等电阻的作用是使流过 MOC3021 输出端的电流不要超过 1A。有关此类接口电路，请参见参考文献 [8]。

2. 元器件的安装

在图 6-20（a）的实验电路中，可以把电阻和发光二极管焊接在万能印刷电路板上，如图 6-21所示。

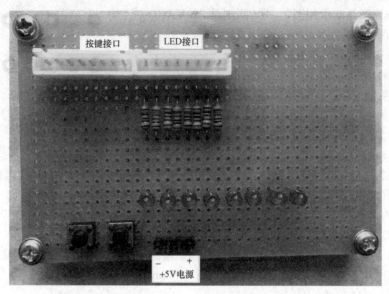

图 6-21　流水灯实验电路

6.2.3　编程思路

按照显示要求和变化过程，我们可以把 8 个灯看成一组，并用单片机中的一个 8 位数据来表示。结合图 6-20（a），我们知道当发光二极管 LED 的负极接低电平时，发光二极管发光；接高电平时，发光二极管不发光。即我们可以设定亮的灯的数据位是数值 "0"，灭的灯的数据位是数值 "1"。按照这样的设定我们就可以得到初始的数据就是 01111110，把这个数据送到 P1 口就得到灯的初始显示要求。根据这一思路，不难得到图 6-17 中灯显示变化所对应的数据的变化过程为：01111110→10111101→11011011→11100111。实现该过程最简单的办法是直接把相应的数据送 P1 口，然后延时一段时间，再送相应的数据，再延时，送完 4 个数据后重新开始。其程序流程如图 6-22（a）所示。

除了直接送数据外，下面是另一种实现方法。虽然程序复杂一点，但可以通过分析找到变化的规律，使我们了解同一功能可以由多种方法来实现，在实现过程中我们还能应用到其他几个指令。

从上面的变化过程中我们可以看出，最高位的 "0" 往右移，而最低位的 "0" 往左移。用移位的话需要移动 4 次才能完成一个循环，之后从头开始。如果感到一时无从下手，那么我们可以先对其进行分解，先考虑单边一个灯向右或左移动，即 01111111→10111111→11011111→11101111 或 11111110→11111101→11111011→11110111 的变化，然后再考虑怎样把这两种状态合在一起，便能得到图 6-19 所示的要求。通过观察我们可以看出，只要取一个单元为高 4 位，取另一个单元为低 4 位，再将其合并成一个 8 位的单元送到 P1 口进行显示便可实现功能。

从上面的分析中，我们可以进一步得到该程序的流程图，如图 6-22（b）所示。

6.2.4　程序编制

按照图 6-22 所示的流程图编制出的汇编语言程序如下。程序可在 "记事本" 或 "Keil C" 中录入，并用文件名 "streaminglinght.asm" 保存。

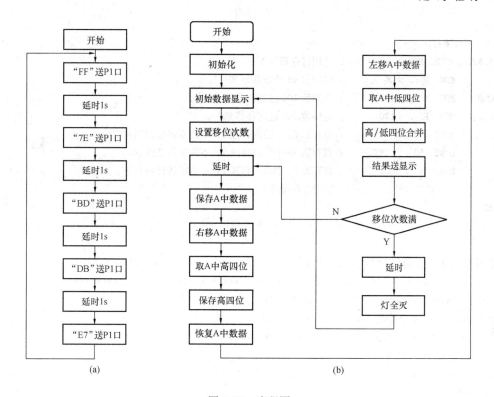

(a)   (b)

图 6-22　流程图

（a）直接送数法；（b）数据移位法

【**例 A6-5**】　按变化过程直接送数据［图 6-22（a）］的汇编语言程序如下。

```
; ********************************************************************************
;      程序名：streaminglinght1.asm      功能：两侧灯向中间流水点亮程序
;      说明：P1 口外接 8 个发光二极管，P1.0～P1.7 对应发光二极管 L1～L8。晶振频率 11.0592MHz。
; ********************************************************************************
;          程序                          说明
          ORG 0000H             ;设置下面程序的起始地址
          AJMP MAIN             ;跳转到标号是"MAIN"的地址
; ====主程序=============
          ORG 0040H             ;设置下面程序的起始地址
  MAIN:   MOV  SP,#60H          ;将堆栈指针设初值为 60H(十六进制数 60)
  START:  MOV P1,#0FFH          ;立即数 FF 送寄存器 P1 口
          ACALL DELAY1s         ;调用延时子程序
          MOV  P1,#7EH          ;立即数 7E 送寄存器 P1 口
          ACALL DELAY1s         ;调用延时子程序
          MOV P1,#0BDH          ;立即数 BD 送寄存器 P1 口
          ACALL DELAY1s         ;调用延时子程序
          MOV  P1,#0DBH         ;立即数 DB 送寄存器 P1 口
          ACALL DELAY1s         ;调用延时子程序
          MOV  P1,#0E7H         ;立即数 E7 送寄存器 P1 口
          ACALL DELAY1s         ;调用延时子程序
          LJMP START            ;跳转至 START
```

```
; =====================
; ----延时子程序--------------------
    DELAY1s: SETB  PSW.3          ; 选用寄存器区1
            MOV   R1 ,#46         ; 立即数46送寄存器R1
    DEL0:   MOV   R2 ,#100        ; 立即数100送寄存器R2
    DEL1:   MOV   R3 ,#100        ; 立即数100送寄存器R3
            DJNZ  R3 ,   $        ; 寄存器R3中的内容减1,不为零转移到当前指令
            DJNZ  R2 ,  DEL1      ; 寄存器R2中的内容减1,不为零转移到DEL1
            DJNZ  R1 , DEL0       ; 寄存器R1中的内容减1,不为零转移到DEL0
            CLR   PSW.3           ; 选用寄存器区0
    RET
; --------------------------------
END
```

【例 C6-5】 按变化过程直接送数据［图 6-22（a）］的 C51 语言程序如下。

```
/ **********************************************************************
    程序名:streaminglinght.c    功能:两侧灯向中间流水点亮程序
    说明:P1口外接8个发光二极管,P1.0~P1.7对应发光二极管L1~L8。
  ************************************************************************/
    # include <reg52.h>
    void delay(void);
    void  main()
    {
        delay();
        do{
        P1 = 0xff;
        delay();
        P1 = 0x7e;
        delay();
        P1 = 0xbd;
        delay();
        P1 = 0xdb;
        delay();
        P1 = 0xe7;
        delay();
          }while(1);
    }
    void delay()
    {
    int x = 20000;
        do { x = x - 1;
          } while (x>1);
    }
```

【例 A6-6】 按变化过程采用数据移位法［图 6-22（b）］的汇编语言程序如下。

```
; **********************************************************************
;    程序名:streaminglinght.asm    功能:两侧灯向中间流水点亮程序
```

```
;     说明：P1 口外接 8 个发光二极管，P1.0～P1.7 对应发光二极管 L1～L8。晶振频率 11.0592MHz。
; ******************************************************************************
;     程序                    说明
              ORG 0000H         ; 设置下面程序的起始地址
              AJMP MAIN         ; 跳转到标号是"MAIN"的地址
; =====================
              ORG 0040H         ; 设置下面程序的起始地址
    MAIN:   MOV  SP，♯60H    ; 将堆栈指针设初值为 60H(十六进制数 60)
    START:  MOV  A，♯7EH     ; 将初始数据 7EH，即 01111110B 送累加器 A
              MOV P1，A          ; 将累加器 A 中的数据送 P1 口
              MOV R2，♯04H    ; 十六进制数 04H 送寄存器 R2
    L1：    ACALL DELAY1s     ; 调用延时子程序 DELAY1s
              MOV R0，A          ; 累加器 A 中的数据寄存器 R0，保存原数据
              SETB C            ; 进位位 C 设置为"1"
              RRC  A            ; 累加器 A 和进位位中的数据右移一位
              ANL A，♯0F0H   ; 将累加器 A 中的低 4 位置"0"，即屏蔽掉低 4 位，取高 4 位
              MOV R1，A          ; 累加器 A 中的数据送寄存器 R1 保存
              MOV A，R0          ; 寄存器 R0 中的数据送累加器 A，恢复出移位前的数据
              SETB C            ; 进位位 C 设置为"1"
              RLC A             ; 累加器 A 和进位位中的数据左移一位
              ANL A，♯0FH    ; 将累加器 A 中的高 4 位置"0"，即屏蔽掉高 4 位，取低 4 位
              ORL A，R1          ; 寄存器 R1 中数据跟累加器 A 中数据相"与"，即将一个高 4 位、一个低 4 位合成
                                  8 位
              MOV P1，A          ; 累加器 A 中数据送 P1 口，即合成的 8 位数据送 P1 口显示
              DJNZ R2，L1       ; 寄存器 R2 中的数据减 1，值不为 0，则转移到标号为"L1"的地址执行
              ACALL DELAY1s     ; 调用延时子程序 DELAY1s
              MOV P1，♯0FFH  ; 十六进制数 FFH 送 P1 口，使灯全灭
              AJMP START        ; 跳转到标号为"START"的地址执行
; =====================
;  ----延时子程序----------------
    DELAY1s:SETB  PSW.3        ; 选用寄存器区 1
            MOV  R1，♯46      ; 立即数 46 送寄存器 R1
    DEL0:   MOV  R2，♯100     ; 立即数 100 送寄存器 R2
    DEL1：  MOV  R3，♯100     ; 立即数 100 送寄存器 R3
            DJNZ  R3，  $       ; 寄存器 R3 中的内容减 1，不为零转移到当前指令
            DJNZ  R2，  DEL1   ; 寄存器 R2 中的内容减 1，不为零转移到 DEL1
            DJNZ  R1，DEL0      ; 寄存器 R1 中的内容减 1，不为零转移到 DEL0
            CLR  PSW.3         ; 选用寄存器区 0
            RET                ; 子程序返回
; ----------------------------------------
    END
```

注意：在主程序和子程序中使用同一寄存器区时，应避免同一寄存器号同时被主程序和子程序使用。

6.2.5 指令解释

下面对【例 A6-6】程序中的指令作如下解释。

1. 绝对转移

程序中的指令"AJMP MAIN"就是绝对转移指令。

指令格式为：AJMP　addr11

其中：addr11 是 11 位的目的地址。

机器代码为：$a_{10}a_9a_8 00001$，$a_7a_6a_5a_4a_3a_2 a_1a_0$

操作过程为：$(PC) \leftarrow (PC)+2$

$(PC_{10 \sim 0}) \leftarrow$ 指令中 $a_{10}a_9a_8a_7a_6a_5a_4a_3a_2 a_1a_0$

这是一条双字节指令。目标地址 addr11 必须与 AJMP 下一条指令的第一个字节在同一个 2KB 的存储器区内。该指令属于控制转移类指令。

2. 立即数送累加器

程序中的指令"MOV　A，#7EH"就是指把立即数 7EH 送累加器 A。

指令格式为：MOV A，#data

机器代码为：01110100(立即数)

操作过程为：$(A) \leftarrow$ 立即数

这是一条双字节指令，代码的第 2 字节为立即数。该指令属于数据传输类指令。

3. 累加器内容送内部 RAM 或专用寄存器

程序中的指令"MOV P1，A"就是指把累加器 A 的内容送内部专用寄存器 P1。

指令格式为：MOV　direct，A

指令代码为：11110101(直接地址)

操作过程为：$(direct) \leftarrow (A)$

这是一条双字节指令，代码的第 2 字节为直接地址。该指令属于数据传输类指令。

4. 绝对调用

程序中的指令"ACALL　DELAY1s"就是指调用标号为"DELAY1s"及其后面的程序段执行。

指令格式为：ACALL　addr11

指令代码为：$a_{10}a_9a_8 10001$，$a_7a_6a_5a_4a_3a_2 a_1a_0$

操作过程为：$(PC) \leftarrow (PC)+2$

$(SP) \leftarrow (SP)+1$

$((SP)) \leftarrow (PC_{7 \sim 0})$

$(SP) \leftarrow (SP)+1$

$((SP)) \leftarrow (PC_{15 \sim 8})$

$(PC_{10 \sim 0}) \leftarrow$ 指令中的 2KB 区内地址 $a_{10}a_9a_8a_7a_6a_5a_4a_3a_2 a_1a_0$

这是一条双字节指令，代码的第 2 字节为直接地址。该指令属于控制转移类指令。

5. 累加器内容送寄存器

程序中的指令"MOV R0，A"就是指把累加器 A 中的内容送寄存器 R0。

指令格式为：MOV Rn，A

指令代码为：11111rrr　　(F8H ～ FFH)

操作过程为：$(Rn) \leftarrow (A)$ n= 0～7

这是一条单字节指令，指令中的"rrr"决定 0～7 中的某一个寄存器。该指令属于数据传输类指令。

6. 置进位标志

程序中的指令"SETB C"就是指将进位置 1。

指令格式为：SETB C

指令代码为：11010011

操作过程为：(C)←1

这是一条单字节指令。该指令属于布尔操作类指令。

7. 累加器连进位标志循环右移

程序中的指令"RRC A"就是将累加器 A 和进位位的数据循环右移一位。

指令格式为：RRC A

指令代码为：00010011

操作过程为：$(A_n)←(A_{n+1})$

$(A_7)←(C)$

$(C)←(A_0)$

这是一条单字节指令。该指令属于逻辑操作类指令。

8. 累加器内容逻辑"与"立即数

程序中的指令"ANL A，♯0F0H"就是指将累加器中的内容与立即数 0F0H 进行逻辑"与"运算。

指令格式为：ANL A，♯data

指令代码为：01010100（立即数）

操作过程为：$(A) ← (A) \wedge data$

这是一条双字节指令。该指令属于逻辑操作类指令。

9. 寄存器内容送累加器

程序中的指令"MOV A，R0"就是指把寄存器 R0 中的内容送累加器 A 中。

指令格式为：MOV A，Rn

指令代码为：11101rrr　　(E8H ～ EFH)

操作过程为：$(A)←(Rn)$　n＝0～7

这也是一条单字节指令，指令中的"rrr"决定 0～7 中的某一个寄存器。该指令属于数据传输类指令。

10. 累加器连进位标志循环左移

程序中的指令"RLC A"就是指将累加器 A 和进位位中的数据左移一位。

指令格式为：RLC A

指令代码为：00110011

操作过程为：$(A_{n+1})←(A_n)$

$(A_0) ← (C)$

$(C)←(A_7)$

这是一条单字节指令。该指令属于逻辑操作类指令。

11. 累加器内容逻辑"或"寄存器内容

程序中的指令"ORL A，R1"就是指将累加器 A 中的内容与寄存器 R1 中的内容进行逻辑"或"运算。

指令格式为：ORL A，Rn

指令代码为：01001rrr

操作过程为：$(A)←(A) \vee (Rn)$　n＝0～7

6.2.6　程序调试

1. 在 Keil μVision2 中调试

具体操作步骤如下。

（1）用"记事本"或在"KEIL C"中录入或编制程序，并用一个文件名，如"streaminglinght. asm"保存。单击"开始＼附件＼记事本"，在打开的记事本中输入【例 A6-6】中的源程序，如图 6-23 所示。输入完成后将其另存为名为"streaminglinght1. asm"的文件，最后关闭记事本。

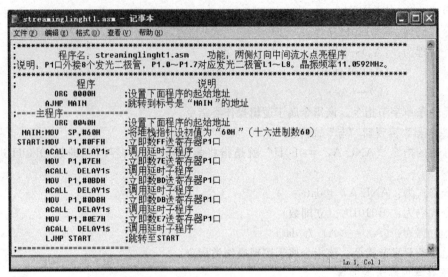

图 6-23　流水灯程序录入

（2）打开"Keil C"软件，新建一个项目，项目名不妨也设为"streaminglinght1"。单击桌面上的图标，进入 Keil C51 μVision2 集成开发环境。在主界面上单击下拉菜单"Project"，选"New Project…"命令。在弹出的对话框中将项目命名为"streaminglinght1"。单击"保存"按钮，选"AT89C52"后单击"返回"。

（3）打开已建立的文件"streaminglinght1. asm"；并将该文件添加到"Source Group 1"中。在 μVision2 主界面上单击打开文件按钮，在弹出的对话框内找到刚才新建并保存的文件"streaminglinght1. asm"，单击"打开"按钮打开。

在中间左边的"Project Workspace（项目空间）"内，单击"＋"展开。再用右键单击"Source Group 1"文件夹，在弹出的菜单命令中选"Add Files to Group 'Source Group 1'"。

在弹出的对话框内，根据源程序编程语言选择相应的文件类型，再选择源程序文件"streaminglinght1. asm"，单击"Add"按钮加入文件，单击"Close"按钮关闭对话框。

（4）在"Options for Target 'Target 1'"中的"Target"和"Output"标签页上进行设置。单击下拉菜单"Project"，选"Options for Target 'Target 1'"。在弹出对话框上的"Target"标签页内，把单片机的运行频率调整为 11.0592MHz。在"Output"标签页上，单击"Create HEX File"前的复选框，使框内出现"√"。这样编译后就能生成目标文件了。最后单击"确定"按钮返回。

（5）编译和建立目标文件，得到"streaminglinght1. hex"文件。在 μVision2 主界面上点重新编译按钮，对源程序文件进行编译，编译结果如图 6-24 所示。最后不要忘记单击"Save All"按钮保存工程文件。

（6）仿真调试。在主界面上单击开始调试按钮，打开端口 P1，再单击运行按钮。运行时端口 P1 的变化如图 6-25 所示。

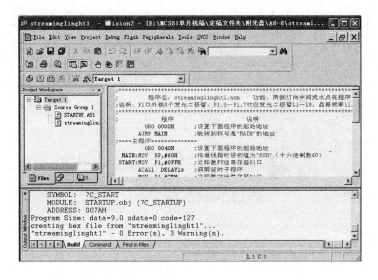

图 6-24　编译结果

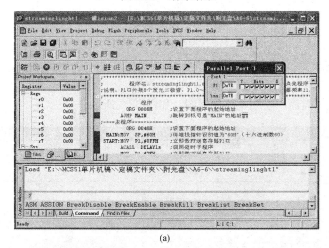

(a)

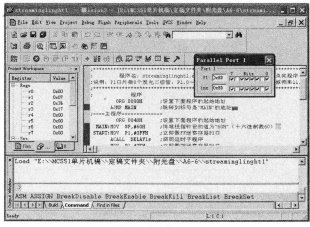

(b)

图 6-25　仿真调试（一）

（a）两端发光二极管亮；（b）向内移动一位

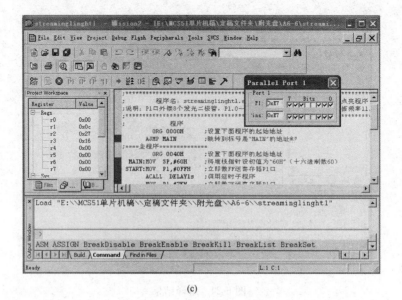

(c)

图 6-25 仿真调试（二）

（c）中间两个发光二极管亮

2. 在 Proteus 中仿真

在 Proteus 7.9 中进行仿真的步骤如下。

（1）在 Proteus 主界面中绘制电路原理图，如图 6-26 所示。

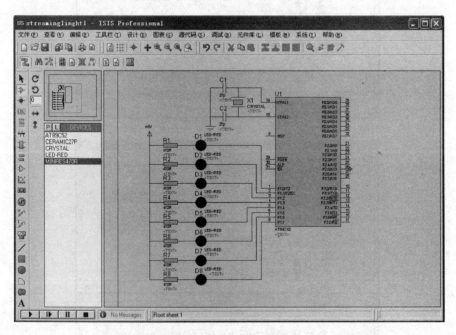

图 6-26 仿真电路原理图

（2）设置参数。双击晶体振荡器 X1，将其工作频率修改为 11.0592MHz，如图 6-27（a）所示。修改完后点击"确定"按钮关闭对话框。双击单片机 U1，单击程序文件右边的文件夹图标，找到刚才编译生成的目标文件，选中后单击"打开"按钮，加载程序文件，如图 6-27（b）所示。

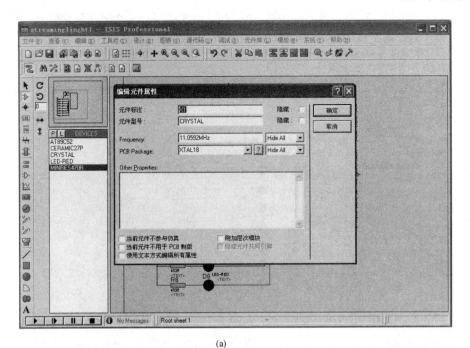

图 6-27 参数设置

（a）修改晶振工作频率；（b）加载程序文件

最后单击"确定"按钮关闭对话框。

（3）仿真运行。在 Proteus 主界面中单击左下角的仿真开始按钮，发光二极管 D1～D8 熄灭/点亮状态的部分情形如图 6-28（a）和（b）所示。发光二极管熄灭和点亮的时间间隔约是 1s。

3．在最小系统上运行

用最小系统板来验证程序，首先准备好实验用器材最小系统板、下载器、电源和应用实验

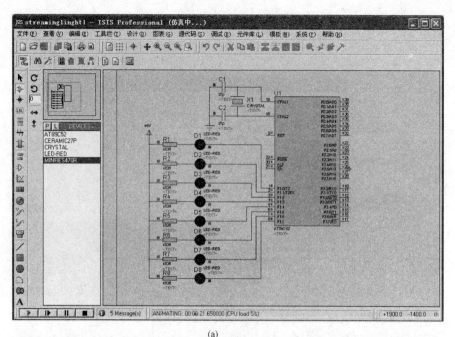

(a)

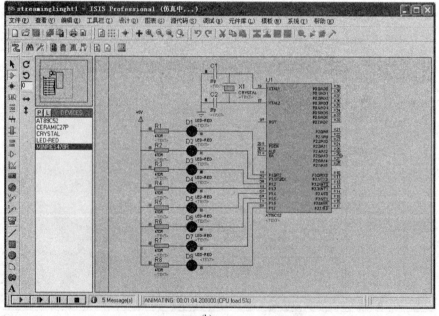

(b)

图 6-28　仿真运行

(a) 发光二极管 D1 和 D8 点亮；(b) 发光二极管 D3 和 D6 点亮

板。然后按下面的步骤进行操作。

（1）在应用实验板上按图 6-20（a）所示的电路焊接好发光二极管和电阻，并焊出引线。

（2）插上最小系统板上的跳线 J101、J102、J103，插上 STC90C52RC 芯片。将 USB-RS232 电缆的 USB 口插入电脑的 USB 插座上，把连接电缆的 RS-232 插头 DB9 插入最小系统板上的 DB9 插座上。将扩展板上 8 路 LED 灯的接口与最小系统板上的 P1 口连接好，把最小系统板上的 ＋5V 电源接到扩展板上，如图 6-29 所示。

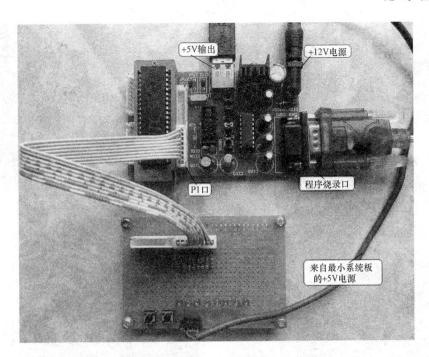

图 6-29　实验器材连接

（3）打开烧录软件 STC ＿ ISP ＿ V486.exe，并设置好有关参数；加载待写文件"streaminglinght.hex"；单击"Download/下载"按钮下载程序，接着给最小系统板上电。

（4）程序烧录完毕后，随即进入运行，验证程序正确性。实际运行如图 6-30 所示。若不符合要求则需再对程序进行修改（可以先在 Keil μVision2 中进行调试或在 Proteus 中仿真）。

（5）重复上述步骤直到能实现要求的功能为止。

6.2.7　其他变化方式的流水灯程序

【例 A6-7】　从左向右移动的单灯流水点亮程序如下。

```
; * * * * * * * * * * * * * * * * * * * * * * * * * * * * * * * * * * * * * * *
;    程序名：streaminglinght2.asm    功能：单灯流水点亮程序
;    说明：P1 口外接 8 个发光二极管，P1.0～P1.7 对应发光二极管 L1～L8。晶振频率 11.0592MHz。
; * * * * * * * * * * * * * * * * * * * * * * * * * * * * * * * * * * * * * * *
    ORG  0000H
    LJMP  MAIN       ；跳转至主程序
; = = = =主程序 = = = = = = = = = = = = =
    ORG  0040H
    MAIN: MOV  SP，＃60H    ；置堆栈初值
        MOV  A，＃7EH     ；立即数 7E 送累加器 A
        SETB C          ；进位置 1
    L0: MOV P0，A        ；累加器 A 中值送 P0 口
        ACALL DL        ；调用子程序
        RRC  A          ；累加器 A 中值同进位位右移一位
        LJMP L0         ；跳转至 L0
; = = = = = = = = = = = = = = = = = =
; - - - -延时子程序 - - - - - - - - - - -
DL: MOV R7，＃0A3H     ；立即数 A3H 送寄存器 R7
```

(a)   (b)

图 6-30　实际运行

(a) 两端发光管亮；(b) 内侧发光管亮

```
DL1：MOV R6，＃0FFH      ；立即数 FFH 送寄存器 R6
DL2：DJNZ  R6，DL2       ；寄存器 R6 中值减 1 不为零转移
     DJNZ  R7，DL1       ；寄存器 R7 中值减 1 不为零转移
     RET                 ；返回
```

; —

```
     END
```

如果将图 6-19 中灯的流动过程改成 4→3→2→1，那么程序应如何修改？

根据【例 A6-5】的程序修改后的按变化过程直接送数据的程序如【例 A6-8】所述。

【例 A6-8】 按变化过程直接送数据的两侧灯向中间流水点亮的汇编语言程序如下。

; ＊

; 程序名：streaminglinght3.asm   功能：两侧灯向中间流水点亮程序

; 说明：P1 口外接 8 个发光二极管，P1.0～P1.7 对应发光二极管 L1～L8。晶振频率 11.0592MHz。

; ＊

```
          程序                     说明
     ORG 0000H              ；设置下面程序的起始地址
     AJMP MAIN              ；跳转到标号是 "MAIN" 的地址
; = = = = =主程序 = = = = = = = =
     ORG 0040H              ；设置下面程序的起始地址
MAIN：MOV  SP，＃60H         ；将堆栈指针设初值为 60H（十六进制数 60）
START：MOV P1，＃0FFH        ；立即数 FFH 送寄存器 P1 口
     ACALL DELAY1s          ；调用延时子程序
     MOV  P1，＃0E7H         ；立即数 E7H 送寄存器 P1 口
```

```
      ACALL DELAY1s      ；调用延时子程序
      MOV  P1，♯0DBH     ；立即数 DBH 送寄存器 P1 口
      ACALL DELAY1s      ；调用延时子程序
      MOV  P1，♯0BDH     ；立即数 BDH 送寄存器 P1 口
      ACALL DELAY1s      ；调用延时子程序
      MOV  P1，♯07E H    ；立即数 7EH 送寄存器 P1 口
      ACALL DELAY1s      ；调用延时子程序
      LJMP START
; = = = = = = = = = = = = = = = = = = = = = =
; － － － 延时子程序 － － － － － － － － － － － － － － － － － －
DELAY1s：SETB PSW. 3     ；选用寄存器区 1
      MOV  R1 ，♯46      ；立即数 46 送寄存器 R1
DEL0：MOV  R2 ，♯100     ；立即数 100 送寄存器 R2
DEL1：MOV  R3 ，♯100     ；立即数 100 送寄存器 R3
      DJNZ R3 ，  $      ；寄存器 R3 中的内容减 1，不为零转移到当前指令
      DJNZ R2 ，  DEL1   ；寄存器 R2 中的内容减 1，不为零转移到 DEL1
      DJNZ R1，DEL0      ；寄存器 R1 中的内容减 1，不为零转移到 DEL0
         CLR  PSW. 3
      RET
; － － － － － － － － － － － － － － － － － －
      END
```

【例 A6-9】 根据【例 A6-6】的程序修改后的中间两灯向两侧流水点亮的程序如下。

```
; * * * * * * * * * * * * * * * * * * * * * * * * * * * * * * * * * * * * * *
; 程序名：streaminglinght4.asm    功能：中间两灯向两侧流水点亮程序
; 说明：P1 口外接 8 个发光二极管，P1.0～P1.7 对应发光二极管 L1～L8。晶振频率 11.0592MHz。
; * * * * * * * * * * * * * * * * * * * * * * * * * * * * * * * * * * * * * *
      ORG 0000H
         LJMP  MAIN
; = = = = 主程序 = = = = = = = = = = = = = = = = = = = = =
         ORG 0040H
  MAIN：MOV  SP，♯60H     ；立即数 60H 送堆栈寄存器
 START：MOV  A，♯0E7H     ；立即数 E7H 送累加器 A
      MOV  P1，A         ；累加器 A 中的内容送 P1 口
      MOV  R3，♯0EFH     ；立即数 EFH 送寄存器 R3
      MOV  R4，♯0F7H     ；立即数 F7H 送寄存器 R4
      MOV  R2，♯04H      ；立即数 04H 送寄存器 R2
   L1：ACALL  DL         ；调用延时子程序
      SETB  C           ；进位位置 1
      MOV  A，R3         ；寄存器中的内容送累加器 A
      RLC  A            ；累加器 A 中的内容与进位位一起左移一位
      MOV  R3，A         ；累加器 A 中的内容送寄存器 R3
      ANL  A，♯0F0H      ；累加器 A 中内容与立即数 F0H 相"与"，即屏蔽低 4 位
      MOV  R1，A         ；累加器 A 中内容送寄存器 R1
      MOV  A，R4         ；寄存器 R4 中的内容送累加器 A
      SETB  C           ；进位位置 1
```

```
        RRC   A              ；累加器 A 中的内容与进位位一起右移一位
        MOV   R4，A          ；累加器 A 中的内容送寄存器 R4
        ANL   A，♯0FH        ；累加器 A 中内容与立即数 0FH 相"与"，即屏蔽高 4 位
        ORL   A，R1          ；寄存器 R1 中的内容与累加器 A 中的内容相"或"
        MOV   P1，A          ；累加器 A 中的内容送 P1 口
        DJNZ  R2，L1         ；寄存器 R2 中的内容减 1，不为零转移
        ACALL DL             ；调用子程序
        MOV   P1，♯0FFH      ；立即数 FFH 送 P1 口
        AJMP  START          ；
; = = = = = = = = = = = = = = = = = = = = = = = = = =
; - - - - 延时子程序- - - - - - - - - - - - - - - - - - -
   DL：SETB  PSW.3          ；选用寄存器区 1
        MOV   R1，♯46        ；立即数 46 送寄存器 R1
DEL0：MOV   R2，♯100       ；立即数 100 送寄存器 R2
DEL1：MOV   R3，♯100       ；立即数 100 送寄存器 R3
        DJNZ  R3，  $        ；寄存器 R3 中的内容减 1，不为零转移到当前指令
        DJNZ  R2，DEL1       ；寄存器 R2 中的内容减 1，不为零转移到 DEL1
        DJNZ  R1，DEL0       ；寄存器 R1 中的内容减 1，不为零转移到 DEL0
        CLR   PSW.3          ；选用寄存器区 0
        RET                  ；子程序返回
; - - - - - - - - - - - - - - - - - - - - - - - - -
END
```

若灯的变化改成如图 6-31 所示的变化方式 2，程序又如何修改？

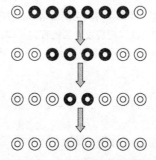

图 6-31　灯光变化方式 2

【例 A6-10】　根据【例 A6-5】的按变化过程直接送数据的程序进行修改后的两侧灯向中间流水点亮的程序如下。

```
; * * * * * * * * * * * * * * * * * * * * * * * * * * * * * * * * * * * * * *
;  程序名：streaminglinght5.asm    功能：两侧灯向中间流水点亮程序
;  说明：P1 口外接 8 个发光二极管，P1.0～P1.7 对应发光二极管 L1～L8
; * * * * * * * * * * * * * * * * * * * * * * * * * * * * * * * * * * * * * *
;       程序                  说明
        ORG 0000H            ；设置下面程序的起始地址
        AJMP MAIN            ；跳转到标号是"MAIN"的地址
; = = = = 主程序= = = = = = = = = = = = = = = = =
        ORG 0040H            ；设置下面程序的起始地址
MAIN：MOV  SP，♯60H         ；将堆栈指针设初值为 60H（十六进制数 60）
```

```
START: MOV  P1, ♯0FFH          ; 立即数 FFH 送寄存器 P1 口
       ACALL DELAY1s           ; 调用延时子程序
       MOV  P1, ♯7EH           ; 立即数 7EH 送寄存器 P1 口
       ACALL DELAY1s           ; 调用延时子程序
       MOV  P1, ♯3CH           ; 立即数 3CH 送寄存器 P1 口
       ACALL DELAY1s           ; 调用延时子程序
       MOV  P1, ♯18H           ; 立即数 18H 送寄存器 P1 口
       ACALL DELAY1s           ; 调用延时子程序
       MOV  P1, ♯00H           ; 立即数 00H 送寄存器 P1 口
       ACALL DELAY1s           ; 调用延时子程序
       LJMP START
; = = = = = = = = = = = = = = = = = = = = = = = = = =
; - - - -延时子程序- - - - - - - - - - - - - - - - - -
DELAY1s: SETB  PSW.3           ; 选用寄存器区 1
       MOV  R1, ♯46            ; 立即数 46 送寄存器 R1
 DEL0: MOV  R2, ♯100           ; 立即数 100 送寄存器 R2
 DEL1: MOV  r3, ♯100           ; 立即数 100 送寄存器 R3
       DJNZ R3, $              ; 寄存器 R3 中的内容减 1, 不为零转移到当前指令
       DJNZ R2, DEL1           ; 寄存器 R2 中的内容减 1, 不为零转移到 DEL1
       DJNZ R1, DEL0           ; 寄存器 R1 中的内容减 1, 不为零转移到 DEL0
       CLR   PSW.3
RET
; - - - - - - - - - - - - - - - - - - - - - - - - - -
END
```

【例 A6-11】 根据【例 A6-6】的程序修改后的两侧灯逐个向内流水点亮的程序如下。

```
; * * * * * * * * * * * * * * * * * * * * * * * * * * * * * * * * * * * * * *
;   程序名: streaminglinght6.asm     功能: 两侧灯逐个向内流水点亮程序
;   说明: P1 口外接 8 个发光二极管, P1.0~P1.7 对应发光二极管 L1~L8。晶振频率 11.0592MHz。
; * * * * * * * * * * * * * * * * * * * * * * * * * * * * * * * * * * * * * *
       ORG 0000H               ; 设置下面程序的起始地址
       AJMP MAIN               ; 跳转到标号是 "MAIN" 的地址
; = = = = = = = = = = = = = = = = = = = =
       ORG 0040H               ; 设置下面程序的起始地址
 MAIN: MOV  SP, ♯60H           ; 将堆栈指针设初值为 60H (十六进制数 60)
START: MOV  A, ♯7EH            ; 将初始数据 7EH, 即 01111110B 送累加器 A
       MOV  P1, A              ; 将累加器 A 中的数据送 P1 口
       MOV  R2, ♯04H           ; 十六进制数 04H 数送寄存器 R2
   L1: ACALL DELAY1s           ; 调用延时子程序 DL
       MOV R0, A               ; 累加器 A 中的数据寄存器 R0, 保存原数据
       CLR  C                  ; 进位位 C 清零
       RRC  A                  ; 累加器 A 和进位位中的数据右移一位
       ANL  A, ♯0F0H           ; 将累加器 A 中的低 4 位置 "0", 即屏蔽掉低 4 位, 取高 4 位
       ANL  A, R0
       MOV  R1, A              ; 累加器 A 中的数据送寄存器 R1 保存
       MOV  A, R0              ; 寄存器 R0 中的数据送累加器 A, 恢复出移位前的数据
```

```
        CLR   C              ;进位位 C 清零
        RLC   A              ;累加器 A 和进位位中的数据左移一位
        ANL   A，♯0FH        ;将累加器 A 中的高 4 位置"0"，即屏蔽掉高 4 位，取低 4 位
        ANL   A，R0
        ORL   A，R1           ;寄存器 R1 中数据跟累加器 A 中数据相"或"，即一个高 4 位、一个低 4 位合成 8
                              位
        MOV   P1，A           ;累加器 A 中数据送 P1 口，即合成的 8 位数据送 P1 口显示
        DJNZ  R2，L1          ;寄存器 R2 中的数据减"1"，值不为"0"，则转移到标号为"L1"的地址
        ACALL DELAY1s         ;调用延时子程序 DELAY1s
        MOV   p1，♯0FFH       ;十六进制数 FFH 送 P1 口，使灯全灭
        ACALL DELAY1s
        LJMP  START           ;跳转到标号为"START"的地址执行
; = = = = = = = = = = = = = = = = = = = = =
; - - - - 延时子程序- - - - - - - - - - - - -
DELAY1s：SETB  PSW. 3         ;选用寄存器区 1
        MOV   R1，♯46         ;立即数 46 送寄存器 R1
  DEL0：MOV   R2，♯100        ;立即数 100 送寄存器 R2
  DEL1：MOV   R3，♯100        ;立即数 100 送寄存器 R3
        DJNZ  R3，  $          ;寄存器 R3 中的内容减 1，不为零转移到当前指令
        DJNZ  R2，  DEL1       ;寄存器 R2 中的内容减 1，不为零转移到 DEL1
        DJNZ  R1，DEL0        ;寄存器 R1 中的内容减 1，不为零转移到 DEL0
        CLR   PSW. 3          ;选用寄存器区 0
        RET                   ;子程序返回
; - - - - - - - - - - - - - - - - - - - - - -
END
```

6.3 定时器延时程序

采用调用延时子程序的方法来进行定时操作，通常是让 CPU 循环执行一些寄存器减 1 等指令来完成延时。在执行这些程序时，CPU 不能处理其他的指令（包括响应中断），否则定时的时间就不能实现要求的功能。若在整个应用程序中延时量较大，CPU 的效率就会降低。

应用单片机的定时中断功能来进行定时或对外部事件进行计数，能使 CPU 在实现定时功能的同时并行地执行其他指令，从而提高 CPU 的工作效率。AT89S52、STC90C52RC/RD＋、STC11F60XE 和 STC12C5A60S2 单片机内部有 3 个 16 位的定时器/计数器 T0、T1、T2。它们都可以用作定时器或外部事件计数器。

6.3.1 定时器/计数器 T0 和 T1

MCS-51 系列的单片机内，与 16 位定时器/计数器 T0、T1 有关的特殊功能寄存器有：TH0，TL0，TH1，TL1，TMOD 和 TCON。

TH0 和 TL0 为 16 位计数器 T0 的高 8 位和低 8 位，TH1 和 TL1 为 16 位计数器 T1 的高 8 位和低 8 位。TMOD 为 T0 和 T1 的方式寄存器，TCON 为 T0 和 T1 的状态控制寄存器，存放 T0 和 T1 的运行控制位和溢出中断标志位。

通过对 TH0、TL0 或 TH1、TL1 的初始化编程可以设置 T0、T1 计数器的初值，通过对 TCON 和 TMOD 的编程可以选择 T0、T1 的工作方式并控制 T0、T1 的运行。

1. 方式寄存器 TMOD

特殊功能寄存器 TMOD 为 T0、T1 的工作方式寄存器，其格式如图 6-32 所示。图中 TMOD 的低 4 位为 T0 的方式字段，高 4 位为 T1 的方式字段，它们的含义完全相同。

D7	D6	D5	D4	D3	D2	D1	D0
TMOD.7	TMOD.6	TMOD.5	TMOD.4	TMOD.3	TMOD.2	TMOD.1	TMOD.0
GATE	C/$\overline{\text{T}}$	M1	M0	GATE	C/$\overline{\text{T}}$	M1	M0
T1 方式字段				T0 方式字段			

图 6-32　TMOD 寄存器各位定义

（1）工作方式选择位 M1、M0。定时器工作方式由 M1、M0 两位的状态确定，其对应关系见表 6-2。

表 6-2　　　　　　　　　　　　　　定时器方式字选择

M1	M0	功　能　说　明
0	0	方式 0，为 13 位的定时器/计数器
0	1	方式 1，为 16 位的定时器/计数器
1	0	方式 2，为常数自动重新装入的 8 位定时器/计数器
1	1	方式 3，仅适用于 T0，分为两个 8 位计数器，T1 在方式 3 时停止计数

（2）定时器和外部事件计数方式选择位 C/$\overline{\text{T}}$。当 C/$\overline{\text{T}}$＝0 时为定时方式。在定时方式中，以振荡器输出时钟的 12 分频信号作为计数信号，也就是每一个机器周期定时器加 1。若晶振为 12MHz，则定时器计数频率为 1MHz，计数的脉冲周期为 1μs。定时器从初始值开始加 1 计数直至定时器溢出所需的时间是固定的，所以称为定时方式。

当 C/$\overline{\text{T}}$＝1 时为外部事件计数方式，这种方式采用外部引脚（T0 为 P3.4，T1 为 P3.5）上的输入脉冲作为计数脉冲。内部硬件在每个机器周期的 S5P2 采样外部引脚的状态，当一个机器周期采样到高电平，接着的下一个机器周期采样到低电平时计数器加 1，也就是外部输入电平发生负跳变时加 1。外部事件计数时最高计数频率为晶振频率的 1/24，外部输入脉冲高电平和低电平时间必须在一个机器周期以上。对外部输入脉冲计数通常是为了测试脉冲的周期、频率或对输入的脉冲数进行累加。

（3）门控位 GATE。GATE＝1 时，定时器的计数受外部引脚输入电平的控制（$\overline{\text{INT0}}$控制 T0 的运行，$\overline{\text{INT1}}$控制 T1 的运行）；GATE＝0 时，定时器计数不受外部引脚输入电平的控制。

2. 控制寄存器 TCON

特殊功能寄存器 TCON 的高 4 位存放定时器的运行控制位和溢出标志位，低 4 位存放外部中断的触发方式控制位和锁存外部中断请求源。TCON 的格式如图 6-33 所示。

D7	D6	D5	D4	D3	D2	D1	D0
TCON.7	TCON.6	TCON.5	TCON.4	TCON.3	TCON.2	TCON.1	TCON.0
TF1	TR1	TF0	TR0	IE1	IT1	IE0	IT0

图 6-33　TCON 寄存器各位定义

（1）定时器 T0 运行控制位 TR0。TR0 由软件置"1"或置"0"。门控位 GATE＝0 时，T0 的计数仅由 TR0 控制，TR0＝1 时允许 T0 计数，TR0＝0 时禁止 T0 计数；门控位 GATE＝1 时，仅当 TR0 等于 1 且$\overline{\text{INT0}}$（P3.2）输入为高电平时 T0 才计数，TR0 为 0 或$\overline{\text{INT0}}$输入低电平

时都禁止 T0 计数。

(2) 定时器 T0 溢出标志位 TF0。当 T0 被允许计数以后，T0 从初值开始加 1 计数，最高位产生溢出时将 TF0 置"1"。TF0 可以由程序查询或置"0"。TF0 也是中断请求源，当 CPU 响应 T0 中断时 TF0 由硬件置"0"。

(3) 定时器 T1 运行控制位 TR1。TR1 由软件置"1"和置"0"。门控位 GATE=0 时，T1 的计数仅由 TR1 控制，TR1=1 时允许 T1 计数，TR1=0 时禁止 T1 计数；门控位 GATE=1 时，仅当 TR1=1 且 $\overline{INT1}$ (P3.3) 输入为高电平时 T1 才计数，TR1=0 或 $\overline{INT1}$ 输入低电平都将禁止 T1 计数。

(4) 定时器 T1 溢出标志位 TF1。当 T1 被允许计数以后，T1 从初值开始加 1 计数，最高位产生溢出时将 TF1 置"1"。TF1 可以由程序查询或置"0"。TF1 也是中断请求源，当 CPU 响应 T1 中断时 TF1 由硬件置"0"。

3. 定时器的工作方式

MCS-51 的定时器 T0 有四种工作方式：方式 0、方式 1、方式 2 和方式 3；而定时器 T1 有三种工作方式：方式 0、方式 1 和方式 2。下面对各种工作方式的定时器功能作详细的介绍。

(1) 方式 0。当 M1M0 为"00"时定时器工作于方式 0。方式 0 为 13 位的计数器，由 TL1 的低 5 位和 TH1 的 8 位组成，TL1 低 5 位计数溢出时向 TH1 进位，TH1 计数溢出时将溢出标志 TF1 置"1"。

在 T1 计数脉冲控制电路中，有一个方式电子开关和计数控制电子开关。$C/\overline{T}=0$ 时，方式电子开关打在内部时钟侧，以振荡器的十二分频信号作为 T1 的计数信号；$C/\overline{T}=1$ 时，方式电子开关打在引脚侧，此时以 T1 (P3.5) 引脚上的输入脉冲作为 T1 的计数脉冲。当 GATE=0 时，只要 TR1=1，计数控制开关的控制端即为高电平，使开关闭合，计数脉冲加到 T1，允许 T1 计数。当 GATE=1 时，仅当 TR1=1 且 $\overline{INT1}$ 引脚上输入高电平时控制端才为高电平，才能使控制开关闭合，允许 T1 计数，TR1=0 或 $\overline{INT1}$ 输入低电平都使控制开关断开，禁止 T1 计数。

若 T1 工作于方式 0 定时，计数初值为 a，则 T1 从初值 a 加 1 计数至溢出的时间为

$$t = \frac{12}{f_{osc}} \times (2^{13} - a)\mu s$$

如果 $f_{osc}=12MHz$，则

$$t = \frac{12}{12} \times (2^{13} - a) = (2^{13} - a)\mu s$$

(2) 方式 1。方式 1 和方式 0 的差别仅仅在于计数器的位数不同，方式 1 为 16 位的定时器/计数器。T1 工作于方式 1 时，由 TH1 作为高 8 位，TL1 作为低 8 位，构成一个 16 位的计数器。若 T1 工作于方式 1 定时，计数初值为 a，则 T1 从计数初值加 1 计数到溢出的定时时间为

$$t = (2^{16} - a)\mu s$$

(3) 方式 2。M1M0 为"10"时，定时器/计数器工作于方式 2，方式 2 为自动恢复初值的 8 位计数器。定时器 T1 工作于方式 2 时，TL1 作为 8 位计数器，TH1 作为计数初值寄存器。当 TL1 计数溢出时，一方面将溢出标志 TF1 置"1"，另一方面同时将 TH1 中的计数初值送至 TL1，使 TL1 从初值开始重新加 1 计数。若 T1 工作于方式 2 定时，计数初值为 a，则定时时间为

$$t = \frac{12}{f_{osc}} \times (2^8 - a)\mu s$$

上面以 T1 为例，说明了定时器/计数器方式 0、方式 1、方式 2 的工作原理，T0 和 T1 的这三种方式是完全相同的。

(4) 方式 3。方式 3 只适用于 T0，若 T1 设置为工作方式 3 时，则 T1 停止计数。T0 方式字

段中的 M1M0 为"11"时，T0 被设置为方式 3，此时 T0 分为两个独立的 8 位计数器 TL0 和 TH0。TL0 使用 T0 的所有状态控制位如 GATE、TR0、$\overline{INT0}$（P3.2）、T0（P3.4）、TF0 等，TL0 可以作为 8 位定时器或外部事件计数器，TL0 计数溢出时将溢出标志 TF0 置"1"，TL0 计数初值每次必须由软件设定。

方式 3 中，TH0 被固定为一个 8 位定时器方式，并使用 T1 的状态控制位 TR1 和 TF1。TR1＝1 时，允许 TH0 计数，当 TH0 计数溢出时将溢出标志 TF1 置"1"。一般情况下，只有当 T1 用于串行口的波特率发生器时，T0 才在需要时选工作方式 3，以增加一个计数器。这时 T1 的运行由方式来控制，方式 3 T1 停止计数，方式 0～2 T1 允许计数，计数溢出时并不将标志 TF1 置"1"。

6.3.2　20ms 定时程序

本节以 T0 工作在方式 1，即 16 位定时计数方式为例来介绍定时器/计数器的工作过程。为方便计算定时量，假定使用的晶振为 11.059 2MHz，用定时器 0 产生 20ms 定时，可通过示波器观察 P3.0 口的变化。

1. 确定 TMOD 的值

根据上一节图 5-30 中 TMOD 方式寄存器各位的定义，定时器工作在方式 1，故方式字取 M1M0＝01，C/$\overline{T}$＝0，门控位 GATE＝0。为简单起见，其他不使用的位均取"0"，所以 TMOD＝00000001＝01H。

2. 确定 TH0、TL0 的初值

由上一节 T0 从计数初值加 1 计数到溢出的定时时间公式 $t = 2(2^{16} - a)\mu s$ 得

$$100\ 000 = 2(2^{16} - a)，所以 a = 47\ 104 = B800H$$

3. 源程序

（1）查询方式的 20ms 定时程序如下【例 A6-12】和【例 C6-12】所述。

【例 A6-12】　20ms 定时查询方式的汇编程序如下。

```
; * * * * * * * * * * * * * * * * * * * * * * * * * * * * * * * * * * * * *
;   程序名：tds20ms_chk.asm      功能：定时 20ms
;   说明：采用定时器 0，方式 1 使用晶振频率为 11.059 2MHz。
; * * * * * * * * * * * * * * * * * * * * * * * * * * * * * * * * * * * * *
                ORG   0000H
                LJMP  MAIN
; = = = =主程序= = = = = = = = = = = = = = = = = = = =
                ORG   0040H
        MAIN:  MOV   TMOD,  #01H         ;立即数送定时方式控制寄存器
                MOV   TL0,   #00H         ;立即数送定时器 0 低位字节
                MOV   TH0,   #0B8H        ;立即数送定时器 0 高位字节
                SETB  TR0                 ;允许计数
    Check_TF0: JBC   TF0,   Time1_overflow ;定时器 0 计数溢出转移
                SJMP  Check_TF0           ;转移到 Check_TF0
Time1_overflow: MOV  TL0,   #00H          ;立即数 00H 送定时器寄存器低位
                MOV   TH0,   #0B8H        ;立即数 B8H 送定时器寄存器高位
                CPL   P1.0                ;P1.0 取反
                SJMP  Check_TF0
; = = = = = = = = = = = = = = = = = = = = = = = = = =
END
```

【例 C6-12】　20ms 定时查询方式的 C51 程序如下。

```
; * * * * * * * * * * * * * * * * * * * * * * * * * * * * * * * * * * * * * * * *
;   程序名：20mstimer.c    功能：定时20ms
;   说明：采用定时器0，使用晶振频率为11.059 2MHz。
;   * * * * * * * * * * * * * * * * * * * * * * * * * * * * * * * * * * * * * * *
    #include<reg51.h>
    void  main ()
    {
        TMOD = 0x01;
        TR0 = 1;
        for (;;)
          {
            TH0 = 0xb8;
            TL0 = 0x00;
            do {} while (TF0 = = 0);
            P1.0 = ! P1.0;
            TF0 = 0;
          }
    }
```

（2）中断方式的20ms定时程序如下【例A6-13】所述。

【例A6-13】 20ms定时中断方式的汇编程序如下。

```
; * * * * * * * * * * * * * * * * * * * * * * * * * * * * * * * * * * * * * * * * * *
;   程序名：tds20ms_isr.asm    功能：定时20ms
;   说明：采用定时器0，方式1使用晶振频率为11.059 2MHz。
;   * * * * * * * * * * * * * * * * * * * * * * * * * * * * * * * * * * * * * * * *
                    ORG   0000H
                    LJMP  MAIN
                    ORG   000BH
                    LJMP  Timer_server
; = = = =主程序= = = = = = = = = = = = = = = = = = = =
                    ORG   0040H
            MAIN: MOV  TMOD, #01H   ;立即数送定时方式控制寄存器
                    MOV  TL0,  #00H   ;立即数送定时器0低位字节
                    MOV  TH0,  #0B8H  ;立即数送定时器0高位字节
                    SETB  ET0
                    SETB  EA
                    SETB  TR0
                    SJMP  $
    Timer_server: MOV  TL0,  #00H   ;立即数00H送定时器寄存器低位
                    MOV  TH0,  #0B8H  ;立即数B8H送定时器寄存器高位
                    CPL  P1.0         ;P1.0取反
                    RETI
                    END
```

6.3.3 程序解释

1. 直接寻址位置位转移并将该位复位

程序中的指令"JBC TF0， Time1_overflow"就是指当直接寻址位TF0置位时，转移到

312

标号为"Time1_overflow"的目标地址处,并把 TF0 清零。其中 TF0 位的地址为 8DH。

指令格式为:JBC bit, rel

指令代码为:00010000 (10H)

操作过程为:若(bit)=0,则(PC)←(PC)+3

若(bit)=1,则(PC)←(PC)+3+rel ,(bit)←0

这是一条三字节指令,第 2 字节存放位地址 bit,第 3 字节存放相对地址 rel。该指令属于布尔变量操作类指令。

2. 短转移

程序中的指令"SJMP Check_TF0"就是短转移到标号为"Check_TF0"的目标地址处。

指令格式为:SJMP rel

指令代码为:10000000 (80H)

操作过程为:(PC)←(PC)+2

(PC)←(PC)+rel

这是一条双字节指令,第 2 字节存放相对地址 rel。该指令属于布尔变量操作类指令。

6.3.4 延时程序流程图

程序【例 A6-12】和【例 C6-12】的流程图如图 6-34 所示。

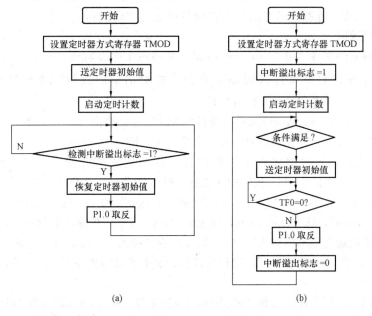

图 6-34 程序流程图

(a)例 A6-12 流程图;(b)例 C6-12 流程图

6.3.5 程序调试

1. 在 Keil μVision2 中调试

具体操作步骤如下。

(1)用"记事本"或在"Keil C"中录入或编制程序,并用一个文件名,如"tds20ms.asm"保存。单击"开始\附件\记事本",在打开的记事本中输入【例 A6-13】中的源程序,如图6-35 所示。输入完成后将其另存为名为"tds20ms_isr.asm"的文件,最后关闭记事本。

(2)打开"Keil C"软件,新建一个项目,项目名不妨也设为"tds20ms_isr"。单击桌面上

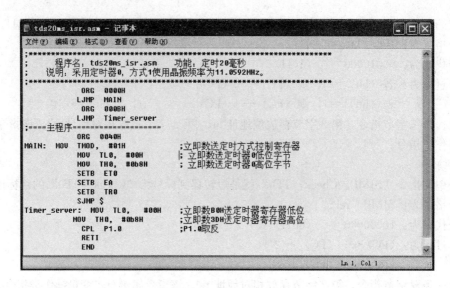

图 6-35 20ms 定时程序录入

的图标 ，进入 Keil C51 μVision2 集成开发环境。在主界面上单击下拉菜单 "Project"，选 "New Project…" 命令。在弹出的对话框中将项目命名为 "tds20ms_isr"。单击 "保存" 按钮，选 "AT89S52" 后返回。

（3）打开已建立的文件 "tds20ms_isr.asm"；并将该文件添加到 "Source Group 1" 中。在 μVision2 主界面上单击打开文件按钮 ，在弹出的对话框内找到刚才新建并保存的文件 "tds20m_isr s.asm"，单击 "打开" 按钮打开。

在中间左边的 "Project Workspace（项目空间）" 内，单击 "＋" 展开。再用右键单击 "Source Group 1" 文件夹，在弹出的菜单命令中选 "Add Files to Group 'Source Group 1'"。

在弹出的对话框内，根据源程序编程语言选择相应的文件类型，再选择源程序文件 "tds20ms_isr.asm"，单击 "Add" 按钮加入文件，单击 "Close" 按钮关闭对话框。

（4）在 "Options for Target 'Target 1'" 中的 "Target" 和 "Output" 标签页上进行设置。单击下拉菜单 "Project"，选 "Options for Target 'Target 1'"。在弹出对话框上的 "Target" 标签页内，把单片机的运行频率调整为 11.0592MHz。在 "Output" 标签页上，单击 "Create HEX File" 前的复选框，使框内出现 "√"。这样编译后就能生成目标文件了。最后单击 "确定" 按钮返回。

（5）编译和建立目标文件，得到 "tds20ms.hex" 文件。在 μVision2 主界面上单击重新编译按钮 ，对源程序文件进行编译，编译结果如图 6-36 所示。

最后不要忘记单击 "Save All" 按钮保存工程文件。

（6）仿真调试。

在主界面上单击开始调试按钮 ，打开端口 P1，再单击运行按钮 。运行时端口 P1 的变化如图 6-37 所示。

2. 在 Proteus 中仿真

在 Proteus 7.9 中进行仿真的步骤如下。

（1）在 Proteus 主界面中绘制电路原理图，如图 6-38 所示。图中各元器件在库中的位置见表 6-3。

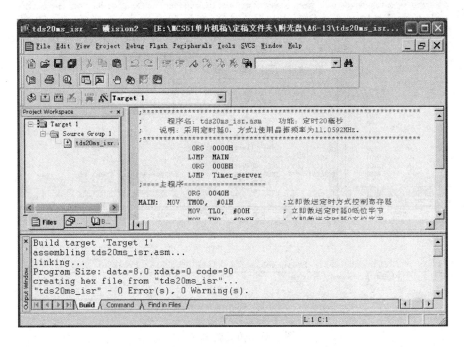

图 6-36　编译结果

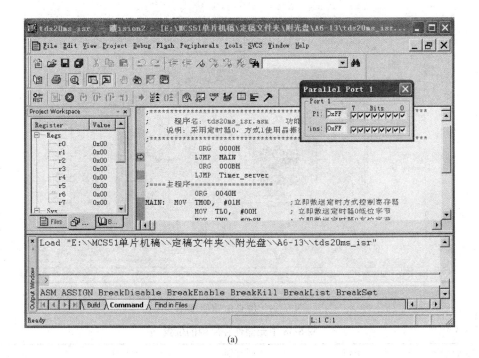

(a)

图 6-37　仿真调试（一）

（a）P1.0 高电平

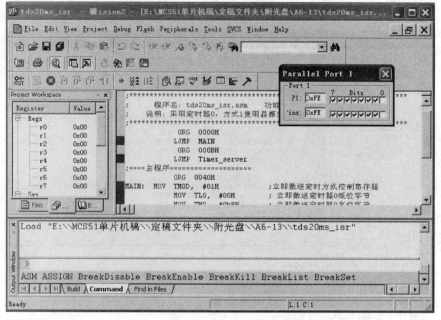

(b)

图 6-37 仿真调试（二）

（b）P1.0 低电平

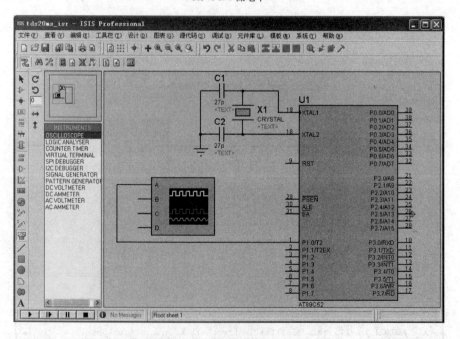

图 6-38 仿真电路原理图

表 6-3　　　　　　　　　图 6-38 中元器件在库中的位置

元器件代号	类别	子类别	元器件	备注
U1	Microprocessor ICs	8051 Family	AT89C52	
C1、C2	Capacitors	Ceramic Disc	CERAMIC27P	
C3	Capacitors	Hight Temp Radial	HITEMP10U50V	

元器件代号	类别	子类别	元器件	备注
X1	Miscellaneous		CRYSTAL	
R1	Resistors	0.6W Metal Film	MINRES8K2	
+5V			POWER	左侧工具栏
GND			GROUD	左侧工具栏
示波器			OSCILLOSCOPE	左侧工具栏

（2）设置参数。双击晶体振荡器 X1，将其工作频率修改为 11.059 2MHz，如图 6-39（a）所

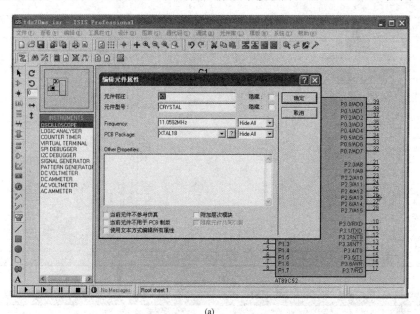

(a)

(b)

图 6-39　参数设置

（a）修改工作频率；（b）加载程序文件

示。修改完后单击"确定"按钮关闭对话框。双击单片机 U1，单击程序文件右边的文件夹图标，找到刚才编译生成的目标文件，选中后单击"打开"按钮，加载程序文件，如图 6-39（b）所示。最后单击"确定"按钮关闭对话框。

（3）放置示波器。用鼠标左键单击左侧工具栏上的虚拟仪器模式按钮，在"INSTRU-MENTS"陈列室内再用鼠标左键单击"OSCILLOSCOPE"选中示波器，如图 6-40（a）所示。

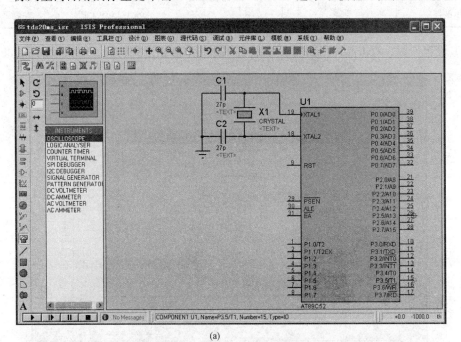

图 6-40　放置示波器（一）

（a）选中示波器；（b）拖动示波器

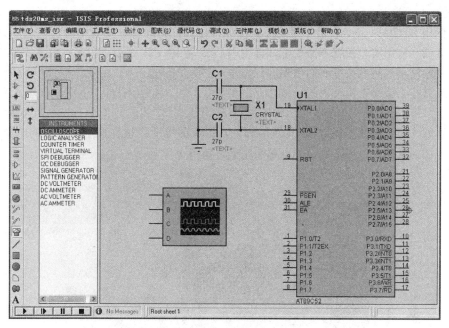

(c)

图 6-40　放置示波器（二）

（c）固定示波器位置

然后将光标移至编辑窗口，单击鼠标左键，如图 6-40（b）所示。在合适位置，再次单击鼠标左键固定示波器如图 6-40（c）所示。最后将示波器的 A 通道与单片机的 P1.0 口用导线连接好。

（4）仿真运行。在 Proteus 主界面中单击左下角的仿真开始按钮，并调节通道 A 的幅度旋钮和水平宽度按钮，示波器显示的 P1.0 的波形如图 6-41 所示。其延时间隔应是 20ms。

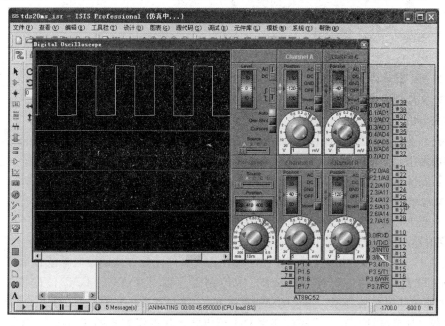

图 6-41　仿真运行

3. 在最小系统上运行

本实例用 STC11F60XE 在最小系统板来验证程序，首先准备好实验用的器材最小系统板和电源；下载器和应用实验板就不需要了，直接用 USB 转 RS-232 线就可以了；但本实例中需要一台示波器观察波形。然后按下面的步骤进行操作。

（1）无需拔去最小系统板上的跳线 J101、J102、J103，插上 STC11F60XE 芯片。将 USB 转 RS-232 线的 USB 接口插入电脑的 USB 口，把 USB 转 RS-232 线的 DB9 串行口与最小系统板上的 DB9 接口连好，将示波器探头接在 P1.0 引脚上，探头的接地线接在最小系统板的电源地线上。将+12V 电源插头插入最小系统板的电源插座上，如图 6-42 所示。

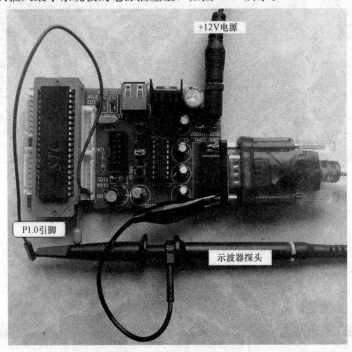

图 6-42　实验器材连接

（2）运行下载软件 STC_ISP_V486.exe 或 stc-isp-15xx-v6.58.exe，并设置好有关参数；加载目标代码文件"tds20ms_isr.hex"；单击"Download/下载"按钮下载程序，并给最小系统上电。下载完毕后，即进入运行状态。

（3）打开示波器电源，将示波器通道 A 的探头接在单片机的 P1.0 引脚上。调整有关旋钮，使显示的波形清晰，如图 6-43 所示。

（4）若实际测量到的延时量不符合要求则需要修改源程序，重新进行汇编或编译。（可以先在 Keil μVision2 中进行调试或在 Proteus 中仿真）。

（5）重复上述步骤直到能实现要求的功能为止。

6.3.6　定时器/计数器 T2

定时器 T2 是一个 16 位的，可工作在定时方式或事件计数方式的定时器或计数器。其工作类型是通过设置特殊功能寄存器（SFR）中控制寄存器 T2CON 的 $C/\overline{T2}$ 位的值来选择的。T2CON 的格式如图 6-44 所示，每位的功能见表 6-4。定时器 T2 具有三种工作方式：捕捉方式、自动重装载（加或减计数）方式和波特率发生器方式。其工作方式的选择由 T2CON 中的第 0 位、第 2 位、第 4 位、第 5 位来定义，见表 6-5。定时器 T2 由两个 8 位寄存器 TH2 和 TL2 组成。

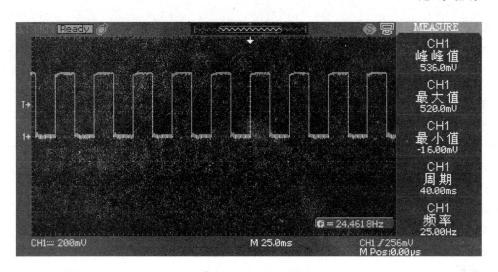

图 6-43　实验波形显示

在实现定时器功能时，TL2 寄存器每个机器周期加 1。由于 1 个机器周期由 12 个振荡周期构成，故其计数速率是振荡器频率的 1/12。

D7	D6	D5	D4	D3	D2	D1	D0
T2CON.7	T2CON.6	T2CON.5	T2CON.4	T2CON.3	T2CON.2	T2CON.1	T2CON.0
TF2	EXF2	RCLK	TCLK	EXEN2	TR2	C/$\overline{\text{T2}}$	CP/$\overline{\text{RL2}}$

图 6-44　T2CON 格式

表 6-4　　　　　　　　　　　　　　　**T2CON 每位的功能**

符号	功　　能
TF2	定时器 2 溢出标志位。由定时器 2 溢出置位，必须由软件清零。当 RCLK＝1 或 TCLK＝1 时，TF2 不会被置位
EXF2	T2 外部中断标志位。在捕捉方式或重装载方式下，当 EXEN2＝1 且 T2EX 发生负跳变时置位。当 T2 中断允许时，EXF2＝1 会引起 CPU 调用中断矢量响应中断。EXF2 必须由软件清零。在加/减计数方式下（DCEN＝1）EXF2＝1 不会引起中断
RCLK	接收时钟允许标志位。RCLK＝1 时，定时器 2 的溢出脉冲用作串口方式 1 和 3 的接收时钟。RCLK＝0 时，定时器 1 的溢出脉冲用作接收时钟
TCLK	发送时钟允许标志位。RCLK＝1 时，定时器 2 的溢出脉冲用作串口方式 1 和 3 的发送时钟。RCLK＝0 时，定时器 1 的溢出脉冲用作发送时钟
EXEN2	定时器外部允许标志位。定时器 2 不作为串口时钟的条件下，当 T2EX 端口上出现一个负跳变时就会引发捕或重装载的动作。EXEN2＝0 时，定时器 2 忽略 T2EX 端口的变化
TR2	定时器 2 的起动/停止控制位。TR2＝1 时起动定时器
C/$\overline{\text{T2}}$	定时器 2 定时或计数选择位。C/$\overline{\text{T2}}$＝0 时用作定时功能。C/$\overline{\text{T2}}$＝1 时用作外部事件计数功能（下降沿触发）
CP/$\overline{\text{RL2}}$	捕捉/重装载选择位。CP/$\overline{\text{RL2}}$＝1 工作于捕作方式，EXEN2＝1 时，T2EX 端出现负跳变会引发捕作动作。CP/$\overline{\text{RL2}}$＝0，工作于自动重装载方式，EXEN2＝1 时，当定时器 2 溢出或 T2EX 端出现负跳变会引发自动重装载动作。当 RCLK＝1 或 TCLK＝1 时，该位被忽略，定时器 2 溢出强制定时器自动重装载

表 6-5   **定时器 T2 工作方式**

RCLK + TCLK	CP/$\overline{\text{RL2}}$	TR2	工作方式
0	0	1	16 位自动重装载方式
0	1	1	16 位捕捉方式
1	×	1	比特率发生器方式
×	×	0	停止

在计数功能时，只有当外部输入引脚 T2 的电平从 1 到 0 转换（即下降沿）时，才触发寄存器加 1。该功能在每个机器周期的 S5P2 期间对外部引脚采样。在一个周期采样到高电平，下一个周期采样到低电平时，则计数器加 1。在检测到下降沿的紧接着下一个周期的 S3P1 期间计数器中的才出现新值。由于识别下降沿需要两个机器周期（24 个振荡周期），故计数器的最大计数速率是振荡频率的 1/24。为了保证所给电平在变化前被采样到，该电平应该至少保持一个完整的机器周期。

6.3.7 方波信号产生程序

本节介绍用 STC11F60XE 单片机的 P1 口输出 8 路低频方波信号，使 8 路信号的频率分别为 100Hz、50Hz、25Hz、20Hz、10Hz、5Iz、2IIz 和 1Hz 的信号产生程序。

使用单片机定时器 T0 产生 5ms 的定时。选用晶振 11.059 2MHz 时，5ms 定时量相当于 4608 个机器周期，T0 应工作于方式 1 定时。根据 6.3.1 节的介绍，此时若计数初值为 a，则 T1 从计数初值加 1 计数到溢出的定时时间为 $t = (2^{16} - a)\mu s$。所以初值 $a = 2^{16} - 4608 = 65\ 536 - 4608 = 60\ 928$。用十六进制数表示，即 $a = 0EE00H$。设置 7 个寄存器，如其初始值依次为 2，4，5，10，20，50，100，分别与 P1.1~P1.7 的口线对应。利用 T0 的定时溢出中断服务程序对它们做减 1 操作，当寄存器中的值减为零时恢复初始值，并使对应的口线改变状态，这样就使 P1 口的各引脚输出所要求的方波。实现程序如下【例 A6-14】所述。

【例 A6-14】 8 路方波信号的产生程序如下。

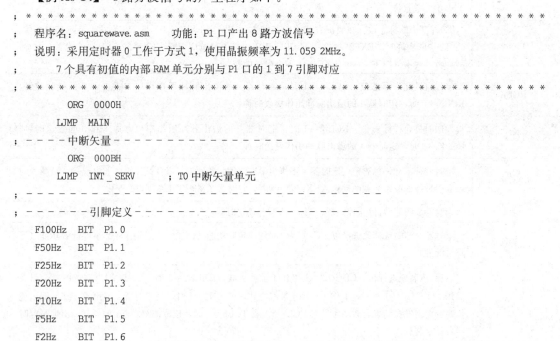

```
; * * * * * * * * * * * * * * * * * * * * * * * * * * * * * * * * * * * * *
;    程序名：squarewave.asm    功能：P1 口产出 8 路方波信号
;    说明：采用定时器 0 工作于方式 1，使用晶振频率为 11.059 2MHz。
;        7 个具有初值的内部 RAM 单元分别与 P1 口的 1 到 7 引脚对应
; * * * * * * * * * * * * * * * * * * * * * * * * * * * * * * * * * * * * *
        ORG   0000H
      LJMP  MAIN
; - - - 中断矢量 - - - - - - - - - - - - - - - - -
        ORG   000BH
      LJMP  INT _ SERV     ；T0 中断矢量单元
; - - - - - - - - - - - - - - - - - - - - - - - - - - - - -
; - - - - - - 引脚定义 - - - - - - - - - - - - - - - - -
    F100Hz  BIT   P1.0
    F50Hz   BIT   P1.1
    F25Hz   BIT   P1.2
    F20Hz   BIT   P1.3
    F10Hz   BIT   P1.4
    F5Hz    BIT   P1.5
    F2Hz    BIT   P1.6
```

```
    F1Hz    BIT   P1.7
; - - - - - - - - - - - - - - - - - - - - - - - - - - - - - - - - - - - - -
; = = = = 主程序 = = = = = = = = = = = = = = = = =
              ORG   0040H
    MAIN: MOV   SP,   #70H    ; 堆栈指针置初值
          MOV   31H,   #2      ; 内部 RAM 单元 31H 置初值 2
          MOV   32H,   #4      ; 内部 RAM 单元 32H 置初值 4
          MOV   33H,   #5      ; 内部 RAM 单元 33H 置初值 5
          MOV   34H,   #10     ; 内部 RAM 单元 34H 置初值 10
          MOV   35H,   #20     ; 内部 RAM 单元 35H 置初值 20
          MOV   36H,   #50     ; 内部 RAM 单元 36H 置初值 50
          MOV   37H,   #100    ; 内部 RAM 单元 37H 置初值 100
          MOV   TMOD,  #1      ; T0 方式 1 定时
          MOV   TL0,   #0      ; 置定时初始值低位
          MOV   TH0,   #0EEH   ; 置定时初始值高位
          MOV   IE,    #82H    ; 允许 T0 中断
          SETB  TR0            ; 允许 T0 计数
    HERE: SJMP  HERE           ; 原地等待，表示 CPU 可以处理其他事物
; = = = = = = = = = = = = = = = = = = = = = = = = = =
; - - - - 中断服务程序 - - - - - - - - - - - - - - - - - - -
              ORG   1000H       ; T0 中断服务程序
    INTSERV: MOV  TH0, #0EEH   ; 初始值高位送寄存器
             CPL   F100 Hz
             DJNZ  31H,   PF01
             MOV   31H,   #2
             CPL   F50  Hz
    PF01:    DJNZ  32H,   PF02
             MOV   32H,   #4
             CPL   F25  Hz
    PF02:    DJNZ  33H,   PF03
             MOV   33H,   #5
             CPL   F20  Hz
    PF03:    DJNZ  34H,   PF04
             MOV   34H,   #10
             CPL   F10  Hz
    PF04:    DJNZ  35H,   PF05
             MOV   35H,   #20
             CPL   F5  Hz
    PF05:    DJNZ  36H,   PF06
             MOV   36H,   #50
             CPL   F2  Hz
    PF06:    DJNZ  37H,   PF07
             MOV   37H,   #100
             CPL   F1  Hz
    PF07:    RETI
; - - - - - - - - - - - - - - - - - - - - - - - - - - - - - - - - -
```

END

1. 程序解释

（1）内部 RAM 或专用寄存器内容减 1 不为零转移。

程序中的指令"DJNZ 31H，PF01"就是指当内部 RAM 的内容减 1 不为零时，转移到目标地址"PF01"处。

指令格式为：DJNZ direct， rel

指令代码为：11010101 （D 5H）

操作过程为：$(direct) = (direct) - 1$

若$(direct) = 0$，则$(PC) \longleftarrow (PC) + 2$

若$(direct) \neq 0$，则$(PC) \longleftarrow (PC) + 2 + rel$

这是一条三字节指令，第 2 字节存放直接地址 direct，第 3 字节存放相对地址 rel。该指令属于控制转移类指令。

（2）中断返回。

程序中的指令"RETI"就是中断返回指令。

指令格式为：RETI

指令代码为：00110010（32II）

操作过程为：$(PC_{15 \sim 8}) \longleftarrow ((SP))$

$(SP) \longleftarrow (SP) - 1$

$(PC_{7 \sim 0}) \longleftarrow ((SP))$

$(SP) \longleftarrow (SP) - 1$

这是一条单字节指令。该指令属于控制转移类指令。

2. 程序流程图

【例 A6-14】 程序的流程图分两部分：主程序和中断服务程序，它们的流程图分别如图 6-45（a）和（b）所示。

3. 程序调试

（1）在 Keil μVision2 中调试。具体操作步骤如下。

1）用"记事本"或在"Keil C"中录入或编制程序，并用一个文件名，如"squarewave. asm"保存。单击"开始\附件\记事本"，在打开的记事本中输入【例 A6-14】中的源程序，如图 6-46 所示。并将其另存为名为"squarewave. asm"的文件，最后关闭记事本。

2）打开"Keil C"软件，新建一个项目，项目名不妨也设为"squarewave"。单击桌面上的图标 ，进入 Keil C51 μVision2 集成开发环境。在主界面上单击下拉菜单"Project"，选"New Project…"命令。在弹出的对话框中将项目命名为"squarewave"。单击"保存"按钮，选"AT89S52"后返回。

3）打开已建立的文件"squarewave. asm"；并将该文件添加到"Source Group 1"中。在μVision2 主界面上单击打开文件按钮 ，在弹出的对话框内找到刚才新建并保存的文件"squarewave. asm"，单击"打开"按钮打开。

在中间左边的"Project Workspace（项目空间）"内，单击"+"展开。再用右键单击"Source Group 1"文件夹，在弹出的菜单命令中选"Add Files to Group 'Source Group 1'"。

在弹出的对话框内，根据源程序编程语言选择相应的文件类型，再选择源程序文件"squarewave. asm"，单击"Add"按钮加入文件，单击"Close"按钮关闭对话框。

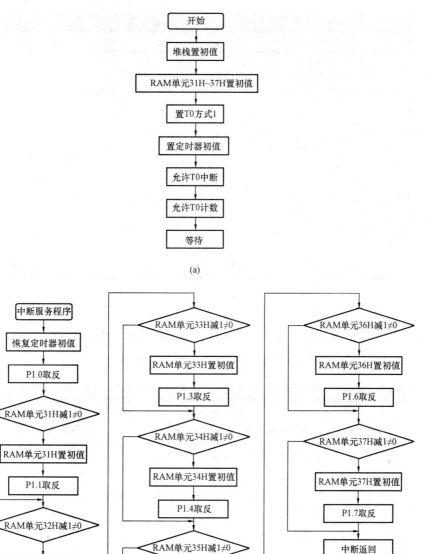

图 6-45　【例 A6-14】程序流程图

(a) 主程序流程图；(b) 中断服务程序流程图

4）在"Options for Target 'Target 1'"中的"Target"和"Output"标签页上进行设置。单击下拉菜单"Project"，选"Options for Target 'Target 1'"。在弹出对话框上的"Target"标签页内，把单片机的运行频率调整为 11.059 2MHz。在"Output"标签页上，单击"Create HEX File"前的复选框，使框内出现"√"。这样编译后就能生成目标文件了。最后单击"确定"按钮返回。

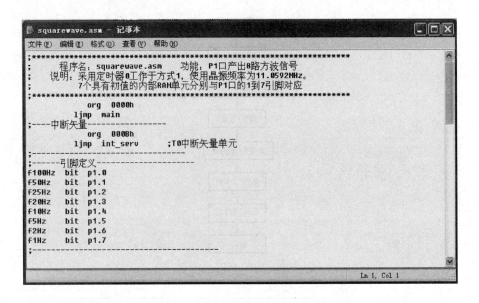

图 6-46　方波信号产生程序录入

5）编译和建立目标文件，得到"squarewave. hex"文件。在 μVision2 主界面上单击重新编译按钮，对源程序文件进行编译，编译结果如图 6-47 所示。

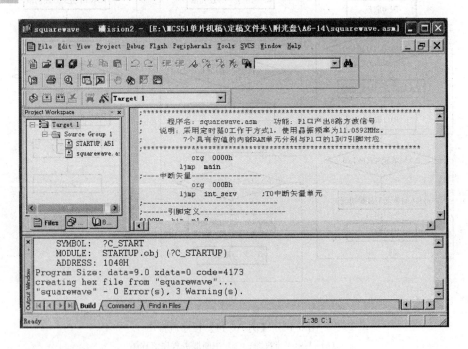

图 6-47　编译结果

最后不要忘记单击"Save All"按钮保存工程文件。

6）仿真调试。

在主界面上单击开始调试按钮，打开端口 P1，再单击运行按钮。运行时端口 P1 的变化如图 6-48 所示。

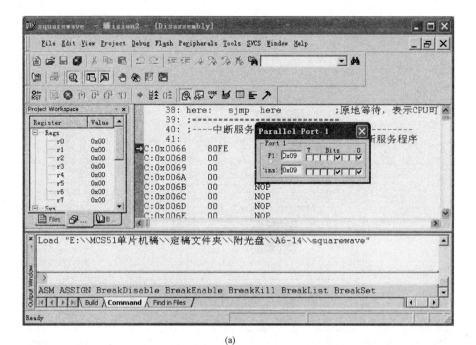

图 6-48　仿真调试
(a) P1 口状态 1；(b) P1 口状态 2

（2）在 Proteus 中仿真。在 Proteus 7.9 中进行仿真的步骤如下。

1）修改仿真原理图。在图 6-38 所示的 Proteus 主界面中再增加一台示波器，并把两台示波器的 8 个通道分别与单片机 P1 口的 8 个引脚相连，如图 6-49 所示。图中各元器件在库中的位置见表 6-3。

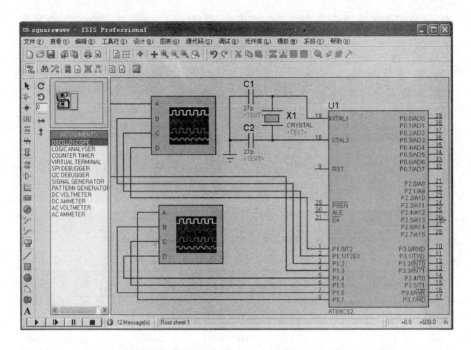

图 6-49　仿真原理图

2）修改元器件参数。将图中晶振的频率、单片机的工作频率修改为 11.059 2MHz，并将程序文件加载为"squarewave. hex"，如图 6-50 所示。

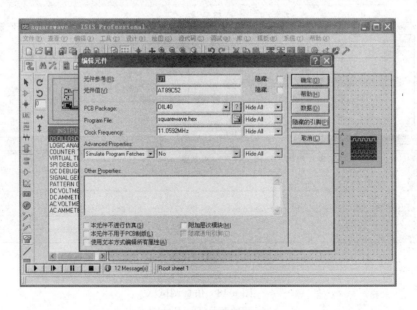

图 6-50　修改参数

3）仿真运行。在 Proteus 主界面中点击左下角的仿真开始按钮，并调节各通道的幅度旋钮和水平宽度按钮，示波器显示的波形如图 6-51 所示。图中示波器 A 的通道 D、C、B、A 分别对应单片机的 P1.0～P1.3 引脚，示波器 B 的通道 D、C、B、A 分别对应单片机的 P1.4～P1.7 引脚。

(a)

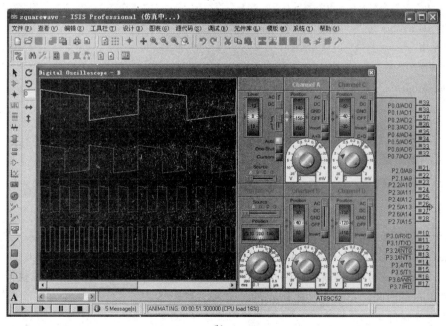

(b)

图 6-51 方波信号仿真波形

(a) P1.0~P1.3引脚波形；(b) P1.4~P1.7引脚波形

6.4 延 时 方 法 小 结

从上面的学习我们知道，在单片机应用开发中实现延时通常有两种方法。一种方法是使用循环结构的程序，让单片机执行一段没有功用的指令来完成延时，单片机在进行延时时不能执行其他指令。因此当延时量较大时这种方法会使单片机的工作效率降低。另一种方法是利用单片机本身的定时器/计数器来完成延时。这种方法使单片机进行延时操作的同时，还能够执行其他指令，完成其他事件的处理，因此使用这种方法会使单片机的工作效率比较高。这两种方法都可以完成从微秒级到秒级时间的延时操作。

6.4.1 循环程序延时

在一些情况下，单片机的定时器/计数器被用作他处或延时量超过定时器/计数器的定时范围的最大值时，只能用循环程序来实现延时。

1. 微秒级延时

在汇编语言中一条空操作指令“NOP”的执行需要花费单片机一个周期的时间，在单片机应用系统中若采用12MHz的晶体振荡器时，执行一条“NOP”指令就可以延时1μs的时间。因此微秒级的延时一般可以用空操作指令“NOP”来实现，只要在程序中需要延时的地方直接插入“NOP”指令即可达到延时效果。延时几微秒，就插入几个“NOP”指令。

在C51程序中可以通过使用带“_NOP_( )”的语句来实现微秒级的延时。“_NOP_( )”语句相当于汇编程序中的“NOP”指令。若需要不同的延时量时，可以定义一系列不同的函数，如下例中的10μs延时函数。

【例C6-6】 10μs延时函数如下。

```
/*************************************************************
    函数名：delay10μs ()        功能：延时 10μs
    说明：采用“_nop_ ()”语句实现延时
*************************************************************/
    void delay10μs ()
    { _nop_ ();
    _nop_ ();
    _nop_ ();
    _nop_ ();
    _nop_ ();
    _nop_ ();
    }
```

delay10μs () 函数中用了6个“_nop_ ()”语句，每个语句执行时间为1μs。当主程序调用函数delay10μs () 时，先执行一个“LCALL”指令，花费2μs时间，然后执行6个“_nop_ ()”语句，花费6μs时间，最后执行一个返回指令“RET”，花费2μs时间，所以执行该函数后总共花费10μs的时间，完成了延时10μs的。

2. 毫秒级延时

在汇编程序中，经常会用到10ms的延时程序对按钮进行去抖操作。采样三重循环的汇编延时程序如下例所述。

【例A6-15】 10ms延时程序如下。

```
;************************************************************
;   程序名：delay10ms.asm      功能：延时程序 10ms
;   说明：采样 12MHz 晶振，三重循环实现延时
;************************************************************
    DELAY10ms：MOV  R5，#5
          D1：  MOV  R6，#4
```

```
D2：  MOV R7，#248
      DJNZ R7,$
      DJNZ R6,D2
      DJNZ R5,D1
      RET
```

该程序实现延时的总时间计算公式为

总延时量 ＝［(2×内层循环次数 ＋3)×中间层循环次数 ＋3］×外层循环次数 ＋5

3. 秒级延时

秒级时间量的延时通常也是采用三重循环来实现的，不管在汇编语言程序或 C51 程序中，都只是把寄存器中的初值取得较大。汇编语言的具体程序请参见本章 6.1.1 节，延时量的计算也在本章 6.1.3 节中介绍过，这里不再重复介绍。

6.4.2 定时器延时

AT89S52 单片机内部共有 3 个 16 位的可编程定时器/计数器 T0、T1、T2。它们既可以作为定时器使用，也可以作为计数器使用。每个定时器/计数器中均有 3 个基本寄存器：控制寄存器 TCON、方式寄存器 TMOD 和专用计数器。其中前两个寄存器是 8 位的，专用计数器是由两个 8 位的特殊功能寄存器组成的含有高字节 THi（i 取为 0、1、2）和低字节 TLi 的 16 位计数器。

定时器/计数器的核心是一个加 1 计数器，计数的脉冲有两个来源：系统时钟振荡脉冲或外部事件脉冲。当定时器用于定时方式时，定时器的计数脉冲输入来自内部时钟发生电路，每产生一个机器脉冲，计数器加 1。由于一个机器周期包含有 12 个振荡周期，所以定时器的计数频率是晶体振荡器频率的 1/12。定时器在计数方式时，计数脉冲输入来自外部事件脉冲，即外部输入引脚。当外部输入引脚上的电平发生高电平"1"到低电平"0"的负跳变时，计数器加 1。由于采样外部输入引脚状态是在每个机器周期的 S5P2 状态，当一个机器采样到高电平，紧接着下一周期采样到低电平时，计数器中的值将在检测到负跳变的下一周器的 S3P1 时被更新。因此需要花费 2 个机器周期才能检测一次外部输入引脚的状态，这样计数器的计数频率最高为晶体振荡器频率的 1/24。而外部事件脉冲的持续时间至少要保持一个机器周期。

每个定时器有四种工作方式：方式 0 是 13 位计数器，计数器由 TLi 的 8 位和 THi 的低 5 位构成，定时范围为 1～2^{13} 个机器周期；方式 1 是 6 位计数器，定时范围为 1～2^{16} 个机器周期；方式 2 是 8 位计数器，计数器由 TLi 的 8 位组成，当定时器溢出时，THi 的值能自动装入 TLi 中，并重新进行计数；方式 3 也是 8 位计数器，并且 T0 的各控制位和引脚归 TL0 使用，TH0 借用 T1 的各种控制位和引脚信号，T1 只能按不需要中断的方式 0、1、2 工作，在方式 3 中 T1 通常用作串行通信的比特率发生器。

在实际应用中，根据需要对这些寄存器进行初始化，即设置 T0、T1 的工作方式，对计数器设定初始值，对定时可以采用查询或中断方式。与定时器有关的寄存器见表 6-6。

表 6-6 定时器有关的寄存器

定时器的 SFR	用 途	地 址	位寻址
TCON	控制寄存器	88H	有
TMOD	方式寄存器	89H	无
TL0	定时器/计数器 T0 低位字节	8AH	无
TL1	定时器/计数器 T1 低位字节	8BH	无
TH0	定时器/计数器 T0 高位字节	8CH	无

续表

定时器的 SFR	用　途	地址	位寻址
TH1	定时器/计数器 T1 高位字节	8DH	无
T2CON	定时器/计数器 T2 控制寄存器	C8H	有
T2MOD	定时器/计数器 T2 方式寄存器	C9H	无
RCAP2L	定时器/计数器 T2 低字节捕捉	CAH	无
RCAP2H	定时器/计数器 T2 高字节捕捉	CBH	无
TL2	定时器/计数器 T2 低位字节	CCH	无
TH2	定时器/计数器 T2 高位字节	CDH	无

第7章

键 盘 和 显 示

　　键盘和显示是计算机系统中一定会用到的输入和输出方式。通过按动键盘，可以向系统输入数据或完成某个功能；显示则是把系统处理的中间值或结果告诉用户。因此键盘和显示是进行人机互动重要途径。在实际生活中除了经常见到的电脑键盘和显示器外，还有电话机键盘、计算器键盘，LED数码管显示器、LCD字符或图形显示器等键盘和显示器。本章主要讲述的是单片机应用系统中经常会用到的几种键盘和显示器件。

7.1 键　　盘

　　在单片机应用系统中，键盘可分为两类：独立键盘和矩阵键盘。独立键盘一般有1～8个键，该类键盘直接占用单片机的I/O口，每个独立键单独占用一条输入口线，在每条输入口线的按键被按动时，口线之间不会产生影响。因此独立键盘的编程比较简单。但键数较多时，占用单片机的输入口线较多，易造成资源的浪费。矩阵键盘又称行列键盘，通常用单片机的几条输入输出口线作为行，另外几条输入输出口线作为列，在行线与列线的每个交点处放置一个键盘。若用2条I/O线作为行、2条I/O线作为列就可以构成一个4个键的键盘，即4条I/O线可以构成4键键盘；若用3条I/O线作为行、2条I/O线作为列就可以构成一个6个键的键盘，即5条I/O线可以构成6键键盘；若用3条I/O线作为行、3条I/O线作为列就可以构成一个9个键的键盘，即6条I/O线可以构成9键键盘。由此可见，在按键数较多时，矩阵键盘可以有效地节省I/O口线。

7.1.1　独立键盘

　　独立键盘的电路有两种程序设计方式：查询方式和中断方式。两种方式下四个按键的独立键盘电路如图7-1所示，图中使用P1口作键盘的输入口。

　　独立键盘电路配置方便，软件编制较简单。图7-1（a）所示的电路采用软件查询方式检测按键状态。图7-1（b）所示的电路中当有按键被按下时便产生中断，由中断进行按键识别。由于独立键盘占用单片机的I/O口线较多，在按键数不多时常被采用。当按键较多时用得比较多的是矩阵键盘。

　　【例A7-1】　独立键盘查询程序结构如下。

```
; * * * * * * * * * * * * * * * * * * * * * * * * * * * * * * * * * * * * * * *
;   程序名：keyboard.asm    功能：独立键盘
;   说明：用P1口线作独立键盘的输入口线，采用程序查询方式
;
; * * * * * * * * * * * * * * * * * * * * * * * * * * * * * * * * * * * * * * *
        BEGIN: MOV A, ♯0FFH      ;置输入方式
               MOV P1, A
               MOV A, P1         ;取P1口状态
```

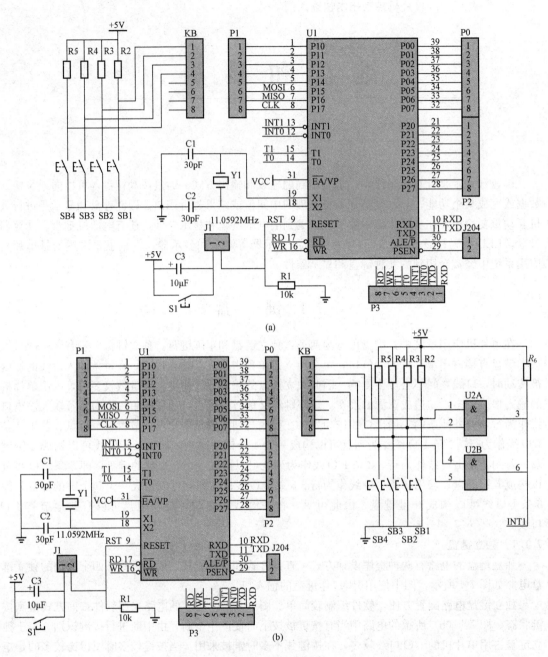

图 7-1 独立键盘电路

（a）查询式独立键盘；（b）中断式独立键盘

```
        CJNE A, ♯0FFH, K1    ; 判断有没有键按下
        AJMP BEGIN
K1:     LCALL DEL  20MS      ; 延时 20ms
        CJNE A, P1, BEGIN
        MOV A, P1            ; 再取 P1 口状态
        JNB ACC.0, J0        ; 转 0 号键处理程序
        JNB ACC.1, J1        ; 转 1 号键处理程序
        JNB ACC.2, J2        ; 转 2 号键处理程序
```

```
        JNB ACC. 3, J3        ; 转 3 号键处理程序
        JNB ACC. 4, J4        ; 转 4 号键处理程序
        JNB ACC. 5, J5        ; 转 5 号键处理程序
        JNB ACC. 6, J6        ; 转 6 号键处理程序
        JNB ACC. 7, J7        ; 转 7 号键处理程序
        AJMP BEGIN
   J0: …                      ; 0 号键处理程序
        AJMP BEGIN
   J1: …                      ; 1 号键处理程序
        AJMP BEGIN
   J2: …                      ; 2 号键处理程序
        AJMP BEGIN
   J3: …                      ; 3 号键处理程序
        AJMP BEGIN
   J4: …                      ; 4 号键处理程序
        AJMP BEGIN
   J5: …                      ; 5 号键处理程序
        AJMP BEGIN
   J6: …                      ; 6 号键处理程序
        AJMP BEGIN
   J7: …                      ; 7 号键处理程序
        AJMP BEGIN
 DEL  20MS: …
        …
        RET
END
```

在一些开关量控制系统中，常用独立按键（钮）作为系统的输入信号，根据不同的输入信号，即按钮的不同状态对其输出进行控制。

7.1.2　矩阵键盘

常见的矩阵键盘，即行列键盘的外形结构如图 7-2 所示。通常情况下将单片机的某个口用作键盘，其中 4 条口线作为行，另外 4 条口线作为列，构成 4×4 矩阵键盘，共 16 个按键。其电路原理图如图 7-3 所示。图中用单片机的 P1 口作键盘口线，P1.0～P1.3 作为行，P1.4～P1.7 作为列，每根口线都与 4 个键相连接。在没有键按下时，P1.0～P1.3 与 P1.4～P1.7 之间断开；当有键被按下时，被按下的键将 P1.0～P1.3 中的一根口线与 P1.4～P1.7 中的另一根口线短接。键盘中有无键按下的判断方法是：将列线的所有 I/O 口线均置为低电平，然后将行线的电平状态读入。若某一行的线为低电平，则说明有键按下。判断键盘中哪个键被按下是由列线逐列置低电平后，检查行输入状态的。其方法是：依次给列线置低电平，然后读入行线的状态。如果没有出现低电平，说明所按下的键不在此列。如果有低电平出现，则所按下的键必在此列，而且是在与低电平行线相交的那个键。

单片机应用系统中，键盘扫描是其 CPU 工作的内容之一。CPU 在完成各项任务的同时还要进行键盘扫描。要使 CPU 工作效率高，就要保证在尽快响应键盘操作的同时，又不多占用 CPU 执行代码的时间。键盘扫描方式有：子程序扫描方式、定时扫描方式、中断扫描方式。究竟选用哪一种需要根据应用系统中 CPU 的工作情况来确定。

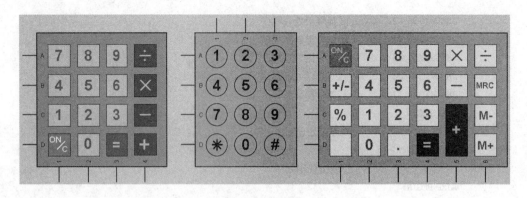

图 7-2 矩阵键盘结构

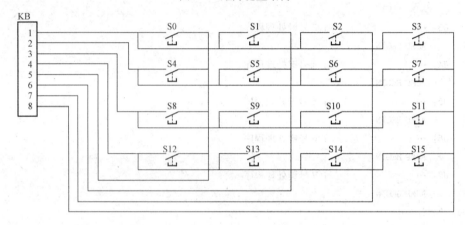

图 7-3 4×4 矩阵键盘电路原理图

7.2 LED 数 码 管

LED 数码管是将多个发光二极管封装在一起组成的一个由 7 段笔画组成的 "8" 字或 "米" 字型的显示器件。并将其各段笔划和一根公共电极线分别引出。1 位 LED 数码管的常用段数一般为 7 段，若再加一个小数点，则为 8 段。现在市场上的 LED 数码管种类繁多，品种齐全，字形有 "8" 字的、"米" 字的，位数有半位、1 位、2 位、3 位、4 位、5 位、6 位、8 位和 10 位的。LED 数码管根据 LED 内部公共端的接法不同分为共阴和共阳两类。LED 显示的颜色有红、绿、蓝、黄等几种。LED 数码管广泛应用于仪表，时钟，车站，家电等场合。图 7-4 是部分常用的 LED 数码管的外形。

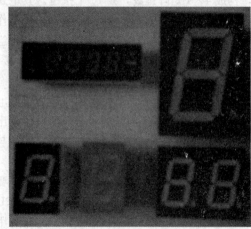

图 7-4 部分 LED 数码管外形

7.2.1 数码管显示开关状态

1. LED 数码管简介

1 位 "8" 字型 LED 数码管的结构如图 7-5 所示。图中 7 段数码管的段号通常用小写字母 a、b、c、d、e、f、g 表示，其排列从最上面一笔开始，按顺时针方向，最后一笔是中间的一横。小数点通常用小写字母"dp"表示。数码管内 8 个发光二极管的阴极全部连在一起的，就是共阴极管；数码管内 8 个发光二极管的阳极全部连在一起的，就是共阳极管。在共阳极管的公共极上接电源负极，在其他各段 a、b、c、d、e、f、g、dp 上加 2V 的直流电压，所加的电压段就会发光，不加的电压段则不会发光。在 a、b、c、d、e、f、g、dp 各段同时加上不同组合的电压，就会显示出不同的字符。共阴极则与共阳极相反，段码和显示字符的关系见表 7-1。

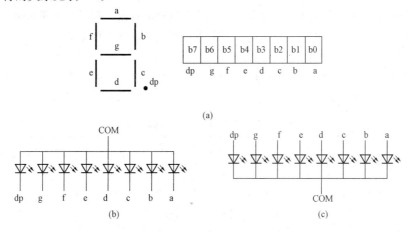

图 7-5　LED 数码管结构图

（a）数码管笔画；（b）共阳极；（c）共阴极

表 7-1　　　　　　　　　　　　　　　段码与显示字符对应关系

显示字符	0	1	2	3	4	5	6	7	8	备注
共阴极	3F	06	5B	4F	66	6D	7D	07	7F	
	BF	86	DB	CF	F6	ED	FD	87	FF	带小数
共阳极	C0	F9	A4	B0	99	92	82	F2	80	
	40	79	24	30	19	12	02	78	00	带小数
显示字符	9	A	B	C	D	E	F	—	无显示	
共阴极	6F	77	7C	39	5E	79	71	40	00	
	EF	F7	FC	B9	DE	F9	F1	C0	80	带小数
共阳极	90	88	83	C6	A1	86	8E	BF	FF	
	10	08	03	46	21	06	0E	3F	7F	带小数

数码管要正常显示，就要用驱动电路来驱动数码管的各个笔画，从而显示出需要的数字，因此根据驱动方式的不同，数码管可以分为静态式和动态式两类。

（1）静态显示驱动：静态驱动也称直流驱动。静态驱动是指每个数码管的每一个段码都由一个单片机的 I/O 端口进行驱动，或者使用如 BCD 码二—十进制译码器译码进行驱动。静态驱动的优点是编程简单，显示亮度高，缺点是占用 I/O 端口多，如驱动 5 个数码管静态显示则需要 5×8＝40 个 I/O 端口来驱动，而一个 AT89S52、STC90C52RC 单片机可用的 I/O 端口才 32 个，因此这种方法在实际应用时必须增加译码驱动器进行驱动，增加了硬件电路的复杂性。

（2）动态显示驱动：数码管动态显示接口是单片机中应用最为广泛的一种显示方式之一，动态驱动是将所有数码管的 8 个显示笔画 a、b、c、d、e、f、g、dp 的同名端连在一起，另外为每个数码管的公共极 COM 增加位选通控制电路，位选通由各自独立的 I/O 线控制，当单片机输出字形码时，所有数码管都接收到相同的字形码，但究竟是哪个数码管会显示出字形，取决于单片机对位选通 COM 端电路的控制，所以我们只要将需要显示的数码管的选通控制打开，该位就显示出字形，没有选通的数码管就不会亮。这样，通过分时轮流控制各个数码管的 COM 端，就使各个数码管轮流受控显示，这就是动态驱动。在轮流显示过程中，每位数码管的点亮时间为 1～2ms，由于人的视觉暂留现象及发光二极管的余辉效应，尽管实际上各位数码管并非同时点亮，但只要扫描的速度足够快，给人的印象就是一组稳定的显示数据，并不会有闪烁感。动态显示的效果和静态显示是一样的，但它能够节省大量的 I/O 端口，而且功耗更低。

2. 数码管显示开关状态

（1）基本要求。用一位 LED 数码显示管来静态显示 4 个开关的状态位置，4 个开关的不同状态与对应的显示值见表 7-2。

表 7-2　　　　　　　　　　　　开关状态与数码管显示值的对应关系

开关状态 k3k2k1k0	显示值	开关状态 k3k2k1k0	显示值	开关状态 k3k2k1k0	显示值	开关状态 k3k2k1k0	显示值
0000	0	0100	4	1000	8	1100	C
0001	1	0101	5	1001	9	1101	d
0010	2	0110	6	1010	A	1110	E
0011	3	0111	7	1011	b	1111	F

（2）实现电路。4 个开关分别接在单片机 AT89S52 的 P1.0、P1.1、P1.2、P1.3 端上，LED 数码管的 a、b、c、d、e、f、g 和小数点 dp 分别接在 P0.0、P0.1、P0.2、P0.3、P0.4、P0.5、P0.6 上，如图 7-6 所示。开关断开时，单片机 P1 口线为高电平"1"，开关闭合时，P1 口线为低电平"0"。

（3）元器件选择。数码管按段数分为 7 段数码管和 8 段数码管，8 段数码管比 7 段数码管多一个发光二极管单元（多一个小数点显示）。根据按能显示多少个"8"，数码管可分为 1 位、2 位、4 位等；按发光二极管单元连接方式数码管分为共阳极数码管和共阴极数码管。共阳数码管是指将所有发光二极管的阳极接到一起形成公共阳极（COM）的数码管。共阳数码管在应用时应将公共极 COM 接到 +2V 电源上，当某一字段发光二极管的阴极为低电平时，相应字段就点亮。当某一字段的阴极为高电平时，相应字段就不点亮。共阴数码管是指将所有发光二极管的阴极接到一起形成公共阴极（COM）的数码管。共阴数码管在应用时应将公共极 COM 接到地线 GND 上，当某一字段发光二极管的阳极为高电平时，相应字段就点亮。当某一字段的阳极为低电平时，相应字段就不点亮。

数码管的工作电流：静态时，推荐使用 10～15mA；动态扫描时，平均电流为 4～5mA，峰值电流为 50～60mA。

判别数码管是共阳极还是共阴极，只要用指针万用表，将红（或黑）表笔接公共端，黑（或红）表笔接其他引脚中的一个。当数码管被测段发光时，公共端接黑表笔的是共阳型；当数码管被测段发光时，公共端接红表笔的是共阴型。用数字万用表测，表笔的颜色则刚好相反。

本节中使用的 8 段共阳数码管的型号为 MTS5101BE，其外形和各段引脚如图 7-7（a）所示。

本节用到的开关选用 DIP 开关，型号为 KNX-2W$_1$D，其外形如图 7-7（b）所示。材料清单见表 7-3。表中左边部分已经在我们的基本系统上了，读者只要准备表中右边的元器件就可以了。

本节用到的接插件型号是 XH-2.54-8P，其外形如图 7-7（c）所示。

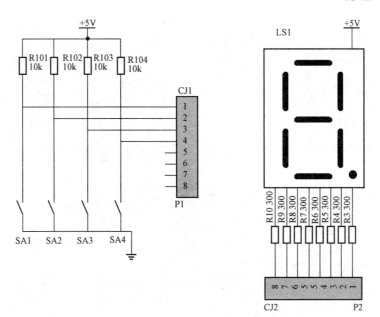

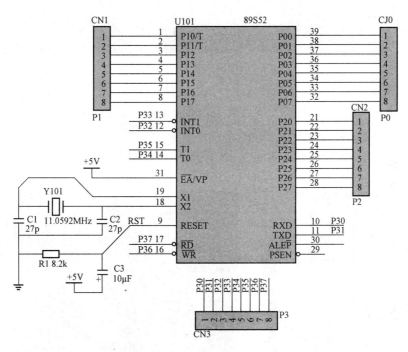

图 7-6 单个数码管显示电路

表 7-3 　　　　　　　　　　　　　　　　**图 7-6 材料清单**

代号	名称	型号规格	数量	代号	名称	型号规格	数量
U101	单片机	AT89S52	1	R101～R104	电阻	RJ-1/4W10k	4
Y101	晶振	11.0592MHz	1	R3～R10	电阻	300	8
C1、C2	电容	CC1-1 27P	2	LS1	数码管	MTS5101BE	1
C3	电容	CD11-10μF16V	1	SA1～SA4	DIP 开关	4 位	1
R1	电阻	RJ-1/4W8k2	1	CJ1 CJ2	接插件	XH-2.54-8P	2
				+5V	电源插件	XH-2.54-2P	1

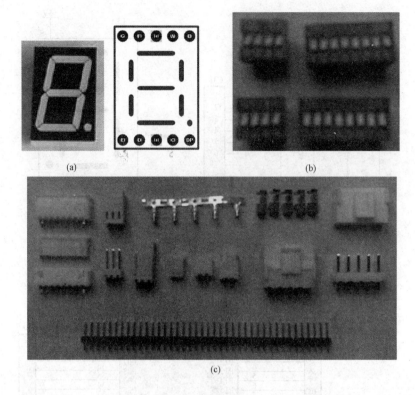

图 7-7　部分元器件

(a) 共阳 LED 数码管；(b) DIP 开关外形；(c) 接插件

　　(4) 元器件安装。表 7-3 中右边部分元器件安装在如图 7-8 (a) 所示的印刷电路板上或在万能印刷板上搭接。其中 CJ1 接 P1 口引脚，SA 为 DIP 开关，CJ2 接 P0 口，CJ3 接＋5V 电源。图 7-8 (b) 是用万能板搭接的实物板。

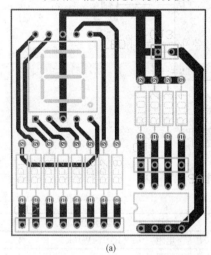

图 7-8　数码管显示开关状态实验板

(a) 印刷电路板；(b) 用万能板搭接板

　　(5) 编程思路。先读入 P1 口的内容，将其高 4 位屏蔽掉，即取其低 4 位；然后按照低位的值进行查表，将查得的 7 段显示码送 P2 口显示。其流程图如图 7-9 所示。

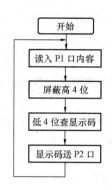

图 7-9　开关状态显示程序流程

（6）程序编制。按照图 7-9 的程序流程图，就能够得到如下【例 A7-2】的程序。

【**例 A7-2**】　单数码管开关状态显示的程序如下。

```
; * * * * * * * * * * * * * * * * * * * * * * * * * * * * * * * * * * * * * *
;       程序名：leddisplay.asm       功能：数码管显示开关状态
;
;       说明：采用共阳极数码管，8 段数码管接单片机 P2 口。开关接 P1 口低 4 位
;             晶振频率 11.0592MHz.
;
; * * * * * * * * * * * * * * * * * * * * * * * * * * * * * * * * * * * * * *
        ORG   0000H
        AJMP   MAIN
; = = = =主程序= = = = = = = = = = = = = = =
        ORG   0040H
    MAIN：MOV  SP，#06H    ；置栈顶指针
         MOV  P1，#0FFH   ；P1 口置 1
         MOV  A，P1       ；取 P1 口值
         ANL   A，#0FH    ；屏蔽高 4 位，保留低 4 位
         ACALL  SEG7      ；调用查表子程序，获得显示码
         MOV  P2，A       ；显示码送 P2 口，显示开关状态
         AJMP  MAIN       ；返回
; = = = = = = = = = = = = = = = = = = = = = = = =
; - - - -子程序- - - - - - - - - - - - - - - - - - -
    SEG7：INC  A
         MOVC  A，@A+PC
         RST
DB   0C0H，  0F9H，   0A4H，   0B0H
DB   99H，   92H，    82H，    0F8H
DB   80H，   90H，    88H，    83H
DB   0C6H，  0A1H，   86H，    8EH
; - - - - - - - - - - - - - - - - - - - - - - - - - -
END
```

（7）指令解释。

1）累加器内容加 1。

程序中的指令 "INC A" 就是指将内部累加器 A 的内容加 1。

指令格式为：INC　A

机器代码为：00000100　　　（04H）

操作过程为：(A) ←── (A) ＋1

这是一条单字节指令。指令的第1个字节是操作码。该指令属于算术操作类指令。

2）程序存储器内容送累加器。

程序中的指令"MOVC　A,　@A＋PC"就是指将程序存储器内容送累加器。

指令格式为：MOVC　A，@A＋PC

机器代码为：10000011　（83H）

操作过程为：(PC)←── (PC)＋1

　　　　　　　(A)←── ((A)＋(PC))

这是一条单字节指令。指令执行过程中将修正后的程序计数器 PC 中内容加上累加器 A 中的内容，把求得的和数作为地址中的内容送累加器 A。该指令属于数据传送类指令。

3）伪指令 DB。

指令格式为：DB　字节常数或字符或表达式

该指令是一伪指令，用于定义字节。

（8）调试操作。

1）在 Keil μVision2 中调试。程序调试操作的步骤如下。

a. 第1步：用"记事本"或在"Keil C"中录入或编制程序，并用一个文件名，如"leddis-play. asm"保存。单击"开始\附件\记事本"，在打开的记事本中输入【例 A7-2】中的源程序，如图 7-10 所示。并将其另存为名为"leddisplay. asm"的文件。最后关闭记事本。

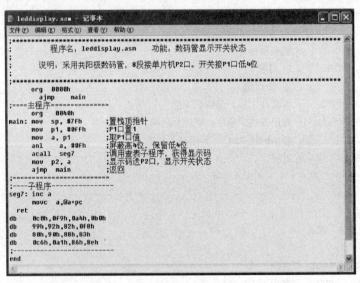

图 7-10　源程序录入

b. 第2步：打开"Keil C"软件，新建一个项目，项目名不妨也设为"leddisplay"。单击桌面上的图标，进入 Keil C51 μVision2 集成开发环境。在主界面上单击下拉菜单"Project"，选"New Project…"命令。在弹出的对话框中将项目命名为"leddisplay"。单击"保存"按钮，选"Atmel"下的"AT89S52"后返回。

c. 第3步：打开已建立的文件"leddisplay. asm"；并将该文件添加到"Source Group 1"中。

在 μVision2 主界面上单击打开文件按钮 ，在弹出的对话框内找到刚才新建并保存的文件 "leddisplay. asm"，如图 7-11 所示。单击"打开"按钮打开。

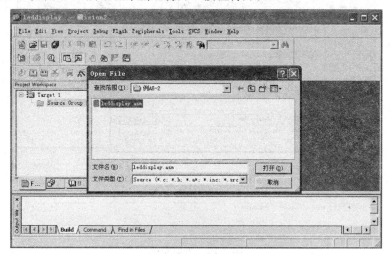

图 7-11　打开程序文件

在中间左边的"Project Workspace（项目空间）"内，单击"＋"展开。再用右键单击 "Source Group 1"文件夹，在弹出的菜单命令中选"Add Files to Group 'Source Group 1'"，如图 7-12 所示。

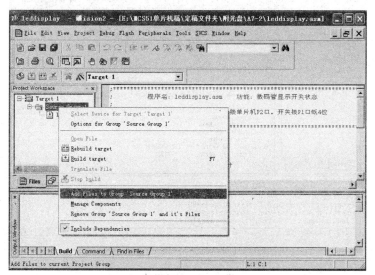

图 7-12　添加文件到项目

在弹出的如图 7-13 所示的对话框内，根据源程序编程语言选择相应的文件类型，再选择源程序文件，最后单击"Add"按钮加入文件，单击"Close"按钮关闭对话框。

d. 第 4 步：在"Options for Target 'Target 1'"中的"Target"、"Output"标签页上进行设置。单击下拉菜单"Project"，或用鼠标右键单击"Project Workspace（项目工作空间）"中的 "Target 1"。选"Options for Target 'Target 1'"。在弹出对话框上的"Target"标签页内，把单片机的运行频率调整为 11. 059 2MHz。在"Output"标签页上，单击"Create HEX File"前的复

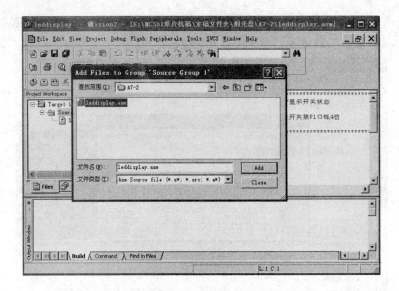

图 7-13　添加文件

选框，使框内出现"√"，这样编译后就能生成目标文件了。最后单击"确定"按钮返回。

e. 第 5 步：编译和建立目标文件，得到"leddisplay.hex"文件。在 μVision2 主界面上单击重新编译按钮 🛄，对源程序文件进行编译，编译结果如图 7-14 所示。

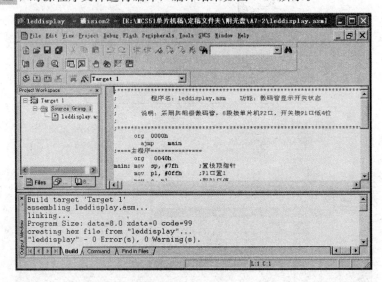

图 7-14　编译结果

最后不要忘记单击"Save All"按钮保存工程文件。

f. 第 6 步：仿真调试。在主界面上单击调试按钮 🔍，并打开端口 P1 和 P2，再单击运行按钮 🔃。运行时设置端口 P1 的状态，同时观察 P2 口的变化。将 P1 口的开关分别置成"0"、"1"和"A"时 P2 口的状态如图 7-15 所示。

2）在 Proteus 中仿真。在 Proteus 7.9 中进行仿真的步骤如下。

a. 第 1 步：在 Proteus 主界面中绘制电路原理图，如图 7-16 所示。图中各元器件在库中的位置见表 7-4。

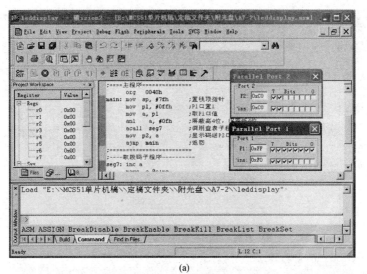

(a)

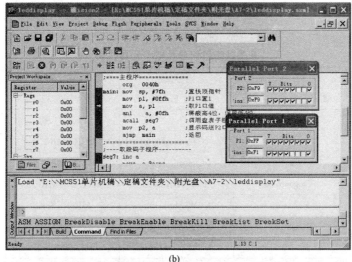

(b)

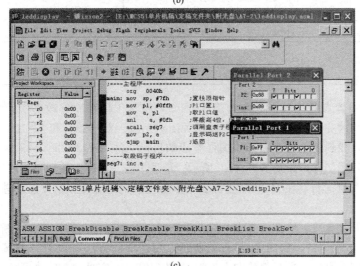

(c)

图 7-15 调试时 P1 和 P2 口的状态

(a) P1 口设置为 "0"; (b) P1 口设置为 "1"; (c) P1 口设置为 "A"

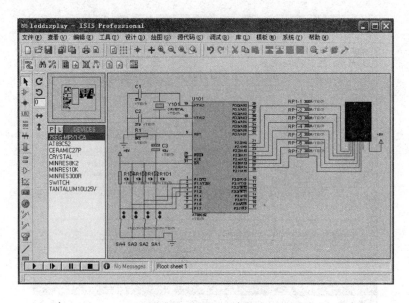

图 7-16 仿真电路原理图

表 7-4   开关状态数码显示电路元器件表

元器件代号	类 别	子类别	器 件	备 注
U101	Microprocessor ICs	8051 Family	AT89C52	代替 AT89S52
Y101	Miscellaneous		CRYSTAL	
C1	Capacitors	Ceramic Disc	CERAMIC27P	
C2	Capacitors	Ceramic Disc	CERAMIC27P	
C3	Capacitors	Tantalum Bead	TANTALUM10U25V	
R1	Resistors	0.6W Metal film	MINRES8K2	
R101～R104	Resistors	0.6W Metal film	MINRES10K	4 只
RP1	Resistors	0.6W Metal film	MINRES300R	8 只
SA1～SA4	Switches & Relays	Switches	SW-DIP4	
LED	Optoelectronics	7-Segment Displays	7SEG-MPX1-CA	
+5V 电源			POWER	+5V
接地			GROUND	

b. 第 2 步：设置参数。双击晶体振荡器 Y101，将其工作频率修改为 11.059 2MHz，如图 7-17 （a） 所示，修改完成后单击"确定"按钮关闭对话框。双击单片机 U101，单击程序文件右边的文件夹图标，找到刚才在 Keil C 中编译生成的目标文件"leddisplay.hex"，选中后单击"打开"按钮，加载程序文件，如图 7-17 （b） 所示。最后单击"确定"按钮关闭对话框。

c. 第 3 步：仿真运行。在 Proteus 主界面中单击左下角的仿真开始按钮，进入仿真状态，如图 7-18 所示。

将光标移至开关 SA1，使光标变成一只"手"时，单击鼠标左键，使开关断开。开关状态为 0001 时，数码管显示"1"，如图 7-19 （a） 所示。用同样的方法可以对开关 SA1、SA2、SA3、SA4 进行断开或闭合操作，当开关状态为 1010 时数码管显示字母"A"，如图 7-19 （b） 所示。

3） 在最小系统上运行。

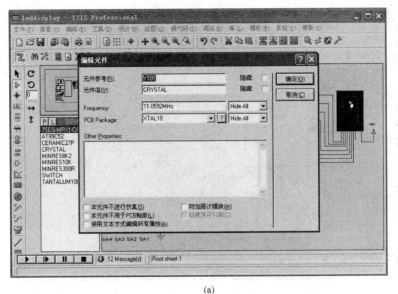

(a)

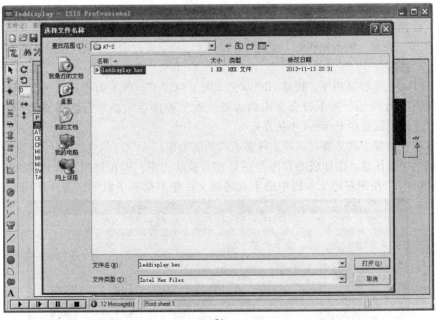

(b)

图 7-17　参数设置

（a）设定晶振频率；（b）加载目标文件

用最小系统板来验证程序，首先准备好实验用的器材最小系统板、下载器、电源和应用实验板。然后按下面的步骤进行操作。

a. 第 1 步：在应用实验板上如图 6-8 所示焊接好电阻、电容、数码管和接插件、开关等。

b. 第 2 步：拔去最小系统板上的跳线 J101、J102、J103，插上 AT89S52 芯片。将下载线的接口板插在电脑的并口上，用连接电缆把最小系统与接口板连好，再在最小系统上接上＋12V、＋9V 或＋5V 的电源，如图 7-20 所示。

c. 第 3 步：打开下载软件，并设置好有关参数；加载待写文件"leddisplay.hex"；单击"编

347

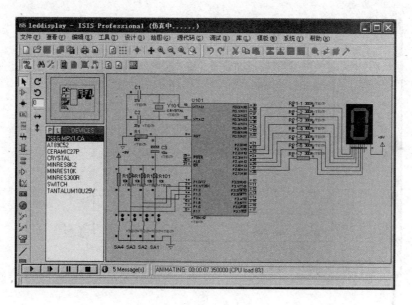

图 7-18　进入仿真状态

程"按钮下载程序。必要时须先对芯片进行"擦写"（若该芯片中曾烧录过程序）。

　　d. 第 4 步：完成上面的操作后，关闭＋9V 电源，拔下连接电缆，插上跳线 J101，接上扩展接口电路。

　　e. 第 5 步：上电验证程序。拨动 DIP 开关（向上为"0"，向下为"1"），4 位开关不同位置显示的值如图 7-21 所示。若不符合要求则需要修改源程序后重新进行汇编或编译（可以先在 μVision2 中进行调试或在 Proteus 中仿真）。

　　f. 第 6 步：重复上述步骤直到能实现要求的功能为止。

　　程序调试中要注意：①加载的程序是不是要实验的程序？即在使用下载软件"SLISP"时，必须确认"Flash"按钮左边文本框中的十六进制文件是不是要下载的。或在使用 STC＿ISP＿

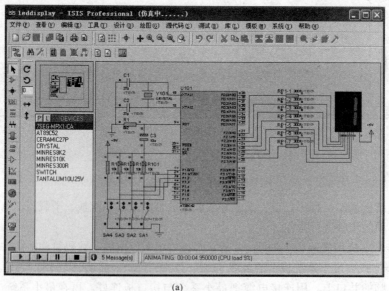

(a)

图 7-19　仿真显示（一）

(a) 开关状态为 0001 时显示 1

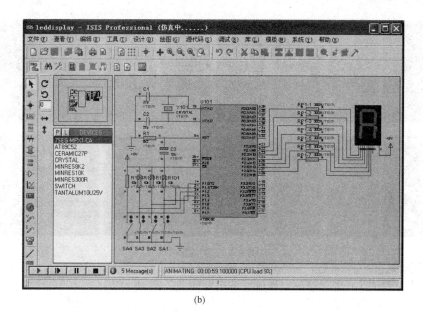

(b)

图 7-19　仿真显示（二）

（b）开关状态为 1010 时显示字母 A

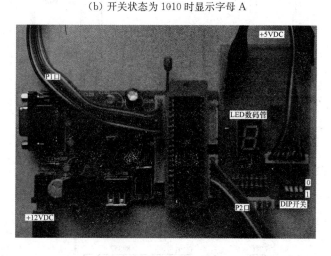

图 7-20　实验器材连接

V486.exe 软件时，所打开的程序文件是不是刚才编译好的那个文件。建议给每个实验项目分别建一个文件夹，以防止搞混。②修改程序后一定要重新汇编或编译成十六进制文件，可以使用与原来相同的文件名，也可以在原来的文件名后加一个英文字母来加以区别。每次下载前必须把芯片中原来的程序擦除掉，然后再重新编程。若源程序修改后重新进行了编译，那么仿真时必须重新加载新生成的那个目标代码。

7.2.2　按钮进行加/减数

1. 基本要求

将图 7-6 中的 4 只开关去掉，换上两个按钮。一个按钮为"加"，另一个按钮为"减"。数码管初始显示数值为"0"，按一次"加"按钮，数码管显示为"1"，再按一次显示为"2"，依此类推；若按一次"减"按钮，则数码管显示"F"，再按一次显示为"E"，依此类推。每按一次"加"或"减"按钮，数码管数值加"1"或减"1"。

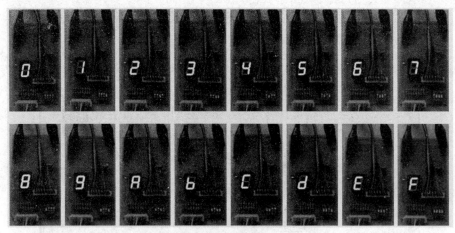

图 7-21　实验演示

2. 实现电路

按照要求，对图 7-6 进行修改，修改后的电路如图 7-22 所示。

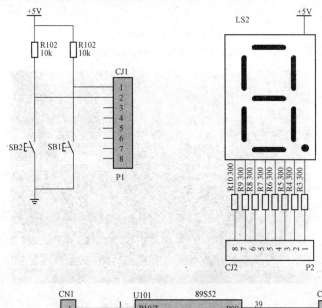

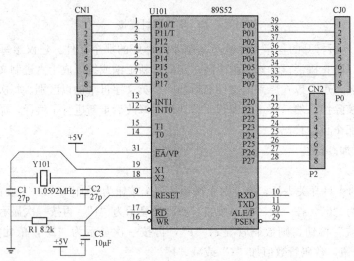

图 7-22　按钮加减数电路

（1）按键简介。轻触按键是一种按钮开关，使用时轻轻按下开关按钮就可使开关接通，当松开时开关即断开，其内部结构是靠金属弹片的受力弹动来实现通断的。常用的按钮如图 7-23 所示，本节所用的轻触按钮是 6mm×6mm 方形按钮。

图 7-23　常用的轻触按钮

（2）元器件安装。实验用的印刷电路板如图 7-24 所示，为方便和节约费用，按图示直接将元器件安装在万能板上即可。

3. 编程思路

如图 7-22 所示，程序执行过程中查询按钮 SB1、SB2 是否被按下，若有键按下时则进行去抖。待按钮释放后，显示值加"1"或减"1"。显示值送 P0 口显示，然后返回，重新查询按钮状态。其程序流程如图 7-25 所示。

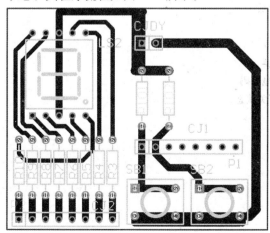

图 7-24　印刷电路板

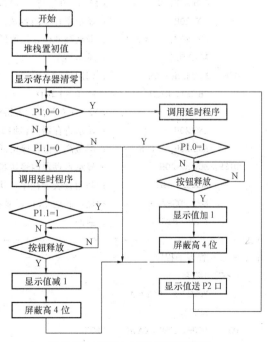

图 7-25　按钮加减数程序流程图

4. 程序编制

按照图 7-25 的程序流程图，结合单片机的指令就能够得到如下【例 A7-3】的程序。

【例 A7-3】 按钮加减数电路单数码管显示程序如下。

```
; * * * * * * * * * * * * * * * * * * * * * * * * * * * * * * * * * * * * *
;    程序名：leddisplay2.asm    功能：按钮加减数
;
;    说明：采用共阳极数码管，8 段数码管接单片机 P2 口，开关接 P1 口低 4 位。显示值存放在 20H
;         单元内。
;
; * * * * * * * * * * * * * * * * * * * * * * * * * * * * * * * * * * * * *
; - - - - - - 引脚定义 - - - - - - - - - - - - - - -
    JS1 BIT  P1.0
    AJ1 BIT  P1.1
    DSPY EQU  P2
- - - - - - - - - - - - - - - - - - - - - - - - - - - - -
    ORG  0000H
    AJMP   MAIN
; = = = = 主程序 = = = = = = = = = = = = = =
        ORG  0040H
    MAIN: MOV SP,  #7FH     ; 堆栈置初值
        MOV 20H, #00H      ; 显示寄存器清零
    BEGIN: JNB JS1,  JIA1    ; P1.0 = 0 转移
        JB    AJ1, DISP     ; P1.1 = 1 转移
        ACALL del10m        ; 调用延时，消抖
        JB AJ1, DISP        ; P1.1 = 1 转移
        JNB AJ1, $          ; P1.1 = 0 等待，等待键释放
        DEC 20H             ; 显示寄存器内容减 1
        ANL 20H,  #0FH      ; 屏蔽高 4 位，保留低 4 位
        AJMP DISP           ; 跳至显示
    JIA1: ACALL del10m      ; 调用延时，消抖
        JB JS1, DISP        ; P1.0 = 1 转移
        JNB JS1, $          ; P1.0 = 0 等待，等待键释放
        INC 20H             ; 显示寄存器内容加 1
        ANL 20H, #0FH       ; 屏蔽高 4 位，保留低 4 位
    DISP: MOV A, 20H        ; 显示寄存器内容送累加器
        ACALL  seg7         ; 调用查表子程序，获得显示码
        MOV  DSPY, A        ; 显示码送 P2 口，显示开关状态
        AJMP  BEGIN         ; 返回
; = = = = = = = = = = = = = = = = = = = = = =
; - - - - 查表子程序 - - - - - - - - - - - -
    seg7: INC A
        MOVC  A, @A + PC
        RET
    DB    0C0H, 0F9H, 0A4H,  0B0H
    DB    99H,  92H,  82H,  0F8H
```

```
    DB    80H, 90H,    88H,    83H
    DB    0C6H, 0A1H,    86H,    8EH
; ------------------------------
; ----延时子程序----------------
    del10m: MOV R7, #0AH    ; 10ms 延时程序
       DL1: MOV R6, #0FFH
       DL2: DJNZ R6, DL2
            DJNZ R7, DL1
            RET
; ------------------------------
    END
```

5. 指令解释

(1) 直接寻址位为零转移。

程序中的指令"JNB JS1，JIA1"就是指直接寻址位 P1.0 为零转移到"JIA 1"。

指令格式为：JNB   bit，rel

机器代码为：00110000   （30H）

操作过程为：若（bit）= 0，则（PC）←── （PC）+3+rel

若（bit）= 1，则（PC）←── （PC）+ 3

这是一条三字节指令。指令的第 1 个字节是操作码，第 2 个字节是位地址，第 3 个字节是相对地址。该指令属于布尔变量操作类指令。

(2) 直接寻址位置位转移。

程序中的指令"JB   AJ1，DISP "就是指直接寻址位 P1.1 为零转移到"DISP"。

指令格式为：JB   bit，rel

机器代码为：00100000   （20H）

操作过程为：若（bit）= 1，则（PC）←── （PC）+ 3 + rel

若（bit）= 0，则（PC）←── （PC）+ 3

这是一条三字节指令。指令的第 1 个字节是操作码，第 2 个字节是位地址，第 3 个字节是相对地址。该指令属于布尔变量操作类指令。

(3) 内部 RAM 或专用寄存器内容减 1。

程序中的指令"DEC 20H"就是指将内部 RAM 20H 单元的内容减 1。

指令格式为：DEC   direct

机器代码为：00010101   （15H）

操作过程为：（direct）←── （direct）−1

这是一条双字节指令。指令的第 1 个字节是操作码，第 2 个字节是直接地址。该指令属于算术操作类指令。

(4) 内部 RAM 或专用寄存器内容逻辑"与"立即数。

程序中的指令"ANL 20H，#0FH"就是指将内部 RAM 20H 单元的内容逻辑"与"立即数"0FH"。

指令格式为：ANL   direct，#data

机器代码为：01010011   （53H）

操作过程为：（direct）←── （direct）∧ #data

这是一条三字节指令。指令的第 1 个字节是操作码，第 2 个字节是直接地址，第 3 字节是立

即数。该指令属于逻辑操作类指令。

（5）内部 RAM 或专用寄存器内容加 1。

程序中的指令"INC 20H"就是指将内部 RAM 20H 单元的内容加 1。

指令格式为：INC   direct

机器代码为：00000101   （05H）

操作过程为：（direct）←——（direct）＋ 1

这是一条双字节指令。指令的第 1 个字节是操作码，第 2 个字节是直接地址。该指令属于算术操作类指令。

（6）内部 RAM 或专用寄存器内容送累加器。

程序中的指令"MOV A, 20H"就是将内部 RAM 20H 单元的内容送累加器 A。

指令格式为：MOV   A, direct

机器代码为：11100101   （E5H）

操作过程为：（A）←——（direct）

这是一条双字节指令。指令的第 1 个字节是操作码，第 2 个字节是直接地址。该指令属于数据传送类指令。

6. 调试操作

（1）在 Keil μVision2 中调试。程序调试操作步骤如下。

1）用"记事本"或在"KEIL C"中录入或编制程序，并用一个文件名，如"leddisplay2. asm"保存。单击"开始\附件\记事本"，在打开的记事本中输入【例 A7-3】中的源程序，如图 7-26 所示。并将其另存为名为"leddisplay2. asm"的文件。最后关闭记事本。

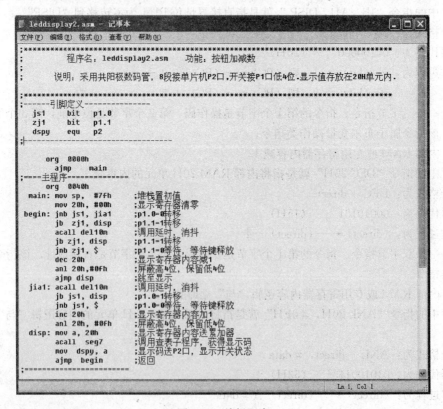

图 7-26 编辑程序

2）打开"Keil C"软件，新建一个项目，项目名不妨也设为"leddisplay2"。单击桌面上的图标，进入 Keil C51 μVision2 集成开发环境。在主界面上单击下拉菜单"Project"，选"New Project…"命令。在弹出的对话框中将项目命名为"leddisplay2"。单击"保存"按钮，选"Atmel"下的"AT89S52"后返回。

3）打开已建立的文件"leddisplay2.asm"；并将该文件添加到"Source Group 1"中。在 μVision2 主界面上单击打开文件按钮，在弹出的对话框内找到刚才新建并保存的文件"leddisplay2.asm"。单击"打开"按钮打开。

在中间左边的"Project Workspace（项目空间）"内，单击"＋"展开。再用右键单击"Source Group 1"文件夹，在弹出的菜单命令中选"Add Files to Group 'Source Group 1'"。

4）在"Options for Target 'Target 1'"中的"Output"标签页上进行设置。单击下拉菜单"Project"，选"Options for Target 'Target 1'"。在弹出对话框上的"Target"标签页内，把单片机的运行频率调整为 11.059 2MHz。在"Output"标签页上，单击"Create HEX File"前的复选框，使框内出现"√"，这样编译后就能生成目标文件了。最后单击"确定"按钮返回。

5）编译和建立目标文件，得到"leddisplay2.hex"文件。在 μVision2 主界面上点重新编译按钮，对源程序文件进行编译，编译结果如图 7-27 所示。

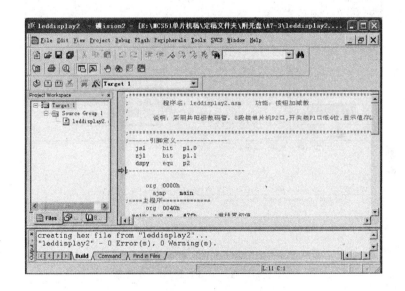

图 7-27　编译结果

最后不要忘记单击"Save All"按钮保存工程文件。

6）仿真调试。在主界面上单击调试按钮，并打开端口 P1 和 P2，再单击运行按钮，此时 P1 口 和 P2 口状态如图 7-28（a）所示。运行时设置端口 P1 的状态，同时观察 P2 口的变化。点击 P1.1 引脚 10 次，即使 P1.1 框内的"√"消失 5 次，此时的 P1 口 和 P2 口状态如图 7-28（b）所示。

（2）在 Proteus 中仿真。在 Proteus 7.9 中进行仿真的步骤如下。

1）在 Proteus 主界面中绘制电路原理图，如图 7-29 所示。图中各元器件在库中的位置见表 7-5，按钮在"类别：Switches ＆ Relays"，"子类别：Switches"，"器件：BUTTON"中。

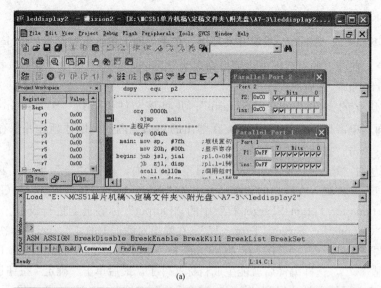

(a)

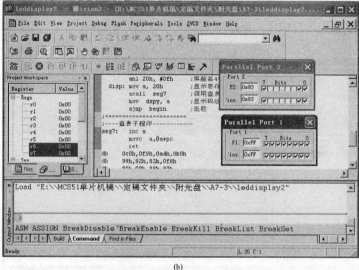

(b)

图 7-28 KEIL 调试界面

(a) 初始状态；(b) P1.1 动作 5 次状态

表 7-5   按钮加键单数码管电路元器件表

元器件代号	类　别	子类别	器　件	备　注
U101	Microprocessor ICs	8051 Family	AT89C52	代替 AT89S52
Y101	Miscellaneous		CRYSTAL	1只
C1、C2	Capacitors	Ceramic Disc	CERAMIC27P	2只
C3	Capacitors	Tantalum Bead	TANTALUM10U25V	1只
R1	Resistors	0.6W Metal film	MINRES8K2	1只
R101～R102	Resistors	0.6W Metal film	MINRES10K	2只
RP1-1～RP1-7	Resistors	0.6W Metal film	MINRES300R	7只
SB1～SB2	Switches & Relays	Switches	BUTTON	2只

续表

元器件代号	类　别	子类别	器　件	备　注
LS2	Optoelectronics	7-Segment Displays	7SEG-MPX1-CA	1只
+5V电源			POWER	+5V
接地			GROUND	

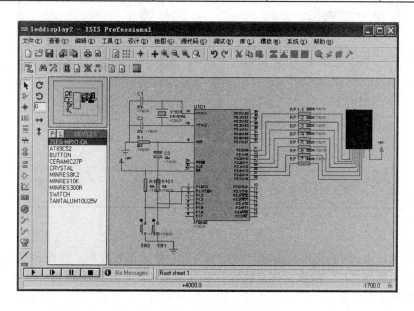

图 7-29　仿真电路

2）设置参数。双击晶体振荡器 Y101，将其工作频率修改为 11.059 2MHz，修改完成后单击"确定"按钮关闭对话框。双击单片机 U101，单击程序文件右边的文件夹图标，找到刚才在 Keil C 中编译生成的目标文件"leddisplay2.hex"，选中后单击"打开"按钮，加载程序文件，如图 7-30 所示。最后单击"确定"按钮关闭对话框。

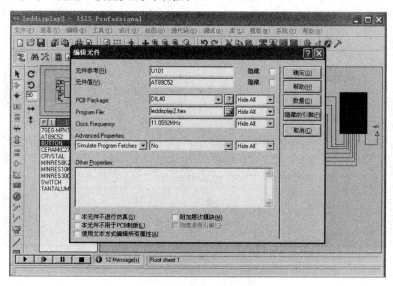

图 7-30　参数设置

3）仿真运行。在 Proteus 主界面中单击左下角的仿真开始按钮，进入仿真状态，如图 7-31 所示。

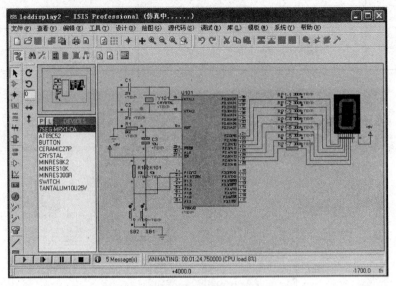

图 7-31 进入仿真状态

将光标移至按钮 SB1，使光标变成一只"手"时，单击鼠标左键，使按钮按下。按钮释放后，数码管显示值加"1"。每按一次，数码管显示值加"1"。在显示值为"5"时，如图 7-32（a）所示，继续按直到显示"F"，若再按一次，则显示为"0"。用同样的方法可以对按钮 SB2 进行减"1"操作，按钮释放后，数码管显示值减"1"。每按一次，数码管显示值减"1"，如图 7-32（b）所示。在显示值为"0"时，若再按一次，则显示为"F"。

（3）在最小系统上运行。用最小系统板来验证程序，首先准备好实验用的器材最小系统板、

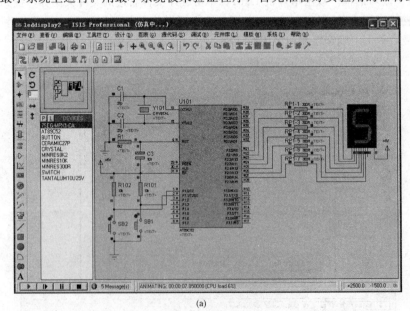

(a)

图 7-32 仿真显示（一）

(a) 连续按 SB1 按钮 5 次数码管显示状态

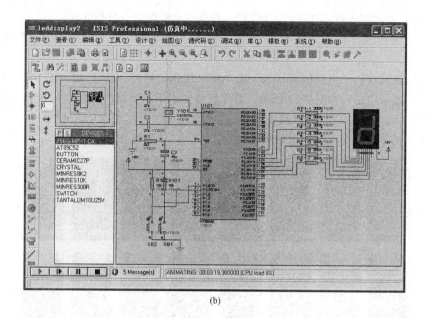

(b)

图 7-32 仿真显示（二）

（b）数码管显示"d"状态

下载器、电源和应用实验板。然后按下面的步骤进行操作。

1）在应用实验板上如图 7-8 所示焊接好电阻、电容、数码管和接插件、按钮等。

2）拔去最小系统板上的跳线 J101、J102、J103，插上 AT89S52 芯片。将下载线的接口板插在电脑的并口上，用连接电缆把最小系统与接口板连好，再在最小系统上接上＋12V、＋9V 或＋5V 的电源。如图 7-33 所示。

3）打开下载软件，并设置好有关参数；加载待写文件"leddisplay2.hex"；单击"编程"按

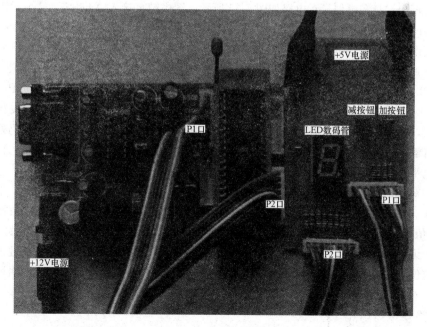

图 7-33 实验器材连接

359

钮下载程序。必要时须先对芯片进行"擦写"（若该芯片中曾烧录过程序）。

4）完成上面的操作后，关闭＋9V电源，拔下连接电缆，插上跳线J101，接上扩展接口电路。

5）上电验证程序。上电后按下"加"或"减"按钮，每按一次"加"或"减"按钮，数码管显示加"1"或减"1"，如图7-34所示。若不符合要求则需要修改源程序后重新进行汇编或编译（可以先在 μVision2 中进行调试或在 Proteus 中仿真）。

6）重复上述步骤直到实现要求的功能为止。

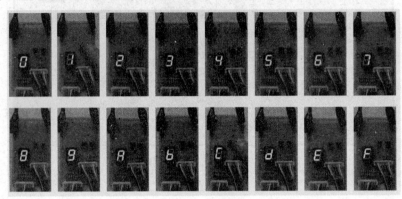

图7-34　实验演示

7.2.3　矩阵键盘和键值显示

1. 基本要求

用 16 个按钮组成一个 4×4 的键盘，并从 0～F 的 16 个字符中给每个键定义一个值。当某个键被按下时，由一位 LED 数码管显示该键的键值。

2. 实现电路

单片机矩阵键盘和键值显示电路如图 7-35 所示。图中键盘接入 AT89S52 最小系统的 P1 口，键值显示用的 LED 数码管接在 P2 口上。

为了使读者更好地理解矩阵键盘的扫描原理，这里针对图 7-35 电路再作一简单的说明。图中键盘从左到右、从上到下地排列成 4 行×4 列，其键值分别为"0"、"1"、…、"F"。键盘的 4 根行线接 P1 口的高 4 位 P1.4、P1.5、P1.6、P1.7，4 根列线接 P1 口的低 4 位 P1.0、P1.1、P1.2、P1.3。行线和列线都通过上拉电阻接到＋5V 电源上，没有键被按下时，行线和列线的状态相互独立，行线和列线均处在高电平状态，即使把行线置位到低电平状态，列线仍处于高电平状态。当有键被按下时，被按下键的行线与列线相关联。列线的状态将由行线决定。行线电平为低，列线电平也为低；行线电平为高，列线电平也为高。

例如，对上面第 1 行进行扫描时，先给 P2 口送数值 0EFH（即 P2＝11101111），然后再读取 P1 口的值，若读取的值与 0EFH 不相等，则表明第 1 行有键被按下。若是 1 号键被按下，读取的 P1 口的值应为 11101101。然后通过左移读出的数来判断是哪一列上的键。若左移 1 位进位位出现"0"，说明该行第 1 个键被按下；左移 2 位进位位出现"0"，说明该行第 2 个键被按下；左移 3 位进位位出现"0"，说明该行第 3 个键被按下；左移 4 位进位位出现"0"，说明该行第 4 个键被按下。对第 2 行扫描时，给 P2 口送 0DFH；对第 3 行扫描时，给 P2 口送 0BFH；对第 4 行扫描时，给 P2 口送 07FH。

下面以显示图 7-35 被按下按键所处的行号、列号为例，讨论程序的编制。

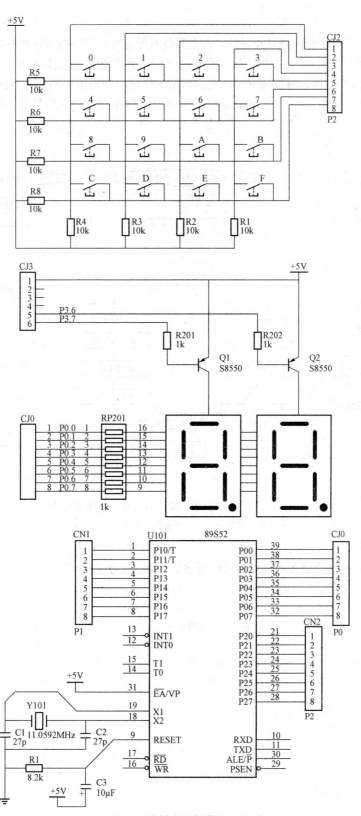

图 7-35 矩阵键盘和键值显示电路

3. 编程思路

要显示被按下键所在的行号和列号，首先需要对键盘进行扫描检测，判断是否有键按下。键盘检测按照上面的方法进行扫描，当有键被按下时，将键码送寄存器保存；没有键按下则把"55"送寄存器保存。若有键被按下过，则更新显示。显示功能由中断服务程序提供，采用定时器0中断，定时时间为20ms，轮流显示行号或列号。程序开始时对堆栈寄存器等进行初始化，并且把字符"0"～"9"，"A"～"F"逐个显示一遍，以测试显示器。其程序流程如图7-36所示。

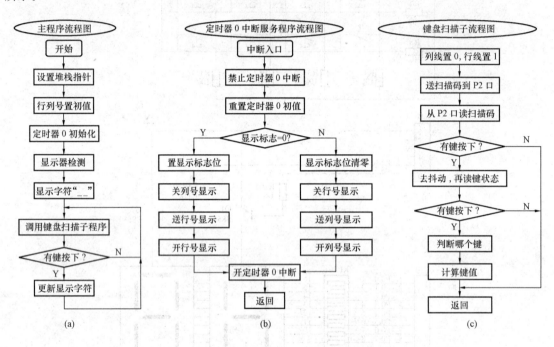

图 7-36　矩阵键盘和按键行列号显示程序流程图

(a) 主程序流程；(b) 定时器0中断服务程序流程；(c) 键盘扫描子程序流程

4. 程序编制

按照图7-36的程序流程图，就能够得到如下【例 A7-4】的程序。

【例 A7-4】 矩阵键盘按键行列号显示键值的程序如下。

```
; * * * * * * * * * * * * * * * * * * * * * * * * * * * * * * * * * * * * * * * * * *
;   程序名：matkeyb1.asm    功能：矩阵键盘键值显示
;
;   说明：矩阵键盘接 P2 口，P2.0～P2.3 为行，P2.4～P2.7 为列.
;        采用共阳极数码管，8 段接单片机 P0 口。
;        数码管的位线接单片机的 P3 口 P3.6 和 P3.7。
;        晶振频率 11.059 2MHz
;
; * * * * * * * * * * * * * * * * * * * * * * * * * * * * * * * * * * * * * * * * * *
; - - - - - - 引脚定义区 - - - - - - - - - - -
     DISP_B  BIT  21H
     DISP_F  EQU  33H
     DISP_L  EQU  34H         ;显示字形个位——列
```

```
        DISP _ H  EQU  35H          ;显示字形十位——行
        Val _ key EQU  36H
        L _ HAO   BIT  P3.6          ;列号位线
        H _ HAO   BIT  P3.7          ;行号位线
        EN _ T0   BIT  ET0
        DSPLY   EQU  P0
        KEY _ B   EQU  P2
; - - - - - - - - - - - - - - - - - - - - - - - - - - -
;
; - - - - - - 中断矢量区 - - - - - - - - - -
            ORG  0003H
        RETI
            ORG  000BH
        LJMP  T0 _ S
            ORG  0013H
        RETI
            ORG  001BH
        RETI
            ORG  0023H
        RETI
; - - - - - - - - - - - - - - - - - - - - - - - - - - -
;
; = = = = = = 主程序 = = = = = = = = = = = = = = = = = = = = =
            ORG  0000H
        LJMP  BEGIN
; = = = = = = 主程序 = = = = = = = = = = = = = = = =
            ORG  0100H
; - - - - - - 初始化 - - - - - - - - - - - - - -
BEGIN: MOV SP, ♯6FH          ;置堆栈指针初值
        MOV R0, ♯00H          ;行列号置初值
        LCALL T0 _ INIT          ;初始化定时器0
; - - - - - - 显示器检测 - - - - - -
        MOV R7, ♯0BH          ;显示字符检查
        MOV R6, ♯00H
ZJ:    MOV A, R6
        MOV Val _ key, A
        ACALL UPDATA
        LCALL DELAY _ 1S
        MOV A, R6
        ADD A, ♯11H
        MOV R6, A
        MOV Val _ key, A
        DJNZ R7, ZJ
        SUBB  A, ♯11H
        MOV  Val _ key, A
        MOV  R0, A
```

```
MAIN:
      LCALL Key _ SCAN           ; 调用键盘扫描子程序
      MOV A, R0
      CJNE A, Val _ key, FLASH   ; 键值变化, 更新显示
      LJMP MAIN                   ; 跳转至键盘扫描
FLASH:
      MOV Val _ key, R0
      ACALL UPDATA
      LJMPMAIN
; = = = = = = = = = = = = = = = = = = = = = = = = = = = = =
; - - - - - - 更新字形 - - - - - - - - - - - - - -
UPDATA:
      MOV  A, Val _ key
      CLR  EN _ T0
      ANL A, #00001111B          ; 取低 4 位 (列)
      MOV DPTR, #TAB             ; 字形表首地址送数据指针
      MOVC A, @A + DPTR          ; 取字形
      MOV DISP _ L, A            ; 字形送显示缓冲器
      MOV A, Val _ key
      ANL A, #11110000B          ; 取高位 4 位 (行)
      SWAP A                      ; 高/低 4 位互换
      MOVC A, @A + DPTR          ; 取字形
      MOV DISP _ H, A            ; 字形送显示缓冲器
      SETB EN _ T0
      RET
;
; - - - - - - 中断服务程序区 - - - - - - - - - - - - - -
T0 _ S:                         ; 定时器 0, 定时 20ms, 显示缓冲器内容
      CLR EN _ T0
; - - - - - - 重置计时器初值 - - - - - - - - -
      MOV TL0, #0FFH
      MOV TH0, #0B7H
      JNB DISP _ B, T0 _ S _ 1
      CLR DISP _ B
; - - - - - - 显示列号 - - - - - - - - - - - - - -
      SETB H _ HAO
      SETB L _ HAO
      NOP
      MOV DSPLY, DISP _ L
      NOP
      CLR L _ HAO
      SJMP T0 _ S _ RETN
T0 _ S _ 1:
; - - - - - - 显示行号 - - - - - - - - - - - - - -
      SETB DISP _ B
      SETB L _ HAO
```

```
        SETB H _ HAO
        NOP
        MOV DSPLY, DISP _ H
        NOP
        CLR H _ HAO
T0 _ S _ RETN:
        SETB EN _ T0
        RETI
;  - - - - - - - - - - - - - - - - - - - - - - - - - - - - - - -
;
;  - - - - - - 定时器初始化子程序 - - - - - - - -
T0 _ INIT:
        MOV TMOD, ＃11H        ; 定时器 0 定时方式 1
        MOV TL0, ＃0FFH        ; 置定时初值低位
        MOV TH0, ＃0B7H        ; 置定时初值高位
        SETB TR0              ; 起动 T0 计数
        SETB EN _ T0          ; 定时器 0 溢出中断允许
        SETB EA               ; 中断允许
        RET                   ; 返回
;  - - - - - - - - - - - - - - - - - - - - - - - - - - - -
;
;  - - - - - - 键盘扫描子程序 - - - - - - - - - - -
Key _ SCAN:
        MOV KEY _ B, ＃0FH     ; 列扫描线置 0, 行扫描线置 1
        MOV A, KEY _ B        ; 读键盘状态
        ANL A, ＃0FH          ; 屏蔽高 4 位列线, 检测行线状态
        CJNE A, ＃0FH, PD1    ; 判断有无键按下, 有则转到 PD1 处理程序
        AJMP LKP1            ; 无键按下, 返回
; 判断键是否真的被按下
PD1:
        ACALL   DELAY        ; 延时 10ms, 消除键抖动
        MOV A, KEY _ B        ; 再读键状态
        ANL A, ＃0FH          ; 屏蔽高 4 位列线, 检测行线状态
        CJNE A, ＃0FH, PD2    ; 有键按下, 转 PD2 处理程序
        AJMP LKP1            ; 无键按下, 返回
; 判断哪个键被按下处理
PD2:
        MOV R2, ＃0EFH        ; 扫描初值 (初值为 11101111B) 送 R2
        MOV R4, ＃01H         ; 扫描列号初值送 R4
        MOV A, R2            ; 扫描的列线置 0
KPD:
        MOV KEY _ B, A        ; 将 A 中的值 (初值为 11101111B) 送 P2 口
        MOV A, KEY _ B        ; 读键状态
        JB ACC. 0, LINE2     ; ACC.0＝1, 第 1 行键无键被按下, 转第 2 行 LINE2 处理程序
        MOV DISP _ H, ＃01H   ; 置第 1 行行首键号
        AJMP LKP             ; 跳转至键值计算程序
```

```
LINE2:
        JB ACC.1, LINE3      ; ACC.1 = 1，第 2 行键无键被按下，转第 3 行 LINE3 处理程序
        MOV DISP _ H, #02H   ; 置第 2 行行首键号
        AJMP LKP             ; 跳转至键值计算程序
LINE3:
        JB ACC.2, LINE4      ; ACC.2 = 1，第 3 行键无键被按下，转第 4 行 LINE4 处理程序
        MOV DISP _ H, #03H   ; 置第 3 行行首键号
        AJMP LKP             ; 跳转至键值计算程序
LINE4:
        JB ACC.3, NEXT       ; ACC.3 = 1，第 4 行键无键被按下，转下一列处理程序
        MOV DISP _ H, #04H   ; 置第 4 行行首键号
        AJMP LKP             ; 跳转至键值计算程序
NEXT:
        INC R4               ; 扫描列号加 1（扫描下一列）
        MOV A, R2            ; 扫描初值（初值为 11101111B）送 R2
        RL A                 ; 循环左移一位，A = 11011111B
        MOV R2, A            ; A 值存于 R2
        CJNE R4, #05H, KPD   ; 若列未扫描 4 次，继续扫描
        AJMP Key _ SCAN
; 计算键码
LKP:
        MOV A, R2
        MOV KEY _ B, A
        MOV A, KEY _ B
        ANL A, #0FH
        CJNE A, #0FH, LKP    ; 判断键有没有释放
        MOV A, DISP _ H
        SWAP A
        ADD A, R4            ; 行首键号加列号是被按下键的键号
        MOV R0, A            ; 键号送 R0
LKP1:
        RET                  ; 返回
; - - - - - - -10ms 延时子程序 - - - - - - -
DELAY:
        SETB  PSW.4
        MOV R7, #50
D2: MOV R6, #100
D1: DJNZ R6, D1
        DJNZ R7, D2
        CLR  PSW.4
        RET
; - - - - - - - - - - - - - - - - - - - - - - - - -
;
; - - - - - - -1 秒延时子程序 - - - - - - - -
DELAY _ 1S:
        SETB  PSW.3          ; 选用寄存器区 1
```

```
        MOV   R1，#46   ；立即数 46 送寄存器 R1
DEL0：MOV   R2，#100   ；立即数 100 送寄存器 R2
DEL1：mov   R3，#100   ；立即数 100 送寄存器 R3
        DJNZ  R3，   $   ；寄存器 R3 中的内容减 1，不为零转移到当前指令
        DJNZ  R2，   DEL1 ；寄存器 R2 中的内容减 1，不为零转移到 DEL1
        DJNZ  R1，   DEL0 ；寄存器 R1 中的内容减 1，不为零转移到 DEL0
        CLR   PSW.3   ；选用寄存器区 0
        RET
；－－－－－－－－－－－－－－－－－－－－－－－－－－－－－－－
；
；－－－－－－数据区－－－－－－－－－－－－－－－－－－－－－－
TAB：  DB 0C0H，0F9H，0A4H，0B0H，099H  ；01234
        DB 092H，082H，0F8H，080H，090H  ；56789
        DB 0BFH                      ；_
；－－－－－－－－－－－－－－－－－－－－－－－－－－－－－－－
END
```

5. 指令解释

（1）程序存储器内容送累加器。

程序中的指令"MOVC A，@A＋DPTR"就是指把累加器 A 中的内容作为无符号数和 DPTR 中的内容相加得到的一个 16 位的地址，把该地址所指的程序存储器单元的内容送累加器 A。

指令格式为：MOVC A，@A＋DPTR

机器代码为：10010011   （93H）

操作过程为：(A)←((A)＋(DPTR))

这是一条单字节指令。指令首先执行 16 位无符号数的加法操作，得到基址和变址之和，低 8 位相加产生进位时，直接加到高位，不影响标志。该指令属于数据传输类指令。

（2）寄存器内容加 1。

程序中的指令"INC R4"就是指把寄存器 R4 中的内容加 1。

指令格式为：INC Rn

机器代码为：00001rrr   （08H～0FH）

操作过程为：(Rn)←(Rn)＋1

这是一条单字节指令。该指令属于算术运算类指令。

（3）累加器低 4 位与高 4 位交换。

程序中的指令"SWAP A"就是指把累加器 A 中高 4 位的内容与低 4 位的内容交换。

指令格式为：SWAP A

机器代码为：11000100   （C4H）

操作过程为：$(A_{7\sim4}) \leftrightarrow (A_{3\sim0})$

这是一条单字节指令。该指令属于数据传输类指令。

（4）直接寻址字节内容送直接寻址字节。

程序中指令"MOV DSPLY，DISP_L"就是把直接寻址的字节内容传送到直接寻址字节中。

指令格式为：MOV direct2，direct1

机器代码为：10001rrr   85H

操作过程为：(direct2)　←　(direct1)

这是一条三字节指令，指令代码中第 2、3 字节分别为源操作数和目的操作数的绝对地址。该指令属于数据传送类指令。

(5) 寄存器内容减 1 不为零转移。

程序中指令"DJNZ R7，ZJ"就是当寄存器内容减去 1 结果不等于零时转移到标号为"ZJ"的地方。

指令格式为：DJNZ　Rn，rel

机器代码为：11011rrr　　　D8H~DFH

操作过程为：(Rn) ← (Rn) －1

　　　　　　　若 Rn＝0，则 (PC) ← (PC) ＋2

　　　　　　　若 Rn≠0，则 (PC) ← (PC) ＋2 ＋ rel

该指令是一条双字节指令，指令代码中第 2 字节为相对地址。该指令属于控制转移类指令。

(6) 累加器内容逻辑"或"立即数。

程序中的指令"ORL　A，♯0F0H"就是指把累加器中的内容和立即数"11110000"进行逻辑"或"运算。

指令格式为：ORL　A，♯data

机器代码为：01000100　　　(44H)

操作过程为：(A) ← (A) ∨ data

这也是一条双字节指令，指令代码中第 2 字节为立即数。该指令属于逻辑操作类指令。

(7) 累加器内容循环左移。

程序中的指令"RL A"就是指把累加器 A 中的内容向左移一位。最高位移至最低位。

指令格式为：RL A

机器代码为：00100011　　　(23H)

操作过程为：$(A_{n+1}) ← (A_n)$　　　$n = 0 \sim 6$

　　　　　　　$(A_0) ← (A_7)$

该指令是一条单字节指令，属于逻辑操作类指令。

(8) 空操作。

程序中的指令"NOP"是空操作，即不做任何操作。

指令格式为：NOP

机器代码为：00000000　　　(00H)

操作过程为：(PC) ← (PC) ＋ 1

这是一条单字节指令，属于控制转移类指令。

(9) 累加器内容加寄存器内容。

程序中的指令"ADD A，R4"就是指将累加器 A 中的内容与寄存器 R4 中的内容相加。

指令格式为：ADD A，Rn

机器代码为：00101rrr　　　(28H~2FH)

操作过程为：(A) ← (A) ＋ (Rn)　　　$n = 1 \sim 7$

这是一条单字节指令，属于算术操作类指令。

6. 调试操作

(1) 在 Keil μVision2 中调试。程序调试操作步骤如下。

1) 用"记事本"或在"Keil C"中录入或编制程序，并用一个文件名，如"matkeyb1. asm"

保存。单击"开始\附件\记事本",在打开的记事本中输入【例 A7-4】中的源程序,如图 7-37 所示。并将其另存为名为"matkeyb1.asm"的文件。最后关闭记事本。

图 7-37 编辑程序

2)打开"Keil C"软件,新建一个项目,项目名不妨也设为"matkeyb1"。单击桌面上的图标 ,进入 Keil C51 μVision2 集成开发环境。在主界面上单击下拉菜单"Project",选"New Project..."命令。在弹出的对话框中将项目命名为"matkeyb1"。单击"保存"按钮,选"Atmel"下的"AT89S52"后返回。

3)打开已建立的文件"matkeyb1.asm";并将该文件添加到"Source Group 1"中。在 μVision2 主界面上单击打开文件按钮 ,在弹出的对话框内找到刚才新建并保存的文件"matkeyb1.asm"。单击"打开"按钮打开。

在中间左边的"Project Workspace(项目空间)"内,单击"+"展开。再用右键单击"Source Group 1"文件夹,在弹出的菜单命令中选"Add Files to Group 'Source Group 1'"。

4)在"Options for Target 'Target 1'"中的"Output"标签页上进行设置。单击下拉菜单"Project",选"Options for Target 'Target 1'"。在弹出对话框上的"Target"标签页内,把单片机的运行频率调整为 11.059 2MHz。在"Output"标签页上,单击"Create HEX File"前的复选框,使框内出现"√",这样编译后就能生成目标文件了。最后单击"确定"按钮返回。

5)编译和建立目标文件,得到"matkeyb1.hex"文件。在 μVision2 主界面上单击重新编译按钮 ,对源程序文件进行编译,编译结果如图 7-38 所示。

(2)在 Proteus 中仿真。在 Proteus 7.9 中进行仿真的步骤如下。

1)在 Proteus 主界面中绘制电路原理图,如图 7-39 所示。图中各元器件在库中的位置见表 7-6。

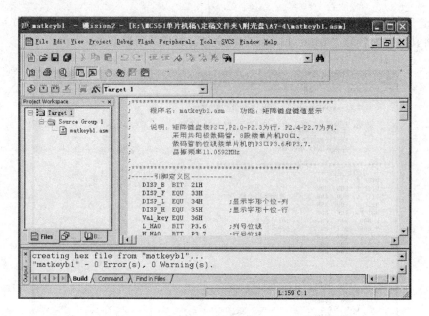

图 7-38 编译结果

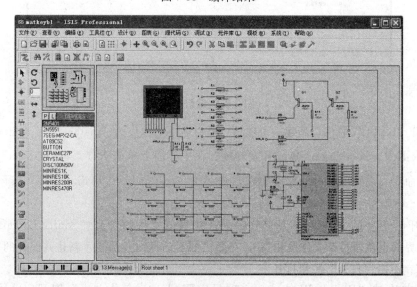

图 7-39 仿真电路

表 7-6   按钮加键单数码管电路元器件表

名　称	元器件代号	类　别	子类别	器　件
单片机	U1	Microprocessor ICs	8051 Family	AT89C52
晶振	X1	Miscellaneous	X1	CRYSTAL
电容	C1、C2	Capacitors	Ceramic Disc	CERAMIC27P
电解电容	C3	Capacitors	Tantalum Bead	TANTALUM 10U25V
电阻	R1～R8	Resistors	0.6W Metal film	MINRES470Ω
	R9～R10	Resistors	0.6W Metal film	MINRES200Ω
	R11～R12	Resistors	0.6W Metal film	MINRES1k
	R15～R17	Resistors	0.6W Metal film	MINRES10k

名 称	元器件代号	类 别	子类别	器 件
按钮	SB1~SB16	Switches & Relays	Switches	BUTTON
数码管	LS	Optoelectronics	7-Segment Displays	7SEG-MPX2-CA
晶体管	Q1、Q2	Transistors	Bipolar	2N5401
+5V电源			POWER	
接地			GROUND	

2）设置参数。双击晶体振荡器 X1，将其工作频率修改为 11.059 2MHz，修改完成后单击"确定"按钮关闭对话框。双击单片机 U1，单击程序文件右边的文件夹图标，找到刚才在 Keil C 中编译生成的目标文件"leddisplay2.hex"，选中后单击"打开"按钮，加载程序文件，最后单击"确定"按钮关闭对话框。当然也可以在 proteus 中直接加载源程序，单击"源代码"菜单，在下拉菜单中选"添加/删除源程序文件"。在弹出的如图 7-40 所示的对话框内，单击"新建"或"更改"按钮，在弹出的新源文件对话框中找到对应的源程序文件，并选中。加载源程序文件后，再单击"源代码"菜单，并选"编译全部"。编译结果如图 7-41 所示。若源程序存在错误，则编译不成功，需修改后重新编译，直至成功为止。

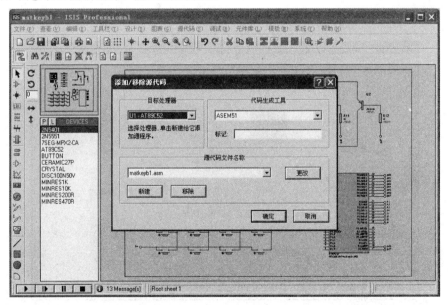

图 7-40　加载源程序

3）仿真运行。在 Proteus 主界面中单击左下角的仿真开始按钮，进入仿真状态，完成数码管自检后的情形如图 7-42 所示。

将光标移至按钮 SB4，使光标变成一只"手"时，单击鼠标左键，使按钮按下。按钮释放后，数码管显示"41"，如图 7-43（a）所示。表示该键处在第 4 列第 1 行。将光标移至按钮 SB11，使光标变成一只"手"时，单击鼠标左键，使按钮按下。按钮释放后，数码管显示"33"。表示该键处在第 3 列第 3 行，如图 7-43（b）所示。

7.2.4　60秒倒计时电路

1. 基本要求

本电路中要求有两个按钮。一个是复位按钮，按下该按钮设置倒计时初始值，并把指示灯熄

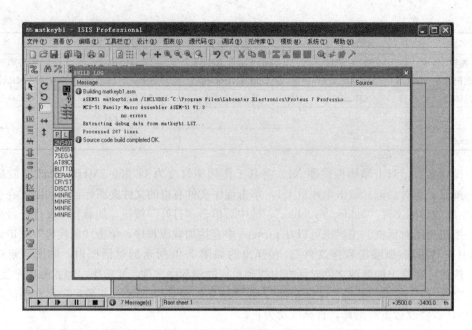

图 7-41　编译成功

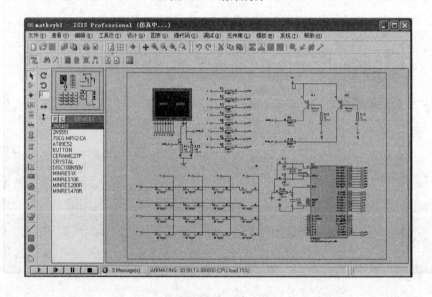

图 7-42　进入仿真状态

灭；另一个是开始按钮，按下该按钮开始倒计时。用两位 LED 数码管显示当前的倒计时值且计时时间到指示灯点亮。

2. 实现电路

用按钮 SB1 作为置初值按钮，按钮 SB2 作为开始按钮。按下 SB1 按钮，将显示值设置为 60。按下按钮 SB2，每隔一秒显示值减 1，直到值为 0 时停止计数。按钮和指示灯接在 P0 口上，P0.0 为初始按钮，P0.1 为开始按钮，P0.7 为指示灯输出。十位 LED 数码管接 P2 口，个位 LED 数码管接 P1 口。60s 倒计时电路如图 7-44 所示。

（1）晶体三极管、发光二极管简介如下。

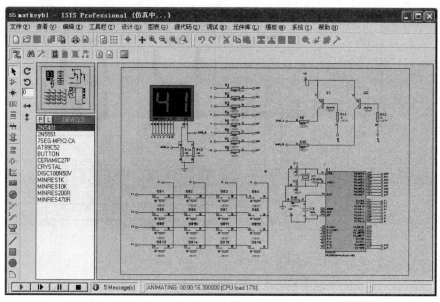

(a)

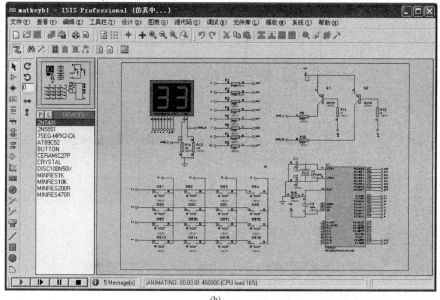

(b)

图 7-43 仿真显示

(a) 第 4 号键键值；(b) 第 11 号键键值

　　晶体三极管是电子线路中最常用的器件之一，常称为三极管。三极管按其耗散功率可分为小功率管、中功率管和大功率管；按其制造材料可分为硅管和锗管；按其工作频段分为高频管和低频管；按其导电类型可分为单结型、双结型和场效应管。本书用到的只有低频小功率双结型硅管，有 NPN 型和 PNP 型两种。部分常用的晶体三极管如图 7-45（a）所示。从外形来看，三极管有直插式和贴片式，但它们都有三个电极：发射极 e、基极 b 和集电极 c。

　　发光二极管也是电子线路中常用的器件之一，常称为发光管。发光管按其发光强度可分为普通亮度和高亮度；按其外形有圆形和方形，直插式和贴片式；按其发光颜色可分为单色和多色。

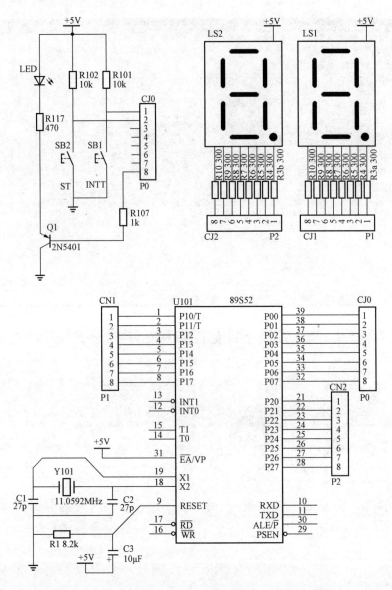

图 7-44　60s 倒计时电路

部分常用的发光二极管如图 7-45（b）所示。

（2）元器件安装。图 7-44 中按键、三极管和数码管安装的印刷电路板如图 7-46（a）所示，也可用万能板搭接，如图 7-46（b）所示。

3. 编程思路

程序采用模块化结构，只有一个主程序和若干个子程序组成。每个子程序分别是完成某个功能的独立模块，程序中有时会用到调用参数。本实例共有 5 个子程序，分别是按键扫描子程序、10ms 延时子程序、1s 延时子程序、显示子程序和取段码子程序。各模块程序的流程如图 7-47 所示。

4. 程序编制

【例 A7-5】　按照图 7-47 所示的程序流程图编制的 60s 倒计时程序如下。

; ＊＊

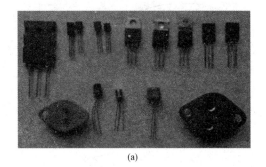

(a)

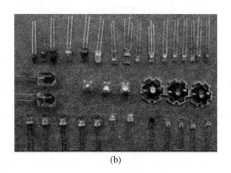

(b)

图 7-45　常用晶体三极管和发光二极管

（a）部分常用三极管；（b）部分常用发光管

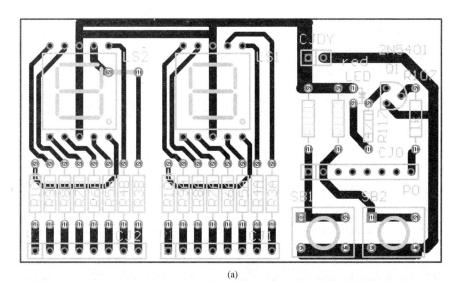

(a)

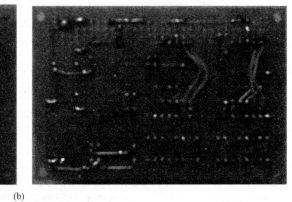

(b)

图 7-46　倒计时电路的电路板

（a）印刷电路板；（b）万能板搭接电路

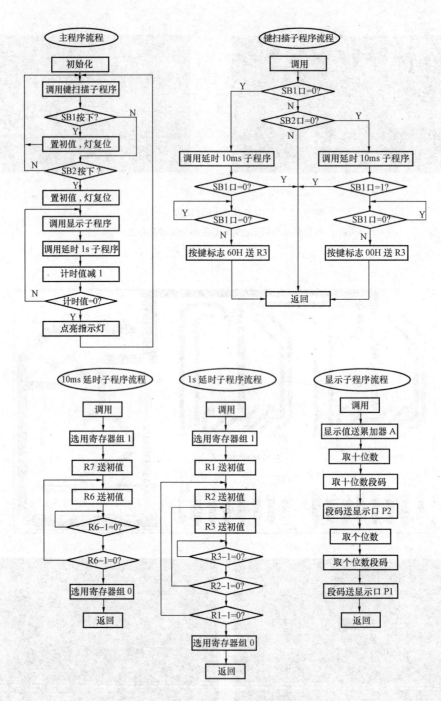

图 7-47　模块程序流程图

; 　文件名：counter.asm　　　功能：60s 倒计时

; 　说明：P2 和 P1 口分别接一个 LED 数码管，显示两位十进制数。

; 　　　　P0.0 和 P0.1 口接置值按钮和开始倒计时按钮，P0.7 接提示 LED.

; 　　　　晶振频率 11.059 2MHz.

; ＊＊＊＊＊＊＊＊＊＊＊＊＊＊＊＊＊＊＊＊＊＊＊＊＊＊＊＊＊＊＊＊＊＊＊＊＊＊

; －－－－－端口定义－－－－－－－－－－－－－－

```
        KB _ INIT   BIT    P0.0     ;定义初值按钮引脚
        KB _ BEGIN  BIT    P0.1     ;定义开始按钮引脚
        WARN        BIT    P0.7     ;提示
; - - - - - - - - - - - - - - - - - - - - - - - - - - - - - -
        ORG   0000H
          AJMP  BEGIN
; = = = = = = 主程序 = = = = = = = = = = = = = = = = = = = =
        ORG   00B0H
    BEGIN:
        MOV SP, #50H              ;初始化
        MOV P0, #0FFH
        MOV P1, #0FFH
        MOV P2, #0FFH
        MOV R2, #60
        MOV R3, #0FFH
MAIN:
        LCALL KEY _ SCAN         ;按扫描键
        MOV A, R3                ;取返回值
        CJNE A, #60H, LP1        ;非 SB1 按钮转移
        MOV R2, #60              ;初值送寄存器 R2
        SETB P0.7               ;清指示灯
        ACALL DISPLAY            ;调显示子程序
        AJMP MAIN                ;转移
LP1: MOV A, R3                   ;取返回值
        CJNE A, #00H, MAIN       ;非 SB2 按钮转移
        SETB P0.7
        MOV R2, #60
LP2: ACALL DISPLAY
        ACALL DEL1S
        DEC R2
        CJNE R2, #00H, LP2
        ACALL DISPLAY
        CLR P0.7
        MOV R3, #0FFH
        AJMP MAIN
; = = = = = = = = = = = = = = = = = = = = = = = = = = = = = =
; - - - - - - 按键扫描子程序 - - - - - - - - - - - - - - - - - - - - - - - - - - -
; 出口参数存放在寄存器 R3 中，用于识别哪个键。
; R3 = 60H, 说明 SB1 被按下; R3 = 00H, 说明 SB2 被按下
KEY _ SCAN: JNB  KB _ INIT, K1CHECK       ;SB1 按下转移
        JNB   KB _ BEGIN, K2CHECK         ;SB2 按下转移
        SJMP KSR
K1CHECK: ACALL DEL10               ;去抖
        JB   KB _ INIT, KSR        ;干扰, 返回
        JNB   KB _ INIT, $         ;等待按键释放
        MOV  R3, #60H
```

```
        SJMP KSR                      ; 是，不进行任何操作返回
K2CHECK: ACALL DEL10                  ; 去抖
        JB   KB_BEGIN, KSR            ; 干扰，返回
        JNB  KB_BEGIN, $             ; 等待按键释放
        MOV  R3, #00H
KSR:    RET
```

; -

; - - - - - -延时10Ms子程序- - - - - - - -

; 用到寄存器组1中的R6和R7寄存器

```
    DEL10: SETB PSW. 3            ; 切换至第1组寄存器
          MOV  R7, #0BH
     DL1: MOV  R6, #0FFH
     DL2: DJNZ R6, DL2
          DJNZ R7, DL1
          CLR  PSW. 3            ; 切换至第0组寄存器
          RET
```

; -

; - - - - - -延时1s子程序- - - - - - - - - -

; 用到寄存器组1中的R1、R2和R3寄存器

```
DEL1S: SETB  PSW. 3              ; 选用寄存器区1
       MOV  R1 , #46             ; 立即数46送寄存器R1
DEL0:  MOV  R2 , #100            ; 立即数100送寄存器R2
DEL1:  MOV  R3 , #100            ; 立即数100送寄存器R3
       DJNZ R3 ,  $              ; 寄存器R3中的内容减1，不为零转移到当前指令
       DJNZ R2 ,  DEL1           ; 寄存器R2中的内容减1，不为零转移到DEL1
       DJNZ R1 , DEL0            ; 寄存器R1中的内容减1，不为零转移到DEL0
       CLR  PSW. 3               ; 选用寄存器区0
       RET                       ; 子程序返回
```

; -

; - - - - - -显示子程序- - - - - - - - - - - -

; 入口参数存放在寄存器R2中

```
DISPLAY: MOV A, R2
        MOV B, #10
        DIV AB
        ACALL SEG7
        MOV P2, A
        MOV A, B
        ACALL SEG7
        MOV P1, A
RET
```

; -

; - - - - - -取段码子程序- - - - - - - - - - -

; 对累加器A中的值由查表得到显示段码

; 入口和出口参数存放在累加器A中

```
SEG7: INC A
     MOVC A, @A+PC
```

```
        RET
DB      0C0H, 0F9H, 0A4H, 0B0H
DB      99H, 92H, 82H, 0F8H
DB      80H, 90H, 88H, 83H
DB      0C6H, 0A1H, 86H, 8EH
; — — — — — — — — — — — — — — — — — — — — — — — — —
END
```

5. 指令解释

(1) 直接寻址位置位转移。

程序中的指令 "JB KB_INIT, KSR" 就是指直接寻址位 "KB_INIT (即 p1.0 引脚)" 为 "1" 转移到标号为 "KSR" 的地址处。

指令格式为：JB   BIT, REL

机器代码为：00100000   (20H)

操作过程为：若（bit）＝ 0，则（PC）◀── (PC) ＋ 3 ＋ rel

若（bit）＝ 1，则（PC）◀── (PC) ＋ 3

这是一条三字节指令。指令的第 1 个字节是操作码，第 2 个字节是位地址，第 3 个字节是相对地址。该指令属于布尔变量操作类指令。

(2) 直接寻址位为零转移。

程序中的指令 "JIB KB_INIT，KLCHECK" 就是指直接寻址位 "KB_INIT (即 P1.0 引脚)" 为零转移到标号为 "K1CHECK" 的地址处。

指令格式为：JNB   bit, rel

机器代码为：00110000   (30H)

操作过程为：若（bit）＝ 0，则（PC）◀── PC）＋ 3 ＋ rel

若（bit）＝ 1，则（PC）◀── (PC) ＋ 3

这是一条三字节指令。指令的第 1 个字节是操作码，第 2 个字节是位地址，第 3 个字节是相对地址。该指令属于布尔变量操作类指令。

(3) 累加器内容与立即数不等转移。

程序中的指令 "CJNE A, ♯60H, LP1" 就是指将累加 A 中的内容与立即数 60H 比较，若不相等转移到标号为 "LP1" 的地址处。若相等，则继续向下执行。

指令格式为：CJNE   A, ♯data, rel

机器代码为：10110100   (B4H)

操作过程为：若（A）＝ data，则（PC）◀─ (PC) ＋ 3 , C◀─0

若（A）＜data，则（PC）◀─ (PC) ＋ 3＋ rel , C◀─0

若（A）＞data，则（PC）◀─ (PC) ＋ 3＋ rel , C◀─1

这是一条三字节指令。指令的第 1 个字节是操作码，第 2 个字节是位地址，第 3 个字节是相对地址。该指令属于控制转移操作类指令。

6. 调试操作

(1) 在 Keil μVision2 中调试。程序调试操作步骤如下。

1) 用 "记事本" 或在 "Keil C" 中录入或编制程序，并用一个文件名，如 "counter. asm" 保存。单击 "开始\附件\记事本"，在打开的记事本中输入【例 A7-5】中的源程序，如图 7-48 所示。并将其另存为名为 "counter. asm" 的文件。最后关闭记事本。

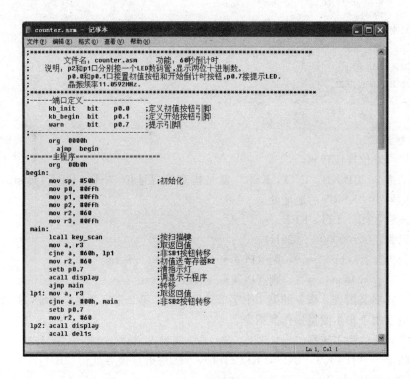

图 7-48　编辑程序

2）打开"Keil C"软件，新建一个项目，项目名不妨也设为"counter"。单击桌面上的图标，进入 Keil C51 μVision2 集成开发环境。在主界面上单击下拉菜单"Project"，选"New Project…"命令。在弹出的对话框中将项目命名为"counter"。单击"保存"按钮，选"Atmel"下的"AT89S52"后返回。

3）打开已建立的文件"counter.asm"；并将该文件添加到"Source Group 1"中。在μVision2 主界面上单击打开文件按钮，在弹出的对话框内找到刚才新建并保存的文件"counter.asm"。单击"打开"按钮打开。

在中间左边的"Project Workspace（项目空间）"内，单击"＋"展开。再用右键单击"Source Group 1"文件夹，在弹出的菜单命令中选"Add Files to Group 'Source Group 1'"。

4）在"Options for Target 'Target 1'"中的"Output"标签页上进行设置。单击下拉菜单"Project"，选"Options for Target 'Target 1'"。在弹出对话框上的"Target"标签页内，把单片机的运行频率调整为 11.0592MHz。在"Output"标签页上，单击"Create HEX File"前的复选框，使框内出现"√"，这样编译后就能生成目标文件了。最后单击"确定"按钮返回。

5）编译和建立目标文件，得到"counter.hex"文件。在μVision2 主界面上单击重新编译按钮，对源程序文件进行编译，编译结果如图 7-49 所示。

（2）在 Proteus 中仿真。在 Proteus 7.9 中进行仿真的步骤如下。

1）在 Proteus 主界面中绘制电路原理图，如图 7-50 所示。图中各元器件在库中的位置见表7-7。

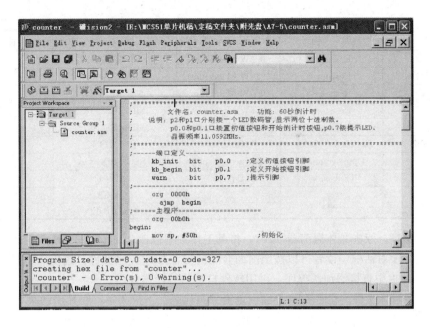

图 7-49　编译结果

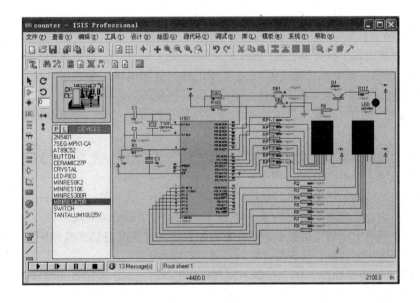

图 7-50　仿真电路

表 7-7　　　　　　　　　　　　　　　**60s 倒计时电路元器件表**

元器件代号	类　别	子类别	器　件	备　注
U101	Microprocessor ICs	8051 Family	AT89C52	代替 AT89S52
Y101	Miscellaneous		CRYSTAL	
C1	Capacitors	Ceramic Disc	CERAMIC27P	
C2	Capacitors	Ceramic Disc	CERAMIC27P	
C3	Capacitors	Tantalum Bead	TANTALUM10U25V	

续表

元器件代号	类　别	子　类　别	器　件	备　注
R1	Resistors	0.6W Metal film	MINRES8K2	
R2~R8	Resistors	0.6W Metal film	MINRES300R	8只
R101~R102	Resistors	0.6W Metal film	MINRES10K	2只
RP1-1~RP1-7	Resistors	0.6W Metal film	MINRES300R	8只
R117	Resistors	0.6W Metal film	MINRES470R	
SB1~SB2	Switches & Relays	Switches	BUTTON	2只
LED	Optoelectronics	7-Segment Displays	7SEG-MPX1-CA	
Q1	Transistors	Biploar	2N5401	
+5V 电源	⊟		POWER	+5V
接地			GROUND	

2）设置参数。双击晶体振荡器 Y101，将其工作频率修改为 11.0592MHz，修改完成后单击"确定"按钮关闭对话框。读者可以按照前面介绍的方法加载程序文件。这里我们选用另外一种方法，在 Proteus 中直接添加源程序，再用软件自带的编译器编译。

3）添加源程序文件。在图 7-50 界面上单击"源代码"下拉菜单，在弹出的菜单上选"添加/删除源文件"，如图 7-51（a）所示。在弹出的如图 7-51（b）所示的对话框内，单击"源代码文件名"下面的"新建"按钮，在弹出的如图 7-51（c）所示对话框内选择刚才保存的源程序文件"counter.asm"，单击"打开"按钮。

4）添加代码生成工具。在如图 7-51（b）所示的对话框内，单击"代码生成工具"下文本框内的倒三角，在弹出的下拉菜单上选"ASEM51"，如图 7-52 所示。最后单击"确定"按钮。

5）编译。单击下拉菜单"源代码"，在菜单上选"全部编译"命令，如图 7-53 所示。从图 7-53（b）上可以看出编译结果没有错误，编译成功，源代码创建完成。

6）仿真运行。在 Proteus 主界面中单击左下角的仿真开始按钮，进入仿真状态，如图 7-54 所示。

设置初值。将光标移至按钮 SB1，使光标变成一只"手"时，单击鼠标左键，使按钮按下。按钮释放后，数码管显示值为 60，如图 7-55（a）所示。

启动倒计时。将光标移至按钮 SB2，使光标变成一只"手"时，单击鼠标左键，使按钮按下。按钮释放后倒计时开始，如图 7-55（b）所示。倒计时结束的情形如图 7-55（c）所示。

（3）在最小系统上运行。用最小系统板来验证程序，首先准备好实验用的器材最小系统板、下载器、电源和应用实验板。然后按下面的步骤进行操作。

1）在应用实验板上如图 7-45 所示的电路焊接好电阻、电容、数码管和接插件、按钮等。

2）拔去最小系统板上的跳线 J101、J102、J103，插上 AT89S52 芯片。将下载线的接口板插在电脑的并口上，用连接电缆把最小系统与接口板连好，再在最小系统上接上 +9V 或 +12V 的电源。如图 7-56 所示。

3）打开下载软件，并设置好有关参数；加载待写文件"counter.hex"；单击"编程"按钮下载程序。必要时须先对芯片进行"擦写"（若该芯片中曾烧录过程序）。

4）完成上面的操作后，关闭 +9V 或 +12V 电源，拔下连接电缆，插上跳线 J101，接上扩展接口电路。

5）上电验证程序。上电后按下按键 SB1 置初值，按下按键 SB2 开始倒计时，倒计时过程如图 7-57 所示。若不符合要求则需要修改源程序后重新进行汇编或编译（可以先在 μVision2 中进行调试或在 Proteus 中仿真）。

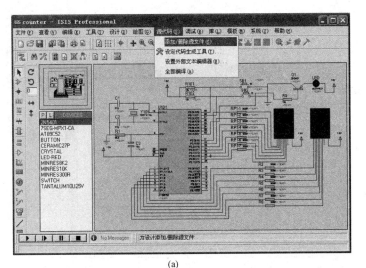

(a)

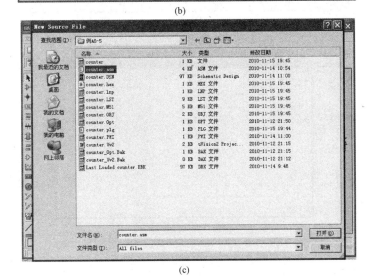

(b)

(c)

图 7-51　添加程序文件

（a）点击下拉菜单；（b）新建源代码文件；（c）选择源程序文件

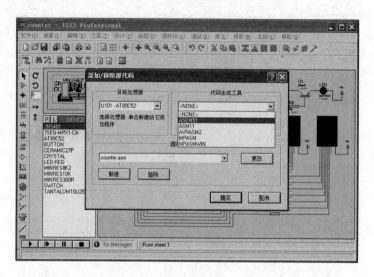

图 7-52　添加代码生成工具

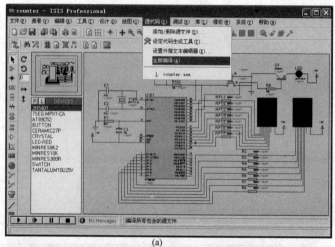

(a)

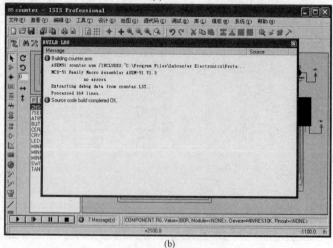

(b)

图 7-53　编译源程序

(a) 编译；(b) 编译结果

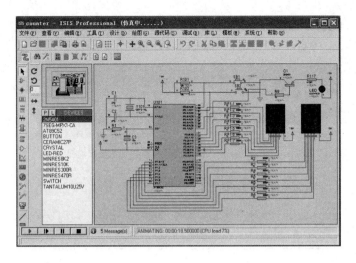

图 7-54　进入仿真状态

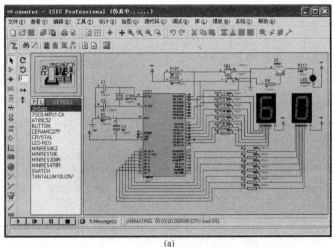

(a)

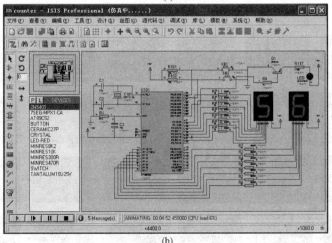

(b)

图 7-55　仿真显示（一）

（a）设置初值；（b）开始倒计时

385

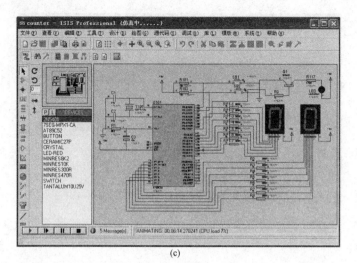

(c)

图 7-55 仿真显示（二）

（c）倒计时结束

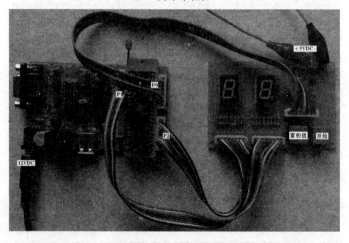

图 7-56 实验器材连接

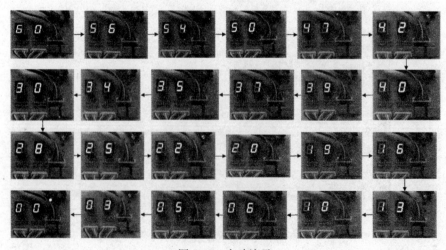

图 7-57 实验演示

6）重复上述步骤直到实现要求的功能为止。

7.3 按钮控制继电器的吸合和释放

7.3.1 基本要求

单片机外接两个按钮开关 SB1 和 SB2、一个输出继电器 RL。按钮开关 SB1 用作常开触点（动合触点），按一下 SB1 继电器 RL 吸合；按钮 SB2 用常闭触点（动断触点），按一下按钮 SB2 继电器 RL 释放。如果 SB2 没有闭合，那么即使按下 SB1，继电器 RL 也不会吸合。

7.3.2 实现电路

利用单片机 AT89S52 的 P1.0 和 P1.1 口作为输入口，分别外接一个按钮；把 P1.7 作为输出口，外接一个继电器。这样就可以根据 P1.0 和 P1.1 的状态来控制 P1.7 的状态，使继电器吸合或释放；当 P1.0 为低电平且 P1.1 也为低电平时使 P1.7 也为低电平，进而使继电器吸合；当 P1.1 为高电平时使 P1.7 也为高电平，进而使继电器释放。其实验电路原理如图 7-58 所示。

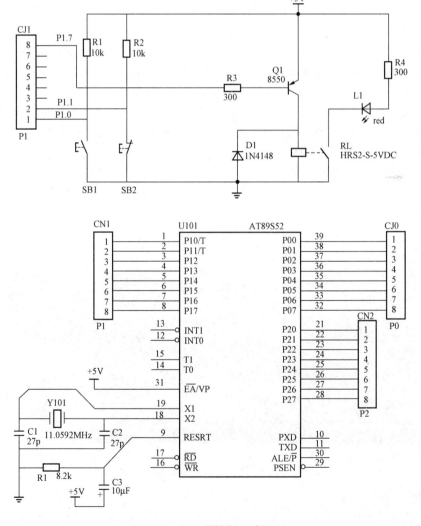

图 7-58 继电器控制电路原理

1. 继电器简介

继电器是一种可以根据某种输入信号的变化接通或断开，从而实现控制目的的电子元器件。继电器的种类很多，本节主要介绍小型电磁式继电器。电磁式继电器是自动控制电路中常用的一种元件。实际上，它是用较小电流去控制较大电流的一种自动开关。其一般由线圈、铁心和一组或几组带触点的簧片组成。触点有动触点和静触点之分，在工作过程中能够动作的触点称为动触点，不能动作的触点称为静触点。其工作原理是：当线圈通电以后，铁心被磁化产生足够大的电磁力，吸动衔铁并带动簧片，使动触点和静触点闭合或分开；当线圈断电后，电磁吸力消失，衔铁返回原来的位置，动触点和静触点又恢复到原来闭合或分开的状态。应用时只要把需要控制的电路接到触点上，就可利用继电器达到控制电路的目的。

电磁继电器的主要特性参数有以下几个。

(1) 额定工作电压或额定工作电流：它是指继电器工作时线圈需要的电压或电流。一种型号的继电器的构造是大体相同的。为了适应不同电压的电路应用环境，一种型号的继电器通常有多种额定工作电压或额定工作电流，并且用规格型号加以区别。

(2) 直流电阻：它是指线圈的直流电阻。有些产品的说明书中给出了继电器的额定工作电压和直流电阻，这时可根据欧姆定律求出相应的额定工作电流。若已知额定工作电流和直流电阻，亦可求出相应的额定工作电压。

(3) 吸合电流：它是指使继电器能够产生吸合动作的最小电流。在实际使用中，要使继电器可靠地吸合，给定电压可以等于或略高于额定工作电压但不要大于额定工作电压的 1.5 倍，否则会烧毁线圈。

(4) 释放电流：它是指使继电器产生释放动作的最大电流。如果减小处于吸合状态的继电器的电流，当电流减小到一定程度时，继电器会恢复到未通电时的状态，这个过程称为继电器的释放动作。释放电流比吸合电流小得多。

(5) 触点负荷：它是指继电器触点允许的电压或电流。它决定了继电器能控制的电压和电流的大小。应用时不能用触点负荷小的继电器去控制大电流或高电压电路。例如，JRX-13F 电磁继电器的触点负荷是 0.02A×12V，因此不能用它去控制 220V 电路的通断。

对于本书常用的电磁式中间继电器，选型时可主要考虑以下几个参数：①线圈工作电压；②触点的种类和容量。几种常用的小型继电器如图 7-59 所示。

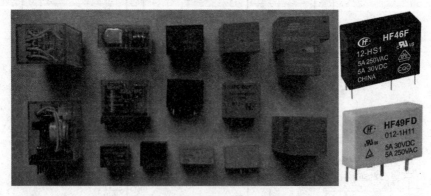

图 7-59　部分常用继电器

2. 元器件安装

图 7-57 中的按键、电阻、二极管、三极管和继电器安装的电路板如图 7-60 所示，也可用万能板搭接。图中 CJD 接＋5V 电源，CJ1 接单片机基本系统的 P1 口。

7.3.3　编程思路

我们取引脚电平为低电平时有效，即当 P1.0 脚是低电平时，说明按钮 SB1 被按下；当 P1.1 脚是低电平时，说明按钮 SB2 未被按下；当 P1.7 脚是低电平时，说明继电器应吸合。根据要求，首先取 P1.1，判断其是否为"1"。若是，则将 P1.7 置"1"，返回；若不是"1"，则取 P1.0。然后取出 P1.0，判断其是否是"0"。若是，则将 P1.7 置"0"；不是"0"则返回。其流程如图 7-61 所示。

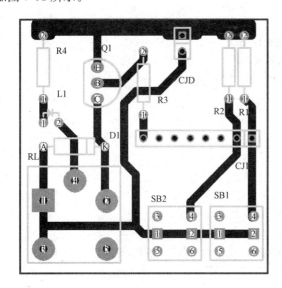

图 7-60　印刷电路板

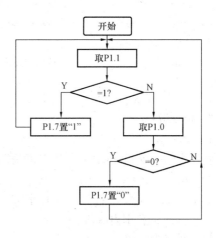

图 7-61　继电器控制程序流程图

7.3.4　程序编制

【例 A7-6】　按照图 7-61 所示的程序流程图编制的程序如下。

```
; ********************************************************
; 文件名：rlcontrol.asm      功能：按钮控制继电器吸放
; 说明：P1.0 和 P1.1 为输入口，分别接常开按钮和常闭按钮；
;       P1.7 为输出口，接输出继电器。晶振频率 11.0592MHz.
; ********************************************************
; ------端口定义--------------------
        SB1    BIT    P1.0     ;定义按键 1 引脚
        SB2    BIT    P1.1     ;定义按键 2 引脚
        RELAY  BIT    P1.7     ;继电器引脚
; ----------------------------------
        ORG    0000H           ;设置下面程序的起始地址
        SJMP   BEGIN           ;跳转到标号是"BEGIN"的地址
; ====主程序===============
        ORG    0040H           ;设置下面程序的起始地址
BEGIN：  MOV    SP, #60H        ;将堆栈指针初值设为 60H（十六进制数 60）
        MOV    P1, #0FFH       ;对 P1 口置"1"
        MOV    B, #0FFH
MAIN：   ACALL  PB_SCAN         ;调用按钮扫描子程序
        MOV    P1, B           ;键值送 P1 口
```

```
        AJMP MAIN
; = = = = = = = = = = = = = = = = = = = = =
; - - - - 按钮扫描子程序 - - - - - - - - - -
PB _ SCAN:
        MOV     C, SB2        ;取 P1.1,送进位位
        JNC     L1            ;进位位是 0 转移到 L1
        MOV     B, ♯0FFH
        AJMP    PB0           ;跳转到返回
    L1: MOV     C, SB1        ;取 P1.0,送进位位
        JC      L2            ;进位位是 1 转移到 PB0
        MOV     B, ♯7FH       ;进位位是 0,P1.7 置"0"
PB0:
        RET                   ;返回到开始
; - - - - - - - - - - - - - - - - - - - - - - - -
END
```

7.3.5　指令解释

1. 短转移

程序中的指令"SJMP BEGIN"就是短转移指令。

指令格式为：SJMP　rel

其中：rel 是 8 位带符号的偏移字节，偏移字节相对于下一条指令的第一个字节计算，在 $-128 \sim +127$ 的范围内取值。

机器代码为：10000000（rel）

操作过程为：$(PC) \leftarrow (PC) + 2$

　　　　　　　$(PC) \leftarrow (PC) +$ 相对地址

这是一条双字节指令，代码的第 2 个字节为偏移字节。偏移字节为负数表示程序向后（上）转移，为正数表示向前（下）转移。该指令属于控制转移类指令。

2. 直接寻址位传送到进位标志

程序中的指令"MOV C，SB2"就是直接寻址位传送到进位标志指令。

指令格式为：MOV　C，bit

其中：bit 是内部 RAM 或专用寄存器中的直接寻址位。

机器代码为：10100010（位地址）

操作过程为：$(C) \leftarrow (bit)$

这也是一条双字节指令，代码的第 2 个字节为位地址。位地址若为 $0 \sim 127$，该位在内部 RAM 中（20H~2FH 单元）；位地址若为 $128 \sim 255$，则该位在专用寄存器中。专用寄存器区仅定义了一部分位，当访问未定义位时，将出现不确定的结果。该指令属于布尔操作类指令。

3. 进位标志为零转移

程序中的指令"JNC L1"就是进位标志为零转移指令。

指令格式为：JNC　rel

指令代码为：01010000（相对地址）

操作过程为：若（C）=0，则 $(PC) \leftarrow (PC) + 2 +rel$

　　　　　　　若（C）=1，则 $(PC) \leftarrow (PC) + 2$

这也是一条双字节指令，代码的第 2 个字节为相对地址。该指令属于布尔操作类指令。

4. 进位标志置位转移

程序中的指令"JC L2"就是进位标志置位转移指令。

指令格式为：JC   rel

指令代码为：01000000（相对地址）

操作过程为：若（C）＝1，则（PC）← (PC) ＋ 2 ＋rel

若（C）＝0，则（PC）← (PC) ＋ 2

这也是一条双字节指令，代码的第 2 个字节为相对地址。该指令属于布尔操作类指令。

7.3.6　调试操作

1. 在 Keil μVision2 中调试

程序调试操作步骤如下。

（1）用"记事本"或在"Keil C"中录入或编制程序，并用一个文件名，如"rlcontrol. asm"保存。单击"开始＼附件＼记事本"，在打开的记事本中输入【例 A7-6】中的源程序，如图 7-62 所示。并将其另存为名为"rlcontrol. asm"的文件。最后关闭记事本。

（2）打开"Keil C"软件，新建一个项目，项目名不妨也设为"rlcontrol"。单击桌面上的图标，进入 Keil C51 μVision2 集成开发环境。在主界面上单击下拉菜单"Project"，选"New Project…"命令。在弹出的对话框中将项目命名为"rlcontrol "。单击"保存"按钮，选"Atmel"下的"AT89S52"后返回。

（3）打开已建立的文件"rlcontrol. asm"；并将该文件添加到"Source Group 1"中。在 μVision2 主界面上单击打开文件按钮 ，在弹出的对话框内找到刚才新建并保存的文件"rlcontrol. asm"。单击"打开"按钮打开。

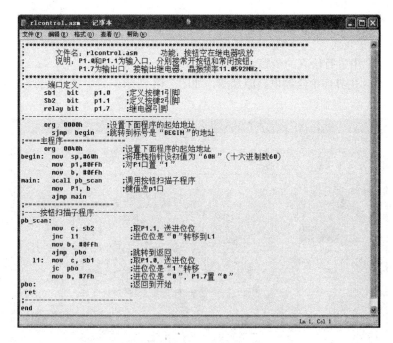

图 7-62　程序编辑

在中间左边的"Project Workspace"（项目空间）内，单击"＋"展开。再用右键单击"Source Group 1"文件夹，在弹出的菜单命令中选"Add Files to Group 'Source Group 1'"。

（4）在"Options for Target 'Target 1'"中的"Output"标签页上进行设置。单击下拉菜单"Project"，选"Options for Target 'Target 1'"。在弹出对话框上的"Target"标签页内，把单片机的运行频率调整为11.0592MHz。在"Output"标签页上，单击"Create HEX File"前的复选框，使框内出现"√"，这样编译后就能生成目标文件了。最后单击"确定"按钮返回。

（5）编译和建立目标文件，得到"rlcontrol.hex"文件。在μVision2主界面上单击重新编译按钮，对源程序文件进行编译，编译结果如图7-63所示。

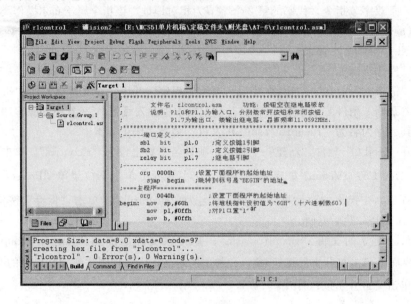

图7-63 编译结果

2. 在 Proteus 中仿真

在 Proteus 7.9 中进行仿真的步骤如下。

（1）在 Proteus 主界面中绘制电路原理图，如图7-64所示。图中各元器件在库中的位置见表7-8。

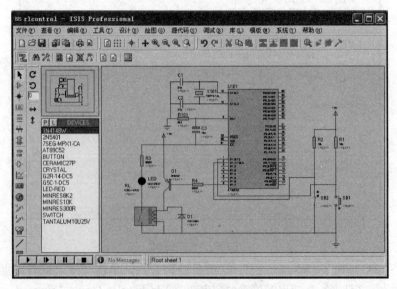

图7-64 仿真电路

表 7-8 继电器控制电路元器件表

元器件代号	类　别	子　类　别	器　件	备　注
U101	Microprocessor ICs	8051 Family	AT89C52	代替 AT89S52
Y101	Miscellaneous		CRYSTAL	
C1	Capacitors	Ceramic Disc	CERAMIC27P	
C2	Capacitors	Ceramic Disc	CERAMIC27P	
C3	Capacitors	Tantalum Bead	TANTALUM10U25V	
R101	Resistors	0.6W Metal film	MINRES8K2	
R1，R2	Resistors	0.6W Metal film	MINRES10K	2 只
R3，R4	Resistors	0.6W Metal film	MINRES300R	2 只
D1	Diodes	Switching	1N4148	1 只
SB1	Switches & Relays	Switches	BUTTON	1 只
SB2	Switches & Relays	Switches	Switches	1 只
LED	Optoelectronics	7-Segment Displays	7SEG-MPX1-CA	1 只
Q1	Transistors	Biploar	2N5401	1 只
RL	Switches and Relays	Relays	G5C-1-DC5	1 只
+5V 电源			POWER	+5V
接地			GROUND	

（2）设置参数。双击晶体振荡器 Y101，将其工作频率修改为 11.0592MHz，修改完成后单击"确定"按钮关闭对话框。按同样的方法把 U101 的晶体振荡器工作频率修改为 11.0592MHz。

（3）添加源程序文件。在图 7-64 界面上单击"源代码"下拉菜单，在弹出的菜单上选"添加/删除源文件"，如图 7-65（a）所示。在弹出的如图 7-65（b）所示的对话框内，单击"源代码文件名"下面的"新建"按钮，在弹出的如图 7-65（c）所示对话框内选择刚才保存的源程序文件"rlcontrol.asm"，单击"打开"按钮。

（4）添加代码生成工具。在如图 7-65（b）所示的对话框内，单击"代码生成工具"下文本框内的倒三角，在弹出的下拉菜单上选"ASEM51"，如图 7-66 所示。最后单击"确定"按钮。

（5）编译。单击下拉菜单"源代码"，在菜单上选"全部编译"命令，如图 7-67 所示。从图 7-67（b）上可以看出编译结果没有错误，编译成功，源代码创建完成。

（6）仿真运行。在 Proteus 主界面中单击左下角的仿真开始按钮，进入仿真状态，如图 7-68 所示。

将光标移至按钮 SB1，使光标变成一只"手"时，单击鼠标左键，使按钮按下。按钮释放后，继电器 RL 吸合，如图 7-69（a）所示。

将光标移至按钮 SB2，使光标变成一只"手"时，单击鼠标左键，使按钮断开。按钮断开后，继电器 RL 释放，如图 7-69（b）所示。

3. 在最小系统上运行

本例使用 STC12C5A08S2 单片机在最小系统板上验证程序，首先准备好实验用的器材最小系统板、电源和应用实验板。然后按下面的步骤进行操作。

（1）在应用实验板上如图 7-60 所示焊接好电阻、发光二极管、继电器和接插件、按钮等。

（2）在最小系统板上插上跳线 J101、J102、J103，插上 STC12C5A08S2 芯片。将 USB 转

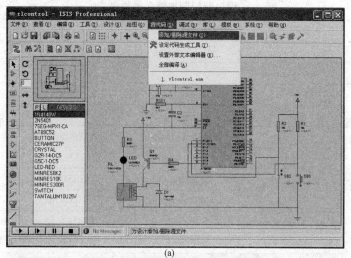

(a)

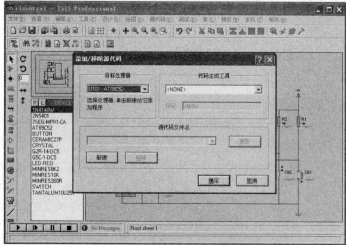

(b)

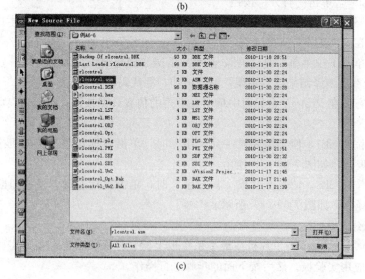

(c)

图 7-65 添加程序文件

（a）单击下拉菜单；（b）新建源代码文件；（c）选择源程序文件

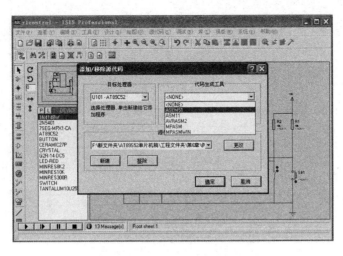

图 7-66 添加代码生成工具

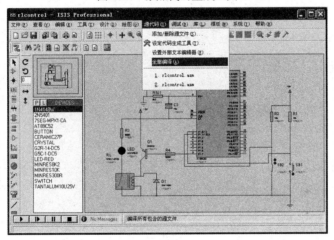

(a)

(b)

图 7-67 编译源程序

(a) 编译；(b) 编译结果

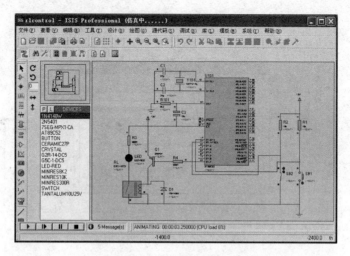

图 7-68 进入仿真状态

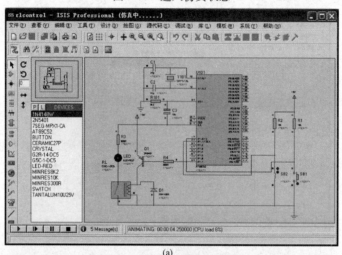

(a)

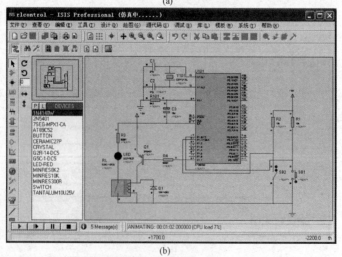

(b)

图 7-69 仿真显示

(a) 继电器吸合；(b) 继电器释放

RS-232连接电缆的 USB 口插在电脑的 USB 口上，把连接电缆 DB9 插头与最小系统 DB9 插座连好。

（3）打开 STC 单片机下载软件 STC _ ISP _ V486.exe，选择单片机类型为"STC12C5A08S2"，加载待写文件"rlcontrol.hex"。根据需要设置好步骤 3 和步骤 5 的有关参数，通常取默认值。单击"Download/下载"按钮下载程序，并及时给单片机最小系统上电。代码下载过程如图 7-70 所示。

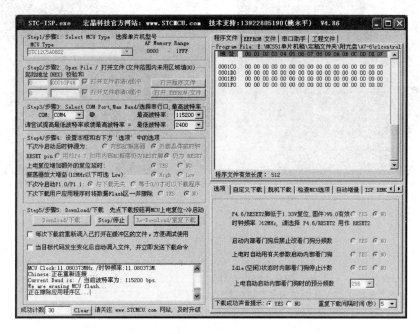

图 7-70　代码下载

（4）完成上面的操作后，断开＋9V 或＋12V 电源，拔下连接电缆，用平行电缆连接好实验电路板，如图 7-71 所示。

（5）上电验证程序。按下按键 SB1，继电器吸合，指示灯点亮；按下按键 SB2，继电器释放，指示灯熄灭；两种状态分别如图 7-72（a）和图 7-72（b）所示。若不符合要求则需要修改源程序后重新进行汇编或编译（可以先在 μVision2 中进行调试或在 Proteus 中仿真）。

（6）重复上述步骤直到能实现要求的功能为止。

由于按钮开关在操作时会产生抖动，开关抖动会引起程序运行错误。通常情况下为了防止此类错误的发生，需对开关信号进行防抖动处理。处理的方法可以从软件和硬件两方面着手。软件消抖动的办法就是间隔 15ms 左右时间，两次采样按钮开关的状态。如果两次状态相同则说明开关的状态稳定，如果两次状态不同则认为有干扰。添加软件消抖程序后的按钮控制继电器吸放的程序如下。

【例 A7-7】　【例 A7-6】添加软件消抖程序后的按钮控制继电器吸放的程序如下。

图 7-71　实验器材连接

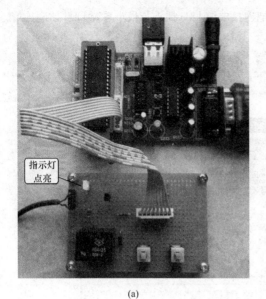

指示灯
点亮

(a)

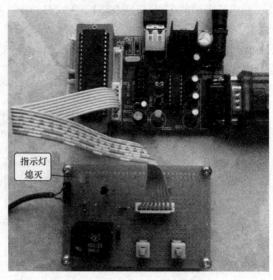

指示灯
熄灭

(b)

图 7-72　实验演示

(a) 按下 SB1 后继电器吸合 ；(b) 按下 SB2 后继电器释放

```
; * * * * * * * * * * * * * * * * * * * * * * * * * * * * * * * * * * * * * *
; 文件名：rlcontrol.asm        功能：按钮控制继电器吸放
; 说明：P1.0 和 P1.1 为输入口，分别接常开按钮和常闭按钮；
;       P1.7 为输出口，接输出继电器。晶振频率 11.0592MHz.
;
; * * * * * * * * * * * * * * * * * * * * * * * * * * * * * * * * * * * * * *
; - - - - - -端口定义- - - - - - - - - - - - - - - - - - - - - - -
      SB1     BIT     P1.0        ；定义按键 1 引脚
      SB2     BIT     P1.1        ；定义按键 2 引脚
      RELAY   BIT     P1.7        ；继电器引脚
; - - - - - - - - - - - - - - - - - - - - - - - - - - - - - - - - - - - -
      ORG 0000H
   LJMP MAIN
      ORG 0040H
   MAIN：MOV SP，  ＃50H
      MOV P1，  ＃0FFH
   START：MOV C，SB2
      JNC L1
      SETB RELAY
      AJMP    START
   L1：  ACALL   D10MS       ；消抖动延时
      MOV C，  SB2
      JC L2
      MOV C，  SB1
      JC L2
      ACALL   D10MS       ；消抖动延时
      MOV C，  SB1
      JC L2
```

```
            CLR RELAY
    L2:     AJMP START
; - - - - - 延时子程序 - - - - - - - - - - - - - - - -
    D10MS: SETB  PSW. 3          ; 消抖动 10ms 延时程序
           MOV R7,   ＃0AH
DL :       MOV R6,   ＃0FFH
           DJNZ R6, $
           DJNZ R7,   DL
           CLR  PSW. 3
           RET
; - - - - - - - - - - - - - - - - - - - - - - - - - - -
    END
```

7.4　LCD 显示模块及其应用

常见的 LCD 显示模块有字符型和点阵（图形）型两种，但它的款式多种多样。本节介绍两款 LCD 模块在 AT89S52 或在 STC 系列单片机系统中的应用。

7.4.1　1602 液晶显示模块

1602 显示模块是一款最常用的字符型 LCD 显示屏，它具有体积小、功耗低、价格低廉等特点。该显示模块的背光颜色有蓝色和黄绿色两种，16 个接口引脚的位置有左上方和右下方两种布置，其外形和尺寸如图 7-73 所示。

该显示模块可以显示两行标准字符，每行最多可以显示 16 个字符，每个字符由 5×8 或 5×11点阵块组成。模块主控制器为 HD44780 芯片或其他公司的全兼容电路，模块的工作电压为4.5～5.5V，最佳工作电压是 5.0V，此时的工作电流为 2.0mA。模块内部的字符发生存储器

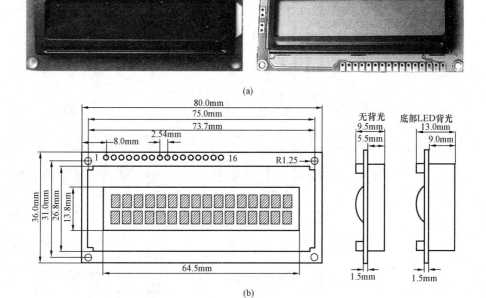

图 7-73　1602 显示屏

（a）显示屏外形；（b）显示屏尺寸

（CGROM）已经存储了 192 个不同的点阵字符图形，其中包括 160 个 5×7 点阵字符和 32 个 5×10 点阵字符。这些字符有：阿拉伯数字、大小写英文字母、常用的符号和日文假名等，具体字符见表 7-9。每一个字符都有一个固定的代码，比如大写英文字母"A"的代码是 41H，显示时模块把地址 41H 中的点阵字符图形显示出来，我们就能看到字母"A"。它还具有 64 个字节的自定义字符 RAM，可自定义 8 个 5×8 点阵字符或 4 个 5×11 点阵字符。它具有 80 个字节的 RAM。其标准的接口特性，适配 M6800 系列 MCU 的操作时序。

1. 引脚说明

1602 显示模块的接口引脚有 16 个，其中与 MCU 连接的有 8 个数据输入引脚、1 个片选引脚、1 个数据/命令选择引脚、1 个读/写选择引脚；除此之外接口引脚中还有背光电源引脚、工作电源引脚、对比度调节引脚，其引脚配置如图 7-74 所示，接口功能如表 7-10 所示。其各引脚的说明如下。

表 7-9　　　　　　　　　　　　　　　　HD44780 字符集

Upper 4 Bits / Lower 4 Bits	0000	0001	0010	0011	0100	0101	0110	0111	1000	1001	1010	1011	1100	1101	1110	1111
××××0000	CG RAM (1)			0	@	P	`	p				—	９	ミ	α	p
××××0001	(2)		!	1	A	Q	a	q			。	ア	チ	ム	ä	q
××××0010	(3)		"	2	B	R	b	r			「	イ	ツ	メ	β	θ
××××0011	(4)		#	3	C	S	c	s			」	ウ	テ	モ	ε	∞
××××0100	(5)		$	4	D	T	d	t			、	エ	ト	ヤ	μ	Ω
××××0101	(6)		%	5	E	U	e	u			・	オ	ナ	ユ	σ	ü
××××0110	(7)		&	6	F	V	f	v			ヲ	カ	ニ	ヨ	ρ	Σ
××××0111	(8)		'	7	G	W	g	w			ア	キ	ヌ	ラ	g	π
××××1000	(1)		(	8	H	X	h	x			イ	ク	ネ	リ	√	x̄
××××1001	(2)		)	9	I	Y	i	y			ゥ	ケ	ノ	ル	⌐	y
××××1010	(3)		*	:	J	Z	j	z			エ	コ	ハ	レ	j	千
××××1011	(4)		+	;	K	[	k	{			オ	サ	ヒ	ロ	×	万
××××1100	(5)		,	<	L	¥	l	l			ャ	シ	フ	ワ	¢	円
××××1101	(6)		—	=	M	]	m	}			ュ	ス	ヘ	ン	Ⱡ	÷
××××1110	(7)		.	>	N	^	n	→			ョ	セ	ホ	゛	ñ	▉
××××1111	(8)		/	?	O	_	o	←			ッ	ソ	マ	゜	ö	▊

400

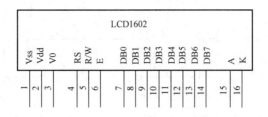

图 7-74　LCD1602 引脚配置

表 7-10　　　　　　　　　　　　　　1602 接口功能说明

引脚号	符号	功能说明	引脚号	符号	功能说明
1	Vss	电源地	9	D2	数据位 2（三态）
2	Vdd	电源正极	10	D3	数据位 3（三态）
3	V0	对比度调节电压	11	D4	数据位 4（三态）
4	RS	数据/命令选择（H/L）	12	D5	数据位 5（三态）
5	R/W	读/写选择（H/L）	13	D6	数据位 6（三态）
6	E	使能	14	D7	数据位 7（三态）
7	D0	数据位 0（三态）	15	BLA	背光电源正极
8	D1	数据位 1（三态）	16	BLK	背光电源负极

（1）第 1 脚：Vss 为电源地。

（2）第 2 脚：Vdd 接＋5V 电源。

（3）第 3 脚：V0 为液晶显示模块对比度调整端，接电源正极时对比度最弱，接地时对比度最高，对比度过高时会产生负像，常用一个 $10k\Omega$ 的电位器调节对比度。

（4）第 4 脚：RS 为寄存器选择端，高电平时选择数据寄存器，低电平时选择指令寄存器。

（5）第 5 脚：R/W 为读写选择端，高电平时进行读操作，低电平时进行写操作。当 RS 和 R/W 共同为低电平时可以对模块写入指令或者显示地址，当 RS 为低电平、R/W 为高电平时可以读忙信号，当 RS 为高电平、R/W 为低电平时可以写入数据。

（6）第 6 脚：E 端为使能端，当 E 端由高电平跳变成低电平时，液晶模块执行命令。

（7）第 7～14 脚：DB0～DB7 为 8 位双向数据线。

（8）第 15 脚：A 为背光源正极。

（9）第 16 脚：K 为背光源负极。

2．与 MCU 连接

与单片机连接的电路如图 7-75 所示。图（a）为单片机基本系统，图（b）为 LCD1602 显示模块接口电路，图中将 1602 显示屏的数据线接在了 MCU 的 P0 端口上，数据/命令选择端、读/写选择端、片选端分别接至 MCU 的 P2.5、P2.6、P2.7 引脚上，对比度调节由 $10k\Omega$ 的电位器 RW201 控制。

3．接口时序和控制命令

MCU 通过接口电路向显示模块发送指令实现显示功能时，需要进行读写操作。要完成正确的读写操作，就要对相应的管脚有一个时序要求，即对引脚高低电平的次序作出具体要求。LCD1602 接口电路的时序如图 7-76 所示。其中图（a）为读操作时序，图（b）为写操作时序，图中的参数名称和极限值见表 7-11。

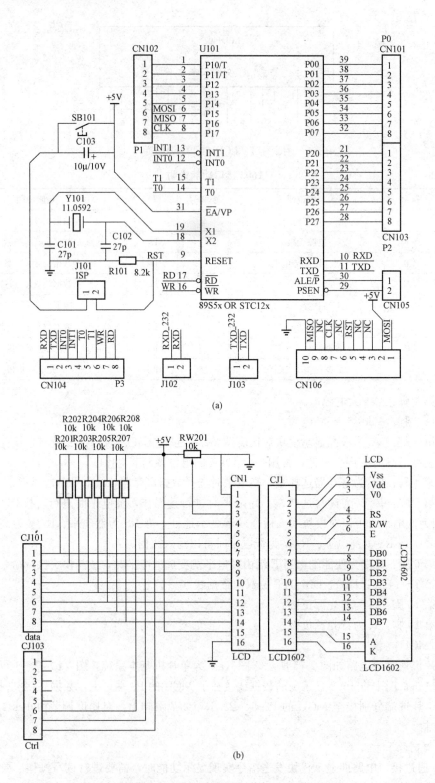

图 7-75　1602 显示屏与单片机连接

（a）单片机基本系统；（b）LCD1602 接口电路

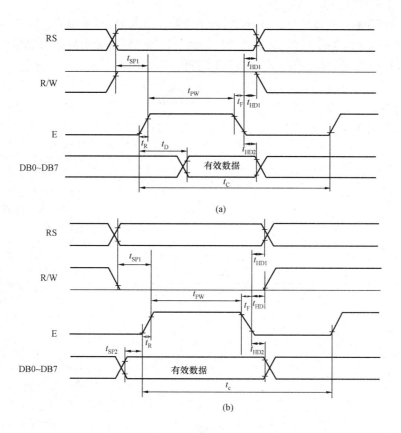

图 7-76　LCD1602 操作时序

（a）读操作时序；（b）写操作时序

表 7-11　　　　　　　　　　　　　**LCD1602 的时序参数**

符号	参数名称	极 限 值		单位	测试条件
		最小值	最大值		
t_c	使能（E）信号周期	400	—	ns	引脚 E
t_{PW}	使能（E）脉冲宽度	150	—	ns	
t_R，t_F	使能（E）上升沿/下降沿时间	—	25	ns	
t_{SP1}	地址建立时间	30	—	ns	引脚 E、RS、R/W
t_{HD1}	地址保持时间	10	—	ns	
t_D	数据建立时间（读操作）	—	100	ns	引脚 DB0~DB7
t_{HD2}	数据保持时间（读操作）	20	—	ns	
t_{SP2}	数据建立时间（写操作）	40	—	ns	
t_{HD2}	数据保持时间（写操作）	10	—	ns	

从图 7-76 中可以得到读写操作的基本操作时序状态：①读状态，输入为 RS＝L，R/W＝H，E＝H，输出 D0~D7＝状态字；②写指令，输入为 RS＝L，R/W＝L，D0~D7＝指令码，E 处在下降沿，无输出；③读数据，输入为 RS＝H，R/W＝H，E＝H，输出为 D0~D7＝数据；④写数据，输入为 RS＝H，R/W＝L，D0~D7＝数据，E 处在下降沿，无输出。

LCD1602 模块共有 11 个控制指令，它们分别是清屏、光标归位、输入方式设置、显示开关控制、光标/画面位移、功能设置、CGRAM 地址设置、DDRAM 地址设置、读 BF 和 AC 值、写数据及读数据。这些指令的功能说明见表 7-12。表中 DDRAM 是显示数据 RAM，用来寄存待显示字符的代码；CGRAM 是用户自定义字符的字符图形 RAM。

表 7-12　　　　　　　　　　　　　指令功能说明

指令	RS	R/W	DB7	DB6	DB5	DB4	DB3	DB2	DB1	DB0	功　　能
清屏	0	0	0	0	0	0	0	0	0	0	清除液晶显示屏 DDRAM 中的内容，即将"空格"的 ASCII 码 20H 写入 DDRAM；光标归位，即将光标撤回到屏幕的左上方；清 AC 值，即将地址计数器 (AC) 的值设为 0
光标归位	0	0	0	0	0	0	0	0	1	*	AC=0，光标、画面回 HOME 位
输入方式设置	0	0	0	0	0	0	0	1	I/D	S	设置光标、画面移动方式。其中 I/D=1 时数据读/写后，AC 自动增一，I/D=0 时数据读/写后，AC 自动减一；S=1 时数据读/写操作，画面平移，S=0 时数据读/写操作，画面不动
显示开关控制	0	0	0	0	0	0	1	D	C	B	设置显示、光标及闪烁开关。其中 D 表示显示开关，D=1 为开，D=0 为关；C 表示光标开关，C=1 为开，C=0 为关；B 表示闪烁开关，B=1 为开，B=0 为关
光标画面位移	0	0	0	0	0	1	S/C	R/L	*	*	光标画面移动，不影响 DDRAM。其中 S/C=1 光标画面平移一个字符位，S/C=0 光标画面平移一个字符位；R/L=1 右移，R/L=0 左移
功能设置	0	0	0	0	1	DL	N	F	*	*	工作方式设置，用于初始化指令。其中 DL=1 为 8 位数据接口，DL=0 为 4 位数据接口；N=1 为两行显示，N=0 为一行显示；F=1 为 5×10 点阵字符，F=0 为 5×7 点阵字符
CGRAM 地址设置	0	0	0	1	A5	A4	A3	A2	A1	A0	设置 CGRAM 地址。其中 A5～A0=00H～3FH
DDRAM 地址设置	0	0	N	A6	A5	A4	A3	A2	A1	A0	设置 DDRAM 地址。其中 N=0 为一行显示，A6～A0=00H～4FH；N=1 为两行显示，首行 A6～A0=00H～2FH，次行 A6～A0=40H～67H

续表

指令	RS	R/W	DB7	DB6	DB5	DB4	DB3	DB2	DB1	DB0	功　能
读 BF 和 AC 值	0	1	BF	AC6	AC5	AC4	AC3	AC2	AC1	AC0	读忙 BF 值和地址计数器 AC 值。其中 BF＝1 为忙，BF＝0 为准备好；此时 AC 值意义为最近一次地址设置（CGRAM 或 DDRAM）定义
写数据	1	0				数　据					根据最近设置的地址性质，数据写入 CGRAM 或 DDRAM 内
读数据	1	1				数据					根据最近设置的地址性质，从 CGRAM 或 DDRAM 内读出数据

4. 应用实例

本节以用 LCD1602 显示模块显示两行字符为例，来讨论程序的编制方法。要求第 1 行显示 "Welcome!"，第 2 行显示 "Enter the MCU world!"，并闪烁两次，如此循环。其程序流程如图 7-77 所示。

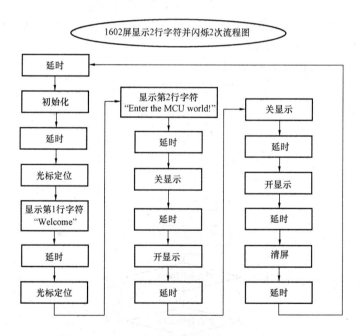

图 7-77　显示两行字符并闪烁两次的程序流程图

（1）程序编制。要使 LCD1602 显示屏能正常工作，在进行写数据或命令操作前必须对 LCD1602 进行初始化，还需要进行光标定位等操作。

1）初始化程序。初始化的工作流程如图 7-78 所示。从图中可以看出，该流程图中有延时模块、写指令模块、忙信号检测模块三个模块，程序执行中对每个模块均多次调用。下面我们来讨论这三个模块程序的编写。

a. 延时模块。延时模块在初始化程序中被调用了 4 次，有 3 次延时量为 5ms，1 次延时量为

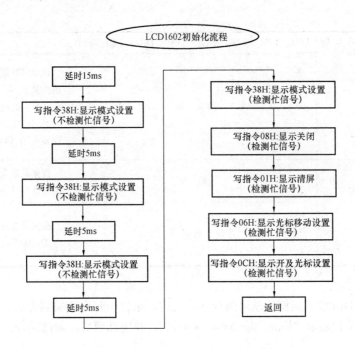

图 7-78　LCD1602 初始化程序流程图

15ms。故我们以 5ms 为基本延时单位来编制延时模块，汇编语言的程序流程如图 7-79 所示。而 C51 程序则需要用循环语言来完成延时。

具体程序如【例 A7-8】和【例 C7-8】所述。

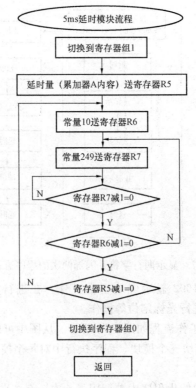

图 7-79　5ms 延时程序流程图

【例 A7-8】 延时 5ms 子程序的汇编语言程序如下。

```
; - - - - 延时 5ms 子程序 - - - - - - - - - -
; 延时量参数通过累加器 A 传送到延时子程序
; 延时量存放在累加器 A 中, A 中的值为 1 时, 延时 5ms
DELAY5MS:        SETB PSW. 3      ; 切换到寄存器组 1
                 MOV   R5, A       ; 延时参数送寄存器 R5
    DL0:         MOV   R6, #10     ; 常量 10 送寄存器 R6
    DL1:         MOV   R7, #249    ; 常量 249 送寄存器 R7
    DL2:         DJNZ R7, DL2      ; 寄存器 R7 内容减 1 不为 0 转移
                 DJNZ R6, DL1      ; 寄存器 R6 内容减 1 不为 0 转移
                 DJNZ R5, DL0      ; 寄存器 R5 内容减 1 不为 0 转移
                 CLR PSW. 3        ; 切换到寄存器组 0
                 RET               ; 返回
; - - - - - - - - - - - - - - - - - - - - - - - - - - - - - - - -
```

【例 C7-8】 延时 5ms 子程序的 C51 语言程序如下。

```
/ * * * * * * 延时 5ms 子程序 * * * * * * * * * * /
delay (BYTE ms)
{                                // 延时子程序
        BYTE i;
        while (ms - -)
        {
            for (i = 0; i < 250; i+ +)
            {
                _ nop _ ();
                _ nop _ ();
                _ nop _ ();
                _ nop _ ();
            }
        }
}
/ * * * * * * * * * * * * * * * * * * * * * * * * * * * * * * * * /
```

b. 写指令模块。初始化程序流程中写指令模块被调用了 8 次, 其中 3 次不检测忙信号。按照上面写指令的要求, 可以得到如图 7-80 所示的流程图。

具体程序如【例 A7-9】和【例 C7-9】所述。

【例 A7-9】 写指令数据到 LCD 的汇编语言程序如下。

```
; - - - - 写指令数据到 LCD - - - - - - - - - - - - - - - - - - - -
; 指令码存放在累加器 A 中
; RS = L, RW = L, D0~D7 = 指令码, E = 下降沿
LCD _ CMD:
           CLR LCD _ RS      ; RS 端置 0
           CLR LCD _ RW      ; RW 端置 0
           CLR LCD _ E       ; RW 端置 0
           NOP
           NOP
```

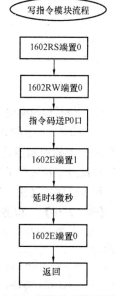

图 7-80 写指令程序流程图

```
        MOV   P0, A              ; 指令码送 P0 口
        NOP
        NOP
        NOP
        NOP
        SETB  LCD_E              ; E 端置 1
        NOP                      ; 延时
        NOP
        NOP
        NOP
        CLR   LCD_E              ; E 端置 0
        RET                      ; 返回
```

; -

【例 C7-9】 写指令数据到 LCD 的 C51 语言程序如下。

```
lcd_wcmd (BYTE cmd)
{                       // 写入指令数据到 LCD
    while (lcd_bz ());
    rs = 0;             //rs = P2^6;
    rw = 0;             //rw = P2^5
    ep = 0;             //ep = P2^7
    _nop_ ();
    _nop_ ();
    P0 = cmd;
    _nop_ ();
    _nop_ ();
    _nop_ ();
    _nop_ ();
    ep = 1;
    _nop_ ();
    _nop_ ();
    _nop_ ();
    _nop_ ();
    ep = 0;
}
```

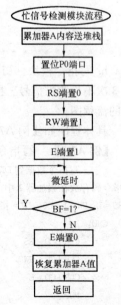

图 7-81 忙信号检测程序流程

c. 忙信号检测模块。忙信号检测就是读 BF 的值，若读到的 BF=1，则表示 LCD1602 中的控制器处在忙状态；若读到的 BF=0，则表示 LCD1602 中的控制器处在准备好状态，可以接收指令。由此可以得到忙信号检测模块程序的流程图，如图 7-81 所示。

具体程序如【例 A7-10】和【例 C7-10】所述。

【例 A7-10】 检测 LCD 控制器忙状态的汇编语言程序如下。

; - - - - - 检测 LCD 控制器忙状态 -

; 读数据

; RS=L, RW=H, E=H, 输出: D0-D7=数据

; P0.7=1, LCD 忙, 等待。P0.7=0, LCD 闲, 可以进行读写操作。

CHECKBUSY:

```
        PUSH  ACC          ; 累加器内容送堆栈
        MOV  P0，#0FFH     ; 置位 P0 端口
        CLR   LCD_RS       ; RS 端置 0
        SETB  LCD_RW       ; RW 端置 1
        SETB  LCD_E        ; E 端置 1
    BUSY:
        NOP                ; 微延时
        JB P0.7，BUSY      ; 为 1 转移
        CLR  LCD_E         ; E 端置 0
        POP  ACC           ; 恢复累加器 A 值
        RET                ; 返回
; - - - - - - - - - - - - - - - - - - - - - - - - - - - - - - - - - - -
```

【例 C7-10】　检测 LCD 控制器忙状态

```
BOOL lcd_bz ()
{                        // 测试 LCD 忙碌状态
    BOOL result;
    rs = 0;
    rw = 1;
    ep = 1;
    _nop_ ();
    _nop_ ();
    _nop_ ();
    _nop_ ();
    result = (BOOL) (P0 & 0x80);
    ep = 0;
    return result;
}
```

d. 初始化程序。有了延时模块、写指令模块和忙检测模块的程序，根据图 7-78 所示的流程，不难得到 LCD1602 的初始化程序。

【例 A7-11】　LCD1602 初始化设定的汇编语言子程序如下。

```
; - - - -LCD1602 的初始化设定子程序- - - - - - - - - - - - - - - - - - - - - - - - - -
LCD_INIT:
        ACALL DELAY5MS       ; 延时 15ms
        ACALL DELAY5MS       ; 等待 LCD 电源稳定
        ACALL DELAY5MS
    ;
        MOV A，#38H          ; 16*2 显示，5*7 点阵，8 位数据
        ACALL LCD_CMD        ; 调用写指令子程序
        ACALL DELAY5MS
    ;
        MOV A，#38H          ; 16*2 显示，5*7 点阵，8 位数据
        ACALL LCD_CMD        ; 调用写指令子程序
        ACALL DELAY5MS
    ;
        MOV A，#38H          ; 16*2 显示，5*7 点阵，8 位数据
```

```
        ACALL LCD_CMD         ;调用写指令子程序
        ACALL DELAY5MS
;
        MOV  A, #08H          ;显示关
        ACALL CHECKBUSY       ;进行 LCD 忙检测
        ACALL LCD_CMD         ;调用写指令子程序
;
        MOV  A, #01H          ;清除屏幕
        ACALL CHECKBUSY       ;进行 LCD 忙检测
        ACALL LCD_CMD         ;调用写指令子程序
;
        MOV  A, #0CH          ;显示开，关光标
        ACALL CHECKBUSY       ;进行 LCD 忙检测
        ACALL LCD_CMD         ;调用写指令子程序
        RET                   ;返回
; ---------------------------------------------------------------
```

【例 C7-11】　LCD1602 初始化设定的 C51 语言子程序如下。

```
/ * * * * * * * *LCD1602 初始化设定子程序* * * * * * * * * * * * * * * * /
Lcd1602_init ()
{                              //LCD 初始化设定
    lcd_wcmd (0x38);          //16 * 2 显示，5 * 7 点阵，8 位数据
    delay (1);
    lcd_wcmd (0x0c);          //显示开，关光标
    delay (1);
    lcd_wcmd (0x06);          //
    delay (1);
    lcd_wcmd (0x01);          //清除 LCD 的显示内容
    delay (1);
}
```

2）光标定位。1602 显示模块控制器内部带有 80×8 位（80 字节）的 RAM 缓冲区，该缓冲器地址与显示屏上 16 字两行的显示字符的位置相对应，如图 7-82 所示。控制器内部设有一个地址指针，通过该指针就可以访问内部 RAM 的全部 80 个字节。设置数据地址指针的指令码通常使用 "80H＋地址码（00H~27H，40H~67H）"，其中地址码通过累加器 A 进行传递。其程序如【例 A7-12】和【例 C7-12】所述。

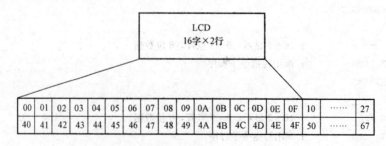

图 7-82　缓冲器地址与显示字符对应表

【例 A7-12】　设定光标位置的汇编语言程序如下。

```
; - - - - - - 设定 LCD 当前光标的位置 - - - - - - - - - -
; 光标位置的地址码通过累加器 A 传递给本子程序
SET _ LCD _ POS:
    ORLA, #80H          ;
    LCALLLCD _ CMD
    RET
; - - - - - - - - - - - - - - - - - - - - - - - - - - - - - -
; - - - - - - 写指令数据到 LCD - - - - - -
; RS = L, RW = L, D0~D7 = 指令码, E = 下降沿
LCD _ CMD:
            CLR LCD _ RS        ; RS 端置 0
            CLR LCD _ RW        ; RW 端置 0
            CLR LCD _ E         ; E 端置 0
            NOP
            NOP
            MOV  P0, A          ; 指令码送 P0 口
            NOP
            NOP
            NOP
            NOP
            SETB  LCD _ E       ; E 端置 1
            NOP                 ; 延时
            NOP
            NOP
            NOP
            CLR  LCD _ E        ; E 端置 0
            RET                 ; 返回
; - - - - - - - - - - - - - - - - - - - - - - - - - -
```

【例 C7-12】 设定光标位置的 C51 语言程序如下。

```
lcd _ pos (BYTE pos)
{                              //设定显示位置
    lcd _ wcmd (pos | 0x80);
}
lcd _ wdat (BYTE dat)
{                              //写入字符显示数据到 LCD
    while (lcd _ bz ());
    rs = 1;
    rw = 0;
    ep = 0;
    P0 = dat;
    _ nop _ ();
    _ nop _ ();
    _ nop _ ();
    _ nop _ ();
    ep = 1;
```

411

```
    _ nop _ ();
    _ nop _ ();
    _ nop _ ();
    _ nop _ ();
    ep = 0;
}
```

3）显示字符或字符串。显示字符或字符串就是把一个或多个连续字符的 ASCII 码送到控制器内部的 DDRAM 中。在显示字符串时需要设置一个字符串结束标志，以便程序判断串中字符是否已取完，若已取完，则退出显示模块。由此可以得到显示字符串的流程，如图 7-83 所示。程序如【例 A7-13】所述。

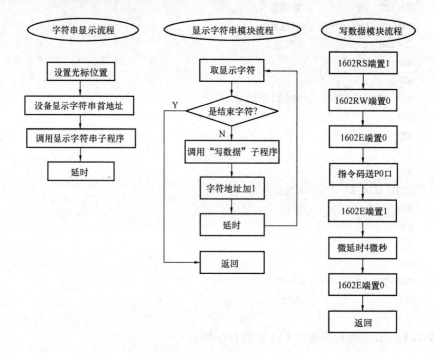

图 7-83　显示字符串流程图

【例 A7-13】　显示字符串的汇编语言程序如下。

```
; --------第一行显示字符串" welcome!" -------
    MOV A, #4
    LCALL SET _ LCD _ POS        ; 设置 LCD 光标到第一行的第 5 个字符
    MOV DPTR, #TAB _ WELCOM      ; 设置字符串" welcome!"首地址
    LCALL DISPLAY _ STRING       ; 调用显示字符串子程序
    MOV A, #0FFH                 ; 延时
    LCALL DELAY _ 5MS
; -------在第二行显示字符串" Enter the MCU world " -------
    MOV A, #40H;
    LCALL SET _ LCD _ POS        ; 设置 LCD 光标到第二行第二个字符
    MOV DPTR, #TAB _ WEB         ; 设置字符串" Enter the MCU world "首地址
    LCALL DISPLAY _ STRING       ; 调用显示字符串子程序
    MOV A, #0FFH                 ; 延时
```

```
        LCALL DELAY _ 5MS
        MOV A, ♯0FFH
        LCALL DELAY _ 5MS
        MOV A, ♯0FFH
        LCALL DELAY _ 5MS
; 下面是其他程序
; － － － －显示字符串函数 － － － － － － － － － － － － － － － － － － － －
; 传入参数：DPTR（字符串首地址）
; 返回值：无
DISPLAY _ STRING：
        CLR A
        MOVC  A, @A + DPTR
        JZ END _ DISPLAY _ STRING        ; 如果遇到 00H 表示表格结束
        LCALL  LCD _ WRITE _ DATA        ; 写数据到 LCD
        INC DPTR                         ; 指向表格的下一字符
        MOV  A, ♯40
        LCALL  DELAY _ 5MS
        SJMP  DISPLAY _ STRING           ; 循环直到字符串结束
END _ DISPLAY _ STRING：
        RET
; － － － － － － － － － － － － － － － － － － － － － － － － － － － － － －
; － － － －写入显示数据到 LCD － － － － － － － － － － － － － － － －
; 传入参数：ACC（要写入的数据）
; 返回值：无
LCD _ WRITE _ DATA：
        LCALL CHECKBUSY
        SETB LCD _ RS
        CLR LCD _ RW
        CLR LCD _ E
        NOP
        NOP
        MOV P0, A                        ; 写入数据到 LCD 端口
        NOP
        NOP
        NOP
        NOP
        SETB LCD _ E
        NOP
        NOP
        NOP
        NOP
        CLR LCD _ E
        RET
; － － － － － － － － － － － － － － － － － － － － － － － － － － － － － －
TAB _ WELCOM：
        DB " Welcome!"
```

```
    DB 00                          ;字符结束标志
TAB _ WEB:
    DB " Enter the MCU world "
    DB 00                          ;字符结束标志
```

4）闪烁控制。闪烁控制就是让屏幕显示一段时间后关闭显示，关闭一段时间后再显示，这样就能实现一次闪烁。要几次闪烁就是执行几个这样的循环，最后需清一次屏幕。开关显示的操作只要设置相应的指令码调用"写指令子程序"就能完成，但在执行操作前需要检测 LCD 屏控制器是否为忙状态。实现一次闪烁的程序如【例 A7-14】所述。

【例 A7-14】 闪烁显示控制的汇编语言程序如下。

```
; - - - - - 闪烁显示 - - - - - - - - - - - - - - - - - - - - - - - - - - - - - - - -
; 关显示
    MOV   A，#08H               ;显示关
    ACALL CHECKBUSY             ;进行 LCD 忙检测
    ACALL LCD _ CMD            ;调用写指令子程序
    MOVA，#0FFH                ;延时
    LCALL DELAY _ 5MS
    MOVA，#0FFH
    LCALL DELAY _ 5MS
; 开显示
    MOV   A，#0CH               ;显示开，关光标
    ACALL CHECKBUSY             ;进行 LCD 忙检测
    ACALL LCD _ CMD            ;调用写指令子程序
    MOVA，#0FFH                ;延时
    LCALL DELAY _ 5MS
    MOVA，#0FFH
    LCALL DELAY _ 5MS
; - - - - - - - - - - - - - - - - - - - - - - - - - - - - - - - - - - - - - - - - - -
```

至此，LCD1602 的第 1 行显示"Welcome!"，第 2 行显示"Enter the MCU world!"，并闪烁两次。实现如此循环功能的各程序模块讨论完毕。完整的程序如【例 A7-15】所述。

【例 A7-15】 LCD1602 的第 1 行显示"Welcome!"，第 2 行显示一个网址"Enter the MCU world!"，并闪烁两次。实现如此循环功能的程序如下。

```
; / * * * * * * * * * * * * * * * * * * * * * * * * * * * * * * * * * * * * * * *
; *      文件名：LCD1602 _ Welcome. asm                                        *
; *      功   能：1602 字符型 LCD 显示演示程序                                   *
; *      说   明：屏上第一行显示   welcome!                                      *
; *      屏上第二行显示   Enter the MCU world!                                   *
; *                                                                            *
; * * * * * * * * * * * * * * * * * * * * * * * * * * * * * * * * * * * * * * * /
; - - - - - 端口定义 - - - - - - - - - -
        LCD _ RS BIT P2. 5
        LCD _ RW BIT P2. 6
        LCD _ E BIT P2. 7
; - - - - - - - - - - - - - - - - - - - - -
; = = = = = = 主程序 = = = = = = = = = = = = = = = = =
```

```
        ORG 0000H
        LJMP BEGIN
            ORG      00050H
   BEGIN:
        MOV A, ♯3
        LCALL LCD _ INIT              ; 初始化 lcd
        MOV A, ♯1                     ; 延时
        LCALL DELAY _ 5MS
   MAIN:
; 第一行显示字符串" Welcome!"
        MOVA, ♯4
        LCALL SET _ LCD _ POS         ; 设置 LCD 光标到第一行的第 5 个字符
        MOV DPTR, ♯TAB _ WELCOM       ; " Welcome!" 字串表格地址
        LCALL DISPLAY _ STRING        ; 显示字符串
        MOV A, ♯ OFFH                 ; 延时
        LCALL DELAY _ 5MS
; 在第二行显示字符串" Enter the MCU world!"
        MOV  A, ♯40H
        LCALL SET _ LCD _ POS         ; 设置 LCD 光标到第二行第二个字符
        MOV DPTR, ♯TAB _ WEB
        LCALL DISPLAY _ STRING
        MOV  A, ♯ OFFH                ; 延时
        LCALL DELAY _ 5MS
        MOV A, ♯ OFFH
        LCALL DELAY _ 5MS
        MOV A, ♯ OFFH
        LCALL DELAY _ 5MS
; 闪烁显示内容
        MOV  A, ♯ OFFH                ; 延时
        LCALL DELAY _ 5MS
        MOV   A, ♯ OFFH
        LCALL DELAY _ 5MS
; 关显示
        MOV   A, ♯08H                 ; 显示关
        ACALL CHECKBUSY               ; 进行 LCD 忙检测
        ACALL LCD _ CMD               ; 调用写指令子程序
        MOV A, ♯ OFFH                 ; 延时
        LCALL DELAY _ 5MS
        MOVA, ♯ OFFH
        LCALL DELAY _ 5MS
; 开显示
        MOV   A, ♯ OCH                ; 显示开, 关光标
        ACALL CHECKBUSY              ; 进行 LCD 忙检测
        ACALL LCD _ CMD              ; 调用写指令子程序
        MOVA, ♯ OFFH                 ; 延时
        LCALL DELAY _ 5MS
```

```
            MOVA, #0FFH
            LCALL DELAY _ 5MS
; 关显示
            MOV  A, #08H              ; 显示关
            ACALL CHECKBUSY          ; 进行 LCD 忙检测
            ACALL LCD _ CMD          ; 调用写指令子程序
            MOV  A, #0FFH            ; 延时
            LCALL DELAY _ 5MS
            MOV A, #0FFH
            LCALL DELAY _ 5MS
; 开显示
            MOV  A, #0CH             ; 显示开，关光标
            ACALL CHECKBUSY          ; 进行 LCD 忙检测
            ACALL LCD _ CMD          ; 调用写指令子程序
            MOV R7, #0FH             ; 延时
    LOOP:   MOV A, #0FFH
            LCALL DELAY _ 5MS
            DJNZ  R7, LOOP
; 清屏
            MOV  A, #01H             ; 清除屏幕
            ACALL CHECKBUSY          ; 进行 LCD 忙检测
            ACALL LCD _ CMD          ; 调用写指令子程序
            MOV  A, #0FFH
            LCALL DELAY _ 5MS
            MOV A, #0FFH
            LCALL DELAY _ 5MS
; 重新显示
            LJMP MAIN
; = = = = = = = = = = = = = = = = = = = = = = = = = = = = = = = = = =
; - - - -写指令数据到 LCD 子程序- - - - - - -
; RS = L, RW = L, D0～D7 = 指令码, E = 下降沿
LCD _ CMD:
            CLR LCD _ RS             ; RS 端置 0
            CLR LCD _ RW             ; RW 端置 0
            CLR LCD _ E             ; E 端置 0
            NOP
            NOP
            MOV  P0, A              ; 指令码送 P0 口
            NOP
            NOP
            NOP
            NOP
            SETB  LCD _ E           ; E 端置 1
            NOP                     ; 延时
            NOP
            NOP
```

```
                NOP
                CLR   LCD _ E              ；E端置0
                RET                        ；返回
;   - - - - - - - - - - - - - - - - - - - - - - - - - - - - - - - - - - - - - -
;  - - - -检测LCD控制器忙状态子程序- - - - - -
; 读数据
; RS = L，RW = H，E = H，输出：D0～D7 = 数据
; P0.7 = 1，LCD忙，等待。P0.7 = 0，LCD闲，可以进行读写操作。
CHECKBUSY：
                PUSH  ACC                 ；累加器内容送堆栈
                MOV   P0，＃0FFH           ；置位P0端口
                CLR   LCD _ RS             ；RS端置0
                SETB  LCD _ RW             ；RW端置1
                SETB  LCD _ E              ；E端置1
BUSY：
                NOP                        ；微延时
                JB P0.7，BUSY              ；为1转移
                CLR   LCD _ E              ；E端置0
                POP   ACC                  ；恢复累加器A值
                RET                        ；返回
;   - - - - - - - - - - - - - - - - - - - - - - - - - - - - - - - - - - - - - -
;  - - - -延时5ms子程序- - - - - - - - - - - - - - -
; LCD初始化使用，延时量参数通过累加器A传送到延时子程序
DELAY _ 5MS：    SETB PSW.3                ；切换到寄存器组1
                MOV   R5，    A            ；延时参数送寄存器R5
    DL0：        MOV   R6，＃10             ；常量10送寄存器R6
    DL1：        MOV   R7，＃249            ；常量249送寄存器R7
    DL2：        DJNZ  R7，DL2              ；寄存器R7内容减1不为0转移
                DJNZ  R6，DL1              ；寄存器R6内容减1不为0转移
                DJNZ R5，DL0               ；寄存器R5内容减1不为0转移
                CLR PSW.3                  ；切换到寄存器组0
                RET                        ；返回
;   - - - - - - - - - - - - - - - - - - - - - - - - - - - - - - - - - - - - - -
;  - - - -LCD1602初始化设定子程序- - - - - - -
LCD _ INIT：
                MOV A，＃3                  ；延时15ms
                ACALL DELAY _ 5MS          ；等待LCD电源稳定
                MOV A，＃38H                ；16 * 2显示，5 * 7点阵，8位数据
                ACALL LCD _ CMD            ；调用写指令子程序
                MOV A，＃1                  ；延时
                ACALL DELAY _ 5MS
                MOV  A，＃38H               ；16 * 2显示，5 * 7点阵，8位数据
                ACALL LCD _ CMD            ；调用写指令子程序
                MOV A，＃1                  ；延时
                ACALL DELAY _ 5MS
                MOV  A，＃38H               ；16 * 2显示，5 * 7点阵，8位数据
```

```
            ACALL LCD _ CMD            ;调用写指令子程序
            MOV A, #1                  ;延时
            ACALL DELAY _ 5MS
            MOV  A, #08H               ;显示关
            ACALL CHECKBUSY            ;进行 LCD 忙检测
            ACALL LCD _ CMD            ;调用写指令子程序
            MOV  A, #01H               ;清除屏幕
            ACALL CHECKBUSY            ;进行 LCD 忙检测
            ACALL LCD _ CMD            ;调用写指令子程序
            MOV  A, #0CH               ;显示开, 关光标
            ACALL CHECKBUSY            ;进行 LCD 忙检测
            ACALL LCD _ CMD            ;调用写指令子程序
            RET                        ;返回
; - - - - - - - - - - - - - - - - - - - - - - - - - - - - - - - - - - -
; - - - -设置 LCD 当前光标的位置子程序 - - - - - - - - - -
SET _ LCD _ POS:
    ORL A, #80H
    LCALL LCD _ CMD
    RET
; - - - - - - - - - - - - - - - - - - - - - - - - - - - - - - - - - - -
; - - - - -显示字符串函数子程序 - - - - - - - - - - - - - - - - - - -
; 传入参数: DPTR (字符串表格地址)
; 返回值: 无
DISPLAY _ STRING:
            CLR A
            MOVC A, @A + DPTR
            JZ END _ DISPLAY _ STRING  ;如果遇到 00H 表示表格结束
            LCALL LCD _ WRITE _ DATA   ;写数据到 LCD
            INC DPTR                   ;指向表格的下一字符
            MOV A, #40                 ;延时
            LCALL DELAY _ 5MS
            SJMP DISPLAY _ STRING      ;循环直到字符串结束
END _ DISPLAY _ STRING:
            RET
; - - - - - - - - - - - - - - - - - - - - - - - - - - - - - - - - - - -
; - - - -写入显示数据到 LCD 子程序 - - - - - - - - - - - - - - - - -
; 传入参数: ACC (要写入的数据)
; 返回值: 无
LCD _ WRITE _ DATA:
            LCALL CHECKBUSY
            SETB LCD _ RS
            CLR LCD _ RW
            CLR LCD _ E
            NOP
            NOP
            MOV P0, A                  ;写入数据到 LCD 端口
```

```
                    NOP
                    NOP
                    NOP
                    NOP
                    SETB LCD _ E
                    NOP
                    NOP
                    NOP
                    NOP
                    CLR LCD _ E
                    RET
;  -  -  -  -  -  -  -  -  -  -  -  -  -  -  -  -  -  -  -  -  -  -  -  -
;  -  -  -  -显示字符串表格-  -  -  -  -  -  -  -  -  -  -  -  -
TAB _ WELCOM:
                    DB " Welcome!"
                    DB 00                       ; 字符结束标志
TAB _ WEB:
                    DB " Enter the MCU world!"
                    DB 00                       ; 字符结束标志
;  -  -  -  -  -  -  -  -  -  -  -  -  -  -  -  -  -  -  -  -  -  -  -  -
                    END
```

【例 C7-15】 请见光盘 C7-15。

（2）在 Keil μVision2 中调试。具体操作步骤如下。

1）用"记事本"或在"Keil C"中将上面【例 A7-15】中的源程序录入或编制程序，并用一个文件名，如"LCD1602 _ Welcome. asm"保存。单击"开始 \ 附件 \ 记事本"，在打开的记事本中输入【例 A7-15】中的源程序，如图 7-84 所示。并将其另存为名为"LCD1602 _ Welcome. asm"的文件，最后关闭记事本。

2）打开"Keil C"软件，新建一个项目。项目名不妨也设为"LCD1602 _ Welcome"。单击桌面上的图标，进入 Keil C51 μVision2 集成开发环境。在主界面上单击下拉菜单"Project"，选"New Project…"命令。在弹出的对话框中将项目命名为"LCD1602 _ Welcome"，单击"保存"按钮，在弹出的单片机选择对话框内选"STC MCU Database"，如图 7-85 所示，单击"OK"按钮。在数据库中选"STC12C5A60S2"，如图 7-86 所示，单击"确定"按钮返回。

3）打开已建立的文件"LCD1602 _ Welcome. asm"；并将该文件添加到"Source Group 1"中。在 μVision2 主界面上单击打开文件按钮，在弹出的对话框内找到刚才新建并保存的文件"LCD1602 _ Welcome. asm"，如图 7-87 所示。单击"打开"按钮打开。

在中间左边的"Project Workspace（项目空间）"内，单击"＋"展开。再用右键单击"Source Group 1"文件夹，在弹出的菜单命令中选"Add Files to group 'Source Group 1'"，如图 7-88 所示。

在弹出的如图 7-89 所示的对话框内，根据源程序编程语言选择相应的文件类型，再选择源程序文件，单击"Add"按钮加入，最后单击"Close"按钮关闭对话框。

4）在"Options for Target 'Target 1'"中的"Target"和"Output"标签页上进行设置。单击下拉菜单"Project"，选"Options for Target 'Target 1'"。在弹出对话框上的"Target"标签

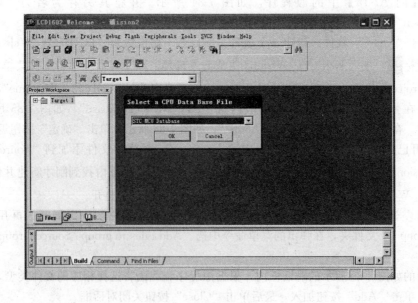

```
; /*********************************************************************
;*      文件名: LCD1602_Welcome.asm                                   *
;*      功  能: 1602字符型LCD显示演示程序                             *
;*              屏上第一行显示  welcome!                              *
;*              屏上第二行显示  Enter MCU world                       *
;*      说明:   P2.5为数据命令选择位, P2.6为读写选择位, P2.7为使能信号 *
;*              P0口作为数据口                                        *
; *********************************************************************/
;----端口定义----------
    LCD_RS      bit     P2.5
    LCD_RW      bit     P2.6
    LCD_E       bit     P2.7
;----------------------
;======主程序====================
    org     0000h
    ljmp    begin
    org     0050h
begin:
    mov     a,#3
    lcall   LCD_init            ;初始化LCD
    mov     a,#1                ;延时
    lcall   delay_5ms           ;
main:
;第一行显示字符串"welcome!"
    mov     a,#4
    lcall   set_LCD_POS         ;设置LCD光标到第一行的第5个字符
    mov     dptr,#tab_Welcom    ; "welcome!"字串表格地址
    lcall   display_string      ;显示字符串
    mov     a,#0ffh             ;延时
    lcall   delay_5ms           ;
;在第二行显示字符串"Enter MCU world!"
    mov     a,#40h              ;
    lcall   set_LCD_POS         ;设置LCD光标到第二行第二个字符
    mov     dptr,#tab_Web       ;; "Enter MCU world!"字串表格地址
```

图 7-84　LCD1602 显示程序录入

图 7-85　选 MCU 种类

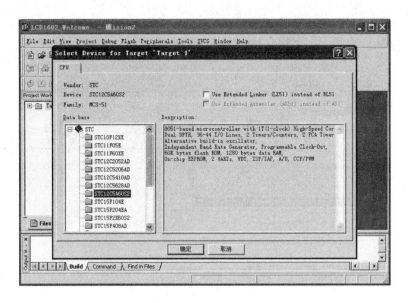

图 7-86　选 MCU 型号

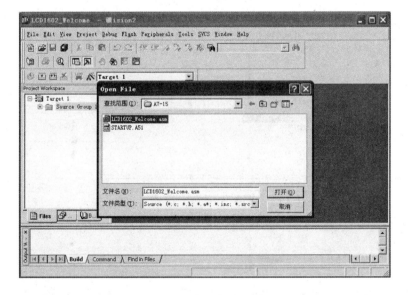

图 7-87　打开程序文件

页内，把单片机的运行频率调整为 11.0592MHz，如图 7-90 (a) 所示。在 "Output" 标签页上，单击 "Create HEX File" 前的复选框，使框内出现 "√"，如图 7-90 (b) 所示，这样编译后就能生成目标文件了。最后单击 "确定" 按钮返回。

5) 编译和建立目标文件，得到 "LCD1602 _ Welcome. hex" 文件。在 μVision2 主界面上单击重新编译按钮 █，对源程序文件进行编译，编译结果如图 7-91 所示。

最后不要忘记单击 "Save All" 按钮保存工程文件。

6) 仿真调试。在主界面上单击开始调试按钮 █，打开端口 P0 和 P2，再单击运行按钮 █。运行时可以看到端口 P0 和 P2 的变化如图 7-92 所示。

(3) 在最小系统上运行。本实例用 STC12C5A08S2 单片机在最小系统板上来验证程序。首

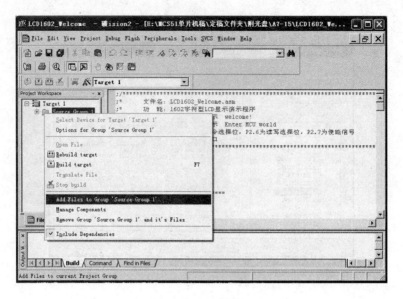

图 7-88　添加文件到项目

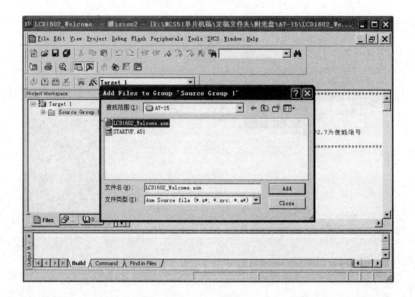

图 7-89　添加文件

先准备好实验用的器材最小系统板、USB 转 RS-232 线、电源和应用实验板。然后按下面的步骤进行。

1）插上最小系统板上的跳线 J101、J102、J103，插上 STC12C5A08S2 芯片。将 USB 转 RS-232线的 USB 端接口插在电脑的 USB 口上，把 RS-232 的 DB9 端插到最小系统板上的 DB9 端口，再把最小系统与接口板连接好，如图 7-93 所示。

2）打开专业下载软件"STC_ISP_V486.exe"，并设置好单片机类型"STC12C5A08S2"，打开程序文件"LCD1602_Welcome.hex"（如图 7-94 所示），选择通信口"COM4"等有关参数；单击"Download/下载"按钮，给最小系统上电，下载界面如图 7-95 所示。

3）LCD1602 显示模块的显示内容，如图 7-96 所示。

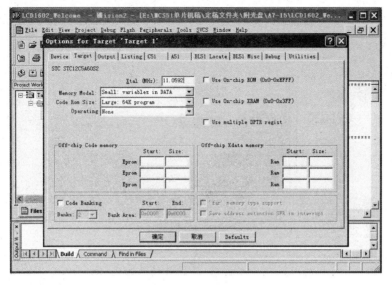

(a)

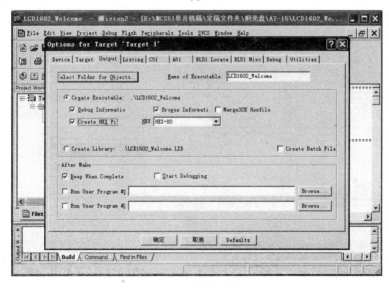

(b)

图 7-90 目标选项设置

（a）修改工作频率；（b）选择生成目标文件

4）若实际无显示或显示内容不清晰，可调节显示屏外接的电位器以确定合适的对比度，或修改程序中的延时量，重新进行汇编或编译。

5）重复上述步骤直到能实现要求的功能为止。

7.4.2 12864 液晶显示模块

12864 液晶显示模块是一种能显示 128 列×64 行内容的点阵图形显示屏，屏的驱动控制芯片有 ST7920、ST7565R、UC1701X 等多种，该显示模块有带中文字库和不带中文字库之分，有串行和并行接口方式，其外形尺寸和视域范围有多种，不同厂家生产的屏的型号不同。部分 12864 显示模块的外观如图 7-97 所示。

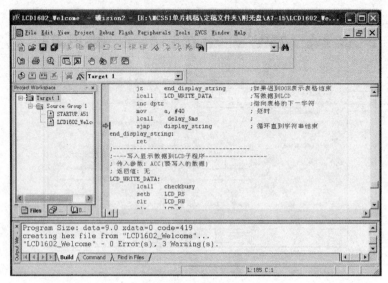

图 7-91　编译结果

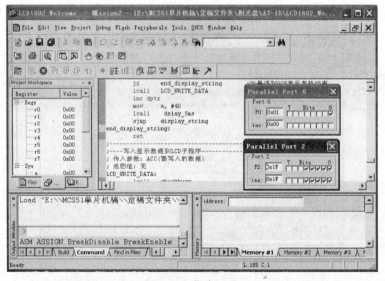

图 7-92　仿真调试

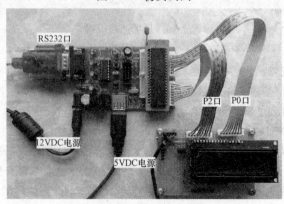

图 7-93　实验器材连接

图 7-94　打开下载文件

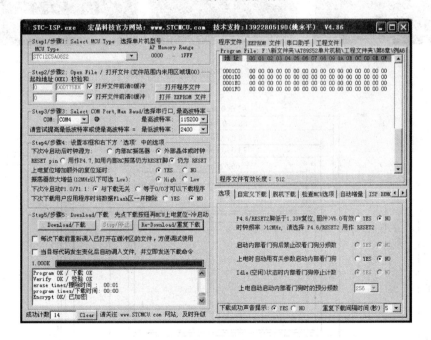

图 7-95　下载界面

这里讨论一款以 ST7920 芯片作为驱动控制器的电源电压为 5V 的 YAOXY12864B 中文汉字图形点阵液晶显示模块的使用方法。该模块可显示汉字及图形，内置 8192 个中文汉字（16×16点阵）、128 个字符（8×16 点阵）及 64×256 点阵显示 RAM（GDRAM）。该屏的显示颜色有黄绿色、蓝色和灰色 3 种。它与 MCU 的接口有 8 位或 4 位并行口或 3 位串行口。YAOXY12864B 具有光标显示、画面移位、自定义字符、睡眠模式等多种软件功能，其外观尺寸如图 7-98 所示。

图 7-96　实验显示

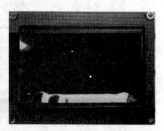

图 7-97　部分 12864 显示模块外形

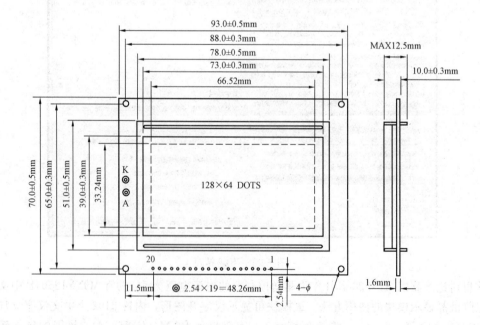

图 7-98　YAOXY12864B 模块的外观尺寸

1. 引脚说明

YAOXY12864B 显示模块的接口引脚有 20 个，其中与 MCU 连接的有 8 个数据输入引脚、1

个指令/数据信号选择引脚、1 个读写选择引脚、1 个使能引脚，除此之外接口引脚中还有工作电源背光电源引脚。该屏逻辑工作电压（Vcc）为 4.5～5.5V，电源地（GND）为 0V，工作温度（Ta）为−20～+70℃。该显示模块还内置了对比度调节电位器，无需外接电位器，只需将第 3 引脚 V0 悬空即可。YAOXY12864B 显示模块的引脚配置如图 7-99 所示，其引脚功能见表 7-13。

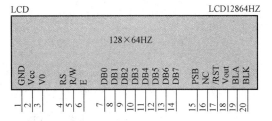

图 7-99　YAOXY12864B 显示屏引脚配置

表 7-13　　　　　　　　　　　　　　YAOXY12864B 引脚功能说明

引脚号	符号	功能说明	引脚号	符号	功能说明
1	GND	模块电源地	11	DB4	数据第 4 位
2	Vcc	模块电源正端	12	DB5	数据第 5 位
3	V0	LCD 驱动电压输入端	13	DB6	数据第 6 位
4	RS	并行接口指令/数据选择信号	14	DB7	数据第 7 位
5	R/W	并行接口读写选择信号	15	PSB	并/串行接口选择：H 为并行；L 为串行
6	E	并行接口使能信号	16	NC	空脚
7	DB0	数据第 0 位	17	RST	复位，低电平有效
8	DB1	数据第 1 位	18	Vout	倍压输出
9	DB2	数据第 2 位	19	BLA	背光源正极
10	DB3	数据第 3 位	20	BLK	背光源负极

2. 与 MCU 连接

与单片机连接的接口电路如图 7-100 所示，单片机电路请见图 7-75（a）。图中省略了外接对比度调节电位器，使用板上的 VR1 来调节。屏的指令/数据选择引脚接单片机的 P2.0 引脚，读写选择引脚接单片机的 P2.1 引脚，使能引脚接单片机的 P2.2 引脚，背光控制引脚接单片机的 P2.3 引脚。数据线接单片机的 P0 口。

3. 内置硬件说明

（1）中文字型产生 ROM（CDROM）及半宽字型 ROM（HGROM）。ST7920 的子型产生 ROM 可提供 8192 个 16×16 点阵的中文字型以及 126 个 16×8 点阵的西文字符显示功能，它用两个字节来提供编码选择，将要显示的字符的编码写到 DDRAM 上。硬件将依照编码自动从 CDROM 中选择，将要显示的字型显示在屏幕上。

（2）字型产生 RAM（CGRAM）。ST7920 的字型产生 RAM 提供用户定义字符生成（造字）功能，可提供 4 组 16×16 点阵的空间，用户可以将 CDROM 中没有的字符定义到 CGRAM 中。

（3）显示 RAM（DDRAM）。显示 RAM 提供 64×2 字节的空间，最多可以控制 4 行 16 字的中文字型显示。当显示内容写入显示 RAM 时，可以分别显示 CGROM、HCGROM 及 CDRAM 中的字型。

（4）图标设置 ICON RAM（IRAM）。ST7920 提供 240 点的 ICON 显示功能，它由 15 个 IRAM 单元组成，每个单元有 16 位，每写一组 IRAM 时，需要先写入 IRAM 的地址，然后连续送入两个字节的数据，先写入高 8 位（D15～D8），后写入低 8 位（D7～D0）。

（5）绘图 RAM。提供 64×32 个字节的空间（有扩充指令设定绘图 RAM 地址），最多可以控

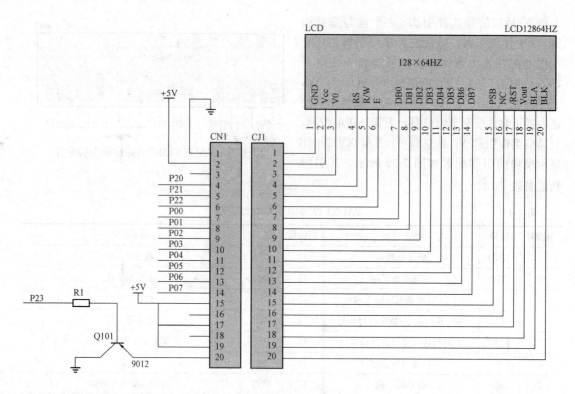

图 7-100　12864 显示屏与 MCU 接口电路

制 256×64 点阵的二维绘图缓冲空间，在更改绘图 RAM 时，由扩充指令设置 GDRAM 地址，先垂直地址后水平地址（用连续两个字节的数据来定义垂直和水平地址），再将两个字节的数据给绘图 RAM（先高 8 位后低 8 位）。

（6）忙碌标志（BF）。当 BF 位为"1"时，表示内部的操作正在进行中，即内部处于忙碌状态，此时并不接受新的指令动作。要输入新的指令前，必须先读取 BF 标志，一直要到 BF 标志为"0"时，才能接受输入的新指令。

（7）位址计数器（AC）。位址计数器（AC）用来存储 DDRAM/CGRAM/IRAM/GDRAM 之一的位址，它可以由设定指令暂存器（IR）来改变，之后只要读取或写入 DDRAM/CGRAM/IRAM/GDRAM 的值，位址计数器（AC）的值就会自动加 1，当 RS 位为"0"，而 RW 为"1"时，位址计数器（AC）的值会被读取到 DB6～DB0 中。

4．接口时序和操作指令

（1）接口时序。MCU 通过接口电路向显示模块发送指令实现显示功能时，需要进行读写操作。要完成正确的读写操作，就要对相应的管脚有一个时序要求，即对引脚高低电平的次序作出要求。YAOXY12864B 显示模块有并行和串行两种连接方式，其中并行接口电路的时序如图 7-101所示。其中图（a）为写操作时序，图（b）为读操作时序。串行接口电路的时序如图 7-102所示。

串行数据传送共分为 3 个字节完成。第 1 字节为串行控制，其格式为：11111ABC。A 为数据传送方向控制：H 表示数据从 LCD 到 MCU，L 表示数据从 MCU 到 LCD。B 为数据类型选择：H 表示数据是显示数据，L 表示数据是控制指令。C 固定为 0。

第 2 字节为 8 位数据的高 4 位，格式为：DDDD0000。

第 3 字节为 8 位数据的低 4 位，格式为：0000DDDD。

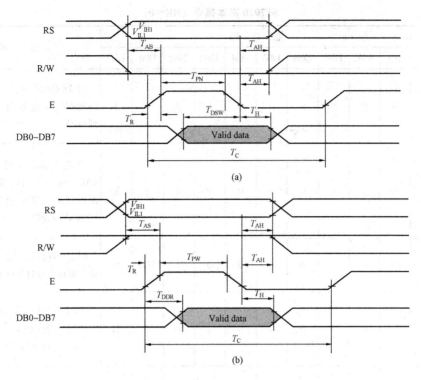

图 7-101 YAOXY12864B 并行接口操作时序

(a) 写操作；(b) 读操作

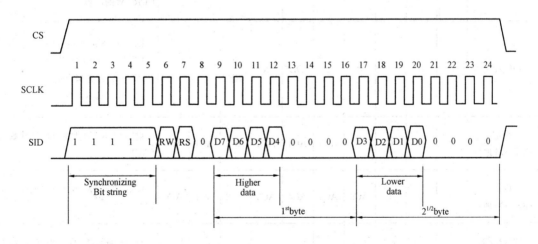

图 7-102 YAOXY12864B 串行接口操作时序

（2）操作指令。ST7920 控制器的操作指令分基本指令集和扩充指令集两种，基本指令集见表 7-14，扩充指令集见表 7-15。模块在接受指令前，MCU 必须先确认模块内部处在非忙碌状态，即读取 BF 标志时 BF 必须为"0"，方可接受新的指令；如果在送出一个指令前并不检查 BF 标志，那么在前一个指令和这个指令中间必须延迟一段较长的时间，即等待前一个指令确实执行完成，指令执行的时间在 $72\mu s$ 左右。表中"RE"为基本指令集与扩充指令集的选择控制位，当变更 RE 位的值后，往后的指令集将维持在最后的状态，除非再次变更 RE 位的值。否则使用相同指令集时，不需每次重设 RE 位的值。

429

表 7-14   **ST7920 基本指令（RE＝0）**

指令	指令码										说　明
	RS	RW	DB7	DB6	DB5	DB4	DB3	DB2	DB1	DB0	
清除显示	0	0	0	0	0	0	0	0	0	1	将 DDRAM 填满 20H，且设定 DDRAM 的地址计数器（AC）到 00H
地址归位	0	0	0	0	0	0	0	0	1	X	设定 DDRAM 的地址计数器（AC）到 00H，且将游标移到开头原点位置；这个指令并不改变 DDRAM 的内容
进入点设定	0	0	0	0	0	0	0	1	I/D	S	指定在资料的读取与写入时，设定游标移动方向及指定显示的移位
显示状态开/关	0	0	0	0	0	0	1	D	C	B	D=1：整体显示 ON C=1：游标 ON B=1：游标位置 ON
游标或显示移位控制	0	0	0	0	0	1	S/C	R/L	X	X	设定游标的移动与显示的移位控制位元；这个指令并不改变 DDRAM 的内容
功能设定	0	0	0	0	1	DL	X	0 RE	X	X	DL=1：8bit 控制界面 DL=0：4bit 控制界面 RE=1：扩充指令集 RE=0：基本指令集
设定 CGRAM 地址	0	0	0	1	AC5	AC4	AC3	AC2	AC1	AC0	设定 CGRAM 地址到地址计数器（AC）
设定 DDRAM 地址	0	0	1	AC6	AC5	AC4	AC3	AC2	AC1	AC0	设定 DDRAM 地址到地址计数器（AC）
读取忙碌标志（BF）和地址	0	1	BF	AC6	AC5	AC4	AC3	AC2	AC1	AC0	读取忙碌标志（BF）可以确认内部动作是否完成，同时可以读出地址计数器（AC）的值
写资料到 RAM	1	0	D7	D6	D5	D4	D3	D2	D1	D0	写入资料到内部的 RAM（DDRAM/CGRAM/IRAM/GDRAM）
读出 RAM 的值	1	1	D7	D6	D5	D4	D3	D2	D1	D0	从内部 RAM 读取资料（DDRAM/CGRAM/IRAM/GDRAM）

表 7-15　　　　　　　　　　　　ST7920 扩充指令（RE＝1）

指令	指令码										说　明
	RS	RW	DB7	DB6	DB5	DB4	DB3	DB2	DB1	DB0	
待命模式	0	0	0	0	0	0	0	0	0	1	将 DDRAM 填满 20H，且设定 DDRAM 的地址计数器（AC）到 00H
卷动地址或 IRAM 地址选择	0	0	0	0	0	0	0	0	1	SR	SR=1：允许输入垂直卷动地址 SR=0：允许输入 IRAM 地址
反白选择	0	0	0	0	0	0	0	1	R1	R0	选择 4 行中的任一行反白显示，并可决定反白与否
睡眠模式	0	0	0	0	0	0	1	SL	X	X	SL=1：脱离睡眠模式 SL=0：进入睡眠模式
扩充功能设定	0	0	0	0	1	1	X	1 RE	G	0	RE=1：扩充指令集动作 RE=0：基本指令集动作 G=1：绘图显示 ON G=0：绘图显示 OFF
设定 IRAM 地址或卷动地址	0	0	0	1	AC5	AC4	AC3	AC2	AC1	AC0	SR=1：AC5～AC0 为垂直卷动地址 SR0：AC3～AC0 为 ICON IRAM 地址
设定绘图 RAM 地址	0	0	1	AC6	AC5	AC4	AC3	AC2	AC1	AC0	设定 CGRAM 地址到地址计数器（AC）

5. 显示 RAM

（1）文本显示 RAM。ST7920 可以显示 3 种字型，它们分别是半宽的 HGROM 字型、中文 CGRAM 字型、CDRAM 字型及中文 CGROM 字型。文本显示 RAM（DDRAM）提供 8 个×4 行的汉字空间，当内容写入文本显示 RAM 时，可以分别显示 CGROM、HGROM 和 CDRAM 的字型。3 种字型的选择，由在 DDRAM 中写入的编码确定，各种字型的详细编码如下。

1）显示半宽字型：将一字节编码写入 DDRAM 中，编码范围为 02H～7FH。

2）显示 CGRAM 字型：将两字节编码写入 DDRAM 中，总共有 0000H、0002H、0004H、0006H 四种编码。

3）显示中文字型：将两字节编码写入 DDRAM，编码范围为 A1A0H～F7FFH（GB 码）或 A140H～D75FH（BIG5 码）。

（2）绘图 RAM。绘图显示 RAM（GDRAM）提供 128×8 个字节的记忆空间，在更改绘图 RAM 时，先连续写入水平与垂直的坐标值，再写入两个字节的数据到绘图 RAM，而地址计数器（AC）会自动加 1；在数据写入绘图 RAM 的期间，绘图显示器必须关闭，整个将内容写入绘图 RAM 的步骤如下。

1）关闭绘图显示功能。

2）先将水平的坐标（X）写入绘图 RAM 的地址；再将垂直的坐标（Y）写入绘图 RAM 的地址；然后将 D15～D8 写入到 RAM 中；再将 D7～D0 写入到 RAM 中；最后打开绘图显示

功能。

（3）游标/闪烁控制。ST7920A 提供硬件游标及闪烁控制电路，由地址计数器（AC）的值来指定 DDRAM 中的游标或闪烁位置。

6. 显示坐标关系

DDRAM 存储区域与显示模块上字符显示的位置如图 7-103 所示。当使用 16×16 汉字模型时，每行可显示 8 个汉字，一屏可显示 4 行。显示模块上第 1 行第 1 列字符对应的存放位置是80H，第 1 行第 2 列字符对应的存放位置是 81H，…，第 1 行第 8 列字符对应的存放位置是87H；第 2 行第 1 列字符对应的存放位置是 90H，第 2 行第 2 列字符对应的存放位置是 91H，…，第 2 行第 8 列字符对应的存放位置是 97H；而第 3 行第 1 列字符对应的存放位置是 88H，第 3 行第 2 列字符对应的存放位置是 89H，…，第 3 行第 8 列字符对应的存放位置是 8FH；第 4 行第 1列字符对应的存放位置是 98H，第 4 行第 2 列字符对应的存放位置是 99H，…，第 4 行第 8 列字符对应的存放位置是 9FH。

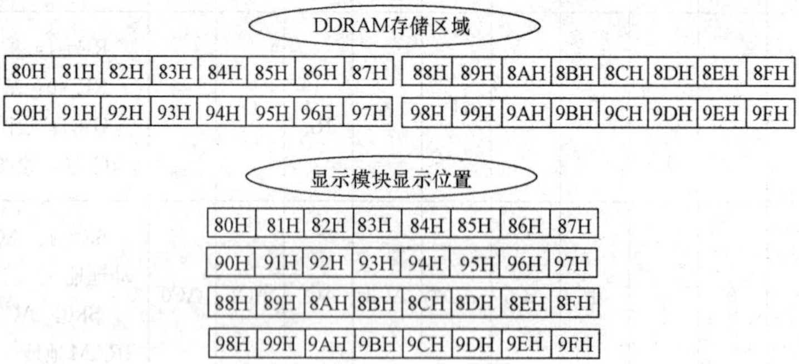

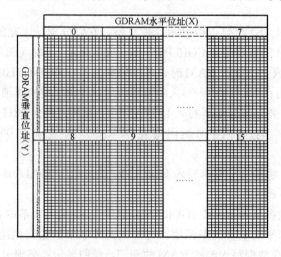

图 7-103　DDRAM 存储区域与显示模块显示位置对应关系

GDRAM 存储区域与显示模块上字符显示的位置如图 7-104 所示，其对应关系与文本类似。

图 7-104　GDRAM 存储区域与显示模块显示位置对应关系

7. 应用实例

本节以图 7-100 所示的接口电路为例，在 YAOXY12864B 显示模块上使第 1 行显示"MCS－51 内核单片机"，第 2 行显示"控制技术快速入门"，第 3 行显示"陈洁　陈玉红编著"，第 4 行显示"中国电力出版社"。

（1）实例程序。下面是 YAOXY12864B 显示模块显示 4 行汉字的 C51 程序。

【例 C7-16】 在 YAOXY12864B 显示模块上第 1 行显示"MCS－51 内核单片机"，第 2 行显示"控制技术快速入门"，第 3 行显示"陈洁　陈玉红编著"，第 4 行显示"中国电力出版社"。

```
/ * * * * * * * * * * * * * * * * * * * * * * * * * * * * * * * * * * * * * *
*     程序名：LCD12864HZ.c                      *
*     功　能：显示 4 行汉字                      *
*             第 1 行是"MCS－51 内核单片机"        *
*             第 2 行是"控制技术快速入门"          *
*             第 3 行是"陈洁　陈玉红编著"          *
*             第 4 行是"中国电力出版社"            *
*     说　明：1. 晶振频率 11.0592MHz,             *
*             2. 指令/数据选择接 P1.0             *
*             3. 读写选择接 P1.1                  *
*             4. 接口使能接 P1.2                  *
*             5. 背光开关接 P1.3                  *
* * * * * * * * * * * * * * * * * * * * * * * * * * * * * * * * * * * * * * /
#include <reg52.h>
#include <intrins.h>
#define uint unsigned int
#define uchar unsigned char
#define delay_nop ()    {_nop_ (); _nop_ (); _nop_ (); _nop_ ();};

//定义引脚功能
sbit  LCD_RS = P1^0;
sbit  LCD_RW = P1^1;
sbit  LCD_E  = P1^2;
sbit  LCD_BLK = P1^3;

uchar code han1 [] = {" MCS－51 内核单片机"};
uchar code han2 [] = {" 控制技术快速入门"};
uchar code han3 [] = {" 陈洁　陈玉红编著"};
uchar code han4 [] = {" 中国电力出版社 "};

//定义显示位置函数
void lcd_pos (uchar X, uchar Y);

//延时函数
void delay (int ms)
{
   while (ms − −)
     {
       uchar i;
       for (i = 0; i<250; i + +)
         {
```

```
            _ nop _ ();
            _ nop _ ();
            _ nop _ ();
            _ nop _ ();
        }
    }
}


//忙检测函数    1：忙，0：不忙
Void bit lcd _ busy ()
    {
    bit result;
    LCD _ RS = 0;
    LCD _ RW = 1;
    LCD _ E = 1;
    delay _ nop ();
    result =  (bit) (P0&0x80);
    LCD _ E = 0;
    return (result);
    }


//写指令到 LCD
void lcd _ wcmd (uchar cmd)
    {
    while (lcd _ busy ());
    LCD _ RS = 0;
    LCD _ RW = 0;
    P0 = cmd;
    delay _ nop ();
    LCD _ E = 1;
    delay _ nop ();
    LCD _ E = 0;
    }


//写显示数据到 LCD
void lcd _ wdat (uchar dat)
    {
    while (lcd _ busy ());
    LCD _ RS = 1;
    LCD _ RW = 0;
    LCD _ E = 0;
    P0 = dat ;
    delay _ nop ();
    LCD _ E = 1;
    delay _ nop ();
    LCD _ E = 0;
```

```
    }

//LCD初始化设置
void lcd_init ()
    {
    lcd_wcmd (0x30);        //基本指令操作
    delay (5);
    lcd_wcmd (0x06);        //起始点设定：光标右移
    delay (5);
    lcd_wcmd (0x01);        //清 LCD 显示
    delay (5);
    lcd_wcmd (0x0c);        //显示开，关光标
    delay (5);
    lcd_wcmd (0x02);        //地址归零
    }


//确定显示位置函数
void lcd_pos (uchar X, uchar Y)
    {
    uchar pos;
    if (X == 0)
        {X = 0x80;}
    else if (X == 1)
        {X = 0x90;}
    else if (X == 2)
        {X = 0x88;}
    else if (X == 3)
        {X = 0x98;}
    pos = X + Y;
    lcd_wcmd (pos);
    }


//主函数
void main ()
    {
    uchar i;
    delay (10);
    lcd_init ();
    LCD_BLK = 0;
    lcd_pos (0, 0);        //设置显示位置为第 1 行的第 1 个字符
    i = 0;
    while ( han1 [i] ! = '\ 0')
        {
        lcd_wdat (han1 [i]); //显示字符
        i++;
        }
```

```
    lcd_pos (1, 0);          //设置显示位置为第2行的第1个字符
    i = 0;
    while ( han2 [i] ! = '\ 0')
     {
       lcd_wdat (han2 [i]); //显示字符
       i + + ;
     }
    lcd_pos (2, 0);          //设置显示位置为第3行的第1个字符
    i = 0;
    while ( han3 [i] ! = '\ 0')
     {
       lcd_wdat (han3 [i]); //显示字符
       i + + ;
     }
    lcd_pos (3, 0);          //设置显示位置为第4行的第1个字符
    i = 0;
    while ( han4 [i] ! = '\ 0')
     {
       lcd_wdat (han4 [i]); //显示字符
       i + + ;
     }
    while (1);
 }
```

(2) 在 Keil μVision2 中调试。具体操作步骤如下。

1) 用 "记事本" 或在 "Keil C" 中将上面【例C7-16】中的源程序录入或编制程序，并用一个文件名，如 "LCD12864HZ. c" 保存。单击 "开始 \ 附件 \ 记事本"，在打开的记事本中输入【例C7-16】中的源程序，如图 7-105 所示。并将其另存为名为 "LCD12864HZ. c" 的文件，最后关闭记事本。

2) 打开 "Keil C" 软件，新建一个项目，项目名不妨也设为 "LCD12864HZ. Uv2"。单击桌面上的图标，进入 Keil C51 μVision2 集成开发环境。在主界面上单击下拉菜单 "Project"，选 "New Project…" 命令。在弹出的对话框中将项目命名为 "LCD12864HZ"，单击 "保存" 按钮，在弹出的单片机选择对话框内选 "STC MCU Database"，单击 "OK" 按钮。在数据库中选 "STC90C52RC"，单击 "确定" 按钮返回。

3) 打开已建立的文件 "LCD12864HZ. c"；并将该文件添加到 "Source Group 1" 中。在 μVision2 主界面上单击打开文件按钮，在弹出的对话框内找到刚才新建并保存的文件 "LCD12864HZ. c"，单击 "打开" 按钮打开。

在中间左边的 "Project Workspace（项目空间）" 内，单击 "＋" 展开。再用右键单击 "Source Group 1" 文件夹，在弹出的菜单命令中选 "Add Files to Group 'Source Group 1'"。

在弹出的对话框内，根据源程序编程语言选择相应的文件类型，再选择源程序文件，双击或单击 "Add" 按钮加入，最后单击 "Close" 按钮关闭对话框。

4) 在 "Options for Target 'Target 1'" 中的 "Target" 和 "Output" 标签页上进行设置。单击下拉菜单 "Project"，选 "Options for Target 'Target 1'"。在弹出对话框上的 "Target" 标签页内，把单片机的运行频率调整为 11.0592MHz。在 "Output" 标签页上，单击 "Create HEX

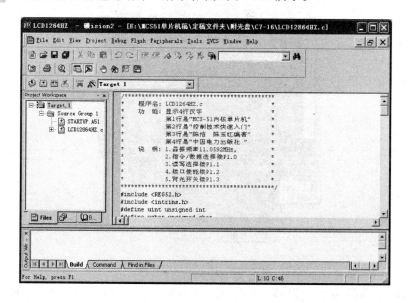

图 7-105　LCD12864 模块显示程序录入

File"前的复选框，使框内出现"√"，这样编译后就能生成目标文件了。最后单击"确定"按钮返回。

5）编译和建立目标文件，得到"LCD12864HZ. hex"文件。在 μVision2 主界面上单击重新编译按钮 ，对源程序文件进行编译，编译结果如图 7-106 所示。

图 7-106　编译结果

最后不要忘记单击"Save All"按钮保存工程文件。

6）仿真调试。在主界面上单击开始调试按钮 ，打开端口 P0 和 P1，再单击运行按钮 。运行时可以看到端口 P0 和 P1 的变化如图 7-107 所示。

（3）在最小系统上运行。本实例用 STC90C52RC 单片机在最小系统板上来验证程序。首先

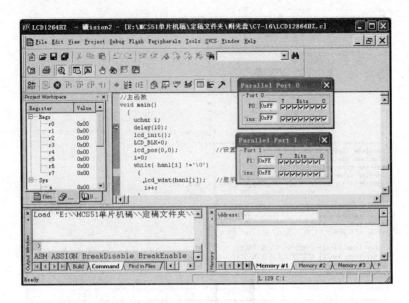

图 7-107　仿真调试

准备好实验用的器材最小系统板、USB 转 RS-232 线、电源、万能实验板和显示模块等。然后按下面的步骤进行。

1) 按图 7-100 所示的电路，用万能板将显示模块的接口引脚引出，以便于最小系统的连接，如图 7-108 所示。

图 7-108　显示模块引出脚

2) 插上最小系统板上的跳线 J101、J102、J103，插上 STC90C52RC 芯片。将 USB 转 RS-232 线的 USB 端接口插在电脑的 USB 口上，把 RS-232 的 DB9 端插到最小系统板上的 DB9 端口，再把最小系统与显示模块接口板连接好，如图 7-109 所示。

3) 打开专业下载软件 "STC_ISP_V486.exe"，并设置好单片机类型 "STC90C52RC"，打开程序文件 "LCD12864HZ.hex"，选择通信口 "COM4" 等有关参数；单击 "Download/下载" 按钮，给最小系统上电，烧录程序。

4）LCD12864HZ 显示模块的显示内容，如图 7-110 所示。

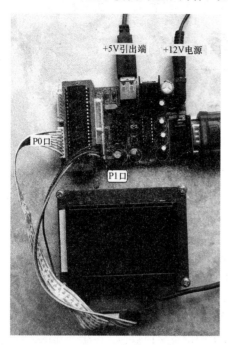

+5V引出端　+12V电源

P0口

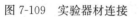

P1口

图 7-109　实验器材连接　　　　　　　　　图 7-110　实验显示

5）若实际无显示或显示内容不清晰，可调节显示屏背面所接的电位器以确定合适的对比度，或修改程序中的延时量，重新进行汇编或编译。

6）重复上述步骤直到能实现要求的功能为止。

中 断 系 统

在计算机系统中，中断是一个非常重要的功能。本章将重点介绍中断的概念和单片机 MCS-51 的中断系统，以及使用中断功能的几个应用实例。

8.1 中断的概念

在第 2 章中我们知道了单片机在一块芯片上集成了中央处理单元 CPU、随机存储器 RAM、只读存储器 ROM、Flash 存储器、定时器/计数器和多种输入/输出（I/O）接口电路，如并行 I/O 口、串行 I/O 口和 A/D 转换器等单元电路。组成单片机系统的除了单片机本身之外，还需要根据不同的要求通过输入/输出口扩展一些外部设备，如显示屏、按键、继电器、功率驱动电路、各种专用集成电路等，并且在系统运行时 CPU 需要与这些外扩的设备交换数据。由于外部设备运行的速度比 CPU 的速度要慢，因此在进行数据交换时，CPU 就要等待外部设备的处理过程。当 CPU 和外部设备运行的速度相差达到一定程度时，CPU 的运行效率很快就会下降。为了解决快速的 CPU 与慢速的外部设备之间的矛盾，人们提出了"中断"的概念。良好的中断系统能提高 CPU 的运行效率，扩大计算机实时处理的范围，实现 CPU 与外部设备分数操作和自动处理的功能。

为了让读者对"中断"的概念有一个初步的了解，下面我们一起来做一个小小的游戏。这个游戏想必读者曾经在上幼儿园的时候一定做过：幼儿园时代的我们围坐成一个圆圈，老师让其中一名小学生背朝圆圈坐在圈外击鼓。击鼓时围成圈的学生逐个传一件物品，如手帕或乒乓球等。当连续击鼓的学生停止击鼓时，若手帕或乒乓球在圈中哪个学生手里，这个学生就得表演一个节目。这个学生表演完成后，接下去就把手帕或乒乓球继续传给下一个同学。击鼓停止就表示产生了中断，表演节目就代表中断服务。

现在我们用电路在 Proteus 中对这个游戏进行仿真，如图 8-1 所示的电路是做上面这个游戏的电路图。其中图 8-1（a）中的 D1～D8 表示所传的手帕或乒乓球，D9 和 D10 表示学生在唱歌或表演节目。SW1 断开时表示学生在击鼓，闭合时表示停止击鼓。SW2 表示老师，D11 表示老师在作说明。图中各元器件在 Proteus 库中的位置见表 8-1。

表 8-1 　　　　　　　　　　　　图 8-1 元器件库中的位置

代　号	类别（Category）	子类别（Sub Category）	结果（Results）	元器件（device）
D1～D8	Optoelectronice	LEDs	LED-RED	LED
D9、D10	Optoelectronice	LEDs	LED-GREEN	LED
D11	Optoelectronice	LEDs	LED-BLUE	LED
SW1、SW2	Switches & Relays	Switches	SW-STSP	SW-STSP
U1	Microprocessor ICs	8051 Fanily	AT89C52	AT89S52
C1	Capacitors	Ceramic Disc	CERAMIC 27P	27p
C2	Capacitors	Ceramic Disc	CERAMIC 27P	27p
R1	Resistots	0.6Wmetal Film	MINRE470R	470Ω
C3	Capacitors	Hight Temp Radial	HITEMP10U50V	10μ50V

续表

代号	类别 (Category)	子类别 (Sub Category)	结果 (Results)	元器件 (device)
CY	Miscellaneous		CRYSTAL	
R2~R12	Resistors	0.6W Metal Film	MINRE300R	300R 0.6W
R13、R14	Resistors	0.6W Metal Film	MINRE10K	10K 0.6W

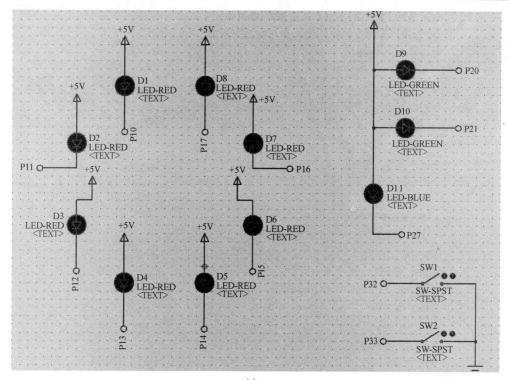

(a)

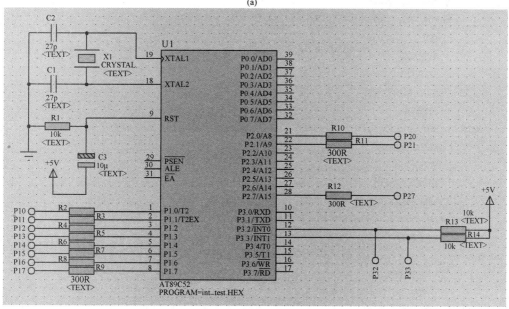

(b)

图 8-1 中断演示电路

(a) 仿真游戏过程；(b) 单片机电路

游戏程序如下【例 A8-1】和【例 C8-1】所述。

【例 A8-1】 演示中断游戏的汇编语言程序如下。

```
; * * * * * * * * * * * * * * * * * * * * * * * * * * * * * * * * * * * * * * *
;   文件名：int_test.asm      功能：演示中断处理过程
;
;   说明：  设按键 SW1 为事件 1 发生，按键 SW2 为事件 2 发生
;           SW1 接单片机 P3.3 引脚，SW2 接单片机 P3.2 引脚
;           晶振频率 11.0592MHz
;
; * * * * * * * * * * * * * * * * * * * * * * * * * * * * * * * * * * * * * * *
; - - - - - - 引脚定义 - - - - - - - - - - - - - - - - - -
    SW1 EQU    P3.2
    SW2 EQU    P3.3
; - - - - - - - - - - - - - - - - - - - - - - - - - - - - - - - - -
; = = = = = = 主程序 = = = = = = = = = = = = = = = = =
            ORG    0000H
         LJMP   BEGIN
            ORG    0003H
         AJMP INT_0
            ORG    0013H
         AJMP INT_1
            ORG    0050H
   BEGIN:   MOV   SP, #40H
            MOV   P3, #0FFH
            MOV   P1, #0FFH
            MOV   R2, #8H
            MOV   R3, #0FEH
            MOV   IP, #04H
            SETB EX0
            SETB EX1
            MOV   A, R3
            SETB EA
    MAIN:   MOV   P1, A
            ACALL DELAYS
            RL   A
            DJNZ R2, MAIN
            AJMP BEGIN
; = = = = = = = = = = = = = = = = = = = = = = = = = = = =
; - - - - 延时子程序 1 - - - - - - - - - - - - - - -
DELAYS:
               SETB PSW.3
              MOV   R1 , #10
    DEL0:   MOV   R2 , #100
    DEL1:   MOV   R3 , #100
               DJNZ   R3 ,   $
```

```
                        DJNZ   R2 ,    DEL1
                    DJNZ   R1 , DEL0
                    CLR PSW. 3
RET
; － － － － － － － － － － － － － － － － － － － － － － － － － －
; － － － －延时子程序 2 － － － － － － － － － － － －
DELY：
                    SETB PSW. 4
                    MOV   R1 , ♯10
    DL0：  MOV   R2 , ♯100
    DL1：  MOV   R3 , ♯100
                        DJNZ   R3 ,    $
                    DJNZ   R2 ,    DEL1
                    DJNZ   R1 , DEL0
                    CLR PSW. 4
RET
; － － － －外部中断 0 － － － － － － － － － － －
INT ＿ 0：
                    PUSH   PSW
                    JB   SW1, RETN
LP1：          SETB P2. 1
                    CLR   P2. 0
                    ACALL DELY
                    SETB   P2. 0
                    CLR   P2. 1
                    ACALL DELY
                    JNB SW1, LP1
                    SETB   P2. 0
                    SETB   P2. 1
RETN：          POP   PSW
RETI
; － － － － － － － － － － － － － － － － － － － － － － － －
; － － － －外部中断 1 － － － － － － － － － －
INT ＿ 1：
                    PUSH   PSW
                    JB   SW2, RETN2
LP2：          CLR   P2. 7
                    JNB SW2, LP2
                    SETB   P2. 7
RETN2：      POP   PSW
RETI
; － － － － － － － － － － － － － － － － － － － － － － －
END
```

【例 C8-1】 演示中断游戏的 C51 语言程序如下。

/ ＊

```
        文件名：int_test.c        功能：中断演示

        说明：    设按键 SW1 为事件 1 发生，按键 SW2 为事件 2 发生
                  SW1 接单片机 P3.3 引脚，SW2 接单片机 P3.2 引脚
                  晶振频率 11.0592MHz
* * . * * * * * * * * * * * * * * * * * * * * * * * * * * * * * * * * * * */
# include <reg52.h>
/* * * * 引脚定义 * * * */
    sbit sw1 = P3^2;
    sbit sw2 = P3^3;
    sbit p20 = P2^0;
    sbit p21 = P2^1;
    sbit p27 = P2^7;
    void delay1 (void)
    void delay2 (void)
/* * * * 外部中断 0 服务程序 * * * */
    void trsmi (void) interrupt 0 using 0
    {
    while (sw1 = = 0)
        { p21 = 1;
          p20 = 0;
          delay2 ();
          p20 = 1;
          p21 = 0;
          delay2 ();
          }
      p20 = 1;
      p21 = 1;
    }
/* * * * 外部中断 1 服务程序 * * * */
    void turn (void) interrupt 2 using 2
    {
    while (sw2 = = 0)
      { p27 = 0;}
    p27 = 1;
    }
/* * * * 主函数 * * * */
    void main (void)
    {
    IP = 0x04;
    IE = 0x85;
    delay1 ();
    do {
        P1 = 0xfe;        /* 置 P1 口的状态为 11111110 */
        delay1 ();
        P1 = 0xfd;        /* 置 P1 口的状态为 11111101 */
```

```
        delay1 ();
        P1 = 0xfb;           /*置 P1 口的状态为 11111011*/
        delay1 ();
        P1 = 0xf7;           /*置 P1 口的状态为 11110111*/
        delay1 ();
        P1 = 0xef;           /*置 P1 口的状态为 11101111*/
        delay1 ();
        P1 = 0xdf;           /*置 P1 口的状态为 11011111*/
        delay1 ();
        P1 = 0xbf;           /*置 P1 口的状态为 10111111*/
        delay1 ();
        P1 = 0x7f;           /*置 P1 口的状态为 01111111*/
        delay1 ();
        P1 = 0xff;           /*置 P1 口的状态为 11111111*/
        delay1 ();
        } while (1);
}


/*****延时函数 1*****/

    void delay1 ()
    {
      int x = 20000;
        do { x = x - 1;
          } while (x>1);
    }

/*****延时函数 2*****/
    void delay2 ()
    {
      int y = 20000;
        do { y = y - 1;
          } while (y>1);
    }
```

点击"开始"按键，游戏开始，手帕或乒乓球在学生之间逐个传递的过程如图 8-2 所示。点击开关 SW1 使其闭合表示击鼓停止，传递过程中断，手帕或乒乓球停留在某个学生手中，即某个二极管亮着。此时手中有手帕或乒乓球的学生唱歌或表演节目，即 D9 和 D10 闪烁，如图 8-3 所示。点击开关 SW1 使其断开表示击鼓，传递过程继续。无论是在手帕或乒乓球传递过程中，还是学生在唱歌或表演节目时，只要老师一讲话，即将开关 SW2 按下，前面两个过程便中断，发光二极管 D11 点亮，表示听老师作说明，如图 8-4 所示。

"中断"在计算机系统中是一个很重要的概念。所谓中断是指中央处理器 CPU 在执行当前程序，处理某件事情的过程（如图 8-2 中的传递过程）中，由于某种随机的外部事件发生（如游戏中击鼓停止）请求 CPU 迅速去处理，CPU 暂时中断当前的工作，进而转入处理所发生的事件（学生表演节目），处理完成后再回到原来被中断的地方，继续处理原来的工作（继续传递）。这

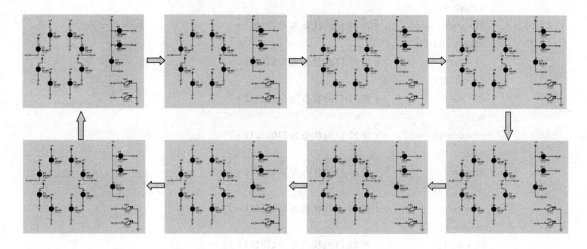

图 8-2　传递过程

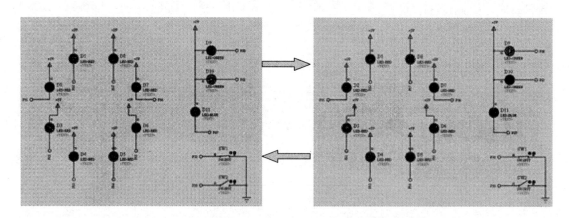

图 8-3　中断 1：D9 和 D10 闪烁

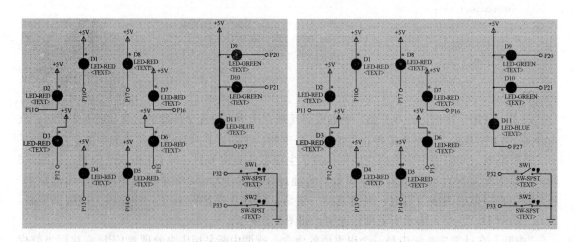

图 8-4　中断 2：D11 点亮

样的过程称为中断。当 CPU 正在处理一个中断源请求的过程中，又发生另一个优先级比它高的中断源请求时，如果 CPU 暂时中止原先那个中断源的处理程序，转去处理当前这个优先级更高的中断请求，待处理完当前的中断服务后，再回到原先那个中断处理程序。这样的过程称为中断嵌套，这种中断系统成为多级中断。两级中断嵌套的中断过程如图 8-5 所示。如游戏中老师作说明就是第 2 级中断。

中断需要由其他事件来触发，能够触发中断的事件称为中断请求源。同时请求中断的诸请求源中哪个先被响应，这就涉及中断请求的优先级。优先级越高，越先被响应。虽然中断源发出了中断请求，但是不是被 CPU 许可，是受到中断允许的控制。如果 CPU 不允许中断，即中断被屏蔽了，那么即使中断源发出了中断请求也不会被 CPU 所响应。

有关中断的事例在我们生活中还有很多。例如，一位工程师正在办公室设计单片机应用系统的任务，此时他桌上的座机响了。

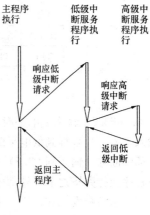

图 8-5　两级中断嵌套

他停下手上的设计工作，摘机听电话，原来是一位同事要与他交流些设计问题（设计工作被中断）。刚谈了几句话，他的手机响了。他让来电话的同事等一等，接听一下手机（电话讨论被中断）。把电话放在桌上，掏出手机接听，是他从网上买的东西快递到了，随即出去取快递。拿到快递后回到办公室，继续与同事讨论问题。在讨论完后挂上电话，继续他的设计工作任务。这个过程中涉及了两级中断，第一级是座机响，产生第 1 个事件中断。第二级是手机响，产生第 2 个事件中断。而第 2 个事件的中断优先级高于第 1 个事件。

8.2　MCS-51 中断系统

MCS-51 单片机的中断系统由中断请求源、中断允许控制、中断优先控制和中断矢量等组成。

8.2.1　中断请求源及其标志

MCS-51 的中断请求源有 5 个，而 AT89S52 有 6 个中断请求源，具体中断源见表 8-2。

表 8-2　　　　　　　　　　　　　　中　断　源

中断类型	符号	中断功能	中断号
外部中断	$\overline{INT0}$	来自 P3.2 引脚上的外部事件中断请求	interrupt 0
	$\overline{INT1}$	来自 P3.3 引脚上的外部事件中断请求	interrupt1
定时中断	T0	来自片内定时器/计数器 0 溢出中断请求	interrupt2
	T1	来自片内定时器/计数器 1 溢出中断请求	interrupt3
	T2	来自片内定时器/计数器 2 溢出中断请求（8052 有）	interrupt5
串行口中断	TI/RI	来自片内串行口完成一帧数据发送/接收的中断请求	interrupt4

1. 外部中断源

$\overline{INT0}$、$\overline{INT1}$ 上输入的两个外部中断源和它们的触发方式控制位锁存在特殊功能寄存器 TCON 的低 4 位，TCON 的高 4 位是 T0 和 T1 的运行控制位和溢出标志位，TCON 寄存器的具体格式如图 8-6 所示。

（1）IT0 是外部中断 0 触发方式控制位。IT0＝0 时，外部中断 0 设定为电平触发方式，当

D7	D6	D5	D4	D3	D2	D1	D0
TCON.7	TCON.6	TCON.5	TCON.4	TCON.3	TCON.2	TCON.1	TCON.0
TF1	TR1	TF0	TR0	IE1	IT1	IE0	IT0

图 8-6　TCON 寄存器

$\overline{INT0}$（P3.2）输入低电平时，置位 IE0。CPU 在每一个机器周期的 S5P2 采样 $\overline{INT0}$（P3.2）的输入电平，当采样到低电平时，置"1"IE0，采样到高电平时清零 IE0。采用电平触发方式时，外部中断源（输入到 P3.2）必须保持有效的低电平，直到该中断被 CPU 响应，同时在该中断服务程序执行完毕之前，外部中断源必须被清除，否则将产生另一次中断。IT0＝1 时，外部中断 0 设定为边沿触发方式，CPU 在每个机器周期的 S5P2 采样 $\overline{INT0}$（P3.2）的输入电平。如果相继的两次采样，前一个周期采样到 $\overline{INT0}$（P3.2）为高电平，后一个周期采样到 $\overline{INT0}$（P3.2）为低电平，则置"1"IE0。IE0 为"1"表示外部中断 0 正在向 CPU 申请中断，直到该中断被 CPU 响应时，才由硬件清零 IE0。因为每个机器周期采样一次外部中断的输入电平，因此采用边沿触发方式时，外部中断源输入的高电平和低电平时间必须保持 12 个振荡周期以上，才能保证 CPU 检测到高/低电平的负跳变。

（2）IE0 是外部中断请求源 $\overline{INT0}$（P3.2）标志位。IE0＝1 时外部中断向 CPU 请求中断，当 CPU 响应外部中断时，由硬件清零 IE0（边沿触发方式）。

（3）IT1 是外部中断 1 触发方式控制位。IT1＝0 时，外部中断 1 设定为电平触发方式，当 $\overline{INT1}$（P3.3）输入低电平时，置位 IE1。CPU 在每一个机器周期的 S5P2 采样 $\overline{INT1}$（P3.3）的输入电平，当采样到低电平时，置"1"IE1，采样到高电平时清零 IE1。采用电平触发方式时，外部中断源（输入到 P3.3）必须保持有效的低电平，直到该中断被 CPU 响应，同时在该中断服务程序执行完毕之前，外部中断源必须被清除，否则将产生另一次中断。IT1＝1 时，外部中断 0 设定为边沿触发方式，CPU 在每个机器周期的 S5P2 采样 $\overline{INT1}$（P3.3）的输入电平。如果相继的两次采样，前一个周期采样到 $\overline{INT1}$（P3.3）为高电平，后一个周期采样到 $\overline{INT1}$（P3.3）为低电平，则置"1"IE1。IE1 为"1"表示外部中断 1 正在向 CPU 申请中断，直到该中断被 CPU 响应时，才由硬件清"0"IE1。因为每个机器周期采样一次外部中断的输入电平，因此采用边沿触发方式时，外部中断源输入的高电平和低电平时间必须保持 12 个振荡周期以上，才能保证 CPU 检测到高/低电平的负跳变。

（4）IE1 是外部中断请求源 $\overline{INT1}$（P3.3）标志位。IE1＝1 时外部中断向 CPU 请求中断，当 CPU 响应外部中断时，由硬件清零 IE1（边沿触发方式）。

2. 内部中断源

（1）TF0 是定时器/计数器 0 溢出中断位。T0 被允许计数以后，从初值开始加 1 计数，当产生溢出时置"1"TF0（TCON.5），向 CPU 请求中断，一直保持到 CPU 响应该中断时才由硬件清零，该位也可以由程序清零。

（2）TF1 是定时器/计数器 1 溢出中断位。T1 被允许计数以后，从初值开始加 1 计数，当产生溢出时置"1"TF1（TCON.7），向 CPU 请求中断，一直保持到 CPU 响应该中断时才由硬件清零，该位也可以由程序清零。

（3）定时器/计数器 2 的中断标志有两个：TF2（T2CON.7）和 EXF2（T2CON.6），如图 8-7 所示。这两个中断标志进行逻辑"或"后作为内部的一个中断源。这两个中断标志由内部硬件置"1"，也必须由软件清零。因为 CPU 响应 T2 的中断请求时并不清零 TF2 和 EXF2。

D7	D6	D5	D4	D3	D2	D1	D0
T2CON.7	T2CON.6	T2CON.5	T2CON.4	T2CON.3	T2CON.2	T2CON.1	T2CON.0
TF2	EXF2	RCLK	TCLK	EXEN2	TR2	C/$\overline{\text{T2}}$	CP/$\overline{\text{RL2}}$

图 8-7 T2CON 寄存器

（4）TI/RI 是串行口的发送和接收中断的标志位。它在特殊功能寄存器串行口控制寄存器 SCON 中，如图 8-8 所示。接收中断 RI（SCON.0）和发送中断 TI（SCON.1）进行逻辑"或"运算后作为内部的一个中断源。当串行口发送完一个字符后，由内部硬件置位发送中断标志 TI，接收到一个字符后，也由内部硬件置位接收中断标志 RI。需要注意的是 CPU 响应串行口的中断时，并不清零 TI 或 RI 中断标志，TI 或 RI 必须由软件清零，即中断服务程序中必须有清零 TI 或 RI 的指令。

D7	D6	D5	D4	D3	D2	D1	D0
SCON.7	SCON.6	SCON.5	SCON.4	SCON.3	SCON.2	SCON.1	SCON.0
SM0	SM1	SM2	REN	TB8	RB8	TI	RI

图 8-8 SCON 寄存器

8.2.2 中断控制

1. 中断使能控制

在 MCS-51 单片机中断系统中，每一个中断源是否许可产生中断，是由内部的中断允许寄存器 IE 所控制的。也就是说，中断允许或禁止要看中断允许寄存器中相应位的状态。中断允许寄存器 IE 各位的功能如图 8-9 所示。

D7	D6	D5	D4	D3	D2	D1	D0
IE.7	IE.6	IE.5	IE.4	IE.3	IE.2	IE.1	IE.0
EA	—	—	ES	ET1	EX1	ET0	EX0

图 8-9 IE 寄存器

（1）EX0 是外部中断 0 允许位。EX0＝1 时，允许外部中断 0 中断；EX0＝0 时，禁止外部中断 0 中断。

（2）ET0 是定时器/计数器 0（T0）溢出中断允许位。ET0＝1 时，允许 T0 中断；ET0＝0 时，禁止 T0 中断。

（3）EX1 是外部中断 1 允许位。EX1＝1 时，允许外部中断 1 中断；EX1＝0 时，禁止外部中断 1 中断。

（4）ET1 是定时器/计数器 1（T1）溢出中断允许位。ET1＝1 时，允许 T1 中断；ET1＝0 时，禁止 T1 中断。

（5）ES 是串行口中断允许位。ES＝1 时，允许串行口中断；ES＝0 时，禁止串行口中断。

（6）EA 是 CPU 中断允许位。EA＝1 时，CPU 开发中断。此时每个中断源的中断请求是允许还是禁止，还需要由各自的允许位确定。EA＝0 时，CPU 禁止所有中断，即 CPU 屏蔽所有的中断请求。

中断允许寄存器 IE 中各相应位的状态，可根据要求用指令置"1"或清零，从而实现该中断源允许中断或禁止中断。复位时 IE 寄存器被清零。

2. 中断优先级控制

MCS-51 单片机的中断系统提供了两级中断优先级，每一个中断请求源都可以编程为高优先级中断源或低优先级中断源，以便实现中断嵌套。中断优先级由片内特殊功能寄存器中的中断优先级寄存器 IP 控制。IP 寄存器中各位的功能如图 8-10 所示。

D7	D6	D5	D4	D3	D2	D1	D0
IP.7	IP.6	IP.5	IP.4	IP.3	IP.2	IP.1	IP.0
—	—	—	PS	PT1	PX1	PT0	PX0

图 8-10 IP 寄存器

（1）PX0 是外部中断 0 中断优先级控制位。PX0＝1 时，外部中断 0 定义为高优先级中断源；PX0＝0 时，外部中断 0 定义为低优先级中断源。

（2）PT0 是定时器/计数器 0（T0）中断优先级控制位。PT0＝1 时，定时器/计数器 0（T0）定义为高优先级中断源；PT0＝0 时，定时器/计数器 0（T0）定义为低优先级中断源。

（3）PX1 是外部中断 1 中断优先级控制位。PX1＝1 时，外部中断 1 定义为高优先级中断源；PX1＝0 时，外部中断 1 定义为低优先级中断源。

（4）PT1 是定时器/计数器 1（T1）中断优先级控制位。PT1＝1 时，定时器/计数器 1（T1）定义为高优先级中断源；PT1＝0 时，定时器/计数器 1（T1）定义为低优先级中断源。

（5）PS 是串行口中断优先级控制位。PS＝1 时，串行口定义为高优先级中断源；PS＝0 时，串行口定义为低优先级中断源。

中断优先级控制寄存器 IP 中的各个控制位都可以由程序来置"1"或清零。单片机复位后 IP 中的各位均为"0"，每个中断源都被默认为低优先级中断源。同一优先级的几个中断源同时请求中断时，响应哪一个中断源取决于内部查询顺序。单片机默认的由高到低的顺序是：外部中断 0 → 定时器/计数器 0 溢出中断→外部中断 1→定时器/计数器 1 溢出中断→串行口中断。

3. 中断矢量

中断源提出的中断请求被 CPU 响应时，CPU 先置相应的优先级激活触发器，封锁同级和低级中断。然后根据中断源的类别，在硬件的控制下，程序转向相应的矢量入口单元，执行中断服务程序。AT89S52 单片机的 6 个中断源服务程序的入口地址，即中断矢量见表 8-3。

表 8-3 AT89S52 中断矢量

中 断 源	中 断 号	中 断 矢 量（入口地址）
外部中断 0	interrupt 0	0003H
定时器 0 溢出	interrupt 1	000BH
外部中断 1	interrupt 2	0013H
定时器 1 溢出	interrupt 3	001BH
串行口中断	interrupt 4	0023H
定时器 2 溢出	interrupt 5	002BH

硬件调用中断服务程序时，把程序计数器 PC 的内容（断点地址）压入堆栈，同时把响应的中断服务程序的入口地址装入 PC 中。由于 6 个中断源服务程序入口地址的间隔很小，因此通常在中断入口地址处放置一条跳转指令，以转移到用户的服务程序入口。为了保护中断程序运行时所被使用的单片机资源，一般在中断服务程序开始时要把有关数据压入堆栈进行保护，即保护现场，而在返回前要把这些数据弹出堆栈进行恢复现场。这些数据中必须加以保护的是程序状态字 PSW，即在中断服务程序中必须有指令：PUSH PSW ⋯⋯ POP PSW RETI。

中断服务程序的最后一条指令必须是中断返回指令"RETI"。这样才能使 CPU 执行完这条指令后，把响应中断时所置位的优先级激活触发器清零，然后从堆栈中弹出两个字节的内容（断点地址）装入到程序计数器 PC 中，CPU 就从原来被中断处继续执行被中断的程序。

8.2.3 程序解释

在本章第 1 节【例 A8-1】的演示中断游戏程序中就用到了外部中断 0 和外部中断 1。下面对该程序中有关中断的部分作几点解释，为了方便，把程序重新列于下面，并用方括号标上行号。

```
[1];*********************************************** * * * * *
[2];    文件名：int_test.asm      功能：中断演示
[3];
[4];    说明：设按键 SW1 为事件 1 发生，按键 SW2 为事件 2 发生
[5];         SW1 接单片机 P3.3 引脚，SW2 接单片机 P3.2 引脚
[6];         晶振频率 11.059 2MHz
[7];
[8];
[9];*********************************************** * * * * *
[10];------引脚定义-----------------
[11]        SW1 EQU   P3.2
[12]        SW2 EQU   P3.3
[13];-------------------------------
[14];= = = = = =主程序= = = = = = = = = = = = = = =
[15]              ORG  0000H
[16]              LJMP  BEGIN
[17]              ORG  0003H
[18]              AJMP INT_0
[19]              ORG  0013H
[20]              AJMP INT_1
[21]              ORG  0050H
[22]  BEGIN:  MOV  SP, #40H
[23]              MOV  P3, #0FFH
[24]              MOV  P1, #0FFH
[25]              MOV  R2, #8H
[26]              MOV  R3, #0FEH
[27]              MOV  IP, #04H
```

```
[28]            SETB EX0
[29]            SETB EX1
[30]            MOV A, R3
[31]            SETB EA
[32]    MAIN: MOV P1, A
[33]            ACALL DELAYS
[34]            RL  A
[35]            DJNZ R2, MAIN
[36]            AJMP BEGIN
[37]; = = = = = = = = = = = = = = = = = = = = = = = = = = = = =
[38]; － － － 延时子程序1 － － － － － － － － － － －
[39] DELAYS:
[40]                SETB PSW. 3
[41]                MOV R1 , #10
[42]        DEL0: MOV  R2 , #100
[43]        DEL1: MOV  R3 , #100
[44]                DJNZ  R3 ,    $
[45]                 DJNZ  R2 ,   DEL1
[46]              DJNZ  R1 , DEL0
[47]              CLR PSW. 3
[48] RET
[49]; － － － － － － － － － － － － － － － － － － － － －
[50]; － － － － 延时子程序1 － － － － － － － － － －
[51] DELY:
[52]                SETB PSW. 4
[53]                 MOV  R1 , #10
[54]        DL0: MOV  R2 , #100
[55]         DL1: MOV  R3 , #100
[56]                 DJNZ  R3 ,    $
[57]               DJNZ  R2 ,   DEL1
[58]              DJNZ  R1 , DEL0
[59]              CLR PSW. 4
[60] RET
[61]; － － － － 外部中断0 － － － － － － － － － － －
[62] INT _ 0:
[63]          PUSH  PSW
[64]          JB  SW1, RETN
[65] LP1:   SETB P2. 1
[66]          CLR  P2. 0
[67]          ACALL DELY
[68]          SETB  P2. 0
[69]          CLR   P2. 1
[70]          ACALL DELY
```

```
［71］          JNB SW1, LP1
［72］          SETB  P2.0
［73］          SETB  P2.1
［74］ RETN:   POP  PSW
［75］ RETI
［76］; - - - - - - - - - - - - - - - - - - - - - - -
［77］; - - - -外部中断1- - - - - - - - - -
［78］ INT _ 1:
［79］          PUSH  PSW
［80］          JB  SW2, RETN2
［81］ LP2: CLR  P2.7
［82］          JNB SW2, LP2
［83］          SETB  P2.7
［84］ RETN2: POP  PSW
［85］ RETI
［86］; - - - - - - - - - - - - - - - - - - - - - - -
［87］ END
```

上面演示中断游戏程序的功能是，在开关 SW1 和 SW2 都没有闭合的状态下，CPU 执行流水灯程序，以表示某物品在传递。当开关 SW1 被按下而闭合时，产生"外部中断 0"的中断请求，中断请求被响应后执行两个灯交替闪烁的服务程序，表示学生在唱歌或表演节目。当开关 SW2 被按下而闭合时，产生"外部中断 1"的中断请求，中断请求被响应后执行点亮一盏灯的服务程序，表示老师在作说明。

在【例 A8-1】程序中，第［62］行到第［75］行是外部中断 0 的中断服务程序，第［78］行到第［85］行是外部中断 1 的中断服务程序。在外部中断 0 的中断入口地址 0003H 处放置了一条跳转指令"AJMP INT _ 0"，使中断请求被响应后转到相应的中断服务程序运行。同样在外部中断 1 的中断入口地址 0013H 处也放置了一条跳转指令"AJMP INT _ 1"，使中断请求被响应后转到相应的中断服务程序运行。

（1）中断允许寄存器 IE 的设置。由于单片机复位后中断允许寄存器 IE 被清零，即默认值是所有中断源的中断请求都被禁止，所以在程序的初始化部分需要对允许中断的中断源进行许可设置。该程序中允许产生中断的中断源是外部中断 0 和外部中断 1，由图 8-9 可知它们在中断允许寄存器 IE 中的对应位是 IE.0 和 IE.2。除了将这两位置"1"外，还要使 CPU 开发中断，即 IE.7 位也要置"1"，而其余各位都设置为"0"，即可允许外部中断 0 和外部中断 1 产生中断，亦即执行指令"MOV IE，＃85H（00000101B）"。由于中断允许寄存器中的各位是允许位寻址的，所以也可以像【例 A8-1】中第［28］行、第［29］行和第［31］行一样直接用位操作指令对 EX0、EX1 和 EA 进行置位。

（2）中断优先寄存器 IP 的设置。同样，单片机复位后中断优先寄存器 IP 被清零，即优先级的默认值是各个中断源均为低优先级中断源。而【例 A8-1】程序中需要使外部中断 1 的中断优先级高于外部中断 0，所以需要将中断优先寄存器中外部中断 1 的对应位置"1"，其余位置"0"，即执行指令"MOV IP，＃04H（00000100B）"（【例 A8-1】中第［27］行）。当然也可以用位操作指令直接将 PX1 置"1"，即执行指令"SETB PX1"。

（3）保护现场。保护现场的操作都在中断服务程序中进行。由于程序执行过程中有些指令的执行会影响到程序状态字，即 PSW，所有 PSW 是需要保护的重要对象之一。【例 A8-1】中第［63］行和第［79］行就是把 PSW 压入堆栈进行保护。而在结束中断服务程序返回前将 PSW 弹出堆栈进行恢复，如例中第［74］行和第［84］行。

8.3 PWM 脉冲发生器

上一节用一个实例介绍了单片机外部中断 0 和外部中断 1 的使用，本节则用另一个实例来介绍定时器中断的使用。

8.3.1 控制要求

使用单片机定时器中断产生 145Hz 的 PWM 波。用两个按键控制在 P3.7 脚上输出的脉冲宽度的大小。按键控制也采用外部中断方式控制，其中按下 SB1 增大脉冲宽度，按下 SB2 减少脉冲宽度。

8.3.2 实现电路

按照上面的要求，把按键 SB1 接在单片机的 P3.2 引脚上作为外部中断事件 0，其中断服务程序为增大脉冲宽度的操作。把按键 SB2 接在单片机的 P3.3 引脚上作为外部中断事件 1，其中断服务程序为减少脉冲宽度的操作。其实现电路如图 8-11 所示。

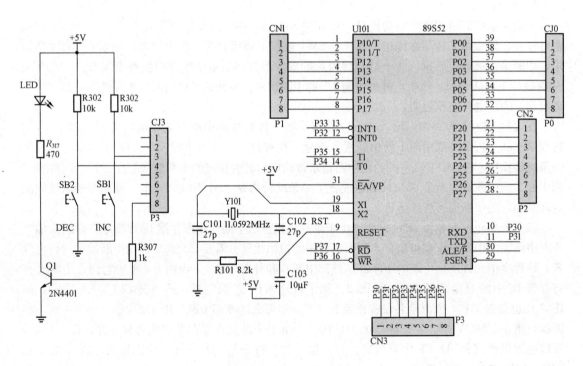

图 8-11 PWM 产生电路

8.3.3 编程思路

应用程序采用模块化结构方式编写，按照要求有一个主程序，一个定时器 0 中断服务程序，一个外部中断 0 服务程序，一个外部中断 1 服务程序。其程序流程如图 8-12 所示。

8.3.4 程序编制

按照如图 8-12 所示的流程图编制程序如下。

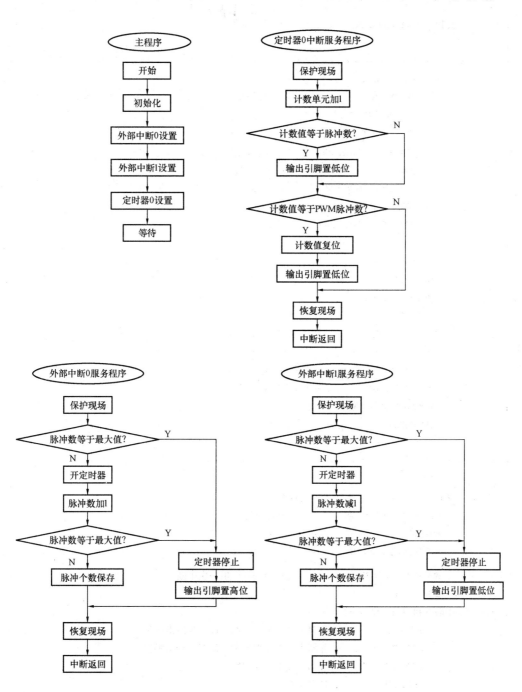

图 8-12　PWM 发生器程序流程

【例 A8-2】在单片机 P3.7 引脚产生 PWM 脉冲的程序如下。

```
;************************************************************
;文件名：Pulse_gen.asm      功能：PWM 脉冲发生器
;
;说明：p3.7 引脚产生宽度可调的 PWM 脉冲
;       按键 SB1 为增加，接至引脚 P3.2
;       按键 SB2 为降低，接至引脚 P3.3
```

```
;        晶振频率为 11.059 2MHz
;
; ************************************************************
; - - - - - - 引脚或变量定义 - - - - - - - - - - - -
                P _ OUT BIT P3.7        ; 脉冲输出
                P _ INC BIT P3.2
                P _ DEC BIT P3.3
                PULSE _ C  DATA 30H     ; 高电平脉冲个数
                PWM _ H    DATA 31H     ; PWM 周期
                COUNTER  DATA 32H
                TEMP     DATA 33H
                PWM _ C   DATA 34H
; - - - - - - - - - - - - - - - - - - - - - - - - - - - -
                ORG 0000H
                AJMP   BEGIN
; - - - - - 外部中断 0 - - - - - - - - - - -
                ORG 0003H        ; 外部中断 0 中断矢量
                AJMP INC _ ADJ   ; 跳转至 "INC-ADJ"
; - - - - - - - - - - - - - - - - - - - - - - - - - -
                ORG 0013H        ; 外部中断 1 中断矢量
                AJMP DEC _ ADJ   ; 跳转至 "DEC-ADJ"
; - - - - - 定时器 0 溢出中断 - - - - -
                ORG 000BH
                AJMP   TIMER _ 0
; = = = = = = 主程序 = = = = = = = = = = = = = = = = = = =
                ORG 0040H
  BEGIN:    MOV SP, #40H          ; 设置堆栈
            MOV PULSE _ C, #01H   ; 设置脉冲个数
            MOV PWM _ H, #20H     ; 设置上限
            MOV COUNTER, #01H
            MOV PWM _ C, #38H     ; 设置每 200μs 产生一次中断
            CLR P _ OUT
; - - - - 中断 0 和中断 1 设置 - - - - - -
                SETB IT0     ; 外部中断 0 类型控制, 设置为后沿触发
                SETB IT1     ; 外部中断 1 类型控制, 设置为后沿触发
                SETB EX0     ; 外部中断 0 允许中断
                SETB EX1     ; 外部中断 1 允许中断
; - - - - 定时器 0 设置 - - - - - - - - - - - -
                MOV TMOD, #02H     ; 工作方式 2 设置
                MOV TH0, #PWM _ C  ; 设置定时器 0 高位寄存器
                MOV TL0, #PWM _ C  ; 设置定时器 0 低位寄存器
                SETB ET0           ; 定时器 0 中断允许
                SETB EA            ; 允许中断
                SETB TR0           ; 定时器 0 运行控制, 启动
                SJMP $             ; 等待
```

```
; - - - - - - - - - - - - - - - - - - - - - - -
; = = = = = = = = = = = = = = = = = = = = = = = = = =
; - - - - 定时器 0 中断服务程序 - - - - - - - -
TIMER _ 0:
        PUSH PSW                    ;保护程序状态字
        PUSH ACC                    ;保护累加器
        INC COUNTER                 ;计数值加 1
        MOV A, COUNTER
        CJNE A, PULSE _ C, LP _ 1   ;等于高电平脉冲数
        CLR P _ OUT                 ;脉冲输出引脚置低电平
  LP _ 1: CJNE A, PWM _ H, LP _ 2   ;等于 PWM 周期数
        MOV COUNTER, ♯01H           ;计数值复位
        SETB P _ OUT                ;脉冲输出引脚置高电平
  LP _ 2: POP ACC                   ;恢复现场
        POP PSW
        RETI
; - - - - - - - - - - - - - - - - - - - - - - - -
; - - - - 外部中断 0 服务程序 - - - - - - - - - -
  INC _ ADJ: PUSH PSW               ;保护现场
            PUSH ACC
            MOV A,   PULSE _ C       ;脉冲个数送累加器 A
            CJNE A, PWM _ H, IA1     ;是否等于最大值
            AJMP IA2                 ;跳转
     IA1: SETB TR0                   ;开定时器
            MOV A,   PULSE _ C
            INC A                    ;累加器加 1
            CJNE A, PWM _ H, IA3     ;是否等于最大值
     IA2: CLR TR0                    ;定时器停止
            SETB P _ OUT             ;输出引脚置高位
            AJMP EXIT _ I
     IA3: MOV PULSE _ C, A           ;累加器内容送内部单元保存
   EXIT _ I: POP ACC                 ;恢复现场
            POP PSW
            RETI                     ;返回
; - - - - - - - - - - - - - - - - - - - - - - - - - - -
; - - - - 外部中断 1 服务程序 - - - - - - - - - -
  DEC _ ADJ: PUSH PSW               ;保护现场
            PUSH ACC
            MOV A, PULSE _ C         ;脉冲个数送累加器 A
            CJNE A, ♯00H, DEA1       ;是否等于最小值
            CLR TR0                  ;定时器停止
            CLR P _ OUT              ;输出引脚置低位
            AJMP EXIT _ D            ;跳转
     DEA1: SETB TR0                  ;开定时器
            MOV A, PULSE _ C
            DEC A                    ;累加器减 1
```

```
            CJNE A, ♯00H, DEA2
            CLR TR0                    ；定时器停止
            CLR P _ OUT                ；输出引脚置低位
            AJMP EXIT _ D
    DEA2：MOV PULSE _ C, A            ；累加器内容送内部单元保存
 EXIT _ D：POP ACC                   ；恢复现场
            POP PSW
            RETI                       ；返回
;  - - - - - - - - - - - - - - - - - - - - - - - - - - - - - -
 END
```

8.3.5 指令解释

1. 内部 RAM 或专用寄存器内容送栈顶

上面【例 A8-2】的中断服务程序中，在进入服务程序的开始段都使用了"PUSH PSW 和 PUSH ACC"语句，这两个语句是指将单片机运行中的当前状态（可能还有其他内部 RAM 或专用寄存器内容）送入堆栈予以保存，即通常所说的保护现场。该指令是双字节指令，也就是说，这个指令的机器码需用两个字节来表示。其中第一个字节为操作码，第二个字节用来存放内部 RAM 或专用寄存器的地址。该指令属于数据传送类指令，是双机器周期指令，即完成该指令的执行只需要两个机器周期。

指令格式为：PUSH direct

机器代码为：11000000（x x x x x x x x）

操作过程为：(SP) ←— (SP)+1

$\qquad$ ((SP))←— (direct)

其中：direct（xxxxxxxx）是一个字节的内部 RAM 或专用寄存器的地址。它把指令中直接寻址的一个字节压入到当前堆栈指针加 1 的单元中。执行该指令不影响标志位。

MCS-51 提供了一个向上升的堆栈，所以堆栈指针 SP 的初值要考虑堆栈的深度，在地址大于 SP 初值的存储空间中留出适当的单元。PUSH 指令通常与下面说明的 POP 指令成对出现。

2. 累加器与内部 RAM 或专用寄存器内容不等转移

上面【例 A8-2】的中断服务程序中的 CJNE A, PULSE _ C, LP _ 1、CJNE A, PWM _ H, LP _ 2 和 CJNE A, PWM _ H, IA1 等语句就是指将累加器的内容与直接寻址字的内容是否相等进行判断，若不等则转移。该指令是三字节指令，也就是说，这个指令的机器码需用三个字节来表示。其中第一个字节为操作码，第二个字节用来存放直接寻址的内部 RAM 或专用寄存器的地址，第三个字节用来存放待转移的相对地址。该指令属于控制转移类指令，是双机器周期指令，即完成该指令的执行只需要两个机器周期。

指令格式为：CJNE A, direct, rel

机器代码为：10110101（x x x x x x x x 或 yyyyyyyy）

操作过程为：若(direct)=(A)，则(PC) ←— (PC)+3，(C)←— 0

$\qquad$ 若(direct)<(A)，则(PC)←— (PC)+3+rel ，(C)←— 0

$\qquad$ 若(direct)>(A)，则(PC)←— (PC)+3+rel ，(C)←— 1

其中：direct（xxxxxxxx 或 yyyyyyyy）是一个字节的内部 RAM 地址。

3. 栈顶内容送内部 RAM 或专用寄存器

上面【例 A8-2】的中断服务程序中，在退出服务程序的前都使用了"POP ACC 和 POP PSW"语句，这两个语句是指将单片机运行中的以前状态（可能还有其他内部 RAM 或专用寄存

器内容）从堆栈栈顶中予以弹出，即通常所说的恢复现场。该指令是双字节指令，也就是说，这个指令的机器码需用两个字节来表示。其中第一个字节为操作码，第二个字节用来存放内部RAM或专用寄存器的地址。该指令属于数据传送类指令，是双机器周期指令，即完成该指令的执行只需要两个机器周期。

指令格式为：POP　direct

机器代码为：11010000（x x x x x x x x）

操作过程为：（direct）◄—— （（SP））

　　　　　　（（SP））◄—— （SP）－ 1

其中：direct（xxxxxxxx）是一个字节的内部 RAM 或专用寄存器地址。它把堆栈指针所寻址的内容传送到指令中直接寻址的单元中去，然后堆栈指针减 1。执行该指令不影响标志位，但若直接寻址的是 PSW 时有可能使一些标志改变。通常 POP 指令与前面说明的 PUSH 指令成对出现。

4. 累加器减 1

程序中"DEC A"是指将累加器内容减 1。该指令是单字节指令，指令的机器码只需用一个字节来表示。该指令属于算术操作类指令，是单机器周期指令，即完成该指令的执行只需要一个机器周期。

指令格式为：DEC A

机器代码为：00010100

操作过程为：（A）◄—— （A）－ 1

8.3.6　程序调试

1. 在 Keil μVision2 中调试

具体操作步骤如下。

（1）用"记事本"或在"Keil C"中录入或编制程序，并用一个文件名，如"Pulse _ gen. asm"保存。单击"开始＼附件＼记事本"，在打开的记事本中输入【例 A8-2】中的源程序，如图 8-13 所示。并将其另存为名为"Pulse _ gen1. asm"的文件，最后关闭记事本。

（2）打开"Keil C"软件，新建一个项目，项目名不妨也设为"Pulse _ gen"。单击桌面上的图标，进入 Keil C51 μVision2 集成开发环境。在主界面上单击下拉菜单"Project"，选"New Project…"命令。在弹出的对话框中将项目命名为"Pulse _ gen"，单击"保存"按钮，在库中选"AT89S52"后返回。

（3）打开已建立的文件"Pulse _ gen. asm"；并将该文件添加到"Source Group 1"中。在μVision2 主界面上单击打开文件按钮，在弹出的对话框内找到刚才新建并保存的文件"Pulse _ gen. asm"，单击"打开"按钮打开。

在中间左边的"Project Workspace（项目空间）"内，单击"＋"展开。再用右键单击"Source Group 1"文件夹，在弹出的菜单命令中选"Add Files to Group 'Source Group 1'"。

在弹出的对话框内，根据源程序编程语言选择相应的文件类型，再选择源程序文件"Pulse _ gen. asm"，单击"Add"按钮加入（或直接双击该文件图标），最后单击"Close"按钮关闭对话框。

（4）在"Options for Target 'Target 1'"中的"Target"和"Output"标签页上进行设置。单击下拉菜单"Project"，选"Options for Target 'Target 1'"。在弹出对话框上的"Target"标签页内，把单片机的运行频率调整为 11.059 2MHz。在"Output"标签页上，单击"Create HEX File"前的复选框，使框内出现"√"。这样编译后就能生成目标文件了。最后单击"确定"按钮

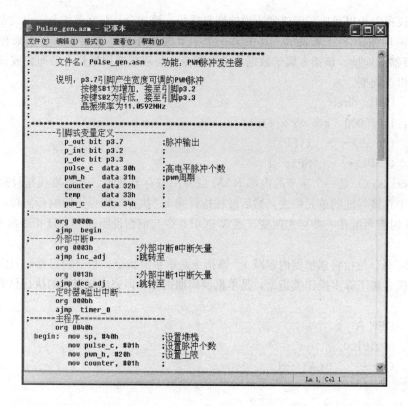

图 8-13 PWM 发生器程序

返回。

（5）编译和建立目标文件，得到"Pulse_gen. hex"文件。在 μVision2 主界面上单击重新编译按钮 📖，对源程序文件进行编译，编译结果如图 8-14 所示。

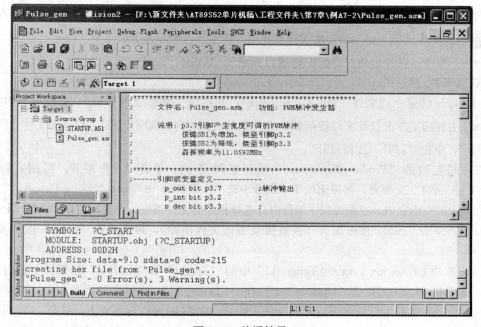

图 8-14 编译结果

最后不要忘记单击"Save All"按钮保存工程文件。

（6）仿真调试。在主界面上单击开始调试按钮 ⊕，打开端口 P3，再单击运行按钮 ⫩↓。单击 P3.2 或 P3.3 引脚，模仿按键动作，运行时端口 P3 的变化如图 8-15 所示。

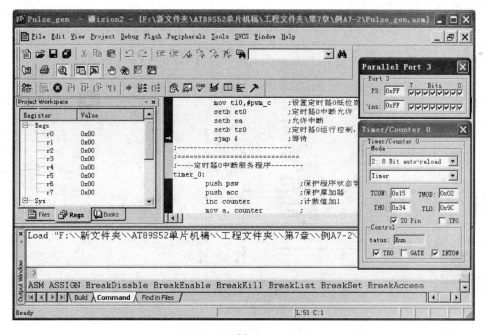

(a)

(b)

图 8-15　Keil C 调试

（a）P3.7 为高电平；（b）P3.7 为低电平

2. 在 Proteus 中仿真

在 Proteus 7.9 中进行仿真的步骤如下。

（1）在 Proteus 主界面中绘制电路原理图，如图 8-16 所示。为便于观察将图 8-11 中的发光二极管改成 12V 的直流电动机。

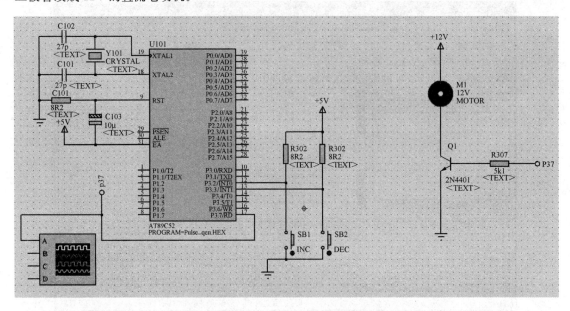

图 8-16 仿真电路原理图

（2）设置参数。双击晶体振荡器 Y101，将其工作频率修改为 11.059 2MHz。修改完成后单击"确定"按钮关闭对话框。双击单片机 U101，同样将其工作频率修改为 11.059 2MHz。

（3）添加源文件。单击下拉菜单"源代码（S）"，选"添加/删除源文件（S）…"。单击"新建"按钮，选中刚才保存的"Pulse_gen.asm"文件，单击"打开"按钮。在"源代码文件名"下的文本框中出现"Pulse_gen.asm"后，另外还需要在"代码生成工具"下选中"ASEM51"汇编工具，如图 8-17 所示。最后单击"确定"按钮。

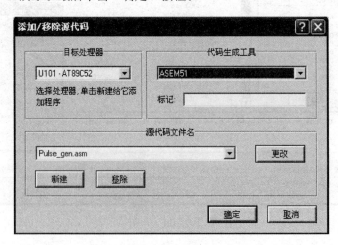

图 8-17 参数设置

（4）编译源代码。单击下拉菜单"源代码（S）"，选"全部编译"。显示如图 8-18 所示的内容表示编译成功。若存在错误的话，可根据提示内容查看文件"Pulse_gen.lst"，对源程序文件进行修改，重新加载源文件编译，直到编译成功为止。

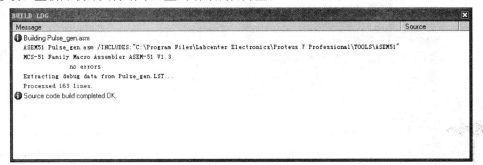

图 8-18　编译程序提示

（5）仿真运行。在 Proteus 主界面中点击左下角的仿真开始按钮，再点击按键 SB1，P3.7 引脚的波形变化如图 8-19 所示。

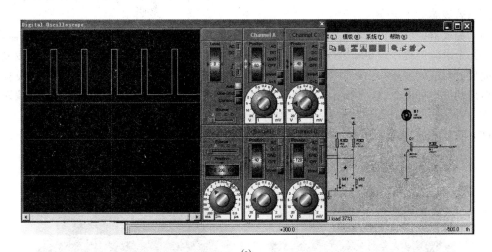

(a)

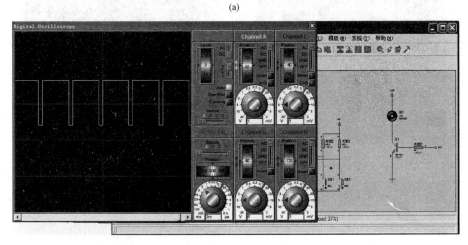

(b)

图 8-19　仿真运行

（a）高电平宽度小；（b）高电平宽度大

接P3.2和P3.3　　　接P3.7

接示波器

图 8-20　实验器材连接

3. 在最小系统上运行

用最小系统板来验证程序,首先准备好实验用的器材最小系统板、下载器、电源和应用实验板。然后按下面的步骤进行。

(1) 在应用实验板上按图 8-11 焊接好发光二极管和电阻,并焊出引线。

(2) 插上最小系统板上的跳线 J101、J102、J103,插上 STC90C52RC 芯片。将 USB-RS232 下载线的 USB 接口插在电脑上,用连接电缆把最小系统与接口板连好,再在最小系统上接上+9V电源,如图 8-20 所示。

(3) 打开下载软件,并设置好有关参数;加载待写文件“Pulse_gen.hex”;单击“编程”按钮下载程序。必要时需先对芯片进行“擦写”(若该芯片中曾烧录过程序)。

(4) 完成上面的操作后,关闭+9V电源,拔下连接电缆,插上跳线 J101,接上示波器观察。

(5) 上电验证程序。实际运行如图 8-21 所示。如图 8-21 (a)所示是高电平宽度小时发光二极管的亮度,对应的波形如图 8-21 (c)所示;如图 8-21 (b)所示是高电平宽度大时发光二极管的亮度,对应的波形如图 8-21 (d)所示。若不符合要求则需要修改源程序后重新进行汇编或编译(可以先在 μVision2 中进行调试或在 Proteus 中仿真)。

(6) 重复上述步骤直到能实现要求的功能为止。

(a)

(b)

图 8-21　实际运行 (一)

(a) 高电平宽度小时的发光管亮度;(b) 高电平宽度大时的发光管亮度

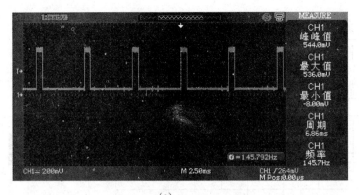

(c)

(d)

图 8-21　实际运行（二）

(c) 高电平宽度小时的波形；(d) 高电平宽度大时的波形

8.4　竞 赛 抢 答 器

8.4.1　控制要求

　　使用中断功能设计一个最多可供 8 个小组进行竞赛抢答的控制器。每个小组一个按键，当某个组的按键按下后其他组的按键失效，并显示按键按下组的组号。

8.4.2　实现电路

　　最多有 8 个小组进行抢答，需要 8 个按键。除此之外还需要一个启动抢答开始按钮。8 个抢答按键接在单片机的 P1 口上，并把这 8 个键分成 4 组，每个组的两个按键通过与门后接至单片机相应的中断控制引脚上。这里使用 AT89S52 单片机的外部中断 0、定时器 0 溢出中断、外部中断 1、定时器 1 溢出中断 4 个中断源。P2 口接 LED 数码管用于显示组号，数码管使用共阳极型。复位按钮作为启动抢答按键。整个电路如图 8-22 所示。

8.4.3　编程思路

　　程序采用汇编语言按功能模块化结构设计，除主程序外，还有外部中断 0 服务程序、外部中断 1 服务程序、定时器 0 中断服务程序和定时器 1 中断服务程序。主程序主要进行初始化，完成对定时器、外部事件中断的设置。中断服务程序完成对两个组中是哪个组产生中断的识别，并显示该组组号。

　　电路中直接使用按键来触发外部事件 0 和 1 中断，在没有按下按键时，引脚 P3.2 或 P3.3 因

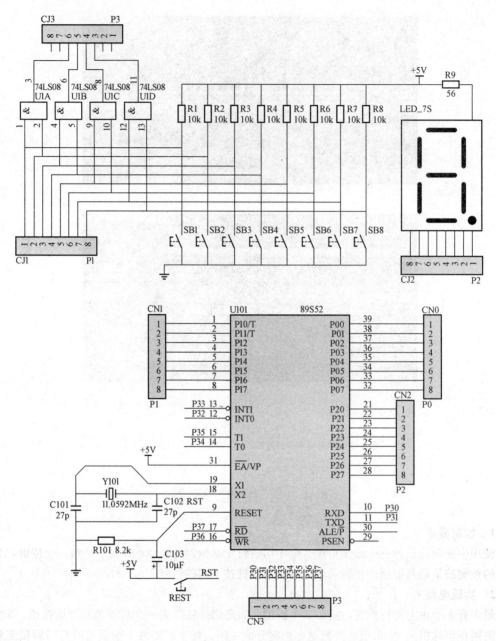

图 8-22 抢答器电路

外接上拉电阻的存在而处在高电平，当有按键按下时，引脚 P3.2 或 P3.3 被置为低电平。由此可知：当有按键被按下时在引脚上随即产生一个下降沿，故本抢答器中外部事件 0 或 1 中断的触发方式应设置为下降沿触发。

要使定时器溢出中断也与外部事件中断一样，通过在引脚上外接按键实现外部中断方式，即当外部引脚上出现一个下降沿随即产生中断。这种情况下定时器的初值必须设定为：计数器最大值－1。只有这样才能在外部引脚出现下降沿时使计数器开始计数，加 1 后便产生溢出中断。本抢答器中将定时器 0 和 1 设置为计数器方式，工作方式 2，计数初值为 $2^8 - 1 = 255$（11111111H）。

当 8 个组中某个组按下按键产生中断请求时，CPU 应立即响应该中断请求，并屏蔽其他中断，所以本抢答器中不存在中断优先级。故进入相应的中断服务程序时，在保存端口 P1 的状态后首先必须禁止所有中断，然后对中断事件（端口 P1）进行查询，并显示产生中断的组号，最后返回。

各模块的程序流程如图 8-23 所示。

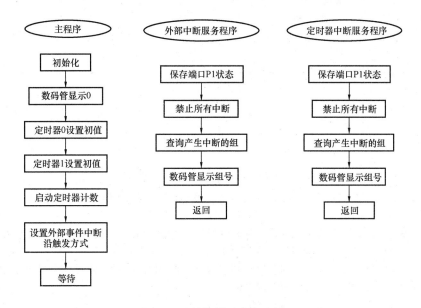

图 8-23　抢答器程序流程图

8.4.4　程序编制

按照图 8-23 的流程图不难得到如下程序。

【例 A8-3】由中断方式实现的 8 组抢答器程序如下。

```
;  ***********************************************************
; 文件名：RESPONDER.ASM    功能：8 组抢答
;
; 说明：共有 8 个小组，每组一个按键，两个组共用一个中断源。
;       第 1 和 2 组合用定时器 1 溢出中断。
;       第 3 和 4 组合用定时器 0 溢出中断。
;       第 5 和 6 组合用外部事件 1 中断。
;       第 7 和 8 组合用外部事件 0 中断。
;       晶振频率为 11.059 2MHz.
;
;  ***********************************************************
;
    ORG 0000H
    AJMP START
; ----外部中断 0 矢量------
    ORG 0003H          ; INT0 中断入口
    AJMP EXT0 _ INT
; ----定时器中断 0 矢量------
    ORG 000BH          ; T0 中断入口
```

```
        AJMP  TO _ INT
; － － － －外部中断1矢量－ － － － －
        ORG 0013H           ; INT1 中断入口
        AJMP EXT1 _ INT
; － － － －定时器中断1矢量－ － － － － －
        ORG 0023H           ; T1 中断入口
        AJMP  T1 _ INT


; ＝ ＝ ＝ ＝ ＝ ＝主程序＝ ＝ ＝ ＝ ＝ ＝ ＝ ＝ ＝ ＝ ＝ ＝
        ORG 0050H
START：
        MOV   20H,#0FFH
        MOV   P1，#0FFH
        MOV   P3，#0FFH
        MOV   P2，#0C0H      ; 开机时数码管显示 0
        MOV   TMOD, #66H     ; 设置定时器，T1，T0 工作于计数状态，工作方式 2
        MOV   TH0 , #0FFH    ; 定时器 T0 预置值 0FFH。
        MOV   TL0 , #0FFH    ; 给定时器 T0 赋初值 0FFH，即当外部有一个下降延产生时就产生中断
        MOV   TH1 , #0FFH    ; 定时器 T1 预置值 0FFH
        MOV   TL1 , #0FFH    ; 给定时器 T1 赋初值 0FFH，即当外部有一个下降延产生时就产生中断
        MOV   IE  , #0FFH    ; 允许所有的中断
        SETB  TR0           ; 打开定时器 T0
        SETB  TR1           ; 打开定时器 T1
        SETB  IT1           ; INT1 下降延触发
        SETB  IT0           ; INT0 下降延触发
        AJMP  $             ; 等待中断
; ＝ ＝ ＝ ＝ ＝ ＝ ＝ ＝ ＝ ＝ ＝ ＝ ＝ ＝ ＝ ＝ ＝ ＝ ＝ ＝ ＝ ＝ ＝
; － － － －外部中断 0 服务程序－ － － － － －
EXT0 _ INT：                 ; INT0 中断服务程序
    MOV 20H, P1             ; 保存端口 P1 状态
    CLR  EA                 ; 关闭中断
    JB 07H, E01
    MOV P2, #00H            ; 数码管显示 8
    AJMP E02
E01：MOV P2, #0F8H          ; 数码管显示 7
E02：RETI                   ; 中断返回
; － － － － － － － － － － － － － － － － － － － － － －
; － － － －外部中断 1 服务程序－ － － － － －
EXT1 _ INT：                 ; INT1 中断服务程序
    MOV 20H, P1
    CLR  EA
    JB 05H, E11
    MOV P2, #02H            ; 数码管显示 6
    AJMP E12
E11：MOV P2, #12H           ; 数码管显示 5
E12：RETI
```

```
;  - - - - - - - - - - - - - - - - - - - - - - - - -
;  - - - - 定时器 0 中断服务程序 - - - - - -
T0 _ INT:                        ;T0 中断服务程序
      MOV 20H, P1
      CLR   EA
      JB 03H, T01
      MOV P2, ♯19H                ;数码管显示 4
      AJMP T02
T01: MOV P2, ♯30H                 ;数码管显示 3
T02: RETI
;  - - - - - - - - - - - - - - - - - - - - - - - - -
;  - - - - 定时器 1 中断服务程序 - - - - - -
T1 _ INT:                        ;T1 中断服务程序
      MOV 20H, P1
      CLR   EA
      JB 01H, T11
      MOV P2, ♯24H                ;数码管显示 2
      AJMP T12
T11: MOV P2, ♯0F9H               ;数码管显示 1
T12: RETI
;  - - - - - - - - - - - - - - - - - - - - - - - - -
END
```

8.4.5　程序调试

1. 在 Keil μVision2 中调试

具体操作步骤如下。

(1) 用"记事本"或在"Keil C"中录入或编制程序，并用一个文件名，如"responder. asm"保存。单击"开始＼附件＼记事本"，在打开的记事本中输入【例 A8-3】中的源程序，如图 8-24 所示。并将其另存为名为"responder. asm"的文件，最后关闭记事本。

(2) 打开"Keil C"软件，新建一个项目，项目名不妨也设为"responder"。单击桌面上的图标 ，进入 Keil C51 μVision2 集成开发环境。在主界面上单击下拉菜单"Project"，选"New Project…"命令。在弹出的对话框中将项目命名为"responder"，单击"保存"按钮，在库中选"AT89S52"后返回。

(3) 打开已建立的文件"responder. asm"；并将该文件添加到"Source Group 1"中。在 μVision2 主界面上单击打开文件按钮 ，在弹出的对话框内找到刚才新建并保存的文件"Pulse _ gen. asm"，单击"打开"按钮打开。

在中间左边的"Project Workspace（项目空间）"内，单击"＋"展开。再用右键单击"Source Group 1"文件夹，在弹出的菜单命令中选"Add Files to Group 'Source Group 1'"。

在弹出的对话框内，根据源程序编程语言选择相应的文件类型，再选择源程序文件"responder. asm"，单击"Add"按钮加入（或直接双击该文件图标），最后单击"Close"按钮关闭对话框。

(4) 在"Options for Target 'Target 1'"中的"Target"和"Output"标签页上进行设置。单击下拉菜单"Project"，选"Options for Target 'Target 1'"。在弹出对话框上的"Target"标签页内，把单片机的运行频率调整为 11.059 2MHz。在"Output"标签页上，单击"Create HEX

responder.asm - 记事本

文件(F) 编辑(E) 格式(O) 查看(V) 帮助(H)

```
;*****************************************************
;     文件名：responder.asm    功能：8组抢答
;
;     说明：共有8个小组，每组一个按键,2个组共用一个中断源.
;           第1和2组合用定时器1溢出中断.
;           第3和4组合用定时器0溢出中断.
;           第5和6组合用外部事件1中断.
;           第7和8组合用外部事件0中断.
;           晶振频率为11.0592MHz.
;
;*****************************************************
;
      org 0000h
   ajmp start
;----外部中断0矢量------
      ORG 0003H          ;INT0中断入口
   ajmp ext0_int
;----定时器中断0矢量------
      ORG 000BH          ;T0中断入口
   ajmp  t0_int
;----外部中断1矢量------
      ORG 0013H          ;INT1中断入口
   ajmp ext1_int
;----定时器中断1矢量------
      ORG 0023H          ;T1中断入口
   ajmp  t1_int
;====== 主程序==============
      org 0050h
start:
      mov  20h, #0FFh     ;
      mov  p1, #0FFh      ;
      mov  p3, #0FFh      ;
      mov  p2, #0C0H      ;开机时数码管显示0
      MOV  TMOD, #66H     ;设置定时器，T1, T0工作于计数状态，工作方式2
      MOV  TH0 , #0FFH    ;定时器T0预置值0ffh。
```

Ln 26, Col 17

图 8-24 抢答器程序

File"前的复选框，使框内出现"√"。这样编译后就能生成目标文件了。最后单击"确定"按钮返回。

（5）编译和建立目标文件，得到"responder. hex"文件。在 μVision2 主界面上单击重新编译按钮 📖，对源程序文件进行编译，编译结果如图 8-25 所示。

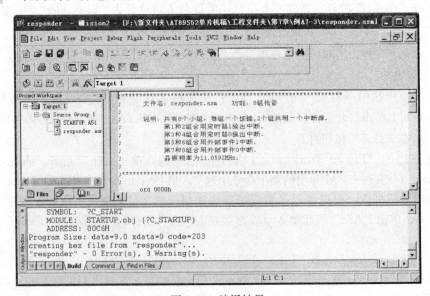

图 8-25 编译结果

最后不要忘记单击"Save All"按钮保存工程文件。

（6）仿真调试。在主界面上单击开始调试按钮 🔍，打开端口 P3，再单击运行按钮 📊。单击 P3.2、P3.3、P3.4 或 P3.5 引脚，模仿按键动作，运行时端口 P2 的变化如图 8-26 所示。

2. 在 Proteus 中仿真

在 Proteus 7.9 中进行仿真的步骤如下。

（1）在 Proteus 主界面中绘制电路原理图，如图 8-27 所示。

（2）设置参数。双击晶体振荡器 Y101，将其工作频率修改为 11.059 2MHz。修改完成后单击"确定"按钮关闭对话框。双击单片机 U101，同样将其工作频率修改为 11.059 2MHz。

（3）添加源文件。单击下拉菜单"源代码（S）"，选"添加/删除源文件（S）…"。单击"新建"按钮，选中刚才保存的"responder.asm"文件，单击"打开"按钮。在"源代码文件名"

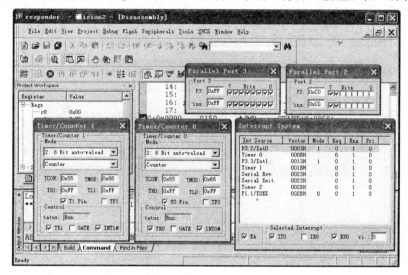

(a)

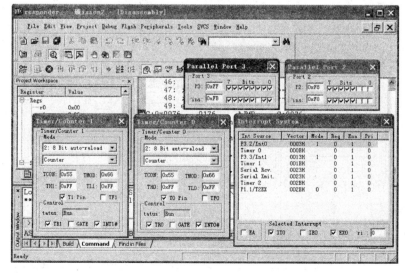

(b)

图 8-26　Keil C 调试（一）

（a）没有中断请求；（b）外部中断 0 请求

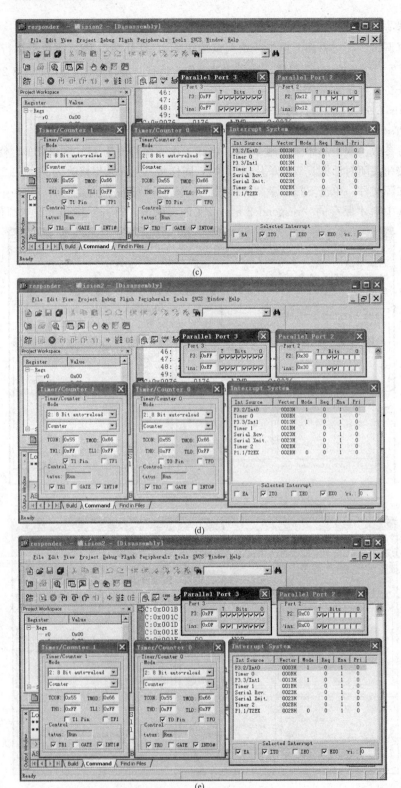

图 8-26　Keil C 调试（二）

（c）外部中断 1 请求；（d）定时器 0 中断请求；（e）定时器 1 中断请求

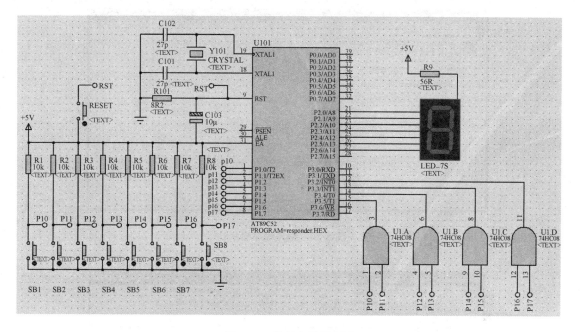

图 8-27 仿真电路原理图

下的文本框中出现"responder. asm"后，还需要在"代码生成工具"下选中"ASEM51"汇编工具，如图 8-28 所示。最后单击"确定"按钮。若对源程序文件进行了修改，则需要在图 8-28 对话框单击"更改"按钮，重新加载源文件。

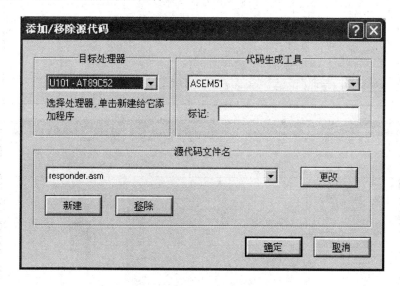

图 8-28 参数设置

（4）编译源代码。单击下拉菜单"源代码（S）"，选"全部编译"。显示如图 8-29 所示的内容表示编译成功。若存在错误的话，可根据提示内容查看文件"responder. lst"，对源程序文件进行修改，重新加载源文件编译，直到编译成功为止。

（5）仿真运行。在 Proteus 主界面中单击左下角的仿真开始按钮，再单击按键 SB1、SB2、SB3、…、SB8，数码管 LED _ 7S 的显示如图 8-30 所示。

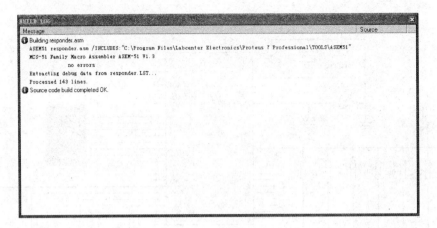

图 8-29　编译程序提示

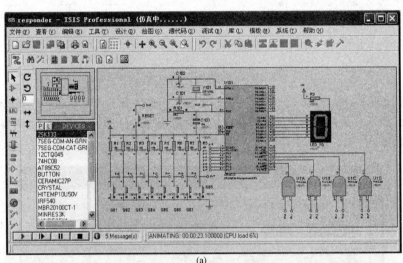

(a)

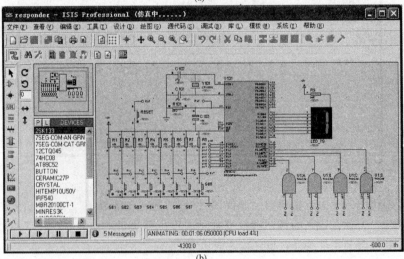

(b)

图 8-30　仿真运行（一）

（a）没有键按下；（b）键 SB1 按下

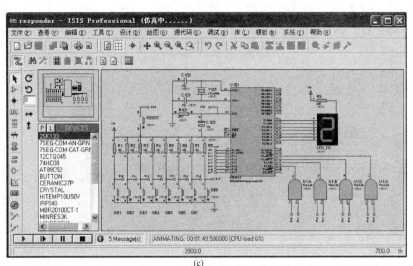

(c)

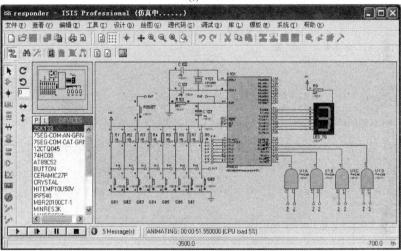

(d)

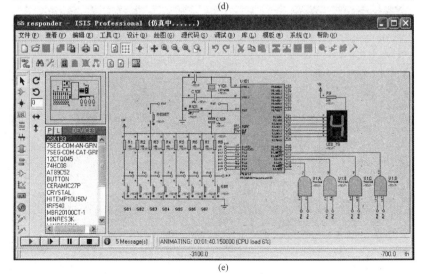

(e)

图 8-30　仿真运行（二）

(c) 键 SB2 按下；(d) 键 SB3 按下；(e) 键 SB4 按下

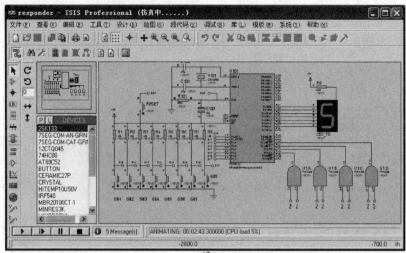

(f)

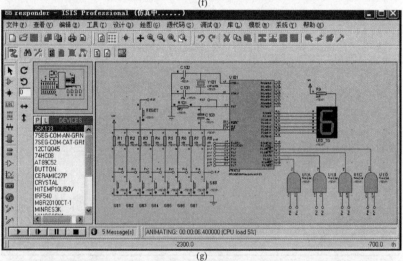

(g)

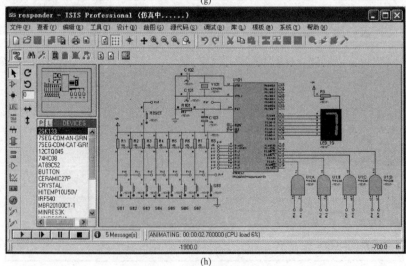

(h)

图 8-30　仿真运行（三）

(f) 键 SB5 按下；(g) 键 SB6 按下；(h) 键 SB7 按下

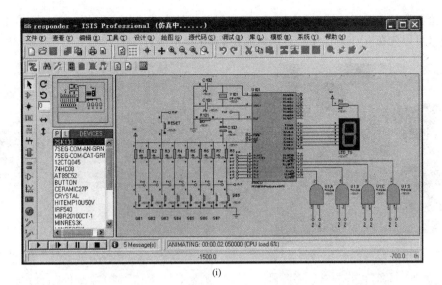

(i)

图 8-30 仿真运行（四）

(i) 键 SB8 按下

3. 在最小系统上运行

用最小系统板来验证程序，首先准备好实验用的器材最小系统板、电源、元器件和万能实验板。然后按下面的步骤进行。

（1）在万能实验板上按图 8-22 焊接好集成电路 74HC08、按键、LED 数码管和电阻，并焊接好引出线插座，如图 8-31 所示。

（2）保留最小系统板上的跳线 J101、J102、J103，插上 STC90C52RC 芯片。将 USB-RS232线的 USB 接口插在电脑的 USB 口上，把连接电缆的 RS-232 插头与最小系统板上的 DB9 插座连好，再在最小系统上接上＋12V 电源插头。用 8 芯平行连接线或杜邦线将最小系统板上的 P1、P2 和 P3 口分别与抢答器实验板上的对应口连接好，如图 8-32 所示。

图 8-31 抢答器实验板

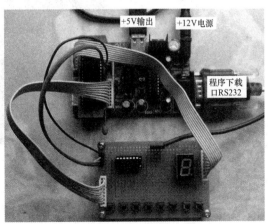

图 8-32 实验器材连接

（3）打开烧录软件 STC ＿ ISP ＿ V486. exe，并设置好有关参数；加载待写文件"responder. hex"；单击"Download/下载"按钮下载程序，随即给系统板上电。程序烧录完成后，便进入运行状态。

（4）抢答器的实际运行情况如图 8-33 所示。若不符合要求则需要修改源程序后重新进行汇编或编译（可以先在 μVision2 中进行调试或在 Proteus 中仿真）。

(a)　　　　　　　　　　　　　　　　　　(b)

(c)

图 8-33　实际运行状态
(a) 上电时；(b) 按下 SB3 按键后；(c) 按下 SB7 按键后

（5）重复上述步骤直到能实现要求的功能为止。

该抢答器在每次抢答完成后，都需要按复位键来进行复位。目前该抢答没有开始键，增加开始键进行复位并开始抢答的功能留给读者自己完成。

串 行 口 通 信

9.1 通 信 的 基 本 概 念

人们为了进行信息交换和信息共享，由此产生了各种通信。计算机网络化和微机分级分布式应用系统的发展使通信的功能越来越重要。通信是指计算机与外界的信息传输，它既包括计算机与计算机之间的传输，也包括计算机与外部设备，如终端、打印机和磁盘等设备之间的传输。

9.1.1 通信的分类

在通信领域内，按数据通信中每次传送的数据位数，通信方式可以分为并行通信和串行通信。

并行通信是指将数据的各位用多条数据线同时传送，数据可以字或字节为单位并行进行传送。并行通信速度快，但所用到的通信线路多、成本高，故不宜进行远距离传输。

串行通信是指使用一条数据线，将数据一位一位地依次传输，每一位数据占据一个固定的时间长度。串行通信只需要少数的几条数据线就可以在系统间实现信息交换，因此特别适用于计算机与计算机、计算机与外围设备之间的远距离通信。串口通信时，发送和接收到的每一个字符实际上都是以一次一位的方式传送的，每一位的值只能为1或者为0。

在进行通信传输的过程中，根据发送端和接收端的时钟相位关系，通信方式可以分为同步通信和异步通信。

同步通信是一种连续串行传送数据的通信方式，一次通信只传送一帧信息。这里的信息帧与异步通信中的字符帧不同，它们通常含有若干个数据字符。它们均由同步字符、数据字符和校验字符（CRC）组成。其中同步字符位于每一帧开头，用于确认数据字符的开始；数据字符在同步字符之后，个数没有限制，由所需传输的数据块长度来决定；校验字符有1到2个，用于接收端对接收到的字符序列进行正确性的校验。同步通信的特点是：以同步字符作为传送的开始，从而使收发同步；每位占用的传送时间相同；字符数据间不允许有间隙，当线路空闲或没有字符可发送时，发送同步字符。同步通信的缺点是需要使发送时钟和接收时钟保持严格的同步。

异步通信用一个起始位表示字符的开始，用停止位表示字符的结束构成一帧数据。起始位占用一位，字符编码为7位（通常是 ASCII 码），第8位是奇/偶校验位，这一位使字符中是"1"的位数为奇数或偶数；停止位可以是一位、一位半或两位。这样传送一帧数据就需要10个、10.5个或11个数据位。

9.1.2 数据传送的方向

1. 单工通信

所谓单工通信，是指消息只能单方向传输的工作方式。例如，遥控和遥测就是单工通信方式。单工通信的信道是单向信道，发送端和接收端的身份是固定的，发送端只能发送信息。不能接收信息；接收端只能接收信息，不能发送信息。数据信号仅能从一端传送到另一端，即信息流是单方向的。

2. 半双工

这种通信方式可以实现双向的通信，但不能在两个方向上同时进行，必须轮流交替地进行。也就是说，通信信道的每一段都可以是发送端，也可以是接收端。但同一时刻里，信息只能有一个传输方向。即设备 A 和设备 B 之间进行通信时，每次只能有一个站发送，另一个站接收，不能两个站同时接收和发送。如日常生活中的步话机通信和对讲机等都属于半双工通信。

3. 全双工通信

全双工是指在通信的任意时刻，线路上存在 A 到 B 和 B 到 A 的双向信号传输。全双工通信允许数据同时在两个方向上传输，因此又称为双向同时通信，即通信的双方可以同时发送和接收数据。在全双工方式下，通信系统的每一端都设置了发送器和接收器，因此它能使数据同时在两个方向上传送。全双工方式无须进行方向的切换，因此这种工作方式下没有切换操作所产生的时间延迟，这就对不能有时间延误的交互式应用（例如远程监测和控制系统）十分有利。这种方式要求通信双方均有发送器和接收器，同时需要两根数据线传送数据信号，在有些场合使用时还需要控制线和状态线以及信号地线。

9.1.3 信号的调制和解调

1. 调幅方式

串行数据在传输时通常采用调幅（AM）和调频（FM）两种方式传送数字信息。远程通信时，发送的数字信息，如二进制数据，首先要调制成模拟信息。幅度调制是用某种电平或电流来表示逻辑"1"，称为传号（mark）；而用另一种电平或电流来表示逻辑"0"，称为空号（space）。幅度调制通过出现在传输线上的 mark/space 的串行数据形式传输信息。使用 mark/space 形式通常有四种标准：TTL 标准、RS-232 标准、20mA 电流环标准和 60mA 电流环标准。

（1）TTL 标准：用＋5V 电平表示逻辑"1"；用 0V 电平表示逻辑"0"，这里采用的是正逻辑。

（2）RS-232 标准：用－3V～－15V 的任意电平表示逻辑"1"；用＋3V～＋15V 的位置电平表示逻辑"0"，这里采用的是负逻辑。

（3）20mA 电流环标准：线路中存在 20mA 的电流表示逻辑"1"，不存在 20mA 的电流表示逻辑"0"。

（4）60mA 电流环标准：线路中存在 60mA 的电流表示逻辑"1"，不存在 60mA 的电流表示逻辑"0"。

2. 调频方式

频率调制方式是用两种不同的频率分别表示二进制中的逻辑"1"和逻辑"0"，通常使用曼彻斯特编码标准和堪萨斯城标准。

（1）曼彻斯特编码标准：这种标准兼有电平变化和频率变化两种方式来表示二进制数的 0 和 1。每当出现一个新的二进制位时，就有一个电平跳变。如果该位是逻辑"1"，则在中间还有一个电平跳变；而逻辑"0"仅有位边沿跳变。所以逻辑"1"的频率比逻辑"0"的频率大一倍。曼彻斯特编码标准通常用在两台计算机之间的同步通信。

（2）堪萨斯城标准：它用频率为 1200Hz 的 4 个周期表示逻辑"0"，而用频率为 2400Hz 的 8

个周期表示逻辑"1"。

3. 数字编码方式

(1) NRZ 编码。NRZ 编码又称为不归零编码，它通常用正电压表示"1"，负电压表示"0"，而且在一个码元时间内，电压均不需要归零。它的特点是全宽码，即一个码元占一个单元脉冲的宽度。

(2) 曼彻斯特（Manchester）编码。在曼彻斯特编码中，每个二进制位（码元）的中间都有电压跳变。用电压的正跳变表示"0"，电压的负跳变表示"1"。由于跳变都发生在每一个码元的中间位置（半个周期），所以接收端就可以方便地利用它作为同步时钟，因此这种曼彻斯特编码又称为自同步曼彻斯特编码。目前最广泛应用的局域网——以太网，在数据传输时就采用这种数字编码方式。

(3) 微分曼彻斯特编码。微分曼彻斯特编码是曼彻斯特编码的一种修改形式，其不同之处是：用每一位的起始处有无跳变来表示"0"和"1"，若有跳变则为"0"，无跳变则为"1"；而每一位中间的跳变只用来作为同步的时钟信号。所以它也是一种自同步编码。同步曼彻斯特编码和微分曼彻斯特编码的每一位都是用不同电平的两个半位来表示的，因此它始终保持直流的平衡，不会造成直流的累积。

9.1.4 异步通信的协议

1. 异步通信的数据格式

异步方式通信 ASYNC（Asynchronous Data Communication），又称起止式异步通信，是计算机通信中最常用的数据信息传输方式。它是以字符为单位进行传输的，字符之间没有固定的时间间隔要求，而每个字符中的各位则以固定的时间传送。收、发双方取得同步的方法是在字符格式中设置起始位和停止位。在一个有效字符正式发送前，发送器先发送一个起始位，然后再发送有效字符位，在字符结束时再发送一个停止位，起始位至停止位构成一帧数据。

串行异步传输时的数据格式如下。

(1) 起始位：起始位必须是持续一个比特时间的逻辑"0"电平，它标志着传送一个字符的开始。

(2) 数据位：数据为 5～8 位，它紧跟在起始位之后，是被传送字符的有效数据位。传送时先传送字符的低位，后传送字符的高位。数据位究竟是几位，可由硬件或软件来设定。

(3) 奇偶校验位：奇偶校验位仅占一位，用于进行奇校验或偶校验，使用时也可以不设奇偶位。

(4) 停止位：停止位为 1 位、1.5 位或 2 位，可由软件设定。它一定是逻辑"1"电平，它标志着传送一个字符的结束。

(5) 空闲位：空闲位表示线路处于空闲状态，此时线路上为逻辑"1"电平。空闲位可以没有，没有空闲位时异步传送的效率最高。

2. 重要指标

在异步通信中有两个比较重要的指标：字符帧格式和波特率。数据通常以字符或者字节为单位组成字符帧进行传送。字符帧由发送端逐帧发送，通过传输线传输后被接收设备逐帧接收。发送端和接收端可以由各自的时钟源来控制数据的发送和接收，这两个时钟源彼此独立，互不同步。接收端检测到传输线上发送过来的低电平逻辑"0"（即字符帧起始位）时，确定发送端已开始发送数据，每当接收端收到字符帧中的停止位时，确定一帧字符已经发送完毕。

（1）字符帧。字符帧（Character Frame）也叫数据帧，由起始位、数据位（纯数据或数据加校验位）和停止位三部分组成，有空闲位和无空闲位的字符帧格式如图9-1所示。

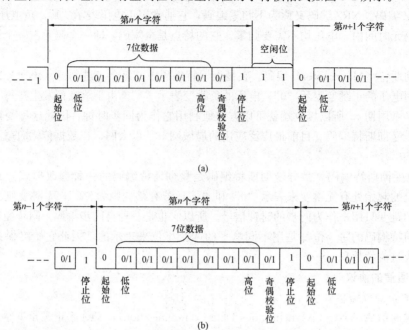

图9-1　异步通信的字符帧格式

(a) 有空闲位；(b) 无空闲位

1）起始位。它位于字符帧开头，只占一位，始终为逻辑"0"，用于向接收设备表示发送端开始发送一帧信息。

2）数据位。它紧跟起始位之后，用户根据情况可取5位、6位、7位或8位，低位在前高位在后，即先发送数据的最低位。若所传送数据为ASCII字符，则通常取7位。

3）奇偶校验位。它位于数据位后，仅占一位，通常用于对串行通信数据进行奇偶校验。它也可以由用户定义为其他控制含义。

4）停止位。它位于字符帧的最后，为逻辑"1"，通常可取1位、1.5位或2位，用于向接收端表示一帧字符信息已发送完毕，同时它也为下一帧字符的发送做准备。

在串行通信中，发送端一帧一帧地发送信息，接收端一帧一帧地接收信息。两相邻字符帧之间可以无空闲位，也可以有若干个空闲位，有无空闲位由用户根据需要确定。

（2）波特率。数据传输率是指单位时间内传输的信息量，可用比特率和波特率来表示。

1）比特率。比特率是指每秒传输的二进制位数，用bps（bit/s）表示。

2）波特率。波特率是指每秒传输的符号数，若每个符号所含的信息量为1比特，则波特率等于比特率。在计算机中，一个符号的含义为高低电平，它们分别代表逻辑"1"和逻辑"0"，所以每个符号所含的信息量刚好为1比特，因此在计算机通信中，常将比特率称为波特率，即

$$1\text{波特(B)} = 1\text{比特(bit)} = 1\text{位/秒(1bps)}$$

例如：电传打字机的最快传输率为每秒10个字符/秒，每个字符包含11个二进制位，则数

据传输率为：11 位/字符×10 个字符/秒＝110 位/秒＝110 波特（Baud）。计算机中常用的波特率的值有：110、300、600、1200、2400、4800、9600、19 200、28 800 和 33 600，目前波特率最高可达 56Kbps。

3）位时间 T_d。位时间是指传送一个二进制位所需的时间，用 T_d 表示。$T_d＝1/$波特率$＝1/B$。例如：$B＝110$ 波特/秒，则 $T_d＝1/110 \approx 0.009 \ 1s$

3. 异步通信协议

人们熟悉的串行通信技术标准有 EIA-232、EIA-422 和 EIA-485，也就是以前所称的 RS-232、RS-422 和 RS-485。由于 EIA 提出的建议标准都是以"RS"作为前缀，所以在工业通信领域，仍然习惯将上述标准以 RS 作前缀进行称谓。

EIA-232、EIA-422 和 EIA-485 都是串行数据接口标准，它们最初都是由电子工业协会（EIA）制定并发布的，EIA-232 在 1962 年发布，后来陆续有不少改进版本，其中最常用的是 EIA-232-C 版。目前 EIA-232 是 PC 机与通信工业中应用最为广泛的一种串行接口。EIA-232 被定义为一种在低速率串行通信中增加通信距离的单端标准。EIA-232 采用不平衡传输方式，即所谓单端通信方式。标准规定，EIA-232 的传送距离要求可达 15m（约 50 英尺），最高速率为 20kbps。

由于 EIA-232 存在传输距离有限等不足，于是 EIA-422 便诞生了。EIA-422 标准的全称是"平衡电压数字接口电路的电气特性"，它定义了一种平衡通信接口，将传输速率提高到 10Mbps，传输距离延长到了约 1219m（4000 英尺），并允许在一条平衡总线上连接最多 10 个接收器。由于其平衡双绞线的长度与传输速率成反比，所以在 100kbps 速率以内，其传输距离才可能达到最大值。也就是说，只有在很短的距离下才能获得最高的传输速率。一般在 100m 长的双绞线上所能获得的最大传输速率仅为 1Mbps。还有一点必须指出，在 EIA-422 通信中，只有一个主设备（Master），其余均为从设备（Salve），从设备之间不能进行通信，所以 EIA-422 支持的是一点对多点的双向通信。

为扩展应用范围，EIA 于 1983 年在 EIA-422 的基础上制定了 EIA-485 标准，EIA-485 标准增加了多点、双向通信的能力，即允许多个发送器连接到同一条总线上，同时它还增加了发送器的驱动能力和冲突保护特性，扩展了总线的共模范围，后命名为 TIA/EIA-485-A 标准。由于 EIA-485 是从 EIA-422 基础上发展而来的，所以 EIA-485 的许多电气规定与 EIA-422 相仿，如都采用平衡传输方式、都需要在传输线上接终接电阻、最大传输距离约为 1219m、最大传输速率为 10Mbps 等。但是，EIA-485 可以采用双线与四线方式，采用二线制时可实现真正的多点双向通信。而采用四线连接时，它与 EIA-422 一样只能实现点对多点的通信，但它比 EIA-422 有改进，无论四线还是二线连接方式，其总线上都可接多达 32 个设备。

9.2 单片机串行接口

MCS-51 单片机的串行口是一个能同时发送和接收的全双工通信口。它可以作通用异步接收和发送器（UART）用，也可以作同步移位寄存器用。发送和接收数据的缓冲器由可直接寻址的特殊功能寄存器 SBUF 来承担，故串行口缓冲器 SBUF 对应着两个寄存器：一个是发送寄存器，另一个是接收寄存器。数据写入 SBUF，就是修改发送寄存器，用于数据发送；从 SBUF 读出数据，就是读接收寄存器，接收数据来自接收缓冲器。为了避免在接收下一帧数据之前没有把上一帧数据读完，而产生两帧数据重叠的现象发生，接收缓冲器一般是双缓冲的。即从接收寄存器中读出前一个已接收到的数据之前，就能开始接收第二字节的数据。

9.2.1 串行控制寄存器 SCON

串行控制寄存器 SCON 用于定义串行口的操作方式，控制和监视串行口的工作状态。该寄存器是一个 8 位专用寄存器，可位寻址。其地址为 98H，复位值是 00000000B，其格式如下所示。

寄存器名称	地址	位地址	9F	9E	9D	9C	9B	9A	99	98
SCON	98H	名称	SM0	SM1	SM2	REN	TB8	RB8	TI	RI

(1) 第 7 位 SM0 和第 6 位 SM1 是串行口操作方式选择位。两个选择位对应方式 0～方式 3 的 4 种方式，具体的串行口操作方式见表 9-1，表中 f_{OSC} 为振荡器频率。

表 9-1 串行口操作方式选择

SM0	SM1	方式	功能说明	波特率
0	0	0	同步移位寄存器	$f_{osc}/12$
0	1	1	8 位通用异步接收和发送器（UART）	可变
1	0	2	9 位通用异步接收和发送器（UART）	$f_{osc}/64$ 或 $f_{osc}/32$
1	1	3	9 位通用异步接收和发送器（UART）	可变

(2) 第 5 位 SM2 是方式 2 和方式 3 中多处理机通信使能位。在方式 2 或方式 3 中，若 SM2＝1，且接收到的第 9 位数据（RB8）是 0，则接收中断标志 RI 不会被激活。在方式 1 中，若 SM2＝1 且没有接收到有效的停止位，则接收中断标志 RI 不会被激活。在方式 0 中，SM2 必须是 0。

(3) 第 4 位 REN 是允许接收位。由软件置位或清零。REN＝1 时允许接收；REN＝0 时禁止接收。

(4) 第 3 位 TB8 是发送数据位 8。该位是方式 2 和方式 3 中要发送的第 9 位数据。在许多通信协议中，该位是奇偶校验位。可以按需要由软件置位或清零。在 MCS-51 多处理机通信中，该位用于表示是地址帧还是数据帧。

(5) 第 2 位 RB8 是接收数据位 8。该位是方式 2 和方式 3 中已接收的第 9 位数据。在许多通信协议中，该位是奇偶校验位。可以按需要由软件置位或清零。在 MCS-51 多处理机通信中，该位用于表示是地址帧还是数据帧。在模式 1 中，若 SM2＝0，则 RB8 是已接收的停止位。在模式 0 中，RB8 未用。

(6) 第 1 位 TI 是发送中断标志。在模式 0 中，在发送完第 8 位数据时由硬件置位；在其他模式中，在发送停止位之初，由硬件置位。TI＝1 时申请中断，CPU 响应中断后，发送下一帧数据。在任何模式中，都必须由软件来清零 TI。

(7) 第 0 位 RI 是接收中断标志。在模式 0 中，接收第 8 位数据结束时由硬件置位；在其他模式中，在接收停止位的半中间，由硬件置位。RI＝1 时申请中断，要求 CPU 取走数据。但在模式 1 中，SM2＝1 时，若未接收到有效的停止位，则不会对 RI 置位。在任何模式中，都必须由软件来清零 TI。

9.2.2　串行口工作模式

从表 9-1 中可以知道，MCS-51 单片机的串行口操作方式有 4 种，即方式 0、方式 1、方式 2 和方式 3。

1. 方式 0

方式 0 主要用于使用 CMOS 或 TTL 移位寄存器进行 I/O 口的扩展。通过外接串行输入并行输出移位寄存器作为输出口，外接并行输入串行输出移位寄存器作为输入口。

（1）方式 0 输出。方式 0 输出，就是通过 RXD 引脚发送串行数据，通过 TXD 引脚发送移位脉冲。当一个数据写入串行口数据缓冲器 SBUF 时，就启动发送控制器开始发送。写信号有效后相隔整整一个机器周期，发送控制器允许从 RXD 引脚送出数据，从 TXD 引脚送出移位时钟脉冲。在此期间，发送控制器送出移位信号，使发送移位寄存器的内容右移一位，直至最高位（D7 位）数据移出后，停止发送数据和移位时钟脉冲。完成了发送一帧数据的过程后置 TI 为"1"，申请中断。若 CPU 响应中断，则从 0023H 单元开始执行串行口中断服务程序。

（2）方式 0 输入。方式 0 输入，就是从 RXD 引脚接收串行数据，TXD 引脚为同步移位脉冲信号端。接收器以振荡频率 1/12 的波特率接收 RXD 引脚输入的数据。串行控制寄存器 SCON 中 REN（SCON.4）位为串行口接收器允许接收控制位。当 REN＝0 时禁止接收；REN＝1 时允许接收。当串行口设置为方式 0，且满足 REN＝1 和 RI（SCON.0）＝0 的条件时，就会启动一次接收过程。在下一个机器周期的 S6P2，接收控制器向输入移位寄存器写入 11111110，并使移位时钟脉冲从 TXD 引脚送出，从 RXD 引脚输入输入数据，同时使输入移位寄存器中的内容左移一位，在其右端补上刚从 RXD 引脚输入的数据。这样，原先在输入移位寄存器中的"1"就逐位从左端移出，在其右端补上刚从 RXD 引脚输入的数据。当写入移位寄存器中的最右端一个"0"移到左端时，该寄存器中的右边 7 位就是已接收的数据了。这时将通知接收控制器进行最后一次移位，并把所接收的数据装入 SBUF。在启动接收过程开始后的第 10 个机器周期的 S1P1 时刻，SCON 中的 RI 位被置位，从而发出中断请求。至此便完成了一帧数据的接收过程。若 CPU 响应中断，则从 0023H 单元开始执行串行口中断服务程序。

（3）应用实例。MCS-51 单片机的串行口工作在操作方式 0 时，通过外接移位寄存器可以扩展一个或多个 8 位并行 I/O 口。用并行输入串行输出移位寄存器（如 74HC165）扩展并行输入口，用串行输入并行输出移位寄存器（如 74HC164）扩展并行输出口。这种情况比较典型的例子是应用在控制键盘和显示器上。

1) 串行口扩展的键盘和显示器接口电路。用于键盘和显示器接口器件的是串行输入并行输出移位寄存器 74HC164。用一片移位寄存器 74HC164，再加单片机的一个引脚，就可以组成 8 个按键的键盘；若增加单片机的一个引脚可以再增加 8 个按键。用一片移位寄存器 74HC164 可以扩展一个 8 位并行口，用它来连接一个 LED 数码管，就形成一位显示器；若增加一片移位寄存器 74HC164，就可以再扩展一个 LED 数码管。由 16 个按键组成的键盘和由 4 个 LED 数码管组成的显示器电路如图 9-2 所示。

图中使用的一片移位寄存器 74HC164 和两个单片机引脚，组成了一个有 16 个按键的键盘。使用 4 片移位寄存器 74HC164 和 4 个共阴极 LED 数码管组成了 4 位显示器。

2) 程序设计。作为一个示意性的实例，要求该电路实现的功能是：上电后 4 位显示器显示 8051，然后等待键盘输入。若按下按键 SB10，则显示器显示 0009，若按下按键 SB7，则显示器显示 0006。其程序流程图如图 9-3 所示。

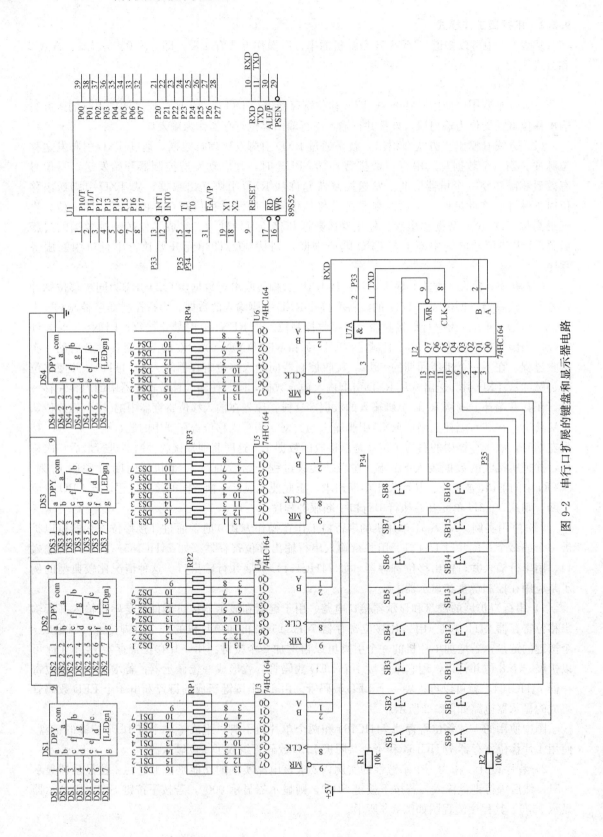

图 9-2　串行口扩展的键盘和显示器电路

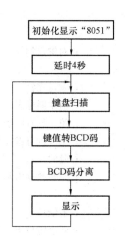

图 9-3　串行口扩展的键盘和显示器电路程序流程图

实验的程序清单如下。

【例 A9-1】 串行口扩展的键盘和显示器电路的程序如下。

```
; **************************************************************************
;    程序名：key_display.asm    功能：采用串行口的键盘显示器
;    说明：采用串行接口工作方式 0，使用晶振频率为 11.059 2MHz。
;          两行 16 个按钮，4 位 LED 静态显示
; **************************************************************************
            ORG   0000H
            LJMP MAIN
;
; ------引脚定义----------
      EN_display    BIT   P3.3
      KEY_L1        BIT   P3.4
      KEY_L2        BIT   P3.5
; -------数据定义------------
      SUM_dis    EQU   04H    ; 显示位数
      CONT       EQU   04H
      VAL_KEY    EQU   50H    ; 键值缓冲区
      ADR_BCD    EQU   52H    ; BCD 码十位地址
      ADR_dis    EQU   58H    ; 显示缓冲区首地址
; ======主程序================
            ORG   0040H
MAIN:   ACALL INITIA
        MOV R3, #CONT
LP:     ACALL DEL1S
        DJNZ R3, LP
LOOP:   ACALL KEY
        ACALL BINBCD
        ACALL BCD_SEP
        ACALL DISPLAY
        AJMP LOOP
```

单片机控制技术快速入门

```
; = = = = = = = = = = = = = = = = = = = = = = = = = = = =
; - - - - - - 键扫描子程序 - - - - - - - - - - - -
KEY:    MOV A, #00H               ; 对键盘扫描
        MOV SBUF, A
KL0:    JNB TI, KL0               ; 发送完?
        CLR TI                    ; 清中断标志
KL1:    JNB KEY_L1, PK1           ; 第 1 行有键按下?
        JB  KEY_L2, KL1           ; 第 2 行有键按下?
PK1:    ACALL D10MS               ; 延时
        JNB KEY_L1, PK2           ; 是否抖动引起
        JB  KEY_L2, KL1
PK2:    MOV R7, #08H              ; 有键按下
        MOV R6, #0FEH             ; 哪个键按下
        MOV R3, #00H
        MOV A, R6
KL5:    MOV SBUF, A               ; 这一行逐列扫描
KL2:    JNB TI, KL2               ; 等待发送完
        CLR TI                    ; 发送完, 清中断标志
        JNB KEY_L1, PK0           ; 是第 1 行按键?
        JB  KEY_L2, NET           ; 是第 2 行按键?
        MOV R4, #08H              ; 是第 2 行键
        AJMP PK3
PK0:    MOV R4, #00H              ; 是第 1 行键
PK3:    MOV A, #00H               ; 等待键释放
        MOV SBUF, A
KL3:    JNB TI, KL3               ; 等待串行口发送完
        CLR TI                    ; 发送完清发送中断标志
KL4:    JNB KEY_L1, KL4
        JNB KEY_L2, KL4
        MOV A, R4                 ; 键释放, 取键号
        ADD A, R3
        MOV VAL_KEY, A            ; 键值送缓冲区
        RET
NET:    MOV A, R6
        RL A
        MOV R6, A
        INC R3
        DJNZ R7, KL5
; - - - - - - - - - - - - - - - - - - - - - - - - - - - - - - -
; - - - - - - - - BIN 转 BCD 码 - - - - - - - -
BINBCD:
        MOV R0, #ADR_BCD
        MOV A, VAL_KEY
        MOV B, #100
        DIV AB
        MOV @R0, A        ; 百位数
```

```
        INC R0
        MOV A, ♯10
        XCH A, B
        DIV AB
        SWAP A
        ADD A, B              ; 十位在高 4 位，个位在低 4 位
        MOV @R0, A
        RET
; － － － － － － － － － － － － － － － － － － － － － －
; － － － － － － －BCD 码分离－ － － － － － － － －
BCD_SEP:
        MOV R0, ♯ADR_BCD
        MOV R1, ♯ADR_dis
        MOV R5, ♯CONT
BCD1:   MOV A, @R0
        ANL A, ♯0F0H
        SWAP A
        MOV @R1, A
        INC R1
        MOV A, @R0
        ANL A, ♯0FH
        MOV @R1, A
        INC R1
        INC R0
        DJNZ R5, BCD1
        RET
; － － － － － － － － － － － － － － － － － － － － － － － －

; － － － － － － －初始化子程序－ － － － － － － － －
INITIA:
        SETB  EN_display      ; 开放显示
        MOV R7, ♯SUM_dis      ; 显示位数
        MOV R0, ♯00H
        MOV DPTR, ♯CSTAB      ; 字形代码表首址
DL0:    MOV A, R0             ; 加偏移量
        MOVC A, @A + DPTR
        MOV SBUF, A
DL1:    JNB TI, DL1
        CLR TI
        INC R0
        DJNZ R7, DL0
        CLR EN_display
        RET
CSTAB: DB 7FH, 3FH, 6DH, 06H
; － － － － － － － － － － － － － － － － － － － － － － － － － － －
; － － － － － －延时子程序－ － － － － －
```

```
D10MS:
        SETB PSW. 4
        MOV R7, ＃0AH
DL:     MOV R6, ＃0FFH
DL6:    DJNZ R6, DL6
        DJNZ R7, DL
        CLR PSW. 4
        RET
```

; － － － － － －延时 1s 程序 － － － － － － － － － －
; 用到寄存器组 1 中的 R1、R2 和 R3 寄存器

```
DEL1S: SETB  PSW. 3         ; 选用寄存器区 1
        MOV  R1 , ＃46       ; 立即数 46 送寄存器 R1
DEL0: MOV  R2 , ＃100        ; 立即数 100 送寄存器 R2
DEL1: MOV  R3 , ＃100        ; 立即数 100 送寄存器 R3
        DJNZ R3 ,    $       ; 寄存器 R3 中的内容减 1，不为零转移到当前指令
        DJNZ R2 ,   DEL1     ; 寄存器 R2 中的内容减 1，不为零转移到 DEL1
        DJNZ R1 , DEL0       ; 寄存器 R1 中的内容减 1，不为零转移到 DEL0
        CLR  PSW. 3          ; 选用寄存器区 0
        RET                 ; 子程序返回
```

; －
; － － － － － － － 显示子程序 － － － － － － － －

```
DISPLAY:
        SETB EN ＿ display
        MOV R7, ＃SUM ＿ dis    ; 显示字符数
        MOV R0, ＃ADR ＿ dis    ; 显示缓冲器首地址
DIS0: MOV A, @R0               ; 取显示的数
        MOV DPTR, ＃DTAB
        MOVC A, @A + DPTR
        MOV SBUF, A
DIS1: JNB TI, DIS1
        CLR TI
        INC R0
        DJNZ R7, DIS0
        CLR EN ＿ display       ; 关显示
        RET
DTAB: DB 3FH, 06H, 5BH, 4FH, 66H   ; 0, 1, 2, 3, 4
        DB 6DH, 7DH, 07H, 7FH, 67H   ; 5, 6, 7, 8, 9
        DB 77H, 7CH, 39H, 5EH, 79H   ; A, B, C, D, E
        END
```

　　3) 电路功能仿真。将上面的串行口扩展的键盘和显示器电路程序用"记事本"录入，并保存为名为"key ＿ display. asm"的文件，如图 9-4 所示。

　　按照图 9-2 所示的电路在 Proteus 7.9 中绘制仿真电路，如图 9-5 所示。然后单击"Source"，选中"Add/Remove Source file…"加载源程序，如图 9-6 所示，点击"OK"按钮。加载完源程序后，单击"Source"，选择"Build All"进行编译，编译成功的界面如图 9-7 所示。若未编译成功，需找到错误作修改后重新进行编译，直到成功为止。

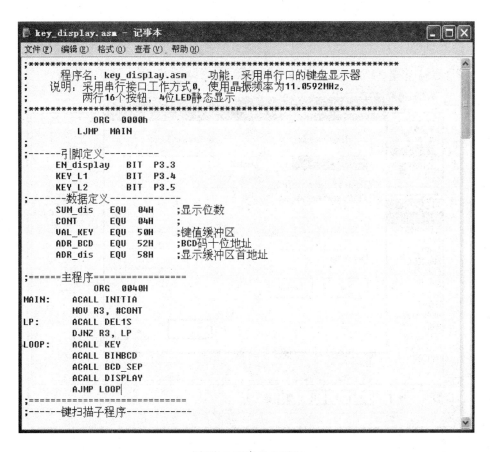

图 9-4　程序录入界面

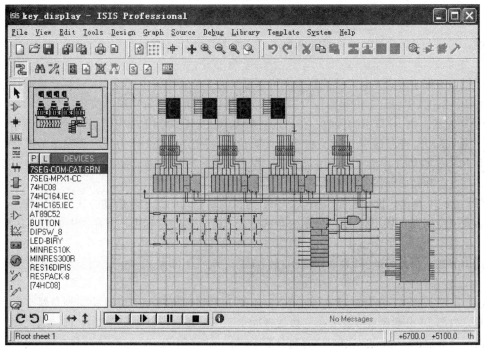

图 9-5　串行口扩展的键盘和显示器仿真用电路

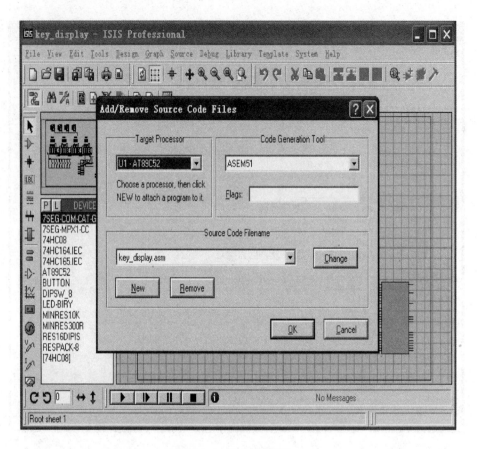

图 9-6　加载源程序

单击仿真开始按钮 进入仿真运行状态，其初始界面如图 9-8（a）所示。按下键盘上某个按键，如按下 SB6，显示的该键键值为"5"，如图 9-8（b）所示。

2. 方式 1

串行口工作于方式 1 时，被控制为波特率可变的 8 位通用异步接收和发送器。此时传送一帧数据为 10 位，其中包含 1 位起始位（0）、8 位数据位（低位在前）和 1 位停止位（1）。数据从 TXD 引脚发送，由 RXD 引脚接收。传送的波特率取决于定时器 1 或定时器 2 的溢出速率，是可变的。当 T2CON 寄存器中 RCLK 和 TCLK 置位时，用定时器 2 作为接收和发送的波特率发生器；而 RCLK 和 TCLK 清零时，用定时器 1 作为接收和发送的波特率发生器。两者还可以交叉使用，即发送和接收使用不同的波特率。

（1）方式 1 发送。执行任何一条以 SBUF 为目的寄存器的指令就启动一次发送。发送一开始就激活发送控制器，从 TXD 引脚发送一个起始位"0"，然后使 SBUF 寄存器中的数据送至 TXD 引脚，接着产生第 1 个移位脉冲，使 SBUF 中的数据右移 1 位，并从左端补入"0"。此后 SBUF 寄存器中的数据将逐位从 TXD 引脚送出，而在其左端将不断补入"0"。当发送完数据位时，使 TI 置位，申请中断。

（2）方式 1 接收。接收过程始于在 RXD 引脚上检测到负跳变。一旦检测到负跳变就进入接收过程，内部 16 分频器就立即复位，以实现同步，同时接收控制器把 1FFH（9 个 1）写入移位寄存器。计数器的 16 个状态把 1 位时间分成 16 份，并在第 7、8、9 个计数状态时采样 RXD 引脚的电平，对每位数据采样三次就有 3 个采样值，其中至少有两个值相同时，该位才被接收。采

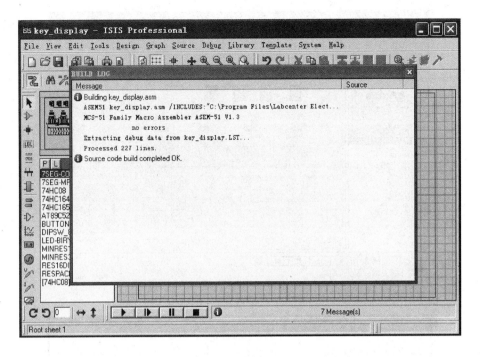

图 9-7　编译成功

样 3 取 2 表决方法可以抑制噪声。如果接收的第 1 位不是 "0"，说明它不是一帧数据的起始位，该位被摒弃，接收电路被复位，等待另一个负跳变。若接收到的第 1 位是 "0"，则被移入输入移位寄存器，并开始接收这一帧中的其他位。当数据位逐一由右面移入时，原先装在移位寄存器内的 9 个 1 逐位向左移出，当起始位 "0" 移到最左边时，就通知接收控制器进行最后一次移位，把移位寄存器的内容（9 位）分别装入 SBUF（8 位）和 RB8（SCON.2）中，并置位 RI，请求中断。在产生最后一次移位脉冲时必须满足下列两个条件：①RI＝0，即上一帧数据接收完成时发出的中断请求已被响应，SBUF 寄存器中的上一帧数据已被取走；②接收到的停止位为 1 或 SM$_2$＝0。如果这两个条件中任何一个不满足，所接收的数据帧就被丢弃，不再恢复。两者都满足时，停止位就进入 RB8，8 位数据进入 SBUF 寄存器，RI＝1。

3. 方式 2 和方式 3

串行口工作于方式 2 和方式 3 时，传送一帧数据为 11 位，其中包含 1 位起始位（0）、8 位数据位（低位在前）、1 位可编程位（第 9 位数据）和 1 位停止位（1）。数据从 TXD 引脚发送，由 RXD 引脚接收。发生时可编程位（TB8）可赋值 0 或 1；接收时可编程位进入 SCON 寄存器中的 RB8。方式 2 和方式 3 的工作原理相同，差别在于方式 2 的波特率为 f_{osc}／32 或 f_{osc}／64；而方式 3 的波特率是可变的，且利用定时器 1 或定时器 2 作为接收和发送的波特率发生器。

（1）方式 2 和方式 3 发送。方式 2 和方式 3 发送与方式 1 的差异在于发送移位寄存器第 9 位的数据不同，方式 2 和方式 3 中装入 TB8（SCON.3）中的是数据。执行任何一条以 SBUF 为目的寄存器的指令就启动一次发送。发送一开始把 8 位数据装入 SBUF 寄存器，同时还把 TB8（SCON.3)装到发送移位寄存器第 9 位的位置上。然后激活发送控制器，从 TXD 引脚发送一个起始位 "0"，并允许移位寄存器中的数据送至 TXD 引脚，接着产生第 1 个移位脉冲，使 SBUF 中的数据右移 1 位，并把一个停止位 "1" 由控制器的停止位发生端送入移位寄存器的第 9

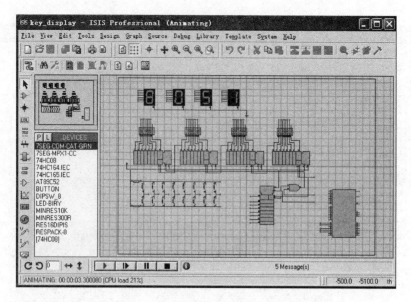

(a)

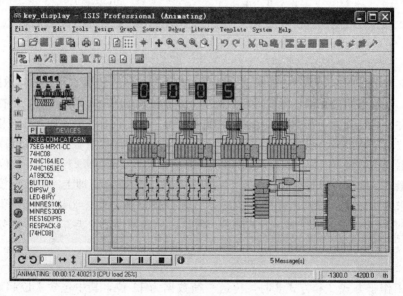

(b)

图 9-8　仿真界面

(a) 初始界面；(b) 按键 SB6 的键值

位。此后，每次移位时只把"0"送入第 9 位。故当 TB8 的内容移到移位寄存器的输出位置上时，其左边一位是停止位"1"，再往左的所有位全为 0。当零检测器检测到这种状态后，就通知发送控制器做最后一次移位，然后置位 TI，请求中断。

（2）方式 2 和方式 3 接收。方式 2 和方式 3 的接收过程与方式 1 类似。与方式 1 不同的是方式 2 和方式 3 状态下 RB8（SCON.2）中的是第 9 位数据，而不是停止位。接收过程始于在 RXD 引脚上检测到负跳变。一旦检测到负跳变就进入接收过程，内部 16 分频器就立即复位，以实现同步，同时接收控制器把 1FFH（9 个 1）写入移位寄存器。计数器的 16 个状态把 1 位时间分成 16 份，并在第 7、8、9 个计数状态时采样 RXD 引脚的电平，对每位数据采样三次就有 3 个采样值，其中至少有两个值相同时，该位才被接收。采样 3 取 2 表决方法可以抑制噪声。如果接收的第 1 位不是"0"，说明它不是一帧数据的起始位，该位被摒弃，接收电路被复位，等待另一个负跳变。若接收到的第 1 位是"0"，则被移入输入移位寄存器，并开始接收这一帧中的其他位。当数据位逐一由右面移入时，原先装在移位寄存器内的 9 个 1 逐位向左移出，当起始位"0"移到最左边时，就通知接收控制器进行最后一次移位，把移位寄存器的内容（9 位）分别装入 SBUF（8 位）和 RB8（SCON.2），并置位 RI，请求中断。在产生最后一次移位脉冲时必须满足下列两个条件：①RI＝0，即上一帧数据接收完成时发出的中断请求已被响应，SBUF 寄存器中的上一帧数据已被取走；②接收到的第 9 位数据为 1 或 $SM_2＝0$。如果这两个条件中任何一个不满足，所接收的数据帧就被丢弃，不再恢复，RI 仍为 0。两者都满足时，第 9 位数据就进入 RB8，前 8 位数据进入 SBUF 寄存器，RI＝1。

（3）应用实例。MCS-51 单片机的串行口工作在操作方式 1 时，将一片单片机内部 RAM 中的若干字节从串行口发送出去；而另一片单片机则从串行口接收若干字节存放在内部 RAM 中。并把第 1 字节在 P1 口上显示。

1）实验电路。单片机的串行口工作在操作方式 1 的发送和接收通信电路如图 9-9 所示。图中使用的两片单片机可以用 AT89S52、STC90C52RC/RD＋、STC11F60XE、STC12C5A60S2 等型号中的任意一种。DSW1 和 DSW2 为 8 位 DIP 开关，RP1 和 RP2 为 10k 排阻作上拉电阻，D1～D16 为普通发光二极管，R1～R16 为限流电阻。

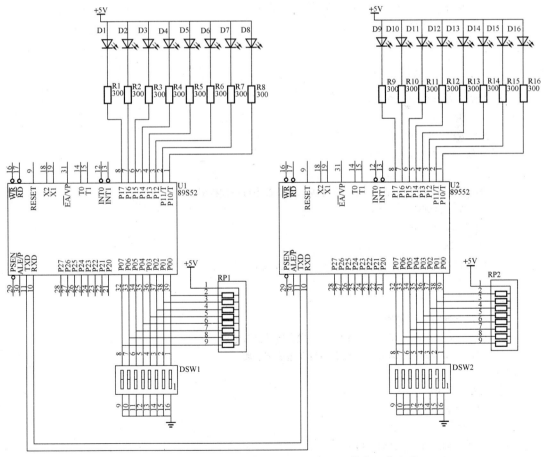

图 9-9 单片机串行口工作方式 1 的发送和接收通信电路

2) 实验程序。实验的程序清单如下。

【例 A9-2a】串行口工作方式 1 的发送程序如下。

```
;  **************************************************
;        文件名：s _ send. asm
;        功能：将内部 RAM 中的若干字节从串行口发送
;        起始地址为 SEND _ BUF
;        发送字节数为 SEND _ COUNT
;        第 1 字节为 P0 口的状态
;    说明：晶振频率 11. 059 2Hz，波特率 2400bps
;
;  **************************************************
; - - - - - 端口定义 - - - - - - - - - - - - -
        SEND _ BUF      EQU    40H
        SEND _ COUNT    EQU    01H
        RECEV _ BUF     EQU    70H
        RECEV _ COUNT   EQU    01H
        OUTPUT          DATA   P1
        INPUT           DATA   P0
;
; - - - - 主程序 - - - - - - - - - - - - - - -
                ORG 0000H
            LJMP   BEGIN
;
BEGIN： MOV  R0, ＃SEND _ BUF
        MOV  R7, ＃SEND _ COUNT
LP _ 1：
        MOV  @R0, ＃0FFH
        DJNZ  R7, LP _ 1
;
        MOV TMOD, ＃20H          ；设置定时器 T1，设置串行口波特率
        MOV TL1, ＃0F4H
        MOV TH1, ＃0F4H
        SETB  TR1
        MOV  SCON, ＃40H         ；设置串行口工作方式 1
;
MAIN：
        MOV  SEND _ BUF, INPUT
        MOV  R0, ＃SEND _ BUF    ；设置串行发送缓冲器首地址
        MOV  R7, ＃SEND _ COUNT  ；设置串行发送的字节数
LOOP1：
        MOV  A, @R0
        MOV SBUF, A
CHECK _ TI：
      JBC TI, UART _ BYT _ SEND _ END
      AJMP  CHECK _ TI
```

```
UART _ BYT _ SEND _ END：
        INC R0
        MOV R3，＃05H
        LCALL DELAY
        DJNZ   R7，LOOP1
        LJMP MAIN
; － － － － － － － － － － － － － － － － － － － － － － － －
; － － － － － －延时子程序－ － － － － － － －
DELAY：
        MOV R4，＃100
DEL1：
        MOV R5，＃200
DEL2：
        NOP
        NOP
        DJNZ   R5，DEL2
        DJNZ   R4，DEL1
        DJNZ   R3，DELAY
        RET
; － － － － － － － － － － － － － － － － － － － － － － －
        END
```

【例 A9-2b】串行口工作方式 1 的接收程序如下。

```
; ＊＊＊＊＊＊＊＊＊＊＊＊＊＊＊＊＊＊＊＊＊＊＊＊＊＊＊＊＊＊＊＊＊＊＊＊＊＊＊＊＊＊＊＊
;       文件名：s _ receive. asm
;       功能：从串行口接收若干字节存放在内部 RAM 中
;               存放的起始地址为 RECEV _ BUF
;               字节数为 RECEV _ COUNT,
;               并把第 1 字节在 P1 口上显示
;       说明：晶振频率 11. 059 2Hz，波特率 2400bps
;
; ＊＊＊＊＊＊＊＊＊＊＊＊＊＊＊＊＊＊＊＊＊＊＊＊＊＊＊＊＊＊＊＊＊＊＊＊＊＊＊＊＊＊＊＊
; － － － － － －端口定义－ － － － － － － － － － －
        SEND _ BUF      EQU   40H
        SEND _ COUNT EQU   01H
        RECEV _ BUF     EQU   70H
        RECEV _ COUNT EQU   01H
        OUTPUT        DATA  P1
        INPUT         DATA  P0
;
; － － － －主程序－ － － － － － － － － － － － － －
                ORG 0000H
            LJMP   BEGIN
;
BEGIN：MOV   R0，＃SEND _ BUF
        MOV   R7，＃SEND _ COUNT
```

```
LP _ 2:
        MOV @R0, #0FFH
        DJNZ  R7, LP _ 2
        MOV   OUTPUT, #0FFH
        MOV   INPUT, #0FFH
;
        MOV TMOD, #20H          ;设置定时器 T1，设置串行口波特率
        MOV TL1, #0F4H
        MOV TH1, #0F4H
        SETB  TR1
        MOV   SCON, #40H         ;设置串行口工作方式 1
;
MAIN:
        MOV   R0, #RECEV _ BUF        ;设置串行接收缓冲器首地址
        MOV   R7, #RECEV _ COUNT      ;设置串行接收的字节数
        SETB REN                      ;启动串行接收
CHECK _ RI:
        JBC RI, UART _ BYT _ RECEV _ END
        AJMP CHECK _ RI
UART _ BYT _ RECEV _ END:
        MOV A, SBUF
        MOV @R0, A
        INC R0
        DJNZ R7, CHECK _ RI
        MOV   OUTPUT, RECEV _ BUF
        LJMP MAIN
; _ _ _ _ _ _ _ _ _ _ _ _ _ _ _ _ _ _ _ _ _ _ _ _ _
; _ _ _ _ _ _ 延时子程序 _ _ _ _ _ _ _ _ _
DELAY:
        MOV R4, #100
DEL1:
        MOV R5, #200
DEL2:
        NOP
        NOP
        DJNZ R5, DEL2
        DJNZ R4, DEL1
        DJNZ  R3, DELAY
        RET
; _ _ _ _ _ _ _ _ _ _ _ _ _ _ _ _ _ _ _ _ _ _ _ _ _
        END
```

3）电路功能仿真。将上面的串行口工作方式 1 的发送和接收程序分别用"记事本"录入，并保存为名为"s _ send. asm"和"s _ receive. asm"的文件，如图 9-10 所示。

按照图 9-9 所示的电路在 Proteus 7.9 中绘制仿真电路，如图 9-11 所示。然后单击"Source"，选中"Add/Remove Source file…"加载源程序。将图中单片机 U1 加载发送程序，U2

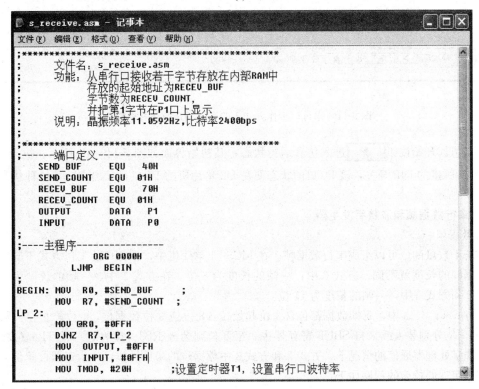

图 9-10　程序录入界面

（a）发送程序；（b）接收程序

加载接收程序，如图 9-12 所示，单击"OK"按钮。加载完源程序后，单击"Source"，选择
"Build All"进行编译，编译成功的界面如图 9-13 所示。若未编译成功，需找到错误作修改后重
新进行编译，直到成功为止。

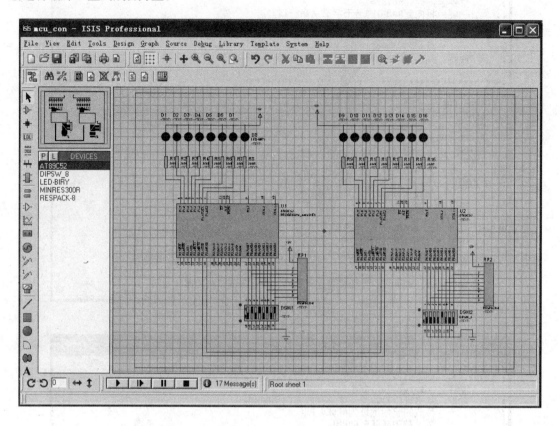

图 9-11　串行口工作方式 1 的发送和接收仿真电路

单击仿真开始按钮 ▶ 进入仿真运行状态，其初始界面如图 9-14（a）所示。拨动 U1 单
片机 P0 口所接的 DIP 开关，该 P0 口的状态便在 U2 单片机的 P1 口显示出来，某一种状态如图
9-14（b）所示。

9.2.3　串行数据帧和波特率发生器

1. 数据帧

由若干数量的位可以组成串行数据帧。在 MCS-51 单片机中，串行口的工作方式不同，其传
送的数据帧的长度就不同。方式 0 中，一帧的长度为 8 位。在方式 1 中，一帧的长度为 10 位。
在方式 2 和方式 3 中，一帧的长度为 11 位。

在方式 1、2、3 中，每帧数据都包含 1 位起始位，8 位或 9 位数据位，1 位停止位，数据位
的第 0～7 位分别装入或来自 SBUF 寄存器中，第 8 位则装入 RB8（接收时）或 TB8（发送时）
中。在非多处理器通信的情况下，方式 2 和方式 3 中数据位的最后一位可作为奇偶校验位。用汇
编语言来实现偶校验的程序如下：

```
MOV  C, PSW.0  ；奇偶校验位送进位位
MOV  TB8, C   ；把奇偶校验位送 TB8
MOV  SBUF, A  ；把数据字节状态 SBUF
```

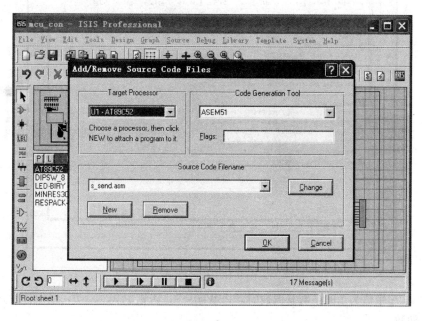

(a)

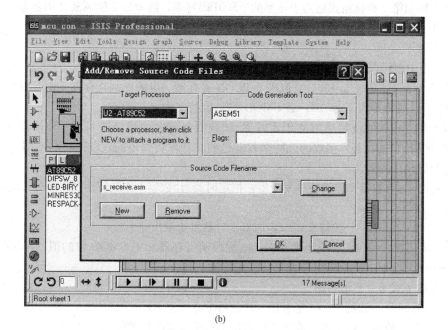

(b)

图 9-12　加载发送和接收程序

（a）U1 加载发送程序；（b）U2 加载接收程序

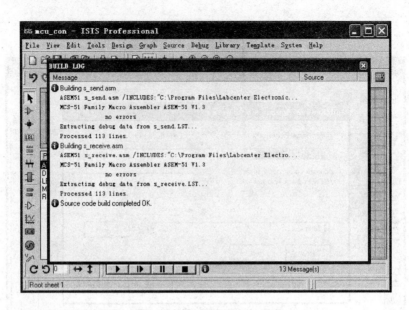

图 9-13　编译结果

当累加器 A 中值为 1 的位数是偶数时，PSW.0＝1，否则 PSW.0＝0，以保证发送帧中值为 1 的位数是偶数。

几种典型的帧格式如图 9-15 所示。图中第 1 种帧格式是波特率为 110 的电传打字机采用的格式；第 2 种和第 3 种帧格式适用于典型的 ASCII 码终端，前者是 7 位 ASCII 码数据，后者是 8 位 ASCII 码数据；第 4 种和第 5 种帧格式是 51 单片机多处理机串行通信的格式。

2. 波特率发生器

从表 9-1 中就可以知道单片机串行口在工作方式 0 的波特率是固定的，为 $f_{OSC}/12$。方式 2 的波特率是 $f_{OSC}/64$ 或 $f_{OSC}/32$，它取决于 PCON 寄存器（电源控制寄存器）中 SMOD 位的值。若 SMOD＝0，波特率为 $f_{OSC}/64$，若 SMOD＝1，波特率为 $f_{OSC}/32$。

方式 1 和方式 3 的波特率取决于定时器/计数器 1 或 2 的溢出速率。另外根据 T2CON 内 TCLK 和 RCLK 位的状态，接收的波特率和发送的波特率可以不同，以适应与不同的输入和输出装置进行通信的需要。

（1）定时器/计数器 1 作波特率发生器。把定时器/计数器 1 作波特率发生器时，波特率按下式计算

$$波特率 ＝（定时器/计数器 1 溢出速率）/n$$

其中：$n＝32$ 还是 $n＝16$，取决于 PCON（电源控制寄存器）中 SMOD 位的值。SMOD＝0 时，$n＝32$；SMOD＝1 时，$n＝16$。

也可以按下式来计算波特率

$$波特率 ＝（定时器/计数器 1 溢出速率）\times 2^{SMOD}/32$$

其中：定时器/计数器 1 溢出速率取决于计数速率和定时器的预置值。

当定时器/计数器 1 用作波特率发生器时，通常选用定时器初值自动重装的工作方式 2。此时，TMOD.5(M1)＝1，TMOD.4(M0)＝0 且 TCON.6(TR1)＝1，定时器 1 运行。为了避免因溢出而产生不必要的中断，应不允许定时器 1 中断，即需要使 IE.3（ET1）＝0。在定时器工作方式 2 中，TL1 作计数用，而自动重装载的值放在 TH1 内，故溢出速率可按下式计算

$$溢出速率 ＝ 计数速率/[256－(TH1)]$$

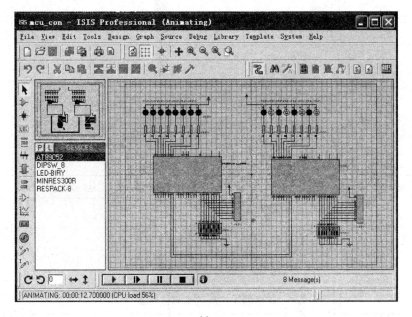

(a)

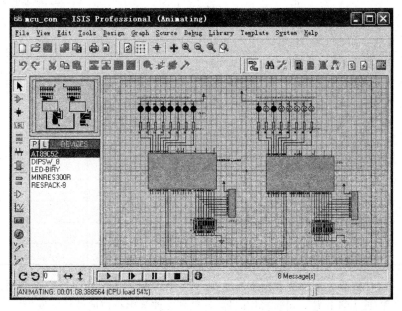

(b)

图 9-14　串行口工作方式 1 的发送和接收仿真状态

(a) U1 的 P0 口为 10101010 状态；(b) U1 的 P0 口为 10100000 状态

若需要很低的波特率，可以选择定时器 1 工作于 16 位操作方式，即方式 1，且利用定时器 1 的中断来实现重装载，这时 TMOD. 5（M1）＝0，TMOD. 4（M0）＝1 且 IE. 3（ET1）＝1。

定时器/计数器 1 的计数速率与 TMOD 寄存器中 C/$\overline{T}$（TCON. 6）的状态有关，当 C/$\overline{T}$＝0 时，计数速率＝$f_{OSC}/12$；当 C/$\overline{T}$＝1 时，计数速率取决于外部输入时钟频率，但此频率不能超过 $f_{OSC}/24$。表 9-2 列出了各种常用波特率及其获得方法。

电传打字机

起始位	DATA.0	DATA.1	DATA.2	DATA.3	DATA.4	DATA.5	DATA.6	奇偶	停止	停止

ASCⅡ终端

起始位	DATA.0	DATA.1	DATA.2	DATA.3	DATA.4	DATA.5	DATA.6	奇偶	停止

或

起始位	DATA.0	DATA.1	DATA.2	DATA.3	DATA.4	DATA.5	DATA.6	DATA.7	奇偶	停止

51单片机多机通信

起始位	DATA.0	DATA.1	DATA.2	DATA.3	DATA.4	DATA.5	DATA.6	地址或数据	停止

或

起始位	DATA.0	DATA.1	DATA.2	DATA.3	DATA.4	DATA.5	DATA.6	DATA.7	DATA.8	停止

图 9-15　典型帧格式

表 9-2　　　　　　　　　　　　　定时器 1 产生的常用波特率

波特率	f_{OSC}（MHz）	SMOD	定时器 1		
			$C/\overline{T}$	方式	重装载值
方式 0　1M	12	×	×	×	×
方式 2　375K	12	1	×	×	×
方式 1，3　62.5 K	12	1	0	2	FFH
19.2 K	11.059 2	1	0	2	FDH
9.6K	11.059 2	0	0	2	FDH
4.8K	11.059 2	0	0	2	FAH
2.4K	11.059 2	0	0	2	F4H
1.2K	11.059 2	0	0	2	E8H
137.5K	11.059 2	0	0	2	1DH
110K	6	0	0	2	72H
110K	12	0	0	1	FEEBH

（2）定时器/计数器 2 作波特率发生器。在 AT89S52 单片机中，通过设置使用 T2CON 寄存器中 TCLK 位和/或 RCLK 位，可选择定时器/计数器 2 作为串行口的波特率发生器。当 TCLK＝1 时，选作发送波特率发生器；RCLK＝1 时，选择作接收波特率发生器；也可同时选作发送/接收波特率发生器。

当定时器/计数器 2 作波特率发生器时，波特率取决于它的溢出速率，而与 SMOD 的状态无关。此时计数时钟脉冲可以来自内部，也可以来自外部，由 T2CON 寄存器中的 C/$\overline{T}$2 位的值确定。C/$\overline{T}$2＝0 时工作于定时方式，计数频率＝ $f_{OSC}/2$；C/$\overline{T}$2＝1 时，工作于计数器方式，计数频率为外部时钟频率。由于经过一个 16 分频的计数器，故串行口的波特率是定时器/计数器 2 溢出速率的 1/16。当 C/$\overline{T}$2＝0 时，波特率按下式计算

$$波特率 = \frac{f_{OSC}}{2 \times 16 \times [65\ 536 - (RCAP2H, RCAP2L)]}$$

式中：（RCAP2H，RCAP2L）是自动重装载值。

当 C/T2＝0 时，波特率按下式计算

$$波特率 = \frac{F}{16 \times [65\,536 - (RCAP2H, RCAP2L)]}$$

式中：F 为外部时钟频率，其最高值不能大于 $f_{OSC}/24$。

（3）独立波特率发生器。在 STC11F60XE 单片机中，通过对特殊功能寄存器 AUXR 中 S1BRS 位的设置，就可以选择独立波特率发生器作为串行口的波特率发生器。AUXR 寄存器是具有内部扩展 RAM 管理、定时器速度控制和波特率发生器控制功能的特殊功能寄存器，该寄存器只能写不能读。其地址为 8EH，复位值是 00000000B。AUXR 寄存器的特殊功能位如下所示。

寄存器名称	地址	位	B7	B6	B5	B4	B3	B2	B1	B0
AUXR	8EH	名称	T0×12	T1×12	UART_M0×6	BRTR	—	BRT×12	EXTRAM	S1BRS

1）第 7 位 T0×12 是定时器 0 速率控制位。T0×12＝0 时，定时器速率是 8051 单片机定时器的速率，即 $f_{OSC}/12$；T0×12＝1 时，定时器速率是 8051 单片机定时器的速率的 12 倍，即 f_{OSC}。

2）第 6 位 T1×12 是定时器 1 速率控制位。T1×12＝0 时，定时器速率是 8051 单片机定时器的速率，即 $f_{OSC}/12$；T1×12＝1 时，定时器速率是 8051 单片机定时器的速率的 12 倍，即 f_{OSC}。

3）第 5 位 UART_M0×6 是串行口方式 0 的通信速率设置位。UART_M0×6＝0 时，UART 串口方式 0 的速率是传统 8051 单片机串口的速率，即 $f_{OSC}/12$；UART_M0×6＝1 时，UART 串口方式 0 的速率是传统 8051 单片机串口的速率的 6 倍，即 $f_{OSC}/2$。

4）第 4 位 BRTR 是独立波特率发生器运行控制位。BRTR＝0 时，不允许独立波特率发生器运行；BRTR＝1 时，允许独立波特率发生器运行。

5）第 3 位 S2SMOD 是 UART2 的波特率加倍控制位。S2SMOD＝0 时，UART2 波特率不加倍；S2SMOD＝1 时，UART2 波特率加倍。

6）第 2 位 BRT×12 是独立波特率发生器计数控制位。BRT×12＝0 时，独立波特率发生器每 12 个时钟计数一次；BRT×12＝1 时，独立波特率发生器每 1 个时钟计数一次。

7）第 1 位 EXTRAM 是内/外部 RAM 存取控制位。EXTRAM＝0 时，允许使用内部扩展的 1024 字节扩展 RAM；EXTRAM＝1 时，禁止使用内部扩展的 1024 字节扩展 RAM。

8）第 0 位 S1BRS 是串口 1（UART1）的波特率发生器。S1BRS＝0 时，选择定时器 1 作为串口 1（UART1）的波特率发生器；S1BRS＝1 时，选择独立波特率发生器作为串口 1（UART1）的波特率发生器，此时定时器 1 得到释放，可以作为独立定时器使用。

独立波特率发生器输出频率的调整可通过对特殊功能寄存器 BRT 设置不同的初始值来实现，寄存器 BRT 的地址为 9CH。

9.3 串行通信实例

9.3.1 单片机与三菱 PLC 通信

本节首先介绍个人电脑通过 PLC 的编程通信口与三菱 PLC 进行通信的协议；然后通过串口调试助手从上位机对 PLC 进行读、写和强制等操作，观察和讨论其数据帧结构；最后在单片机最小系统上外扩 8 位发光二极管和两个按键，由按键控制 PLC 输出继电器的动作及增大变化的时间间隔，8位发光二极管用来指示PLC输出继电器Y0～Y7的状态，一个按键交替控制，另一个按键增大跳跃时间间隔。

1. FX编程口专用通信协议

三菱PLC编程通信口是RS-422接口，通信速率是固定的，为9600bps，帧格式包含1位起始位、7位数据位、1位偶校验位和1位停止位，通信校验码为字串总和校验，通信用字码是ASCII码，且只能使用表9-3中的各字码。传送数字"7"的ASCII码"37H"的通信时序如图9-16所示。

表9-3 通 信 用 码

字 符	十六进制码	说 明
ENQ	05H	ENQYIRY：上位机要求通信
ACK	06H	ACKNOWLEDGE：PLC回答："了解"
NAK	15H	NAGATIVE ACK：PLC回答"不了解"
STX	02H	START OF TEXT：头码（代表字符串开始）
ETX	03H	END OF TEXT：结束码（代表字符串结束）
'0'	30H	
'1'	31H	
'2'	32H	
'3'	33H	
'4'	34H	
'5'	35H	
'6'	36H	
'7'	37H	
'8'	38H	
'9'	39H	
'A'	41H	
'B'	42H	
'C'	43H	
'D'	44H	
'E'	45H	
'F'	46H	

"STX"的帧格式

```
0 0 1 0 0 0 0 0 0 1 1
```
起始位 2 奇偶检验位 0 停止位

"F"的帧格式

```
0 0 1 1 0 0 0 1 1 1
```
起始位 6 奇偶检验位 4 停止位

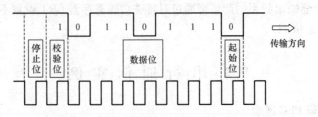

图9-16 编程口通信时序

为提高数据传输的可靠性，FX2系列的PLC编程口专用协议中，除了对被传送的每一个字节必须设置偶校验外，还设有总和校验。将被传送的字串中每一个字节的ASCII码的两位数全部加起来的结果，取右边两位作为总和校验码。此总和校验码被附加到传输数据字串的最后面。将上位机个人电脑送出字串前所计算的总和与 PLC 接收到字串后所计算的总和作比较，如果总和不一致则判定为字串错误。

（1）通信格式。上位机与 PLC 进行通信时的通信字串由头码"STX"、命令"CMD"、数据、结束码"ETX"及总和组成，其结构如图 9-17（a）所示。其中头码代表字串开始，命令表示要求 PLC 做何种操作，结束码代表字串结束，总和则是将从"CMD"开始到"ETX"为止的每一个字节的十六进制 ASCII 码全部相加，所得的总和取右边两位作为总和校验码。对 PLC 内部数据寄存器 D126 和 D127 进行读操作的通信字串结构如图 9-17（b）所示。总和＝30H＋31H＋30H＋46H＋36H＋30H＋34H＋03H＝174H，取最右边两位"74"作为总和校验码。

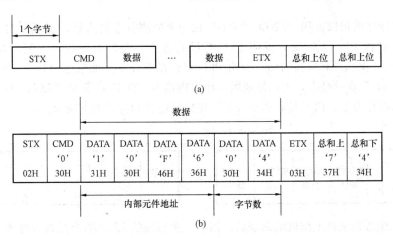

图 9-17　通信字串结构

（a）结构；（b）实例

（2）操作命令。在通信格式中上位机可以使用表 9-4 中的命令来读出、写入或强制 PLC 内部各元件的 ON/OFF 状态或数值内容。

表 9-4　　　　　　　　　　　　　　操 作 命 令

操作	命令	可指定的元件	功能说明
读出	0（30H）	X，Y，M，S，T，C，D	读出位元件的 ON/OFF 状态、T/C 的设定值或现在值机寄存器的现在值
写入	1（31H）	X，Y，M，S，T，C，D	写入位元件的 ON/OFF 状态、T/C 的设定值或现在值机寄存器的现在值
强制 ON	7（37H）	X，Y，M，S，T，C	强制接点（X，Y，M，S，T，C）＝ ON
强制 OFF	8（38H）	X，Y，M，S，T，C	强制接点（X，Y，M，S，T，C）＝ OFF

注　命令列括号内为该字符的 ASCII 码。

不管 PLC 在停止（STOP）状态还是运行（RUN）状态，都可以进行读出或写入操作。在进行强制操作时，当 PLC 收到正确的字串后，于下一次扫描至 END 指令时，PLC 送出'ACK'应答，代表强制动作正常。

2. 读出操作

读出操作的命令为"0"，其 ASCII 码是 30H。这个命令可以读出软元件 X、Y、M、S、T、

C 的状态及 T、C、D 的当前值（现在值）。读操作通信字串的格式如下所示。

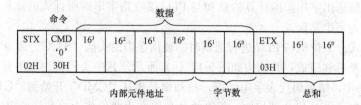

内部元件地址就是 PLC 中各元件的地址，为 4 位数。请参见随书光盘中"资料"文件夹内的"FX 编程口协议"中的表 1～表 6。字节数就是一次要读出的字节数，为 4 位数，可指定为 01H～40H。

进行读出操作前可以使用"ENQ（05H）"命令来侦测所连接的 PLC 是否已经连上。发出命令后，若在 5 秒内 PLC 无回应，说明 PLC 并没有连上。若没有回应，重复发送 3 次"ENQ（05H）"命令，3 次都没有应答的话，表明 PLC 真正没有连上。如果已经连上，但 PLC 发出的是"NAK（15H）"应答命令，表示发送的字串出现错误。待 PLC 返回"ACK（06H）"应答后，再次发送读出操作命令，PLC 接收到命令后，正确的应答的格式如下所示。

PLC 是在接收到来自上位机的命令后，到下一次扫描的 END 指令被执行时才作出应答。应答格式中数据是以十六进制数的 ASCII 码来表示的。若第 1 字节高位是"30"，第 1 字节低位是"35"，则收到数据的实际值为 05H。

3. 写入操作

写入操作的命令为"1"，其 ASCII 码是 31H。这个命令可以写入软元件 X、Y、M、S、T、C 的状态及 T、C、D 的当前值（现在值）。读操作通信字串的格式如下所示。

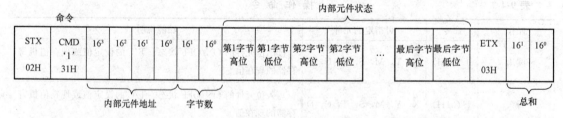

内部元件地址就是 PLC 中各元件的的地址，为 4 位数。请参见随书光盘中"资料"文件夹内的"FX 编程口协议"中的表 1～表 6。字节数就是一次要写入的字节数，为 4 位数，可指定为 01H～40H。

进行写入操作前可以使用"ENQ（05H）"命令来侦测所连接的 PLC 是否已经连上。发出命令后，若在 5 秒内 PLC 无回应，说明 PLC 并没有连上。若没有回应，重复发送 3 次"ENQ（05H）"命令，3 次都没有应答的话，表明 PLC 真正没有连上。如果已经连上，但 PLC 发出的是"NAK（15H）"应答命令，表示发送的字串出现错误。待 PLC 返回"ACK（06H）"应答后，再次发送写入操作命令，PLC 接收到命令后，于下一次扫描至 END 指令时，PLC 送出"ACK（06H）"代表写入正常。

4. 强制操作

强制操作分为两种，即强制 ON 和强制 OFF 操作。

（1）强制 ON。强制 ON 操作的命令是"7"，其 ASCII 码是 37H。这个命令可以强制软元件 X、Y、M、S、T、C 的状态为 ON，其通信字串的格式如下所示。

	命令							
STX	CMD '7'	16^1	16^0	16^3	16^2	ETX	16^1	16^0
02H	37H					03H		

内部元件地址   总和

（2）强制 OFF。强制 OFF 操作的命令是"8"，其 ASCII 码是 38H。这个命令可以强制软元件 X、Y、M、S、T、C 的状态为 OFF，其通信字串的格式如下所示。

	命令							
STX	CMD '8'	16^1	16^0	16^3	16^2	ETX	16^1	16^0
02H	38H					03H		

内部元件地址   总和

5. 操作举例

本节使用一台三菱 FX_{1S}-20MR-001PLC 进行操作举例，运行如图 9-18 所示程序。在运行过程中分别从串口调试程序或通过单片机开关控制上位机，通过 PLC 的编程通信口来控制其输出继电器的流水跳跃动作和动作的时间间隔等。

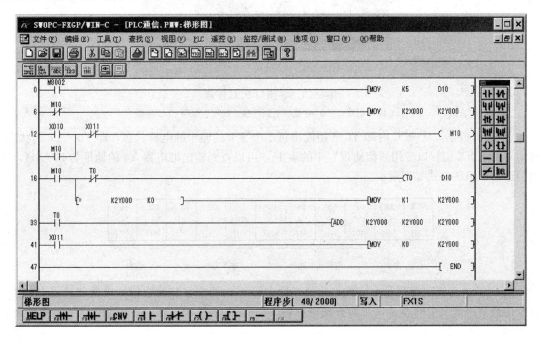

图 9-18　实验用 PLC 运行程序

（1）用串口调试助手观察通信操作。

1）电脑与 PLC 连接。将如图 9-19（a）所示的编程电缆的 USB 插头插入电脑的 USB 插孔内，如图 9-19（b）所示。再将其另一端的圆形插头插入 PLC 的编程通信口，如图 9-19（c）所示。连接正确后给 PLC 上电，并下载图 9-18 所示程序，使 PLC 处在运行状态，再用导线将 PLC 的输入端子"X10"与"COM"端子短接一下后断开。此时就可以看到 PLC 输出继电器（指示灯）的状态在不断变化。另外操作中还需要查看编程电缆占用了哪个串口，这里占用的是"COM4"。具体的操作方法请参见《PLC 控制技术快速入门——三菱 FX 系列》一书。

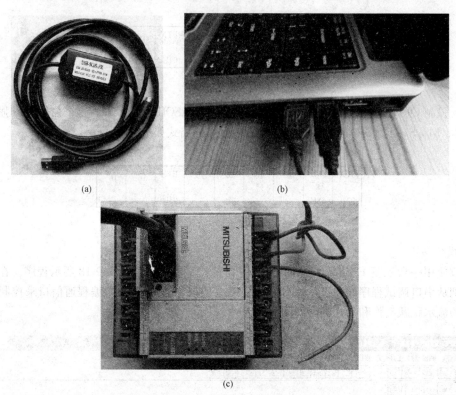

(a)　　　　　　　　(b)

(c)

图 9-19　电脑与 PLC 连接

（a）编程电缆；（b）电缆与电脑连接；（c）电缆与 PLC 连接

2）读出数据。从 PLC 内部 Y0 开始读出每 1 个字节的输出继电器状态，即 Y0～Y7 的状态。根据"三菱 FX 编程口专用通信协议"中的表 1a，可以查到输出继电器 Y0 的地址为 00A0H，读出的通信字串的格式如下所示。

STX	CMD	16^3	16^2	16^3	16^0	16^1	16^0	ETX	16^1	16^0
	'0'	'0'	'0'	'A'	'0'	'0'	'1'		'6'	'5'
02H	30H	30H	30H	41H	30H	30H	31H	03H	36H	35H

命令　　　　内部元件地址　　　　字节数　　　　　　总和

从 PLC 内部读出寄存器 D10 的设定值，即 D10 开始两个字节的数值。根据"三菱 FX 编程口专用通信协议"中的表 5a，可以查到寄存器 D10 的地址为 1014H，读出的通信字串的格式如下所示。

STX	CMD	16^3	16^2	16^3	16^0	16^1	16^0	ETX	16^1	16^0
	'0'	'1'	'0'	'1'	'4'	'0'	'2'		'5'	'B'
02H	30H	31H	30H	31H	34H	30H	32H	03H	35H	42H

命令　　　　内部元件地址　　　　字节数　　　　　　总和

运行串口调试助手（光盘"工具"文件夹内）软件。在界面内将串口改为"COM4"，并把
"校验位"、"数据位"等按照 PLC 编程口的通信要求进行重新设置，如图 9-20 所示。

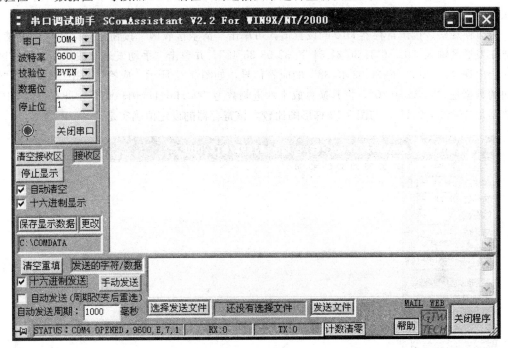

图 9-20　串口调试助手设置

在下面发送区内输入"05"，单击"手动发送"按钮，随即可以看到接收区内出现"06"应
答信号，表明电脑与 PLC 通信正常。当在发送区输入"02 30 30 30 41 30 30 31 03 36 35"，并单
击"手动发送"按钮后，接收区内随即会出现"02 31 30 03 36 34"的应答信号，如图 9-21 所示。

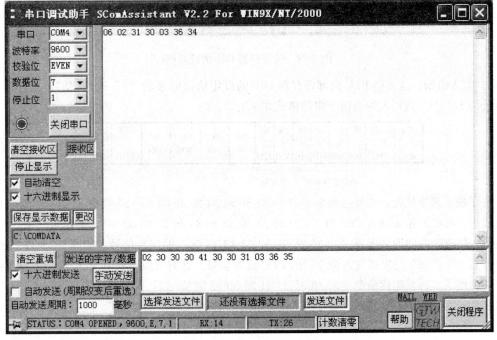

图 9-21　读 Y0～Y7 状态

从前面的读出操作中我们可以知道，应答信号中"02"与"03"之间的数据就是 Y0～Y7 的状态。将 ASCII 码"31H"和"30H"换算成十六进制数是"01H"和"00"H。读出的 Y0～Y7 的状态为"00010000"，即 Y4 处在吸合状态，其余均处在释放状态。

　　为方便观察、读出寄存器 D10 的设置值，可单击"清空接收区"按钮清空接收区内的信息。同样在发送区输入"02 30 31 30 31 34 30 32 03 35 42"，并单击"手动发送"按钮后，接收区内随即会出现"02 30 35 30 30 03 43 38"的应答信号，如图 9-22 所示。应答信号中"02"与"03"之间的数据是"30 35 30 30"，将其换算成十六进制数为"00H 05H 00H 00H"，即寄存器 D10 内的数据是"00000005H"。与图 9-18 梯形图比较，该寄存器的设定值确实是"5"。

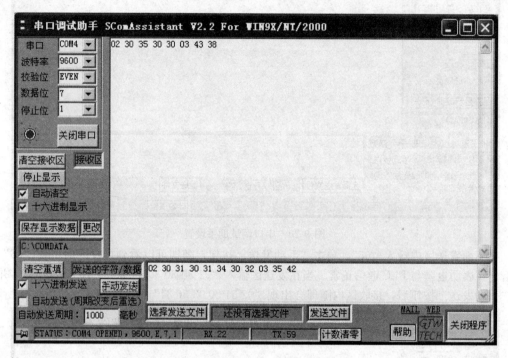

图 9-22　读寄存器 D10 的设置值

　　3）写入数据。这里将 PLC 内部寄存器 D10 的设定值由原来的"5"改为"8"。寄存器 D10 的地址为 1014H，故写入的通信字串的格式如下所示。

STX 02H	CMD '1' 31H	16^3 '1' 31H	16^2 '0' 30H	16^1 '1' 31H	16^0 '4' 34H	16^1 '0' 30H	16^0 '2' 32H	'0' 30H	'8' 38H	'0' 30H	'0' 30H	ETX 03H	16^1 '2' 32H	16^0 '4' 34H
		内部元件地址				字节数							总和	

　　为了便于观察比较，先发送命令"02 30 31 30 31 34 30 32 03 35 42"将 PLC 寄存器 D10 的设定值读出，再在发送区输入"02 31 31 30 31 34 30 32 30 38 30 30 03 32 34"，并单击"手动发送"按钮后，接收区内随即会出现"02 30 35 30 30 03 43 38 06"的应答信号，如图 9-23（a）所示。其中最后一个"06"是发送写入命令后的 PLC 应答信号，此时可以观察到 PLC 输出继电器的动作节奏变慢了。再发送读命令"02 30 31 30 31 34 30 32 03 35 42"后，得到的应答如图 9-23（b）所示。从应答信号中可以看到，寄存器 D10 的值由原来的"5"，变为"8"了。

　　4）强制 ON/OFF。从图 9-18 所示的 PLC 的梯形图上可以看出，当辅助继电器 M10 的状态为"ON"时，输出继电器 Y0～Y7 作流水跳跃；当辅助继电器 M10 的状态为"OFF"时，输出

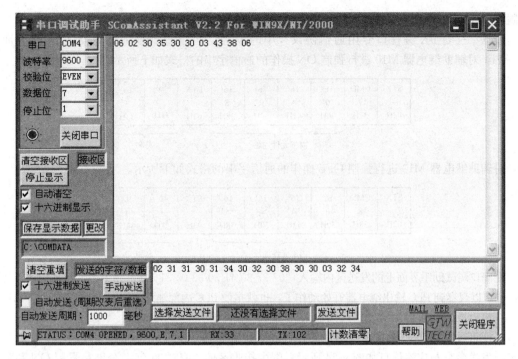

(a)

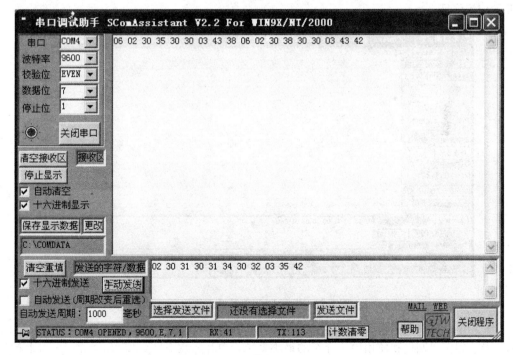

(b)

图 9-23　写入寄存器 D10 数值

（a）发送写入命令后的 PLC 应答信号；（b）发送读命令后得到的应答信号

继电器 Y0～Y7 停止流水跳跃。前面在给 PLC 上电后需要将输入端子"X10"与"COM"端子短接一下，才能使 Y0～Y7 作流水跳跃。下面我们将通过串口调试助手对辅助继电器 M10 进行强制 ON 或 OFF 操作，以启动和停止流水跳跃动作。

根据"三菱 FX 编程口专用通信协议"中的表 7b，可以查到辅助继电器 M10 的地址为 080AH，对辅助继电器 M10 进行强制 ON 操作的通信字串的格式如下所示。

STX	CMD '7'	16^1 '0'	16^0 'A'	16^3 '0'	16^2 '8'	ETX	16^1 '1'	16^0 '3'
02H	37H	30H	41H	30H	38H	03H	31H	33H
		内部元件地址					总和	

对辅助继电器 M10 进行强制 OFF 操作的通信字串的格式如下所示。

STX	CMD '8'	16^1 '0'	16^0 'A'	16^3 '0'	16^2 '8'	ETX	16^1 '1'	16^0 '4'
02H	38H	30H	41H	30H	38H	03H	31H	34H
		内部元件地址					总和	

在串口调试助手界面上的发送区内输入"02 37 30 41 30 38 03 31 33"，并单击"手动发送"按钮后，便可以观察到 PLC 输出继电器开始动作了，也就是使 PLC 内部辅助继电器 M10 进入了 ON 状态。

在串口调试助手界面上发送区内输入"02 38 30 41 30 38 03 31 34"，并单击"手动发送"按钮后，便可观察到 PLC 输出继电器的动作停止，也就是使 PLC 内部辅助继电器 M10 进入 OFF 状态。发送命令与应答信息如图 9-24 所示。图中接收区的信息"06 06"分别是强制 ON 和强制 OFF 的应答信号。

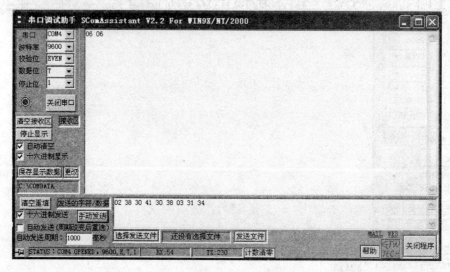

图 9-24　强制 ON/OFF 及应答信息

（2）用单片机控制观察通信操作。在通过单片机编程通信口与 PLC 通信的实验中，我们使用第 4 章实用工具制作和使用中所介绍的最小系统，单片机用 STC90C52RC，在 P1 口上扩展 8 个 LED 发光二极管，在 P2.6 和 P2.7 引脚上各扩展一个按键，电路如图 9-25 所示。上面通过串口调试助手，对运行中的三菱 PLFX$_{1S}$-20MR-001PLC 进行了四种操作：一是读取 PLC 输出继电器 Y0～Y7 的状态；二是修改（延长）流水灯跳跃的时间；三是启动流水灯跳跃；四是停止流水灯的跳跃。这里将使用两个按键来实现这四种操作，图 9-25（a）中的按键 SB1 用来控制流水灯跳跃的启动和停止，按键 SB2 用来延长流水灯的跳跃时间。

第 9 章

串 行 口 通 信

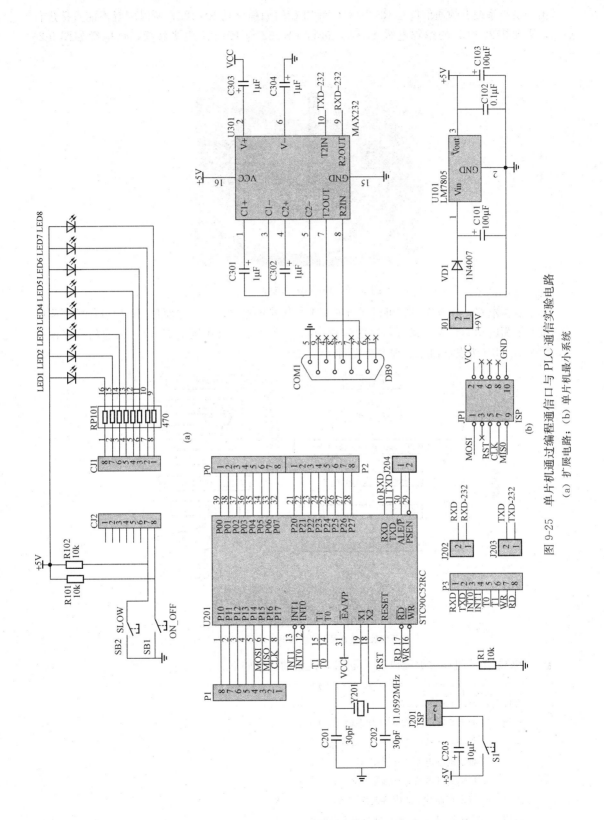

图 9-25　单片机通过编程通信口与 PLC 通信实验电路
(a) 扩展电路；(b) 单片机最小系统

515

由于最小系统上的通信口是 RS-232C，而 PLC 的编程口是 RS-422，所以两者不能直接进行通信，需要借助 PLC 的编程电缆 SC-09，进行 RS-232 与 RS-422 电平转换，该电缆如图 9-26 所示。

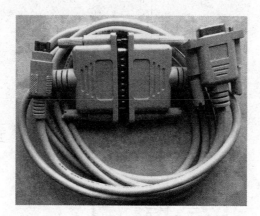

图 9-26　PLC 编程电缆 SC-09

有了实验电路，一方面我们可以在万能板上焊接扩展电路；另一方面我们可以开始编写程序了。按照上面的功能要求，编写程序的流程如图 9-27 所示。其中图 9-27（a）为通信程序流程图，图 9-27（b）为发送命令子程序流程图。

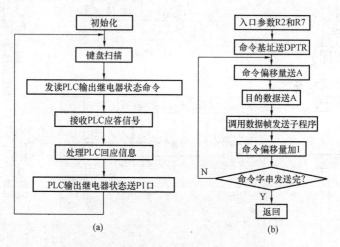

(a)　　　　　　　　　　　　　　(b)

图 9-27　单片机与 PLC 通信的程序流程图

（a）通信程序流程图；（b）发送命令子程序流程图

【例 A9-3】单片机通过编程口与三菱 PLC 通信的程序如下。

```
; ************************************************
; 文件名：COM _ to _ PLC. asm
; 功能：1. 向 PLC 发送读 Y0～Y7 状态命令
;           将回应的 Y0～Y7 状态在 P1 口显示
;        2. 将辅助继电器 M10 强制 ON
;        3. 将辅助继电器 M10 强制 OFF
;        4. 将寄存器 D10 的内容改为 "08"
; 说明：晶振频率 11.059 2Hz，波特率 9600bps
```

```
;              发送区起始地址为 SEND _ BUF
;              数据字节数为 DATA _ COUNT
;              接收区起始地址位 RECEV _ BUF
; **********************************************
; - - - - - -端口定义 - - - - - - - - - - - -
    ON _ OFF      BIT   P2. 6
    F _ OR _ S    BIT   P2. 7
    SLOW          BIT   P2. 3
    INDCT         BIT   P3. 3
    FLASH         BIT   P3. 4
    FAST          BIT   P3. 5
    OUTPUT        EQU   P1
    INPUT         EQU   P0
; - - - - - -数据定义
    CMD _ READ    EQU   00H
    CMD _ WRIT    EQU   0BH
    CMD _ ON      EQU   1AH
    CMD _ OFF     EQU   23H
    SEND _ BUF    EQU   50H
    DATA _ COUNT  EQU   10H
    RECEV _ BUF   EQU   60H
; - - - -主程序 - - - - - - - - - - - - - - -
              ORG 0000H
          LJMP  BEGIN
              ORG 0040H
BEGIN:
      MOV R0, #SEND _ BUF
      MOV R1, #RECEV _ BUF
      MOV R3, #0AH
      SETB FLASH
      SETB FAST
LP _ 0:
      MOV @R0, #00H            ;缓冲区清零
      MOV @R1, #00H
      INC R0
      INC R1
      DJNZ  R7, LP _ 0
      MOV TMOD, #20H        ;设置定时器 T1，设置串行口波特率
      MOV TL1, #0FDH
      MOV TH1, #0FDH
      SETB  TR1
      MOV  SCON, #50H      ;设置串行口工作方式 1，允许接收
MAIN:
      CALL KEY _ SCAN
      MOV R2, #CMD _ READ
      MOV R7, #0BH
```

```
          CALL CMND_PLC
          NOP
          NOP
          NOP
          JNB RI, $
          MOV R7, #06H
          CALL DATA_RECEV
          MOV R1, #RECEV_BUF
          INC R1
          MOV A, @R1
          ANL A, #0FH
          SWAP A
          MOV R6, A
          INC R1
          MOV A, @R1
          ANL A, #0FH
          ADD A, R6
          CPL A
          MOV OUTPUT, A
          LJMP MAIN
; - - - - - - - - - - - - - - - - - - - - - - - - - - -
; - - - - - 发送 PLC 命令 - - - - - - - - - - - - - - - - - - - - - -
; R2 为偏移量,
; R7 为命令字串长度
CMND_PLC:
          MOV DPTR, #CMD_CH
LP_2: MOV A, R2
          MOVC A, @A+DPTR
          CALL SP_send
          INC R2
          DJNZ R7, LP_2
          RET
CMD_CH: DB 02H, 30H, 30H, 30H, 41H, 30H, 30H, 31H, 03H, 36H, 35H   ; 读 Y0~Y7 的状态
        DB 02H, 31H, 31H, 30H, 31H, 34H, 30H, 32H, 30H, 38H, 30H, 30H, 03H, 32H, 34H   ; 写 D10
为 08
        DB 02H, 37H, 30H, 41H, 30H, 38H, 03H, 31H, 33H   ; 强制 M10 成 ON
        DB 02H, 38H, 30H, 41H, 30H, 38H, 03H, 31H, 34H   ; 强制 M10 成 OFF
; - - - - - - - - - - - - - - - - - - - - - - - - - - - - - - - - -
; - - - - - 接收数据子程序 - - - - - - - -
DATA_RECEV:
          SETB INDCT
          MOV R1, #60H
LP_3: CALL SP_receiv
          JC ERROR
          MOV @R1, A
          INC R1
```

```
        DJNZ R7, LP _ 3
LP _ 4:    RET
ERROR: CLR INDCT
        AJMP LP _ 4
; - - - - - - - - - - - - - - - - - - - - - - - - - - -
; - - - - - - - - 发送偶校验字节子程序 - - - - - - -
SP _ send:
        MOV C, P
        MOV ACC. 7, C
        MOV SBUF, A
CHECK _ TI2:
        JNB TI, $
        CLR TI
        RET
; - - - - - - - - 接收偶校验字节子程序 - - - - - -
SP _ receiv:
        JNB RI, $
        MOV A, SBUF
        MOV C, P
        ANL A, #7FH                 ; 去掉偶校验位
        CLR RI
        RET
; - - - - - - - - - - - - - - - - - - - - - - - - - - - -
; - - - - - - - - 键扫描子程序 - - - - - - - -
KEY _ SCAN:
        JB ON _ OFF, LP _ 7
        CALL d10ms
        JB ON _ OFF, LP _ 7
        JNB ON _ OFF, $
        CPL FLASH
        JB FLASH, LP _ 6
LP _ 5: MOV R2, #CMD _ ON
        MOV R7, #09H
        CALL CMND _ PLC
        NOP
        NOP
        CALL SP _ receiv
        CJNE a, #06H, LP _ 5
        AJMP LP _ 7
LP _ 6: MOV R2, #CMD _ OFF
        MOV R7, #09H
        CALL CMND _ PLC
        NOP
        NOP
        CALL SP _ receiv
```

```
        CJNE a, #06H, LP_6
LP_7: JB F_OR_S, LP_9
        CALL d10ms
        JB F_OR_S, LP_9
        JNB F_OR_S, $
        CPL FAST
LP_8: MOV R2, #CMD_WRIT
        MOV R7, #0FH
        CALL CMND_PLC
        NOP
        NOP
        CALL SP_receiv
        CJNE a, #06H, LP_8
LP_9: RET
; ─────────────────────────────
; ──────延时子程序─────────
DELAY:
        SETB PSW.3
        MOV R4, #100
DEL1:
        MOV R5, #200
DEL2:
        NOP
        NOP
        DJNZ  R5, DEL2
        DJNZ  R4, DEL1
        DJNZ  R3, DELAY
        CLR PSW.3
        RET
; ─────────────────────────────
; ─────消抖延时子程序─────────────
d10ms: SETB  PSW.3      ; 消抖动 10ms 延时程序
        MOV  R7,  #0AH
dl: MOV  R6,  #0FFH
        DJNZ  R6, $
        DJNZ  R7,  DL
        CLR  PSW.3
        RET
; ─────────────────────────────
        END
```

　　将上面的程序用"记事本"录入，保存文件名为"COM_to_PLC. asm"，如图 9-28 所示。然后用 Keil μVision2 新建项目"COM_to_PLC. Uv2"，如图 9-29 所示。对新建项目进行编译，生成后缀名为"HEX"的目标代码文件。再在单片机最小系统上，用"STC_ISP_V486"软件将目标代码文件"COM_to_PLC. hex"下载到单片机中，如图 9-30 所示。

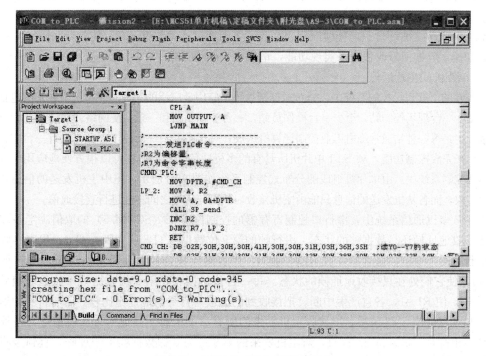

图 9-28　单片机与 PLC 通信控制程序录入

目标代码下载完毕后，用如图 9-26 所示的编程电缆将单片机通过 RS-232 的交叉线与 PLC 的编程口相连，连接好电路后先后给 PLC 和单片机上电，如图 9-31 所示。按下按键 SB1，松开后

图 9-29　用 Keil μVision2 新建项目

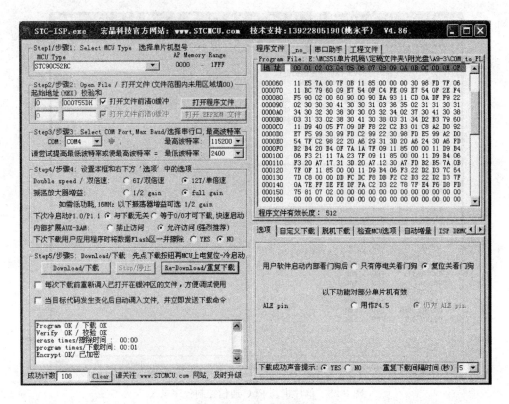

图 9-30　目标代码下载

即可看到 PLC 的输出继电器 Y0～Y7 及扩展实验板上的发光二极管开始流水跳跃。再次按动按键 SB1，流水跳跃便会停止。在流水跳跃期间，若按动按键 SB2，即可看到流水跳跃的时间间隔变长了。流水跳跃的状态如图 9-32 所示。

本例中按动按键 SB2 只能使跳跃间隔变长。若要通过按动按键 SB2，使跳跃间隔在变长和变短之间切换，应如何修改程序来实现功能，请读者自己来完成。

9.3.2　单片机间主从通信

在现在的工业现场控制系统中，分布式控制系统是应用最广泛的一种。该系统中通常应包括四大部分：至少一台现场控制站，至少一台操作员站，一台工程师站和一条系统网络。在这种大型分布式控制系统中，每一种站通常都由工业控制计算机组成。对于小型系统来说，它可以只有一台主机和若干台从机来完成控制功能。MCS-51 单片机所具有的多机通信功能，使它可以很方便地应用于这种小型分布控制系统中。由单片机组成的分布式控制系统如图 9-33 所示，图中主机发送的信息可以被各从机接收，而各从机发送的信息只能由主机接收，从机与从机之间不能进行直接通信。

在主从多机通信系统中，串行口控制寄存器的控制位 SM2（SCOM.5）的取值决定了该单片机处于接收地址帧还是数据帧的状态。串行帧的第 9 位数据（TB8 或 RB8）是 1，代表接收地址帧；串行帧的第 9 位数据（TB8 或 RB8）是 0，代表接收数据帧。在通常情况下，所有从机的 SM2＝1，使它们处在只接收地址帧的状态。每一台从机接收到第 9 位数据为 1 的地址帧后，就会置位 RI，使 RI＝1，各自产生中断，把接收到的地址与自身的地址作比较。若与自身的地址相符合，则对控制位 SM2 清零，以接收主机发来的所有后续信息。其他所有从机地址与地址帧中的地址不相符时，仍维持 SM2＝1，对主机发来的第 9 位为 0 的数据帧不予理睬，直到接收到新的地址帧。

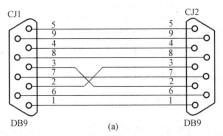

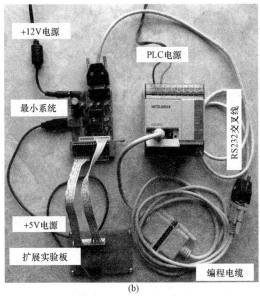

图 9-31　单片机与 PLC 的通信连接

（a）RS-232 交叉连接线；（b）通信电路

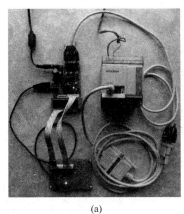
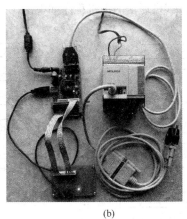

图 9-32　跳跃状态

（a）第 1 个 LED 点亮；（b）第 6 个 LED 点亮

　　假如某主从通信系统中有一台主机和若干台从机。当主机想发送一个数据块给某个从机时，主机必须先送出一个地址帧，让该地址的从机准备接收数据。主从机之间的通信过程如下：①所有从机的 SM2＝1，处于接收地址帧状态；②主机将 TB8 置为 1，表示发送的是地址帧，并将欲

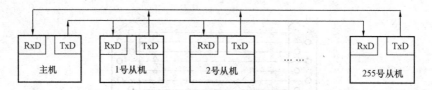

图 9-33 单片机分布式控制系统示意图

与之通信的从机地址发送出去，与所需的从机进行联络；③从机接收到地址帧（RB8＝1）后，置中断标志 RI 请求中断，中断响应后服务程序判断主机送来的地址与本机的地址是否相同，若相同，则置 SM2＝0，以接收主机随后发来的信息，对于收到的地址与本机不符的从机，保持 SM2＝1，不接收主机发来的 RB8＝0 的数据；④主机置 TB8＝0 表示发送的是数据或命令。

在本章的最后，我们再举一例说明多机通信的应用。本例中有一台主机和一台从机。设主机上的 P2 口为要与之通信的从机地址；P0 口的状态放在传送数据的第 1 个字节，并在从机的 P1 口上显示；主机的 P1 口用来显示从机 P0 口的状态。与之类似，设从机的 P2 口为从机本身的地址；从机 P0 口的状态放在待传送数据的第 1 字节；P1 口用来显示主机传送过来的数据的第 1 字节内容。本例的通信协议比较简单，在某一主从通信系统中，最多允许接有 255 台从机，其地址分别为 00H～FEH。地址 FFH 是对所有从机都起作用的一条命令，它用来命令每一从机恢复 SM2＝1 的状态。主机发送的控制命令只有两个：一个是要求从机接收数据块，其命令代码是 00H；另一个是要求从机发送数据块，其命令代码是 01H；其他代码均为非法。数据块的长度为 16 个字节。从机状态字格式如下所示。

b7	b6	b5	b4	b3	b2	b1	b0
Err	0	0	0	0	0	Trdy	Rrdy

其中：Err＝1，表示从机接收到非法命令；Trdy＝1，表示从机发送准备就绪；Rrdy＝1，表示从机接收准备就绪。

主机和从机的程序流程图分别如图 9-34 和图 9-35 所示。

【例 A9-4a】 多机通信的主机程序如下。

; ＊＊

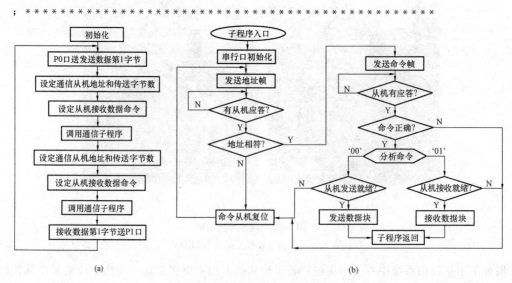

图 9-34 主机程序流程图

（a）主程序流程；（b）子程序流程

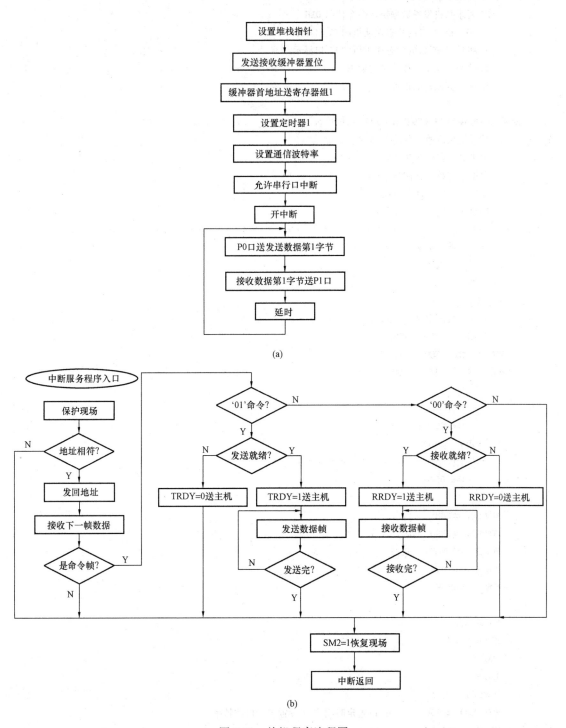

(a)

(b)

图 9-35　从机程序流程图

（a）主程序流程；（b）中断服务程序流程

```
;  文件名：MULTI _ MAST.asm
;  功能：1. 要求从机接收数据块，命令代码 00H
;        2. 要求从机发送数据块，命令代码 01H
;        3. 将主机 P0 口的状态在从机的 P1 口显示
;        4. 将从机 P0 口的状态在主机的 P1 口显示
;        5. 轮流让从机接收或发送数据
;        6. P2 口为该机的地址
;
;  说明：晶振频率 11.0592Hz，波特率 9600bps
;        被寻址从机地址存放在 R2 中
;        主机命令存放在 R3 中
;        数据字节数存放在 R4 中
;        发送区起始地址存放在 R0 中
;        接收区起始地址存放在 R1 中
;  * * * * * * * * * * * * * * * * * * * * * * * * * * * * * * * * * * * * * *
;  － － － － － －端口定义 － － － － － － － － － － － －
      OUTPUT        EQU    P1
      INPUT         EQU    P0
      ADR _ COM     EQU    P2
;  － － － － － －数据定义 － － － － － － － － － － － －
      SEND _ BUF    EQU    40H
      DATA _ COUNT  EQU    10H
      RECEV _ BUF   EQU    50H


;  － － － － － －程序区 － － － － － － － － － － － －
              ORG 0000H
          LJMP   BEGIN
= = = = = = 主程序 = = = = = = = = = = = = = = = =
              ORG 0040H
BEGIN：
      MOV SP，＃60H
      MOV R0，＃SEND _ BUF
      MOV R1，＃RECEV _ BUF
      MOV R4，＃DATA _ COUNT
      MOV A，＃0FFH
LP _ 1：
      MOV @R0，A
      MOV @R1，A
      INC R0
      INC R1
      DJNZ R4，LP _ 1
      MOV TMOD，＃20H          ；设置定时器 T1，设置串行口波特率
      MOV TL1，＃0FDH          ；9600
      MOV TH1，＃0FDH
      SETB   TR1
MAIN：
```

```
        MOV R0, ♯SEND_BUF
        MOV @R0, INPUT
        MOV R2, ♯ADR_COM        ; 从机地址送 R2
        MOV R3, ♯00H            ; 要求从机接收数据
        MOV R4, ♯DATA_COUNT
        MOV R0, ♯SEND_BUF
        MOV R1, ♯RECEV_BUF
        CALL COM_TO_SLAVE
        NOP
        NOP
        NOP
        MOV R2, ♯ADR_COM        ; 从机地址送 R2
        MOV R3, ♯01H            ; 要求从机发送收数据
        MOV R4, ♯DATA_COUNT
        MOV R0, ♯SEND_BUF
        MOV R1, ♯RECEV_BUF
        CALL COM_TO_SLAVE
        NOP
        NOP
        MOV R1, ♯RECEV_BUF
        MOV OUTPUT, @R1
        LJMP MAIN
; = = = = = = = = = = = = = = = = = = = = = = = = = =
; - - - - - - - - -主机通信子程序- - - - - -
COM_TO_SLAVE:
        MOV SCON, ♯0D8H        ; 设置串行口模式 3，运行接收，TB8 = 1
LOP_1:
        SETB TB8               ; 置地址帧标志
        MOV A, R2              ; 发送地址帧
        MOV SBUF, A
        JNB RI, $              ; 等待从机应答
        CLR RI
        MOV A, SBUF
        XRL A, R2             ; 判断应答地址是否相符
        JZ LOP_3
LOP_2:
        MOV SBUF, ♯0FFH        ; 重新联络
        SETB TB8
        SJMP LOP_1
LOP_3:
        CLR TB8               ; 地址相符，准备发命令
        MOV SBUF, R3          ; 发命令
        JNB RI, $             ; 等待从机应答
        CLR RI
        MOV A, SBUF
        JNB ACC.7, LOP_4     ; 判断命令是否出错
```

```
        SJMP LOP _ 2              ；若从机接收命令出错，重新联络
LOP _ 4：
        CJNE R3，♯00H，LOP _ 5    ；不是要求从机接收数据，则跳转
        JNB ACC.0，LOP _ 2        ；从机接收数据是否准备就绪
LOP _ TX：
        MOV SBUF，@R0
        JNB TI，$
        CLR TI
        INC R0
        DJNZ R4，LOP _ TX
        RET
LOP _ 5：
        JNB ACC.1，LOP _ 2        ；从机发送数据是否准备就绪

LOP _ RX：
        JNB RI，$
        CLR RI
        MOV A，SBUF
        MOV @R1，A
        INC R1
        DJNZ R4，LOP _ RX
        RET
; - - - - - - - - - - - - - - - - - - - - - - - - - - - - -
        END
```

【例 A9-4b】 多机通信的从机程序如下。

```
; * * * * * * * * * * * * * * * * * * * * * * * * * * * * * * * * * * * * * * *
; 文件名：MULTI _ SLAV.asm
; 功能：1. 要求从机接收数据块，命令代码 00H
;       2. 要求从机发送数据块，命令代码 01H
;       3. 将主机 P0 口的状态在从机的 P1 口显示
;       4. 将从机 P0 口的状态在主机的 P1 口显示
;       5. 轮流让从机接收或发送数据
;
; 说明：晶振频率 11.0592Hz，波特率 9600bps
;       被寻址从机地址存放在 R2 中
;       主机命令存放在 R3 中
;       数据字节数存放在 R4 中
;       发送区起始地址存放在 R0 中
;       接收区起始地址存放在 R1 中
;
; * * * * * * * * * * * * * * * * * * * * * * * * * * * * * * * * * * * * * * *
; - - - - - - 端口定义 - - - - - - - - - - - -

        INPUT        EQU  P0
        OUTPUT       EQU  P1
```

```
        ADR _ SLAVE      EQU    P2
        ADR _ DISP       EQU    P3
; ------数据定义---------
        SEND _ BUF       EQU   40H
        DATA _ COUNT     EQU   10H
        RECEV _ BUF      EQU   50H
; ----程序区-------------
            ORG 0000H
        LJMP   BEGIN
; -----中断矢量区----------
            ORG 0023H
        LJMP S _ I _ SERVI
; = = = = = = = = 主程序 = = = = = = = = = = = =
            ORG 0040H
BEGIN:
      MOV SP, #60H
      MOV R0, #SEND _ BUF
      MOV R1, #RECEV _ BUF
      MOV R4, #DATA _ COUNT
      MOV A, #0FFH
LP _ 0:
      MOV @R0, A
      MOV @R1, A
      INC R0
      INC R1
      DJNZ R4, LP _ 0
      MOV SCON, #0F0H
      SETB RS0
      MOV R0, #SEND _ BUF   ; 发送数据首地址
      MOV R1, #RECEV _ BUF  ; 接收数据首地址
      MOV R2, #ADR _ SLAVE  ; 从机地址
      MOV R4, #DATA _ COUNT ; 数据字节数
      CLR RS0
      MOV TMOD, #20H         ; 设置定时器 T1，设置串行口波特率
      MOV TL1, #0FDH         ; 9600
      MOV TH1, #0FDH
      SETB   TR1
      SETB   ES             ; 允许串行口中断
      SETB   EA             ; 允许中断
MAIN:
      MOV ADR _ DISP, ADR _ SLAVE
      MOV R0, #SEND _ BUF
      MOV @R0, INPUT
      NOP
      NOP
      MOV R1, #RECEV _ BUF
```

```
        MOV OUTPUT, @R1
        ACALL delay05s
        SJMPMAIN
; = = = = = = = = = = = = = = = = = = = = = = = = =
; - - - - - - - - 从机通信子程序- - - - - -
S _ I _ SERVI:
        CLR RI
        PUSH A              ; 保护现场
        PUSH PSW
        SETB RS0            ; 选工作寄存器区 1
        CLR RS1
        MOV A, SBUF
        XRL A, R2           ; R2 内容为本从机地址
        JZ LP _ 1
RETURN:
        POP PSW
        POP A
        RETI
LP _ 1:
        CLR SM2             ; 地址符合, 继续与主机通信
        MOV SBUF, R2        ; 从机地址送回主机
        JNB RI, $           ; 等待接收 1 帧完
        CLR RI
        JNB RB8, LP _ 2     ; 是命令帧跳转
        SETB SM2            ; 是复位信号, 置 SM2 = 1
        SJMP RETURN
LP _ 2:
        MOV A, SBUF         ; 分析命令
        CJNE A, #02H, EORR
        JC LP _ 3
EORR:
        MOV SBUF, #80H      ; 非法命令, 置 Err = 1
        SJMP RETURN
LP _ 3:
        JZ CMD0
CMD1:
        JB F0, LP _ 4       ; F0 为发送准备就绪标志
        MOV SBUF, #00H      ; 回答准备就绪
LP _ 4:
        MOV SBUF, #02H      ; TRDY = 1, 发送准备就绪
        CLR F0
LP _ 5:
        MOV SBUF, @R0       ; 发送数据块
        JNB TI, $
        CLR TI
        INC R0
```

```
        DJNZ R2, LP _ 5
        SETB SM2              ; 发送完，置 SM2 = 1
        SJMP RETURN
CMD0：
        JB PSW. 1, LP _ 6     ; PSW. 1 为接收准备就绪标志
        MOV SBUF, ＃00H
        SJMP RETURN
LP _ 6：
        MOV SBUF, ＃01H       ; RRDY = 1, 接收准备就绪
        CLR PSW. 1
LP _ 7：
        JNB RI, $            ; 接收数据块
        CLR RI
        MOV @R1, SBUF
        INC R1
        DJNZ R2, LP _ 7
        SETB SM2             ; 接收完，值 SM2 = 1
        SJMP RETURN
; - - - - - - - - - - - - - - - - - - - - - - - - -
; - - - - - - - -延时子程序- - - - - - - - - -
delay05s：
        SETB RS0
        MOV  R1, ＃10        ; 立即数 46 送寄存器 R1
DEL0：   MOV  R2, ＃100       ; 立即数 100 送寄存器 R2
DEL1：   MOV  R3, ＃100       ; 立即数 100 送寄存器 R3
        DJNZ  R3,    $      ; 寄存器 R3 中的内容减 1, 不为零转移到当前指令
        DJNZ  R2,  DEL1     ; 寄存器 R2 中的内容减 1, 不为零转移到 DEL1
        DJNZ  R1, DEL0      ; 寄存器 R1 中的内容减 1, 不为零转移到 DEL
        CLR   RS0
        RET
    END
```

第**10**章

A/D 转换与 PWM

在前面几章中已经讲过，单片机各个 I/O 引脚的状态不是低电平，就是高电平，也就是非"0"即"1"。这种信号通常称为开关量或数字信号。在现实生活环境中还存在着许多缓慢连续变化的信号，如温度、速度等。这些信号通常称为模拟量。若需要将这些模拟量送入计算机进行加工、处理就需要使用传感器将非电量信号（如温度）转换成连续的模拟电信号，再将模拟的电信号转换成数字的电信号，然后才能送入计算机进行加工处理。这种将模拟量电信号变为数字量电信号的电路称为模/数转换电路。计算机加工处理后所得到的电信号同样也是数字量信号，但在好多场合需要的处理结果是模拟量，此时就要求将数字量信号转换成模拟量信号。这种将数字信号转换成模拟信号的电路称为数/模转换电路。模/数转换和数/模转换的过程通常都由一些专门的器件来完成，这类器件就叫作模/数（A/D）转换器和数/模（D/A）转换器。ADC0809 就是常用的模/数转换器之一，DAC0832 就是常用的数/模转换器之一。

10.1　转换器及其主要技术指标

10.1.1　A/D 转换器

1. 工作过程简介

将时间连续、幅值也连续的模拟量转换为时间离散、幅值也离散的数字信号，一般需要经过采样、保持、量化和编码四个过程。采样由采样电路来完成，采样电路是一个受周期性的采样脉冲 CPs 控制的模拟开关，它将模拟量 $V_i(t)$ 转换成时间上离散的模拟量，通过采样开关 K 的周期性闭合取得采样幅值，然后将该采样值暂时存贮在电容 C 上并保持到下一次采样开关闭合前，以便在这段时间里将保持稳定的采样值转换为数字量。采样保持电路所取得的电压，其幅度有无限多个值，无法与有限个数字量输出相对应，因此必须将采样后的值只限于某些规定个数的离散电平上，凡是介于两个离散电平之间的采样值就要用某种方式取整归并到这两个离散电平之一上，这种将幅值取整归并的方式及过程称为量化。将量化后的有限个整量值用 n 位一组的数字代码（如二进制码、BCD 码、格雷码等）加以描述以形成数字量，这种用数字代码表示量化幅值的过程称为编码。

A/D 转换器的种类有很多，按工作原理不同其可分为直接 A/D 转换器和间接 A/D 转换器。直接 A/D 转换器将模拟信号直接转换为数字信号，这类 A/D 转换器具有较快的转换速度，其典型的电路有并行比较型 A/D 转换器和逐次比较型 A/D 转换器。间接 A/D 转换器则是先将模拟信号转换成某一中间量，然后再将中间量转换为数字量。此类 A/D 转换器的转换速度较慢，其典型电路有双积分型 A/D 转换器和电压频率转换型 A/D 转换器。

2. 主要技术指标

A/D 转换器的主要技术指标有转换精度、转换速度、输入电压范围、输出数字编码、工作温度范围和电压温度等。

（1）转换精度。单片集成 A/D 转换器的转换精度是用分辨率和转换误差来描述的。

A/D 转换器对输入信号的分辨能力以输出二进制（或十进制）数的位数表示。从理论上讲，n 位输出的 A/D 转换器能区分 2^n 个不同等级的输入模拟量电压，能区分输入电压的最小值为满量程输入的 $1/2^n$。在最大输入电压一定时，输出位数越多，其量化单位就越小，分辨率越高。转换误差通常是以输出误差最大值的形式给出，它表示 A/D 转换器实际输出的数字量和理论上输出的数字量之间的差别，常用最低有效位的倍数表示。

（2）转换时间。转换时间是指 A/D 转换器从控制信号到来开始，到输出端得到稳定的数字信号所花费的时间。A/D 转换器的转换时间与转换电路的类型有关，不同类型转换器的转换时间相差甚远。并行比较型 A/D 转换器的转换时间最短，8 位二进制输出的转换时间可达 50ns；逐次比较型 A/D 转换器的转换时间次之，为 $10\mu s\sim50\mu s$；间接 A/D 转换器的速度最慢，如双积分 A/D 转换器的转换时间大多在几十毫秒到几百毫秒之间。

10.1.2　D/A 转换器

计算机输出的信号是以二（或十六）进制数字量的形式给出的，而传统的执行元件通常是采用模拟电压或电流信号进行控制的，因此，若需要用计算机对执行元件进行控制，就必须采用模拟量通道来实现。D/A 转换器就是将二进制的数字量转换为相应的模拟量的器件。

1. D/A 转换器简介

D/A 转换器由数码寄存器、模拟电子开关电路、解码网络、求和电路和基准电压几部分组成。数字量以串行或并行方式输入并存储于数码寄存器中，寄存器输出的每位数码驱动对应数位上的电子开关将电阻解码网络中获得的相应数位权值送入求和电路。求和电路将各位的权值相加便得到与数字量对应的模拟量。

D/A 转换器按解码网络结构的不同可以分为 T 形电阻网络 D/A 转换器、倒 T 形电阻网络 D/A 转换器、权电流 D/A 转换器和权电阻网络 D/A 转换器等。按模拟电子开关电路的不同，D/A 转换器又可以分为 CMOS 开关型和双极型开关 D/A 转换器。

2. D/A 转换器的主要技术指标

D/A 转换器的主要技术指标有转换精度、转换速度和温度特性等。

（1）转换精度。D/A 转换器的转换精度常用分辨率和转换误差来描述。分辨率用于表征 D/A 转换器对输入微小量变化的敏感程度。其定义为 D/A 转换器模拟输出电压可能被分离的等级数。输入数字量的位数越多，输出电压可分离的等级就越多，即分辨率越高。实际应用中，往往用输入数字的位数表示 D/A 转换器的分辨率。n 位 D/A 转换器的分辨率可以表示为 $1/(2^n-1)$。

转换误差主要是由于 D/A 转换器中各元件参数值存在误差，基准电压不够稳定，运算放大器的零点漂移等各种因素的影响，而使电路的实际输出电压与理论值间出现误差。误差越小，电路精度越高。

（2）转换速度。D/A 转换器输入的数字量出现变化时，输出的模拟量并不能立即达到所对应的量值，转换过程需要一定的时间。通常用建立时间和转换速率两个参数来描述 D/A 转换器的转换速度。建立时间是指输入数字量变化时，输出电压变化到相应的稳定电压值所需要的时间。单片集成 D/A 转换器的建立时间最短可达 $0.1\mu s$ 以下。转换速率用大信号工作状态下模拟电压的变化率表示。

（3）温度系数。温度系数是指在输入不变的情况下，输出模拟电压随温度的变化而产生的变化量。一般用满刻度输出条件下温度每升高 1℃ 时输出电压变化的百分数作为温度系数。

10.2 A/D转换芯片及其接口

A/D转换器集成芯片的类型很多，生产厂家也很多。根据转换后输出的数据分辨率来分，A/D转换器有8位、10位和12位等多种。根据输出数据的电路接口来分，A/D转换器有并行接口和串行接口两种。下面我们介绍两种串行输出的A/D转换芯片。

10.2.1 ADC0832芯片

ADC0832是美国得州仪器公司生产的一种8位分辨率的双通道A/D转换芯片。它体积小、兼容性强、性价比高，是常用的串行接口A/D转换器之一。

1. 芯片主要特点

（1）8位分辨率，具有单通道和单端或差分输入可选的双路复用A/D转换功能。

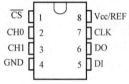

图10-1 ADC0832芯片
引脚排列

（2）输入输出电平与TTL/CMOS电路兼容。

（3）5V电源供电时，输入电压在0～5V。

（4）工作频率为250kHz时，转换时间为32μs。

（5）功耗低，仅为15mW。

2. 引脚排列和功能

ADC0832芯片的引脚排列如图10-1所示，各引脚的功能见表10-1。

表10-1 　　　　　　　　　　　　ADC0832引脚功能说明

引脚	功　　能	引脚	功　　能
$\overline{CS}$	片选，低电平使能	DI	数据信号输入，选择通道控制
CH0	模拟输入通道0，或作为IN+/−使用	DO	数据信号输出，转换数据输出
CH1	模拟输入通道1，或作为IN+/−使用	CLK	时钟信号输入
GND	电源地，芯片参考零电位	Vcc/REF	电源输入，参考电压输入

3. 芯片工作时序

ADC0832的$\overline{CS}$引脚为高电平时，芯片处于禁用状态，此时芯片引脚CLK和DO/DI的电平可为任意逻辑。要进行A/D转换时，须先将$\overline{CS}$使能端置于低电平并保持低电平状态，直到转换完成。$\overline{CS}$为低电平时，芯片开始转换工作，从时钟输入端CLK输入时钟脉冲，DI端输入通道功能选择的数据信号，DO输出转换后的数据。ADC0832芯片的工作时序如图10-2所示。

从图10-2所示的工作时序中可以看到，在第1个时钟脉冲的下降沿到来之前，DI端必须是高电平，表示起始信号。在第2个、第3个脉冲下降沿到来之前DI端应输入两位数据，用于选择通道功能，输入的两位数据见表10-2。到第3个脉冲的下降沿到来之后，DI端的输入电平就失去输入作用，此后开始利用数据输出DO进行转换数据的输出。从第4个脉冲下降沿到来开始由DO端输出转换数据的最高位DATA7，随后每一个脉冲下降沿到来时DO端就输出下一位数据，直到第11个脉冲时发出最低位数据DATA0，一个字节的数据输出就完成了。从第11个字节的下降沿输出DATA0开始，依次输出DATA1等位，直至第19个时钟脉冲时输出DATA7位，共输出了8位数据。此时，数据输出完成，也标志着一次A/D转换的结束。数据输出完成后进行对比输出的正向字节和反向字节，如果相符，则表示输出数据正确。最后将$\overline{CS}$端置高电平来禁用芯片。

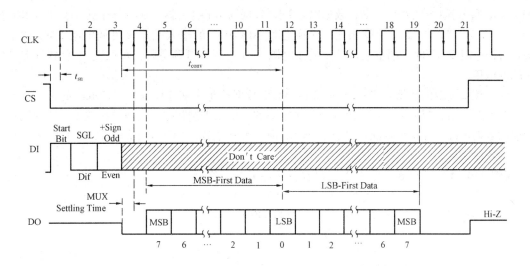

图 10-2　ADC0832 工作时序图

表 10-2　　　　　　　　　　　　　　　　通道功能选择

工作方式	输入		通道号		功能描述
	SGL/DIF	ODD/SIGN	CH0	CH1	
差分方式	0	0	IN+	IN−	CH0 正输入端 IN+，CH1 负输入端 IN−
	0	1	IN−	IN+	CH0 正输入端 IN−，CH1 负输入端 IN+
单端方式	1	0	IN+		对通道 0 进行转换
	1	1		IN+	对通道 1 进行转换

4. 接口电路和编程要点

单片机外接 A/D 转换芯片 ADC0832 的接口电路如图 10-3 所示。图中 A/D 转换芯片

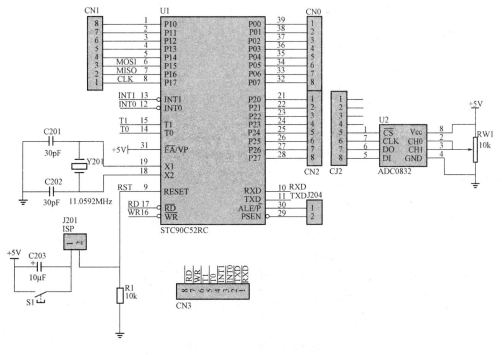

图 10-3　ADC0832 与 STC90C52RC 的接口电路

535

ADC0832 的片选 $\overline{CS}$、时钟 CLK、数据输入 DI、数据输出 DO 引脚分别与单片机 STC90C52RC 的 P2.4、P2.5、P2.6、P2.7 引脚相连。转换芯片 ADC0832 的输入端连接可调电阻 RW1 的中心头，可调电阻 RW1 的一端接地，另一端接电源＋5V。调节可调电阻，可改变 A/D 转换芯片输入端的电压。

为了校验读取的数据，将 ADC0832 转换后的数据按正序和逆序存放。读取时先正序存放一个字节的 8 位二进制数据；再逆序存放一个字节的 8 位二进制数据。比较两次数据，相同则表示读取的数据正确，并将数据保存到寄存器 R0 内，否则重读。用两个子程序读取 ADC0832 转换数据的程序如下。

【例 A10-1】 ADC0832 芯片 A/D 转换程序如下。

```
; *******************************************************
; 程序名：ADC0832.asm   功能：启动 ADC0832 转换并读取转换值
; 说明：主程序调用 ADC0832 转换子程序示例
; *******************************************************
; - - - - - - - - 引脚定义 - - - - - - - - - -
    AD _ CS   BIT  P2.4
    AD _ CLK BIT  P2.5
    AD _ DI   BIT  P2.6
    AD _ DO   BIT  P2.7
; - - - - - - - - - - - - - - - - - - - - - - -

        ORG 00A0H
; = = = = = = 主程序 = = = = = = = = = = = =
; 调用 ADC0832 转换的示例
MAIN:
    MOV SP ＃60H
    MOV R0, ＃0

LOOP:
    ACALL ADC _ 0832   ; 调用 AD 转换子程序
    LCALL DELAY

    LJMP LOOP


; = = = = = = = = = = = = = = = = = = = = = =
; - - - - - - - ADC 转换子程序 - - - - -
ADC _ 0832:
    SETB AD _ DI       ; 初始化通道
    CLR   AD _ CS      ; 启用转换芯片
    CALL CLK _ P       ; 第 1 次调用 CLK 下降沿子程序，启用信号
    MOV AD _ DI, ＃1   ; 地址信号 11，选择通道 1
    CALL CLK _ P       ; 第 2 次调用 CLK 下降沿子程序，地址 1
    MOV  AD _ DI, ＃1
    CALL CLK _ P       ; 第 3 次调用 CLK 下降沿子程序，地址 2
    MOV R7, ＃8        ; 准备送 8 个时钟脉冲
```

```
        MOV A，#0
    ADC _ 1：
        CALL CLK _ P              ；调用 CLK 下降沿子程序
        RL A                      ；左移一位
        MOV C，AD _ DO            ；接收数据
        MOV ACC. 0，C
        DJNZ R7，ADC _ 1          ；循环 8 次
        MOV B，A
        MOV R7，#8
        MOV A，#0
    ADC _ 2：
        RR A                      ；右移一位
        MOV C，AD _ DO            ；接收数据
        MOV ACC. 7，C
        CALL CLK _ P              ；调用 CLK 下降沿子程序
        DJNZ R7，ADC _ 2          ；循环 8 次
        CJNE A，B，ADC _ 0832     ；数据校验，不等继续转换
        MOV R0，A
        SETB AD _ CS             ；禁用转换芯片
        CLK AD _ CLK             ；拉低 CLK 端
        SETB AD _ DO             ；拉高数据端
        RET
    ；－－－－－－－－－－－－－－－－－－－－－－－－
    ；－－－－－CLK 下降沿子程序－－－－
    CLK _ P：
        NOP
        SETB AD _ CLK            ；拉高 CLK 端
        NOP
        NOP
        CLR AD _ CLK             ；拉低 CLK 端
        RET
    ；－－－－－－－－－－－－－－－－－－－－－－

        END
```

10. 2. 2　TLC549 芯片

TLC549 是一片 8 位串行输出数据的 A/D 转换 CMOS 芯片，它以 8 位开关电容逐次逼近的方法实现 A/D 转换，通过 DAT、CLK、$\overline{CS}$ 三条引脚与通用微处理器串行连接。

1. 芯片特点

（1）差分参考电压输入。

（2）最长转换时间为 $17\mu s$，每分钟转换次数达 40 000 次。

（3）片上采样—保持功能软件可控制。

（4）总失调误差最大为 $\pm0.5LSB$。

（5）4MHz 片内系统时钟。

（6）3～6V 宽供电范围，功耗低，最大功耗仅为 15mW。

2．引脚排列和功能

TLC549 芯片的引脚排列如图 10-4 所示，其各引脚的功能见表 10-3。

表 10-3 **TLC549 引脚功能说明**

引脚	功　　能	引脚	功　　能
REF+	基准电压＋输入	$\overline{CS}$	片选，低电平使能
ANALOG IN	模拟输入	DATA OUT	数据信号输出，转换数据输出
REF−	基准电压－输入	I/O CLOCK	串行时钟信号输入
GND	电源地，芯片参考零电位	Vcc	电源输入

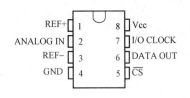

图 10-4　TLC549 芯片引脚排列

3．芯片工作时序

当 $\overline{CS}$ 为高电平时，数据输出端（DATA OUT）处于高阻状态，此时串行时钟输入端（I/O CLOCK）不起作用。该功能可使多片 TLC549 共用时钟信号，以减少多路 A/D 转换器并用时的 I/O 控制端口。一组常用的控制时序如下所述。

（1）将 $\overline{CS}$ 置低电平。为了减小由于引脚 $\overline{CS}$ 上存在噪声引起的干扰，内部电路在测得 $\overline{CS}$ 下降沿后，再接着等待内部时钟的两个上升沿以及之后的一个下降沿，确认这一变化后进入转换状态。在 $\overline{CS}$ 为低电平期间，将前一次转换结果的最高位（D7 位）输出到 DATA OUT 端上。

（2）在前 4 个 I/O CLOCK 脉冲的下降沿依次移出第 2、第 3、第 4 和第 5 个转换位（D6、D5、D4、D3），在第 4 个 I/O CLOCK 脉冲由高变低时，片上采样保持电路开始采样输入模拟量。

（3）在接下来的 3 个 I/O CLOCK 脉冲的下降沿依次移出第 6、第 7 和 8 个转换位（D2、D1、D0）。

（4）最后，片上采样保持电路在第 8 个 I/O CLOCK 脉冲的下降沿将移出第 6、第 7 和第 8 个转换位（D2、D1、D0）。保持功能将持续 4 个内部时钟周期，然后开始进行 32 个内部时钟周期的 A/D 转换。第 8 个 I/O CLOCK 后，$\overline{CS}$ 必须为高电平，或 I/O CLOCK 保持低电平，这种状态需要维持 36 个内部系统时钟周期以等待保持和转换工作的完成。如果 $\overline{CS}$ 为低电平时 I/O CLOCK 上出现一个有效的干扰脉冲，则微处理器/控制器将与器件的 I/O 时序失去同步；若 $\overline{CS}$ 为高电平时出现一次有效低电平，则将使引脚重新初始化，从而脱离原来的转换过程。

在 36 个内部系统时钟周期结束之前，实施步骤（1）～步骤（4），可重新启动一次新的 A/D 转换，与此同时，正在进行的转换终止，此时的输出是前一次的转换结果而不是正在进行的转换结果。

若要在特定的时刻采样模拟信号，应使第 8 个 I/O CLOCK 脉冲的下降沿与该时刻对应，因为芯片虽然是在第 4 个 I/O CLOCK 脉冲下降沿开始采样，但却是在第 8 个 I/O CLOCK 的下降沿开始保存。TLC549 的工作时序如图 10-5 所示。

4．接口电路及编程要点

TLC549 芯片可方便地与具有串行外围接口（SPI）的单片机或微处理器连接，也可与 MCS-51 系列通用单片机连接。STC90C52RC 单片机外接 A/D 转换芯片 TLC549 的接口电路如图 10-6 所示。图中 A/D 转换芯片 TLC549 的片选 $\overline{CS}$、数据输出 DAT 和时钟 CLK 引脚分别与单片机的 P2.7、P2.6 和 P2.5 引脚相连。

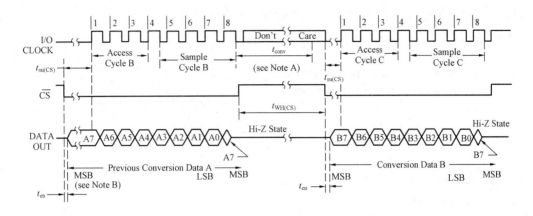

图 10-5　TLC549 工作时序图

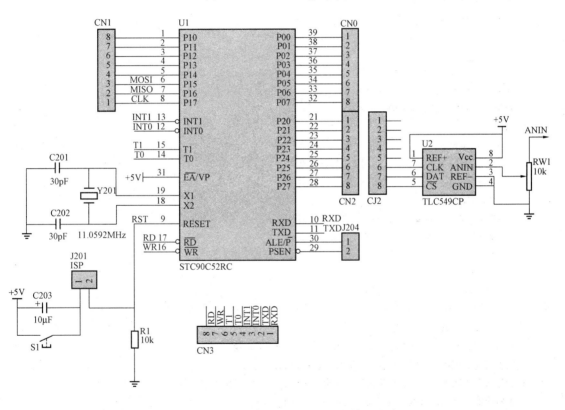

图 10-6　TLC549 与 STC90C52RC 的接口电路

从图 10-5 所示的 TLC549 工作时序图中可以看出，在片选信号变为低电平后，由移位脉冲在数据输出端 DAT 上送出的是前一次 A/D 转换的结果。串行数据 A7 位（即最高位）先输出，A0 位最后输出。在每一次 I/O CLOCK 脉冲的高电平期间 DATA OUT 线产生有效输出，每出现一次 I/O CLOCK 脉冲信号就对 1 个字节数据中的一位输出。一个周期出现 8 次 I/O CLOCK 脉冲信号即对 1 个字节的输出。在 $\overline{CS}$ 变为低电平后，最高位将自动置于 DATA OUT 总线上。其余7 位（A6～A0）在 7 个 I/O CLOCK 脉冲下降沿到来时由时钟同步输出。本次采样的结果 B7～B0 以同样的方式跟在其后。在片选 $\overline{CS}$ 变为低电平 $1.4\mu s$ 后 I/O CLOCK 脉冲才允许跳变。从片选 $\overline{CS}$ 变为低电平到数据线 DATA OUT 上输出数据的时间间隔为 $1.2\mu s$；只要 I/O CLOCK 变高就

539

可以读取 DATA OUT 线上的数据了。TLC549 转换程序如下。

【例 A10-2】 TLC549 芯片 A/D 转换的程序如下。

```
;  * * * * * * * * * * * * * * * * * * * * * * * * * * * * * * * * * * * * * * * * * * * *
; 程序名：TLC549.asm   功能：启动 TLC549AD 转换并读取转换值
; 说明：主程序调用 TLC549AD 转换子程序示例
;  * * * * * * * * * * * * * * * * * * * * * * * * * * * * * * * * * * * * * * * * * * * *
; - - - - - - - - - 引脚定义 - - - - - - - - -
    AD _ CS   BIT   P2. 4
    AD _ CLK  BIT   P2. 5
    AD _ DAT  BIT   P2. 7
; - - - - - - - - - - - - - - - - - - - - - - -
; - - - - - - - - 缓冲区定义 - - - - - - - -
; 结果存放 RAM 30H 单元
    AD _ DATA   DATA   30H
; - - - - - - - - - - - - - - - - - - - - - - -


        ORG 00A0H
; = = = = = = = 主程序 = = = = = = = = = = = =
; 调用 TLC549A/D 转换的示例
MAIN:
    MOV SP ＃60H
    ACALL ADC _ TLC549     ; 调用 A/D 转换子程序
    MOV R7, ＃0
    DJNZ R7, $
    ACALL ADC _ TLC549     ; 调用 A/D 转换子程序
    MOV AD _ DATA, A       ; 读取上次 A/D 转换值
    SJMP $


; = = = = = = = = = = = = = = = = = = = = = = =
; - - - - - - ADC 转换子程序 - - - - -
;        TLC549 转换驱动程序
; TLC549 在读出前一次数据后，马上进行电压采样和 A/D 转换，
; 转换完成后就进入 HOLD 模式，直到再次读取数据时，芯片才
; 会进入下一次 A/D 转换。也就是说，本次读出的数据是前一次
; 的转换值，读操作后就会再启动一次转换，一次转换时间
; 最长为 17μs，芯片没有转换结束信号。
ADC _ TLC549:
    CLR A
    CLR AD _ CLK
    CLR AD _ CS            ; 启用转换芯片
    MOV R6, ＃8
LOOP:
    SETB AD _ CLK
    NOP
    NOP
```

```
        MOV C, AD _ DAT
        RLC A
        CLR AD _ CLK
        NOP
        DJNZ R6，LOOP
        SETB   AD _ CS          ; 禁用转换芯片
        SETB AD _ CLK
        RET
;  - - - - - - - - - - - - - - - - - - - - - - -


        END
```

【例C10-2】 将 TLC549 芯片 A/D 转换采集到的数据在 P2 口上显示出来的 CS 语言程序
如下。

```
/ ***************************************************************
程序名：TLC549 _ P2. c   功能：将采集的模拟量数据转换为数字量数
                            据，并在 P2 口上显示。
说明：片选信号接 P2.7，数据输出接 P2.6，移位脉冲信号接 P2.5.
 ***************************************************************/


#include＜reg52. h＞
#define uint unsigned int
#define uchar unsigned char
sbit clock = P2^5;              //时钟线
sbit dout = P2^6;              //数据输出端
sbit cs = P2^7;               //片选(低电平有效)

void delay(uint t)
{
   while(t - - );
}

uchar read _ 549()              //数据采集
{
   uint i;
   uchar k = 0x00;              //定义一个变量 k，将在 dout 上采集到的数据装进 k
   dout = 1;                //该地方置不置高电平都可以，应为单片机的 I/O 口的默认值高电平
   for(i = 0; i＜8; i+ +)
     {
     if(dout)
       {
       k+ +;
       }
     k = k≪1;
     clock = 1;                //高电平期间采集 dout 线上的数据
     clock = 0;
```

```
      delay(10);
        }
      return k;                    //返回值
  }


uchar shuchu _ 549()             //数据读取
  {
    uchar date;
    cs = 0;                       //片选(低电平时数据有效)
    date = read _ 549();          //将 read _ 549()函数中采集到的数据赋给变量 date
    cs = 1;                       //片选拉高，表示数据读取完毕
    delay(50);
    return date;                  //返回值
  }


void main()
  {
    while(1)
      {
    P2 = shuchu _ 549();
      }
  }
```

10.3　STC12C5A60S2 系列单片机的 A/D 转换器

　　MCS-51 单片机中的大多数都需要外扩 A/D 转换芯片才能实现 A/D 转换功能（ADC）。STC12C5A60S2 系列是自带 A/D 转换器的单片机，共有 8 路 10 位高速 A/D 转换器，转换速度可达到 250kHz（25 万次/秒）。上电复位后其 P1 口为弱上拉型 I/O 口，可通过软件设置将 8 路中的任何一路设定器进行 A/D 转换，不作为 A/D 使用的引脚可继续作为 I/O 口使用。

　　STC12C5A60S2 系列单片机的 ADC 是逐次比较型 ADC。它由一个比较器和一个 D/A 转换器构成，通过逐次比较逻辑，从最高位（MSB）开始，顺序地对每一输入电压与内置 D/A 转换器输出电压进行比较，经过多次比较，使转换所得的数字量逐次逼近输入模拟量的对应值。该转换器由多路选择开关、比较器、逐次比较寄存器、10 位 DAC、转换结果寄存器和转换器控制寄存器构成。

10.3.1　转换器的结构

　　STC12C5A60S2 系列单片机 A/D 转换器的结构如图 10-7 所示。从图中可看出，通过模拟多路开关，将 ADC0～ADC7 的模拟量输入到比较器中。用数/模转换器（DAC）转换的模拟量与本次输入的模拟量通过比较器进行比较，将比较结果保存到逐次比较器，并通过逐次比较寄存器输出转换结果。A/D 转换结束后，最终的转换结果保存到 ADC 转换结果寄存器 ADC _ RES 和ADC _ RESL中，同时置位 ADC 控制寄存器 ADC _ CONTR 中的 A/D 转换结束标志位ADC _ FLAG,以供程序查询或发出中断申请。模拟通道的选择控制由 ADC 控制寄存器ADC _ CONTR中的 CHS2～CHS0 确定。ADC 的转换速度由 ADC 控制寄存器中的 SPEED1 和 SPEED0 确定。在使用 ADC 之前，应先给 ADC 上电，也就是置位 ADC 控制寄存器中的 ADC _ POWER 位。

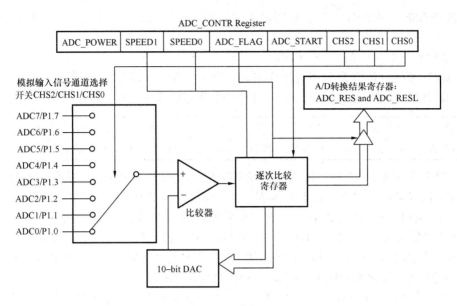

图 10-7　STC12C5A60S2 系列单片机 A/D 转换器的结构

由于 STC12C5A60S2 系列单片机 A/D 转换器的转换结果是 10 位的，而单片机的数据总线是 8 位的，故将转换结果存放在两个寄存器中，即寄存器 ADC_RES 和 ADC_RESL 内。

10.3.2　与 A/D 相关的寄存器

与 STC12C5A60S2 系列单片机中与 A/D 转换相关的寄存器见表 10-4。下面对各寄存器作进一步说明。

表 10-4　　　　　　　　　　　　与 A/D 转换相关的寄存器

寄存器符号	地址	B7	B6	B5	B4	B3	B2	B1	B0	复位值
P1ASF	9DH	P17ASF	P16ASF	P15ASF	P14ASF	P13ASF	P12ASF	P11ASF	P10ASF	00000000B
ADC_CONTR	BCH	ADC_POWER	SPEED1	SPEED0	ADC_FLAG	ADC_START	CHS2	CHS1	CHS0	00000000B
ADC_RES	BDH									00000000B
ADC_RESL	BEH									00000000B
AUXR1	A2H	—	PCA_P4	SPI_P4	S2_P4	GF2	ADRJ	—	DPS	x000x000B
IE	A8H	EA	ELVD	EADC	ES	ET1	EX1	ET0	EX0	00000000B
IP	B8H	PPCA	PLVD	PADC	PS	PT1	PX1	PT0	PX0	00000000B
IPH	B7H	PPCAH	PLVDH	PADCH	PSH	PT1H	PX1H	PT0H	PX0H	00000000B

1. P1 口模拟功能控制寄存器 P1ASF

STC12C5A60S2 系列单片机的 A/D 转换通道与 P1 口（P1.7～P1.0）复用，上电复位后 P1 口为弱上拉型 I/O 口，可以通过软件设置将 8 路中的任何一路设定为 A/D 转换，不作为 A/D 使用的 P1 引脚可继续作为通用 I/O 口使用。作为 A/D 使用的引脚需先将特殊功能寄存器 P1ASF 中的相应位置 "1"，使相应的引脚设定为模拟功能。P1ASF 寄存器是只写寄存器，读无效，其格式如下所示。

寄存器符号	地址	位	B7	B6	B5	B4	B3	B2	B1	B0
P1ASF	9DH	名称	P17ASF	P16ASF	P15ASF	P14ASF	P13ASF	P12ASF	P11ASF	P10ASF

设定 P1ASF＝00000111B 时，说明将 P1.0、P1.1 和 P1.2 这 3 个引脚用于模拟量的 A/D 输入。

2. ADC 控制寄存器 ADC_CONTR

对 ADC_CONTR 寄存器进行操作时，应直接使用"MOV"数据传送语句，不要使用"ANL"和"ORL"逻辑运算语句。ADC_CONTR 寄存器的格式如下所示。

寄存器符号	地址	位	B7	B6	B5	B4	B3	B2	B1	B0
ADC_CONTR	BCH	名称	ADC_POWER	SPEED1	SPEED0	ADC_FLAG	ADC_START	CHS2	CHS1	CHS0

（1）第 7 位 ADC_POWER 是 ADC 电源控制位。ADC_POWER＝0 时关闭 A/D 转换器电源；ADC_POWER＝1 时打开 A/D 转换器电源。建议进入空闲模式前，将 ADC 电源关闭，即使 ADC_POWER＝0。启动 A/D 转换前一定要确认 A/D 电源已打开，A/D 转换结束后关闭 A/D 电源可降低功耗。初次打开内部 A/D 转换电源后需要适当延时，等内部电源稳定后再启动 A/D 转换。在启动 A/D 转换至转换结束之间，建议不要改变任何 I/O 口的状态，有利于高精度 A/D 转换的实现，若能将定时器、串行口、中断系统都关闭则更好。

（2）第 6 位 SPEED1 和第 5 位 SPEED0 是 A/D 转换器转换速度控制位。A/D 转换器所使用的时钟是内部 RC 振荡器所产生的系统时钟，以提高 A/D 转换速度。控制位设定不同值时对应的转换速度如下所示。

SPEED1	SPEED0	A/D 转换所需时间
1	1	90 个时钟周期转换一次，CPU 工作频率为 21MHz 时，A/D 转换速度约为 250kHz
1	0	180 个时钟周期转换一次
0	1	360 个时钟周期转换一次
0	0	540 个时钟周期转换一次

（3）第 4 位 ADC_FLAG 是 A/D 转换结束标志位。当 A/D 转换完成后，ADC_FLAG＝1，需要由软件清零。不管是 A/D 转换完成后由该位申请产生中断，还是由软件查询该标志位 A/D 转换是否结束，在 A/D 转换完成，ADC_FLAG＝1 后，一定都要软件清零，即用程序使 ADC_FLAG＝0。

（4）第 3 位 ADC_START 是 A/D 转换器启动控制位。当设置 ADC_START＝1 时，开始转换，转换结束后 ADC_START＝0。

（5）第 2 位 CHS2、第 1 位 CHS1 和第 0 位 CHS0 是模拟输入通道选择位。8 个通道的选择如下所示。

CHS2	CHS1	CHS0	模拟通道选择
0	0	0	选择 P1.0 作为 A/D 输入通道
0	0	1	选择 P1.1 作为 A/D 输入通道
0	1	0	选择 P1.2 作为 A/D 输入通道
0	0	1	选择 P1.3 作为 A/D 输入通道
1	0	0	选择 P1.4 作为 A/D 输入通道
1	0	1	选择 P1.5 作为 A/D 输入通道
1	1	0	选择 P1.6 作为 A/D 输入通道
1	1	1	选择 P1.7 作为 A/D 输入通道

还需要注意的是，由于是两套时钟，故在设置 ADC_CONTR 控制寄存器后，要外加 4 个空操作延时才能保证该数值被设置进 ADC_CONTR 控制寄存器。

3. A/D 转换结果寄存器 ADC_RES 和 ADC_RESL

用于保存 A/D 转换结果的寄存器 ADC_RES 和 ADC_RESL 的格式如下所示。

寄存器符号	地址	名称	B7	B6	B5	B4	B3	B2	B1	B0
ADC_RES	BDH	结果寄存器高位								
ADC_RESL	BEH	结果寄存器低位								

由于 10 位转换结果占用了两个寄存器，所以转换得到的结果有两种格式。选用哪种格式由辅助寄存器 AUXR1（地址为 A2H）中的第 2 位 ADRJ 来控制。当 ADRJ＝0 时，10 位 A/D 转换结果的高 8 位存放在 ADC_RES 中，低 2 位存放在 ADC_RESL 的低 2 位中，即

$$ADC\_RES[7:0]$$

ADC_B9	ADC_B8	ADC_B7	ADC_B6	ADC_B5	ADC_B4	ADC_B3	ADC_B2

| — | — | — | — | — | — | ADC_B1 | ADC_B0 | ADC_RESL[1:0] |

此时，如果取完整的 10 位结果，则按下面的公式计算

$$10-bitA/D 转换结果：（ADC\_RES[7:0]，ADC\_RESL[1:0]）＝1024×\frac{V_{in}}{V_{cc}}$$

如果只需取 8 位结果，则按下面的公式计算

$$8-bitA/D 转换结果：（ADC\_RES[7:0]）＝256×\frac{V_{in}}{V_{cc}}$$

式中：V_{in} 为模拟输入通道输入电压，V_{cc} 为模拟参考电压（用实际工作电压作参考）。

当 ADRJ＝1 时，10 位 A/D 转换结果的高 2 位存放在 ADC_RES 的低 2 位中，低 8 位存放在 ADC_RESL 中，即

$$ADC\_RES[1:0]$$

—	—	—	—	—	—	ADC_B9	ADC_B8

| ADC_B7 | ADC_B6 | ADC_B5 | ADC_B4 | ADC_B3 | ADC_B2 | ADC_B1 | ADC_B0 | ADC_RESL[7:0] |

此时，如果取完整的 10 位结果，则按下面的公式计算

$$10-bitA/D 转换结果：（ADC\_RES[1:0]，ADC\_RESL[7:0]）＝1024×\frac{V_{in}}{V_{cc}}$$

式中：V_{in} 为模拟输入通道输入电压，V_{cc} 为模拟参考电压（用实际工作电压作参考）。

4. 与 A/D 中断有关的寄存器

与 A/D 中断有关的寄存器有中断允许寄存器 IE 和中断优先级控制寄存器 IP。

（1）中断允许寄存器。中断允许寄存器可以进行位寻址，与 A/D 转换有关的是第 7 位和第 5 位，其格式如下所示。

寄存器符号	地址	位	B7	B6	B5	B4	B3	B2	B1	B0
IE	A8H	名称	EA	ELVD	EADC	ES	ET1	EX1	ET0	EX0

1）第 7 位 EA 是 CPU 中断开放标志位。EA＝1 时，CPU 开放中断；EA＝0 时，CPU 屏蔽所有的中断申请。

2）第 5 位 EADC 是 A/D 转换中断允许位。EADC＝1 时，允许 A/D 转换中断；EADC＝0 时，禁止 A/D 转换中断。

如果要允许 A/D 转换中断，那么除了需要置控制位 EADC＝1 外，还需要置中断开放位 EA＝1。否则 A/D 转换器无法进入 A/D 中断服务程序。同时在 A/D 中断服务程序中必须用程序清零 A/D 中断请求标志位 ADC＿FLAG，即使 ADC＿FLAG＝0。

（2）中断优先接控制寄存器。中断优先接控制寄存器有两个，分别是中断优先控制寄存器高位 IPH 和中断优先控制寄存器低位 IP。前者不可位寻址，后者可进行位寻址。与 A/D 转换有关的是两寄存器的第 5 位，其格式如下所示。

寄存器符号	地址	位	B7	B6	B5	B4	B3	B2	B1	B0
IPH	B7H	名称	PPCAH	PLVDH	PADCH	PSH	PT1H	PX1H	PT0H	PX0H
IP	B8H	名称	PPCA	PLVD	PADC	PS	PT1	PX1	PT0	PX0

位 PADCH 和 PADC 对应的 A/D 转换中断优先级如下所示。

PADCH	PADC	A/D转换中断优先级	PADCH	PADC	A/D转换中断优先级
0	0	最低优先级，优先级 0	1	0	较高优先级，优先级 2
0	1	较低优先级，优先级 1	1	1	最高优先级，优先级 3

10.3.3 一个转换程序实例

【例 A10-3】 STC12C5A60S2 芯片的 A/D 转换程序如下。

```
; ＊＊＊＊＊＊＊＊＊＊＊＊＊＊＊＊＊＊＊＊＊＊＊＊＊＊＊＊＊＊＊＊＊＊＊＊
;    程序名：ADC＿STC12C5A60S2.asm
;    功  能：将 A/D 转换得到的结果送 P1 口及串口
;    说  明：1. 使用 STC12C5A60S2 芯片
;            2. 晶振频率 11.0592MHz
;            3. 选用 P1.2 为 A/D 输入
;            4. 本程序引自 STC12C5A60S2 器件手册
; ＊＊＊＊＊＊＊＊＊＊＊＊＊＊＊＊＊＊＊＊＊＊＊＊＊＊＊＊＊＊＊＊＊＊＊＊
; － － － － － － － 引脚定义 － － － － － － － －
ADC＿START＿IDCT EUQ   7       ；转换启动指示灯
ADC＿CHNL＿0 EQU 11100000B    ；P1.0 作为 A/D 输入
ADC＿CHNL＿1 EQU 11100001B    ；P1.1 作为 A/D 输入
ADC＿CHNL＿2 EQU 11100010B    ；P1.2 作为 A/D 输入
ADC＿CHNL＿3 EQU 11100011B    ；P1.3 作为 A/D 输入
ADC＿CHNL＿4 EQU 11100100B    ；P1.4 作为 A/D 输入
ADC＿CHNL＿5 EQU 11100101B    ；P1.5 作为 A/D 输入
ADC＿CHNL＿6 EQU 11100110B    ；P1.6 作为 A/D 输入
ADC＿CHNL＿7 EQU 11100111B    ；P1.7 作为 A/D 输入
; － － － － － － － － － － － － － － － － － －
; － － － － － － － 寄存器定义 － － － － － － － －
ADC＿CONTR EQU  0BCH       ；A/D 转换寄存器
ADC＿RES   EQU  0BDH       ；8 位 A/D 转换结果寄存器
P1ASF      EQU  9DH
; － － － － － － － － － － － － － － － － － －
```

```
; - - - - - - - - 变量定义 - - - - - - - - - - - -
  ADC _ CHNL _ 0 _ RSLT   EQU 30H   ; 0 通道 A/D 转换结果
  ADC _ CHNL _ 1 _ RSLT   EQU 31H   ; 1 通道 A/D 转换结果
  ADC _ CHNL _ 2 _ RSLT   EQU 32H   ; 2 通道 A/D 转换结果
  ADC _ CHNL _ 3 _ RSLT   EQU 33H   ; 3 通道 A/D 转换结果
  ADC _ CHNL _ 4 _ RSLT   EQU 34H   ; 4 通道 A/D 转换结果
  ADC _ CHNL _ 5 _ RSLT   EQU 35H   ; 5 通道 A/D 转换结果
  ADC _ CHNL _ 6 _ RSLT   EQU 36H   ; 6 通道 A/D 转换结果
  ADC _ CHNL _ 7 _ RSLT   EQU 37H   ; 7 通道 A/D 转换结果
; - - - - - - - - - - - - - - - - - - - - - - - - - -


      ORG 0000H
      LJMP MAIN
= = = = = = 主程序 = = = = = = = = = = = = = = = =
      ORG   00AH
MAIN:
      CLR ADC _ START _ IDCT          ; 点亮转换指示灯
      MOV SP, #7FH                     ; 设置堆栈指针
      ACALL INITIATE _ RS232          ; 串口初始化
      ACALL ADC _ POWER _ ON          ; 开 ADC 电源
      ACALL SET _ P12 _ ASF           ; 设置 P1.2 为模拟功能
      ACALL SET _ ADC _ CHANNEL _ 2   ; 设置 P1.2 为 A/D 转换通道
      ACALL GET _ AD _ RESULT         ; 测量电压并取 A/D 转换结果
      ACALL SEND _ AD _ RESULT        ; 转换结果发送给 PC 机
      ACALL SET _ P12 _ NORMAL        ; 设置 P1.2 为普通 IO 口
      MOV A, ADC _ CHANNEL _ 2 _ RESULT ; 用 P1 口显示 A/D 转换结果
      CPL A
      MOV P1, A
WAIT _ LOOP:
      SJMP WAIT _ LOOP
; = = = = = = = = = = = = = = = = = = = = = = = = = =


; - - - - - - - - 串口初始化子程序 - - - - - - - - -
INITIATE _ RS232:                     ; 串口初始化
        CLR ES                        ; 禁止串口中断
        MOV TOMD, #20H                ; 设置 T1 为波特率发生器
        MOV SCON, #50H                ; 01010000 8 位数据位, 无奇偶校验
        MOV TH1, #0FDH                ; 11.0592MHz 晶振, 波特率 = 9600
        MOV TL1, #0FBH
        SETB TR1                      ; 启动 T1
        RET
; - - - - - - - - - - - - - - - - - - - - - - - - - -
; - - - - - - - - 开 ADC 电源子程序 - - - - - - - - - -
ADC _ POWER _ ON:
        PUSH ACC
        ORL ADC _ CONTR, #80H
```

```
        MOV A, #20H
        ACALL DELAY
        POP ACC
        RET
; - - - - - - - - - - - - - - - - - - - - - - - - - - - - - - -
; - - - - - - - - 设置 P1.2 为模拟功能子程序 - -
SET_P12_ASF:
        PUSH ACC
        MOV A, #00000100B
        ORL P1ASF, A
        POP ACC
        RET
; - - - - - - - - - - - - - - - - - - - - - - - - - - - - - - -
; - - - - - - - - 设置 P1.2 为普通 IO 口子程序 - - - -
SET_P12_NORMAL_IO:
        PUSH ACC
        MOV A, #11111011B
        ANL P1ASF, A
        POP ACC
        RET
; - - - - - - - - - - - - - - - - - - - - - - - - - - - - - - -
; - - - - - - - - P1.2 作为 A/D 转换通道子程序 - - - -
SET_ADC_CHANNEL_2:
        MOV ADC_CONTR, #ADC_CHNL_2   ; 选择 P1.2 作为 A/D 转换通道
        MOV A, 05H                   ; 更换 A/D 转换通道作适当延时
        ACALL DELAY
        RET
; - - - - - - - - - - - - - - - - - - - - - - - - - - - - - - -
; - - - - - - - - 取 A/D 转换结果子程序 - - - - - - - - -
GET_AD_RESULTA:
        PUSH ACC
        MOV ADC_RES, #0
        ORL ADC_CONTR, #00001000B    ; 启动转换
        NOP                          ; 空操作延时
        NOP
        NOP
        NOP
WAIT_AD_FINISH:
        MOV A, #00010000B            ; 判断 A/D 转换是否完成
        ANL A, ADC_CONTR
        JZ WAIT_AD_FINISH            ; 转换未完成，等待
        ANL ADC_CONTR, #11100111     ; 清零 ADC_FLAG, ADC_START 位，停止 A/D 转换
        MOV A, ADC_RES
        MOV ADC_CHNL_2_RSLT, A       ; 保存 AD 转换结果
        POP ACC
        RET
```

```
;  - - - - - - - - - - - - - - - - - - - - - - - - - - - -
;  - - - - - - - 转换结果送串口子程序 - - - - - -
SEND _ AD _ RESULT:
        PUSH ACC
        MOV A, ADC _ CHNL _ 2 _ RSLT        ; 取转换结果
        ACALL SEND _ BYTE                   ; 结果送串口
        POP ACC
        RET
;  - - - - - - - - - - - - - - - - - - - - - - - - - - - -
;  - - - - - - - 字节发送子程序 - - - - - - - - - - - - - - -
SEND _ BYTE:
        CLR TI
        MOV SBUF, A
SEND _ BYTE _ WAIT _ FINISH:
        JNB TI, SEND _ BYTE _ WAIT _ FINISH
        CLR TI
        RET
;  - - - - - - - - - - - - - - - - - - - - - - - - - - - -
;  - - - - - - - 延时子程序 - - - - - - - - - -
DELAY:
        SETB RS1
        MOV R4, A
DELAY _ LOOP0:
        MOV R3, #200
DELAY _ LOOP1:
        MOV R2, #249
DELAY _ LOOP:
        DJNZ R2, DELAY _ LOOP
        DJNZ R3, DELAY _ LOOP1
        DJNZ R4, DELAY _ LOOP0
        CLR RS1
        RET
;  - - - - - - - - - - - - - - - - - - - - - - - - - -
    END
```

10.4　数 字 电 压 表

电压表是单片机 A/D 转换的一个典型实例。本节讨论使用 STC90C52RC 和 STC12C5A60S2
单片机制作数字电压表的实例。

10.4.1　TLC549＋STC90C52RC

用 A/D 转换芯片 TLC549 和单片机 STC90C52RC 组成的 3 位数字电压表在单片机最小系统
上外扩显示器电路和 A/D 转换电路，其外扩部分的电路原理如图 10-8 所示。图 10-8 中接插件
CJ0 为显示器数据口，连接最小系统板上的 P0 口；接插件 CJ1 为电压信号数据输入口，连接最
小系统板上的 P1 口；接插件 CJ2 为显示器位驱动信号口，连接最小系统板上的 P2 口。

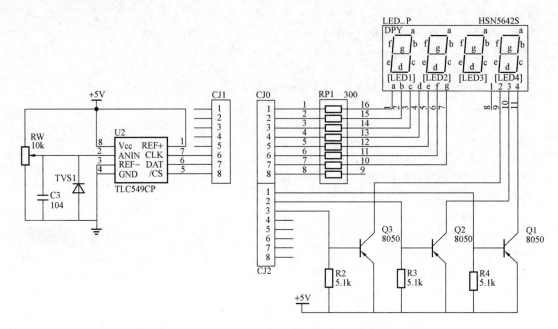

图 10-8　TLC549 组成电压表的外扩电路

根据 A/D 转换芯片 TLC549 的工作时序图，编制程序时应注意以下几点：①串行数据 A7 位（即最高位）先输出，A0 位最后输出；②在每一次 I/O CLOCK 的高电平期间 DATA OUT 线产生有效输出，每出现一次 I/O CLOCK 信号就对每个字节的数据输出，一个周期出现 8 次 I/O CLOCK信号就对 8 个字节输出；③在$\overline{CS}$变为低电平后，最高位将自动置于 DATA OUT 总线上，其余 7 位（A6～A0）在 7 个 I/O CLOCK 下降沿由时钟同步输出，B7～B0 以同样的方式跟在其后；④在片选$\overline{CS}$变为低电平 1.4 微秒后 I/O CLOCK 才允许跳变；⑤在片选$\overline{CS}$变为低电平到数据线 DATA OUT 线上输出数据的时间间隔为 $1.2\mu s$；⑥只要 I/O CLOCK 变为高电平就可以读取 DATA OUT 线上的数据。实验的参考程序如下所述。

【例 C10-4】　TLC549 芯片与单片机 STC90C52RC 连接实现 A/D 转换的程序如下。

```
/*********************************************************
    程序名：TLC549_V_meter.c
    功能：将采集的模拟量数据转换成数字量，
         转换结果的数据在 P0 口的 3 位 LED 数码管上显示，
         数值显示单位 10mV.
    说明：A/D 转换芯片片选信号接 P1.7,
         数据输出接 P1.6,
         移位脉冲信号接 P1.5.
         数码管的数据口接 P0 口，位驱动接 P2 口.
*********************************************************/

# include<reg52.h>
# include <intrins.h>        //51 基本运算（包括 _nop_ 空函数）
# define uint unsigned int
# define uchar unsigned char
float dianya;
```

```
    int dianya1；

//定义 TLC549 芯片操作引脚
sbit clock = P1^5；              //时钟线
sbit dout = P1^6；              //数据输出端
sbit cs = P1^7；                //片选（低电平有效）


char shuzu [] = {0xc0，0xf9，0xa4，0xb0，0x99，0x92，0x82，0xf8，0x80，0x90}；   //0~9 字形码


//定义延时函数
void delay (uint t)
{
    while (t--)；
}


//
uchar read_549 ()              //数据采集
{
    uint i；
    uchar ADC_data = 0x00；     //定义一个变量 ADC_data，将在 dout 上采集到的数据装进 ADC_data
    sbit ADbit = ADC_data^0；
    clock = 0；
    dout = 1；                  //该地方置不置高电平都可以，应为单片机的 I/O 口默认值高电平
    cs = 0；
    for (i = 0；i<8；i++)
      {
        clock = 1；            //高电平期间采集 dout 线上的数据
        _nop_ ()；
        _nop_ ()；
        ADC_data = ADC_data<<1；
        ADbit = dout；
        clock = 0；
        delay (10)；
      }
    return ADC_data；           //返回值
}


uchar dushu_549 ()             //数据读取
{
    uchar data；
    cs = 0；                    //片选低电平时数据有效
    date = read_549 ()；        //将 read_549 () 函数中采集到的数据赋给变量 date
    cs = 1；                    //片选拉高，表示数据读取完毕
    delay (50)；
    return data；               //返回值
}
```

```
void main ()
{
    while (1)
    {
        dianya = dushu_549 () * (500.0/256.0);    //取电压
        dianya1 = (int) dianya;
        P0 = shuzu [dianya1/100];                 //取百位
        P2 = 0x0FB;
        delayms (5);
        P2 = 0x0FF;
        P0 = shuzu [dianya1 % 100/10];            //取十位
        P2 = 0x0FD;
        delayms (5);
        P2 = 0x0FF;
        P0 = shuzu [dianya1 % 100 % 10];          //取个位
        P2 = 0x0FE;
        delayms (5);
        P2 = 0x0FF;
    }
}
```

10. 4. 2　STC12C5A60S2

从 10.3 节中我们已经知道 STC12C5A60S2 系列是自带 A/D 转换器的单片机，共有 8 路 10 位高速 A/D 转换器，转换速度可达到 250kHz（25 万次/秒）。上电复位后 P1 口为弱上拉型 I/O 口，可通过软件设置将 8 路中的任何一路设定器进行 A/D 转换，不作为 A/D 使用的引脚可继续作为通用 I/O 口使用。

STC12C5A60S2 系列单片机的 ADC 是逐次比较型 ADC。它由一个比较器和一个 D/A 转换器构成，通过逐次比较逻辑，从最高位（MSB）开始，顺序地对每一输入电压与内置 D/A 转换器的输出电压进行比较，经过多次比较，使转换所得的数字量逐次逼近输入模拟量的对应值。该转换器由多路选择开关、比较器、逐次比较寄存器、10 位 DAC、转换结果寄存器和转换器控制寄存器构成。

1. 电压表电路原理

用 STC12C5A60S2 系列中的某款单片机制作电压表无需外扩 A/D 转换芯片，只要将 0～5V 的待测模拟量接入引脚 P1.0～P1.7 中的任一引脚即可。一种电压表的电路原理如图 10-9 所示。图中单片机选用 STC12C5A08S2，4 位 LED 显示器的型号为 HSN5642S，它是共阳极 LED 显示器；RP1 为 7 个 1/4W300Ω 电阻；位驱动三极管型号为 8050。显示器实际只用了后面 3 位。本例中选用 P1.0 引脚作为被测量电压的输入端，显示值的单位为 mV。

由于测量电压的精度要求不高，故取 A/D 转换结果的高 8 位。此时 A/D 转换结果的计算公式为

$$8-\text{bitA/D 转换结果：}(\text{ADC\_RES}[7:0])=256\times\frac{V_{in}}{V_{cc}}$$

式中：V_{in} 为模拟输入通道输入电压，V_{cc} 为模拟参考电压（本例用实际工作电压＋5V 作参考）。

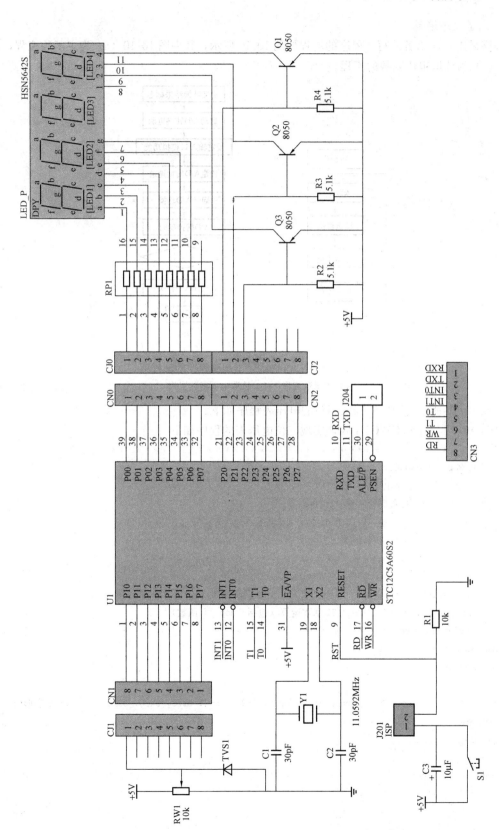

图 10-9 STC12C5A08S2 单片机电压表原理图

2. 测量程序编制

程序采用 C51 语言编写，程序的流程如图 10-10 所示，其中图 10-10（a）为主函数流程，图 10-10（b）为读取电压函数的流程。

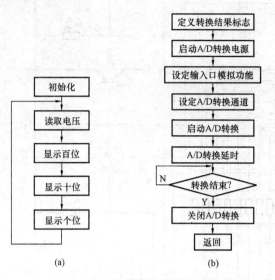

(a)   (b)

图 10-10 STC12C5A08S2 电压表程序的流程图

（a）主函数流程；（b）读取电压函数流程

按照 10-10 所示的程序流程图编写的电压表程序如下。

【例 C10-5】 用 STC12C5A08S2 实现三位电压表的程序如下。

```
/*******************************************************
    文件名：    V_meter.c
    功  能：    3 位数字电压表
    说  明：    P0 口接数码管字形，P0.0-a
                P2.0 接个位，P2.1 接十位，P2.2 接百位
                P1.0 为模拟量输入
    ****************************************************/


#include <stc12c5a60s2.h>
#include <intrins.h>              //51 基本运算（包括 _nop_ 空函数）
#define uint unsigned int
#define uchar unsigned char
float dianya;
int dianya1;
char shuzu [] = {0xc0, 0xf9, 0xa4, 0xb0, 0x99, 0x92, 0x82, 0xf8, 0x80, 0x90};    //0~9 字形码
//延时函数
void delayms (uint a)
{
    uint i;
    while (--a! = 0)
      {
        for (i = 0; i<600; i++);
```

```
        }
    }
//AD 转换函数
uint ADC_read (void)
{
    uchar AD_FIN;
    ADC_CONTR | = 0x80;     //启动 A/D 电源（10000000 令 ADC_POWER = 1）
    P1ASF | = 0x01;         //设置 P1.0 为模拟功能
    ADC_CONTR = 0x0E0;      //设置 P1.0 为 A/D 通道
    ADC_CONTR | = 0x08;     //启动 A/D 转换（00001000 令 ADC_START = 1）
    _nop_ ();
    _nop_ ();
    _nop_ ();
    _nop_ ();
    do
        {
        AD_FIN = ADC_CONTR&0x10;    //测试 A/D 转换是否结束
        }
        while (AD_FIN == 0x00);
    ADC_CONTR& = 0x0E7;         // 11100111 清零 ADC_FLAG 位，关闭 A/D 转换
    return (ADC_RES);           //返回 A/D 转换结果（8 位 ADC 数据在 ADC_RES 中）
}
//主函数
main ()
{
    P0M0 = 0xff; P0M1 = 0x00;   //设置 P0 口为推挽输出
    P1M1 = 0xff; P1M0 = 0x00;   //设置 P1 口为高阻输入
    P2M0 = 0x07; P2M1 = 0x00;   //设置 P2 口低 3 位为推挽输出
    ADC_RES = 0x00;
    while (1)
        {
        dianya = ADC_read () * (5.0/256.0);   //取电压
        dianya = dianya * 100.0;
        dianya1 = (int) dianya;
        P0 = shuzu [dianya1/100];             //取百位
        P2 = 0x0FB;
        delayms (5);
        P2 = 0x0FF;
        P0 = shuzu [dianya1 % 100/10];        //取十位
        P2 = 0x0FD;
        delayms (5);
        P2 = 0x0FF;
        P0 = shuzu [dianya1 % 100 % 10];      //取个位
        P2 = 0x0FE;
        delayms (5);
        P2 = 0x0FF;
```

```
    }
}
```

3. 动手实验

按图 10-9 所示的电路进行 3 位电压表测量实验，除了单片机最小系统外还需要搭建显示电路和接入被测量电压。按图 10-9 中所标注的元器件型号规格，在万能板上进行电路搭建和焊接，如图 10-11 所示。

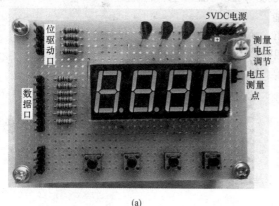

(a)

(b)

图 10-11 电压表扩展板

(a) 元器件面；(b) 焊接面

将单片机最小系统与扩展板用排线连接，如图 10-12 所示。同时把最小系统的程序下载口通过 USB-RS232 电缆与电脑连接起来。

用记事本把【例 C10-5】中的程序录入，保存为名为"V_meter.c"的文件。用"Keil uVision2"创建名为"V_meter.c"的项目，按照前面介绍的操作步骤加入程序文件、设置有关参数、进行项目编译，生成目标代码文件"V_meter.hex"。最后用代码下载软件"STC_ISP_V486.exe"将目标代码烧录到最小系统板上的单片机内。

程序烧录完成后，电压表显示的当前电压值如图 10-13 所示。图中显示值为 2.63V。

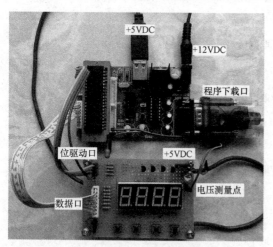

图 10-12 电压表实验连接图 　　　　图 10-13 电压表测试显示电压值

10.5 PWM 功 能

脉冲宽度调制（Pulse Width Modulation）控制技术，即 PWM 控制技术，是利用半导体开关器件的导通和关断，把直流电压变成电压脉冲，再通过控制电压脉冲的宽度或周期以达到变压的目的或再通过控制电压脉冲宽度和脉冲列的周期以达到变压变频目的的一种控制技术。PWM 控制技术广泛应用于开关电源、不间断电源、直流电动机传动和交流电动机传动等领域。

10.5.1 普通 MCS-51 单片机实现 PWM 的方法

普通 MCS-51 单片机可以使用延时方法或使用定时器方法来实现 PWM 输出。下面以图 10-14 所示的电路给出分别采用软件延时和采用定时器来实现 PWM 输出的程序。图中按钮 "UP" 用来增大脉冲宽度，按钮 "DOWN" 用来减小脉冲宽度。

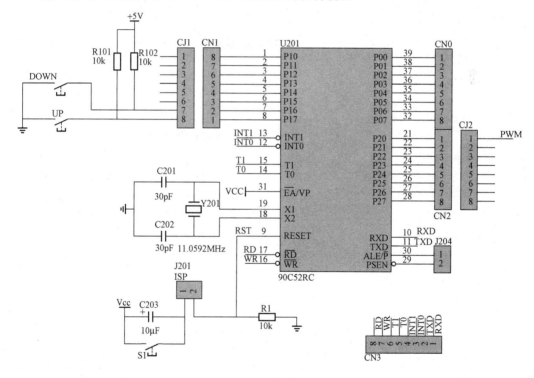

图 10-14 用 MCS-51 单片机实现 PWM 电路

1. 延时方法

【例 C10-6】 采用软件延时方法实现 PWM 输出的程序如下。

```
/*************************************************************
    程序名：PWM_Delay.c
    功  能：延时法产生的 PWM 脉冲
    说  明：1. 晶振频率 11.0592MHz，产生的 PWM 周期约为 5ms，频率约为 200Hz
            2. 宽度变宽按钮接 P1.7
            3. 宽度变窄按钮接 P1.6
*************************************************************/
# include <reg52.h>
# define uchar unsigned char
```

```
#define uint unsigned int
   sbit PWM = P2^0 ;              //PWM 输出端
   sbit up = P1^7;
   sbit down = P1^6;
   uchar count = 48 ;              //定义 PWM 周期
   uchar k = 5;
Delay (uint t)
   {
     uchar m;
     while (t - -)
        {
           for (m = 0; m<10; m + +);      //延时约 0.1ms
        }
   }
speed_control ()                        //速度控制函数
   {
     if (up = = 0)
        {k + + ; while (up = = 0);
         if (k > count) k = count;
        }                                 //加速, 到上限不再增加
     if (down = = 0)
        {k - - ; while (down = = 0);
         if (k<0) k = 0;
        }                                 //减速, 到下限不再减小
   }
void main ()
{

     while (1)
        {
        speed_control ();
        PWM = 1;
        Delay (k);
        PWM = 0;
        Delay (count - k);
        }
}
```

2. 采用定时器方法

【例 C10-7】 采用软件定时器方法实现 PWM 输出的程序如下。

/ **

　　程序名: PWM_Timer.c

　　功　能: 定时器中断产生 PWM 脉冲

　　说　明: 1. 晶振频率 11.0592MHz, 产生的 PWM 周期约为 5ms, 频率约为 200Hz

　　　　　　　 2. 宽度变宽按钮接 P1.7

　　　　　　　 3. 宽度变窄按钮接 P1.6

4. PWM 输出接 P2.0

```
*********************************************************************/
#include <reg52.h>
#define uchar unsigned char
#define uint   unsigned int
  sbit PWM = P2^0 ;                  //PWM输出端
  sbit up = P1^7;
  sbit down = P1^6;
  uchar count = 48 ;                 //定义 PWM 周期
  uchar t = 0;
  char speed = 20;                   //用于控制 PWM 占空比的变量, 脉冲宽度随该值变化
T0 _ ini ()
  {
    TMOD = 0x02;                     //设定 T0 的工作模式 2 (自动重装载模式)
    TH0 = 0xF7; TL0 = 0xF7;          //装入定时器初值, 定时 0.01ms
    EA = 1;
    ET0 = 1;
    TR0 = 1;
  }
speed _ control ()                   //速度控制函数
  {
    if (up = = 0)
      {speed + + ; while (up = = 0);
        if (speed > count) speed = count;
      }                              //加速, 到上限不再增加
    if (down = = 0)
      {speed - - ; while (down = = 0);
        if (speed < 0) speed = 0;
      }                              //减速, 到下限不再减小
  }
/* 主程序  */
void main ()
{
  T0 _ ini ();
  while (1)
    {
        speed _ control ();
    }
}
/*    T0 中断服务程序    */
void timer0 ()    interrupt 1
{
    if (t<speed) PWM = 1;        //产生 PWM 脉冲
    else PWM = 0;
    t + +;
    if (t >= count) t = 0;           //1 个 PWM 宽度为 0.01×48 = 4.8ms
}
```

3. 在 Proteus 中仿真

（1）建立程序文件。用"记事本"录入上面两个 C51 程序，分别保存为名为"PWM_Delay. c"和"PWM_Timer. c"的文件。

（2）用 Keil μVision2 建立两个项目，项目名分别为"PWM_Delay. Uv2"和"PWM_Timer. Uv2"。在项目中的"Select Device for Tartget 'Tartget 1'"标签页内选用仿真用的单片机，在"Options for Tartget 'Tartget 1'"标签页内设置好相关项，在"Add Files to Group 'Source Group 1'"标签页内将程序文件加入。然后进行编译生成目标代码，两个项目的界面分别如图 10-15（a）和（b）所示。

（3）在 Proteus 7.9 中绘制仿真电路，如图 10-16 所示。然后双击图中的 U1，在"属性"标签页内加载目标代码文件"PWM_Delay. hex"或"PWM_Timer. hex"。单击仿真开始按钮 ▶ 进入仿真运行状态，按动按钮"UP"或"DOWN"观察图中脉冲宽度的变化。按下按钮"DOWN"，脉冲宽度变窄的界面如图 10-17（a）所示。按下按钮"UP"，脉冲宽度变宽的界面如图 10-17（b）所示。

4. 用最小系统板实验

使用"STC_ISP_V486. exe"烧录软件，将上面生成的目标代码"PWM_Delay. hex"或"PWM_Timer. hex"写入到单片机最小系统板上的 STC90C52RC 芯片内。并在最小系统板 P1 口上外扩两个按钮"UP"和"DOWN"。同时将示波器的探头接在板上单片机的 P2.0 引脚上，如图 10-18 所示。给最小系统板和示波器上电，分别按动按钮"UP"或"DOWN"，示波器显示的波形如图 10-19 所示，图中脉冲频率测量值与计算值存在较大误差。

上面【例 C10-6】和【例 C10-7】两个程序的流程图请读者自己绘制，读者还可以尝试用汇编语言编制两种方法的汇编程序。

10.5.2 STC12C5A60S2 的 PWM 功能

STC12C5A60S2 芯片（STC12xx 系列单片机）具有两路可编程计数器阵列 PCA/PWM，可编程计数器阵列（PCA）含有一个特殊的 16 位定时器，且有两个 16 位的捕获/比较模块与之相连。每个模块通过编程可工作在四种模式：上升/下降沿捕获、软件定时器、高速输出或可调制脉冲宽度输出。

1. PCA/PWM 相关寄存器

与 PCA/PWM 相关的特殊功能寄存器如表 10-5 所示。

表 10-5 与 PCA/PWM 相关的寄存器

寄存器符号	地址	B7	B6	B5	B4	B3	B2	B1	B0	复位值
AUXR1	A2H	—	PCA_P4	SPI_P4	S2_P4	GF2	ADRJ	—	DPS	x00000x0B
CCON	D8H	CF	CR	—	—	—	—	CCF	CCF0	00xxxx00B
CMOD	D9H	CIDL	—	—	—	CPS2	CPS	CPS0	ECF	0xxx0000B
CCAPM0	DAH	—	ECOM0	CAPP0	CAPN0	MAT0	TOG0	PWM0	ECCF0	x0000000B
CCAPM1	DEH	—	ECOM	CAPP	CAPN	MAT	TOG	PWM	ECCF	x0000000B
CL	E9H									00000000B
CH	F9H									00000000B
CCAP0L	EAH									00000000B
CCAP1L	EBH									00000000B
CCAP0H	FAH									00000000B
CCAP1H	FBH									00000000B
PCA_PWM0	F2H	—	—	—	—	—	—	EPC0H	EPC0L	xxxxxx00B
PCA_PWM1	F3H	—	—	—	—	—	—	EPC1H	EPC1L	xxxxxx00B

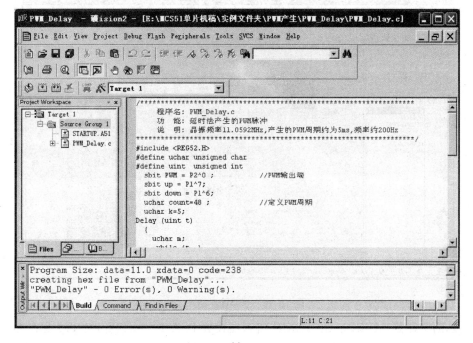

(a)

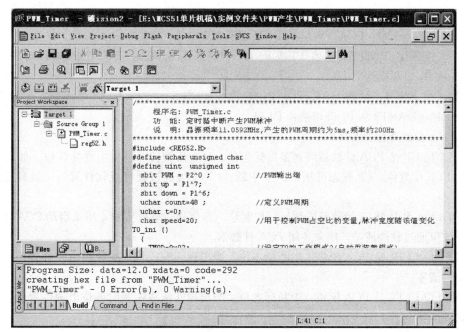

(b)

图 10-15   PWM 项目编译

（a）延时法；（b）定时器法

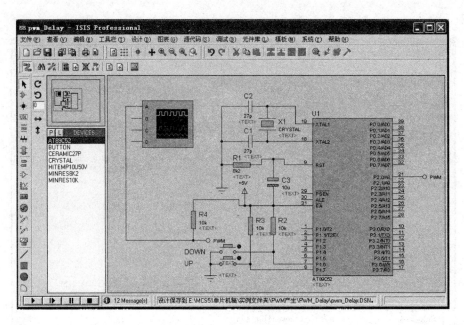

图 10-16　PWM 仿真电路

（1）辅助寄存器 AUXR1。由 AUXR1 寄存器设置 PCA/PWM/SPI/UART2 是在 P1 口还是在 P4 口。

1）第 6 位 PCA_P4 设置 PCA/PWM 在 P1 或 P4 口。当 PCA_P4＝0 时，PCA/PWM 在 P1 口；当 PCA_P4＝1 时，PCA/PWM 从 P1 口切换到 P4 口。

2）第 5 位 SPI_P4 设置 SPI 在 P1 或 P4 口。当 SPI_P4＝0 时，SPI 在 P1 口；当 SPI_P4＝1 时，SPI 从 P1 口切换到 P4 口。

3）第 4 位 S2_P4 设置 UART2 在 P1 或 P4 口。当 S2_P4＝0 时，UART2 在 P1 口；当 S2_P4＝1 时，UART2 从 P1 口切换到 P4 口。

（2）PCA 控制寄存器 CCON。

1）第 7 位 CF 是 PCA 计数器阵列溢出标志位。计数值翻转时该位由硬件置位。如果 CMOD 寄存器的 ECF 位置位，CF 标志可用来产生中断。CF 位可通过硬件或软件置位，但只能通过软件清零。

2）第 6 位 CR 是 PCA 计数器阵列运行控制位。该位通过软件置位，用来启动 PCA 计数器阵列计数。该位通过软件清零，用来关闭 PCA 计数器。

3）第 1 位 CCF1 是 PCA 模块 1 中断标志位。当出现匹配或捕获时该位由硬件置位。该位必须通过软件清零。

4）第 0 位 CCF0 是 PCA 模块 0 中断标志位。当出现匹配或捕获时该位由硬件置位。该位必须通过软件清零。

（3）PCA 模式寄存器 CMOD。

1）第 7 位 CIDL 是计数器阵列空闲控制。当 CIDL＝0 时，空闲模式下 PCA 计数器继续工作；CIDL＝1 时，空闲模式下 PCA 计数器停止工作。

2）第 3 位 CPS2、第 2 位 CPS1 和第 1 位 CPS0 是 PCA 计数脉冲选择。计数脉冲的选择方式见表 10-6。

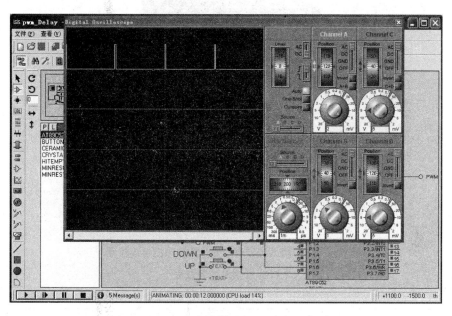

(a)

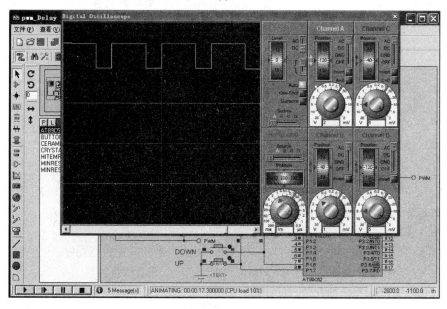

(b)

图 10-17　脉冲宽度调节界面

（a）宽度变窄；（b）宽度变宽

图 10-18　用示波器观察 PWM 脉冲波形连接图

表 10-6　　　　　　　　　　　　　　　　PCA 计数脉冲源选择

CPS2	CPS1	CPS0	PCA/PWM 时钟脉冲源
0	0	0	0，系统时钟/12 即 $f_{OSC}/12$
0	0	1	1，系统时钟/2 即 $f_{OSC}/2$
0	1	0	2，定时器 0 溢出
0	1	1	3，ECI/P3.4 引脚的外部时钟输入（最大速率＝$f_{OSC}/2$）
1	0	0	4，系统时钟即 f_{OSC}。当定时器 T0 工作在 1T 模式时，可以达到计一个时钟脉冲就溢出，通过改变定时器 T0 的溢出率，可以实现频率可调的 PWM 输出
1	0	1	5，系统时钟/4 即 $f_{OSC}/4$
1	1	0	6，系统时钟/6 即 $f_{OSC}/6$
1	1	1	7，系统时钟/8 即 $f_{OSC}/8$

第 0 位 ECF 是 PCA 计数溢出中断使能位。当 ECF＝1 时，使能寄存器 CCON 中 CF 位的中断允许；当 ECF＝0 时，禁止该中断。

（4）PCA 比较/捕获模块寄存器 CCAPMn（n＝0，n＝1）。

1）第 6 位 ECOMn 是使能比较器位。ECOMn＝1 时启动使能比较器功能。

2）第 5 位 CAPPn 是正捕获位。CAPPn＝1 时为使能上升沿捕获。

3）第 4 位 CAPNn 是负捕获位。CAPPn＝1 时为使能下降沿捕获。

4）第 3 位 MATn 是匹配位。当 MATn＝1 时，PCA 计数值与模块的比较/捕获寄存器的值的匹配将置位 CCON 寄存器的中断标志位 CCFn。

5）第 2 位 TOGn 是翻转位。当 TOGn＝1 时，工作在 PCA 高速输出模式，PCA 计数器的值与模块的比较/捕获寄存器的值的匹配将使 CCPn 脚电平发生翻转。

6）第 1 位 PWMn 是脉宽调制模式位。当 PWMn＝1 时，使能 CCPn 引脚用作脉宽调节输出。

7）第 0 位 ECCFn 是使能 CCFn 中断位。使能寄存器 CCON 的比较/捕获标志 CCFn，用来产生中断。

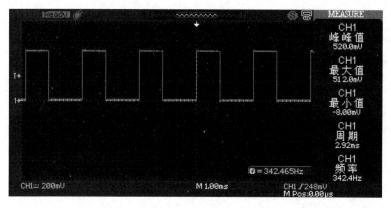

(a)

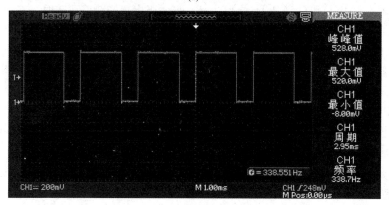

(b)

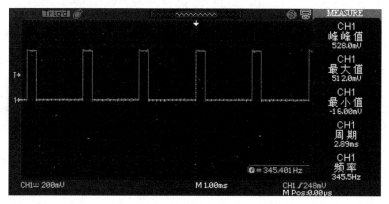

(c)

图 10-19 脉冲宽度变化

（a）脉冲宽度初始状态；（b）宽度变宽；（c）宽度变窄

PCA 模块的工作模式见表 10-7。

表 10-7　　　　　　　　　　　　　PCA 模块工作模式设定

ECOMn	CAPPn	CAPNn	MATn	T0Gn	PWMn	ECCFn	模块功能
0	0	0	0	0	0	0	无此操作
1	0	0	0	0	1	0	8 位 PWM，无中断
1	1	0	0	0	1	1	8 位 PWM，由低变高可产生中断
1	0	1	0	0	1	1	8 位 PWM，由高变低可产生中断
1	1	1	0	0	1	1	8 位 PWM，由低变高或由高变低可产生中断
×	1	0	0	0	0	×	16 位捕获模式，由 CEXn/PCAn 的上升沿触发
×	0	1	0	0	0	×	16 位捕获模式，由 CEXn/PCAn 的下降沿触发
×	1	1	0	0	0	×	16 位捕获模式，由 CEXn/PCAn 的跳变触发
1	0	0	1	0	0	×	16 位软件定时器
1	0	0	1	1	0	×	16 位高速输出

（5）寄存器 CL 和 CH。寄存器 CL 和 CH 的内容是正在自由递增计数的 16 位 PCA 定时器的值，它用来保存 PCA 的装载值。

（6）寄存器 CCAPnL 和 CCAPnH（n＝0，n＝1）。当出现捕获或比较时，寄存器 CCAPnL 和 CCAPnH 用来保存各个模块的 16 位捕捉计数值。当 PCA 模块用在 PWM 模式中时，这两个寄存器用来控制输出占空比。

（7）寄存器 PCA_PWMn 中的第 1 位 EPCnH 和第 0 位 EPCnL。在 PWM 模式下，EPCnH 位与 CCAPnH 中的内容组成 9 位数；EPCnL 位与 CCAPnL 中的内容组成 9 位数。

2. PCA/PWM 工作模式

（1）捕获模式。要使 PCA 模块工作在捕获方式，就必须把寄存器 CCAPMn 的两位（CAPNn 和 CAPPn）或其中任何一位置"1"。才能对模块的外部输入端 CCP0 或 CCP1 的跳变进行采样。当采样到有效跳变时，PCA 硬件就将 PCA 计数器阵列寄存器（CH 和 CL）的值装载到模块的捕获寄存器（CCAPnL 和 CCAPnH）中。PCA 模块工作在捕获方式的原理图如图 10-20 所示。

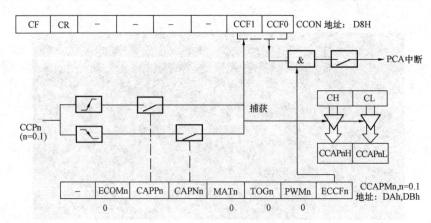

图 10-20　捕获模式原理图

如果控制寄存器 CCON 中的 CCFn 位和比较/捕获寄存器 CCAPMn 中的 ECCFn 位被置位，将产生中断。在中断服务程序中判断中断源，并清零中断标志位。

（2）16 位软件定时器模式。通过置位 CCAPMn 寄存器中的 ECOM 和 MAT 位，可使 PCA 模块用作软件定时器。其原理图如图 10-21 所示。PCA 定时器与模块捕获寄存器的值进行比较，当两者相等，且控制寄存器 CCON 中的 CCFn 位和比较/捕获寄存器 CCAPMn 中的 ECCFn 位都被置位时，将产生中断。

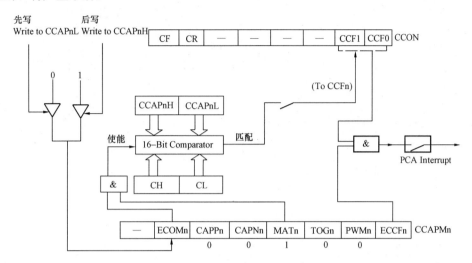

图 10-21　16 位软件定时器模式原理图

（3）高速输出模式。要激活高速输出模式，模块比较/捕获寄存器 CCAPMn 中的 TOGn 位、MATn 位和 ECOMn 位必须都置位。该模式的工作原理图如图 10-22 所示。在高速模式下，当 PCA 计数器的计数值与模块捕获寄存器的值匹配时，PCA 模块的 CCPn 输出电平将发生翻转。

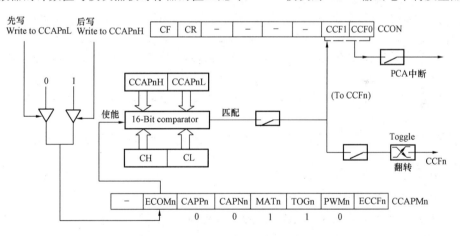

图 10-22　高速输出模式原理图

（4）脉宽调节模式（PWM）。所有 PCA 模块都可用作脉冲宽度调节输出，其输出的频率取决与 PCA 定时器的时钟源。要使能 PWM 模式，模块 CCAPMn 寄存器的 PWMn 位和 ECOMn 位必须都置位。由于所有模块共用仅有的 PCA 定时器，因此所有模块的输出频率相同。各个模块的输出占空比是独立变化的，与使用的捕获寄存器 {EPCnL，CCAPnL} 有关。当寄存器 CL 的值小于 {EPCnL，CCAPnL} 时，输出为低电平；当寄存器 CL 的值等于或大于 {EPCnL，CCAPnL} 时，输出为高电平。当 CL 的值由 FF 变为 00 溢出时，寄存器 {EPCnH，CCAPnH} 中的内容将装载到 {EPCnL，CCAPnL} 中。这样就可以无干扰地更新 PWM。脉宽调节模式的工作原理图如图 10-23 所示。

由于 PWM 是 8 位的，其频率的计算式为：PWM 频率＝PCA 时钟输入源频率/256。其中

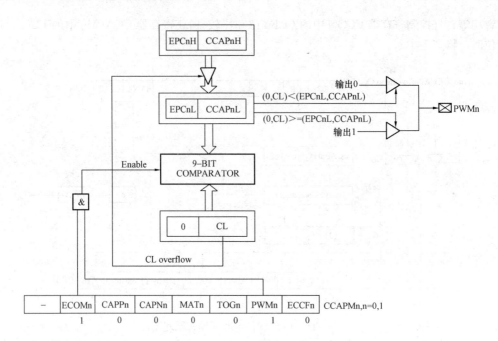

图 10-23　脉宽调节模式工作原理图

PCA 时钟输入源频率可以从 f_{OSC}，$f_{OSC}/2$，$f_{OSC}/4$，$f_{OSC}/6$，$f_{OSC}/8$，$f_{OSC}/12$ 定时器 0 的溢出和 ECI/P3.4 输入 8 种中选择一种。

若要求 PWM 输出频率为 38kHz，则选 f_{OSC} 为 PCA/PWM 时钟输入源，试确定 f_{OSC} 的值。

根据计算公式有 $38000＝f_{OSC}/256$，得到 $f_{OSC}＝38\,000×256＝9\,728\,000\,Hz$。

在 EPCnL＝0 且 ECCAPnL＝00H 时，PWM 固定输出高电平；在 EPCnL＝1 且 ECCAPnL＝0FFH 时，PWM 固定输出低电平。

如果要实现频率可调的 PWM 输出，可选择定时器 0 的溢出或 ECI 脚的输入作为 PCA/PWM 的时钟输入源。

单片机引脚的某个 I/O 口作为 PWM 使用时，该口必须是强推挽输出/强上拉输出，且要加输出限流电阻（1kΩ～10kΩ）。

3. 实例程序

(1) PWM 输出程序如【例 C10-8】所述。

【例 C10-8】　采用单片机 STC12C5A6052 单片机的 PWM 输出程序如下。

```
/***********************************************
*    程序名：PWM_STC12C5A08S2.c              *
*    功　能：引脚 P1.3 输出 PWM 脉冲          *
*    说　明：晶振频率 11.0592MHz             *
***********************************************/
# include <stc12c5a60s2.h>
# include <intrins.h>

void main ()
   {
   CCON = 0；
   CMOD = 0x02；      //设置 PCA 定时器
```

```
    CL = 0x00;
    CH = 0x00;
    CCAP0L = 0xc0;    //设置初始值
    CCAP0H = 0xc0;    //设置初始值
    CCAPM0 = 0x42;    //01000010，设置 PCA 模式 0——PWM 方式
    CR = 1;           //启动 PCA 定时器
    while (1);
}
```

（2）LED 亮度调节的程序如【例 A10-9】所述。

【例 A10-9】 P1.3 和 P1.4 外接 LED，通过两个按键调节亮度的程序如下。

```
;   ****************************************************************
;       程序文件名：STC12C5A08S2 _ PWM. asm
;       功能：产生定频宽度可调的 PWM 脉冲
;       说明：P1.3 和 P1, 4 外接 LED，默认脉宽为 20H 和 DFH.
;            KEY _ UP 接 P2.0，KEY _ DOWN 接 P2.1.
;            KEN _ UP 按一次宽度增加 1，KEY _ DOWN 按一次宽度减小 1
;            晶振频率 11.0592MHz
;   ****************************************************************
;   - - - - - - - - - - - - - - - - - - - - - - - - - - - - - - - -
; 声明 STC12C5A08S2MCU 特殊功能寄存器地址
IPH    EQU    0B7H      ; 中断优先级高位寄存器
CH     EQU    0F9H      ; PCA 计数器高 8 位
CL     EQU    0E9H      ; PCA 计数器低 8 位
;   - - - - - - - - - - - - - - - - - - - - - - - - - - - - - - - -
CCON   EQU    0D8H      ; PCA 控制寄存器
CCF0   EQU    CCON. 0   ; PCA 模块 0 中断标志，由硬件置位，必须由软件清零
CCF1   EQU    CCON. 1   ; PCA 模块 1 中断标志，由硬件置位，必须由软件清零
CCF2   EQU    CCON. 2   ; PCA 模块 2 中断标志，由硬件置位，必须由软件清零
CCF3   EQU    CCON. 3   ; PCA 模块 3 中断标志，由硬件置位，必须由软件清零
CCF4   EQU    CCON. 4   ; PCA 模块 4 中断标志，由硬件置位，必须由软件清零
CCF5   EQU    CCON. 5   ; PCA 模块 5 中断标志，由硬件置位，必须由软件清零
CR     EQU    CCON. 6   ; 1：允许 PCA 计数器计数，必须由软件清零
CF     EQU    CCON. 7   ; PCA 计数器溢出（CH，CL 由 FFFFH 变为 0000H）标志，
                        ; PCA 计数器溢出后由硬件置位，必须由软件清零.
;   - - - - - - - - - - - - - - - - - - - - - - - - - - - - - - - -
CMOD   EQU    0D9H      ; PCA 工作模式寄存器
; CMOD. 7   CIDL：IDLE 状态时 PCA 计数器是否继续计数，0：继续计数，1：停止计数
; CMOD. 2   CPS1：PCA 计数器计数脉冲源选择位 1
; CMOD. 1   CPS0：PCA 计数器计数脉冲源选择位 0
;          CPS1   CPS0
;           0      0      外部晶振频率/12
;           0      1      外部晶振频率/2
;           1      0      Timer0 溢出脉冲
;                        Timer0 还可以通过 AUXR 寄存器设置成工作在 12T 或 1T 模式
;           1      1      从 ECI/ P1.2 脚输入的外部时钟
```

单片机控制技术快速入门

```
; CMOD.0      ECF：PCA 计数器溢出中断允许位，1：允许 CF（CCON.7）产生中断
; ─────────────────────────────────────────────
CCAP0H  EQU   0FAH      ; PCA 模块 0 的捕捉/比较寄存器高 8 位
CCAP1H  EQU   0FBH      ; PCA 模块 1 的捕捉/比较寄存器高 8 位
CCAP2H  EQU   0FCH      ; PCA 模块 2 的捕捉/比较寄存器高 8 位
CCAP3H  EQU   0FDH      ; PCA 模块 3 的捕捉/比较寄存器高 8 位
CCAP4H  EQU   0FEH      ; PCA 模块 4 的捕捉/比较寄存器高 8 位
CCAP5H  EQU   0FFH      ; PCA 模块 5 的捕捉/比较寄存器高 8 位
;
CCAP0L  EQU   0EAH      ; PCA 模块 0 的捕捉/比较寄存器低 8 位
CCAP1L  EQU   0EAH      ; PCA 模块 1 的捕捉/比较寄存器低 8 位
CCAP2L  EQU   0EAH      ; PCA 模块 2 的捕捉/比较寄存器低 8 位
CCAP3L  EQU   0EAH      ; PCA 模块 3 的捕捉/比较寄存器低 8 位
CCAP4L  EQU   0EAH      ; PCA 模块 4 的捕捉/比较寄存器低 8 位
CCAP5L  EQU   0EAH      ; PCA 模块 5 的捕捉/比较寄存器低 8 位
; ─────────────────────────────────────────────
PCA _ PWM0 EQU   0F2H      ; PCA 模块 0PWM 寄存器
PCA _ PWM1 EQU   0F3H      ; PCA 模块 1PWM 寄存器
PCA _ PWM2 EQU   0F4H      ; PCA 模块 2PWM 寄存器
PCA _ PWM3 EQU   0F5H      ; PCA 模块 3PWM 寄存器
PCA _ PWM4 EQU   0F6H      ; PCA 模块 4PWM 寄存器
PCA _ PWM5 EQU   0F7H      ; PCA 模块 5PWM 寄存器
;
; PCA _ PWMn：   7    6    5    4    3    2    1      0
;               ─    ─    ─    ─    ─    ─    EPCnH  EPCnL
; B7-B2 保留
; B1（EPCnH）：在 PWM 模式下，与 CCAPnH 组成 9 位数
; B0（EPCnL）：在 PWM 模式下，与 CCAPnL 组成 9 位数
; ─────────────────────────────────────────────
CCAPM0  EQU   0DAH      ; PCA 模块 0 的工作模式寄存器
CCAPM1  EQU   0DBH      ; PCA 模块 1 的工作模式寄存器
CCAPM2  EQU   0DCH      ; PCA 模块 2 的工作模式寄存器
CCAPM3  EQU   0DDH      ; PCA 模块 3 的工作模式寄存器
CCAPM4  EQU   0DEH      ; PCA 模块 4 的工作模式寄存器
CCAPM5  EQU   0DFH      ; PCA 模块 5 的工作模式寄存器
;
; CCAPMn：   7    6     5     4     3     2     1      0
;           ─    ECOMn CAPPn CAPNn MATn  TOGn  PWMn   ECCFn
;
; ECOMn = 1：允许比较功能
; CAPPn = 1：允许上升沿触发捕捉功能
; CAPNn = 1：允许下升沿触发捕捉功能
; MATn = 1：当匹配情况发生时，允许 CCON 中的 CCFn 置位
; TOGn = 1：当匹配情况发生时，CEXn 将翻转
; PWMn = 1：将 CEXn 设置为 PWM 输出
; ECCFn = 1：允许 CCON 中的 CCFn 触发中断
```

```
;  ECOMn   CAPPn   CAPNn   MATn   TOGn   PWMn   ECCFn
;   0       0       0       0      0      0      0      00H 未启用任何功能
;   x       1       0       0      0      0      x      21H16 位 CEXn 上升沿触发捕捉功能
;   x       0       1       0      0      0      x      11H16 位 CEXn 下升沿触发捕捉功能
;   x       1       1       0      0      0      x      31H16 位 CEXn 边沿触发捕捉功能
;   1       0       0       1      0      0      x      49H16 位软件定时器
;   1       0       0       1      1      0      x      4dH16 位高速脉冲输出
;   1       0       0       0      0      1      0      42H 8 位 PWM
;
; - - - - - - - - - - - - - - - - - - - - - - - - - - - - - - - - - - -
;
; PWM 汇编输出程序
; - - - - - - - - - - - - - - - - - - - - - - - - - - - - - - - - - - -
; - - - - - - - 定义常量 - - - - - - - - - - - - - - - - - -
PULSE _ WIDTH _ MAX  EQU  0FCH        ; PWM 脉宽最大值, 占空比 100%
PULSE _ WIDTH _ MIN  EQU  02H         ; PWM 脉宽最小值, 占空比 0%
; - - - - - - - 引脚定义 - - - - - - - - - - - - - - - - - -
  KB _ UP   BIT    P2.0    ; 增加按钮定义
  KB _ DW   BIT    P2.1    ; 减少按钮定义
; - - - - - - - - - - - - - - - - - - - - - - - - - - - - - - -
; 定义变量
PULSE _ WIDTH       EQU   30H
COUNTER             EQU   31
; - - - - - - - - - - - - - - - - - - - - - - - - - - - - - - -
    ORG    0000H
      AJMP   MAIN
; = = = = = = = 主程序 = = = = = = = = = = = = = = = = = = = = = = = = = =
    ORG    0050H
MAIN:       MOV SP, #0E0H
            ACALL PCA _ INIT
            MOV PULSE _ WIDTH, #20H ; 默认脉宽为 20H
            MOV COUNTER, #00H
MAIN _ LOOP: ACALL KEY _ SCAN
            ACALL PWM
            SJMP MAIN _ LOOP
; = = = = = = = = = = = = = = = = = = = = = = = = = = = = = = = = = = = = =
; - - - - - - 初始化 - - - - - - - - - - - - - - - - - - - -
PCA _ INIT: MOV CMOD, #82H  ; PCA 在空闲模式下停止 PCA 计数器工作
                            ; PCA 时钟模式位 fosc/2
                            ; 禁止 PCA 计数器溢出中断
            MOV CCON, #00H  ; 禁止 PCA 计数器工作, 清除中断标志/计数器溢出标志
            MOV CL, #00H    ; 清零计数器
            MOV CH, #00H
; - - - - - - - - - - - - - - - - - - - - - - - - - - - - - - -
; 设置模块 0 为 8 位 PWM 输出模式, PWM 无需中断支持。脉冲在 P1.3 输出
            MOV CCAPM0, #42H        ; * * * * 示例核心语句, →0100, 0010
```

571

```
          MOV PCA_PWM0, #00H        ; * * *示例核心语句
;         MOV PCA_PWM0, #03H        ; 释放本行注释，PWM 输出就一直是 0，无脉冲
; 设置模块 1 为 8 位 PWM 输出模式，PWM 无需中断支持。脉冲在 P1.4 输出
          MOV CCAPM1, #42H          ; * * *示例核心语句，→0100，0010
          MOV PCA_PWM1, #00H        ; * * *示例核心语句
          SETB CR                   ; 将 PCA 计数器打开
          RET
; - - - - - - - - - - - - - - - - - - - - - - - - - - - - - -
; - - - - - - p1.3 接 LED，P1.4 亮度调节- - - - - - - - - - - - - - -
PWM:
     MOV A, PULSE_WIDTH
     MOV CCAP0H, A
     CPL A
     MOV CCAP1H, A
     RET
; - - - - - - - - - - - - - - - - - - - - - - - - - - - - - - - - - -
; - - - - - - - - - - 按键扫描- - - - - - - - - - - - - - - - - - - - -
KEY_SCAN:
          JNB   KB_UP, K1CHECK                       ; SB1 按下转移
          JNB   KB_DW, K2CHECK                       ; SB2 按下转移
          SJMP KSR
K1CHECK:
          ACALL DEL10                                 ; 去抖
          JB   KB_UP, KSR                            ; 干扰，返回
          JNB   KB_UP, $                             ; 等待按键释放
          MOV  A, PULSE_WIDTH
          CJNE A, #PULSE_WIDTH_MAX, K1H0             ; 判断是否到达上边界
          MOV  PULSE_WIDTH, #PULSE_WIDTH_MAX
          SJMP KSR                                    ; 是，不进行任何操作返回
     K1H0:
          MOV A, PULSE_WIDTH
          INC A
          INC COUNTER                                ; 计数器加 1
          CJNE A, #PULSE_WIDTH_MAX, K1H1             ; 如果增加后到达最大值
          MOV PULSE_WIDTH, #PULSE_WIDTH_MAX          ; 置 PWM 输出端为低电平
          SJMP KSR
     K1H1:
          MOV PULSE_WIDTH, A
          SJMP KSR
     K2CHECK:
          ACALL DEL10                                 ; 去抖
          JB KB_DW, KSR                              ; 干扰，返回
          JNB   KB_DW, $                             ; 等待按键释放
          MOV A, PULSE_WIDTH
          CJNE A, #PULSE_WIDTH_MIN, K2H0             ; 判断是否到达下边界
          MOV PULSE_WIDTH, #PULSE_WIDTH_MIN
```

```
        SJMP KSR                                    ; 是，则不进行任何操作返回
K2H0：
        MOV A, PULSE _ WIDTH
        DEC A
;       DEC COUNTER
        CJNE A, #PULSE _ WIDTH _ MIN, K2H1          ; 如果在减小后到达下边界
        MOV  PULSE _ WIDTH, #PULSE _ WIDTH _ MIN
        SJMP KSR
K2H1：
        MOV PULSE _ WIDTH, A
KSR：    RET
; ------------------------------------------------------------
; --------延时程序----
DEL10：MOV R7, #0AH
  DL1：MOV R6, #0FFH
  DL2：DJNZ R6, DL2
        DJNZ R7, DL1
        RET
; ----------------------------
END
```

该程序在实验板上的显示状态如图 10-24 所示，图 10-24（a）中 P1.3 外接的 LED 为最暗状

(a)

(b)

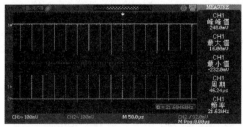

(c)

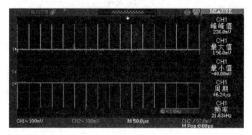

(d)

图 10-24　LED 亮度调节

(a) P1.3 最暗；(b) P1.3 最亮；(c) 图（a）波形；(d) 图（b）波形

态，P1.3 和 P1.4 引脚对应波形如图 10-24（c）；图 10-24（b）中 P1.3 外接的 LED 为最亮状态，P1.3 和 P1.4 引脚对应波形如图 10-24（d）所示。

10.6 D/A 转 换 方 法

从单片机输出的数字量来获得模拟量有两种方法：其一是外接 D/A 转换芯片将若干位二进制数转换成模拟量；其二是通过外接滤波器将 PWM 信号转换成模拟量。

10.6.1 扩展芯片法

随着集成电子技术的发展，人们已将精密电阻、模拟开关、数据锁存器，甚至包括基准电源和运算放大器集成在同一芯片上，并使之与 8 位或 16 位微处理器兼容。集成 D/A 芯片的类型很多，按其转换方式有并行和串行两大类，串行转换速度慢，并行转换速度快。按生产工艺分集成 D/A 芯片有双极型、CMOS 型等，其精度和速度各有差异。按字长分 D/A 芯片有 8 位、10 位和 12 位等。按输出形式分，D/A 芯片有电压型和电流型两大类。不同厂家的产品，其型号也各不相同。本节讨论一种常见的集成电路 D/A 转换芯片 DAC0832。

DAC0832 是美国德州仪器生产的 8 位集成电路 D/A 转换芯片，其逻辑框图如图 10-25 所示。从图中可以看到，该芯片内部有一个 8 位输入寄存器和一个 8 位 DAC 寄存器作为数据缓冲器。其转换结果以一组差动电流 I_{OUT1} 和 I_{OUT2} 输出。DAC0832 的 8 位输入寄存器输入端 DI7～DI0 可直接与 CPU 的数据线连接。两个数据缓冲器的工作状态分别受 $\overline{LE1}$ 和 $\overline{LE2}$ 控制。当 $\overline{LE1}=1$（高电平）时，8 位输入数据寄存器的输出 Q 端跟随输入 D 端而变化。当由高电平变为低电平，即 $\overline{LE1}=0$（低电平）时，输入数据 D 立即被锁存。同理，8 位 DAC 寄存器的工作状态受 $\overline{LE2}$ 的

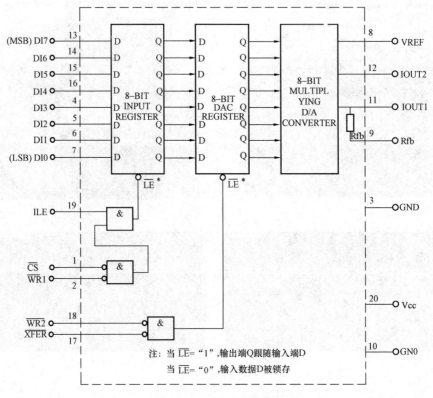

图 10-25 DAC0832 功能图

控制。

1. 引脚排列和功能

DAC0832 共有 20 个引脚，其主要封装形式有 PDIP、CDIP、SOIC 和 PLCC 四种，其引脚排列如图 10-26 所示，各引脚的功能见表 10-8。

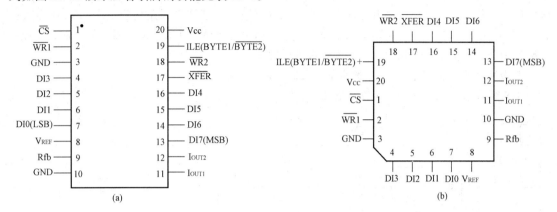

图 10-26　DAC0832 引脚排列

（a）PDIP、CDIP 和 SOIC 封装；（b）PLCC 封装

表 10-8　　　　　　　　　　　　　　**DAC0832 引脚功能**

引脚号	名称	符号	功能说明
1	片选	$\overline{CS}$	片选输入信号，低电平有效
2	数据写入	$\overline{WR1}$	D/A 转换器的数据写入信号 1，低电平有效
3	模拟量输出地	AGND	模拟量输出地
4～7	数字量低 4 位	DI3～DI0	D/A 转换器的数字量低 4 位，DI0 为最低位
8	基准电压	V_{REF}	D/A 转换器的基准电压，其范围可在 $-10V$～$+10V$ 内选定
9	反馈电阻引脚	Rfb	内部反馈电阻引脚，用来外接 D/A 转换器输出增益调整电位器
10	数字量地	DGND	数字信号地
11	输出电流端 1	I_{OUT1}	D/A 转换器输出电流 1，当输入全为"1"时，其值最大，约为（255/256）$\times V_{REF}/R_{fb}$；全为"0"时，其值为 0
12	输出电流端 2	I_{OUT2}	D/A 转换器输出电流 2，它与 I_{OUT1} 的关系为 $I_{OUT1}+I_{OUT2}=$ 常数
12～16	数字量高 4 位	DI7～DI4	D/A 转换器的数字量高 4 位，DI7 为最高位
17	传送控制	$\overline{XFER}$	从输入寄存器向 DAC 寄存器传送 D/A 转换数据的控制信号，低电平有效
18	写控制	$\overline{WR2}$	DAC 寄存器的选通信号，低电平有效。当和同时有效时，$\overline{LE2}=1$，输入寄存器的数据被装入 DAC 寄存器，并同时启动一次 D/A 转换
19	输入锁存使能	ILE	输入寄存器的运行信号，高电平有效。ILE 信号和 $\overline{CS}$、$\overline{WR1}$ 共同控制选通输入寄存器，当 $\overline{CS}$、$\overline{WR1}$ 均为低电平，且 ILE 为高电平时，$\overline{LE1}=1$，输入被转换的数据立即被送至 8 位输入寄存器的输出端；当上述三个控制信号任何一个无效时，$\overline{LE1}=0$，输入寄存器将 D 端数据锁存，输出端呈保持状态。ILE=0 时，$\overline{LE1}$ 也为 0，输出端便不随 D 端而变化

2. 与 MCU 接口电路

D/A 转换芯片与单片机最小系统的接口电路如图 10-27 所示。当数据量输入在 00H～FFH 范围内时，电压输出量为 0～＋xV 或－xV～0，这种方式称为单极性输出。若电压的输出量为 ±xV 称为双极性输出。图 10-27 所示的电路采用运算放大器 TL082 实现将电流输出转换为双极性电压输出的功能。电路中电阻的精度会影响转换精度，一般要求采用精密电阻，R201 变大则输出变小，R202 和 R203 变小则输出变小。双极性输出要比单极性输出的灵敏度低一倍。模拟地和数字地分开是为了抗干扰。双极性和单极性模拟量输出公式分别为

双极性：$V_{out} = \pm V_{REF} \times [（数字量 - 128）/128]$

单极性：$V_{out} = \pm V_{REF} \times （数字量/256）$

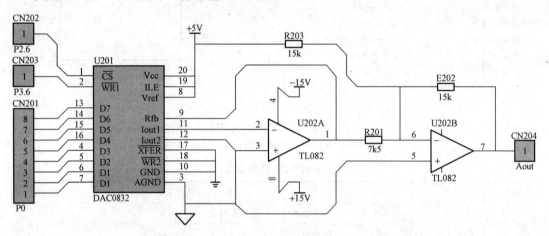

图 10-27　DAC0832 与最小系统接口电路

3. 输出正弦波的程序

【例 A10-11】　单片机输出正弦波的程序如下。

```
; /******************************************************
;          文件名：sin_DAC0832.asm
;          功  能：外接 DAC0832 输出正弦波
;          说  明：1. 晶振频率 11.0592MHz
;                   2. P0 口作为数据口
;                   3. 片选信号接 P2.6
;                   4. 数据写入信号接 P3.6
;                   5. 电流电压转换采用 TL082 集成运放
; ******************************************************/
; ----端口定义------------
    CHANNLE  EQU 0BFFFH
; ------------------------
        ORG 0000H
        LJMP BEGIN
; ======主程序===============================
        ORG 0050H
BEGIN:
    MOV R5, ＃00H
SIN: MOV A, R5
```

```
        MOV DPTR, #CTAB              ;从表格中取数
        MOVC A, @A + DPTR            ;送入 A 中
        MOV DPTR, #CHANNLE           ;选通道
        MOVX @DPTR, A                ;D/A 转换
        INC R5                       ;偏移量加 1
        AJMP SIN                     ;返回
CTAB:
        DB 80H, 83H, 86H, 89H, 8DH, 90H, 93H, 96H
        DB 99H, 9CH, 9FH, 0A2H, 0A5H, 0A8H, 0ABH, 0AEH
        DB 0B1H, 0B4H, 0B7H, 0BAH, 0BCH, 0BFH, 0C2H, 0C5H
        DB 0C7H, 0CAH, 0CCH, 0CFH, 0D1H, 0D4H, 0D6H, 0D8H
        DB 0DAH, 0DDH, 0DFH, 0E1H, 0E3H, 0E5H, 0E7H, 0E9H
        DB 0EAH, 0ECH, 0EEH, 0EFH, 0F1H, 0F2H, 0F4H, 0F5H
        DB 0F6H, 0F7H, 0F8H, 0F9H, 0FAH, 0FBH, 0FCH, 0FDH
        DB 0FDH, 0FEH, 0FFH, 0FFH, 0FFH, 0FFH, 0FFH, 0FFH
        DB 0FFH, 0FFH, 0FFH, 0FFH, 0FFH, 0FFH, 0FEH, 0FDH
        DB 0FDH, 0FCH, 0FBH, 0FAH, 0F9H, 0F8H, 0F7H, 0F6H
        DB 0F5H, 0F4H, 0F2H, 0F1H, 0EFH, 0EEH, 0ECH, 0EAH
        DB 0E9H, 0E7H, 0E5H, 0E3H, 0E1H, 0DFH, 0DDH, 0DAH
        DB 0D8H, 0D6H, 0D4H, 0D1H, 0CFH, 0CCH, 0CAH, 0C7H
        DB 0C5H, 0C2H, 0BFH, 0BCH, 0BAH, 0B7H, 0B4H, 0B1H
        DB 0AEH, 0ABH, 0A8H, 0A5H, 0A2H, 9AH, 9CH, 99H
        DB 96H, 93H, 90H, 8DH, 89H, 86H, 83H, 80H
        DB 80H, 7CH, 79H, 76H, 72H, 6FH, 6CH, 69H
        DB 66H, 63H, 60H, 5DH, 5AH, 57H, 55H, 51H
        DB 4EH, 4CH, 48H, 45H, 43H, 40H, 3DH, 3AH
        DB 38H, 35H, 33H, 30H, 2EH, 2BH, 29H, 27H
        DB 25H, 22H, 20H, 1EH, 1CH, 1AH, 18H, 16H
        DB 15H, 13H, 11H, 10H, 0EH, 0DH, 0BH, 0AH
        DB 09H, 08H, 07H, 06H, 05H, 04H, 03H, 02H
        DB 02H, 01H, 00H, 00H, 00H, 00H, 00H, 00H
        DB 00H, 00H, 00H, 00H, 00H, 00H, 01H, 02H
        DB 02H, 03H, 04H, 05H, 06H, 07H, 08H, 09H
        DB 0AH, 0BH, 0DH, 0EH, 10H, 11H, 13H, 15H
        DB 16H, 18H, 1AH, 1CH, 1EH, 20H, 22H, 25H
        DB 27H, 29H, 2BH, 2EH, 30H, 33H, 35H, 38H
        DB 3AH, 3DH, 40H, 43H, 45H, 48H, 4CH, 4EH
        DB 51H, 55H, 57H, 5AH, 5DH, 60H, 63H, 66H
        DB 69H, 6CH, 6FH, 72H, 76H, 79H, 7CH, 80H
END
```

4. 电路功能仿真

将上面的单片机输出正弦波的程序用"记事本"录入，并保存为名为"sin_DAC0832.asm"的文件，如图 10-28 所示。

按照图 10-27 所示的电路在 Proteus 7.9 中绘制仿真电路，并加入单片机最小系统，将运算放大器 TL082⑦脚输出的正弦信号接入示波器通道 1 进行观察，仿真电路如图 10-29 所示。然后

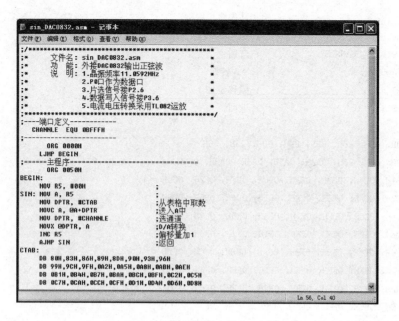

图 10-28　单片机输出正弦波程序录入

单击"Source（源代码）"，选中"Add/Remove Source file…（添加/删除源代码文件）"加载源程序，单击"OK"按钮。加载完源程序后，单击"Source（源代码）"，选择"Build All（全部编译）"进行编译。若未编译成功，需找到错误作修改后重新进行编译，直到成功为止。

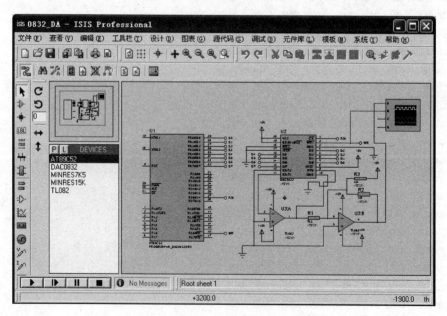

图 10-29　单片机输出正弦波仿真电路

单击仿真开始按钮进入仿真运行状态，其界面如图 10-30 所示。

10.6.2　PWM 滤波法

PWM 滤波法就是将单片机引脚输出的 PWM 波接至一个低通滤波器，把宽度可变的方波信号中的高频分量过滤掉，得到一个平稳的直流电压的方法。不同频率的 PWM 脉冲需要配置不同

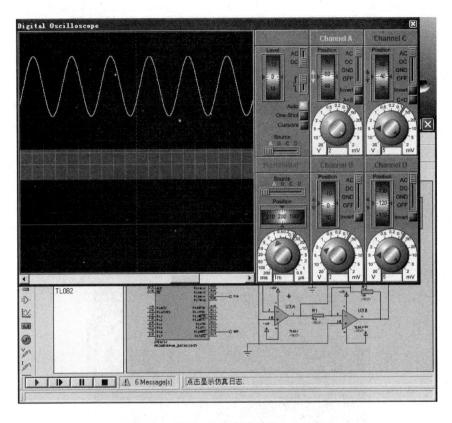

图 10-30　仿真波形

频率范围的滤波器。

根据组成元器件的不同，滤波器可以分为无源滤波器和有源滤波器，也可以分为 RC 滤波器和 LC 滤波器。从完成的功能来分，滤波器有低通滤波器、高通滤波器、带通滤波器和带阻滤波器。

本节以 RC 低通滤波器结合前面例【C10-7】的程序将在单片机最小系统板上输出的 PWM波，加接如图 10-31 所示 RC 低通滤波器来得到 0V～5V 的直流电压信号。

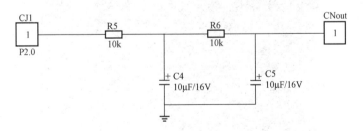

图 10-31　RC 滤波器

1. 电路仿真

用 Proteus 7.9 仿真的电路如图 10-32 所示，图中 R5 和 C4、R6 和 C5 组成二级 RC 低通滤波器，将单片机 P2.0 引脚输出的 PWM 脉冲滤去高频成分，得到稳定的 0V～5V 直流电压。单击按键 SB1 可以减小脉冲宽度，点击按键 SB2 可以增大脉冲宽度。不同脉冲宽度时得到的输出直流电压如图 10-33 所示。

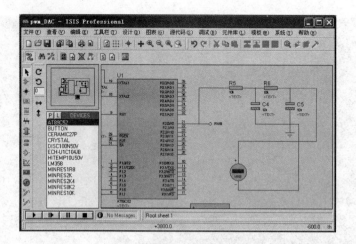

图 10-32　PWM 滤波法

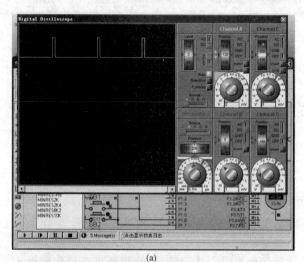

(a)

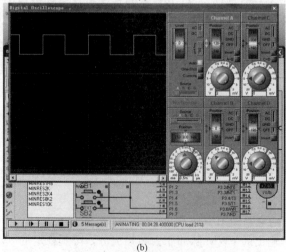

(b)

图 10-33　仿真电路脉冲宽度与电压的对应关系（一）

（a）输出 0.34V 时的脉宽；（b）输出 2.46V 时的脉宽

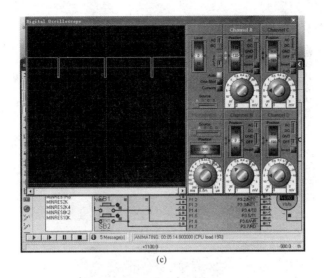

(c)

图 10-33　仿真电路脉冲宽度与电压的对应关系（二）

(c) 输出 4.80V 时的脉宽

2. 在系统板上实验

将图 10-31 所示的二级 RC 低通滤波器及两个按键分别焊接在万能板上，将接口引出，与单片机最小系统板连接，并接好观察脉冲宽度的示波器和观察电压值的电压表，如图 10-34 所示。向单片机烧录【例 C10-7】程序的目标代码后，按动按键 SB1 或 SB2，可以观察到脉冲宽度的变化，其输出电压可以在 0V～5V 内变化。与仿真图 10-33 对应的实验结果如图 10-35 所示。

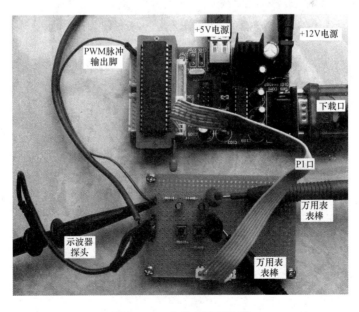

图 10-34　实验电路板连接

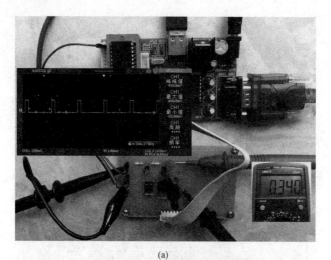

(a)

(b)

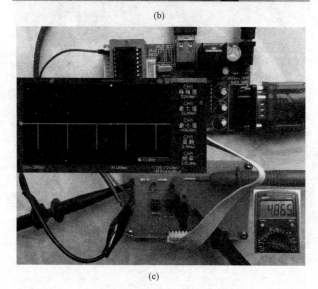

(c)

图 10-35　实验电路脉冲宽度与电压的对应关系
(a) 输出 0.44V 时的脉宽；(b) 输出 2.46V 时的脉宽；(c) 输出 4.80V 时的脉宽

参 考 文 献

[1] 康华光．数字电子技术数字部分．3 版［M］．北京：高等教育出版社，1988．

[2] 刘宝琴，郑君里，等．脉冲数字电路及其应用中册［M］．北京：人民邮电出版社，1983．

[3] 魏立军，韩华琦．CMOS 4000 系列 60 种常用集成电路的应用［M］．北京：人民邮电出版社，1993．

[4] 陈洁．EDA 软件仿真技术快速入门——Protel 99SE＋Multisim10＋Proteus 7［M］．北京：中国电力出版社，2009．

[5] 陈伟人．单片微型计算机原理及其应用［M］．北京：清华大学出版社，1989．

[6] 周明德．微型计算机硬件软件及其应用［M］．北京：清华大学出版社，1982．

[7] 孙涵芳，徐爱卿．MCS-51/96 单片机的原理与应用［M］．北京：北京航空航天大学出版社，1988．

[8] 蔡美琴，张为民，等．MCS-51 系列单片机系统及其应用［M］．北京：高等教育出版社，1992．

[9] ATMEL Corporation．AT89S52 Data Sheet［DB］．2001．

[10] 宏晶公司．STC90C52RC/RD＋系列单片机器件手册［EB/OL］．www. STCMCU. com．

[11] STC MCU Limited．STC 11F/10Fxx Serises MCU Data Sheet［DB］．2011(8)．

[12] 宏晶公司．STC12C5A60S2 系列单片机器件手册［EB/OL］．www. STCMCU. com．

[13] 陈洁．微机应用系统中的 WTD［J］．实用无线电，1997(6)：16-17．

[14] 陈洁．51 单片机集成开发环境 μVision2 调试程序的使用操作［J］．电子制作．2010，6：16-21．

[15] 陈玉红，陈洁．8051 系列单片机仿真工具简介及应用［J］．电子世界，2008(12)：24-26．

[16] 陈玉英，陈玉红，陈洁．单片机延时程序的仿真与实验［J］．电子世界，2009(9)：27-28．

[17] 余永权．ATMEL89 系列单片机应用技术［M］．北京：北京航空航天大学出版社，2002．

[18] 陈洁．一款适用于课堂教学的简易单片机实验开发器［J］．电子世界，2008(5)：28-29．

[19] 沈德金，陈粤初，等．MCS-51 系列单片机接口电路与应用实例［M］．北京：北京航空航天大学出版社，1990．

[20] 陈忠．电子制作合订本［M］．北京：电子制作杂志社，2011．

[21] 张自红，付伟，等．C51 单片机基础及编程应用［M］．北京：中国电力出版社，2012．

[22] 陈洁．谈谈 8051 模块化编程的技巧［J］．电子制作，2011(3)：64-70．

[23] 夏继强，沈德金．单片机实验与实践教程(二)［M］．北京：北京航空航天大学出版社，2001．

[24] 马忠梅，籍顺心，等．单片机的 C 语言应用程序设计．第 4 版［M］．北京：北京航空航天大学出版社，2007．

[25] 李朝青．PC 机及单片机数据通信技术［M］．北京：北京航空航天大学出版社，2000．